面向“十二五”高职高专土木与建筑规划教材

钢筋混凝土结构

于建民　张叶红　主　编
段丽萍　武玉梅　牛少儒　副主编

清华大学出版社
北　京

内 容 简 介

本书全部按照最新的《混凝土结构设计规范》(GB 50010—2010)结合《建筑工程施工质量验收标准与强制性标准条文》进行编写，并参与国家级“十二五”规划教材的评选。

全书分为 8 章，包括绪论、钢筋混凝土结构的设计方法、混凝土受弯构件承载能力极限状态计算与构造、正常使用极限状态验算、受压构件的计算与构造、预应力混凝土结构的计算、多层框架结构的设计、混凝土结构几种常用结构体系简介。

本书的最大特点是以项目化教学模式来组织教学内容，通过项目引入、基本知识、案例分析、课程实训、仿真习题等模块，使学生对混凝土与砌体结构充分理解并运用，以增强学生专业知识和能力方面的交叉与衔接。

本书既可作为高等职业学校、高等专科学校各相关专业的教材，也可作为相关工程技术人员的参考书。

图书在版编目(CIP)数据

钢筋混凝土结构/于建民，张叶红主编. —北京：清华大学出版社，2013（2022.11重印）
(面向“十二五”高职高专土木与建筑规划教材)
ISBN 978-7-302-32570-3

Ⅰ. ①钢… Ⅱ. ①于… ②张… Ⅲ. ①钢筋混凝土结构—高等职业教育—教材 Ⅳ. ①TU375

中国版本图书馆 CIP 数据核字(2013)第 109892 号

责任编辑：桑任松
装帧设计：刘孝琼
责任校对：周剑云
责任印制：宋 林
出版发行：清华大学出版社
网 址：http://www.tup.com.cn, http://www.wqbook.com
地 址：北京清华大学学研大厦 A 座 邮 编：100084
社 总 机：010-83470000 邮 购：010-62786544
投稿与读者服务：010-62776969, c-service@tup.tsinghua.edu.cn
质量反馈：010-62772015, zhiliang@tup.tsinghua.edu.cn
课件下载：http://www.tup.com.cn, 010-62791865
印 装 者：三河市龙大印装有限公司
经 销：全国新华书店
开 本：185mm×260mm 印 张：24.25 字 数：587 千字
版 次：2013 年 9 月第 1 版 印 次：2022 年 11 月第 6 次印刷
定 价：48.00 元

产品编号：053503-02

“钢筋混凝土结构”是高等学校土建类专业的主干课程之一，在编写的过程中，编者以现行的规范、标准为依据，采用全新的理念进行编写。

全书分为 8 章，包括绪论、钢筋混凝土结构的设计方法、混凝土受弯构件承载能力极限状态计算与构造、正常使用极限状态验算、受压构件的计算与构造、预应力混凝土结构的计算、多层框架结构的设计、混凝土结构几种常用结构体系简介等内容。

本书的最大特点是以项目化教学模式来组织教学内容，通过项目引入、基本知识、案例分析、课程实训、仿真习题等模块，使学生通过仿真模拟超越情境中的“学、做”合一来学习基本知识，并循序渐进地提高学生的职业技能，以达到胜任工作岗位的目的。本书注重实践能力的整体培养，增设了很多仿真习题，通过教师课上讲解，学生课下可按仿真习题进行进一步学习，以增强专业知识和能力方面的交叉与衔接，更有助于学生对混凝土与砌体结构的理解与运用。

本书由于建民(国家一级注册结构师)、张叶红(国家一级注册结构师)担任主编，段丽萍(国家一级注册结构师)、武玉梅(国家一级注册结构师)、牛少儒担任副主编；第 1 章、第 2 章由张叶红、郝俊编写，第 3 章由段丽萍、富顺、高雅琨编写，第 4 章由高雅琨编写，第 5 章由武玉梅、于建民编写，第 6 章由李婕编写，第 7 章由于建民、李淑英编写，第 8 章由富顺编写，全书由李永光担任主审。

限于编者水平，书中疏漏之处在所难免，恳请读者批评、指正。

编　者

第1章　绪　　论

【学习目标】

- 了解建筑结构的组成与分类。
- 了解混凝土结构的优点及缺点。
- 了解砌体结构的优点及缺点。
- 掌握钢筋和混凝土共同工作的条件。

【核心概念】

混凝土结构、砌体结构

1.1　建筑结构的组成与分类

1.1.1　建筑结构的组成

建筑结构是由若干个单元，按照一定组成规则，通过正确的连接方式所组成的能够承受并传递荷载和其他间接作用的骨架，这些单元就是建筑结构的基本构件。建筑结构的基本构件包括板、梁、柱、墙、基础等。

1. 板

板承受施加在楼板的板面上并与板面垂直的重力荷载(含楼板、地面层、顶棚层的永久荷载和楼面上人群、家具、设备等可变荷载)。板的长、宽两个方向的尺寸远大于其高度(也称厚度)。板的作用效应主要为受弯，如建筑物中的楼板、阳台板、楼梯板等都属于板。

2. 梁

梁承受板传来的荷载及梁的自重。梁的截面宽度和高度尺寸远小于其长度尺寸。梁承受荷载作用的方向与梁轴线垂直，其作用效应主要为受弯和受剪。

3. 柱

柱承受梁传来的荷载及柱的自重。柱的截面尺寸远小于其高度，荷载作用方向与柱轴线平行。当荷载作用于柱截面形心时为中心受压，当偏离截面形心时为偏心受压。

4. 墙

墙承受梁、板传来的荷载及墙的自重。墙的长、宽两个方向的尺寸远大于其厚度，但荷载作用方向却与墙面平行，其作用效应为受压(当荷载作用于墙的截面形心轴线上时)，有时还可能受弯(当荷载偏离形心轴线时)。

5. 基础

基础承受墙、柱传来的压力并将它扩散到地基上去。

1.1.2　建筑结构的分类

建筑结构的种类较多，有多种分类方法。一般可以按照结构所用的材料、结构受力体系、使用功能、外形特点以及施工方法进行分类。各种结构有其一定的适用范围，应根据建筑结构的功能、材料性能、不同结构形式的特点和使用要求，以及施工和环境条件等合理选用。

(1) 按照所用材料分，建筑结构的类型主要有混凝土结构、钢结构、砌体结构和木结构等。混凝土结构包括素混凝土结构、钢筋混凝土结构、预应力混凝土结构、纤维筋混凝土结构和其他各种形式的加筋混凝土结构。砌体结构包括砖石砌体结构和砌块砌体结构。这些结构材料可以在同一结构体系混合使用，形成混合结构，如屋盖和楼盖采用混凝土结构，墙体采用砌体结构，基础采用砖石砌体或钢筋混凝土，就形成了砖混结构。

(2) 按组成建筑主体结构的型式和受力系统(也称结构受力体系)分，建筑结构的类型主

要有剪力墙结构、框架结构、筒体结构，以及它们相互连接形成的框架-剪力墙结构、框架-筒体结构、网架结构(以网架做成屋盖)、拱结构、空间薄壳结构和空间折板结构、钢索结构(以钢缆或钢拉杆为主要承重构件)等。

1.2　钢筋混凝土结构及砌体结构

1.2.1　钢筋混凝土结构的特点

以混凝土为主形成的结构称为混凝土结构。由无筋或不配置受力钢筋的混凝土制成的结构称为素混凝土结构；由配置受力的普通钢筋、钢筋网或钢筋骨架的混凝土制成的结构称为钢筋混凝土结构；由预应力钢筋建立预加应力的混凝土形成的结构称为预应力混凝土结构。

钢筋混凝土是由钢筋和混凝土两种物理、力学性能完全不同的材料所组成的结构材料。混凝土的抗压能力较强而抗拉能力却很弱，钢材的抗拉能力较强而抗压容易失稳破坏。为了充分利用混凝土和钢筋这两种材料的性能，使二者结合起来共同受力，使混凝土主要承受压力，钢筋主要承受拉力，以满足建筑结构的使用要求。

钢筋和混凝土这两种性质不同的材料之所以能有效地结合在一起共同工作，主要是由于混凝土硬化后钢筋与混凝土之间产生了良好的黏结力，使两者可靠地结合在一起，从而保证在外荷载的作用下，钢筋与相邻混凝土能够共同变形。其次，钢筋与混凝土两种材料的温度线膨胀系数值接近(钢为 1.2×10^{-5}；混凝土为 1.0×10^{-5}～1.5×10^{-5})，当温度变化时，不致产生较大的温度应力而破坏两者之间的黏结。

钢筋混凝土除了能合理利用钢筋和混凝土两种材料的性能外，有就地取材、耐久性、耐火性、可模性及整体性好等优点；但钢筋混凝土结构有自重大、抗裂性较差、生产周期较长，施工质量和进度等易受环境条件的影响等缺点。

1.2.2　砌体结构的特点

砌体结构原是指用砖、石材和砂浆砌筑的结构，故称砌体结构。砌体结构具有就地取材、耐火性好、节约水泥和钢材等优点。但砌体结构的缺点也是显而易见的，砌体结构自重大、强度较低，无筋砖石砌体抗震能力也较差。

1.3　钢筋混凝土与砌体结构的教材特点与学习方法

1.3.1　钢筋混凝土与砌体结构的教材特点

钢筋混凝土与砌体结构按内容的性质可分为“钢筋混凝土结构”和“砌体结构”两部分。前者主要讲述各种混凝土结构基本构件的受力性能、截面计算的基本理论和构造。后者主要讲砌体结构受力构件设计的基本理论和构造。本教材，在介绍结构设计时，通过项目引入具体的工程实例，并配有案例分析、课程实训以及仿真习题等将钢筋混凝土与砌体结构的理论部分和知识应用部分很好地结合，解决了以往教材中，学生在学习理论和实践过程中严重脱节的现象。本教材在课程和内容上体现科学性、先进性和实用性，注重应用能力的培养。增加的实践性教学环节中，通过具体的工程实例学习“结构原理”更有条理性和针对性，使学生初步具有运用理论知识进行建筑结构设计和解决实际问题的能力。

1.3.2 学习建筑结构课程时的注意事项

1. 突出重点，并注意难点的学习

本课程的内容多、公式多、实践性强，学习过程中应遵循教学大纲的要求，突出重点难点。本课程内容简明扼要，学习时应力求深入细致理解。

2. 加强实践性教学环节，扩大知识面

建筑结构设计计算理论以工程实践和实验研究为基础，因此除课堂学习以外，应通过参观、实训室及现场的实践性教学，积累感性认识，并深入理解本课程中具体的工程实例，结合各个小的算例，将理论与实践有效统一起来。

在学习本课程过程中，应逐步熟悉和正确运用我国新颁布的一些设计规范和设计规程，如《混凝土结构设计规范》(GB 50010—2010)局部修订版、《建筑结构可靠度设计统一标准》(GB 50068—2008)、《建筑结构荷载规范》(GB 50009—2012)等。

钢筋混凝土与砌体结构是建筑工程行业中必不可少的一门课程，随着经济建设的不断发展，新材料、新技术、新施工方法不断出现，结构设计理论的不断发展，学习时应注意它的新动向和新成就，以不断扩展知识面。

3. 掌握重要性概念，深入浅出

本课程概念多，内容实践性强，学习概念时应结合具体的工程背景，深入理解。学习概念时应做到严谨、一丝不苟。同时，强调必须进一步在工作实践中学习，做到理论联系实际，学以致用。

思 考 题

1. 什么是混凝土结构？混凝土结构有哪些优点？又有哪些缺点？
2. 钢筋与混凝土共同工作的条件是什么？
3. 本课程主要包括哪些内容？学习时应注意哪些问题？

第 2 章　钢筋混凝土结构的设计方法

【学习目标】

- 懂得混凝土设计的基本原理。
- 了解以概率理论为基础的极限状态设计法。
- 掌握承载能力极限状态和正常使用极限状态计算应包括的内容及表达式。
- 如何进行防连续倒塌设计和耐久性设计。
- 如何进行钢筋和混凝土材料的选择。
- 掌握各种荷载效应组合的具体算法。

【核心概念】

承载能力的极限状态、正常使用的极限状态、耐久性、可靠性、可靠度、混凝土的徐变与收缩、混凝土的各种强度标准值、设计值

2.1 建筑结构设计基本原则

2.1.1 结构的功能和极限状态

1. 结构的功能

能承受作用并具有适当刚度，由各结构构件通过一定的连接组合而成的系统叫做结构。结构在物理上可以区分出的部件为结构构件。工程结构在设计、施工和维护中，在规定的设计使用年限内，以适当的可靠度且经济的方式满足规定的各项功能要求，称为结构的功能。结构的功能是指安全性、适用性、耐久性，具体要求如下。

(1) 能承受在施工和使用期间可能出现的各种作用；

(2) 保持良好的使用性能；

(3) 具有足够的耐久性能；

(4) 当发生火灾时，在规定的时间内保持足够的承载力；

(5) 当发生爆炸、撞击、人为错误等偶然事件时，结构能保持必需的整体稳固性，不出现与起因不相称的破坏后果，防止出现结构的连续倒塌。

其中第(1)、(4)、(5)项是对结构安全性的要求，如钢筋混凝土适筋梁的受弯，荷载产生的弯矩 M 不应大于截面的极限受弯承载力 M_u，即满足 $M \leqslant M_u$。第(2)项是对结构适用性的要求，即结构在正常使用期间应具有良好的工作性能，不出现过大变形和过宽裂缝。如对于钢筋混凝土适筋梁来说，在使用荷载作用下梁的挠度一般不应超过跨度的 1/200，即应满足 $f \leqslant [f] = l_0/200$；而裂缝宽度一般不应大于 $[\omega_{max}] = 0.2\sim 0.3\text{mm}$。第(3)项是对结构耐久性的要求，结构在正常使用和正常维护条件下，在各种因素的影响下，混凝土碳化、钢筋锈蚀等，应具有足够的耐久性，防止腐蚀和风化。

安全性、适用性、耐久性是衡量结构可靠的标志，也可概括为对结构可靠性的要求。所谓结构的可靠性是指结构在规定的时间内，在规定的条件下，完成预定功能的能力。可靠性的概率度量为结构的可靠度，即结构在规定的时间内，规定的条件下，完成预定功能的概率。结构的可靠度与结构的使用年限长短有关，对于新建结构，当结构的使用年限超过设计使用年限后，结构的失效概率可能较设计预期值增大，但并不代表结构不能继续使用。“合理使用年限”与“设计工作年限”统一称为“设计使用年限”，并规定工程结构在超过设计使用年限后，应进行可靠性评估鉴定，根据评估鉴定结果，采取相应措施，并重新界定其使用年限。

2. 结构的极限状态

整个结构或结构的某一部分超过某一特定状态就不能满足设计规定的某一功能要求，此特定状态称为该功能的极限状态。如钢筋混凝土简支梁，不同功能要求的可靠、失效和极限状态的概念见表 2-1。

表 2-1　钢筋混凝土简支梁的可靠、失效和极限状态

结构的功能		可　靠	极限状态	失　效
安全性	受弯承载力	$M < M_u$	$M = M_u$	$M > M_u$
适用性	挠度变形	$f < [f]$	$f = [f]$	$f > [f]$
耐久性	裂缝宽度	$\omega_{max} < [\omega_{max}]$	$\omega_{max} = [\omega_{max}]$	$\omega_{max} > [\omega_{max}]$

根据结构功能要求，极限状态分为以下两类。

1) 承载能力极限状态

对应于结构或结构构件达到最大承载力或不适用于继续承载的变形的状态称为承载能力极限状态。结构或构件如出现下列情况之一，则认为超过了承载能力极限状态。

(1) 结构构件或连接因超过材料强度而破坏，或因过度变形而不适于继续承载；

(2) 整个结构或其一部分作为刚体失去平衡；

(3) 结构转变为机动体系；

(4) 结构或结构构件丧失稳定(如压屈等)；

(5) 结构因局部破坏而发生连续倒塌；

(6) 地基丧失承载力而破坏(如失稳等)；

(7) 结构或结构构件的疲劳破坏。

2) 正常使用极限状态

当结构或结构构件出现下列状态之一时，应认为超过了正常使用极限状态。

(1) 影响正常使用或外观的变形；

(2) 影响正常使用或耐久性能的局部损坏(包括裂缝)；

(3) 影响正常使用的振动(如对舒适度有要求的楼盖结构，应进行竖向自振频率验算)；

(4) 影响正常使用的其他特定状态。

结构设计时应对结构的不同极限状态分别进行计算或验算，当某一极限状态的计算或验算起控制作用时，可仅对该极限状态进行计算或验算。

2.1.2　设计状况

结构的设计状况指代表一定时段的一组物理条件，设计应做到结构在该时段内不超越有关极限状态。建筑结构设计时，应根据结构在施工和使用中的环境条件和影响，区分下列设计状况。

(1) 持久设计状况，在结构使用过程中一定出现，其持续期很长的状况。持续期一般与设计使用年限为同一数量级，如使用期间房屋结构承受家具和正常人员荷载的状况，以及桥梁结构承受车辆荷载的状况等。

(2) 短暂设计状况，在结构施工和使用过程中出现概率较大，而与设计使用年限相比，持续期很短的状况，如施工和维修等。

(3) 偶然设计状况，在结构使用过程中出现概率很小，且持续期很短的状况，如结构遭受火灾、爆炸、撞击等。

(4) 地震设计状况，是指结构在遭受地震时的情况，在地震设防地区必须考虑地震设计状况。

工程结构设计时，对不同的设计状况，应采用相应的结构体系、可靠度水平、基本变量和作用组合。对于四种设计状况均应进行承载能力极限状态设计。对于持久设计状况，尚应进行正常使用极限状态设计。对于短暂设计状况和地震设计状况，可根据需要进行正常使用极限状态设计。对偶然设计状况，可不进行正常使用极限状态设计。

2.1.3 安全等级

工程结构设计时，应根据结构破坏可能产生的后果(如危及人的生命、造成经济损失、对社会或环境产生影响等)的严重性采用不同的安全等级。工程结构安全等级的划分应符合表 2-2 的规定。工程结构中各类结构构件的安全等级，宜与结构的安全等级相同，对其中部分结构构件的安全等级可进行调整，但不得低于三级。

表 2-2 工程结构安全等级

安全等级	破坏后果	重要性系数 γ_0
一级	很严重	1.1
二级	严重	1.0
三级	不严重	0.9

注：对重要的结构，其安全等级应取为一级；对一般的结构安全等级宜取为二级；对次要的结构，其安全等级可取为三级。

2.1.4 结构分析

1. 结构方案

为满足建筑方案并从根本上保证结构安全，设计的内容应在以构件设计为主的基础上扩展到考虑整个结构体系的设计，包括下列内容。

(1) 结构方案设计：包括结构选型、构件布置及传力途径；

(2) 作用及作用效应分析；

(3) 结构的极限状态设计；

(4) 结构及构件的构造、连接措施；

(5) 耐久性及施工的要求；

(6) 满足特殊要求结构的专门性能设计。

结构方案对建筑物的安全有着决定性的影响，因此要选用合理的结构体系、构件形式和布置。在与建筑方案协调时应考虑结构的平、立面布置规则，各部分的质量和刚度宜均匀、连续。为了保证结构的整体稳固性，结构的传力途径应简捷、明确，竖向构件宜连续贯通、对齐，宜采用超静定结构，对于重要的构件和关键传力部位应增加冗余约束或有多条传力途径，并且采取措施减小偶然作用的影响，避免因局部破坏引发结构连续倒塌。

结构的平面或立面不规则或结构超长时，可考虑设置结构缝将结构分割为若干相对独立的单元。结构缝包括伸缩缝、沉降缝、防震缝、构造缝、防连续倒塌的分隔缝等。其中伸缩缝主要消除混凝土收缩、温度变化引起的胀缩变形；沉降缝主要消除基础不均匀沉降引起的结构的差异变形；防震缝主要解决结构的刚度及质量突变；构造缝可减小结构的局部应力集中等。结构缝的设置应考虑对建筑功能(如装修观感、止水防渗、保温隔音等)、结构传力(如结构布置、构件传力)、构造做法和施工可行性等造成的影响。应遵循“一缝多能”的设计原则，采取有效的构造措施。

构件之间连接的原则是：连接部位的承载力应保证被连接构件之间的传力性能，保证不同材料(混凝土、钢、砌体等)结构构件之间的良好结合，选择可靠的连接方式以保证可靠传力。连接节点应考虑被连接构件之间变形的影响以及相容条件，以避免、减少不利影响。

2. 结构的耐久性设计

混凝土结构的耐久性按正常使用极限状态控制，特点是随时间发展因材料劣化而引起性能衰减。耐久性的极限状态表现为：钢筋混凝土构件表面出现锈胀裂缝；预应力筋开始锈蚀；结构表面混凝土出现可见的耐久性损伤(酥裂、粉化等)。规范耐久性的设计包括以下内容。

(1) 确定结构所处的环境类别；
(2) 提出对混凝土材料的耐久性基本要求；
(3) 确定构件中钢筋的混凝土保护层厚度；
(4) 不同环境条件下的耐久性技术措施；
(5) 提出结构使用阶段的检测与维护要求。

注：对临时性的混凝土结构，可不考虑混凝土的耐久性要求。

结构所处环境是影响其耐久性的外因，混凝土材料的质量是影响结构耐久性的内因。环境类别是指混凝土暴露表面所处的环境条件，设计可根据实际情况确定适当的环境类别。混凝土结构暴露的环境类别应按表 2-3 的要求划分。

表 2-3　混凝土结构的环境类别

环境类别	条　件
一	室内干燥环境； 永久的无侵蚀性静水浸没环境
二 a	室内潮湿环境； 非严寒和非寒冷地区的露天环境； 非严寒和非寒冷地区与无侵蚀性的水或土直接接触的环境； 严寒和寒冷地区的冰冻线以下与无侵蚀性的水或土直接接触的环境
二 b	干湿交替环境； 水位频繁变动区环境； 严寒和寒冷地区的露天环境； 严寒和寒冷地区的冰冻线以上与无侵蚀性的水或土直接接触的环境
三 a	严寒和寒冷地区冬季水位变动区环境； 受除冰盐影响环境； 海风环境

续表

环境类别	条　件
三 b	盐渍土环境； 受除冰盐作用环境； 海岸环境
四	海水环境
五	受人为或自然的侵蚀性物质影响的环境

注：① 室内潮湿环境是指经常暴露在湿度大于 75%的环境。

② 严寒和寒冷地区的划分应符合现行国家标准《民用建筑热工设计规范》(GB 50176—93)的有关规定。

③ 海岸环境为距海岸线 100m 以内；室内潮湿环境为距海岸线 100m 以外、300m 以内，但应考虑主导风向及结构所处迎风、背风部位等因素的影响。

④ 受除冰盐影响环境为受除冰盐盐雾影响的环境；受除冰盐作用环境指被除冰盐溶液溅射的环境，以及使用除冰盐地区的洗车房、停车楼等建筑。

⑤ 暴露的环境是指混凝土结构表面所处的环境。

⑥ 干湿交替主要指室内潮湿、室外露天、地下水浸润、水位变动的环境。由于水和氧的反复作用，容易引起钢筋的锈蚀和混凝土的劣化。

⑦ 非严寒和非寒冷地区与严寒和寒冷地区的区别主要在于有无冰冻及冻融循环现象。关于严寒和寒冷地区的定义，《民用建筑热工设计规范》(GB 50176—93)规定如下：严寒地区是指最冷月平均温度低于或等于-10℃，日平均温度低于或等于 5℃的天数不少于 145d 的地区；寒冷地区是指最冷月平均温度高于-10℃、低于或等于 0℃，日平均温度低于或等于 5℃的天数不少于 90d 且少于 145d 的地区。

根据对既有混凝土结构耐久性状态的调查结果和混凝土材料性能的研究，从材料抵抗性能退化的角度，表 2-4 给出了设计使用年限为 50 年的结构混凝土材料耐久性的基本要求。从表中可以看出水胶比、强度等级、氯离子含量和碱含量是影响耐久性的主要因素。实验研究及工程实践表明，在冻融循环环境中采用引气剂的混凝土抗冻性能可显著改善，故对采用引气剂抗冻的混凝土，可适当降低强度等级的要求，采用括号中的数值。混凝土的碱性可使钢筋表面钝化，免遭锈蚀；而氯离子引起钢筋脱钝和电化学腐蚀，会严重影响混凝土的耐久性，因此应更加严格对氯离子含量的限制，严格限制使用含功能性氯化物的外加剂(例如含氯化钙的促凝剂等)。

表 2-4　结构混凝土材料耐久性的基本要求

环境等级	最大水胶比	最低强度等级	最大氯离子含量(%)	最大碱含量(kg/m^3)
一	0.6	C20	0.30	不限制
二 a	0.55	C25	0.20	3.0
二 b	0.50(0.55)	C30(C25)	0.15	
三 a	0.45(0.50)	C35 (C30)	0.15	
三 b	0.40	C40	0.10	

注：① 氯离子含量系指其占胶凝材料总量的百分比；

② 预应力构件混凝土中的最大氯离子含量为 0.06%；最低混凝土强度等级宜按表中规定提高两个等级；

③ 素混凝土构件的水胶比及最低强度等级的要求可适当放松；

④ 处于严寒及寒冷地区二 b、三 a 类环境中的混凝土应使用引气剂，并可采用括号中的有关参数；

⑤ 当有可靠工程经验时，二类环境中的最低混凝土强度等级可降低一个等级；

⑥ 当使用非碱活性骨料时，对混凝土中的碱含量可不做限制。

混凝土结构及构件还应采取以下耐久性的技术措施。

(1) 预应力混凝土结构中的预应力筋应根据具体情况采取表面防护、孔道灌浆、加大混凝土保护层厚度等措施，外露的锚固端应采取封锚和混凝土表面处理等有效措施。

(2) 有抗渗要求的混凝土结构，混凝土的抗渗等级应符合有关标准的要求。

(3) 严寒及寒冷地区的潮湿环境中，结构混凝土应满足抗冻要求，混凝土抗冻等级应符合有关标准的要求。

(4) 处于二、三类环境中的悬臂构件宜采用悬臂梁-板的结构形式，或在其上表面增设防护层。

(5) 处于二、三类环境中的混凝土结构构件，其表面的预埋件、吊钩、连接件等金属部件应采取可靠的防锈措施，对于后张预应力混凝土外露金属锚具，应采取另外的防护要求。

(6) 处在三类环境中的混凝土结构构件，可采用阻锈剂、环氧树脂涂层钢筋或其他具有耐腐蚀性能的钢筋、采取阴极保护措施或采用可更换的构件措施。

一类环境中，设计使用年限为 100 年的混凝土结构应符合钢筋混凝土结构的最低强度等级为 C30；预应力混凝土结构的最低强度等级为 C40；混凝土中的最大氯离子含量为 0.06%；宜使用非碱活性材料，当使用碱活性骨料时，混凝土中的最大碱含量为 3.0kg/m^3；混凝土保护层厚度应符合规范的规定，当采取有效的表面防护措施时，混凝土保护层厚度可适当减小。二、三类环境中，设计使用年限为 100 年的混凝土结构应采取专门的有效措施。四类和五类的混凝土结构，其耐久性要求应符合有关标准的规定。另外混凝土结构在设计使用年限内还要建立定期检测、维修制度；设计中可更换的混凝土构件应按规定更换；构件表面的防护层，应按规定维护或更换；结构出现可见的耐久性缺陷时，应及时进行处理。

3. 结构的防连续倒塌设计

建筑结构的连续倒塌是指由于偶然作用(如煤气爆炸、炸弹袭击、车辆撞击、火灾等)造成结构局部破坏，并引发连锁反应导致破坏向结构的其他部分扩散，最终造成结构的大范围坍塌。近年来，建筑结构的连续倒塌问题受到工程界的广泛关注，并成为当前结构工程和防灾减灾领域的重要研究前沿。

《混凝土结构设计规范》(GB 50010—2010)已明确提出混凝土结构防连续倒塌设计宜符合以下要求。

(1) 采取减小偶然作用效应的措施；

(2) 采取使重要构件及关键传力部位避免直接遭受偶然作用的措施；

(3) 在结构容易遭受偶然作用影响的区域增加冗余约束，布置备用的传力途径；

(4) 增强疏散通道、避难空间等重要结构构件及关键传力；

(5) 配置贯通水平、竖向构件的钢筋，并与周边构件可靠地锚固；

(6) 设置结构缝，控制可能发生连续倒塌的范围。

重要结构防连续倒塌设计可采用下列方法。

(1) 局部加强法：提高可能遭受偶然作用而发生局部破坏的竖向重要构件和关键传力部位的安全储备，也可直接考虑偶然作用进行设计。

(2) 拉结构件法：在结构局部竖向构件失效的条件下，可根据具体情况分别按梁-拉结模型、悬索-拉结模型、悬臂-拉结模型进行承载力验算，维持结构的整体稳固性。

(3) 拆除构件法：按一定规则拆除结构的主要受力构件，验算剩余结构体系的极限承载力；也可采用倒塌全过程分析进行设计。

2.2　钢筋和混凝土材料的选择

2.2.1　钢筋材料的选择

1. 钢筋的成分、品种和级别

钢筋的力学性能主要取决于它的化学成分，其中铁元素是主要成分，此外还含有少量的碳、锰、硅、磷、硫等元素。含碳量越高强度越高，但塑性和可焊接性降低。锰、硅元素可提高钢材的强度，并保持一定的塑性。磷、硫是有害元素，磷使钢材冷脆，硫使钢材热脆，且焊接质量也不易保证。通常其含碳量为0.02%～0.60%。碳素钢按其含碳量的不同，又可分为低碳钢(C%＜0.25%)，中碳钢(0.25%≤C%≤0.60%)和高碳钢(C%＞0.60%)。碳素钢根据其中 S、P 等杂质含量的不同，又可分为普通碳素钢(S%≤0.050%、P%≤0.045%)、优质碳素钢(S%≤0.035%、P%≤0.035%)、高级优质碳素钢(S%≤0.025%、P%≤0.025%)和特优质碳素钢(S%≤0.015%、P%≤0.025%)。合金钢是在钢材冶炼过程中，为改善钢性能或使其获得某些特殊性能，加入少量的硅、锰、钒、钛、铬等合金元素即制成普通低合金钢，低合金钢能有效地提高钢材的强度和改善钢材的其他性能。我国普通低合金钢按加入元素种类划分为以下几种体系：锰系(20MnSi、25MnSi)、硅钒系($40Si_2$ MnV、45SiMnV)、硅钛系($45Si_2$ MnTi)、硅锰系($40Si_2Mn$、$48Si_2$ Mn)、硅铬系($45Si_2$ Cr)。钢系名称中前面的数字代表平均含碳量(以 1/10000 计)，部分合金元素的下标数字表示该元素含量的百分数。按合金元素总含量不同，合金钢可分为低合金钢(合金元素总含量＜5%)、中合金钢(合金元素总含量为 5%～10%)和高合金钢(合金元素总含量为＞10%)。

钢筋混凝土结构中的钢筋和预应力混凝土结构中的非预应力钢筋可以使用热轧钢筋。热轧钢筋是低碳钢、普通低合金钢在高温状态下轧制而成。其应力-应变曲线有明显的屈服点和流幅，断裂时有“颈缩”现象，伸长率比较大。热轧钢筋按其强度由低到高可分为 HPB300级(符号Φ)、HRB335 级(符号Φ)、HRBF335 级(符号$Φ^F$)、HRB400 级(Φ) 、 HRBF400 级($Φ^F$) 、RRB400 级($Φ^F$)、HRB500 级(Φ) 和 HRBF500 级($Φ^F$)。

《混凝土结构规范》(GB 50010—2010)规定，纵向受力普通钢筋可采用 HRB400、HRB500、HRBF400、HRBF500，HRB335、RRB400、HPB300 钢筋；梁、柱斜撑构件的纵向受力普通钢筋宜采用 HRB400、HRB500、HRBF400、HRBF500 钢筋；箍筋宜采用 HRB400、HRBF400、HPB300、HRB500、HRBF500 钢筋。

按外形特征，钢筋分为光面钢筋(又称光圆钢筋)和变形钢筋，其中 HPB300 级钢筋的外形为光面圆形，称为光面钢筋；HRB335 级、HRBF335 级、HRB400 级、HRBF400 级、RRB400级、HRB500 级和 HRBF500 级钢筋表面均轧有肋纹，称为变形钢筋(又称带肋钢筋)，如图 2-1 所示。

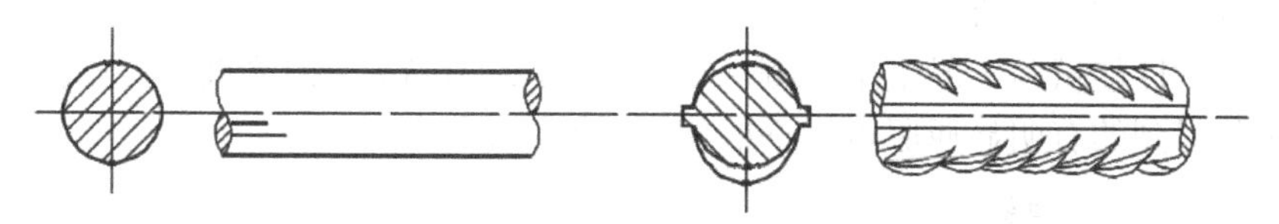

(a) 光面钢筋　　　　(b) 变形钢筋

图 2-1　光面钢筋和变形钢筋

预应力混凝土结构的预应力钢筋宜采用预应力钢丝、钢铰线和预应力螺纹钢筋。钢绞线(见图 2-2)是由多根高强钢丝捻制在一起经过低温回火处理清除内应力后而制成，分为 3 股和 7 股两种。钢丝(见图 2-3)指的是消除应力钢丝，消除应力钢丝是将钢筋拉拔后，校直，经中温回火消除应力并经稳定化处理的钢丝，有光圆钢丝、螺旋肋钢丝和刻痕钢丝三种。螺旋肋钢丝是以普通低碳钢或低合金钢热轧的圆盘条为母材，经冷轧减径后在其表面冷轧成二面或三面有月牙肋的钢筋。光圆钢丝和螺旋肋钢丝按直径可分为ϕ4mm、ϕ5mm，ϕ6mm，ϕ7mm，ϕ8mm 和ϕ9mm 六种。刻痕钢丝是在光圆钢丝的表面进行机械刻痕处理，以增强与混凝土的黏结力，分为ϕ5 mm 和ϕ7 mm 两种。热处理钢筋是将特定的热轧钢筋再通过加热、淬火和回火等热处理工艺处理的钢筋。热处理后钢筋强度得到大幅度提高，而塑性降低并不多。热处理钢筋是硬钢，其应力-应变曲线没有明显的屈服点，伸长率小，材质硬脆。热处理钢筋有 $40Si_2Mn$、$48Si_2$ Mn 和 $45Si_2Cr$ 三种。预应力螺纹钢筋(也称精轧螺纹钢筋，如图 2-4 所示)是在整根钢筋上轧有外螺纹的大直径、高强度、高尺寸精度的直条钢筋。该钢筋在任意截面处都拧上带有内螺纹的连接器进行连接或拧上带螺纹的螺帽进行锚固。

图 2-2　钢绞线

图 2-3　钢丝

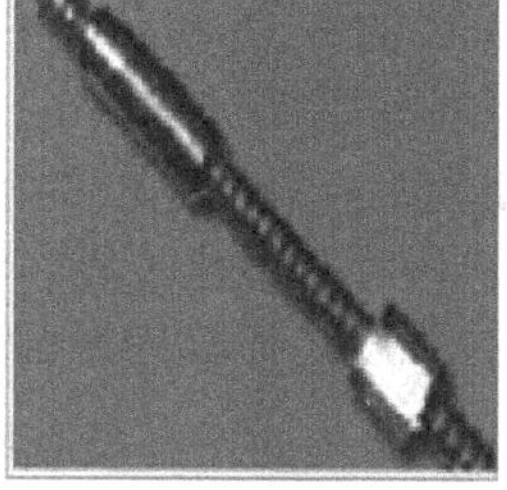

图 2-4　精轧螺纹钢筋

2. 钢筋的强度和变形性能

根据钢筋受拉时应力-应变曲线特征的不同，可将钢筋分为有明显屈服点的钢筋和无明显屈服点的钢筋两类。通常，有明显流幅的钢筋简称为“软钢”，如热轧钢筋；无明显流幅的钢筋简称为“硬钢”，如钢绞线、高强钢丝和热处理钢筋。

1) 有明显屈服点的钢筋

钢筋的力学性能试验一般采用量测标距 l_0 为 $5d$ 或 $10d$(d 为钢筋直径)的试件，图 2-5 所示为试验实测得到的有明显屈服点钢筋的应力-应变曲线。

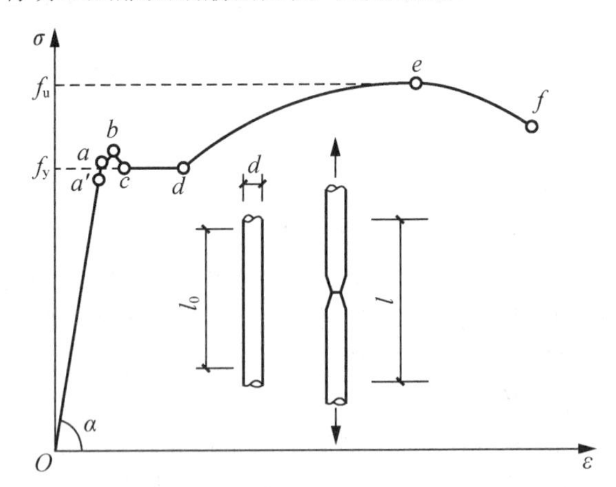

图 2-5　有明显屈服点钢筋的应力-应变曲线

由图 2-5 可知，可分为以下四个阶段。

(1) 弹性阶段：试样在受力时发生变形，卸除拉伸力后变形能完全恢复，该过程为弹性变形阶段。应力和应变保持直线关系的最大应力(a'点对应的应力)称为材料的比例极限 σ_p，低碳钢 σ_p=200MPa。弹性范围内，应力和应变成正比(见式(2-1))，比例系数为弹性模量 E。弹性模量是衡量材料刚度的重要指标，表征金属材料抵抗弹性变形的能力。其值越大，则在相同应力下产生的弹性变形就越小。

$$\sigma_p = E\varepsilon \tag{2-1}$$

过 a'点后，应变的增长速度比应力的增长速度略快，此时应力与应变已不成正比，但在 a 点以前材料仍处于弹性阶段，在 a 点称为弹性极限。

(2) 屈服阶段：应力、应变不再成正比，应力基本不变，但变形增加较快，试件表面可观察到 45° 滑移线，开始出现塑性变形。曲线呈现摆动，摆动的最大应力和最小应力分别称为屈服上限(参见图 2-5 中的 b 点)和屈服下限(参见图 2-5 中的 c 点)。由于屈服下限数值较为稳定，将其定义为材料屈服极限 $\sigma_y = f_{yk}$。屈服强度是设计时钢筋强度取值的依据。

(3) 强化阶段：过 d 点后，随着应变的增加，应力又继续增加，直至应力最大点 e，e 点称为极限抗拉强度，de 段称为强化阶段。钢材受拉力时所能承受的最大应力值称为抗拉强度 σ_b。屈服极限和抗拉强度之比称为屈强比(σ_y/σ_b)，能反映钢材的利用率和结构安全可靠程度。屈强比越小，其结构的安全可靠程度越高，但屈强比过小，则说明钢材强度的利用率偏低，造成钢材浪费。建筑结构合理的屈强比一般为 0.60～0.75。强屈比是钢筋的极限抗拉强度与屈服强度的比值，反映了钢筋的强度储备。

(4) 颈缩阶段：试件局部截面急剧缩小、呈杯状变细，最后断裂，该阶段称为颈缩阶段(如 ef 段)。

对于有明显流幅的钢筋，由于有较长的屈服平台，所以其应力-应变曲线的数学模型经常采用图 2-6 所示的双线性理想弹塑性模型。钢筋受压时的应力-应变关系与受拉时基本相同。其强度的标准值和设计值见表 2-5 和表 2-6。

表 2-5　普通钢筋强度标准值(N/mm²)

牌　号	符　号	公称直径 d(mm)	屈服强度标准值 f_{yk}	极限强度标准值 f_{stk}
HPB300	Φ	6～14	300	420
HRB335	Φ	6～14	335	455
HRB400 HRBF400 RRB400	Φ $Φ^F$ $Φ^R$	6～50	400	540
HRB500 HRBF500	Φ $Φ^F$	6～50	500	630

表 2-6　普通钢筋强度设计值(N/mm²)

牌　号	抗拉强度设计值 f_y	抗压强度设计值 f_y'
HPB300	270	270
HRB335	300	300
HRB400、HRBF400、RRB400	360	360
HRB500、HRBF500	435	410

注：当构件中配有不同种类的钢筋时，每种钢筋应采用各自的强度设计值。对轴心受压构件，当采用 HRB500，HRBF500 钢筋时，钢筋的抗压强度设计值 f_y'应取 400N/mm²，横向钢筋的抗拉张度设计值 f_y 应按表中 f_y 的数值采用；但用作受剪、受扭、受冲切承载力计算时，其数值大于 360N/mm² 时，应取 360N/mm²。

2) 无明显流幅的钢筋

图 2-7 所示为试验实测得到的无明显流幅钢筋的应力-应变曲线。由图可知，在 a 点之前，应力与应变成正比，材料处于线弹性阶段，a 点称为比例极限(约为 0.65 σ_b)。过 a 点以后，应变增长快于应力增长，应力-应变关系为非线性，有一定的塑性变形，但到达极限抗拉强度 σ_b 后，试件很快被拉断，下降段很短，整个应力-应变曲线没有明显的屈服点，破坏前没有明显预兆，破坏呈脆性。

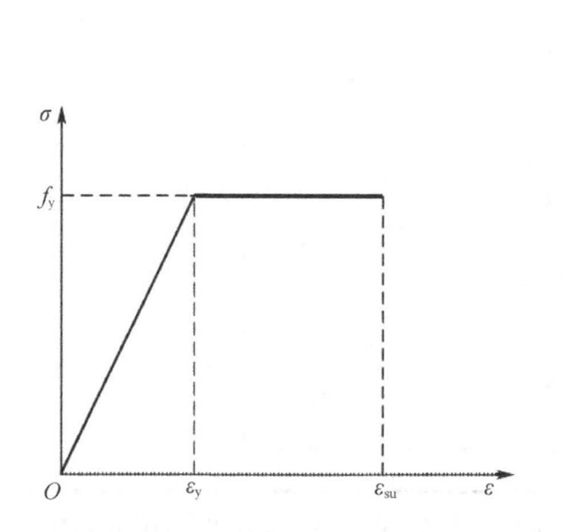

图 2-6　钢筋应力-应变关系的理想弹塑性模型

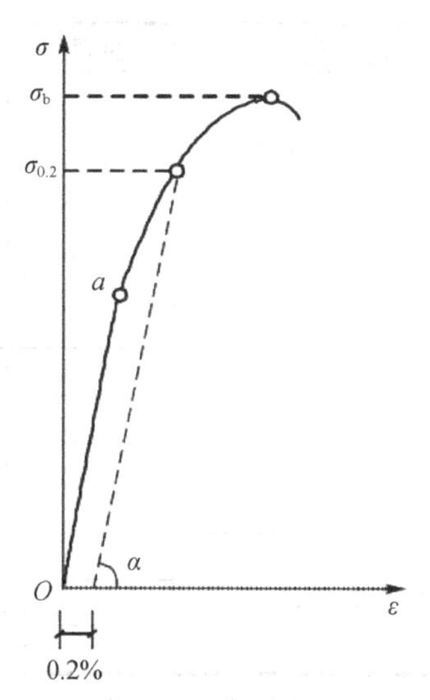

图 2-7　无明显流幅钢筋的应力-应变曲线

对于无明显流幅的钢筋，设计时一般取残余应变为 0.2%时所对应的应力 $\sigma_{0.2}$ 作为强度设计指标，称为条件屈服强度。对于预应力钢丝、钢绞线和热处理钢筋，取用 $0.85\sigma_b$ 作为其条件屈服强度。预应力钢筋强度的标准值和设计取值见表 2-7 和表 2-8。

表 2-7 预应力筋强度标准值(N/mm^2)

种 类		符 号	公称直径 d(mm)	屈服强度标准值 f_{pyk}	极限强度标准值 f_{ptk}
中强度预应力钢丝	光面 螺旋肋	Φ^{PM} Φ^{HM}	5、7、9	620	800
				780	970
				980	1270
预应力螺纹钢筋	螺纹	Φ^{T}	18、25、32、40、50	785	980
				930	1080
				1080	1230
消除应力钢丝	光面 螺旋肋	Φ^{P} Φ^{H}	5	—	1570
				—	1860
			7	—	1570
			9	—	1470
				—	1570
钢绞线	1×3 (三股)	Φ^{s}	8.6、10.8、12.9	—	1570
				—	1860
				—	1960
	1×7 (七股)		9.5、12.7、15.2、17.8	—	1720
				—	1860
				—	1960
			21.6	—	1860

注：极限强度标准值为 1960 N/mm^2 的钢绞线作后张预应力配筋时，应有可靠的工程经验。

表 2-8 预应力筋强度设计值(N/mm^2)

种 类	极限强度标准值 f_{ptk}	抗拉强度设计值 f_{py}	抗压强度设计值 f'_{py}
中强度预应力钢丝	800	510	410
	970	650	
	1270	810	
消除应力钢丝	1470	1040	410
	1570	1110	
	1860	1320	
钢绞线	1570	1110	390
	1720	1220	
	1860	1320	
	1960	1390	
预应力螺纹钢筋	980	650	410
	1030	770	
	1230	900	

注：当预应力筋的强度标准值不符合表 2-8 的规定时，其强度设计值应进行相应的比例换算。

反映钢筋力学性能的基本指标有屈服强度、强屈比、伸长率和冷弯，前两个指标为强度指标，后两个指标为变形指标。

伸长率是试件拉断后标距的伸长量与原始标距的百分比，用 δ 表示。伸长率按下式计算：

$$\delta_n = \frac{L_1 - L_0}{L_0} \times 100\% \tag{2-2}$$

式中：L_0——试件原始标距长度，mm；

L_1——试件拉断后标距部分的长度，mm；

n——L_0/d_0。

对于圆柱形拉伸试样，相应的尺寸为 $L_0=5d_0$ 或 $L_0=10d_0$。这种拉伸试样为比例试样，且前者为短比例试样，后者为长比例试样，所得到的伸长率分别以符号 δ_5 和 δ_{10} 表示。比例试样的尺寸越短，伸长率越大，反映在 δ_5 和 δ_{10} 上的关系是 $\delta_5 > \delta_{10}$。普通钢筋及预应力筋在最大力下的、伸长率 δ_{gt} 不应小于表 2-9 规定的数值。最大力下总伸长率 δ_{gt} 不受断口颈缩区域局部变形的影响，反映了钢筋拉断前达到最大力(极限张度)时的均匀应变，故又称均匀伸长率。

表 2-9　普通钢筋及预应力筋在最大力下的总伸长率限值

钢筋品种	普通钢筋			预应力筋
	HPB300	HRB335、HRB400、HRBF400、HRB500、HRBF500	RRB400	
δ_{gt}(%)	10.0	7.5	5.0	3.5

冷弯性能是指钢材在常温下受弯曲变形的能力。图 2-8 为钢材冷弯试验示意图，钢材的冷弯性能和伸长率均可反映钢材的塑性变形能力，其中，伸长率反映试件均匀变形，而冷弯性能可揭示钢材内部组织是否均匀，是否存在内应力和夹杂物等缺陷。工程中还经常用冷弯试验来检验建筑钢材的焊接质量。α 角越大，D/a 越小，表明试件冷弯性能越好。按规定的弯曲角度 α 和 D/a 值对试件进行冷弯时，试件受弯处不发生裂缝、断裂或起层，即认为冷弯性能合格。

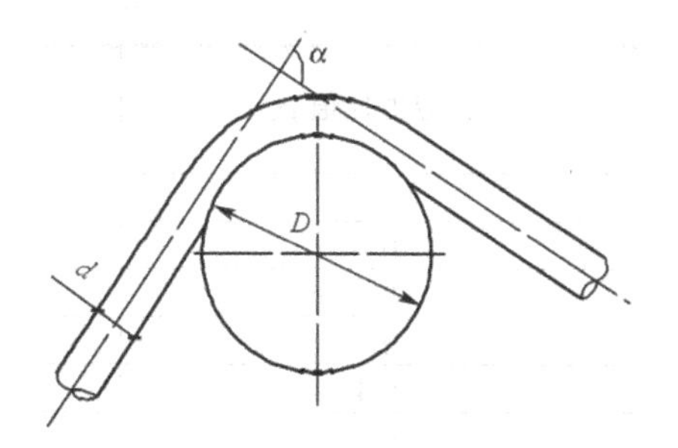

图 2-8　钢材冷弯试验示意图

可焊性是评定钢筋焊接后接头性能的指标。钢筋在焊接后接头处不应产生裂纹及过大变形，以保证焊接接头性能良好。我国生产的热轧钢筋可焊，而高强钢丝和钢绞线不可焊。

3. 钢筋的弹性模量 E_s

钢筋的弹性模量是弹性阶段钢筋的应力与应变的比值，由图 2-5 和图 2-7 所示可知：$E_s = \tan\alpha = \sigma_s / \varepsilon_s$。由于在弹性阶段钢筋的受压性能与受拉性能基本相同，所以同一钢筋的受压与受拉时的弹性模量相同。各类钢筋的弹性模量见表 2-10。

表 2-10 钢筋的弹性模量($\times 10^5$ N/mm^2)

牌号或种类	弹性模量 E_s
HPB300 钢筋	2.10
HRB335、HRB400、HRB500 钢筋	2.00
HRBF335、HRBF400、HRBF500 钢筋 HRBF400 钢筋 预应力螺纹钢筋	2.00
消除应力钢丝、中强度预应力钢丝	2.05
钢绞线	1.95

4. 钢筋的疲劳

钢筋的疲劳是指钢筋在承受重复、周期性的动荷载作用下，经过一定次数后，突然脆性断裂的现象。吊车梁、桥面板和轨枕等承受重复荷载的钢筋混凝土构件有可能会由于疲劳而发生破坏。

影响钢筋疲劳强度的主要因素是钢筋的疲劳应力幅，即一次循环中的最大应力σ_{max}^f与最小应力σ_{min}^f的差值。可见，钢筋的疲劳应力幅$=\sigma_{max}^f-\sigma_{min}^f$。钢筋的疲劳强度是指在某一规定的应力幅度内，经受一定次数循环荷载后发生疲劳破坏的最大应力值。我国要求满足循环次数为 200 万次。普通钢筋和预应力筋的疲劳应力幅限值Δf_y^f和Δf_{py}^f应根据钢筋疲劳应力比值ρ_s^f、ρ_p^f分别按表 2-11、表 2-12 线性内插取值。

表 2-11 普通钢筋疲劳应力幅限值(N/mm^2)

疲劳应力比值 ρ_p^f	疲劳应力幅限值 Δf_y^f	
	HRB335	HRB400
0	175	175
0.1	162	162
0.2	154	156
0.3	144	149
0.4	131	137
0.5	115	123
0.6	97	106
0.7	77	85
0.8	54	60
0.9	28	31

注：当纵向受拉钢筋采用闪光接触对焊连接时，其接头处的钢筋疲劳应力幅限值应按表中数值乘以 0.8 取用。

表 2-12 预应力筋疲劳应力幅限值(N/mm^2)

疲劳应力比值 ρ_p^f	钢绞线 f_{ptk}=1570	消除应力钢丝 f_{ptk}=1570
0.7	144	240
0.8	118	168
0.9	70	88

注：① 当ρ_{sv}^f不小于 0.9 时，可不作预应力筋疲劳验算；

② 当有充分依据时，可对表中规定的疲劳应力幅限值作适当调整。

普通钢筋疲劳应力比值 ρ_s^f 应按下列公式计算：

$$\rho_s^f = \frac{\sigma_{s,min}^f}{\sigma_{s,max}^f} \tag{2-3}$$

式中：$\sigma_{s,min}^f$、$\sigma_{s,max}^f$——构件疲劳验算时，同一层钢筋的最小应力、最大应力。

预应力筋疲劳应力比值 ρ_p^f 应按下列公式计算：

$$\rho_p^f = \frac{\sigma_{p,min}^f}{\sigma_{p,max}^f} \tag{2-4}$$

式中：$\sigma_{p,min}^f$、$\sigma_{p,max}^f$——构件疲劳验算时，同一层预应力钢筋的最小应力、最大应力。

5. 钢筋的冷加工

在常温下用机械的方法对钢筋进行再加工，称为钢筋的冷加工。经过冷加工后，钢筋的力学性能发生了较大的变化。冷加工的工艺有冷拉、冷拔、冷轧和冷轧扭四种，这里介绍常用的冷拉和冷拔。

1) 钢筋的冷拉

冷拉是在常温下用机械方法将有明显屈服点的钢筋拉到超过屈服强度的某一应力值(即强化阶段的某一应力值，参见图 2-9 中的 k 点)，然后卸载至零，是一种用来提高钢筋抗拉强度的方法。由图 2-9 所示可知，经过冷拉的钢筋卸载为零时，留有残余应变 oo'。若卸载后立即重新加载，则应力-应变曲线将沿着 $o'kde$ 变化，k 点为新的屈服点。经冷拉后，钢筋的屈服强度提高，但塑性有所降低，这种现象称为冷拉强化。若卸载后放置一段时间或在人工加热后再进行拉伸，则应力-应变曲线将沿着 $o'k'd'e'$ 变化，k' 点为新的屈服点，这个过程为冷拉时效，经冷拉经时效后，钢筋的屈服强度将进一步提高其屈服台阶得到一定的恢复，这种现象称为时效硬化。冷拉只能提高钢筋的抗拉屈服强度，其抗压屈服强度反而降低 15%左右。因此，设计中不能把冷拉钢筋作受压钢筋使用。另外，冷拉钢筋若需焊接，则应先焊接再冷拉，这是因为焊接时的高温将使冷拉钢筋的冷拉强化效应完全消失。

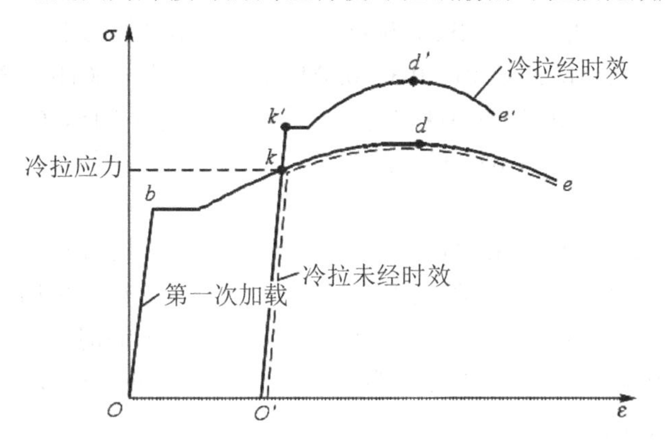

图 2-9　冷拉钢筋的应力-应变曲线

2) 钢筋的冷拔

冷拔是用强力将 ϕ6～ϕ8mm 的 HPB300 级热轧钢筋拔过比其直径还小的硬质合金拔丝模，是一种用来提高钢筋强度的工艺方法，如图 2-10 所示。

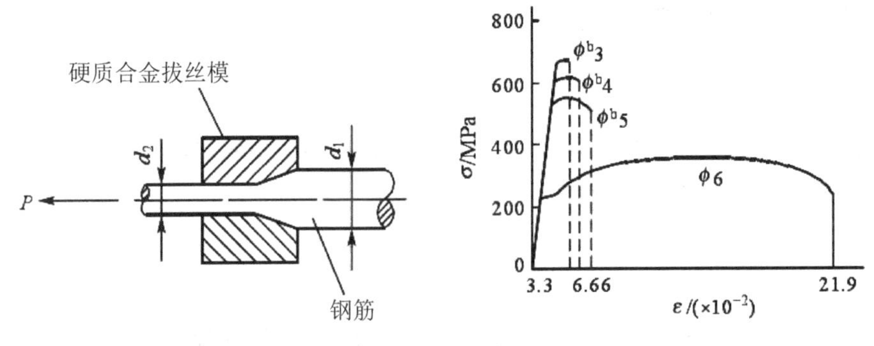

图 2-10　钢筋的冷拔

热轧钢筋经过冷拔，其强度提高较多，但塑性也降低许多；并随着冷拔次数的增加，强度不断提高，塑性也不断降低；且经冷拔后钢筋已从软钢变成硬钢。冷拔可同时提高钢筋的抗拉强度和抗压强度。

2.2.2　混凝土材料的选择

实际工程中，混凝土结构内的混凝土一般处于复合应力状态，但是单轴向应力状态下的混凝土强度是复合应力状态下混凝土强度的基础和重要参数。

1. 单轴向应力状态下的混凝土的强度

1) 混凝土的立方体抗压强度和强度等级

立方体抗压强度是确定混凝土强度等级的依据，是混凝土力学性能指标的基本代表值。现行国家标准《普通混凝土力学性能试验方法标准》(GB/T 50081—2002)规定：以标准方法制作的边长为 150mm 的立方体试块，在标准条件下(温度(20±2)℃，相对湿度不低于 95%)养护 28d 或设计规定龄期，按标准试验方法加载至破坏，测得的具有 95%以上保证率，按混凝土强度总体分布的平均值减去 1.645 倍标准差的原则确定，作为混凝土立方体抗压强度的标准值，用 $f_{cu,k}$ 表示，单位为 MPa。标准试验方法是指试件的承压面不涂润滑剂，加荷速度分别为每秒 0.3～0.5MPa(<C30)、0.5～0.8MPa(≥C30 且<C60)和 0.8～1.0MPa(≥C60)。《混凝土结构设计规范》(GB 50010)规定的混凝土强度等级有 C15、C20、C25、C30、C35、C40、C45、C50、C55、C60、C65、C70、C75 和 C80，共 14 个等级，其中 C50～C80 属于高强度混凝土。

《混凝土结构设计规范》(GB 50010)规定：钢筋混凝土结构的混凝土强度等级不应低于 C15；当采用 HRB335 级钢筋时，混凝土强度等级不宜低于 C20；当采用 HRB400 和 RRB400 级钢筋时，混凝土强度等级不得低于 C25；承受重复荷载的钢筋混凝土构件，混凝土强度等级不应低于 C30。预应力混凝土结构的混凝土强度等级不应低于 C30，不宜低于 C40。

2) 混凝土的轴心抗压强度

用标准棱柱体试件测定的混凝土抗压强度，称为混凝土的轴心抗压强度或棱柱体抗压强度。标准棱柱体试件是以边长为 150mm×150mm×300mm 的棱柱体作为混凝土轴心抗压强度试验的标准试件。棱柱体试件和立方体试件的制作与养护条件相同，试验时试件上下表面不涂润滑剂，棱柱体抗压试验及试件破坏情况如图 2-11 所示。

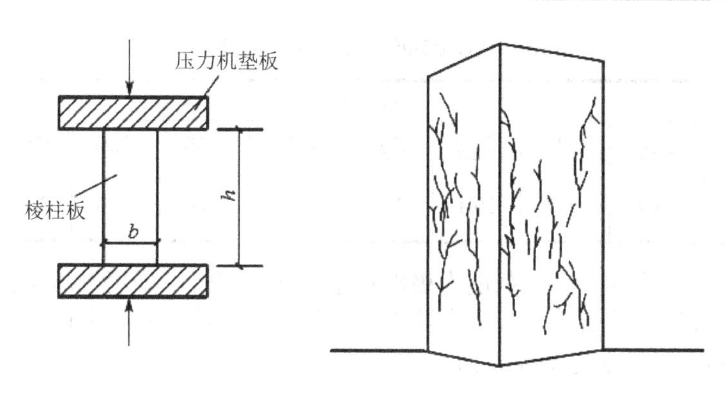

图 2-11　混凝土棱柱体抗压实验和破坏情况

试验表明，当试件的高宽比 $h/b<2$ 时，由于试件端部摩擦力对中部截面具有约束作用，测得的抗压强度比实际的高。当试件的高宽比 $h/b>3$ 时，由于试件破坏前附加偏心的影响，测得的抗压强度比实际的低。而当高宽比 h/b 为 2 ～ 3 时，可基本消除上述两种因素的影响，测得的抗压强度接近实际情况。

图 2-12 所示是我国所做的混凝土棱柱体与立方体抗压强度对比试验的结果。以标准棱柱体试件测得的具有 95%保证率的抗压强度称为混凝土轴心抗压强度标准值，用符号 f_{ck} 表示。

$$f_{ck}=0.88\alpha_{c1}\alpha_{c2}f_{cu,k} \tag{2-5}$$

式中：α_{c1}——轴心抗压强度与立方体抗压强度的比值，当混凝土强度等级≤C50 时取 $\alpha_{c1}=0.76$，C80 时取 $\alpha_{c1}=0.82$，其间按线性内插法确定；

α_{c2}——混凝土的脆性折减系数，当混凝土强度等级≤C40 时取 $\alpha_{c2}=1.0$，C80 时取 $\alpha_{c2}=0.87$，其间按线性内插法确定。

混凝土轴心抗压强度的标准值 f_{ck} 应按表 2-13 采用。

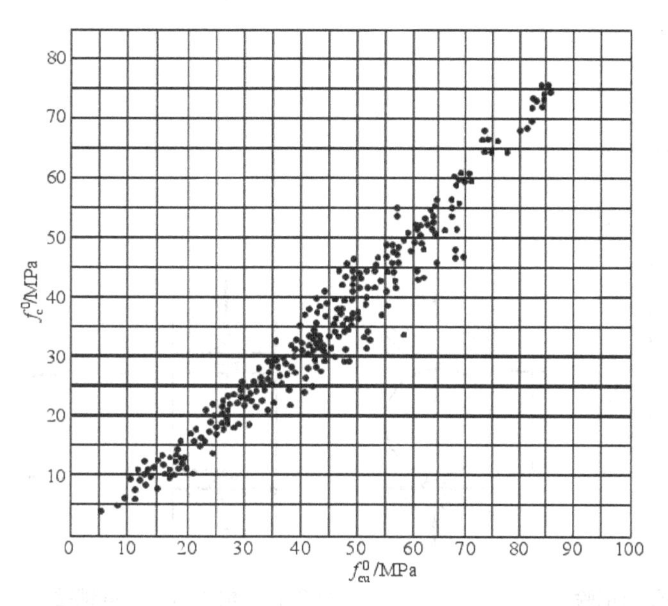

图 2-12　混凝土轴心抗压强度与立方体抗压强度的关系

表 2-13　混凝土轴心抗压强度标准值(N/mm²)

强　度	混凝土强度等级										
	C15	C20	C25	C30	C35	C40	C45	C50	C55	C60	C65
f_{ck}	10.0	13.4	16.7	20.1	23.4	26.8	29.6	32.4	35.5	38.5	41.5

为保证结构的安全性，在承载能力极限状态设计计算时，采用混凝土强度的设计值，混凝土轴心抗压强度设计值等于混凝土轴心抗压强标准值除以混凝土材料分项系数γ_c，并取$\gamma_c=1.4$。轴心抗压强度设计值f_c为

$$f_c = f_{ck}/\gamma_c \tag{2-6}$$

混凝土轴心抗压强度的设计值f_c应按表 2-14 采用。

表 2-14　混凝土轴心抗压强度设计值(N/mm²)

强　度	混凝土强度等级										
	C15	C20	C25	C30	C35	C40	C45	C50	C55	C60	C65
f_c	7.2	9.6	11.9	14.3	16.7	19.1	21.1	23.1	25.3	27.5	29.7

3) 混凝土的轴心抗拉强度

抗拉强度是混凝土的基本力学指标之一，可采用图 2-13 所示的轴心受拉试验方法确定。国家标准《普通混凝土力学性能试验方法》(GB/T 50081—2002)给出了劈裂抗拉强度的标准试验方法(参见图 2-14)，并规定混凝土劈裂抗拉强度按下式计算。

$$f_{ts} = \frac{2F}{\pi A} \tag{2-7}$$

式中：F——破坏荷载；

A——试件劈裂面面积。

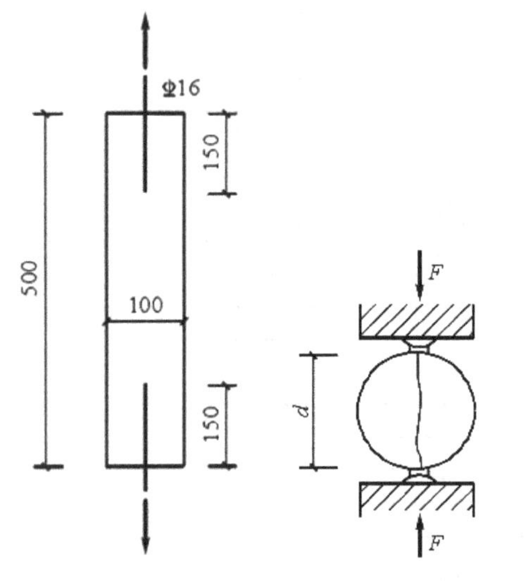

图 2-13　轴心受拉试验

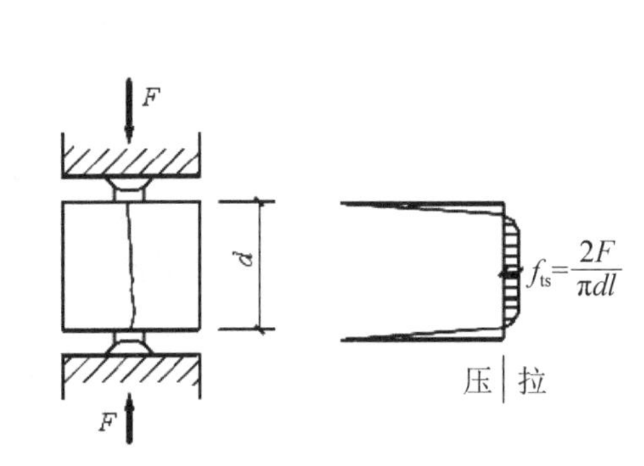

图 2-14　劈裂抗拉强度试验

混凝土轴心抗拉强度的标准值 f_{tk} 应按表 2-15 采用。

表 2-15　混凝土轴心抗拉强度标准值(N/mm^2)

强度	混凝土强度等级										
	C15	C20	C25	C30	C35	C40	C45	C50	C55	C60	C65
f_{tk}	1.27	1.54	1.78	2.01	2.20	2.39	2.51	2.64	2.74	2.85	2.93

混凝土轴心抗拉强度设计值等于混凝土轴心抗拉强标准值除以混凝土材料分项系数 γ_c，并取 $\gamma_c = 1.4$。轴心抗拉强度设计值 f_t 为

$$f_t = f_{tk} / \gamma_c \tag{2-8}$$

混凝土轴心抗压强度的设计值 f_t 应按表 2-16 采用。

表 2-16　混凝土轴心抗拉强度设计值(N/mm^2)

强度	混凝土强度等级										
	C15	C20	C25	C30	C35	C40	C45	C50	C55	C60	C65
f_t	0.91	1.10	1.27	1.43	1.57	1.71	1.80	1.89	1.96	2.04	2.09

2. 复合应力状态下的混凝土强度

实际结构中的混凝土大多处于复合应力状态，有处于双向应力状态、三向受压应力状态、法向应力和剪应力共同作用状态等。

1) 双向应力状态下的混凝土强度

试验一般采用正方形混凝土板试件，试验时沿板平面内的两对边分别作用法向应力 σ_1 和 σ_2 而沿板厚方向的 σ_3，板处于平面应力状态。试验测得的双向应力状态下混凝土强度的变化规律如图 2-15 所示。

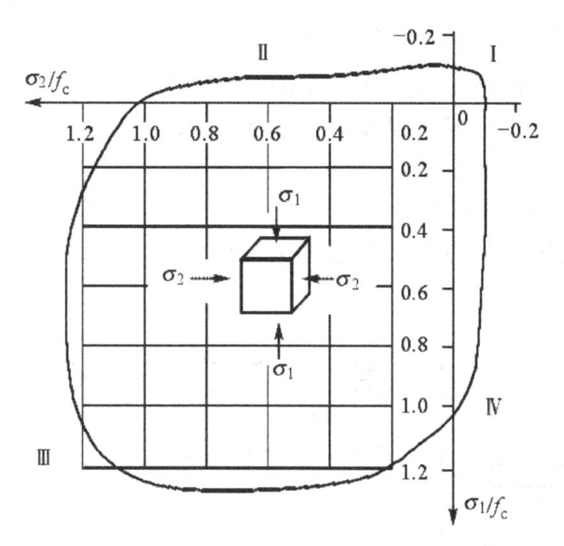

图 2-15　双向应力状态下的混凝土强度

由图 2-15 可知，当混凝土处于双向受压(第Ⅲ象限)时，一向的抗压强度随另一向压应力的增加而增加，最多可提高约 27%。当混凝土处于双向受拉(第Ⅰ象限)时，一向的拉应力对另一向的抗拉强度影响小，即混凝土双向受拉时与单向受拉时的抗拉强度基本相等。当混凝土处于一向受压、一向受拉(第Ⅱ、Ⅳ象限)时，一向的强度随另一向应力的增加而降低。

2) 三向受压应力状态下的混凝土强度

三向受压应力状态下混凝土的侧向压力 σ_2 约束了混凝土受压后的横向变形，对竖向裂缝的产生和发展起到抑制作用，所以混凝土的强度和变形能力都得到了明显提高(见图 2-16)，其竖向抗压强度可按式(2-9)计算：

$$f'_{cc}=f'_c+(4.5\sim7.0)\sigma_2 \tag{2-9}$$

式中：f'_{cc}——有侧向压力约束圆柱体试件的轴心抗压强度；

f'_c——无侧向压力约束圆柱体试件的轴心抗压强度；

σ_2——侧向约束压应力。

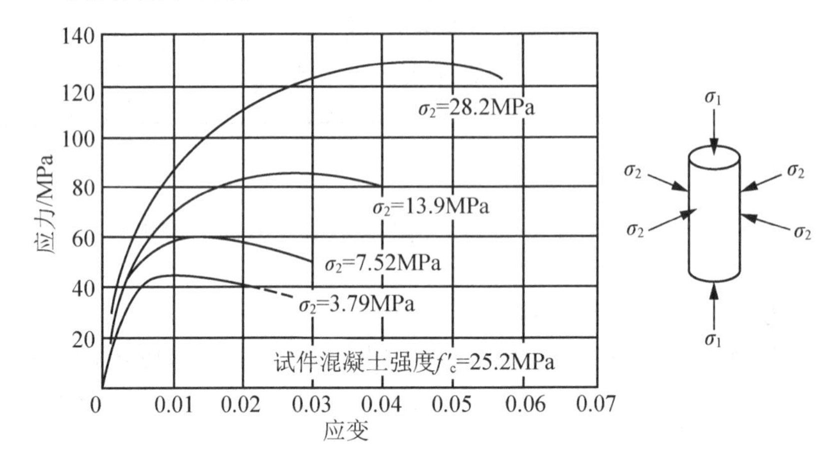

图 2-16 三向受压应力状态下混凝土的应-力应变曲线

工程实际中，可以利用三向受压混凝土的这种特性，来提高混凝土的抗压强度和变形能力，如采用螺旋箍筋、加密箍筋以及钢管等约束混凝土等。

3) 法向应力和剪应力共同作用下的混凝土强度

钢筋混凝土梁弯剪区段的剪压区是典型的同时受剪应力和压应力共同作用的情形。法向应力和剪应力共同作用下的混凝土强度试验通常使用空心薄壁圆柱体试件为试验结果，如图 2-17 所示。

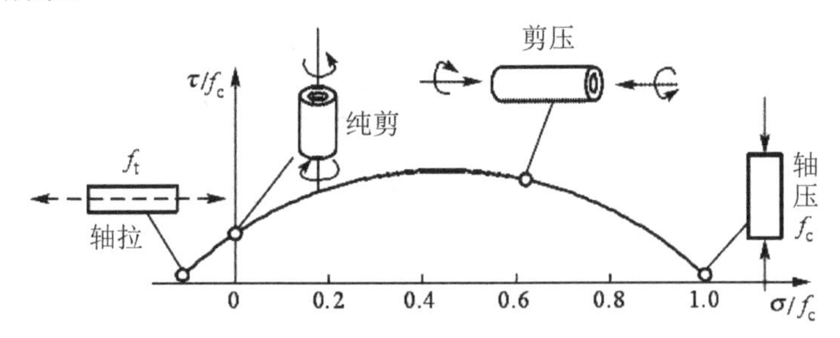

图 2-17 法向应力和剪应力共同作用下混凝土强度的变化规律

3. 混凝土的变形

混凝土的变形可分为两类：一类是荷载作用下的受力变形，包括一次短期加载、荷载长期作用和荷载重复作用下的变形；另一类是非荷载原因引起的体积变形，包括混凝土的收缩、膨胀以及温度变形。

1) 一次短期加载下混凝土的变形性能

一次短期加载是指荷载从零开始单调增加至试件破坏，也称单调加载。

混凝土受压的应力-应变曲线包括上升段和下降段两个部分，如图 2-18 所示。上升段(*OC*)又可分为三段(*OA*、*AB*、*BC*)。第一阶段(*OA*)：从加载至应力为(0.3～0.4)f_e 的 *A* 点，混凝土的变形主要是骨料和水泥晶体受力后产生的弹性变形，*A* 点称为比例极限。第二阶段(*AB* 段)：超过 *A* 点，进入裂缝稳定发展的第二阶段，至临界点 *B*，此点应力可以作为混凝土长期抗压强度的依据；第三阶段(*BC* 段)：超过 *B* 点，进入裂缝不稳定发展的第三阶段，至峰点 *C*，此点应力为混凝土的轴心抗压强度 f_e，相应的应变称为峰值应变 ε_0。其值在 0.0015～0.0025 之间波动，对于强度≤C50 的混凝土，通常取 $\varepsilon_0 = 0.002$。第四阶段(*CD* 段)下降段：超过峰点 *C* 之后，混凝土内部结构的整体性受到越来越严重的破坏，传递荷载的路线不断减少，试件的平均应力强度下降，直到曲线出现拐点 *D*。第五阶段(*DE* 段)：超过拐点 *D* 之后，此阶段只靠骨料间的咬合力、摩擦力以及残余的承压面来承受荷载，直至曲线中曲率最大的收敛点 *E*。从收敛点 *E* 以后的曲线称为收敛段，这时贯通的主裂缝已很宽，内聚力已几乎耗尽。混凝土应力-应变曲线的形状和特征是混凝土内部结构发生变化的力学标志。不同强度混凝土的应力-应变曲线如图 2-19 所示。

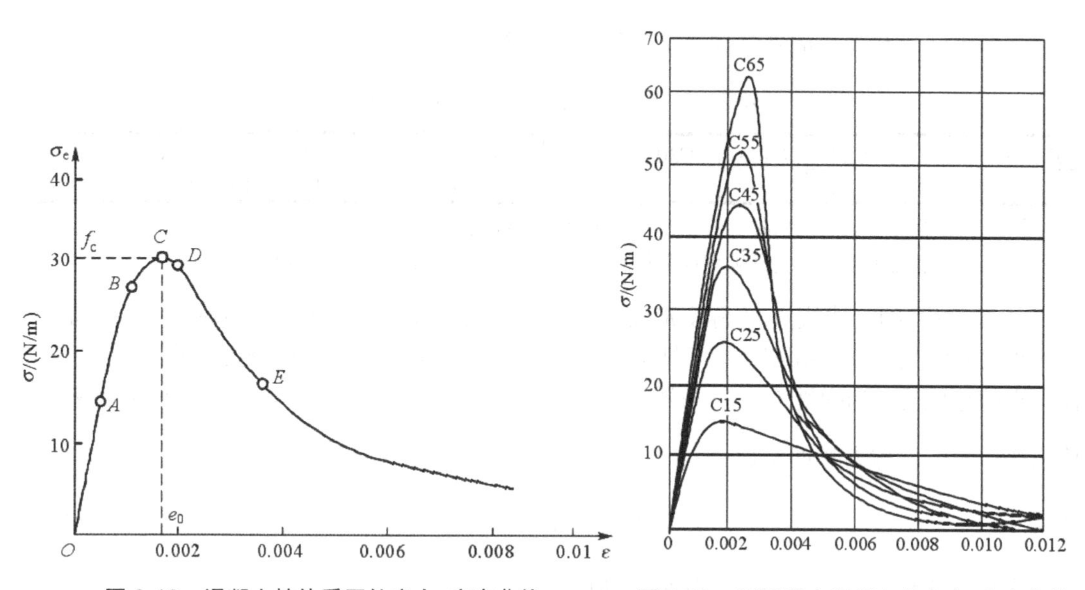

图 2-18　混凝土柱体受压的应力-应变曲线　　图 2-19　不同强度混凝土的应力-应变曲线

2) 混凝土本构关系

混凝土的抗压强度及抗拉强度的平均值 f_{cm}、f_{tm} 可按下列公式计算：

$$f_{cm} = f_{ck} /(1-1.645\delta_c) \tag{2-10}$$

$$f_{tm} = f_{tk} /(1-1.645\delta_c) \tag{2-11}$$

式中：f_{cm}、f_{ck}——混凝土抗压强度的平均值、标准值；

f_{tm}、f_{tk}——混凝土抗拉强度的平均值、标准值；

δ_c——混凝土强度变异系数，宜根据试验统计确定。

混凝土本构模型应适用于下列条件：①混凝土强度等级C20～C80；②混凝土质量密度2200～2400kg/m^3；③正常温度、湿度环境；④正常加载速度。

3) 混凝土的变形模量

在计算混凝土构件的变形等时，需用到混凝土的变形模量。混凝土的应力-应变关系是一条曲线，即受力过程中混凝土的应力与应变之比是一个变数，所以混凝土的变形模量有弹性模量、割线模量和切线模量三种表示方法。

(1) 混凝土的弹性模量(即原点切线模量)。混凝土的弹性模量为混凝土的应力-应变曲线在原点的切线的斜率，用E_c表示，即$E_c=\tan\alpha=\mathrm{d}\sigma/\mathrm{d}\varepsilon\big|_{\sigma=0}$，如图2-20(a)所示。

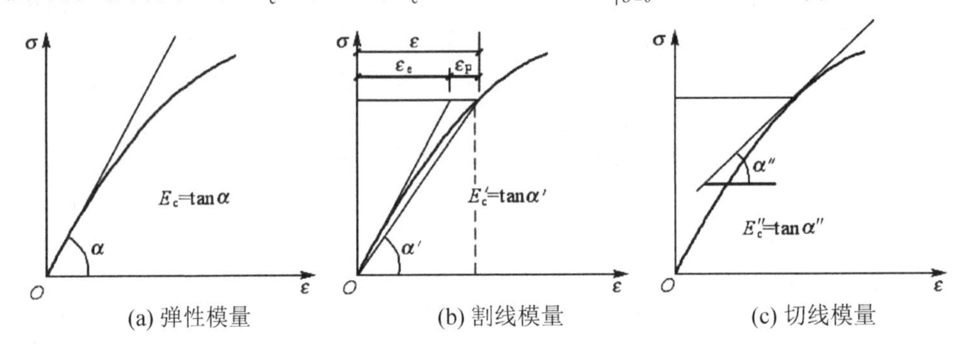

(a) 弹性模量　(b) 割线模量　(c) 切线模量

图2-20　混凝土的变形模量

混凝土受压和受拉的弹性模量E_c宜按表2-17采用。

表2-17　混凝土的弹性模量(×10^{4}N/mm^2)

强　度	C15	C20	C125	C30	C35	C40	C45	C50	C55	C60	C65
E_c	2.20	2.55	2.80	3.00	3.15	3.25	3.35	3.45	3.55	3.60	3.65

注：① 当有可靠试验依据时，弹性模量可根据实测数据确定；

② 当混凝土中掺有大量矿物掺和料时，弹性模量可按规定龄期根据实测数据确定。

(2) 混凝土的割线模量(也称变形模量)。混凝土的割线模量为混凝土的应力-应变曲线上任一点处割线的斜率，用E_c'表示，即$E_c'=\tan\alpha'=\sigma/\varepsilon$，如图2-20(b)所示。在弹塑性阶段，任一点的总应变ε为弹性应变ε_e与塑性应变ε_p之和，即$\varepsilon=\varepsilon_e+\varepsilon_p$。同时，将弹性应变$\varepsilon_e$与总应变$\varepsilon$的比值称为弹性系数$\nu$，即：$\nu=\varepsilon_e/\varepsilon$。因此有：

$$E_c'=\sigma/\varepsilon=\frac{E_c\varepsilon_e}{\varepsilon}=\nu E_c \tag{2-12}$$

弹性系数ν随应力的增大而减小，其值为1～0.5。

(3) 混凝土的切线模量。混凝土的切线模量为混凝土的应力-应变曲线上任一点处切线的斜率，用E_c''表示，即$E_c''=\tan\alpha''=\mathrm{d}\sigma/\mathrm{d}\varepsilon$，如图2-20(c)所示。切线模量$E_c''$随应力的增大而减小，主要用于非线性分析中的增量法。

4) 荷载长期作用下混凝土的变形性能——徐变

混凝土在荷载的长期作用下，其应变或变形随时间增长的现象称为徐变，徐变用符号ε_{cr}

表示。图 2-21 所示是某混凝土试件在长期荷载作用下测得的应变和时间的关系曲线。其应变包括收缩应变 ε_{sh}、加载时的瞬时应变 ε_{ch} 和由于荷载长期作用而产生的徐变 ε_{cr} 三部分。徐变随时间的变化规律是：前 4 个月徐变增长较快，半年内可完成总徐变量的 70%～80% 以后增长逐渐缓慢，2～3 年后趋于稳定。

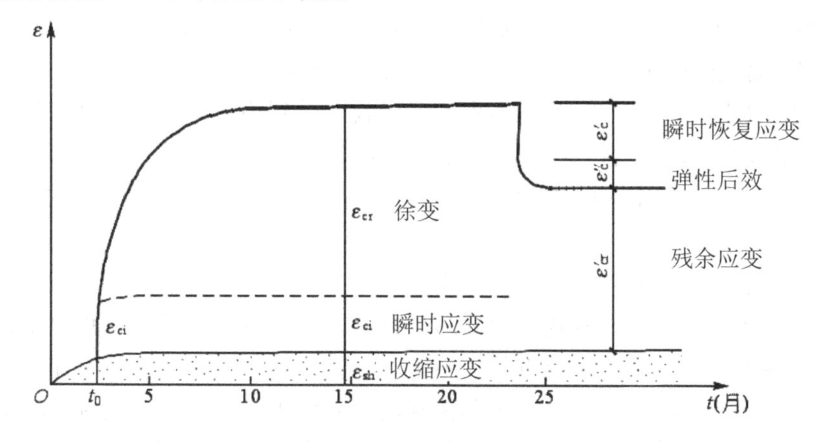

图 2-21　混凝土的徐变(应变和时间的关系曲线)

徐变的产生，通常可归结为以下两个方面：当应力较小时，混凝土中的水泥凝胶体在荷载长期作用下产生黏性流动；当应力较大时，混凝土内部的微裂缝在荷载长期作用下不断地出现和发展。

影响徐变的因素主要有以下几个。

(1) 长期作用的压应力的大小是影响混凝土徐变的主要因素之一。当初始应力大于 $0.8f_c$ 时，混凝土内部的微裂缝进入非稳定发展阶段，徐变的发展最终将导致混凝土破坏，所以取 $0.8f_c$ 作为混凝土的长期抗压强度。

(2) 混凝土的材料组成是影响徐变的内在因素。水泥用量越多、水灰比越大，徐变就越大；骨料的弹性模量越大以及骨料所占的体积比越大，徐变就越小。

(3) 外部环境包括养护和使用的条件。养护时的湿度越大、温度越高，徐变就越小；使用时的湿度越小、温度越低，徐变就越大。

(4) 加载的龄期越早，徐变就越大；构件的体积与表面积之比值越大，徐变就越小。

5) 混凝土的收缩、膨胀和温度变形

混凝土在空气中结硬时其体积会缩小，这种现象称为混凝土的收缩。而混凝土在水中结硬时体积会膨胀，但混凝土的膨胀值一般较小，对结构的影响一般也较小，所以经常不予考虑。

一般情况下，混凝土最终的收缩应变为$(2\sim5)\times10^{-4}$，而混凝土开裂时的拉应变为$(0.5\sim2.7)\times10^{-4}$，可见收缩应变如受到约束，很容易导致混凝土开裂。

混凝土的收缩和膨胀与外荷载无关。一般认为混凝土的收缩主要有两方面的原因：一是凝胶体本身的体积收缩(凝缩)；二是混凝土因失水而产生的体积收缩(干缩)。

影响混凝土收缩的主要因素有：① 水泥的品种和用量：早强水泥比普通水泥的收缩量大 10%左右；水泥用量越多，水灰比越大，水泥强度等级越高，收缩越大。② 骨料的性质、粒径和含量：骨料含量越大、弹性模量越高，收缩量越小；骨料粒径大，对水泥浆体收缩的约束大，且达到相同稠度所需的用水量少，收缩量也小。③ 养护条件：完善及时的养护、高温高湿养护、蒸汽养护等工艺加速水泥的水化作用，减少收缩量。④ 使用期的环境条件：构件周围所处的温度高，湿度低，都增大水分的蒸发，收缩量大。⑤ 构件的形状和尺寸：混凝土中的水分必须由结构的表面蒸发。因此结构的体积与表面积之比或线形构件的截面面积和截面周界长度之比增大，水分蒸发量减小，表面碳化面积也小，收缩量减小。⑥ 配制混凝土的各种添加剂、构件的配筋率、混凝土的受力状态等在不同程度上影响收缩量。

对钢筋混凝土构件来讲，收缩是不利的。当收缩受到约束时，收缩会使混凝土内部产生拉应力，进而导致构件开裂。在预应力混凝土结构中收缩会导致预应力损失，降低构件的抗裂性能。此外，某些对跨度比较敏感的超静定结构(如拱结构)，混凝土的收缩也会引起不利的内力。

6) 荷载重复作用下混凝土的变形与疲劳

将结构或构件加载至某一荷载，然后卸载至零，并把这一循环多次重复下去，称之为重复加荷。混凝土的疲劳是在荷载重复作用下产生的。混凝土在荷载重复作用下引起的破坏称为疲劳破坏。例如，吊车梁受到吊车荷载的重复作用、桥梁结构受到车辆荷载的重复作用以及港口海岸结构受到波浪荷载的重复作用而损伤，都属于疲劳破坏现象。疲劳破坏的特征是裂缝小而变形大。

在重复荷载作用下，混凝土的强度和变形都有着重要的变化。图 2-22 所示是混凝土棱柱体标准试件在多次重复荷载作用下的应力-应变曲线。从图中可以看出，当一次加载应力 σ_1 小于混凝土的疲劳强度 f_c^f 时，其加载卸载应力-应变曲线 *OAB* 形成了一个环状。而在多次加载、卸载作用下，应力-应变环会越来越闭合，最后闭合成一条直线。当一次加载应力 σ_3 大于混凝土的疲劳强度 f_c^f 时，在经过多次重复加载、卸载后，其应力-应变曲线由凸向应力轴而逐渐变成凹向应力轴，加载、卸载不能形成封闭环，这标志着混凝土内部微裂缝的发展加剧，试件趋近破坏。随着重复荷载次数的增加，应力-应变曲线倾角不断减小，当荷载重复到每一特定的次数时，混凝土试件由于内部严重开裂或变形过大而导致破坏。

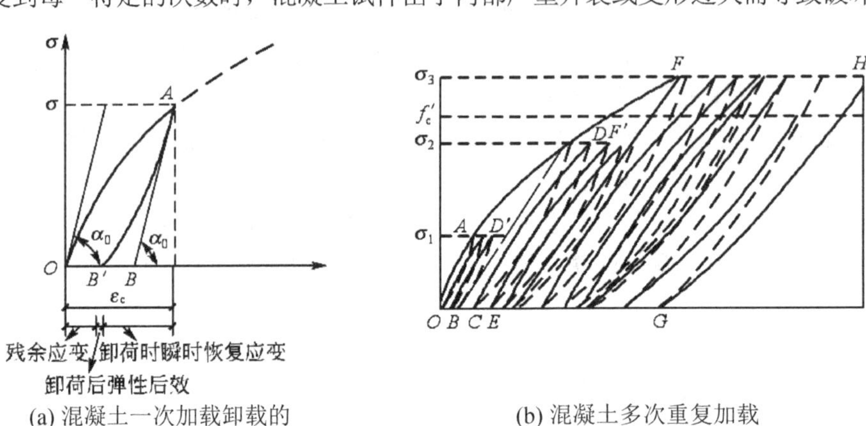

(a) 混凝土一次加载卸载的应力-应变曲线

(b) 混凝土多次重复加载卸载的应力-应变曲线

图 2-22　混凝土在重复荷载下的应力-应变曲线

混凝土疲劳试验采用 100mm×100mm×300mm 或 150mm×150mm×450mm 的棱柱体试件，把能使棱柱体试件承受 200 万次或以上循环荷载而发生破坏的压力值称为混凝土的疲劳抗压强度。试验表明，混凝土的轴心抗压疲劳强度低于其轴心抗压强度，其值与应力变化的幅度有关。因此，混凝土的轴心抗压疲劳强度 f_c^f、轴心抗拉疲劳强度 f_t^f 设计值应按下式计算：

$$f_c^f = \gamma_\rho f_c \tag{2-13}$$

$$f_t^f = \gamma_\rho f_t \tag{2-14}$$

式中：γ_ρ——混凝土的疲劳强度修正系数(见表 2-18、表 2-19)，当混凝土承受拉-压疲劳应力作用时，疲劳强度修正系数 γ_ρ 取 0.6。

表 2-18　混凝土受压疲劳强度修正系数 γ_ρ

ρ_c^f	$0 \leqslant \rho_c^f < 0.1$	$0.1 \leqslant \rho_c^f < 0.2$	$0.2 \leqslant \rho_c^f < 0.3$	$0.3 \leqslant \rho_c^f < 0.4$	$0.4 \leqslant \rho_c^f < 0.5$	$\rho_c^f \geqslant 0.5$
γ_ρ	0.68	0.74	0.80	0.86	0.93	1.00

表 2-19　混凝土受拉疲劳强度修正系数 γ_ρ

ρ_c^f	$0 < \rho_c^f < 0.1$	$0.1 \leqslant \rho_c^f < 0.2$	$0.2 \leqslant \rho_c^f < 0.3$	$0.3 \leqslant \rho_c^f < 0.4$	$0.4 \leqslant \rho_c^f < 0.5$
γ_ρ	0.63	0.66	0.69	0.72	0.74
ρ_c^f	$0.5 \leqslant \rho_c^f < 0.6$	$0.6 \leqslant \rho_c^f < 0.7$	$0.7 \leqslant \rho_c^f < 0.8$	$\rho_c^f \geqslant 0.8$	—
γ_ρ	0.76	0.80	0.90	1.00	—

注：直接承受疲劳荷载的混凝土构件，当采用蒸汽养护时，养护温度不宜高于 60℃。

混凝土疲劳应力比值 ρ_c^f 应按下列公式计算：

$$\rho_c^f = \frac{\sigma_{c,\min}^f}{\sigma_{c,\max}^f} \tag{2-15}$$

式中：$\sigma_{c,\min}^f$、$\sigma_{c,\max}^f$——构件疲劳验算时，截面同一纤维上混凝土的最小应力、最大应力。

混凝土疲劳变形模量应按表 2-20 采用。

表 2-20　混凝土的疲劳变形模量($\times 10^4$ N/mm^2)

强度等级	C30	C35	C40	C45	C50	C55	C60	C65	C70	C75	C80
E_c^f	1.30	1.40	1.50	1.55	1.60	1.65	1.70	1.75	1.80	1.85	1.90

当温度在 0～100℃范围内时，混凝土的热工参数可按下列规定取值：

线膨胀系数 α_c：1×10^{-5}/℃；

导热系数 λ：10.6kJ/(m·h·℃)；

比热容 C：0.96 kJ /(kg·℃)。

2.2.3　钢筋与混凝土的相互作用

在钢筋混凝土结构中，钢筋与混凝土接触面上的纵向剪应力称为黏结应力，简称黏结力。为使钢筋和混凝土能有效协同工作，除了两者具有相近的温度线膨胀系数之外，混凝土与钢筋之间必须要有适当的黏结强度。这种黏结强度，主要来源于混凝土与钢筋之间的摩擦力、钢筋与水泥之间的黏结力及变形钢筋的表面机械啮合力。黏结强度与混凝土质量有关，与混凝土抗压强度成正比。同时为了保证钢筋混凝土构件在工作时钢筋不被从混凝土中拔出或压出，能够与混凝土更好地工作，还要求钢筋具有良好的锚固。黏结和锚固是钢筋和混凝土形成整体、共同工作的基础。光面钢筋与变形钢筋黏结机理的主要区别是：光面钢筋的黏结力主要来自胶结力和摩擦力，而变形钢筋的黏结力主要来自机械咬合力。

1. 影响黏结强度的因素

钢筋与混凝土之间的黏结强度受许多因素的影响，主要有混凝土强度、钢筋外形、混凝土保护层厚度和钢筋净距、横向配筋、受力情况和浇筑混凝土时钢筋的位置等。

(1) 混凝土强度。混凝土强度越高，黏结强度越大。试验表明，黏结强度与混凝土抗拉强度 f_t，成正比例。

(2) 钢筋外形。钢筋外形对黏结强度的影响很大，变形钢筋的黏结强度远高于光面钢筋。

(3) 混凝土保护层厚度和钢筋净距。试验表明，混凝土保护层厚度对光面钢筋的黏结强度影响很小，而对变形钢筋的影响十分显著。适当增大混凝土保护层厚度和钢筋净距，可以提高黏结强度。

(4) 横向配筋。混凝土构件中配有横向钢筋可以有效地抑制混凝土内部裂缝的发展提高黏结强度。

(5) 受力情况。支座处的反力等侧向压力可增大钢筋与混凝土接触面的摩擦力，提高黏结强度。剪力产生的斜裂缝将使锚固钢筋受到销栓作用而降低黏结强度。在重复荷载或反复荷载作用下，钢筋与混凝土之间的黏结强度将退化。

(6) 浇筑混凝土时钢筋的位置。对于大厚度混凝土结构而言，当混凝土浇筑深度超过300mm 时，钢筋底面的混凝土由于离析泌水、沉淀收缩和气泡溢出等原因，使混凝土与其上部的水平钢筋之间产生空隙层，从而削弱了钢筋与混凝土之间的黏结作用。

2. 钢筋的锚固

钢筋与混凝土的黏结用构造措施来保证：对于不同强度等级的混凝土和钢筋，规定了钢筋的最小锚固长度和搭接长度；钢筋之间要有最小间距和混凝土的最小保护层厚度；钢筋接头范围内的箍筋要加密；钢筋端部要设置弯钩。

1) 受拉钢筋的锚固长度

钢筋的锚固长度主要取决于钢筋强度、混凝土抗拉强度，并与钢筋的外形有关。当计算中充分利用钢筋的抗拉强度时，受拉钢筋的锚固长度应按下式计算：

普通钢筋的基本锚固长度：
$$l_{ab}=\alpha\frac{f_y}{f_t}d \tag{2-16}$$

预应力筋的基本锚固长度：
$$l_{ab}=\alpha\frac{f_{py}}{f_t}d \tag{2-17}$$

式中：l_{ab}——受拉钢筋的基本锚固长度；

f_y、f_{py}——普通钢筋、预应力筋的抗拉强度设计值；

f_t——混凝土轴心抗拉强度设计值，当混凝土强度等级高于 C60 时，按 C60 取值；

d ——锚固钢筋的直径；

α ——锚固钢筋的外形系数，按表 2-21 取用。

表 2-21　锚固钢筋的外形系数 α

钢筋类型	光圆钢筋	带肋钢筋	螺旋肋钢筋	三股钢绞线	七股钢绞线
α	0.16	0.14	0.13	0.16	0.17

注：光圆钢筋末端应做 180° 弯钩，弯后平直段长度不应小于 3d，但作受压钢筋时可不做弯钩。

受拉钢筋的锚固长度应根据锚固条件按下列公式计算，且不应小于 200mm：

$$l_a = \zeta_a l_{ab} \tag{2-18}$$

式中：l_a ——受拉钢筋的锚固长度；

ζ_a ——锚固长度修正系数。

当锚固钢筋的保护层厚度不大于 5d 时，锚固长度范围内应配置横向构造钢筋，其直径不应小于 d/4；对梁、柱、斜撑等构件间距不应大于 5d，对板、墙等平面构件间距不应大于 10d，且均不应大于 100mm，此处 d 为锚固钢筋的直径。当纵向钢筋的混凝土保护层厚度不小于钢筋公称直径的 5 倍时，可不配置上述横向构造钢筋。

对普通钢筋纵向受拉普通钢筋的锚固长度修正系数 ζ_a 应按下列规定取用。

(1) 当带肋钢筋的公称直径大于 25mm 时取 1.10；

(2) 环氧树脂涂层带肋钢筋取 1.25；

(3) 施工过程中易受扰动的钢筋取 1.10；

(4) 当纵向受力钢筋的实际配筋面积大于其设计计算面积时，修正系数取设计计算面积与实际配筋面积的比值，但对有抗震设防要求及直接承受动力荷载的结构构件，不应考虑此项修正；

(5) 锚固钢筋的保护层厚度为 3d 时修正系数可取 0.80，保护层厚度为 5d 时修正系数可取 0.70，中间按内插取值，此处 d 为锚固钢筋的直径。

以上规定，当多于一项时，可按连乘计算，但不应小于 0.6；对预应力筋，可取 1.0。

当纵向受拉普通钢筋末端采用弯钩或机械锚固措施时，包括弯钩或锚固端头在内的锚固长度(投影长度)可取为基本锚固长度 l_{ab} 的 60%。弯钩和机械锚固的形式(见图 2-23)和技术要求应符合表 2-22 的规定。

表 2-22　钢筋弯钩和机械锚固的形式和技术要求

锚固类型	技术要求
90° 弯钩	末端 90° 弯钩，弯钩内径 4d，弯后直段长度 12d
135° 弯钩	末端 135° 弯钩，弯钩内径 4d，弯后直段长度 5d
一侧贴焊锚筋	末端一侧贴焊长度为 5d 的同直径钢筋
两侧贴焊锚筋	末端一侧贴焊长度为 3d 的同直径钢筋
焊端锚板	末端与厚度为 d 的锚板穿孔塞焊
螺栓锚头	末端旋入螺栓锚头

注：① 焊缝和螺纹长度应满足承载力要求；
② 螺栓锚头和焊接锚板的承压净面积不应小于锚固钢筋截面积的 4 倍；
③ 螺栓锚头的规格应符合相关标准的要求；
④ 螺栓锚头和焊接锚板的钢筋净间距不宜小于 4d，否则应考虑群锚效应的不利影响；
⑤ 截面角部的弯钩和一侧贴焊锚筋的布筋方向宜向截面内侧偏置。

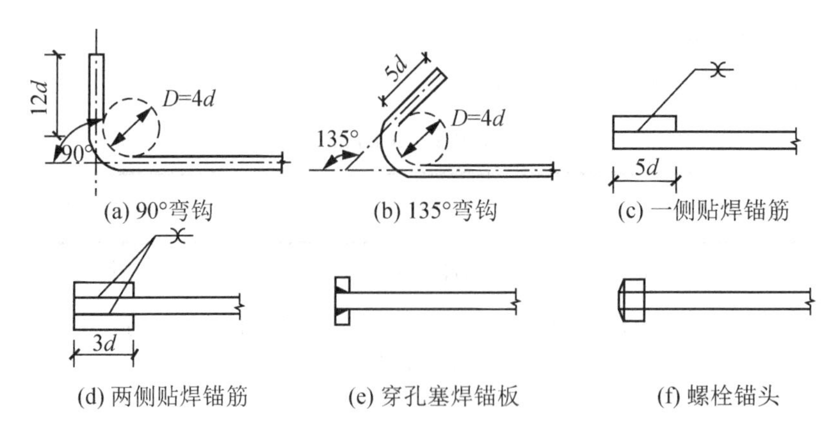

图 2-23　弯钩和机械锚固的形式和技术要求

2) 受压钢筋的锚固长度

混凝土结构中的纵向受压钢筋，当计算中充分利用其抗压强度时，锚固长度不应小于相应受拉锚固长度的 70%。受压钢筋不应采用末端弯钩和一侧贴焊锚筋的锚固措施。受压钢筋锚固长度范围内应配置横向构造钢筋，横向构造钢筋的设置要求同受拉钢筋。承受动力荷载的预制构件，应将纵向受力普通钢筋末端焊接在钢板或角钢上，钢板或角钢应可靠地锚固在混凝土中。钢板或角钢的尺寸应按计算确定，其厚度不宜小于 10mm。其他构件中受力普通钢筋的末端也可通过焊接钢板或型钢实现锚固。

3. 钢筋的连接

混凝土结构中受力钢筋的连接接头宜设置在受力较小处，在同一根受力钢筋上宜少设接头。在结构的重要构件和关键传力部位，纵向受力钢筋不宜设置连接接头。

1) 绑扎搭接

同一构件中相邻纵向受力钢筋的绑扎搭接接头宜相互错开。钢筋绑扎搭接接头连接区段的长度为 1.3 倍搭接长度，凡搭接接头中点位于该连接区段长度内的搭接接头均属于同一连接区段(见图 2-24)。同一连接区段内纵向钢筋搭接接头面积百分率为该区段内有搭接接头的纵向受力钢筋截面面积与全部纵向受力钢筋截面面积的比值。

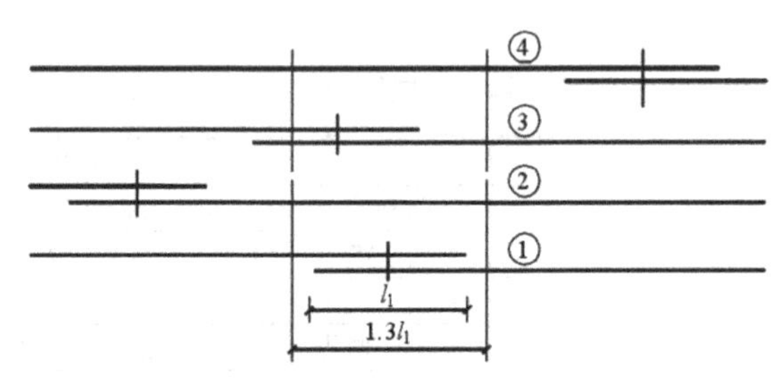

图 2-24　同一连接区段内的受拉钢筋绑扎搭接接头

(若图中 4 根钢筋的直径相同，则该区段钢筋搭接接头面积百分率为 50%)

位于同一连接区段内的受拉钢筋搭接接头面积百分率：对梁类、板类及墙类构件，不宜大于 25%；对柱类构件，不宜大于 50%。当工程中确有必要增大受拉钢筋搭接接头面积

百分率时，对梁类构件，不宜大于 50%；对板、墙、柱及预制构件的拼接处，可根据实际情况放宽。并筋采用绑扎搭接连接时，应按每根单筋错开搭接的方式连接。接头面积百分率应按同一连接区段内所有的单根钢筋计算。并筋中钢筋的搭接长度应按单筋分别计算。

纵向受拉钢筋绑扎搭接接头的搭接长度，应根据位于同一连接区段内的钢筋搭接接头面积百分率按下列公式计算，且不应小于 300mm。

$$l_l = \zeta_l l_a \tag{2-19}$$

式中：l_l——纵向受拉钢筋的搭接长度；

ζ_l——纵向受拉钢筋搭接长度修正系数，按表 2-23 取用。当纵向搭接钢筋接头面积百分率为表的中间值时，修正系数可按内插取值。

表 2-23　纵向受拉钢筋搭接长度修正系数

纵向搭接钢筋接头面积百分率(%)	≤25	50	100
ζ_l	1.2	1.4	1.6

构件中的纵向受压钢筋当采用搭接连接时，其受压搭接长度不应小于纵向受拉钢筋搭接长度的 70%，且不应小于 200mm。在梁、柱类构件的纵向受力钢筋搭接长度范围内的横向构造钢筋，横向构造钢筋的设置要求同受拉钢筋。当受压钢筋直径大于 25mm 时，尚应在搭接接头两个端面外 100mm 的范围内各设置两道箍筋。

2) 机械连接

钢筋的机械连接是通过连接件的直接或间接的机械咬合作用或钢筋端面的承压作用，将一根钢筋中的力传递到另一根钢筋的连接方法。国内外常用的钢筋机械连接方法主要有以下六种：套筒挤压连接接头、锥螺纹连接接头、直螺纹连接接头、熔融金属充填接头、水泥灌浆充填接头、受压钢筋端面平接头。纵向受力钢筋机械连接接头宜相互错开。钢筋机械连接接头连接区段的长度为 35*d*(*d* 为连接钢筋的较小直径)，凡接头中点位于该连接区段长度内的机械连接接头均属于同一连接区段。位于同一连接区段内的纵向受拉钢筋接头面积百分率不宜大于 50%；但对板、墙、柱及预制构件的拼接处，可根据实际情况放宽。

纵向受压钢筋的接头百分率可不受限制。机械连接套筒的保护层厚度宜满足有关钢筋最小保护层厚度的规定。机械连接套筒的横向净间距不宜小于 25mm；套筒处箍筋的间距仍应满足相应的构造要求。直接承受动力荷载结构构件中的机械连接接头，除应满足设计要求的抗疲劳性能外，位于同一连接区段内的纵向受力钢筋接头面积百分率不应大于 50%。

3) 焊接

焊接常用的连接方法主要有闪光焊、电弧焊、电渣焊、气焊和埋弧焊等。纵向受力钢筋的焊接接头应相互错开。钢筋焊接接头连接区段的长度为 35*d*(*d* 为连接钢筋的较小直径)，且不小于 500mm，凡接头中点位于该连接区段长度内的焊接接头均属于同一连接区段。纵向受拉钢筋的接头面积百分率不宜大于 50%，但对预制构件的拼接处，可根据实际情况放宽。纵向受压钢筋的接头百分率可不受限制。需进行疲劳验算的构件，其纵向受拉钢筋不得采用绑扎搭接接头，也不宜采用焊接接头，除端部锚固外不得在钢筋上焊有附件。

当直接承受吊车荷载的钢筋混凝土吊车梁、屋面梁及屋架下弦的纵向受拉钢筋采用焊接接头时，应符合下列规定。

(1) 应采用闪光接触对焊，并去掉接头的毛刺及卷边；

(2) 同一连接区段内纵向受拉钢筋焊接接头面积百分率不应大于 25%，焊接接头连接区段的长度应取为 45*d*，*d* 为纵向受力钢筋的较大直径；

(3) 疲劳验算时，焊接接头应符合疲劳应力幅限值的规定。

4. 混凝土保护层

钢筋的外边缘至混凝土表面的距离，称为混凝土保护层厚度，用 *C* 表示，如图 2-25 所示。

混凝土保护层有下列作用：①防止钢筋锈蚀，保证结构的耐久性；②减缓火灾时钢筋温度的上升速度，保证结构的耐火性；③保证钢筋与混凝土之间的可靠黏结。

构件中受力钢筋的保护层厚度不应小于钢筋的公称直径 *d*；设计使用年限为 50 年的混凝土结构，最外层钢筋的保护层厚度应符合表 2-24 的规定；设计使用年限为 100 年的混凝土结构，最外层钢筋的保护层厚度不应小于表 2-24 中数值的 1.4 倍。

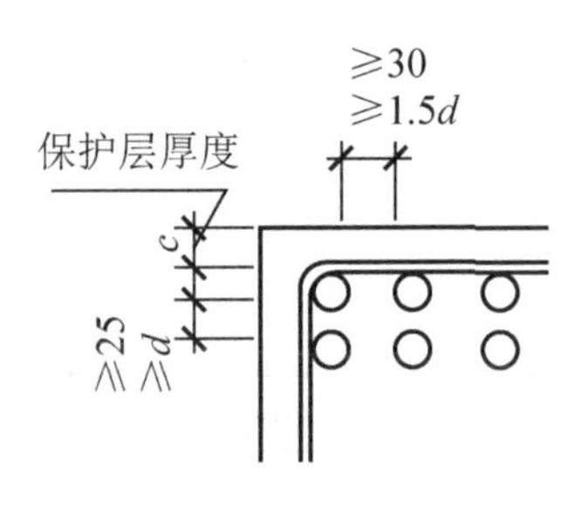

图 2-25 混凝土保护层厚度

表 2-24 混凝土保护层的最小厚度 *c* mm

环境类别	板、墙、壳	梁、柱、杆
一	15	20
二 a	20	25
二 b	25	35
三 a	30	40
三 b	40	50

注：① 混凝土强度等级不大于 C25 时，表中保护层厚度数值应增加 5mm；

② 钢筋混凝土基础宜设置混凝土垫层，基础中钢筋的混凝土保护层厚度应从垫层顶面算起，且不应小于 40mm。

当有充分依据并采取下列措施时，可适当减小混凝土保护层的厚度。

(1) 构件表面有可靠的防护层；

(2) 采用工厂化生产的预制构件；

(3) 在混凝土中掺加阻锈剂或采用阴极保护处理等防锈措施；

(4) 当对地下室墙体采取可靠的建筑防水做法或防护措施时，与土层接触一侧钢筋的保护层厚度可适当减少，但不应小于 25mm。

当梁、柱、墙中纵向受力钢筋的保护层厚度大于 50mm 时，宜对保护层采取有效的构造措施。当在保护层内配置防裂、防剥落的钢筋网片时，网片钢筋的保护层厚度不应小于 25mm。

2.3　作用效应组合与结构设计的一般原则

2.3.1　结构上的作用

1. 作用分类与荷载效应

结构在使用过程中，除承受自重外，还承受人群荷载、设备重量、风荷载、雪荷载等荷载作用，这些荷载直接施加在结构上并使结构变形，总称为结构上的作用 F。

1) 结构上的作用，按其作用时间的长短和性质分类

(1) 永久荷载 G：其荷载值基本不随时间变化，如结构自重、土压力等。

(2) 可变荷载 Q：其荷载值随时间而变化，如楼面活荷载、风荷载、雪荷载、车辆荷载、吊车荷载等。

(3) 偶然荷载：这些荷载在结构使用期间不一定出现，但一旦出现，其值很大，作用时间很短，如强烈的地震、爆炸和撞击等。

2) 按随空间的变异性分类

(1) 固定作用：在结构上具有固定分布的作用。

(2) 自由作用：在结构上一定范围内可以任意分布的作用。

3) 按结构的反应特点分类

(1) 静态作用：使结构产生的加速度可以忽略不计的作用。

(2) 动态作用：使结构产生的加速度不可忽略不计的作用。

作用效应是指由作用在结构上引起的内力(如弯矩、剪力、轴力和扭矩)和变形(如挠度、裂缝和侧移)。当作用为直接作用时，其效应通常称为荷载效应，用 S 表示。

【案例分析】

如图 2-26 所示，跨度为 L 的梁上的永久荷载为 q，图 2-6(a)所示简支梁的跨中弯矩效应为：$M_{\max}=\frac{1}{8}ql^2$；图 2-26(b)所示一端固定一端简支梁支座 A 弯矩效应：$M_A=-\frac{1}{8}ql^2$；跨中弯矩效应 $M_{\max}=\frac{9}{128}ql^2$；图 2-26(c)所示两端固梁支座弯矩效应：$M_A=M_B=-\frac{1}{12}ql^2$；跨中弯矩效应 $M_{\max}=\frac{1}{24}ql^2$。剪力效应见力学计算手册。

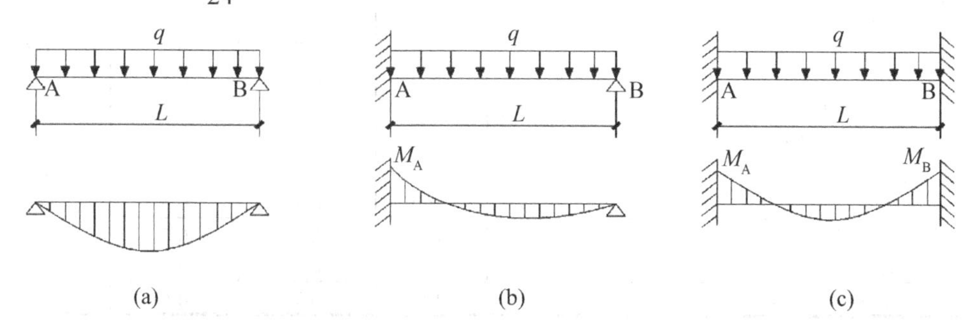

图 2-26　结构上作用与效应

2．荷载的代表值

工程结构按不同极限状态设计时，在设计表达式中应采用不同的作用代表值。作用的标准值应是工程结构设计时采用的主要代表值。它代表结构上可能出现的最不利作用值。确定可变荷载代表值时采用 50 年设计基准期。其值可按在设计基准期内作用最大(小)值概率分布的某个偏不利的分位值确定。

(1) 对永久荷载应采用标准值作为代表值。结构自重的标准值可按结构构件的设计尺寸与材料单位体积的自重计算确定。一般材料和构件的单位自重可取其平均值，对于自重变异较大的材料和构件(如现场制作的保温材料、混凝土薄壁构件等)，自重的标准值应根据对结构的不利或有利状态，分别取上限值或下限值。固定隔墙的自重可按永久荷载考虑，位置可灵活布置的隔墙自重应按可变荷载考虑。常用材料和构件单位体积的自重可按现行荷载规范采用。

(2) 对可变荷载应根据设计要求采用标准值、组合值、频遇值或准永久值作为代表值，如表 2-25 所示。

表 2-25　民用建筑楼面均布活荷载标准值及其组合值、频遇值和准永久值系数

项　次	类　别	标准值 (kN/m^2)	组合值系数 Ψ_c	频遇值系数 Ψ_f	准永久值系数 Ψ_q
1	(1) 住宅、宿舍、旅馆、办公楼、医院病房、托儿所、幼儿园	2.0	0.7	0.5	0.4
	(2) 试验室、阅览室、会议室、医院门诊室	2.0	0.7	0.6	0.5
2	教室、食堂、餐厅、一般资料档案室	2.5	0.7	0.6	0.5
3	(1) 礼堂、剧场、影院、有固定座位的看台	3.0	0.7	0.5	0.3
	(2) 公共洗衣房	3.0	0.7	0.6	0.5
4	(1) 商店、展览厅、车站、港口、机场大厅及其旅客等候厅	3.5	0.7	0.6	0.5
	(2) 无固定座位的看台	3.5	0.7	0.5	0.3
5	(1) 健身房、演出舞台	4.0	0.7	0.6	0.5
	(2) 运动场、舞厅	4.0	0.7	0.6	0.3
6	(1) 书库、档案库、贮藏室	5.0	0.9	0.9	0.8
	(2) 密集柜书库	12.0	0.9	0.9	0.8
7	通风机房、电梯机房	7.0	0.9	0.9	0.8
8	汽车通道及客车停车库：				
	(1) 单向板楼盖(板跨不小于 2m)和双向板楼盖(板跨不小于 3m×3m)				
	客车	4.0	0.7	0.7	0.6
	消防车	35.0	0.7	0.5	0.0
	(2) 双向板楼盖(板跨不小于 6m×6m)和无梁楼盖(柱网尺寸不小于 6m×6m)				
	客车	2.5	0.7	0.7	0.6
	消防车	20.0	0.7	0.5	0.0
9	厨房(1) 餐厅	4.0	0.7	0.7	0.7
	(2) 其他	2.0	0.7	0.6	0.5
10	浴室、厕所、盥洗室	2.5	0.7	0.6	0.5

续表

项　次	类　别	标准值 (kN/m²)	组合值系数 Ψ_c	频遇值系数 Ψ_f	准永久值系数 Ψ_q
11	走廊、门厅： (1) 宿舍、旅馆、医院病房、托儿所、幼儿园、住宅 (2) 办公楼、餐厅、医院门诊部 (3) 教学楼及其他可能出现人员密集的情况	 2.0 2.5 3.5	 0.7 0.7 0.7	 0.5 0.6 0.5	 0.4 0.5 0.3
12	楼梯： (1) 多层住宅 (2) 其他	 2.0 3.5	 0.7 0.7	 0.5 0.5	 0.4 0.3
13	阳台： (1) 可能出现人员密集的情况 (2) 其他	 2.5 3.5	 0.7 0.7	 0.6 0.6	 0.5 0.5

注：① 本表所给各项活荷载适用于一般使用条件，当使用荷载较大、情况特殊或有专门要求时，应按实际情况采用；

② 第 6 项书库活荷载当书架高度大于 2m 时，书库活荷载尚应按每米书架高度不小于 2.5kN/m² 确定；

③ 第 8 项中的客车活荷载只适用于停放载人少于 9 人的客车；消防车活荷载是适用于满载总重为 300kN 的大型车辆；当不符合本表的要求时，应将车轮的局部荷载按结构效应的等效原则，换算为等效均布荷载；

④ 第 8 项消防车活荷载，当双向板楼盖板跨介于 3m×3m～6m×6m 之间时，应按跨度线性插值确定；

⑤ 第 12 项楼梯活荷载，对预制楼梯踏步平板，尚应按 1.5kN 集中荷载验算；

⑥ 本表各项荷载不包括隔墙自重和二次装修荷载；对固定隔墙的自重应按永久荷载考虑，当隔墙位置可灵活自由布置时，非固定隔墙的自重应取不小于 1/3 的每延米长墙重(kN/m)作为楼面活荷载的附加值(kN/m²)计入，且附加值不应小于 1.0kN/m²。

① 可变荷载的标准值：可变荷载的基本代表值，为设计基准期内最大荷载统计分布的特征值(例如均值、众值、中值或某个分位值)。

② 可变荷载的组合值：对可变荷载，使组合后的荷载效应在设计基准期内的超越概率，能与该荷载单独出现时的相应概率趋于一致的荷载值；或使组合后的结构具有统一规定的可靠指标的荷载值。可变荷载的组合值应为可变荷载的标准值乘以荷载组合值系数。

③ 可变荷载的频遇值：对可变荷载频遇值，在设计基准期内，其超越的总时间为规定的较小比率或超越频率为规定频率的荷载值。可变荷载的频遇值，应为可变荷载标准值乘以频遇值系数。

④ 可变荷载的准永久值：在设计基准期内，其超越的总时间约为设计基准期一半的荷载值称为可变荷载准永久值。可变荷载准永久值，应为可变荷载标准值乘以准永久值系数。

(3) 对偶然荷载应按建筑结构使用的特点确定其代表值。

3．荷载的代表值的取值

1) 民用建筑楼面均布活荷载

设计楼面梁、墙、柱及基础时，表 2-26 中楼面活荷载标准值的折减系数取值不应小于下列规定。

设计楼面梁时：

(1) 第 1 (1)项当楼面梁从属面积超过 25m² 时，应取 0.9。

(2) 第 1 (2)～7 项当楼面梁从属面积超过 50m² 时，应取 0.9。

(3) 第 8 项对单向板楼盖的次梁和槽形板的纵肋应取 0.8。

对单向板楼盖的主梁应取 0.6；对双向板楼盖的梁应取 0.8。

(4) 第 9～13 项应采用与所属房屋类别相同的折减系数。

设计墙、柱和基础时：

(1) 第 1(1)项应按表 2-26 规定采用。

(2) 第 1(2)～7 项应采用与其楼面梁相同的折减系数。

(3) 第 8 项的客车对单向板楼盖应取 0.5；对双向板楼盖和无梁楼盖应取 0.8。

(4) 第 9～13 项应采用与所属房屋类别相同的折减系数。

注：楼面梁的从属面积应按梁两侧各延伸 1/2 梁间距的范围内的实际面积确定。

表 2-26　活荷载按楼层的折减系数

墙、柱、基础计算截面以上的层数	1	2～3	4～5	6～8	9～20	>20
计算截面以上各楼层活荷载总和的折减系数	1.00(0.90)	0.85	0.70	0.65	0.60	0.55

注：当楼面梁的从属面积超过 $25m^2$ 时，应采用括号内的系数。

2) 工业建筑楼面活荷载

工业建筑楼面在生产使用或安装检修时，由设备、管道、运输工具及可能拆移的隔墙产生的局部荷载，均应按实际情况考虑，可采用等效均布活荷载代替。对设备位置固定的情况，可直接按固定位置对结构进行计算，但应考虑因设备安装和维修过程中的位置变化可能出现的最不利效应。工业建筑楼面(包括工作平台)上无设备区域的操作荷载，包括操作人员、一般工具、零星原料和成品的自重，可按均布活荷载 $2.0kN/m^2$ 考虑。在设备所占区域内可不考虑操作荷载和堆料荷载。生产车间的楼梯活荷载，可按实际情况采用但不宜小于 $3.5kN/m^2$。生产车间的参观走廊活荷载，可采用 $3.5kN/m^2$。

3) 屋面活荷载

房屋建筑的屋面，其水平投影面上的屋面均布活荷载的标准值及其组合值、频遇值和准永久值系数的取值，不应小于表 2-27 的规定。

表 2-27　屋面均布活荷载标准值及其组合值、频遇值和准永久值系数

项　次	类　别	标准值 (kN/m^2)	组合值系数 Ψ_c	频遇值系数 Ψ_f	准永久值系数 Ψ_q
1	不上人的屋面	0.5	0.7	0.5	0
2	上人的屋面	2.0	0.7	0.5	0.4
3	屋顶花园	3.0	0.7	0.6	0.5
4	屋顶运动场地	3.0	0.7	0.6	0.4

注：① 不上人的屋面，当施工或维修荷载较大时，应按实际情况采用；对不同结构应按有关设计规范的规定采用，但不得低于 $0.3kN/m^2$；

② 上人的屋面，当兼作其他用途时，应按相应楼面活荷载采用；

③ 对于因屋面排水不畅、堵塞等引起的积水荷载，应采取构造措施加以防止；必要时，应按积水的可能深度确定屋面活荷载；

④ 屋顶花园活荷载不包括花圃土石等材料自重。

对于屋面直升机停机坪荷载应根据直升机总重按局部荷载考虑，同时其等效均布荷载不应低于 5.0kN/m²。局部荷载应按直升机实际最大起飞重量确定，当没有机型技术资料时，一般可依据轻、中、重三种类型的不同要求，按下述规定选用局部荷载标准值及作用面积。

- 轻型，最大起飞重量 2t，局部荷载标准值取 20kN，作用面积 0.20m×0.20m；
- 中型，最大起飞重量 4t，局部荷载标准值取 40kN，作用面积 0.25m×0.25m；
- 重型，最大起飞重量 6t，局部荷载标准值取 60kN，作用面积 0.30m×0.30m。

荷载的组合值系数应取 0.7，频遇值系数应取 0.6，准永久值系数应取 0。

不上人的屋面均布活荷载，可不与雪荷载和风荷载同时组合。

4) 屋面积灰荷载

设计生产中有大量排灰的厂房及其邻近建筑时，对于具有一定除尘设施和保证清灰制度的机械、冶金、水泥等的厂房屋面，其水平投影面上的屋面积灰荷载，应分别按表 2-28 和表 2-29 采用。

表 2-28　屋面积灰荷载

<table>
<tr><th rowspan="3">项次</th><th rowspan="3">类　别</th><th colspan="3">标准值(kN/m²)</th><th rowspan="3">组合值系数 Ψ_c</th><th rowspan="3">频遇值系数 Ψ_f</th><th rowspan="3">准永久值系数 Ψ_q</th></tr>
<tr><th rowspan="2">屋面无挡风板</th><th colspan="2">屋面有挡风板</th></tr>
<tr><th>挡风板内</th><th>挡风板外</th></tr>
<tr><td>1</td><td>机械厂铸造车间(冲天炉)</td><td>0.50</td><td>0.75</td><td>0.30</td><td rowspan="8">0.9</td><td rowspan="8">0.9</td><td rowspan="8">0.8</td></tr>
<tr><td>2</td><td>炼钢车间(氧气转炉)</td><td>—</td><td>0.75</td><td>0.30</td></tr>
<tr><td>3</td><td>锰、铬铁合金车间</td><td>0.75</td><td>1.00</td><td>0.30</td></tr>
<tr><td>4</td><td>硅、钨铁合金车间</td><td>0.30</td><td>0.50</td><td>0.30</td></tr>
<tr><td>5</td><td>烧结室、一次混合室</td><td>0.50</td><td>1.00</td><td>0.20</td></tr>
<tr><td>6</td><td>烧结厂通廊及其他车间</td><td>0.30</td><td>—</td><td>—</td></tr>
<tr><td>7</td><td>水泥厂有灰源车间(窑房、磨房、联合贮库、烘干房、破碎房)</td><td>1.00</td><td>—</td><td>—</td></tr>
<tr><td>8</td><td>水泥厂无灰源车间(空气压缩机站、机修间、材料库、配电站)</td><td>0.50</td><td>—</td><td>—</td></tr>
</table>

注：①表中的积灰均布荷载，仅应用于屋面坡度 α 不大于 25°；当 α 大于 45° 时，可不考虑积灰荷载；当 α 在 25°～45° 范围内时，可按插值法取值；

② 清灰设施的荷载另行考虑；

③ 对第 1～4 项的积灰荷载，仅应用于距烟囱中心 20m 半径范围内的屋面；当邻近建筑在该范围内时，其积灰荷载对第 1、 3、 4 项应按车间屋面无挡风板的采用，对第 2 项应按车间屋面挡风板外的采用。

表 2-29　高炉邻近建筑的屋面积灰荷载

<table>
<tr><th rowspan="3">高炉容积(m²)</th><th colspan="3">标准值(kN/m²)</th><th rowspan="3">组合值系数 Ψ_c</th><th rowspan="3">频遇值系数 Ψ_f</th><th rowspan="3">准永久值系数 Ψ_q</th></tr>
<tr><th colspan="3">屋面离高炉距离(m)</th></tr>
<tr><th>≤50</th><th>100</th><th>200</th></tr>
<tr><td><255</td><td>0.50</td><td>—</td><td>—</td><td rowspan="3">1.0</td><td rowspan="3">1.0</td><td rowspan="3">1.0</td></tr>
<tr><td>255～620</td><td>0.75</td><td>0.30</td><td>—</td></tr>
<tr><td>>620</td><td>1.00</td><td>0.50</td><td>0.30</td></tr>
</table>

注：① 表 2-28 中的注①和注②也适用本表；

② 当邻近建筑屋面离高炉距离为表内中间值时，可按插入法取值。

对于屋面上易形成灰堆处，当设计屋面板、檩条时，积灰荷载标准值宜乘以下列规定的增大系数：在高低跨处两倍于屋面高差但不大于 6.0m 的分布宽度内取 2.0；天沟处不大于 3.0m 的分布宽度内取 1.40。积灰荷载应与雪荷载或不上人的屋面均布活荷载两者中的较大值同时考虑。

5) 施工和检修荷载及栏杆荷载

设计屋面板、檩条、钢筋混凝土挑檐、悬挑雨篷和预制小梁时，施工或检修集中荷载(人和小工具的自重)不应小于 1.0kN，并应在最不利位置处进行验算。对于轻型构件或较宽构件，当施工荷载超过上述荷载时，应按实际情况验算，或应加垫板、支撑等临时设施，当计算挑檐、悬挑雨篷承载力时，应沿板宽每隔 1.0m 取一个集中荷载，在验算挑檐、悬挑雨篷倾覆时，应沿板宽每隔 2.5～3.0m 取一个集中荷载。

楼梯、看台、阳台和上人屋面等的栏杆活荷载标准值，不应小于下列规定：住宅、宿舍、办公楼、旅馆、医院、托儿所、幼儿园，栏杆顶部的水平荷载应取 1.0kN/m；学校、食堂、剧场、电影院、车站、礼堂、展览馆或体育场，栏杆顶部的水平荷载应取 1.0 kN/m，竖向荷载应取 1.2 kN/m，水平荷载与竖向荷载应分别考虑。施工荷载、检修荷载及栏杆荷载的组合值系数应取 0.7，频遇值系数应取 0.5，准永久值系数应取 0。

6) 雪荷载

屋面水平投影面上的雪荷载标准值，应按下式计算：

$$s_k = u_r s_0 \tag{2-20}$$

式中：s_k ——雪荷载标准值(kN/m^2)；

u_r ——屋面积雪分布系数；

s_0 ——基本雪压(kN/m^2)；基本雪压为雪荷载的基准压力，一般按当地空旷平坦地面上积雪自重的观测数据，经概率统计得出 50 年一遇最大值确定。

雪荷载的组合值系数可取 0.7；频遇值系数可取 0.6；准永久值系数应按雪荷载分区Ⅰ、Ⅱ和Ⅲ的不同，分别取 0.5、0.2 和 0。上式中 u_r、s_0 应按《建筑结构荷载规范》(GB 50009—2012)取值。

7) 风荷载

垂直于建筑物表面上的风荷载标准值，应按下述公式计算；

当计算主要受力结构时：

$$W_k = \beta_z \mu_z \mu_s w_0 \tag{2-21}$$

式中：W_k ——风荷载标准值(kN/m^2)；

β_z ——高度 z 处的风振系数；

μ_z ——风荷载体型系数；

μ_s ——风压高度变化系数；

w_0 ——基本风压(kN/m^2)。

风荷载的基准压力，一般按当地空旷平坦地面上 10m 高度处 10min 平均的风速观测数据，经概率统计得出 50 年一遇最大值确定的风速，再考虑相应的空气密度，按贝努利(Bernoulli)公式确定的风压。基本风压应按 50 年重现期的风压采用，但不得小于 0.3kN/m^2。对于高层建筑、高耸结构以及对风荷载比较敏感的其他结构，基本风压的取值应适当提高，并应由有关的结构设计规范具体规定。风荷载的组合值系数、频遇值系数和准永久值系数可分别取 0.6、0.4 和 0.0。

风振系数、风荷载体型系数、风压高度变化系数、基本风压可参见《建筑结构荷载规范》的相关规定取值。当多个建筑物，特别是群集的高层建筑，相互间距较近时，宜考虑风力相互干扰的群体效应；一般可将单独建筑物的体型系数 μ_s 乘以相互干扰系数。相互干扰系数可按下列规定确定：对矩形平面高层建筑，当单个施扰建筑与受扰建筑高度相近时，根据施扰建筑的位置，顺风向风荷载可在 1.00～1.10 范围内选取，横风向风荷载可在 1.00～1.20 范围内选取；其他情况可比照类似条件的风洞试验资料确定，必要时宜通过风洞试验确定。

8) 温度作用

温度作用应考虑气温变化、太阳辐射及使用热源等因素，作用在结构或构件上的温度作用应采用其温度的变化来表示。计算结构或构件的温度作用效应时，应采用材料的线膨胀系数 α_T。常用材料的线膨胀系数可按表 2-30 采用。温度作用的组合值系数、频遇值系数和准永久值系数可分别取 0.6、0.5 和 0.4。

表 2-30　常用材料的线膨胀系数 α_T

材　料	线膨胀系数 α_T ($\times 10^{-4}$/℃)
轻骨料混凝土	7
普通混凝土	10
砌体	6-10
钢、锻铁、铸铁	12
不锈钢	16
铝、铝合金	24

对结构最大温升的工况，均匀温度作用标准值按下式计算

$$\Delta T_K = T_{S,max} - T_{0,min} \tag{2-22}$$

式中：ΔT_K——均匀温度作用标准值(℃)；

$T_{S,max}$——结构最高平均温度(℃)；

$T_{0,min}$——结构最低初始平均温度(℃)。

对结构最大温降的工况，均匀温度作用标准值按下式计算：

$$\Delta T_K = T_{S,min} - T_{0,max} \tag{2-23}$$

式中：$T_{S,min}$——结构最低平均温度(℃)

$T_{0,max}$——结构最高初始平均温度(℃)。

结构最高平均温度 $T_{S,max}$ 和最低平均温度 $T_{S,min}$ 分别根据基本气温 T_{max} 和 T_{min} 按热工学的原理确定。对于有围护的室内结构，结构平均温度应考虑室内外温差的影响；对于暴露于室外的结构或施工期间的结构，宜依据结构的朝向和表面吸热性质考虑太阳辐射的影响。

9) 偶然荷载

当采用偶然荷载作为结构设计的主导荷载时，在允许结构出现局部构件破坏的情况下，应保证结构不致因偶然荷载引起连续倒塌。偶然荷载的荷载设计值可直接取用如下规定的方法确定的偶然荷载标准值。

(1) 爆炸。由炸药、燃气、粉尘等引起的爆炸荷载宜按等效静力荷载采用。在常规炸药

爆炸动荷载作用下，结构构件的等效均布静力荷载标准值，可按下式计算：

$$q_{ce}=K_{dc}p_{c} \tag{2-24}$$

式中：q_{ce}——作用在结构构件上的等效均布静力荷载标准值；

p_{c}——作用在结构构件上的均布动荷载最大压力，可参照《人民防空地下室设计规范》(GB 50038—2005)第 4.3.2 和 4.3.3 条有关规定采用；

K_{dc}——动力系数，根据构件在均布动荷载作用下的动力分析结果，按最大内力等效的原则确定。

注： 其他原因引起的爆炸，可根据其等效 TNT 装药量，参考方法确定等效均布静力荷载。

(2) 撞击。

① 电梯竖向撞击荷载标准值可在电梯总重力荷载的 4～6 倍范围内选取。

② 汽车的撞击荷载可按下列规定采用：

顺行方向的汽车撞击力标准值 P_k(kN)可按下式计算：

$$P_{k}=\frac{mv}{t} \tag{2-25}$$

式中：m——汽车质量(t)，包括车自重和载重；

v——车速(m/s)；

t——撞击时间(s)。

撞击力计算参数 m、v、t 和荷载作用点位置宜按照实际情况采用；当无数据时，汽车质量可取 15t，车速可取 22.2m/s，撞击时间可取 1.0s，小型车和大型车的撞击力荷载作用点位置可分别取位于路面以上 0.5m 和 1.5m 处。

垂直行车方向的撞击力标准值可取顺行方向撞击力标准值的 0.5 倍，二者可不考虑同时作用。

③ 直升机非正常着陆的撞击荷载的竖向等效静力撞击力标准值 P_k(kN)可按下式计算：

$$P_{k}=C\sqrt{m} \tag{2-26}$$

式中：C——系数，取 $3\text{kN}/\sqrt{\text{kg}}$；

m——直升机的质量(kg)。

竖向撞击力的作用范围宜包括停机坪内任何区域以及停机坪边缘线 7m 之内的屋顶结构；竖向撞击力的作用区域宜取 2m×2m。

4. 结构构件的抗力

结构抗力是指整个结构或结构构件承受作用效应(即内力和变形)的能力，如构件的承载能力、刚度等。抗力可按一定的计算模式确定。影响抗力的主要因素有材料性能(强度、变形模量等)、几何参数(构件尺寸)等和计算模式的精确性(抗力计算所采用的基本假设和计算公式不够精确等)。这些因素都是随机变量，因此由这些因素综合而成的结构抗力也是一个随机变量。另外，结构上的作用(特别是可变作用)与时间有关，结构抗力也与时间有关，结构抗力随时间变化。为确定可变作用及与时间有关的材料性能等取值而选用的时间参数称为设计基准期。国家标准《建筑结构可靠度设计统一标准》(GB 50068—2001)规定的设计基准期为 50 年。

2.3.2　作用效应组合及设计要求

作用效应组合包括荷载基本组合、荷载标准组合、荷载频遇组合、荷载准永久组合。对于承载能力极限状态，应按荷载的基本组合或偶然组合计算荷载组合的效应设计值。对于正常使用极限状态，应根据不同的设计要求，采用荷载的标准组合、频遇组合或准永久组合。

1. 荷载基本组合的效应设计要求

荷载基本组合的效应设计值 S_d，应从下列荷载组合值中取用最不利的效应设计值确定：

1) 由可变荷载控制的效应设计值

$$S_d = \sum_{j=1}^{m} r_{Gj} S_{Gjk} + r_{Q1} r_{L1} S_{Q1k} + \sum_{i=2}^{n} r_{Qi} r_{Li} \varPsi_{ci} S_{Qik} \tag{2-27}$$

式中：r_{Gj}——永久荷载的分项系数；

r_{Qi}——第 i 个可变荷载的分项系数，其中 r_{Qi} 为可变荷载 Q_1 的分项系数；

r_{Li}——第 i 个可变荷载考虑设计使用年限的调整系数，其中 r_{L1} 为可变荷载 Q_1 考虑设计使用年限的调整系数；

S_{Gjk}——按永久荷载标准值 G_{jk} 计算的荷载效应值；

S_{Qik}——按可变荷载标准值 Q_{ik} 计算的荷载效应值，其中 S_{Q1k} 为诸可变荷载效应中起控制作用者；

$\varPsi_{ci}$——可变荷载 Q_i 的组合值系数；

m——参与组合的永久荷载数；

n——参与组合的可变荷载数。

2) 由永久荷载控制的效应设计值

$$S_d = \sum_{j=1}^{m} r_{Gj} S_{Gjk} + \sum_{i=1}^{n} r_{Qi} r_{Li} \varPsi_{ci} S_{Qik} \tag{2-28}$$

注：① 基本组合中的效应设计值仅适用于荷载与荷载效应为线性的情况；
② 当对 S_{Q1k} 无法明显判断时，应依次以各可变荷载效应为 S_{Q1k}，选其中最不利的荷载组合效应设计值。

3) 基本组合的荷载分项系数

基本组合的荷载分项系数应按下列规定采用。

表 2-31　荷载分项系数的取值

荷载特性			荷载分项系数
永久荷载	永久荷载效应对结构不利	由可变荷载效应控制的组合	1.2
		由永久荷载效应控制的组合	1.35
	永久荷载效应对结构有利		1.0
可变荷载	一般情况		1.4
	对标准值大于 4KN/m^2 的工业房屋楼面结构的活荷载		1.3

注：对结构的倾覆、滑移或漂浮验算，荷载的分项系数应满足有关的结构设计规范的规定。

4) 楼面和屋面活荷载考虑设计使用年限的调整系数 r_{Li}

调整系数应按表 2-31 采用。

表 2-32 楼面和屋面活荷载考虑设计使用年限的调整系数 r_L

结构设计使用年限(年)	5	50	100
r_L	0.9	1.0	1.1

注：① 当设计使用年限不为表中数值时，调整系数 r_L 可按线性内插确定；

② 对于荷载标准值可控制的活荷载，设计使用年限调整系数 r_L 取 1.0。

5) 荷载偶然组合的效应设计值 S_d

效应设计值可按下列规定采用。

(1) 用于承载能力极限状态计算的效应设计值

$$S_d=\sum_{j=1}^{m}S_{Gjk}+S_{Ad}+\Psi_{f1}S_{Q1k}+\sum_{i=2}^{n}\Psi_{qi}S_{Qik} \tag{2-29}$$

式中：S_{Ad}——按偶然荷载设计值 A_d 计算的荷载效应值；

Ψ_{f1}——第 1 个可变荷载的频遇值系数；

Ψ_{qi}——第 i 个可变荷载的准永久值系数。

(2) 用于偶然事件发生后受损结构整体稳固性验算的效应设计值

$$S_d=\sum_{j=1}^{m}S_{Gjk}+\Psi_{f1}S_{Q1k}+\sum_{i=2}^{n}\Psi_{qi}S_{Qik} \tag{2-30}$$

注：组合中的效应设计值仅适用于荷载与荷载效应为线性的情况。

2．荷载标准组合的效应设计要求

荷载标准组合的效应设计值 S_d 可按下列规定采用

$$S_d=\sum_{j=1}^{m}S_{Gjk}+S_{Q1k}+\sum_{i=2}^{n}\Psi_{Ci}S_{Qik} \tag{2-31}$$

注：组合中的效应设计值仅适用于荷载与荷载效应为线性的情况。

3．荷载频遇组合的效应设计要求

荷载频遇组合的效应设计值 S_d 可按下列规定采用

$$S_d=\sum_{j=1}^{m}S_{Gjk}+\Psi_{f1}S_{Q1k}+\sum_{i=2}^{n}\Psi_{qi}S_{Qik} \tag{2-32}$$

注：组合中的效应设计值仅适用于荷载与荷载效应为线性的情况。

4．荷载准永久组合的效应设计要求

荷载准永久组合的效应设计值 S_d 可按下列规定采用

$$S_d=\sum_{j=1}^{m}S_{Gjk}+\sum_{i=1}^{n}\Psi_{qi}S_{Qik} \tag{2-33}$$

注：组合中的效应设计值仅适用于荷载与荷载效应为线性的情况。

【案例分析 1】

对位于非地震区的某大楼横梁进行内力分析。已求得在永久荷载标准值、楼面活荷载标准值、风荷载标准值的分别作用下，该梁梁端弯矩标准值分别为 M_{Gk}=10kN・m、M_{Q1k}=12kN・m、M_{Q2k}=4kN・m。楼面活荷载的组合值系数为 0.7，风荷载的组合值系数为 0.6，结构设计使用年限 50 年。试确定该横梁在按承载能力极限状态基本组合式的梁端弯矩设计值 M。

解：当可变荷载效应起控制作用时

$M = 1.2\times10+1.4\times1.0\times12+1.4\times0.6\times1.0\times4 = 32.16\text{kN•m}$

$M = 1.2\times10+1.4\times0.7\times1.0\times12+1.4\times1.0\times4 = 29.36\text{kN•m}$

当永久荷载效应起控制作用时

$M = 1.35\times10+1.4\times0.7\times1.0\times12+1.4\times0.6\times1.0\times4 = 28.62\text{kN•m}$

取大值 M=32.16kN・m

【案例分析 2】

某办公楼钢筋混凝土矩形截面简支梁，安全等级为二级，计算跨度 l_0=5m，净跨度 l_n=4.86m。承受均布线荷载：活荷载标准值 6KN/m, 永久荷载标准值 10KN/m（包括自重）。试计算荷载基本组合时的跨中弯矩设计值和支座边缘截面剪力设计值。

解：由表 3-2 查得办公楼活荷载组合值系数 φ_c=0.7。安全等级为二级，则 r_0=1.0

永久荷载产生的跨中弯矩标准值和支座边缘截面剪力标准值分别为：

$$M_{gk} = \frac{1}{8}g_k l_0^2 = \frac{1}{8}\times10\times5^2 = 31.25\text{KN}\cdot\text{m}$$

$$V_{gk} = \frac{1}{2}g_k l_n = \frac{1}{2}\times10\times4.86 = 24.30\text{KN}$$

活荷载产生的跨中弯矩标准值和支座边缘截面剪力标准值分别为：

$$M_{qk} = \frac{1}{8}q_k l_0^2 = \frac{1}{8}\times6\times5^2 = 18.75\text{KN}\cdot\text{m}$$

$$V_{qk} = \frac{1}{2}q_k l_n = \frac{1}{2}\times6\times4.86 = 14.58\text{KN}$$

本例只有一个活荷载，即为第一可变荷载。故计算由活载控制的跨中弯矩设计值时，

r_G=1.2，$r_Q = r_{Q1}$=1.4。

由活荷载控制的跨中弯矩设计值和支座边缘截面剪力设计值分别为：

$$r_0(r_G M_{gk} + r_Q M_{qk}) = 1.0\times(1.2\times31.25+1.4\times18.75) = 63.750\text{KN}\cdot\text{m}$$

$$r_0(r_G V_{gk} + r_Q V_{qk}) = 1.0\times(1.2\times24.30+1.4\times14.58) = 49.572\text{KN}$$

计算由永久荷载控制的跨中弯矩设计值时，r_G=1.35，r_Q=1.4，φ_c=0.7。由永久荷载控制的跨中弯矩设计值和支座边缘截面剪力设计值分别为：

$$r_0(r_G M_{gk} + \varphi_c r_Q M_{qk}) = 1.0\times(1.35\times31.25+0.7\times1.4\times18.75) = 60.563\text{KN}\cdot\text{m}$$

$$r_0(r_G V_{gk} + \varphi_c r_Q V_{qk}) = 1.0\times(1.35\times24.30+0.7\times1.4\times14.58) = 47.093\text{KN}$$

取较大值得跨中弯矩设计值 $M = 63.750\text{KN}\cdot\text{m}$，支座边缘截面剪力设计值 $V = 49.572\text{KN}$ 。

思考题

1. 混凝土的强度等级是如何划分的？国家标准《混凝土结构设计规范》(GB 50010)规定的混凝土强度等级有哪些？对于同一强度等级的混凝土，试比较立方体抗压强度、轴心抗压强度和轴心抗拉强度的大小并说明理由。

2. 什么是混凝土的徐变？什么是混凝土的收缩？影响徐变和收缩的主要因素有哪些？

3. 影响钢筋和混凝土之间黏结的因素有哪些？如何从构造上保证钢筋和混凝土之间的可靠黏结？

4. 什么是设计基准期、设计使用年限？建筑结构的设计基准期、设计使用年限是如何规定的？

5. 什么是结构的极限状态？承载能力极限状态与正常使用极限状态又如何定义？

6. 什么是荷载效应？什么是荷载效应组合？

7. 如何考虑荷载效应的组合？分项系数与组合系数各起什么作用？

8. 屋面板纵肋跨中弯矩的标准组合、频遇组合和准永久组合的计算？

条件：某厂房采用 1.5m×6m 的大型屋面板，卷材防水保温屋面，永久荷载标准值为 $2.7kN/m^2$，屋面活荷载为 $0.7kN/m^2$，屋面积灰荷载为 $0.5kN/m^2$，雪荷载为 $0.4kN/m^2$，已知纵肋的计算跨度 l=5.87m。该厂房为炼钢车间，屋面为不上人的屋面。雪荷载分区为III区。要求：纵肋跨中弯矩的标准组合、频遇组合和准永久组合。

9. 屋面板纵肋跨中弯矩的基本组合设计值。条件：某厂房采用 1.5m×6m 的大型屋面板，卷材防水保温屋面，永久荷载标准值为 $2.7kN/m^2$，屋面活荷载为 $0.7kN/m^2$，屋面积灰荷载为 $0.5kN/m^2$，雪荷载为 $0.4kN/m^2$，已知纵肋的计算跨度 l=5.87m，结构设计使用年限 50 年。要求：求纵肋跨中弯矩的基本组合设计值。

10. 梁端弯矩组合值计算。条件：对位于非地震区的某大楼横梁进行内力分析。已求得在永久荷载标准值、楼面活荷载标准值、风荷载标准值的分别作用下，该梁梁端弯矩标准值分别为 M_{Gk}=10kN·m、M_{Q1k}=12kN·m、M_{Q2k}=4kN·m。楼面活荷载的组合值系数为 0.7，风荷载的组合值系数为 0.6，结构设计使用年限 50 年。 要求：确定该横梁在按承载能力极限状态基本组合时的梁端弯矩设计值 M。

第 3 章　混凝土受弯构件承载能力极限状态计算与构造

【学习目标】

- 懂得钢筋混凝土受弯构件工作的基本原理。
- 能掌握简单梁、板的荷载、内力计算方法
- 掌握受弯构件正截面承载力计算方法
- 掌握受弯构件斜截面承载力计算方法
- 掌握梁、板的基本构造要求。
- 具有认知和表达钢筋混凝土受弯构件施工图的能力。
- 能处理建筑工程施工中受弯构件简单的结构问题。

【核心概念】

单向板、双向板、混凝土保护层厚度、单筋梁、双筋梁、T 形梁、简支梁、连续梁、悬挑梁、斜截面承载力、配筋率、构造要求等

【引导案例】

如图 3-1 所示的房屋，我们想将它建造起来，达到正常使用的目的。那么会涉及许多建筑结构问题，我们会想到图示的墙应该用什么样的材料砌筑？柱子需要做多大、柱内需要配多少钢筋、如何放置？楼板如果现浇需要做多厚、楼板内需要配多少钢筋、如何放置？是否需要设梁、梁需要做多大、梁内需要配多少钢筋、如何放置？梁、板会不会开裂？裂缝大小如何控制等问题？或者一个已建造好的房屋，梁、板、柱是成品，我们想知道它们能承受多大的荷载，以达到正常安全、舒适使用的目的。这些涉及楼盖的梁、板(受弯构件)承载力及变形问题正是我们本章要阐述的内容。

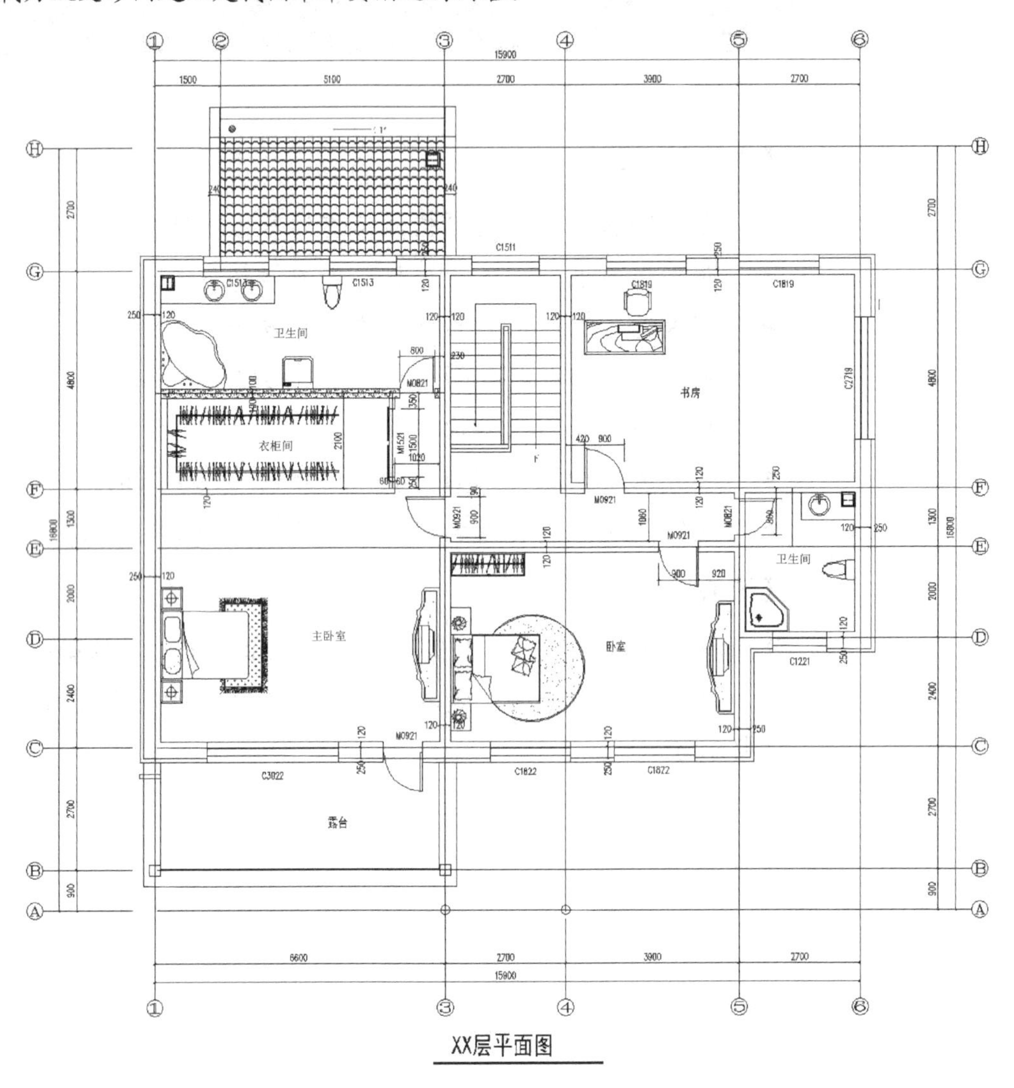

图 3-1　房屋平面图

以弯曲变形为主要变形的杆件称为受弯构件。梁和板是典型的受弯构件。本节主要讨论单跨静定简支梁、悬臂梁的计算及超静定连续梁的计算问题。

3.1　梁截面、配筋的基本构造

1. 梁的截面形式及尺寸

1) 梁的截面形式

梁最常用的截面形式有矩形和 T 形。此外，根据需要还可做成花篮形、十字形、倒 T 形、倒 L 形、工字形等截面，如图 3-2 所示。

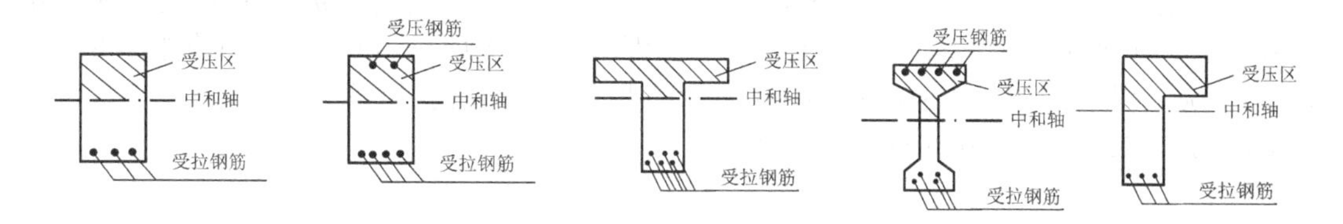

图 3-2　梁的截面形式

2) 梁的截面尺寸

(1) 梁的截面高度 h。

梁的截面高度一般采用 h=200、250、300、…、750、800、900、1000mm 等尺寸。800mm 以下的级差为 50mm，800mm 以上的为 100mm。

h 与梁的跨度及荷载大小有关。

一般按表 3-1 刚度要求初选梁的截面高度。

表 3-1　不需作梁挠度计算梁的截面最小高度 h

构件种类		简　支	两端连续	悬　臂
整体肋形梁	次梁	$\frac{l_0}{h}\geqslant\frac{1}{15}$	$\frac{l_0}{h}\geqslant\frac{1}{20}$	$\frac{l_0}{h}\geqslant\frac{1}{8}$
	主梁	$\frac{l_0}{h}\geqslant\frac{1}{12}$	$\frac{l_0}{h}\geqslant\frac{1}{15}$	$\frac{l_0}{h}\geqslant\frac{1}{6}$
独立梁		$\frac{l_0}{h}\geqslant\frac{1}{12}$	$\frac{l_0}{h}\geqslant\frac{1}{15}$	$\frac{l_0}{h}\geqslant\frac{1}{6}$

注：l_0 为梁的计算跨度；梁的计算跨度 l_0 ≥9m 时，表中数值应乘以 1.2 的系数。

(2) 梁的截面宽度 b。

矩形截面梁的高宽比 h/b 一般取 2.0～3.5；T 形截面梁的 h/b 一般取 2.5～4.0(此处 b 为梁肋宽)。

矩形截面的宽度或 T 形截面的肋宽 b 一般取为 100、(120)、150、(180)、200、(220)、250 和 300mm，250mm 以上的级差为 50mm；括号中的数值仅用于木模。

2. 梁的支承长度

当梁的支座为砖墙或砖柱时：

当梁高 h≤500mm 时，a≥180mm；

当梁高 h>500mm 时，a≥240mm。

当梁支承在钢筋混凝土梁(或柱)上时，a≥180mm。

3. 梁的配筋

1) 纵向受力钢筋

梁中配置的钢筋同样有受力钢筋(纵向受力钢筋、弯起钢筋、箍筋)及构造钢筋(梁侧构造钢筋、架立钢筋)，如图 3-3 所示。梁中受力钢筋的作用主要是承受拉力，设置在梁截面受拉的一侧，其数量通过计算确定。梁中受力钢筋宜采用 HRB400 或 HRB500、HRBF400、HRBF500 级钢筋，常用钢筋直径为 10～32mm，根数不得少于 2 根。设计中若采用两种不同直径的钢筋，钢筋直径相差至少 2mm，以便于在施工中能用肉眼识别，钢筋混凝土梁纵向受力钢筋的直径，当梁高 h≥300mm 时，不应小于 10mm；当梁高 h<300mm 时，不应小于 8mm。为了便于浇注混凝土，保证钢筋周围混凝土的密实性，以及保证钢筋能与混凝土黏结在一起，纵筋的净间距应满足图 3-4 所示的要求。下部钢筋若多于 2 层，从第 3 层起钢筋水平中距应比下面两层的中距增大 1 倍。

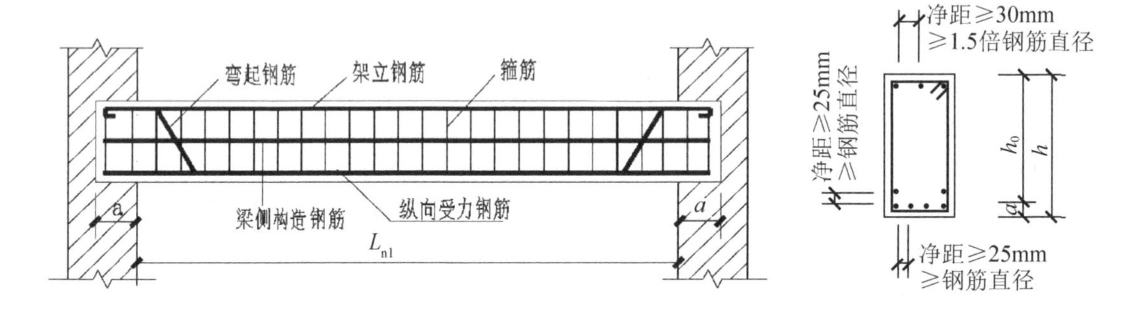

图 3-3 梁的配筋　　图 3-4 纵筋的净间距

图 3-4 中钢筋直径指受力钢筋的最大直径。图中 h_0 为截面有效高度，截面有效高度指受力区钢筋合力作用点至受压区混凝土边缘的距离。

2) 弯起钢筋

弯起钢筋在跨中承受正弯矩产生的拉力，在靠近支座的弯起段用来承受弯矩和剪力共同产生的主拉应力。

弯起角度：当梁高 h≤800mm 时，采用 45°；当梁高 h >800mm 时，采用 60°。

3) 箍筋

箍筋的作用：承受剪力，固定纵筋，和其他钢筋一起形成钢筋骨架。

梁的箍筋宜采用 HRB400、HRBF400、HRB335、HPB300、HRB500、HRBF500 钢筋，常用直径是 6mm、8mm 和 10mm。

梁的常用箍筋形式有双肢箍(见图 3-5(a))、四肢箍(见图 3-5(b))、六肢箍(见图 3-5(c))。

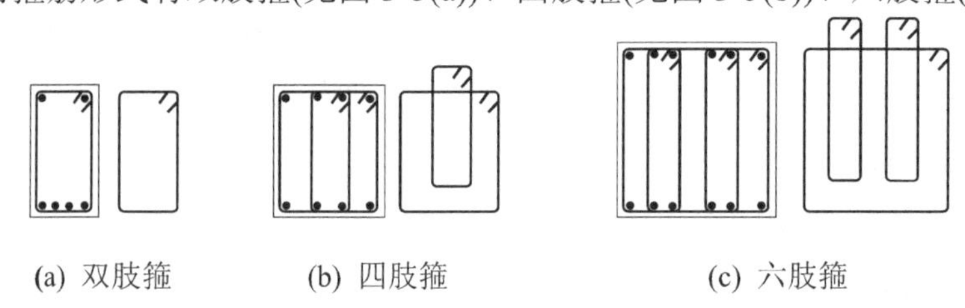

(a) 双肢箍　(b) 四肢箍　(c) 六肢箍

图 3-5 梁的常用箍筋形式

4) 架立钢筋

为了固定箍筋并与纵向受力钢筋形成骨架，在梁的受压区应设置架立钢筋。架立钢筋的直径要求是：当梁的跨度 $l< 4$m 时，钢筋直径不宜小于 8mm；当梁的跨度 l=4～6m 时，钢筋直径不宜小于 10mm；当梁的跨度 $l> 6$m 时，钢筋直径不宜小于 12mm。

5) 梁侧构造钢筋

由于混凝土收缩量的增大，近年在梁的侧面产生收缩裂缝的现象时有发生。裂缝一般呈枣核状，两头尖而中间宽，向上伸至板底，向下至于梁底纵筋处，截面较高的梁，情况更为严重，如图 3-6(a)所示。

《混凝土结构设计规范》规定，当梁的腹板高度 h_w≥450mm 时，在梁的两个侧面沿高度配置纵向构造钢筋(腰筋)，如图 3-6(b)所示。每侧纵向构造钢筋(不包括梁上、下部受力钢筋及架立钢筋)的截面面积不应小于腹板截面面积 bh_w 的 0.1%，且其间距不宜大于 200mm。

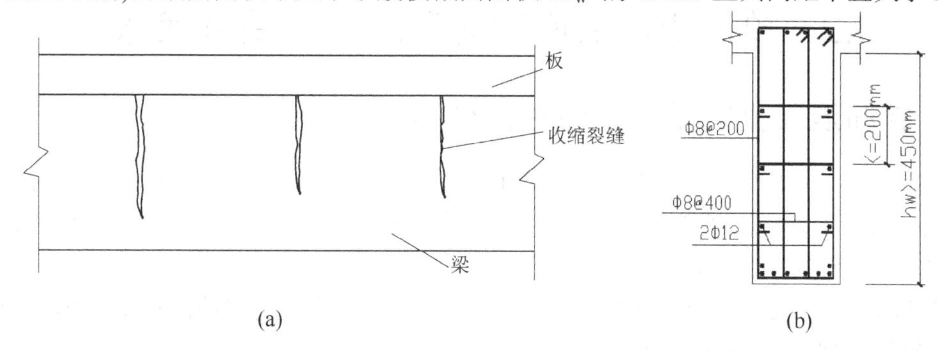

图 3-6 混凝土的收缩裂缝及梁侧配筋

腹板高度 h_w：矩形截面为有效高度 h_0；对 T 形截面，取有效高度 h_0 减去翼缘高度；对工形截面，取腹板净高。梁两侧的纵向构造钢筋用拉筋联系，其间距一般为箍筋间距的两倍。

4. 混凝土保护层

混凝土保护层厚度：外层钢筋(包括箍筋、构造筋、分布筋等)的外表面到截面边缘的垂直距离，称为混凝土保护层厚度，用 c 表示。

(1) 混凝土保护层的作用：保护纵向钢筋不被锈蚀；在火灾等情况下，使钢筋的温度上升缓慢；使纵向钢筋与混凝土有较好的黏结。

(2) 混凝土保护层的厚度：纵向受力的普通钢筋及预应力钢筋，其混凝土保护层厚度不应小于钢筋的公称直径，且应符合表 3-2 的规定。

表 3-2 混凝土保护层的最小厚度 c mm

环境类别	板、墙、壳	梁、柱、杆
一	15	20
二 a	20	25
二 b	25	35
三 a	30	40
三 b	40	50

注：① 混凝土强度等级不大于 C25 时，表中保护层厚度数值应增加 5mm；

② 钢筋混凝土基础宜设置混凝土垫层，基础中钢筋的混凝土保护层厚度应从垫层顶面算起，且不应小于 40mm。

梁、柱、墙中纵向受力钢筋的保护层厚度大于 50mm 时，宜对保护层采取有效的构造措施。当在保护层内配置防裂、防剥落的钢筋网片时，网片钢筋的保护层厚度不应小于 25mm。

当有充分依据并采取下列措施时，可适当减小混凝土保护层厚度。

(1) 构件表面有可靠的防护层。

(2) 采用工厂化生产的预制构件。

(3) 在混凝土中掺加阻锈剂或采用阴极保护处理等防锈措施。

(4) 当对地下室墙体采取可靠的建筑防水做法或防护措施时，与土层接触一侧钢筋保护层厚度可适当减少，但不应小于 25mm。

3.2 单筋矩形截面钢筋混凝土梁受力状态

3.2.1 钢筋混凝土梁受弯试验性能分析

钢筋混凝土梁是由钢筋和混凝土两种材料所组成，且混凝土是非弹性、非匀质材料，抗拉强度又远小于其抗压强度，因而其受力性能与弹性匀质材料有很大不同。要对钢筋混凝土梁进行强度计算，我们首先要考查钢筋混凝土梁的破坏过程。

图 3-7 所示为一配筋适当钢筋的混凝土单筋矩形截面试验梁。梁截面宽度为 b，高度为 h，截面的受拉区配置了面积为 A_s 的受拉钢筋。

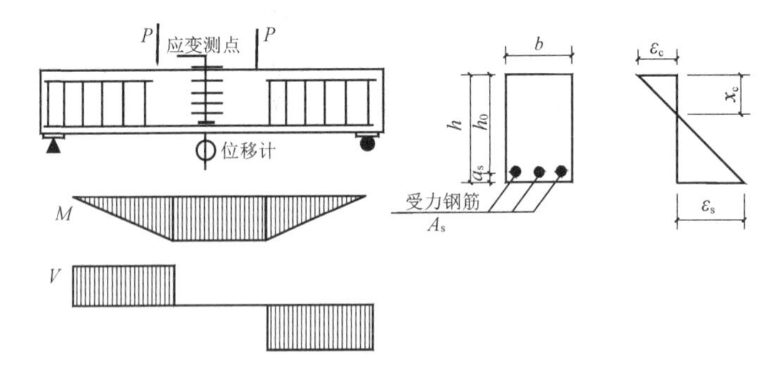

(a) 试验梁装置及弯矩、剪力图　(b) 截面图　(c) 截面应变分布

图 3-7　钢筋混凝土梁受弯试验

若忽略自重的影响，在梁上两集中荷载之间的 BC 区段，梁截面仅承受弯矩，该区段称为纯弯段。为了研究分析梁截面的受弯性能，在 BC 区段沿截面高度布置了一系列的应变计，量测混凝土的纵向应变分布。同时，在受拉钢筋上也布置了应变计，量测钢筋的受拉应变。此外，在梁的跨中，还布置了位移计，用以量测梁的挠度变形。通过试验资料分析适筋梁正截面工作可分为三个阶段，梁截面应力、应变分布在各个阶段的变化特点如图 3-8 所示。

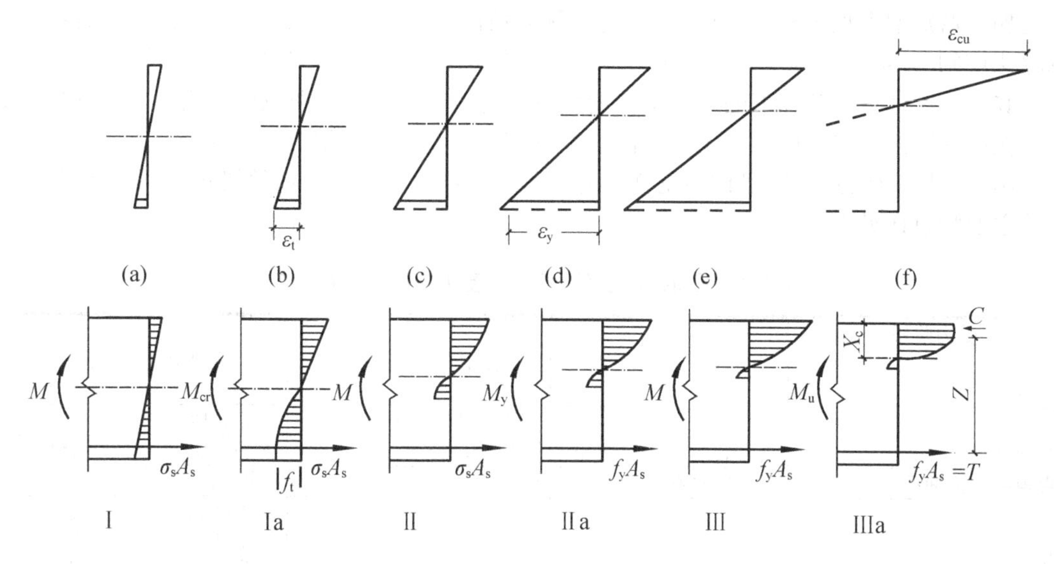

图 3-8　梁在各受力阶段的应力、应变图

第Ⅰ阶段(弹性受力阶段)：混凝土开裂前的未裂阶段。

从开始加荷到受拉区混凝土开裂前，整个截面均参加受力。由于荷载较小，混凝土处于弹性阶段，截面应变分布符合平截面假定，截面应力分布为直线变化，如图 3-8(a)所示，整个截面的受力接近线弹性。

当截面受拉边缘混凝土的拉应变达到极限拉应变时($\varepsilon_t=\varepsilon_{tu}$，如图 3-8(b)所示)，截面达到即将开裂的临界状态(Ⅰa 状态)，相应弯矩值称为开裂弯矩 M_{cr}。此时，截面受拉区混凝土出现明显的受拉塑性，应力呈曲线分布，但受压区压应力较小，仍处于弹性状态，应力为直线分布。

第Ⅰ阶段末(Ⅰa 状态)可作为受弯构件抗裂度的计算依据。

第Ⅱ阶段(带裂缝工作阶段)：混凝土开裂后至钢筋屈服前的裂缝阶段。

在开裂弯矩 M_{cr} 下，梁纯弯段最薄弱截面位置处首次出现第一条裂缝，梁进入带裂缝工作阶段。此后，随着荷载的增加，梁受拉区还会不断出现一些裂缝，虽然梁中受拉区出现许多裂缝，但如果纵向应变的量测标距有足够的长度(跨过几条裂缝)，则平均应变沿截面高度的分布近似直线，即仍符合平截面假定。

由于受压区混凝土的压应力随荷载的增加而不断增大，受压区应力图形逐渐呈曲线分布(见图 3-8(c))。该阶段结束的标志是钢筋应力达到屈服强度，称为第Ⅱ阶段末，用Ⅱa 表示，弯矩 M_y 称为屈服弯矩。该阶段混凝土带裂缝工作，第Ⅱ阶段末是混凝土构件裂缝宽度验算和变形验算的依据。此后，梁的受力将进入破坏阶段，即第Ⅲ阶段。

第Ⅲ阶段(破坏阶段)：钢筋开始屈服至截面破坏的破坏阶段。

对于适筋梁，钢筋应力达到屈服强度时，受压区混凝土一般尚未压坏。在该阶段，钢筋应力保持屈服强度 f_y 不变，即钢筋的总拉力 T 保持定值，但钢筋应变 ε_s 急剧增大，裂缝显著开展，中和轴迅速上移。由于受压区混凝土的总压力 C 与钢筋的总拉力 T 应保持平衡，即 $T=C$，受压区高度 X_c 的减少将使混凝土的压应力和压应变迅速增大，混凝土受压的塑性特征表现得更为充分，如图 3-8(e)所示，受压区压应力图形更趋丰满。同时，受压区高度 X_c 的减少使钢筋拉力 T 与混凝土压力 C 之间的力臂有所增大，截面弯矩比屈服弯矩 M_y 也略有增加。弯矩增大直至极限弯矩值 M_u 时，称为第III阶段末，用IIIa 表示。此时，边缘纤维压应变达到(或接近)混凝土受弯时的极限压应变值 ε_{cu} ，标志着梁截面已开始破坏。

其后，在试验室条件下的一般试验梁虽然仍可继续变形，但所承受的弯矩将有所降低。最后在破坏区段上受压区混凝土被压碎甚至剥落，裂缝宽度已很大而告完全破坏。

第III阶段末(IIIa 状态)可作为正截面受弯承载力计算的依据。适筋梁正截面受弯受力阶段的主要特点详见表 3-3。

表 3-3　适筋梁正截面受弯三个受力阶段的主要特点

<table>
<tr><th colspan="2">受力阶段主要特点
受弯</th><th>第 I 阶段的特点</th><th>第 II 阶段的特点</th><th>第III阶段的特点</th></tr>
<tr><td colspan="2">名称</td><td>未裂阶段</td><td>带裂缝工作阶段</td><td>破坏阶段</td></tr>
<tr><td colspan="2">外观特征</td><td>没有裂缝，挠度很小</td><td>有裂缝，挠度还不明显</td><td>钢筋屈服，裂缝宽，挠度大</td></tr>
<tr><td colspan="2">弯矩—截面曲率</td><td>大致成直线</td><td>曲线</td><td>接近水平的曲线</td></tr>
<tr><td rowspan="2">混凝土应力图形</td><td>受压区</td><td>直线</td><td>受压区高度减小，混凝土压应力图形为上升段的曲线，应力峰值在受压区边缘</td><td>受压区高度进一步减小，混凝土压应力图形为较丰满的曲线；后期为有上升段与下降段的曲线，应力峰值不在受压区边缘而在边缘的内侧</td></tr>
<tr><td>受拉区</td><td>前期为直线，后期为有上升段的曲线，应力峰值不在受拉区边缘</td><td>大部分退出工作</td><td>绝大部分退出工作</td></tr>
<tr><td colspan="2">纵向受拉钢筋应力</td><td>$\sigma_s \leq 20 \sim 30 \text{kN/mm}^2$</td><td>$20 \sim 30 \text{kN/mm}^2 < \sigma_s < f_y^0$</td><td>$\sigma_s = f_y^0$</td></tr>
<tr><td colspan="2">与设计计算的联系</td><td>I a 阶段用于抗裂验算</td><td>用于裂缝宽度及变形验算</td><td>IIIa 阶段用于正截面受弯承载力计算</td></tr>
</table>

3.2.2　配筋率对正截面破坏形态的影响

1. 纵向受拉钢筋的配筋率 ρ

钢筋混凝土构件的破坏形态与钢筋和混凝土的配比变化有关。截面上配置钢筋的多少，通常用配筋率来衡量。

对矩形截面受弯构件，纵向受拉钢筋的面积 A_s 与截面有效面积 bh_0 的比值，称为纵向受拉钢筋的配筋率，简称配筋率，用 ρ 表示，即：

$$\rho = \frac{A_s}{bh_0} \tag{3-1}$$

式中：ρ ——纵向受拉钢筋的配筋率，用百分数计量；

A_s ——纵向受拉钢筋的面积；

b ——截面宽度；

h_0 ——截面有效高度，$h_0 = h - a_s$；

a_s ——纵向受拉钢筋合力点至截面近边的距离，如图 3-8 所示。

当为一排钢筋时，$a_s=c+d_1+d/2$ ，其中 d_1 为箍筋直径，d 为纵向受力钢筋直径，c 为混凝土保护层厚度。在实际工程中，梁为一排钢筋时 a_s 可取 40mm，梁为二排钢筋时 a_s 可取 60～65mm，板的 a_s 可取 20mm。

2. 钢筋混凝土梁正截面的破坏形态

根据试验研究，受弯构件正截面的破坏形态主要与配筋率、混凝土和钢筋的强度等级、截面形式等因素有关，但以配筋率对构件的破坏形态的影响最为明显。根据配筋率不同，其破坏形态为适筋破坏、超筋破坏和少筋破坏(见图 3-9)，与三种破坏形态相对应的弯矩-挠度(M-f)曲线如图 3-10 所示。

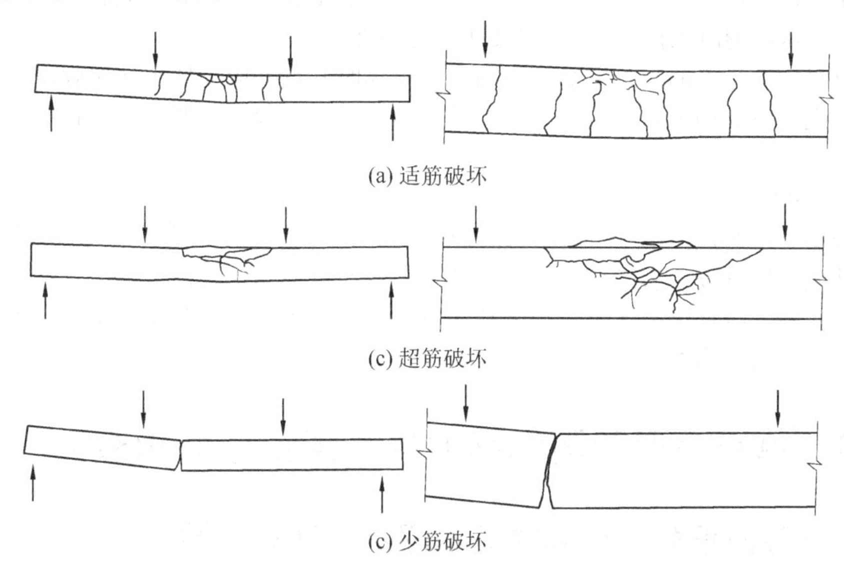

图 3-9　梁的三种破坏形态

1) 适筋梁破坏

当配筋适中，即 $\rho_{min} \leqslant \rho \leqslant \rho_{max}$ 时，发生适筋梁破坏，其特点是纵向受拉钢筋先屈服，然后随着弯矩的增加受压区混凝土被压碎，破坏时两种材料的性能均得到充分发挥。

适筋梁的破坏特点是破坏始自受拉区钢筋的屈服。在钢筋应力达到屈服强度之初，受压区边缘纤维的应变小于受弯时混凝土极限压应变。在梁完全破坏之前，由于钢筋要经历较大的塑性变形，随之引起裂缝急剧开展和梁挠度的急增(见图 3-10)，它将给人以明显的破坏预兆，属于延性破坏类型。

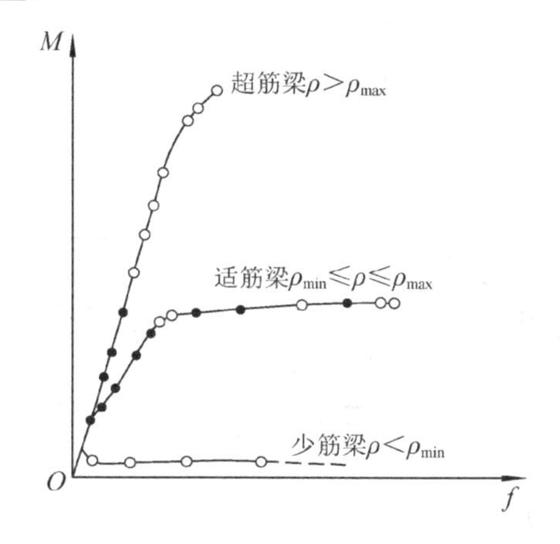

图 3-10　适筋梁、超筋梁、少筋梁的 M - f 曲线

2) 超筋梁破坏

当配筋过多，即 $\rho > \rho_{max}$ 时发生超筋梁破坏，其特点是混凝土受压区先压碎，纵向受拉钢筋不屈服。

超筋梁的破坏特点在受压区边缘纤维应变达到混凝土受弯极限压应变值时，钢筋应力尚小于屈服强度，但此时梁已告破坏。试验表明，钢筋在梁破坏前仍处于弹性工作阶段，裂缝开展不宽，延伸不高，梁的挠度亦不大，如图 3-10 所示。总之，它在没有明显预兆的情况下由于受压区混凝土被压碎而突然破坏，属于脆性破坏类型。

超筋梁虽配置过多的受拉钢筋，但由于梁破坏时其钢筋应力低于屈服强度，不能充分发挥作用，造成钢材的浪费。这不仅不经济，而且破坏前没有预兆，故工程中不允许采用超筋梁。

3) 少筋梁破坏

当配筋过少，即 $\rho > \rho_{min}$ 时发生少筋破坏形态，其特点是受拉区混凝土一旦开裂，受拉钢筋立即达到屈服强度，有时可迅速经历整个流幅而进入强化阶段，在个别情况下，钢筋甚至可能被拉断。少筋梁破坏时，裂缝往往只有一条，不仅裂缝开展过宽，且沿梁高延伸较高，即已标志着梁的“破坏”，如图 3-9(c)所示。

3.3 单筋矩形截面钢筋混凝土梁正截面承载力计算

3.3.1 正截面承载力计算的基本假定与计算简图

1. 计算正截面承载力时的基本假定

根据单筋矩形截面梁的试验研究，计算正截面承载力时，可采用如下基本假定。

(1) 截面应变保持平面；

(2) 不考虑混凝土的抗拉强度；

(3) 纵向钢筋的应力-应变关系方程为 $\sigma_s = E_s \varepsilon_s$，纵向钢筋的极限拉应变取为 0.01；

(4) 混凝土受压的应力-应变关系曲线方程按规范规定取用。

2. 单筋矩形梁正截面承载力计算简图

以单筋矩形截面为例，根据钢筋混凝土梁破坏阶段的应力分布图，再根据基本假定，由受压区混凝土的实际应力图(见图 3-11(c))得出受压区混凝土的理论应力(见图 3-11(d))。再根据力的等效代换原理，混凝土压应力分布简化为矩形分布，如图 3-11(e)所示。

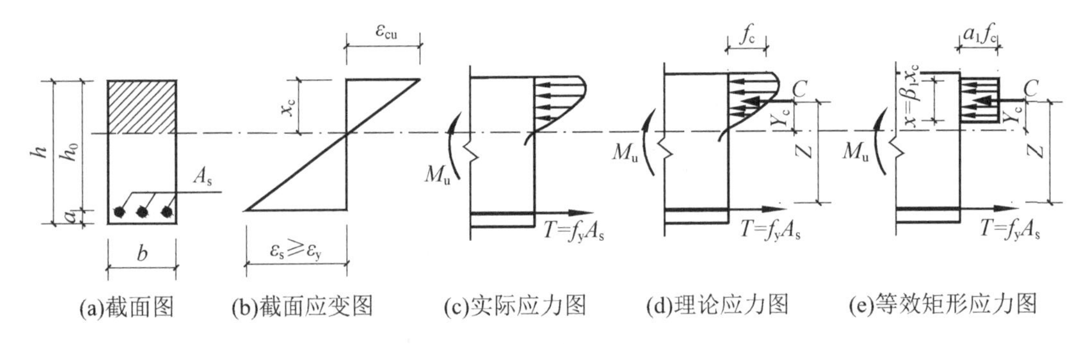

图 3-11 单筋矩形梁应力图的简化

图 3-11(e)中，等效矩形应力图由无量纲参数 α_1 和 β_1 确定。系数 α_1 为受压区混凝土矩形应力图的应力值与混凝土轴心抗压强度设计值 f_c 的比值；系数 β_1 为矩形应力图受压区高度 x(简称混凝土受压区高度)与平截面假定的中和轴高度 x_c(中和轴到受压区边缘的距离)的比值，即 $\beta_1=\dfrac{x}{x_c}$。根据试验及分析，系数 α_1 和 β_1 仅与混凝土应力-应变曲线有关。

《混凝土结构设计规范》规定：当 $f_{cuk}\leqslant 50\text{N/mm}^2$ 时，$\alpha_1=1.0$、$\beta_1=0.8$；当 $f_{cuk}=80\text{N/mm}^2$ 时，$\alpha_1=0.94$、$\beta_1=0.74$。

其间按线性内插法确定。

如图 3-11(e)所示，采用等效矩形应力图，得单筋矩形梁正截面承载力计算简图 3-12。

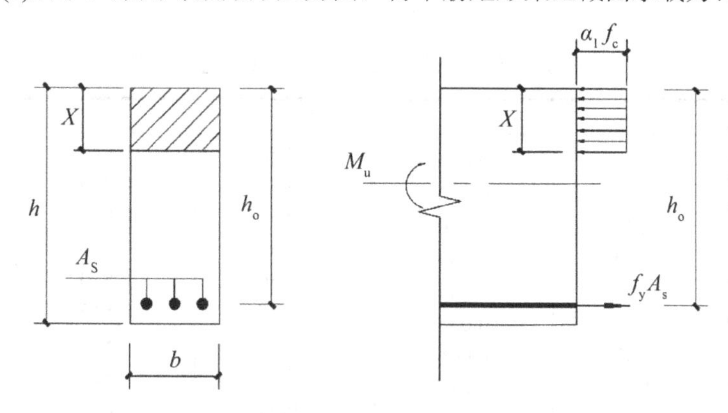

图 3-12　单筋矩形梁正截面承载力计算简图

3.3.2　单筋矩形梁正截面承载力计算公式与适用条件

1. 基本公式

由静力平衡条件得单筋矩形梁正截面承载力基本计算公式：

$$\sum X=0 \qquad f_y A_s=\alpha_1 f_c bx \tag{3-2}$$

$$\sum M=0 \qquad M=\alpha_1 f_c bx\left(h_0-\frac{x}{2}\right)=A_s f_y\left(h_0-\frac{x}{2}\right) \tag{3-3}$$

2. 公式适用条件

以上公式仅适用于适筋梁，其适用条件为：

(1) $\xi\leqslant\xi_b(x\leqslant\xi_b h_0)$　　或 $\rho=\dfrac{A_s}{bh_0}\leqslant\rho_{max}$——防止发生超筋脆性破坏。

(2) $\rho_1=\dfrac{A_s}{bh_0}\geqslant\rho_{min}$　　——防止发生少筋脆性破坏。

3. 计算表格

为了计算方便，应用简单，可以引用一些参数对基本公式进行简化，建立参数之间一一对应关系的表格(见表 3-4)，利用表格进行计算。

令 $\xi=\dfrac{x}{h_0}$，称为相对受压区高度，即等效矩形应力图的受压区高度 x 与截面有效高度 h_0 的比值。则公式(3-2)、公式(3-3)可写成：

$$\sum X=0 \qquad f_y A_s=\alpha_1 f_c b h_0 \xi \tag{3-4}$$

$$\sum M=0 \qquad M=\alpha_s \alpha_1 f_c b h_0^2=\gamma_s h_0 A_s f_y \tag{3-5}$$

其中

$$\alpha_s=\xi(1-0.5\xi) \tag{3-6}$$

$$\gamma_s=1-0.5\xi \tag{3-7}$$

由式(3-6)得

$$\xi=1-\sqrt{1-2\alpha_s}$$

表 3-4　矩形和 T 形截面受弯构件正截面强度计算表

ξ	γ_s	α	ξ	γ_s	α
0.01	0.995	0.010	0.32	0.840	0.269
0.02	0.990	0.020	0.33	0.835	0.276
0.03	0.985	0.030	0.34	0.830	0.282
0.04	0.980	0.039	0.35	0.825	0.289
0.05	0.975	0.049	0.36	0.820	0.295
0.06	0.970	0.058	0.37	0.815	0.302
0.07	0.965	0.068	0.38	0.810	0.308
0.08	0.960	0.077	0.39	0.805	0.314
0.09	0.995	0.086	0.40	0.800	0.320
0.10	0.950	0.095	0.41	0.795	0.326
0.11	0.945	0.104	0.42	0.790	0.332
0.12	0.940	0.113	0.43	0.785	0.338
0.13	0.935	0.122	0.44	0.780	0.343
0.14	0.930	0.130	0.45	0.775	0.349
0.15	0.925	0.139	0.46	0.770	0.354
0.16	0.920	0.147	0.47	0.765	0.360
0.17	0.915	0.156	0.48	0.760	0.365
0.18	0.910	0.164	0.49	0.755	0.370
0.19	0.905	0.172	0.50	0.750	0.375
0.20	0.900	0.180	0.51	0.745	0.380
0.21	0.895	0.188	0.518	0.741	0.384
0.22	0.890	0.196	0.52	0.740	0.385
0.23	0.885	0.204	0.53	0.735	0.390
0.24	0.880	0.211	0.54	0.730	0.394
0.25	0.875	0.219	0.55	0.725	0.399
0.26	0.870	0.226	0.56	0.720	0.403
0.27	0.865	0.234	0.57	0.715	0.408
0.28	0.860	0.241	0.58	0.710	0.412
0.29	0.855	0.248	0.59	0.705	0.416
0.30	0.850	0.255	0.60	0.700	0.420
0.31	0.845	0.262	0.614	0.693	0.426

注：当混凝土强度等级为 C50 以下时，表中 ξ_b=0.614、0.55、0.518 分别为 HPB235、HRB335、HRB400 和 RRB400 钢筋的相对界限受压区高度。

3.3.3　相对界限受压区高度 ξ_b 及界限配筋率

相对界限受压区高度 ξ_b，是指在适筋梁的界限破坏时，等效矩形应力图的受压区高度 x_b 与截面有效高度 h_0 的比值，即 $\xi_b = x_b / h_0$。界限破坏的特征是受拉纵筋应力达到屈服强度的同时，混凝土受压区边缘纤维应变恰好达到受弯时极限压应变 ε_{cu} 值。根据平截面假定，正截面破坏时，不同压区高度的应变变化如图 3-13 所示，中间斜线表示为界限破坏的应变。由图中可以看出，破坏时的相对受压区高度越大，钢筋拉应变越小。设钢筋开始屈服时的应变为 ε_y，则　　$\varepsilon_y = f_y/E_s$

式中：f_y——普通钢筋抗拉强度设计值；

E_s——钢筋的弹性模量；

ε_{cu}——非均匀受压时的混凝土极限压应变，当混凝土张度等级不超过 C50 时，ε_{cu}=0.0033。

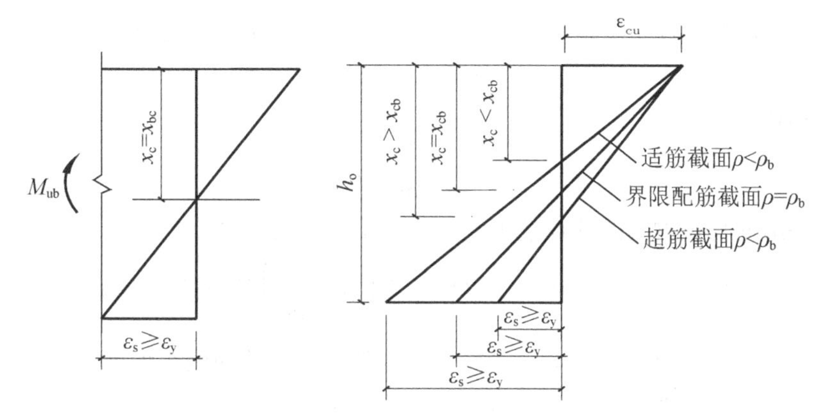

图 3-13　适筋梁、超筋梁、界限配筋梁破坏时的正截面平均应变图

混凝土强度等级≤C50 时，$\beta_1 = 0.8$ 可求出 ξ_b，见表 3-5。

$$\xi_b = \frac{x_b}{h_0} = \frac{\beta_1 x_{cb}}{h_0} = \beta_1 \frac{\varepsilon_{cu}}{\varepsilon_{cu} + \varepsilon_y} = \frac{\beta_1}{1 + \dfrac{f_y}{E_s \varepsilon_{cu}}} \tag{3-8}$$

式中：ξ_b——相对界限受压区高度，$\xi_b = x_b / h_0$；

x_b——界限受压区高度；

h_0——截面有效高度；

x_{cb}——界限破坏时中和轴高度。

上式表明，相对界限受压区高度仅与材料性能有关，而与截面尺寸无关。

表 3-5　界限受压区高度 ξ_b

钢筋种类	HPB300	HRB335	HRB400	RRB400
ξ_b	0.558	0.550	0.518	

由公式(3-4)可得：　　$\rho = \dfrac{A_s}{bh_0} = \xi \dfrac{\alpha_1 f_c}{f_y}$

当构件处于界限破坏时，其相对受压区高度$\xi = \xi_b$，相应界限配筋率ρ_b(或称最大配筋率)与ξ_b之间的关系为：

$$\rho_b = \rho_{max} = \xi_b \alpha_1 \frac{f_c}{f_y} \tag{3-9}$$

3.3.4 最小配筋率ρ_{min}

少筋破坏的特点是一裂就坏，而最小配筋率ρ_{min}是适筋梁与少筋梁的界限配筋率。从理论上讲，最小配筋率ρ_{min}是按Ⅲa 阶段计算钢筋混凝土受弯构件的极限弯矩 M_u 等于按Ⅰa 阶段计算的同截面素混凝土受弯构件的开裂弯矩 M_{cr} 确定的，即$M_{cr} = M_u$。《混凝土结构设计规范》规定：对梁类受弯构件，受拉钢筋的最小配筋率取$\rho_{min} = 45\frac{f_t}{f_y}\%$，同时不应小于 0.2%。

因此，为防止少筋破坏，对矩形截面，截面配筋面积A_s应满足下式要求：

$$A_s \geqslant A_{s\,min} = \rho_{min} bh \tag{3-10}$$

由式(3-10)可知：

$$\rho_1 = \frac{A_s}{bh} \geqslant \rho_{min} \tag{3-11}$$

式中：ρ_1——纵向受拉钢筋的计算最小配筋率，用百分数计量。

必须注意，计算最小配筋率ρ_1和计算配筋率$\left(\rho = \frac{A_s}{bh_0}\right)$的方法是不同的。

《混凝土结构设计规范》规定，计算受弯构件受拉钢筋的最小配筋率应按全截面面积扣除受压翼缘面积$(b_f' - b)h_f'$后的截面面积计算，即：

$$\rho_1 = \frac{A_s}{A - (b_f' - b)h_f'} \tag{3-12}$$

或

$$\rho_1 = \frac{A_s}{bh + (b_f - b)h_f} \tag{3-13}$$

式中：A_s——纵向受拉钢筋的面积；

A——构件全截面面积；

b——矩形截面宽度，T 形、工字形截面的腹板宽度；

h——梁的截面高度；

b_f'、b_f——T 形或工字形截面受压区、受拉区的翼缘宽度；

h_f'、h_f——T 形或工字形截面受压区、受拉区的翼缘高度。

对矩形截面，

$$\rho_1 = \frac{A_s}{A} = \frac{A_s}{bh} \tag{3-14}$$

防止梁发生少筋破坏的条件是：

$$\rho_1 \geqslant \rho_{min}$$

3.3.5　单筋矩形梁正截面承载力设计计算方法

在受弯构件正截面承载力计算时，一般仅需对控制截面进行受弯承载力计算。所谓控制截面，在等截面构件中一般是指弯矩设计值最大的截面。在工程设计计算中，正截面受弯承载力计算包括截面设计和截面复核。

1. 截面设计

截面设计是指根据截面所承受的弯矩设计值 M 选定材料、确定截面尺寸，计算配筋量。设计时，应满足 $M \leqslant M_u$。为了经济起见，一般按 $M = M_u$ 进行计算。

已知：M、$b \times h$、f_c、f_t、f_y，求受拉钢筋截面面积 A_s。

计算的一般步骤如下。

1) 公式法

(1) 确定设计参数(M、f_c、f_y、h_0 等)。

(2) $x = h_0 - \sqrt{h_0^2 - \dfrac{2M}{\alpha_1 f_c b}}$

若 $x \leqslant \xi_b h_0$，则可进行下一步计算，否则应调整截面尺寸或配筋形式。

(3) $A_s = \dfrac{\alpha_1 f_c b x}{f_y}$。

(4) 确定钢筋直径和根数。

直径应为常用直径，根数宜大于 2，同时应考虑，钢筋保护层厚度及钢筋净距。实际配置钢筋不宜小于计算配筋。

(5) 以实际钢筋大小验算最小配筋率。

(6) 绘制施工图。

2) 表格法

(1) $\alpha_s = \dfrac{M}{\alpha_1 f_c b h_0^2}$

(2) $\xi = 1 - \sqrt{1 - 2\alpha_s} \leqslant \xi_b$

(3) $\gamma_s = \dfrac{1 + \sqrt{1 - 2\alpha_s}}{2}$

(4) $A_s = \dfrac{M}{\gamma_s f_y h_0}$ 或 $A_s = \dfrac{\alpha_1 f_c b \xi h_0}{f_y}$

(5) 选配钢筋面积。

(6) 以实际钢筋大小验算最小配筋率。

(7) 绘制施工图。

2. 截面复核

截面复核是在截面尺寸、截面配筋以及材料强度已给定的情况下，要求确定该截面的受弯承载力 M_u，并验算是否满足 $M \leqslant M_u$ 的要求。

已知：M、$b \times h$、f_c、f_t、f_y、A_s，求受弯承载力 M_u。

计算的一般步骤如下。

(1) 确定设计参数(f_c、f_y、h_0、ξ_b 等)。

(2) 计算 $\rho_1=\dfrac{A_s}{bh}\geqslant\rho_{min}$，可进行下一步计算，否则为不安全。

(3) 计算 $M\leqslant M_{u\max}=\alpha_1 f_c bh_0^2\xi_b(1-0.5\xi_b)$，可进行下一步计算，否则为不安全。

(4) 计算 $x=\dfrac{f_y A_s}{\alpha_1 f_c b}$，$M_u=\alpha_1 f_c bx_b(h_0-0.5x)$。

(5) 当 $M\leqslant M_u$ 时，构件截面安全，否则为不安全。

例 3-1 已知矩形梁截面尺寸 $b\times h$=250mm×500mm，弯矩设计值 M=150kN·m，混凝土强度等级为 C30，钢筋采用 HRB400 级，环境类别为一类，混凝土保护层厚度为 c=20mm，结构的安全等级为二级。求所需的受拉钢筋截面面积 A_s。

解：

解法一

1) 设计参数

C30 混凝土，查表得：f_c=14.3N/mm^2、f_t=1.43N/mm^2、α_1=1.0

a= d_1+30mm

箍筋采用Φ8

h_0=500−30−8=462mm

HRB335 级钢筋，查表得：f_y=360 N/mm^2，ξ_b=0.518。

2) 计算系数 x

$$x=h_0-\sqrt{h_0^2-\frac{2M}{\alpha_1 f_c b}}=462-\sqrt{462^2-\frac{2\times150\times10^6}{14.3\times250}}$$

$$=102.1\text{mm}\leqslant\xi_b h_0=0.518\times462=239.32\text{mm}$$

3) 计算 A_s

$$A_s=\frac{\alpha_1 f_c bx}{f_y}=\frac{1\times14.3\times250\times102.1}{360}=1014\text{mm}^2$$

4) 实配 4Φ20(A_s=1256mm^2)

$$\rho_1=\frac{A_s}{bh}=\frac{1256}{250\times500}=1\%>\rho_{min}=0.45\frac{f_t}{f_y}=0.45\times\frac{1.43}{360}=0.179\%<\rho_{min}=0.2\%$$

满足要求。

5) 验算配筋构造要求

钢筋净距 $=\dfrac{250-4\times20-2\times28}{3}=38\text{mm}>25\text{mm}$ 且 $>$ $d=20\text{mm}$，满足要求。

截面配筋如图 3-14 所示。

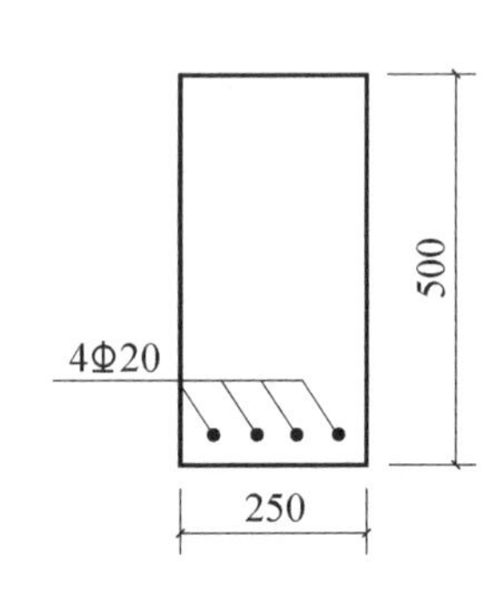

图 3-14 例题 3-1、例 3-2 截面配筋图

解法二(表格法)：

$$a_s=\frac{M}{\alpha_1 f_c bh_0^2}=\frac{150\times10^6}{1\times143\times250\times462^2}=0.197$$

查表 3-4 得 $\xi=0.222$ 或 r_s=0.891

$$A_s=\frac{M}{r_s f_y h_0}=\frac{150\times10^6}{0.891\times360\times462}=1012\text{mm}^2$$

或　$A_s=\dfrac{\alpha_1 f_c b\xi h_0}{f_y}=\dfrac{1\times14.3\times250\times0.222\times462}{360}=1019\text{mm}^2$，实配钢筋具体见解法一。

例 3-2　已知矩形截面梁 $b\times h$=250mm×500mm，承受弯矩设计值 M=160kN·m，混凝土强度等级为 C25，钢筋用 HRB400 级，环境类别为一类，混凝土保护层厚度为 c=20mm，箍筋采用Φ8，结构的安全等级为二级。截面配筋如图 3-14 所示，试复核该截面是否安全。

解： 1) 设计参数

C25 混凝土，查表得：f_c=11.9N/mm^2、f_t=1.27N/mm^2、α_1=1.0，a=20+8+20/2=38mm，h_0=500−38=462mm，HRB400 级钢筋，查表得：f_y=360 N/mm^2，ξ_b=0.518　4 Φ 20，A_s=1256mm^2。

2) 算最小配筋率ρ_1

$$\rho_1=\frac{A_s}{bh}=\frac{1256}{250\times500}=1\%$$

$$\rho_{\min}=0.45\frac{f_t}{f_y}=0.45\times\frac{1.27}{360}=0.159\%\quad \rho_{\min}\text{取为}0.2\%$$

$\rho_1>0.2\%$ 满足要求。

3) 算受压区高度 x

由式(3-2)得：

$$x=\frac{f_y A_s}{\alpha_1 f_c b}=\frac{360\times1256}{1\times11.9\times250}=152\text{mm}<\xi_b h_0=0.518\times462=239.32\text{mm}$$

满足适筋要求。

4) 算受弯承载力 M_u

由式(3-3)计算：

$$M_u=A_s f_y\left(h_0-\frac{x}{2}\right)=360\times1256\times(462-0.5\times152)\times10^{-6}=174.5\text{kN}\cdot\text{m}>M=160\text{kN}\cdot\text{m}$$ 满足受弯承载力要求。

3.4　双筋矩形截面钢筋混凝土梁正截面承载力计算

在受压区配置有受压钢筋的梁称为双筋梁。

一般来说在正截面受弯构件中，采用纵向受压钢筋协助混凝土承受压力是不经济的，工程中从承载力计算角度出发通常仅在以下情况下采用。

(1) 弯矩很大，按单筋矩形截面计算所得的ξ大于ξ_b，而梁截面尺寸受到限制，混凝土强度等级又不能提高时；即在受压区配置钢筋以补充混凝土受压能力的不足。

(2) 在不同荷载组合情况下，其中在某一组合情况下截面承受正弯矩，另一种组合情况下承受负弯矩，即梁截面承受异号弯矩，上下均需配置受力钢筋。

此外，受压区配置钢筋还可以改善截面的变形能力，提高截面的延性，因此，双筋梁在工程中也是常见的一种梁。如框架梁端部受压区即配有受压钢筋，因此框架梁端部正截面工作状态，一般即为双筋梁工作状态。

双筋梁的基本假定与单筋梁的基本假定相同。同样采用等效矩形应力图形，得到双筋矩形梁正截面承载力计算简图，如图 3-15 所示。

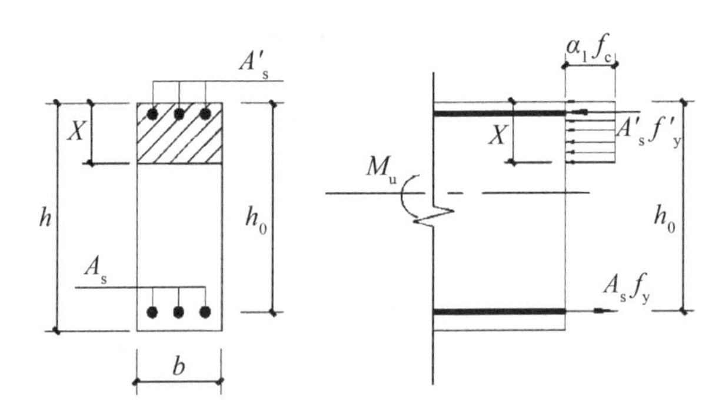

图 3-15 计算简图

3.4.1 双筋矩形梁正截面承载力计算公式与适用条件

1. 计算简图

计算简图如图 3-15 所示。

2. 基本计算公式

$$\sum X = 0 \qquad f_y A_s = \alpha_1 f_c bx + A'_s f'_y = \alpha_1 f_c b h_0 \xi + A'_s f'_y \tag{3-15}$$

$$\sum M = 0 \qquad M \leqslant M_u = \alpha_1 f_c bx\left(h_0 - \frac{x}{2}\right) + A'_s f'_y (h_0 - a'_s) \tag{3-16}$$

$$= \alpha_1 f_c b h_0^2 \xi(1 - 0.5\xi) + A'_s f'_y (h_0 - a'_s)$$

3. 适用条件

(1) $\xi \leqslant \xi_b$——防止发生超筋脆性破坏。

(2) $x > 2a'_s$——保证受压钢筋达到抗压强度设计值。

双筋截面一般不会出现少筋破坏情况，故可不必验算最小配筋率。

3.4.2 双筋矩形梁正截面承载力设计计算方法

1. 截面设计

在双筋截面的配筋计算中，可能遇到下列两种情况。

(1) 已知：弯矩设计值M，截面尺寸$b \times h$，材料强度f_c、f_y、f'_y求受压钢筋面积A'_s和受拉钢筋面积A_s。

在计算公式中，有A_S、A'_S及x三个未知数，还需增加一个条件才能求解。为节约钢筋，应使总的钢筋截面面积($A_S + A'_S$)为最小的原则来确定配筋，充分发挥混凝土的受压能力。计算的一般步骤如下：

① 令：$\xi = \xi_b$，代入计算公式(3-16)，则有：

② $A'_s = \dfrac{M - \alpha_1 f_c b h_0^2 \xi_b (1 - 0.5\xi_b)}{f'_y (h_0 - a')}$

③ 由式(3-15)得 $A_s = \dfrac{f_y' A_s' + \alpha_1 f_c b h_0 \xi_b}{f_y}$

(2) 已知：弯矩设计值 M，截面尺寸 $b \times h$，材料强度 f_c、f_y、f_y'，受压钢筋面积 A_s'，求受拉钢筋面积 A_s。

在计算公式中，有 A_s 及 x 两个未知数，该问题可用计算公式求解。

计算的一般步骤如下：

① $x = h_0 - \sqrt{h_0^2 - \dfrac{2[M - f_y' A_s' (h_0 - a_s')]}{\alpha_1 f_c b}}$

② 当 $2a_s' \leqslant x \leqslant \xi_b h_0$ 时，由式(3-15)得

$$A_s = \frac{A_s' f_y' + \alpha_1 f_c b x}{f_y}$$

③当 $x < 2a_s'$ 时，取 $x = 2a_s'$，

$$A_s = \frac{M}{f_y (h_0 - a_s')}$$

④ 当 $x > \xi_b h_0$ 时，则说明给定的受压钢筋面积 A_s' 太少，此时按 A_s 和 A_s' 未知计算。

2. 截面复核

已知：弯矩设计值 M，截面尺寸 $b \times h$，混凝土和钢筋的强度等级(材料强度 f_c、f_y、f_y')、受压钢筋面积 A_s' 和受拉钢筋面积 A_s，求受弯承载力 M_u。

计算的一般步骤如下。

(1) 由式(3-15)得　$x = \dfrac{A_s f_y - A_s' f_y'}{\alpha_1 f_c b}$；

(2) 当 $2a' \leqslant x \leqslant \xi_b h_0$ 时，由式(3-16)计算

$$M_u = \alpha_1 f_c b x \left(h_0 - \frac{x}{2} \right) + A_s' f_y' (h_0 - a')；$$

(3) 当 $x < 2a_s'$ 时，取 $x = 2a_s'$

$$M_u = A_s f_y (h_0 - a_s')；$$

(4) 当 $x > \xi_b h_0$ 时，则说明双筋梁的破坏始自受压区，取 $x = \xi_b h_0$，$M_u = \alpha_1 f_c b h_0^2 \xi_b (1 - 0.5\xi_b) + A_s' f_y' (h_0 - a')$；

(5) 当 $M \leqslant M_u$ 时，构件截面安全，否则为不安全。

例 3-3　已知矩形梁的截面尺寸 $b \times h$=250mm×500mm，承受弯矩设计值 M=300kN·m，混凝土强度等级为 C30，钢筋采用 HRB400 级，环境类别为一类，混凝土保护层厚度为 c=20mm，结构的安全等级为二级，试计算所需配置的纵向受力钢筋面积。

解： 1) 设计参数

C30 混凝土，查表得：f_c=14.3N/mm^2 、f_t=1.43N/mm^2、α_1=1.0

假设受拉钢筋为双排配置 a_s=d_1+60mm，

箍筋采用Φ10，h_0=500−70=430mm，

HRB400 级钢筋，查表得 f_y=360 N/mm² 、 f_y'=360 N/mm² ， $\xi_b = 0.518$

2) 计算系数 α_s、ξ

由式(3-5)、式(3-6)计算：

$$\alpha_s = \frac{M}{\alpha_1 f_c b h_0^2} = \frac{300 \times 10^6}{1.0 \times 14.3 \times 250 \times 430^2} = 0.454$$

$$\xi = 1 - \sqrt{1 - 2\alpha_s} = 1 - \sqrt{1 - 2 \times 0.454} = 0.696 > \xi_b = 0.518$$

若截面尺寸和混凝土的强度等级不能改变，则应设计成双筋截面。

3) 计算 A_s' 、 A_s

取 $\xi = \xi_b = 0.518$， $a_s' = 40$mm， 由式(3-16)、式(3-15)计算：

$$A_s' = \frac{M - \alpha_1 f_c b h_0^2 \xi_b (1 - 0.5\xi_b)}{f_y' (h_0 - a')}$$

$$= \frac{300 \times 10^6 - 1.0 \times 14.3 \times 250 \times 430^2 \times 0.518 \times (1 - 0.5 \times 0.518)}{360 \times (430 - 40)} = 330\text{mm}^2$$

$$A_s = \frac{A_s' f_y' + \alpha_1 f_c b h_0 \xi_b}{f_y} = \frac{360 \times 330 + 1.0 \times 14.3 \times 250 \times 430 \times 0.518}{360} = 2542\text{mm}^2$$

4) 选配钢筋 $A_s' = 402\text{mm}^2$

受压钢筋选用 2Φ16，受拉钢筋选用 8Φ22， $A_s = 3040\text{mm}^2$ 。

截面配筋如图 3-16 所示。

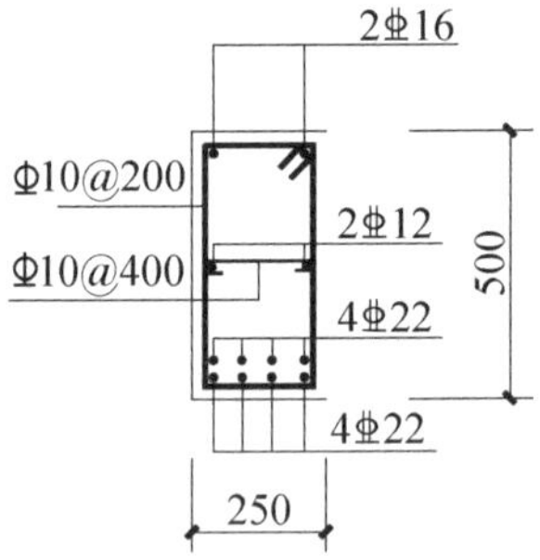

2Φ16
Φ10@200
Φ10@400
2Φ12
4Φ22
4Φ22
500
250

图 3-16 例 3-3 截面配筋图

例 3-4 已知矩形梁的截面尺寸 $b \times h$=300mm×600mm，承受弯矩设计值 M=150kN·m，混凝土强度等级为 C30，钢筋采用 HRB400 级，在受压区已配置 2Φ14 的钢筋($A_s' = 308\text{mm}^2$)，环境类别为一类，混凝土保护层厚度为 c=20mm，箍筋采用Φ10，求受拉钢筋的面积 A_s 。

解：1) 设计参数

C30 混凝土 f_c=14.3N/mm²、α_1=1.0，HRB400 级钢筋 $f_y = f_y'$=360N/mm²， $\xi_b = 0.518$，假设受拉钢筋为一排配置，a=40mm，h_0=600−40=560mm。

2) 计算受压区高度 x

a'=20+10+14/2=37mm

$$x = h_0 - \sqrt{h_0^2 - \frac{2[M - f_y' A_s' (h_0 - a')}{\alpha_1 f_c b}}$$

$$=560-\sqrt{560^2-\frac{2\times\left[150\times10^6-360\times308\times(560-37)\right]}{1\times14.3\times300}}$$

$$=39.7\text{mm}<\xi_b h_0=0.518\times560=290\text{mm}$$

$2a'_s=2\times37=74\text{mm}>39.7\text{mm}$

3) 计算受拉钢筋的面积 A_s

则 $A_s=\dfrac{M}{f_y(h_0-a'_s)}=\dfrac{150\times10^6}{360\times(560-37)}=956\text{mm}^2$

受拉钢筋选用 4Φ18，$A_s=1017\text{mm}^2$，其截面配筋如图 3-17 所示。

例 3-5　已知矩形梁的截面尺寸 $b\times h$=200mm×400mm，环境类别为二类 b，混凝土保护层厚度为 c=25mm，承受弯矩设计值 M=120kN·m，混凝土强度等级为 C30，钢筋采用 HRB400 级。受拉钢筋为 4Φ25($A_s=1964\text{mm}^2$)，受压钢筋为 2Φ16($A'_s=402\text{mm}^2$)，截面配筋如图 3-18 所示，试验算此截面是否安全。

解：1) 设计参数

C30 混凝土 f_c=14.3N/mm²、f_t=1.43N/mm²、α_1=1.0

a=25+8+25/2=45.5mm，a'=33+16/2=41mm

h_0=400−45.5=354.5mm

HRB400 级钢筋 $f_y=f'_y=360\text{N/mm}^2$，$\xi_b=0.518$

2) 计算受压区高度 x

由式(3-15)得

$$x=\frac{A_s f_y-A'_s f'_y}{\alpha_1 f_c b}=\frac{360\times1964-360\times402}{1.0\times14.3\times200}=196.6\text{mm}<\xi_b h_0=0.518\times354.5=183.6\text{mm}$$

$2a'=82\text{mm}<x=183.6\text{mm}$

3) 计算受弯承载力 M_u

由式(3-16)计算

$$M_u=\alpha_1 f_c bx\left(h_0-\frac{x}{2}\right)+A'_s f'_y(h_0-a')$$

$$=\left[1.0\times14.3\times200\times196.6\times\left(354.5-\frac{196.6}{2}\right)+360\times402\times(354.5-41)\right]\times10^{-6}$$

$$=189.4\text{kN}\cdot\text{m}>M=120\text{kN}\cdot\text{m}$$

所以截面安全。

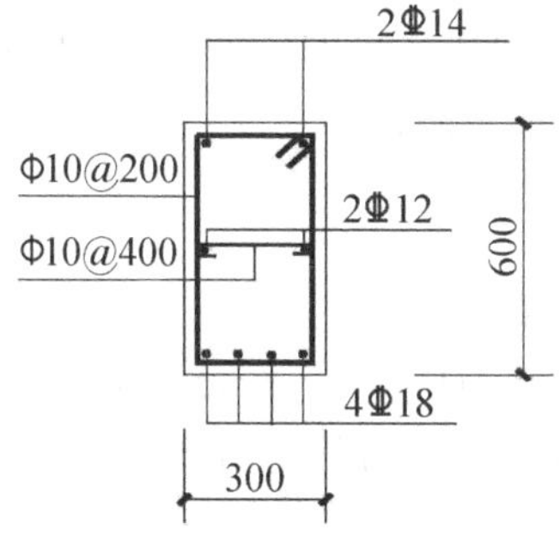

图 3-17　例 3-4 截面配筋图

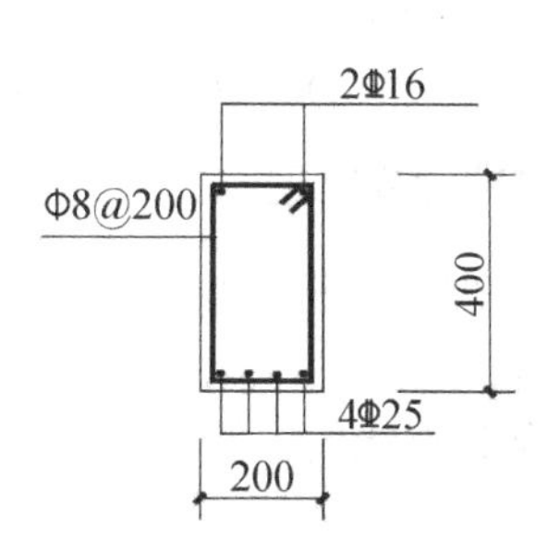

图 3-18　例 3-5 截面配筋图

3.5　T 形截面钢筋混凝土梁正截面承载力计算

实际工程中存在大量与楼板整浇在一起的梁，其实际工作截面形式为 T 形、L 形。T 形、L 形梁的工作原理仍基于矩形梁，由于矩形截面受弯构件在破坏时，大部分受拉区混凝土早已退出工作，故可挖去部分受拉区混凝土，并将钢筋集中放置，如图 3-19(a)所示，这样就形成了 T 形截面。这样既可节省混凝土，也可减轻结构自重，对受弯承载力并没有影响。若受拉钢筋较多，为便于布置钢筋，则可将截面底部适当增大，形成工字形截面，如图 3-19(b)所示。

1. T 形截面

T 形截面伸出部分称为翼缘，中间部分称为肋或梁腹。肋的宽度为 b，位于截面受压区的翼缘宽度为 b_f'，厚度为 h_f'，截面总高为 h。工字形截面位于受拉区的翼缘不参与受力，因此也按 T 形截面计算。

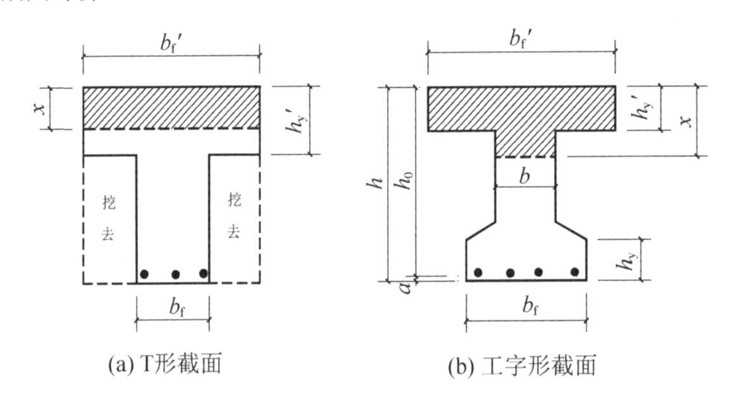

(a) T形截面　　(b) 工字形截面

图 3-19　T 形截面与工字形截面

工程结构中，T 形和工字形截面受弯构件的应用是很多的，如现浇肋形楼盖中的主、次梁，T 字形吊车梁、薄腹梁、槽形板等均为 T 形截面；箱形截面、空心楼板、桥梁中的梁为工字形截面。

但是，若翼缘在梁的受拉区，形成如图 3-20(a)所示的倒 T 形截面梁，当受拉区的混凝土开裂以后，翼缘对承载力就不再起作用了。对于这种梁应按肋宽为 b 的矩形截面计算承载力。又如整体式肋梁楼盖中的连续梁，其支座附近的 2-2 截面，如图 3-20(b)所示，由于承受负弯矩，翼缘(板)受拉，故也应按肋宽为 b 的矩形截面计算。

2. 翼缘的计算宽度 b_f'

由实验和理论分析可知，T 形截面梁受力后，翼缘上的纵向压应力分布是不均匀的，离梁肋越远压应力越小，实际压应力分布如图 3-21(a)、(c)所示。故在设计中把翼缘限制在一定范围内，称为翼缘的计算宽度 b_f'，并假定在 b_f' 范围内压应力是均匀分布的，如图 3-21(b)、(d)所示。

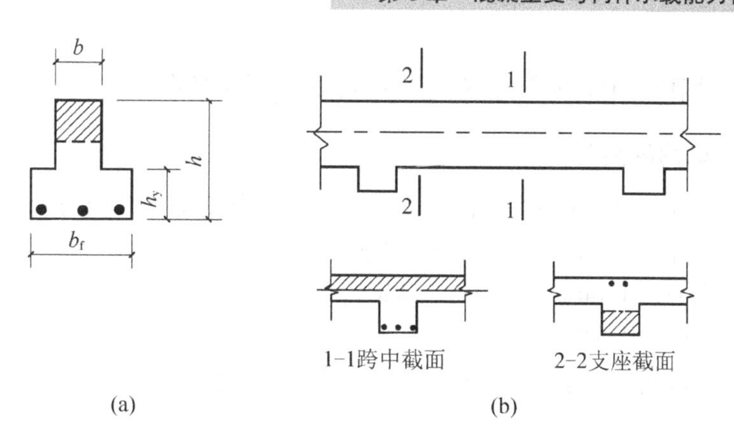

图 3-20　倒 T 形截面梁

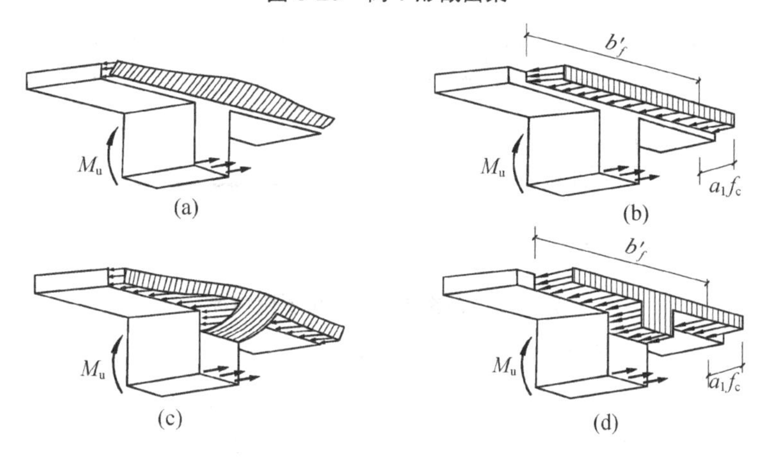

图 3-21　T 形截面受弯构件受压翼缘的应力分布和计算图形

《混凝土结构设计规范》对翼缘计算宽度 b'_f 的取值规定见表 3-6，计算时应取表中有关各项中的最小值。

表 3-6　T 形及倒 L 形截面受弯构件翼缘计算宽度 b'_f

考虑情况		T 形截面、工字形截面		倒 L 形截面
		肋形梁(板)	独立梁	肋形梁(板)
按计算跨度 l_0 考虑		$\frac{l_0}{3}$	$\frac{1}{3}l_0$	$\frac{1}{6}l_0$
按梁(肋)净距 s_n 考虑		$b+s_n$	—	$b+\frac{s_n}{2}$
按翼缘高度 h'_f 考虑	当 $h'_f/h_0\geqslant0.1$	—	$b+12h'_f$	—
	当 $0.1>h'_f/h_0\geqslant0.05$	$b+12h'_f$	$b+6h'_f$	$b+5h'_f$
	当 $h'_f/h_0\leqslant0.05$	$b+12h'_f$	b	$b+5h'_f$

注：① 表中 b 为梁的腹板厚度；

② 肋形梁在梁跨内设有间距小于纵肋间距的横肋时，则可不遵守表中项次 3 的规定；

③ 对有加腋的 T 形、工字形和倒 L 形截面，当受压区加腋的高度 h_h 不小于 h'_f 且加腋的长度 $b_h\leqslant3h_h$ 时，则其翼缘计算宽度可按表中项次 3 的规定分别增加 $2b_h$ (T 形、工字形截面)和 b_h(倒 L 形截面)；

④ 独立梁受压区的翼缘板在荷载作用下经验算沿纵肋方向可能产生裂缝时，则其计算宽度应取用腹板宽度 b。

3.5.1 T 形梁正截面承载力计算公式与适用条件

1. T 形截面的两种类型

采用翼缘计算宽度b_f'，T 形截面受压区混凝土仍可按等效矩形应力图考虑。按照构件破坏时，中和轴位置的不同，T 形截面可分为两种类型。

第一类 T 形截面：中和轴在翼缘内，即$x \leqslant h_f'$；

第二类 T 形截面：中和轴在梁肋内，即$x > h_f'$。

为了判别 T 形截面属于哪一种类型，首先分析$x = h_f'$的特殊情况，图 3-22 所示为两类 T 形截面的界限情况。

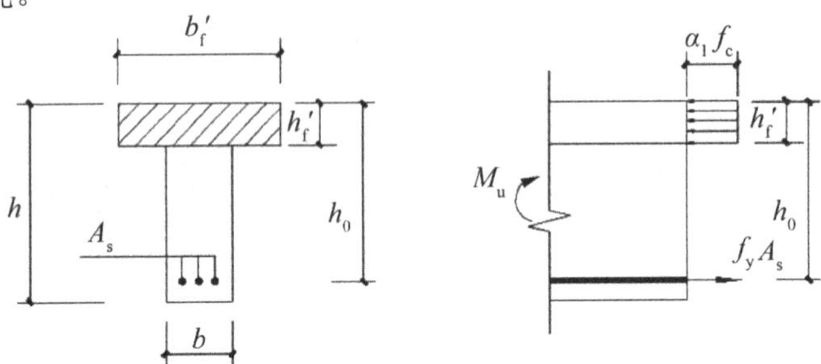

图 3-22 两类 T 形截面的界限情况

$$\sum X = 0 \qquad f_y A_s = \alpha_1 f_c b_f' h_f' \tag{3-17}$$

$$\sum M = 0 \qquad M = \alpha_1 f_c b_f' h_f' \left(h_0 - \frac{h_f'}{2}\right) \tag{3-18}$$

当$f_y A_s \leqslant \alpha_1 f_c b_f' h_f'$ 或$M \leqslant \alpha_1 f_c b_f' h_f' \left(h_0 - \frac{h_f'}{2}\right)$时，则$x \leqslant h_f'$，即属于第一类 T 形截面；反之，当$f_y A_s > \alpha_1 f_c b_f' h_f'$或$M \leqslant \alpha_1 f_c b_f' h_f' \left(h_0 - \frac{h_f'}{2}\right)$时，则$x > h_f'$，即属于第二类 T 形截面。

2. 第一类 T 形截面的计算公式与适用条件

1) 计算公式

第一类 T 形截面受弯构件正截面承载力计算简图如图 3-23 所示，这种类型与梁宽为b_f'的矩形梁完全相同，可用b_f'代替b按矩形截面的公式计算。

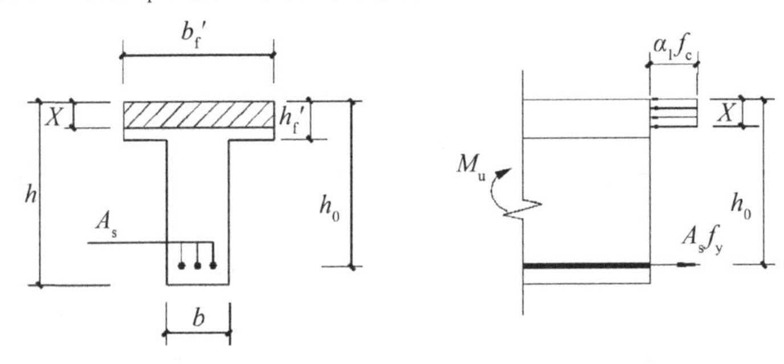

图 3-23 第一类 T 形截面梁正截面承载力计算简图

$$\sum X = 0 \qquad f_y A_s = \alpha_1 f_c b_f' x \tag{3-19}$$

$$\sum M = 0 \qquad M = \alpha_1 f_c b_f' x \left(h_0 - \frac{x}{2} \right) \tag{3-20}$$

2) 适用条件

$\xi \leqslant \xi_b$——防止发生超筋脆性破坏，此项条件通常均可满足，不必验算。

$\rho_1 = \dfrac{A_s}{bh} \geqslant \rho_{min}$——防止发生少筋脆性破坏。

必须注意，这里受弯承载力虽然按 $b_f' \times h$ 的矩形截面计算，但最小配筋面积 $A_{s\min}$ 按 $\rho_{min} bh$ 计算，而不是 $\rho_{min} b_f' h$。这是因为最小配筋率是按 $M_u = M_{cr}$ 的条件确定，而开裂弯矩 M_{cr} 主要取决于受拉区混凝土的面积，T 形截面的开裂弯矩与具有同样腹板宽度 b 的矩形截面基本相同。对工形和倒 T 形截面，则计算最小配筋率 ρ_1 的表达式为：

$$\rho_1 = \frac{A_s}{bh + (b_f - b) h_{f\,min}}$$

3．第二类 T 形截面的计算公式与适用条件

1) 计算公式

第二类 T 形截面受弯构件正截面承载力计算简图如图 3-24(a)所示。根据静力平衡计算公式为：

$$\sum X = 0 \qquad f_y A_s = \alpha_1 f_c bx + \alpha_1 f_c (b_f' - b) h_f' \tag{3-21}$$

$$\sum M = 0 \qquad M = \alpha_1 f_c bx \left(h_0 - \frac{x}{2} \right) + \alpha_1 f_c (b_f' - b) h_f' \left(h_0 - \frac{h_f'}{2} \right) \tag{3-22}$$

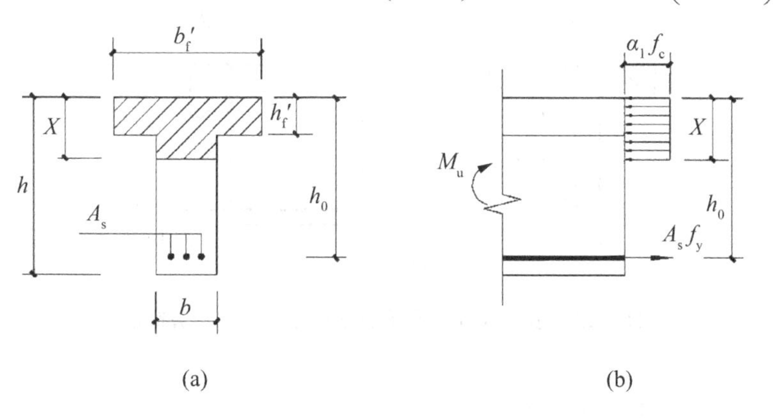

图 3-24　第二类 T 形截面梁正截面承载力计算简图

T 形截面受弯承载力设计值 M_u 可视为由两部分组成。第一部分是由肋部受压区混凝土和相应的一部分受拉钢筋 A_{s1} 形成的承载力 M_{u1}(见图 3-25(b))，相当于单筋矩形截面的受弯承载力；第二部分是由翼缘挑出部分的受压混凝土和相应的另一部分受拉钢筋 A_{s2} 形成的承载力 M_{u2} (见图 3-25(c))，即：

$$M_u = M_u + M_{u2} \tag{3-23}$$

$$A_s = A_{s1} + A_{s2} \tag{3-24}$$

对第一部分(见图 3-25(b))，由平衡条件可得：

$$f_{\mathrm{y}}A_{\mathrm{s1}}=\alpha_{1}f_{\mathrm{c}}bx \tag{3-25}$$

$$M_{\mathrm{u1}}=\alpha_{1}f_{\mathrm{c}}bx\left(h_{0}-\frac{x}{2}\right) \tag{3-26}$$

对第二部分(见图 3-25(c))，由平衡条件可得：

$$f_{\mathrm{y}}A_{\mathrm{s2}}=\alpha_{1}f_{\mathrm{c}}(b_{\mathrm{f}}'-b)h_{\mathrm{f}}' \tag{3-27}$$

$$M_{\mathrm{u2}}=\alpha_{1}f_{\mathrm{c}}(b_{\mathrm{f}}'-b)h_{\mathrm{f}}'\left(h_{0}-\frac{h_{\mathrm{f}}'}{2}\right) \tag{3-28}$$

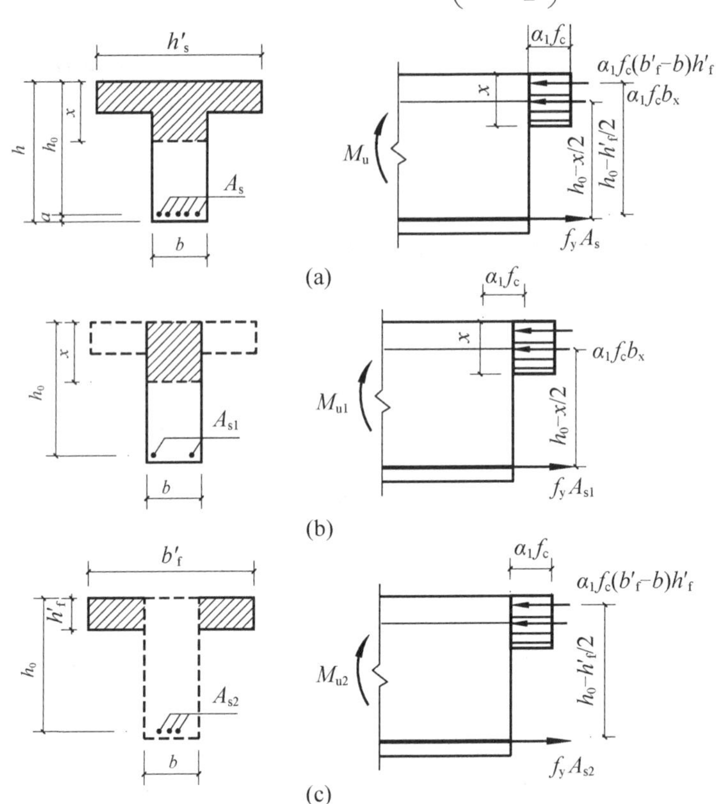

图 3-25　第二类 T 形截面梁正截面承载力计算简图

2) 适用条件

$\xi\leqslant\xi_{\mathrm{b}}$——防止发生超筋脆性破坏。

$\rho_{1}=\dfrac{A_{\mathrm{s}}}{bh}\geqslant\rho_{\min}$——防止发生少筋脆性破坏，此项条件通常均可满足，不必验算。

3.5.2　T 形梁正截面承载力设计计算方法

1. 截面设计

已知：弯矩设计值 M、截面尺寸、混凝土和钢筋的强度等级，求受拉钢筋面积 A_{s}。

1) 第一类 T 形截面：$M \leqslant \alpha_1 f_c b_f' h_f' (h_0 - \frac{h_f'}{2})$

其计算方法与 $b_f' \times h$ 的单筋矩形截面梁完全相同。

2) 第二类 T 形截面：$M > \alpha_1 f_c b_f' h_f' \left(h_0 - \frac{h_f'}{2}\right)$

在计算公式中，有 A_s 及 x 两个未知数，该问题可用计算公式求解。

(1) 由式(3-28) 计算 $M_{u2} = \alpha_1 f_c (b_f' - b) h_f' \left(h_0 - \frac{h_f'}{2}\right)$；

(2) 由式(3-23) 得 $M_{u1} = M - M_{u2}$；

(3)
$$x = h_0 - \sqrt{h_0^2 - \frac{2(M - M_{u2})}{\alpha_1 f_c b}}$$

(4) 当 $x \leqslant \xi_b h_0$ 时，由式(3-21)得

$$A_s = \frac{\alpha_1 f_c b x + \alpha_1 f_c (b_f' - b) h_f'}{f_y}$$

(5) 当 $x > \xi_b h_0$ 时，说明截面过小，会形成超筋梁，应加大截面尺寸或提高混凝土强度等级，或改用双筋截面。

2．截面复核

已知：弯矩设计值 M、截面尺寸、混凝土和钢筋的强度等级、受拉钢筋面积 A_s，求受弯承载力 M_u 。

1) 第一类 T 形截面：$f_y A_s \leqslant \alpha_1 f_c b_f' h_f'$

可按 $b_f' \times h$ 的单筋矩形截面梁的计算方法求 M_u 。

2) 第二类 T 形截面：$f_y A_s > \alpha_1 f_c b_f' h_f'$

计算的一般步骤如下。

(1) 由式(3-21)得

$$x = \frac{A_s f_y - \alpha_1 f_c (b_f' - b) h_f'}{\alpha_1 f_c b}$$

(2) 当 $x \leqslant \xi_b h_0$ 时，由式(3-22)计算

$$M_u = \alpha_1 f_c b x \left(h_0 - \frac{x}{2}\right) + \alpha_1 f_c (b_f' - b) h_f' \left(h_0 - \frac{h_f'}{2}\right)$$

(3) 当 $M \leqslant M_u$ 时，构件截面安全，否则为不安全。

例 3-6　已知一肋梁楼盖的次梁，计算跨度为 6m，间距为 2.4m，截面尺寸如图 3-26(a)所示。环境类别为一类，混凝土保护层厚度为 c=20mm，箍筋采用Φ8，结构的安全等级为二级。跨中最大弯矩设计值 M=95kN·m，混凝土强度等级为 C25，钢筋采用 HRB400 级，求次梁纵向受拉钢筋面积 A_s 。

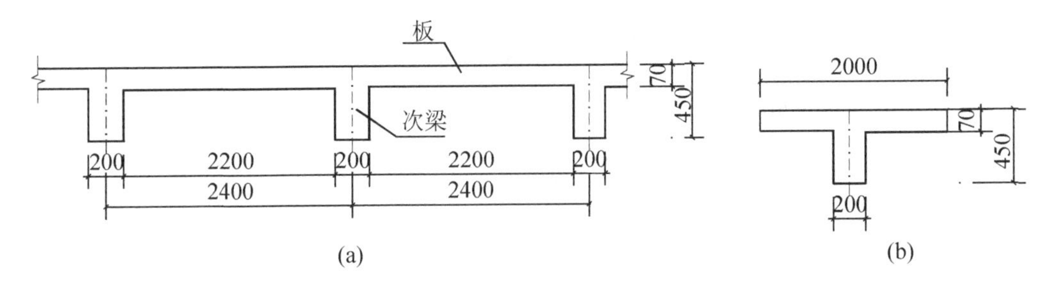

图 3-26　例 3-6 的截面尺寸

解： 1) 设计参数

C25 混凝土 f_c=11.9N/mm^2 、f_t=1.27N/mm^2、α_1=1.0

a_s=38mm，h_0=450−38=412mm ，HRB400 级钢筋 f_y=360 N/mm^2，$\xi_b = 0.518$

2) 确定翼缘计算宽度 b_f'

由表 3-6 可知：

按梁计算跨度 l_0 考虑　　$b_f' = \dfrac{l_0}{3} = \dfrac{6000}{3} = 2000\text{mm}$；

按梁净距 s_n 考虑　　$b_f' = b + s_n = 200 + 2200 = 2400\text{mm}$；

按翼缘高度 h_f' 考虑　　当 $\dfrac{h_f'}{h_0} = \dfrac{70}{412} = 0.17 > 0.1$ 时，翼缘不受此项限制；

翼缘计算宽度 b_f' 取三者中的较小值，所以 $b_f' = 2000\text{mm}$，次梁截面如图 3-26(b)所示。

3) 判别 T 形截面类型

$$\alpha_1 f_c b_f' h_f' \left(h_0 - \frac{h_f'}{2}\right) = 1.0 \times 11.9 \times 2000 \times 70 \times \left(412 - \frac{70}{2}\right) \times 10^{-6} = 628\text{kN}\cdot\text{m} > M = 95\text{kN}\cdot\text{m}$$

属于第一类 T 形截面。

4) 计算系数 α_s、ξ

$$\alpha_s = \frac{M}{\alpha_1 f_c b_F' h_0^2} = \frac{95 \times 10^6}{1.0 \times 11.9 \times 2000 \times 412^2} = 0.023$$

$$\xi = 1 - \sqrt{1 - 2\alpha_s} = 1 - \sqrt{1 - 2 \times 0.023} = 0.0233 < \xi_b = 0.518$$

5) 计算受拉钢筋面积 A_s

由式(3-19)得：

$$A_s = \frac{\alpha_1 f_c b_f' x}{f_y} = \frac{1.0 \times 11.9 \times 2000 \times 412 \times 0.0233}{360} = 634\text{mm}^2$$

选用 3Φ18，$A_s = 763\text{mm}^2$

6) 验算最小配筋率 ρ_1

$$\rho_1 = \frac{A_s}{bh} = \frac{763}{200 \times 450} = 0.843\% > \rho_{\min} = 0.45\frac{f_t}{f_y} = 0.45 \times \frac{1.27}{360} = 0.159\%$$

$\rho_1 > 0.2\%$ 满足要求，其截面配筋如图 3-27 所示。

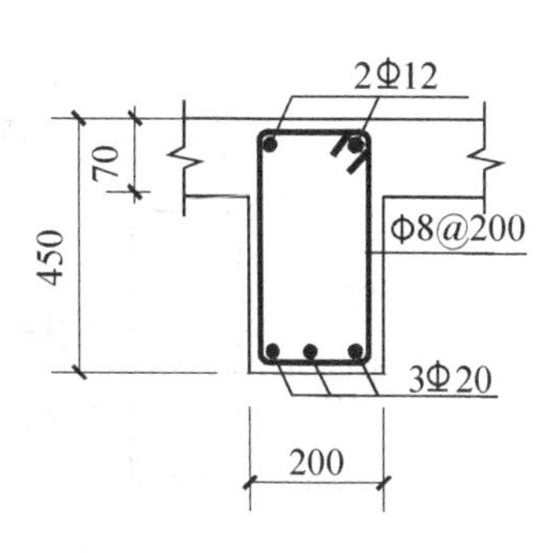

图 3-27 例 3-6 截面配筋图

例 3-7 已知 T 形梁截面尺寸 b=250 mm，h=800mm，$b_f'=600$mm，$h_f'=100$mm，弯矩设计值 M=540kN·m，混凝土强度等级为 C25，钢筋采用 HRB400 级，环境类别为一类，混凝土保护层厚度为 c=20mm，箍筋采用Φ8，结构的安全等级为二级。求受拉钢筋截面面积 A_s，并绘制截面配筋图。

解：1) 设计参数

C25 混凝土 f_c=11.9N/mm^2 、f_t=1.27N/mm^2、α_1=1.0 ，假设受拉钢筋为双排配置，h_0=800−60=740mm，HRB400 级钢筋 f_y=360N/mm^2 ，$\xi_b=0.518$ 。

2) 判别 T 形截面类型。

$$\alpha_1 f_c b_f' h_f'\left(h_0-\frac{h_f'}{2}\right)=1.0\times11.9\times600\times100\times\left(740-\frac{100}{2}\right)\times10^{-6}=493\text{kN}\cdot\text{m}<M=540\text{kN}\cdot\text{m}$$

属于第二类 T 形截面。

3) 计算受压区高度 x

$$x=h_0-\sqrt{h_0^2-\frac{2(M-M_{u2})}{\alpha_1 f_c b}}$$

$$=740-\sqrt{740^2-\frac{2\left[540\times10^6-1.0\times11.9\times(600-250)\times100\times\left(732-\frac{100}{2}\right)\right]}{1.0\times11.9\times250}}$$

$$=125.4\text{mm}<\xi_b h_0=0.518\times740=383\text{mm}$$

4) 计算受拉钢筋面积 A_s

由式(3-21)得：

$$A_s=\frac{\alpha_1 f_c bx+\alpha_1 f_c(b_f'-b)h_f'}{f_y}$$

$$=\frac{1.0\times11.9\times250\times125.4+1.0\times11.9\times(600-250)\times100}{360}=2193\text{mm}^2$$

选用 6Φ22，A_s=2281mm^2

5) 验算最小配筋率 ρ_1

$$\rho_1=\frac{A_s}{bh}=\frac{2281}{250\times800}=1.14\%>\rho_{min}=0.45\frac{f_t}{f_y}=0.45\times\frac{1.27}{360}=0.158\%$$

$\rho_1 > 0.2\%$ 满足要求，截面配筋如图 3-28 所示。

例 3-8 已知 T 形梁截面尺寸 b=250mm，h=750mm，$b_f'=1200$mm，$h_f'=80$mm，截面尺寸及配筋如图 3-29 所示。承受弯矩设计值 M=290kN·m，混凝土强度等级为 C25，钢筋采用 HRB400 级，受拉钢筋为 6Φ18($A_s=1257$mm^2，双排配置)，环境类别为一类，混凝土保护层厚度为 c=20mm，结构的安全等级为二级。试复核该截面是否安全？

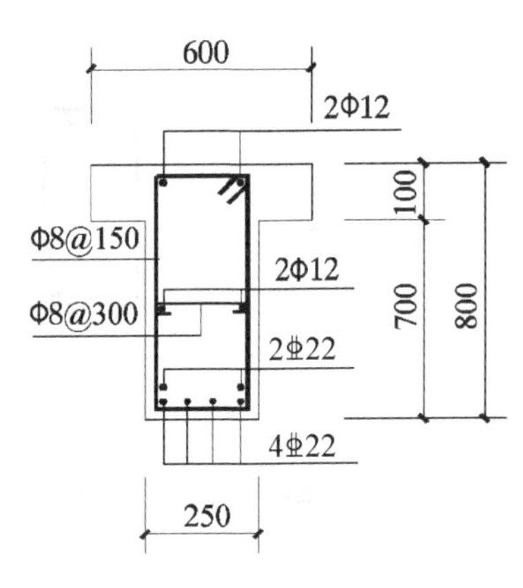

图 3-28　例 3-7 截面配筋图

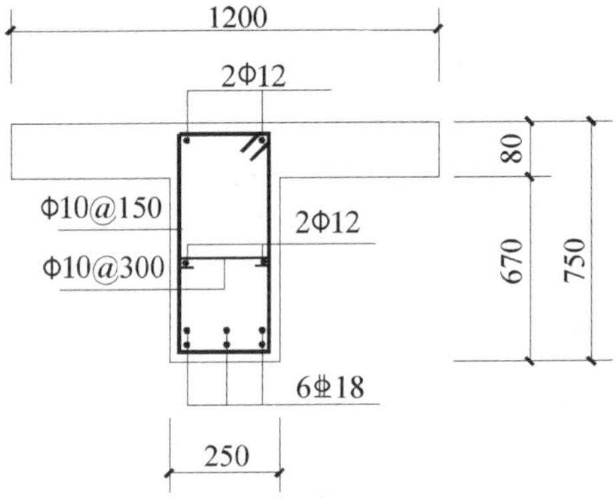

图 3-29　例 3-8 截面配筋图

解： 1) 设计参数

C25 混凝土 f_c=11.9N/mm^2 、f_t=1.27N/mm^2、α_1=1.0，HRB400 级钢筋 f_y=360N/mm^2，$\xi_b=0.518$，h_0=750−60=690mm

2) 判别 T 形截面类型

$\alpha_1 f_c b'_f h'_f = 1.0\times11.9\times1200\times80\times10^{-6} = 1142.4\text{kN}\cdot\text{m} > A_s f_y = 1527\times360\times10^{-3} = 5501\text{kN}\cdot\text{m}$

属于第一类 T 形截面。

3) 验算最小配筋率 ρ_1

略。

3.6　受弯构件斜截面承载力计算

受弯构件在荷载作用下，截面除产生弯矩 M 外，常常还产生剪力 V，在剪力和弯矩共同作用的剪弯区段，产生斜裂缝，如果斜截面承载力不足，可能沿斜裂缝发生斜截面受剪破坏或斜截面受弯破坏。因此，还要保证受弯构件斜截面承载力，即斜截面受剪承载力和斜截面受弯承载力。

工程设计中，斜截面受剪承载力是由抗剪计算来满足的，斜截面受弯承载力则是通过构造要求来控制的。

3.6.1　无腹筋梁斜截面受剪破坏的主要形态

由于混凝土抗拉强度很低，随着荷载的增加，纯弯曲段出现与梁纵轴垂直的裂缝，纯弯曲段以外区域在 M、V 共同作用下的截面主应力与梁纵轴有一倾角，混凝土受拉产生的裂缝与梁的纵轴倾斜，称为斜裂缝，如图 3-30 所示。

当荷载继续增加，斜裂缝不断延伸和加宽，当截面的抗弯强度得到保证时，梁最后可能由于斜截面的抗剪强度不足而破坏。

为了防止斜截面破坏，理论上应在梁中设置与主拉应力方向平行的钢筋，可以有效地限制斜裂缝的发展。但为了施工方便，一般采用梁中设置与梁轴垂直的箍筋(如图 3-30 所示)。弯起钢筋一般利用梁内的纵筋弯起而形成，虽然弯起钢筋的方向与主拉应力方向一致，但由于其传力较集中，受力不均匀，且可能在弯起处引起混凝土的劈裂裂缝(如图 3-30 所示)，同时增加了施工难度，一般仅在箍筋不足时采用。箍筋和弯起钢筋称为腹筋。

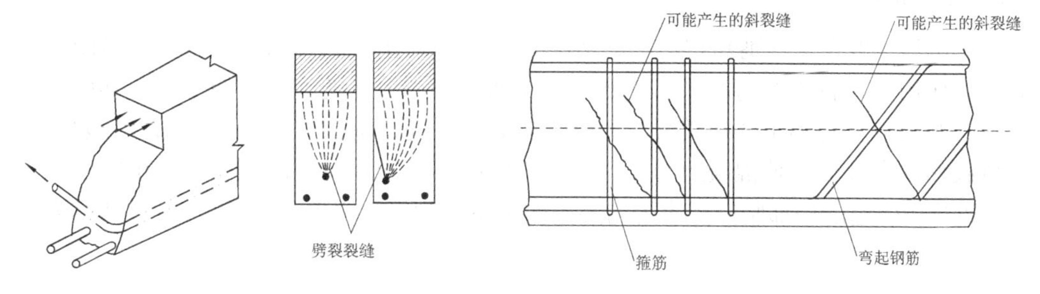

图 3-30　箍筋和弯起钢筋和斜裂缝

为了对工程中梁的斜裂缝产生及发展全过程有所了解，这里先介绍不配箍筋和弯起钢筋的无腹筋梁斜截面破坏形态，然后再介绍有腹筋梁的斜截面破坏形态。

无腹筋梁斜截面受剪破坏形态的主要有斜拉破坏(见图 3-31(a))、剪压破坏(见图 3-31(b))和斜压破坏(见图 3-31(c))三种。

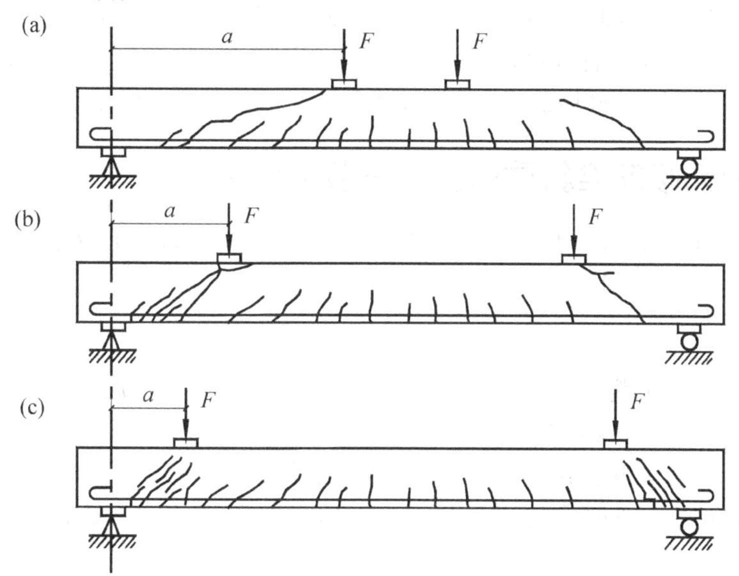

图 3-31　无腹筋梁斜截面的破坏形态

1. 斜拉破坏

斜拉破坏一般发生在剪跨比较大的情况(集中荷载时 $\lambda=a/h_0>3$)，如图 3-31(a)所示。在荷载作用下，首先在梁的底部出现垂直的弯曲裂缝；随即，其中一条弯曲裂缝很快地斜向(垂直主拉应力)伸展到梁顶的集中荷载作用点处，形成所谓的临界斜裂缝，将梁劈裂为两部分而破坏，同时，沿纵筋往往伴随产生水平撕裂裂缝，即斜拉破坏。

斜拉破坏荷载与开裂时荷载接近，这种梁的抗剪强度取决于混凝土抗拉强度，承载力较低，如图 3-32 所示。

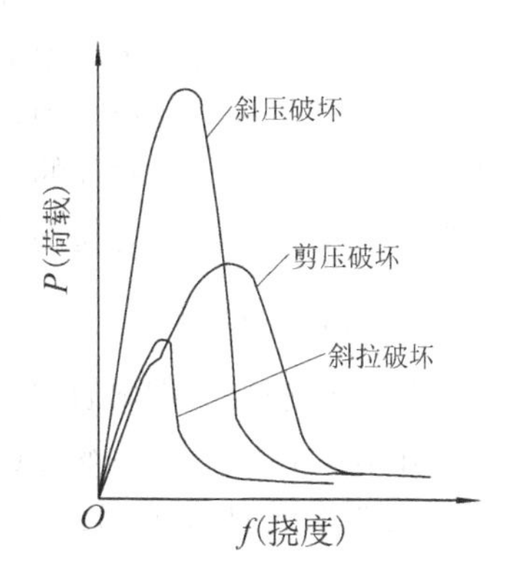

图 3-32　斜截面破坏的 P-f 曲线

2. 剪压破坏

剪压破坏一般发生在剪跨比适中的情况(集中荷载时 $1 \leqslant \lambda = a/h_0 \leqslant 3$)，如图 3-31(b)所示。在荷载的作用下，首先在剪跨区出现数条短的弯剪斜裂缝；随着荷载的增加，其中一条延伸最长、开展较宽称为主要斜裂缝，即临界斜裂缝；随着荷载继续增大，临界斜裂缝将不断向荷载作用点延伸，使混凝土受压区高度不断减小，导致剪压区混凝土在正应力 σ 、剪应力 τ 和荷载引起的局部竖向压应力的共同作用下达到极限强度而破坏，这种破坏称为剪压破坏。

3. 斜压破坏

这种破坏一般发生在剪力较大而弯矩较小时，即剪跨比很小(集中荷载时 $\lambda = a/h_0 < 1$)，如图 3-31(c)所示。加载后，在梁腹中垂直于主拉应力方向，先后出现若干条大致相互平行的腹剪斜裂缝，梁的腹部被分割成若干斜向的受压短柱。随着荷载的增大，混凝土短柱沿斜向最终被压酥破坏，即斜压破坏。

由图 3-32 可知，不同剪跨比梁的破坏形态和承载力不同，斜压破坏承载力最大，剪压次之，斜拉最小。而在荷载达到峰值时的跨中挠度均不大，且破坏后荷载均迅速下降，均属于脆性破坏，其中斜拉破坏最明显，斜压破坏次之，剪压破坏稍好。

3.6.2 影响无腹筋梁斜截面受剪承载力的主要因素

影响无腹筋梁斜截面受剪破坏形态的主要因素为：剪跨比 a/h_0(集中荷载)或跨高比 l_0/h_0(均布荷载)、混凝土强度、纵筋配筋率及截面形式等。

1. 剪跨比

梁的剪跨比反映了截面上正应力和剪应力的相对关系，因而决定了该截面上任一点主应力的大小和方向，因而影响梁的破坏形态和受剪承载力的大小。

试验表明，剪跨比由小增大时，梁的破坏形态从斜压型，转为剪压型，再转为斜拉型。且随着剪跨比的增大，受剪承载力减小；当 $\lambda > 3$ 以后，承载力趋于稳定。

2. 混凝土强度

无腹筋梁的受剪破坏是由于混凝土达到复合应力状态下的强度而发生的，所以混凝土强度对受剪承载力的影响很大。

在上述三种破坏形态中，斜拉破坏取决于混凝土的抗拉强度 f_t，剪压破坏取决于顶部混凝土的抗压强度 f_c 和腹部的骨料咬合作用，斜压破坏取决于混凝土的抗压强度 f_c。试验表明，无腹筋梁的受剪承载力随混凝土抗拉强度的提高而提高，大致成直线关系。

3. 纵筋配筋率

纵向钢筋能抑制斜裂缝的开展，使斜裂缝顶部混凝土压区高度增大，间接地提高梁的受剪承载力，同时纵筋本身也通过销栓作用承受一定的剪力，因而纵向钢筋配筋量的增大，梁的受剪承载力也有一定的提高。

4. 截面形式

T 形、工字形截面有受压翼缘，增加了剪压区的面积，对斜拉破坏和剪压破坏的受剪承载力可提高，但对斜压破坏的受剪承载力并没有提高。一般情况下，忽略翼缘的作用，只取腹板的宽度当作矩形截面梁计算构件的受剪承载力，其结果偏于安全。

5. 尺寸效应

截面尺寸对无腹筋梁的受剪承载力有较大的影响，尺寸大的构件，破坏的平均剪应力比尺寸小的构件要低。主要因为梁高度很大时，撕裂裂缝比较明显，销栓作用大大降低，斜裂缝宽度也较大，削弱了骨料咬合作用。试验表明，在保持参数f_c、λ、ρ相同的情况下，高度增加 4 倍，受剪承载力约降低 25%～30%。试验结果表明，对于截面高度大于 800mm 的梁，受剪承载力的降低系数约为β_h=(800/h_0)1/4。对于配置腹筋的梁，腹筋可以抑制斜裂缝的开展，因此尺寸效应的影响减小。

6. 梁的连续性

试验表明，连续梁的受剪承载力与相同条件下的简支梁相比，仅在集中荷载时低于简支梁，而受均布荷载时则是相当的。即使是承受集中荷载作用的情况下，也只有中间支座附近的梁段因受异号弯矩的影响，抗剪承载力有所降低，边支座附近梁段的抗剪承载力与简支梁的相同。

3.6.3　有腹筋梁的斜截面受剪性能

为了提高混凝土的抗剪承载力，防止梁沿斜裂缝发生脆性破坏，一般在梁中配置腹筋(箍筋和弯起钢筋)。斜裂缝出现前，箍筋应力很小，箍筋对阻止和推迟斜裂缝的出现作用也很小，但在斜裂缝出现后，有腹筋梁受力性能与无腹筋梁相比，有显著的不同。

由前面分析可以看出，无腹筋梁斜裂缝出现后，剪压区几乎承受了全部的剪力，成为整个梁的薄弱环节。而在有腹筋梁中，当斜裂缝出现以后，如图 3-33 所示形成了一种“桁架—拱”的受力模型，斜裂缝间的混凝土相当于压杆，梁底纵筋相当于拉杆，箍筋则相当于垂直受拉腹杆(见图 3-33(b))。箍筋可以将压杆Ⅱ、Ⅲ的内力通过“悬吊”作用传递到压杆Ⅰ靠近支座的部分，从而减小了压杆Ⅰ顶部剪压区的负担。

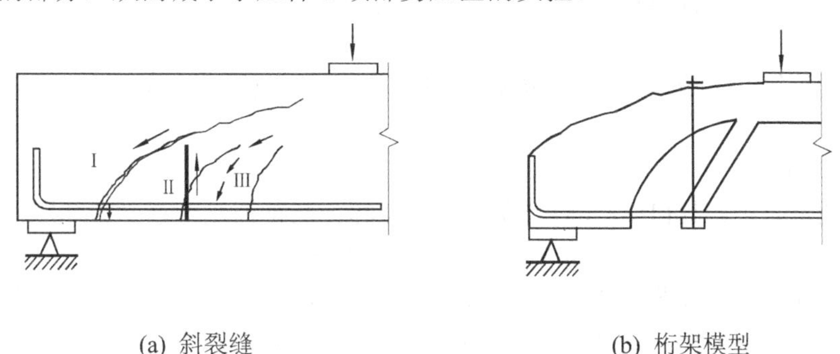

(a) 斜裂缝　　(b) 桁架模型

图 3-33　有腹筋梁的传桁架受力模型

因此有腹筋梁中，箍筋的作用如下。

(1) 箍筋可以直接承担部分剪力；

(2) 腹筋能限制斜裂缝的开展和延伸，增大混凝土剪压区的截面面积，提高混凝土剪压区的抗剪能力；

(3) 箍筋还将提高斜裂缝交界面骨料的咬合和摩擦作用，延缓沿纵筋的黏结劈裂裂缝的发展，防止混凝土保护层的突然撕裂，提高纵向钢筋的销栓作用。因此，腹筋将使梁的受剪承载力有较大的提高。

3.6.4 有腹筋梁斜截面破坏的主要形态

1. 配箍率

有腹筋梁的破坏形态不仅与剪跨比有关，还与配箍率 ρ_{sv} 有关。

配箍率 ρ_{sv} 按下式计算：

$$\rho_{sv}=\frac{A_{sv}}{bs}=\frac{nA_{sv1}}{bs} \tag{3-29}$$

式中：A_{sv}——配置在同一截面内箍筋各肢的截面面积总和，$A_{sv}=nA_{sv1}$；

n——同一截面内箍筋的肢数，如图 3-34 中箍筋为双肢箍，n=2；

A_{sv1}——单肢箍筋的截面面积；

s——箍筋的间距；

b——梁宽。

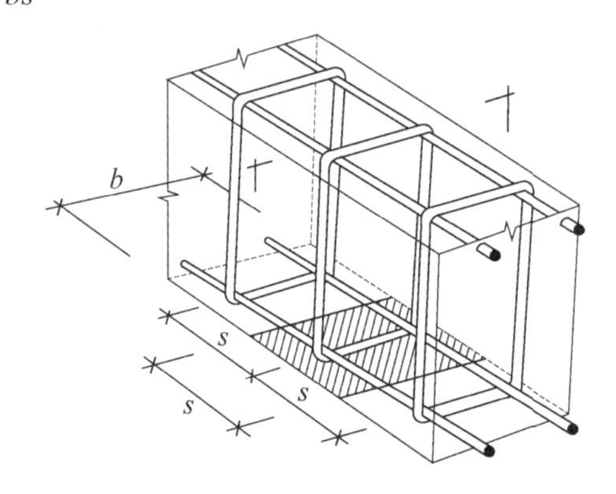

图 3-34　配箍率

2. 有腹筋梁斜截面破坏的主要形态

有腹筋梁斜截面剪切破坏形态与无腹筋梁一样，也可概括为三种主要破坏形态：斜压破坏、剪压破坏和斜拉破坏。

1) 斜拉破坏

当配箍率太小或箍筋间距太大(腹筋配置太少)且剪跨比较大($\lambda>3$)时，易发生斜拉破坏。其破坏特征与无腹筋梁相同，破坏时箍筋被拉断。

2) 斜压破坏

当配置的箍筋太多或剪跨比很小($\lambda<1$)时，发生斜压破坏，其特征是混凝土斜向柱体被压碎，但箍筋不屈服。

3) 剪压破坏

当配箍适量且剪跨比($1\leqslant\lambda\leqslant3$)时发生剪压破坏。其特征是箍筋受拉屈服，剪压区混凝土压碎，斜截面受剪承载力随配箍率及箍筋强度的增加而增大。

斜压破坏和斜拉破坏都是不理想的。因为斜压破坏在破坏时箍筋强度未得到充分发挥，斜拉破坏发生得十分突然，因此在工程设计中应避免出现这两种破坏。

剪压破坏在破坏时箍筋强度得到了充分发挥，且破坏时承载力较高。因此斜截面承载力计算公式就是根据这种破坏模型建立的。

3.6.5 影响有腹筋梁受剪承载力的主要因素

影响有腹筋梁受剪承载力的因素，除了同无腹筋梁一样与剪跨比、混凝土强度、纵筋配筋率等有关以外，还与腹筋的数量和强度有关。由图3-35表示配箍率ρ_{sv}与箍筋强度的乘积对梁受剪承载力的影响。由图3-35可知，当其他条件相同时，两者大体呈线性关系。

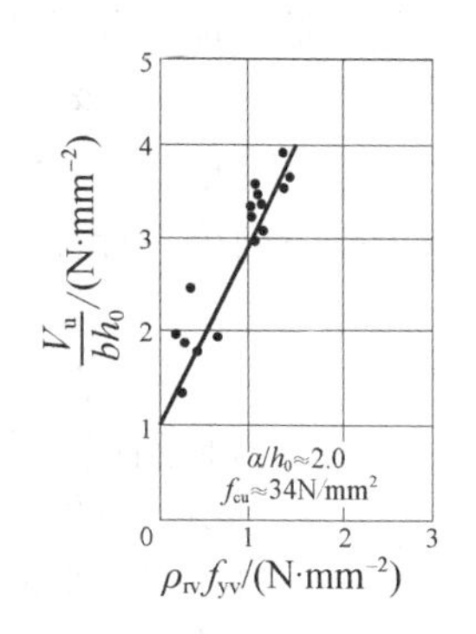

图3-35 受剪承载力与箍筋强度和配箍率的关系

3.6.6 有腹筋梁的受剪承载力计算公式

对于梁的三种斜截面破坏形态，在工程设计时都应设法避免。对于斜压破坏，通常采用限制截面尺寸的条件来防止；对于斜拉破坏，则用满足最小配箍率及构造要求来防止；剪压破坏，必须通过计算，用构件满足一定的斜截面受剪承载力，防止剪压破坏。《混凝土结构设计规范》的基本计算公式就是根据剪切破坏形态的受力特征而建立的。采用理论与试验相结合的方法确定的。如图3-36所示，由平衡条件得：

$$V \leqslant V_u$$

$$V_u = V_{cs} + V_{sb} = V_c + V_{sv} + V_{sb} \tag{3-30}$$

1. 计算公式

当仅配有箍筋时，斜截面受剪承载力计算公式如下。

1) 对矩形、T形和工字形截面的一般受弯构件

$$V \leqslant V_{cs} = 0.7 f_t b h_0 + f_{yv} \frac{A_{sv}}{s} h_0 \tag{3-31}$$

式中：V——构件斜截面上的最大剪力设计值；

V_{cs}——构件斜截面上混凝土和箍筋的受剪承载力设计值；

A_{sv}——配置在同一截面内箍筋各肢的全部截面面积，$A_{sv}=nA_{sv1}$；

n——在同一截面内箍筋肢数；

A_{sv1}——单肢箍筋的截面面积；

s——沿构件长度方向的箍筋间距；

f_t——混凝土轴心抗拉强度设计值；

f_{yv}——箍筋抗拉强度设计值；

b——矩形截面的宽度或T形截面和工字形截面的腹板宽度。

2) 对集中荷载作用下(包括作用有多种荷载，其中集中荷载对支座截面或节点边缘所产生的剪力值占总剪力值的75%以上的情况)的独立梁，按下列公式计算：

$$V \leqslant V_{cs} = \frac{1.75}{\lambda + 1} f_t b h_0 + f_{yv} \frac{A_{sv}}{s} h_0 \tag{3-32}$$

式中：λ——计算截面的剪跨比，可取$\lambda=a/h_0$，a为集中荷载作用点至支座截面或节点边缘的距离；当$\lambda<1.5$时，取$\lambda=1.5$；当$\lambda>3$时，取$\lambda=3$，此时，在集中荷载作

用点与支座之间的箍筋应均匀配置。

3) 同时配置箍筋和弯起钢筋的梁

弯起钢筋所能承担的剪力为弯起钢筋的总拉力在垂直于梁轴方向的分力如图 3-37 所示，即$V_{sv}=0.8A_{sb}f_y\sin\alpha_s$。系数 0.8 是考虑弯起钢筋在破坏时可能达不到其屈服强度的应力不均匀系数。因此，对于配有箍筋和弯起钢筋的矩形、T 形和工字形截面的受弯构件，其受剪承载力按下列公式计算：

$$V \leqslant V_u = V_{cs} + 0.8A_{sb}f_y\sin\alpha_s \tag{3-33}$$

式中：V——剪力设计值；

V_{cs}——构件斜截面上混凝土和箍筋的受剪承载力设计值；

f_y——弯起钢筋的抗拉强度设计值；

A_{sb}——同一弯起平面内弯起钢筋的截面面积；

α_s——弯起钢筋与构件纵轴线之间的夹角。

一般情况α_s=45°，梁截面高度较大时(h≥800mm)，取α_s=60°。

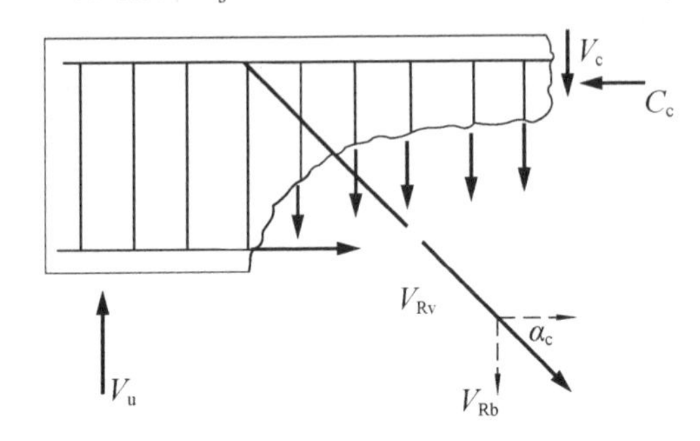

图 3-36　有腹筋梁斜截面破坏时的受力状态

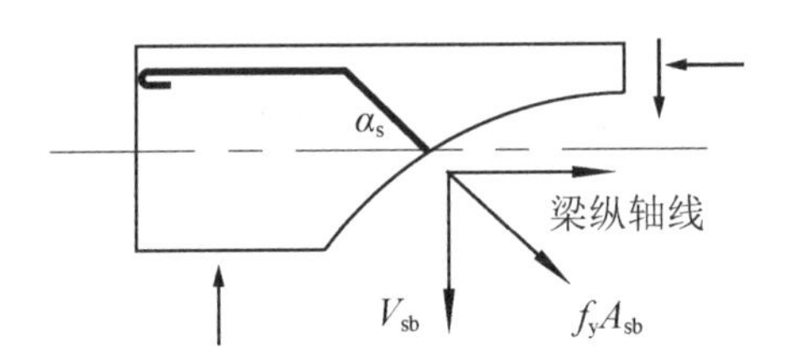

图 3-37　弯起钢筋承担的剪力

2. 有腹筋梁受剪承载力计算公式的适用范围

为了防止发生斜压及斜拉这两种严重脆性的破坏形态，必须控制构件的截面尺寸不能过小及箍筋用量不能过少，为此《混凝土结构设计规范》给出了相应的控制条件。

1) 上限值——最小截面尺寸

当梁的截面尺寸较小而剪力过大时，可能在梁的腹部产生过大的主压应力，使梁腹产生斜压破坏。为了避免斜压破坏，同时也为了防止梁在使用阶段斜裂缝过宽(主要指薄腹梁)。对矩形、T 形和工字形截面的一般受弯构件，应满足下列条件：

当$\dfrac{h_w}{b}\leqslant 4$时　　$V \leqslant 0.25\beta_c f_c bh_0$　　(3-34)

当$\dfrac{h_w}{b}\geqslant 6$时　　$V \leqslant 0.2\beta_c f_c bh_0$　　(3-35)

式中：V——构件斜截面上的最大剪力设计值；

β_c——混凝土的强度影响系数，当混凝土强度等级不大于 C50 级时，取$\beta_c=1$；当混凝土强度等级为 C80 时，$\beta_c=0.8$，其间按线性内插法取值；

h_w——截面腹板高度，如图 3-38 所示。

b——矩形截面的宽度或 T 形截面和工字形截面的腹板宽度。

当$4<\dfrac{h_w}{b}<6$时，按直线内插法取用。

如不满足式(3-34)、式(3-35)时，应加大截面尺寸或提高混凝土强度等级，直到满足。

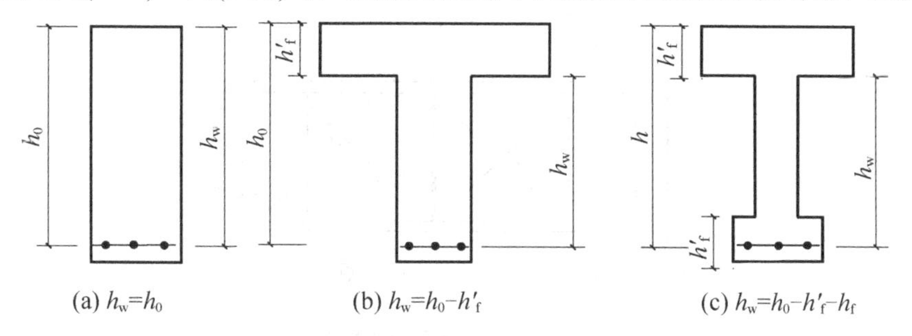

图 3-38　梁的腹板高度 h_w

2) 下限值——最小配箍率

当配箍率小于一定值时，斜裂缝出现后，箍筋不能承担斜裂缝截面混凝土退出工作释放出来的拉应力，而很快达到屈服，其受剪承载力与无腹筋梁基本相同，当剪跨比较大时，可能产生斜拉破坏。为了防止斜拉破坏，《混凝土结构设计规范》规定当：$V>V_c$ 时配箍率应满足

$$\rho_{sv}=\frac{nA_{sv1}}{bs}\geqslant\rho_{sv\min}=0.24\frac{f_t}{f_{yv}} \tag{3-36}$$

为控制使用荷载下的斜裂缝宽度，并保证箍筋穿越每条斜裂缝，《混凝土结构设计规范》规定了最大箍筋间距 s_{max}(见表 3-7)。

表 3-7　梁中箍筋的最大间距

mm

梁高 h	$V>0.7f_tbh_0$	$V\leqslant0.7f_tbh_0$
$150<h\leqslant300$	150	200
$300<h\leqslant500$	200	300
$500<h\leqslant800$	250	350
$h>800$	300	400

同时《混凝土结构设计规范》规定了梁中箍筋的最小直径应符合表 3-8 的规定。

表 3-8　梁中箍筋最小直径

mm

梁高 h	最小直径	一般采用直径
$h\leqslant800$	6	6～10
$h>800$	8	8～12

注：① 梁中配有计算需要受压钢筋时，箍筋直径不应小于 $d/4$(d 为纵向受压钢筋的最大直径)。

② 在受力钢筋搭接长度范围内，箍筋直径不应小于搭接钢筋较大直径的 0.25 倍。

同样，为防止弯起钢筋间距太大，出现不与弯起钢筋相交的斜裂缝，使其不能发挥作用，《混凝土结构设计规范》规定当按计算要求配置弯起钢筋时，前一排弯起点至后一排弯终点的距离不应大于表 3-7 中 $V>0.7f_tbh_0$ 栏的最大箍筋间距 s_{max}，且第一排弯起钢筋弯终点距支座边的间距也不应大于 s_{max}，如图 3-39 所示。

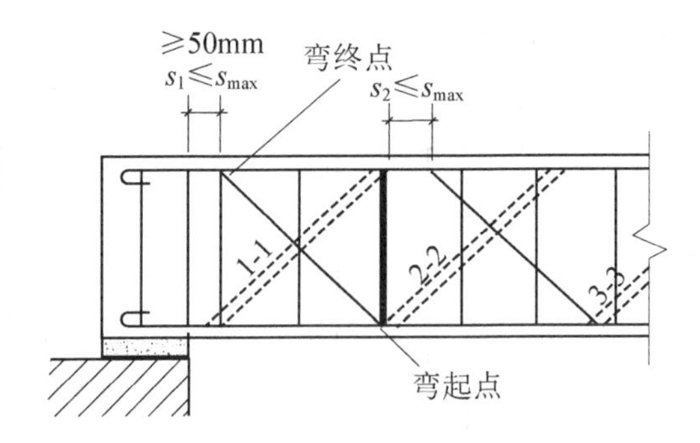

图 3-39　弯起钢筋的配置

3.6.7　受弯构件斜截面受剪承载力的设计计算

1. 设计方法及计算截面的确定

为了保证不发生斜截面的剪切破坏，应满足下列公式要求：

$$V \leqslant V_u \tag{3-37}$$

式中：V——斜截面上的剪力设计值；

V_u——斜截面受剪承载力设计值。

在计算斜截面受剪承载力时，剪力设计值 V 应按下列计算截面采用。

1) 支座边缘截面

通常支座边缘截面的剪力最大，对于图 3-40 中 1—1 斜裂缝截面的受剪承载力计算，应取支座截面处的剪力(如图 3-40 中的 V_1)。

2) 腹板宽度改变处截面

当腹板宽度减小时，受剪承载力降低，有可能产生沿图 3-40 中 2—2 斜截面的受剪破坏。对此斜裂缝截面，应取腹板宽度改变处截面的剪力(如图 3-40 中的 V_2)。

3) 箍筋直径或间距改变处截面

箍筋直径减小或间距增大，受剪承载力降低，可能产生沿图 3-40 中 3—3 斜截面的受剪破坏。对此斜裂缝截面，应取箍筋直径或间距改变处截面的剪力(如图 3-40 中的 V_3)。

4) 弯起钢筋起弯起点处的截面

未设弯起钢筋的受剪承载力低于弯起钢筋的区段，可能在弯起钢筋弯起点处产生沿图 3-40 中的 4—4 斜截面破坏。对此斜裂缝截面，应取弯起钢筋弯起点处截面的剪力(如图 3-40 中的 V_4)。

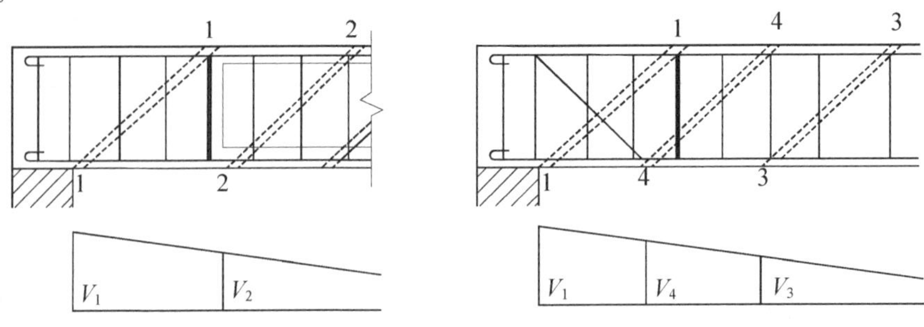

图 3-40　斜截面受剪承载力的计算截面

总之，斜截面受剪承载力的计算是按需要进行分段计算的，计算时应取区段内的最大剪力为该区段的剪力设计值。

2. 设计计算步骤

一般梁的设计为：首先根据跨高比和高宽比确定截面尺寸；然后进行正截面承载力设计计算，确定纵筋；再进行斜截面受剪承载力的计算确定腹筋。

受弯构件斜截面承载力的计算有两类问题：截面设计和截面复核。

1) 截面设计

(1) 只配置箍筋。

① 确定计算截面位置，计算其剪力设计值 V。

② 校核截面尺寸。

根据公式(3-34)验算是否满足截面限制条件，如不满足应加大截面尺寸或提高混凝土强度等级。

③ 确定腹筋用量。

若 $V \leqslant V_{\mathrm{C}}$，则按表 3-7 最大箍筋间距和表 3-8 最小箍筋直径的要求配置箍筋；

若 $V > V_{\mathrm{C}}$，按下式计算箍筋用量：

$$\frac{nA_{\mathrm{sv1}}}{s} \geqslant \frac{V - 0.7 f_{\mathrm{t}} b h_0}{f_{\mathrm{yv}} h_0} \qquad \text{(一般情况)}$$

$$\frac{nA_{\mathrm{sv1}}}{s} \geqslant \frac{V - \dfrac{1.75}{\lambda + 1} f_{\mathrm{t}} b h_0}{f_{\mathrm{yv}} h_0} \qquad \text{(集中荷载为主)}$$

④ 根据 $\frac{A_{\mathrm{sv}}}{s}$ 值确定箍筋直径和间距，并满足式(3-36)最小配箍率、表 3-7 钢筋最大间距和表 3-8 箍筋直径最小的要求。

(2) 配置箍筋和弯起钢筋。

一般先根据经验和构造要求配置箍筋，确定 V_{cs}，对 $V>V_{\mathrm{cs}}$，区段，按下式计算确定弯起钢筋的截面：

$$A_{\mathrm{sb}} = \frac{V - V_{\mathrm{cs}}}{0.8 f_{\mathrm{y}} \sin \alpha_{\mathrm{s}}} \tag{3-38}$$

上式中，剪力设计值 V 应根据弯起钢筋计算斜截面的位置确定，如图 3-41 所示的配置多排弯起钢筋的情况，第一排弯起钢筋的截面面积 $A_{\mathrm{sb1}} = \frac{V_1 - V_{\mathrm{cs}}}{0.8 f_{\mathrm{y}} \sin \alpha_{\mathrm{s}}}$，第二排弯起钢筋的截面面积 $A_{\mathrm{sb2}} = \frac{V_2 - V_{\mathrm{cs}}}{0.8 f_{\mathrm{y}} \sin \alpha_{\mathrm{s}}}$。

2) 截面复核

当已知材料强度、截面尺寸、配筋数量以及弯起钢筋的截面面积，要求校核斜截面所能承受的剪力 V_{u} 时，只要将各已知数据代入式(3-31)或式(3-32)或式(3-33)即可求得解答。但应按式(3-34)、(3-35)和式(3-36)复核截面尺寸以及配箍率，并检验已配箍筋直径和间距是否满足构造要求。

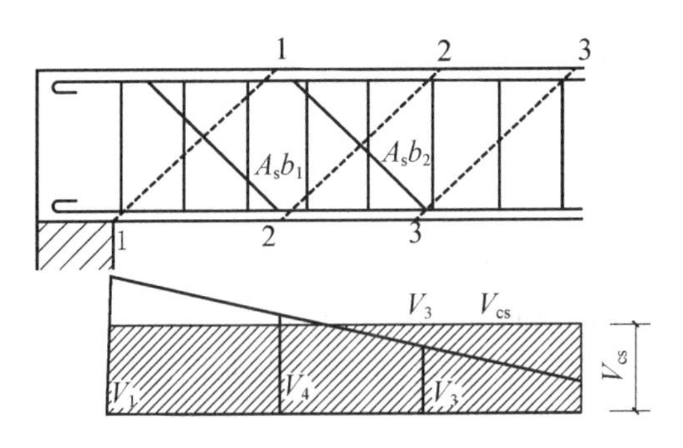

图 3-41 配置多排弯起钢筋

例 3-9 一承受均布荷载的矩形截面简支梁，截面尺寸 $b\times h$=200mm×500mm，采用混凝土 C30，箍筋采用 HPB300，环境类别为一类，混凝土保护层厚度为 c=20mm，结构的安全等级为二级，当采用双肢Φ8@200 箍筋时，如图 3-42 所示，试求该梁能够承担的最大剪力设计值 V 为多少？

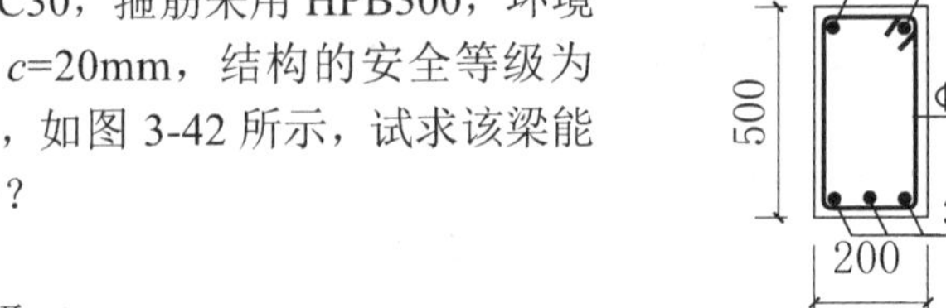

图 3-42 例 3-9 的配筋图

解：(1) 已知条件。

h_0=500−20−8−12.5=459.5mm，取 h_0=460mm

混凝土 C30，f_c=14.3N/mm^2，f_t=1.43N/mm^2，箍筋 HPB300，f_{yv}=270N/mm^2

Φ8 双肢箍，$A_{sv1}=50.3\text{mm}^2$，n=2

(2) 复核截面尺寸及配箍率。

所选箍筋直径和间距均满足表 3-7 和表 3-8 要求

$$\rho_{sv}=\frac{nA_{sv1}}{bs}=\frac{2\times 50.3}{200\times 200}=0.2515\%\geqslant\rho_{sv\min}=0.24\frac{f_t}{f_{yv}}=0.127\%\ \text{不会发生斜拉破坏}$$

$$\frac{h_w}{b}=\frac{h_0}{b}=\frac{460}{200}=2.3<4\ \text{时}$$

$$0.25\beta_c f_c bh_0=0.25\times 1\times 14.3\times 200\times 460=328.9\text{kN}$$

(3) 计算箍筋和混凝土承担的剪力值 V_u。

$$V_u=V_{cs}=0.7f_t bh_0+f_{yv}\frac{A_{sv}}{s}h_0$$

$$V_u=0.7\times 1.43\times 200\times 460+270\times\frac{2\times 50.3}{200}\times 460=1545646\text{N}=154.56\text{kN}$$

$$V_u=154.56\text{kN}<0.25\beta_c f_c bh_0=328.9\text{kN}$$

截面尺寸满足要求，不会发生斜压破坏，所以该梁能承担的最大剪力设计值 $V=V_u=154.56\text{kN}$

例 3-10 如图 3-43(a)所示，一钢筋混凝土简支梁，承受永久荷载标准值 g_k=25kN/m，可变荷载标准值 q_k=40kN/m，可变荷载组合值系数为 0.7，环境类别为一类，结构设计使用年限为 50 年。混凝土保护层厚度为 c=20mm，结构的安全等级为二级，采用混凝土 C25，箍筋为 HPB300 级，纵筋为 HRB400 级，按正截面受弯承载力计算得，选配 3Φ25 纵筋，试根据斜截面受剪承载力要求确定腹筋用量。

解：配置腹筋的方法有两种：①只配置箍筋；②同时配置箍筋和弯起钢筋。下面分别介绍。

解：(1) 已知条件。

l_n=3.56m，h_0=500−20−8−12.5=459.5mm，取 h_0=460mm

混凝土 C25，f_c=11.9N/mm²，f_t=1.27N/mm²，箍筋 f_{yv}=270 N/mm²，纵筋 HRB335 f_y=300 N/mm²

(2) 计算剪力设计值。

最危险的截面在支座边缘处，剪力设计值为

以永久荷载效应组合为主：

$$V=\frac{1}{2}\left(\gamma_G g_k+\gamma_Q\gamma_L\psi_c q_k\right)\times l_n$$
$$=\frac{1}{2}(1.35\times 25+1.4\times 1\times 0.7\times 40)\times 3.56=130.12\text{kN}$$

以可变荷载效应组合为主:

$$V=\frac{1}{2}\left(\gamma_G g_k+\gamma_Q\gamma_L q_k\right)\times l_n$$
$$=\frac{1}{2}(1.2\times 25+1.4\times 1\times 40)\times 3.56=153.08\text{kN}$$

方法一：只配置箍筋不配置弯起钢筋。

两者取大值 V=153.08kN

1) 验算截面尺寸

$h_w=h_0=468$

$\frac{h_w}{b}=\frac{468}{200}=2.34<4$

截面尺寸满足要求。

$0.25\beta_c f_c bh_0=0.25\times 1\times 11.9\times 200\times 468=278460\text{N}=278.46\text{kN}>153.08\text{kN}$

2) 判断是否需要按计算配置腹筋

$0.7f_t bh_0=0.7\times 1.27\times 200\times 468=83.25\text{kN}<V=153.08\text{kN}$

所以需要按计算配置腹筋。

3) 计算腹筋用量

$$V\leqslant V_{cs}=0.7f_t bh_0+f_{yv}\frac{A_{sv}}{s}h_0$$

$$\frac{nA_{sv1}}{s}\geqslant\frac{V-0.7f_t bh_0}{f_{yv}h_0}=\frac{153.08\times 10^3-83210}{270\times 468}=0.553\text{mm}^2/\text{mm}$$

选Φ8 双肢箍，$A_{sv1}=50.3\text{mm}^2$，n=2，代入上式得

$$s\leqslant\frac{nA_{sv1}}{0.553}=\frac{2\times 50.3}{0.553}=182\text{mm}$$

取 s=150mm<s_{max}=200

4) 验算配箍率

$$\rho_{sv}=\frac{nA_{sv1}}{bs}=\frac{2\times 50.3}{200\times 150}=0.335\%>\rho_{sv\min}=0.24\frac{f_t}{f_{yv}}=0.129\%$$

配箍率满足要求，且所选箍筋直径和间距均符合构造要求，配筋图如图 3-43(a)所示。

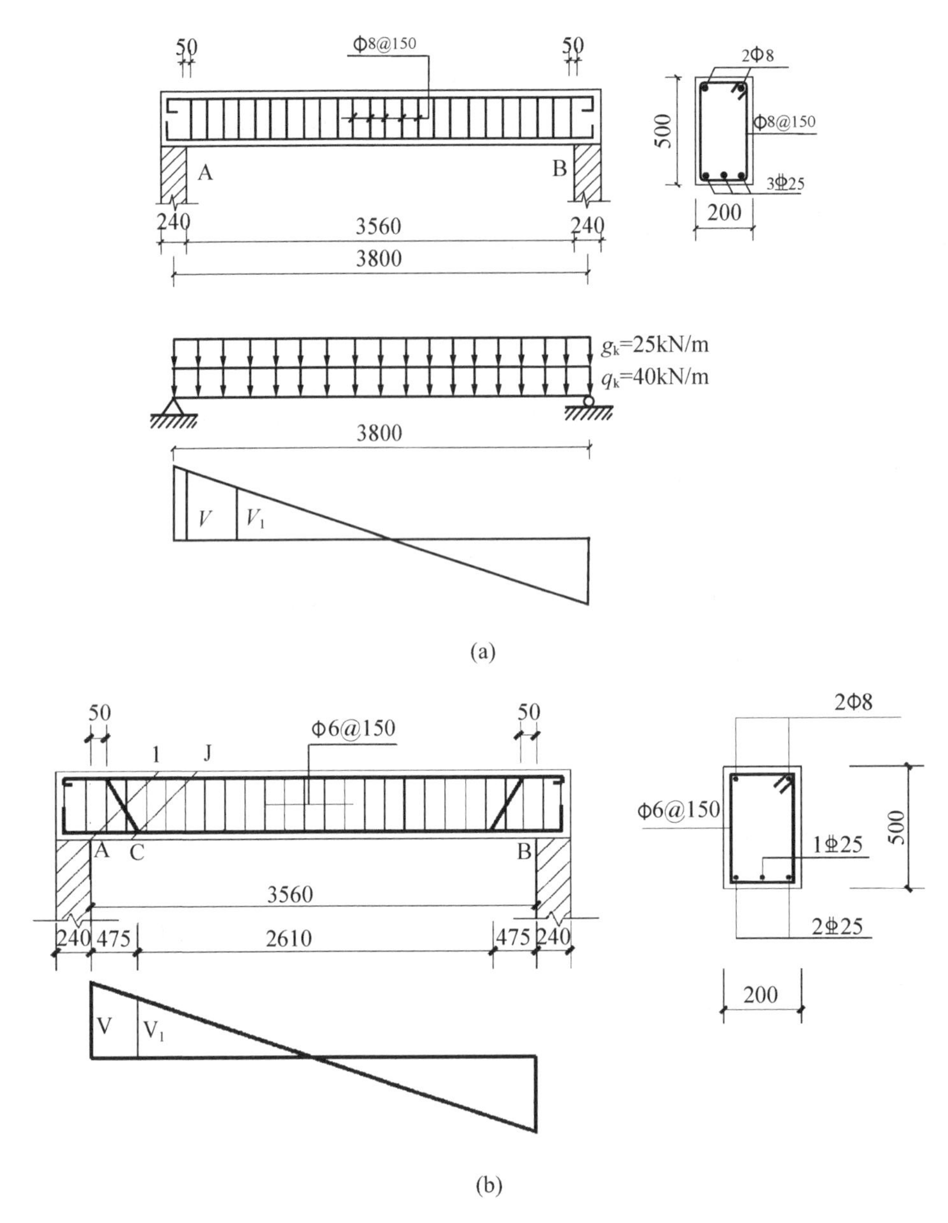

图 3-43 例 3-10 的混凝土结构及配筋

方法二：既配置箍筋又配置弯起钢筋。

(1) 截面尺寸验算与方法一相同。

(2) 确定箍筋和弯起钢筋。

一般可先确定箍筋，箍筋的数量可参考设计经验和构造要求确定，本题选Φ6@150，弯起钢筋利用梁底纵筋弯起，弯起角α=45°。

$$\rho_{sv}=\frac{nA_{sv1}}{bs}=\frac{2\times 28.3}{200\times 150}=0.189\%>\rho_{sv\min}=0.24\frac{f_t}{f_{yv}}=0.129\%$$

$$V \leqslant V_u = V_{cs} + 0.8A_{sb}f_y \sin\alpha$$

$$V_{cs} = 0.7f_tbh_0 + f_{yv}\frac{A_{sv}}{s}h_0 = 0.7 \times 1.27 \times 200 \times 468 + 270 \times \frac{2 \times 28.3}{150} \times 468$$

$$= 130890\text{N} = 130.89\text{kN}$$

$$A_{cs} \geqslant \frac{V - V_{cs}}{0.8f_y \sin\alpha} = \frac{153.08 \times 10^3 - 130890}{0.8 \times 360 \times 0.707} = 109\text{mm}^2$$

从梁底弯起1Φ25，A_{sb}=491mm^2，满足要求，若不满足，应修改箍筋直径和间距。

上面计算考虑的是从支座边A处向上发展的斜截面AI(见图3-43(b))，为了保证沿梁各斜截面的安全，对纵筋弯起点C处的斜截面CJ也应该验算。根据弯起钢筋的弯终点到支座边缘的距离应符合$s_1 < s_{max}$，本例取s_1=50mm，根据α=45°可求出弯起钢筋的弯起点到支座边缘的距离为50+500−26−26−25=473mm，因此C处的剪力设计值为

$$V_1 = \frac{0.5 \times 3.56 - 0.473}{0.5 \times 3.56} \times 153.08 = 112.40\text{kN}$$

$$V_{cs} = 0.7f_tbh_0 + f_{yv}\frac{A_{sv}}{s}h_0 = 130.89\text{kN} > V_1 = 112.23\text{kN}$$

CJ斜截面受剪承载力满足要求，若不满足，应修改箍筋直径和间距或再弯起一排钢筋，直到满足。

例3-11 如图3-44所示，一T形截面简支梁，承受一集中荷载，其设计值为P=400kN(忽略梁自重)，环境类别为一类，混凝土保护层厚度为c=20mm，采用混凝土C30，箍筋为HRB335级，试确定箍筋数量。

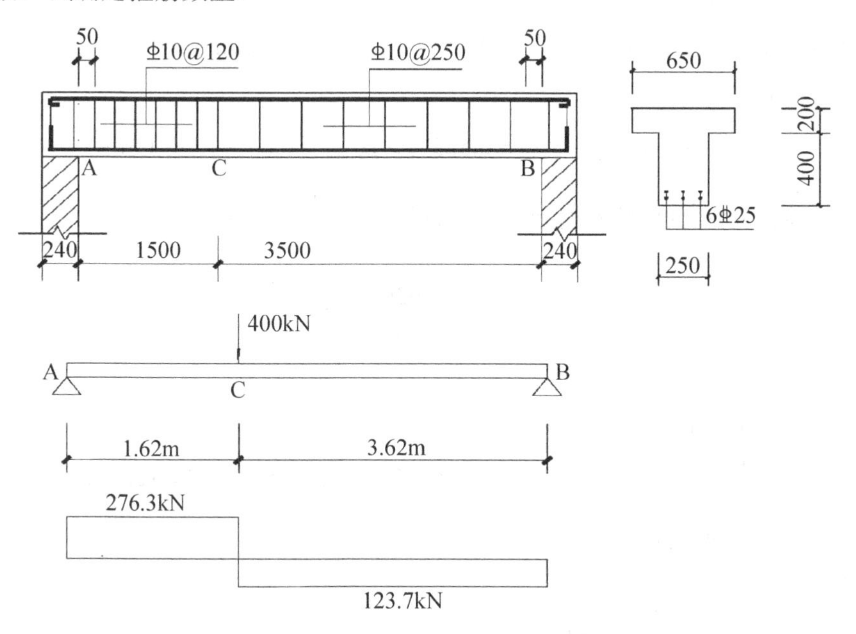

图3-44 例3-11的混凝土结构

解： 1) 已知条件

h_0=600−70=530mm，混凝土C30，f_c=14.3N/mm^2，f_t=1.43N/mm^2，箍筋HRB335级，f_{yv}=300 N/mm^2

2) 计算剪力设计值

如图 3-44 所示，根据剪力的变化情况，将梁分 AC 和 BC 两段计算。

3) 验算梁截面尺寸

$$h_w = h_0 - h_f' = 530 - 200 = 330\text{mm}$$

$$\frac{h_w}{b} = \frac{330}{250} = 1.32 < 4$$

$$0.25\beta_c f_c b h_0 = 0.25 \times 1 \times 14.3 \times 250 \times 530 = 473.688\text{kN} > V_{max} = 276.3\text{kN}$$

截面尺寸满足要求。

4) 箍筋的直径和间距的计算

AC 段：

$$\lambda = \frac{a}{h_0} = \frac{1620}{530} = 3.1 > 3$$

取 $\lambda = 3$

(1) 判断是否需要按计算配置腹筋

$$\frac{1.75}{\lambda + 1} f_t b h_0 = \frac{1.75}{3+1} \times 1.43 \times 250 \times 530 = 82.895\text{kN} < V = 276.3\text{kN}$$

所以需要按计算配置腹筋。

(2) 计算配置腹筋

$$\frac{nA_{sv1}}{s} \geqslant \frac{V - \frac{1.75}{\lambda+1} f_t b h_0}{f_{yv} h_0} = \frac{276.3 \times 10^3 - 82895}{300 \times 530} = 1.22\text{mm}^2/\text{mm}$$

选Φ10 双肢箍，$A_{sv1} = 78.5\text{mm}^2$，$n$=2，代入上式得 s≤129mm，取 s=120mm

5) 配箍率验算

$$\rho_{sv} = \frac{nA_{sv1}}{bs} = \frac{2 \times 78.5}{250 \times 120} = 0.523\% > \rho_{sv\min} = 0.24\frac{f_t}{f_{yv}} = 0.114\%$$

且所选箍筋直径和间距均符合要求，配筋图如图 3-44 所示。

BC 段

$$\lambda = \frac{a}{h_0} = \frac{3620}{530} = 6.8 > 3$$

取λ=3

(1) 判断是否需要按计算配置腹筋

$$\frac{1.75}{\lambda + 1} f_t b h_0 = \frac{1.75}{3+1} \times 1.43 \times 250 \times 530 = 82.895\text{kN} < V = 123.7\text{kN}$$

所以需要按计算配置腹筋。

(2) 计算配置腹筋

$$\frac{nA_{sv1}}{s} \geqslant \frac{V - \frac{1.75}{\lambda+1} f_t b h_0}{f_{yv} h_0} = \frac{123.7 \times 10^3 - 82895}{300 \times 530} = 0.2566\text{mm}^2/\text{mm}$$

选Φ10 双肢箍，$A_{sv1} = 78.5\text{mm}^2$，$n$=2，代入上式得 s≤612mm，根据构造 s<s_{max} 取 s=250mm

$$\rho_{sv}=\frac{nA_{sv1}}{bs}=\frac{2\times 78.5}{250\times 250}=0.25\%>\rho_{sv\min}=0.24\frac{f_t}{f_{yv}}=0.114\%$$

所选箍筋直径和间距均符合构造要求，配筋图如图 3-44 所示。

3.7　保证梁斜截面受弯、受剪承载力的构造要求

钢筋混凝土梁中存在有大量的连续梁、框架梁；这些梁的受拉区存在于不同的区域；根据钢筋混凝土的工作机理，为更好地利用钢筋，降低工程造价，这些梁仅在受拉区配置所需钢筋即可，其余区域则配置构造钢筋就能满足梁安全工作的要求。

3.7.1　纵向钢筋的弯起、截断和锚固

在进行受弯构件正截面承载力计算配置纵向钢筋时，是按照跨中的最大弯矩设计值计算配置跨中钢筋的，根据支座的最大负弯矩计算配置支座钢筋，如图 3-45 所示。除计算截面之外的其他截面，弯矩均小于计算截面。若每个截面均配置和计算截面同样数量的钢筋，显然是不经济的。也就是说，计算截面外的其他截面配筋量可以减少。

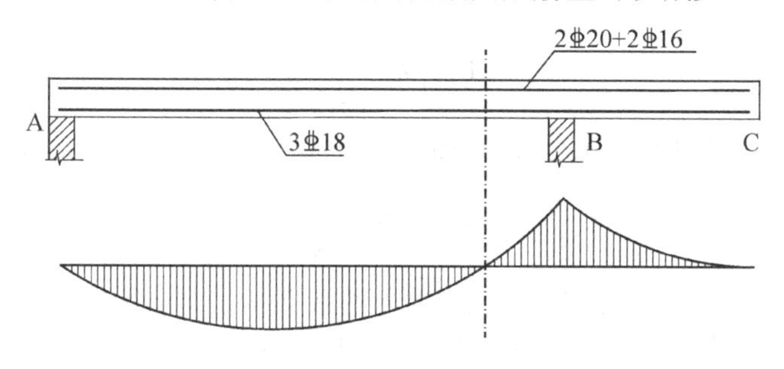

图 3-45　悬臂梁弯矩及配筋图

在实际工程中，常将一部分下部钢筋在其不需要的位置弯起，使其和箍筋一起抵抗剪力，即本章前几节所述的弯起钢筋。而将支座上部钢筋在其不需要的位置截断，以节省钢筋，如图 3-46 所示。

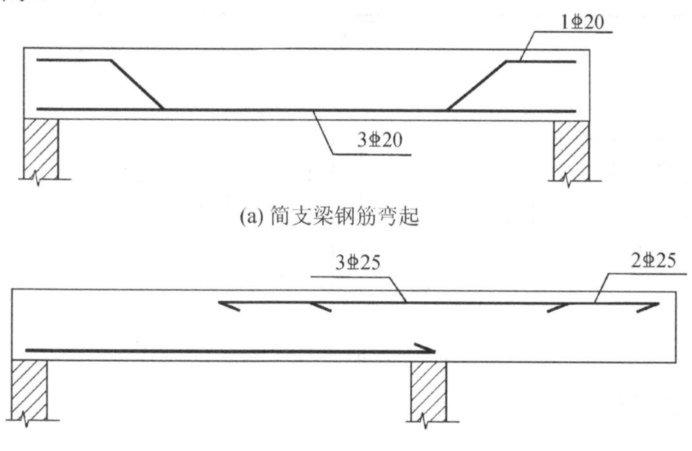

(a) 简支梁钢筋弯起

(b) 悬臂梁负钢筋截断

图 3-46

对于不同的受弯构件，如何确定其纵向钢筋的弯起点位置、弯起筋的数量，即在纵向钢筋弯起和截断后，如何保证其正截面抗弯能力和其斜截面抗弯能力？此外，纵向钢筋必须有足够的锚固长度，通过在锚固长度上的黏结力积累，才能使钢筋建立起所需的拉力，那么，如何保证纵向钢筋的黏结锚固要求？这些问题需要通过抵抗弯矩图(M_R图)或材料图来解决。为此，需要引进抵抗弯矩图的概念。

1. 抵抗弯矩图(M_R图)

抵抗弯矩图是指按受弯构件实际配置的纵向钢筋绘制的梁上各正截面所能承受的弯矩图，它反映了沿梁长正截面上材料的抗力，故简称为材料图。图中竖标所表示的正截面受弯承载力设计值M_R简称抵抗弯矩。

如图3-47所示为一承受均布荷载作用下简支梁的M图和M_R图，其设计弯矩图(M图)为曲线形，跨中最大弯矩为M_{max}。该梁根据M_{max}计算配置的纵向钢筋为4Φ22。若梁钢筋的总面积正好等于计算面积，则M_R图的外围水平线正好与M图上最大弯矩点相切，若梁钢筋的总面积略大于计算面积，则可根据实际配筋量A_s，利用下式来求M_R图外围水平线的位置，即：

$$M_R = A_s f_y \left(h_0 - \frac{f_y A_s}{2 a_1 f_c b} \right) \tag{3-39}$$

每根钢筋所能承担的M_{Ri}可近似按该钢筋的面积A_{si}与总面积A_s的比，乘以M_R求得，即

$$M_{Ri} = M_R \frac{A_{si}}{A_s} \tag{3-40}$$

若上述梁所配的4Φ22纵向钢筋均直通伸入两端支座，则梁各截面因配筋相同都具有大小为M_R的抵抗弯矩，因而，其抵抗弯矩图即为图中的矩形弯矩图。若有部分纵向钢筋在跨中的某一截面弯起，则该梁的抵抗弯矩图就不再是矩形。

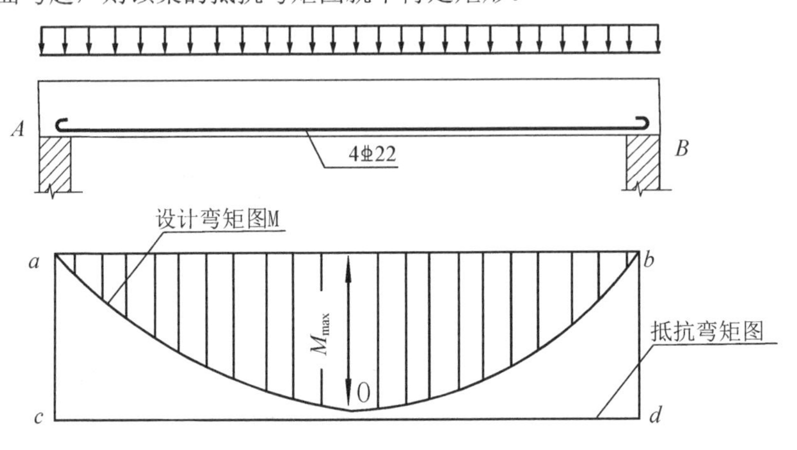

图3-47　配通长直筋简支梁的抵抗弯矩图

2. 纵向钢筋的弯起

1) 纵向钢筋弯起在抵抗弯矩图上的表示方法

图3-48所示为一根在均布荷载作用下的简支梁，配有2Φ22+2Φ20的纵向钢筋。若欲将

其中 1Φ20 弯起，其抵抗弯矩图可以按以下方法绘制。

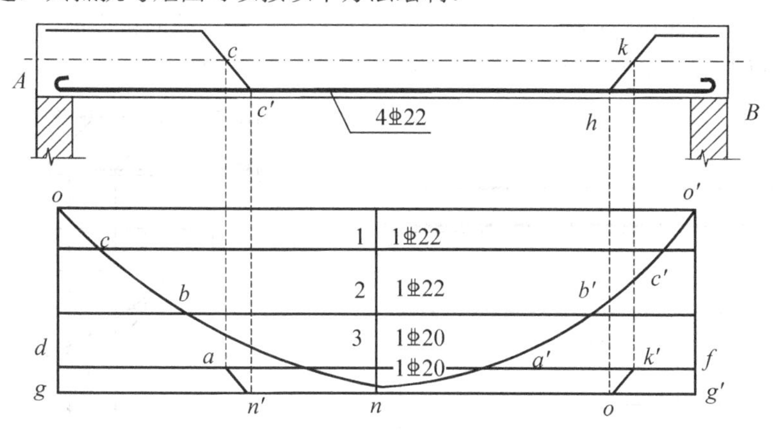

图 3-48　配弯起筋简支梁的抵抗弯矩图

按一定比例绘出梁的设计弯矩图(如图 3-48 中曲线形图 ono')，并按相同的比例绘出纵筋未弯起时梁的抵抗弯矩图(图 3-48 中 $ogg'o'$ 矩形图，一般所配纵筋实际能抵抗的弯矩较设计弯矩稍大)。按公式(3-40)近似计算出每根钢筋所能抵抗的弯矩，如图中的 1、2、3 各点。竖距 $n3$ 代表 1Φ20 纵筋所能抵抗的弯矩，竖距 32 代表另一个 1Φ20 所能抵抗的弯矩，其余两根竖距分别为 2 根 1Φ22 所能抵抗的弯矩(一般将拟弯起纵筋所能抵抗的弯矩划分在弯矩图下边)。分别过点 1、2、3 作水平线与 M 图相交于 c、b、a 点和 c'、b'、a'点，n 点为最后 1Φ20 纵筋的“充分利用点”，a、a'则为该钢筋的“不需要点”。这时，若欲将 1Φ20 钢筋弯起，则可过 n 点以外 $h_0/2$ 的点作垂线与梁中和轴相交于 c 点，根据钢筋所需弯起的角度(一般为 45°或 60°)过 c 点作斜线与纵向钢筋交于点 c'，c'点即为 1Φ20 纵筋的弯起点。过 c' 点作垂线，与抵抗弯矩图交于点 n'，连接点 $n'a$，则折线 $odan'n$ 即为 1Φ20 纵筋在 e'点弯起后的抵抗弯矩图。抵抗弯矩图中的斜线段 $n'a$ 是考虑纵筋 1Φ20 虽然从 e'点弯起，但在其未进入中和轴之前仍具有一定的拉力，且越靠近中和轴拉力越小，至 e 点时不再受拉，因而 $e'e$ 段钢筋越接近中和轴，其所抵抗的弯矩也越小。

若欲将 1Φ20 纵筋在 h 点按一定角度弯起(如图 3-48 所示)，则可分别过 h 点，k 点作垂线，分别与抵抗弯矩图交于 h'点，k'点，连接 $h'k'$点，则折线段 $nh'k'fo'$ 即为 1Φ20 纵筋在 h 点弯起时的抵抗弯矩图。也可以用同样的方法绘制另一个 1Φ20 纵筋弯起时的抵抗弯矩图。

从抵抗弯矩图可以看出，抵抗弯矩图越贴近设计弯矩图，纵筋利用也就越充分，因而也越经济。但在实际工程中，纵筋弯起还要根据梁的具体情况、构造要求及施工方面的问题进行综合考虑。一般梁底部的纵向钢筋伸入支座不少于两根，故只有底部纵向钢筋数量多于三根以上才可以考虑弯起钢筋，梁底层钢筋中的角部钢筋不应弯起，顶层钢筋中的角部钢筋不应下弯。

2) 纵向钢筋弯起应满足的条件

为了保证在纵向钢筋弯起后正截面有足够的抗弯能力，应使纵向钢筋弯起后梁的抵抗弯矩图包住梁的设计弯矩图，即弯起钢筋与梁中和轴的交点不得位于按正截面承载力计算不需要该钢筋的截面以内。

如图 3-49 所示，若纵向钢筋从 a 点弯起，由抵抗弯矩图可以看出，梁在 bc 段的正截面抗弯能力显然不足。

为了保证斜截面抗弯能力，纵向钢筋的弯起点应设在按截面抗弯能力计算时该钢筋的“充分利用点”截面以外，其水平距离不小于 $h_0/2$ 处，如图 3-50 所示。

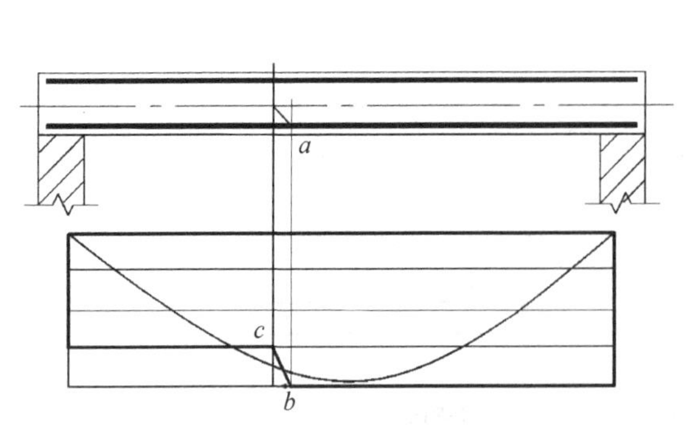

图 3-49　配弯起筋简支梁的抵抗弯矩图

图 3-50　弯起点位置

3) 弯起钢筋的构造

(1) 梁的剪力较小及梁内所配置纵向钢筋少于三根时，可不布置弯起钢筋。

(2) 对于采用绑扎骨架的主梁、跨度大于或等于 6m 的次梁以及吊车梁，不论计算是否需要，均宜设置构造弯起钢筋。

(3) 位于梁侧的底层钢筋不应弯起。

(4) 弯起钢筋的弯起角度一般为 45°，当梁截面高度 h 大于 800mm 时，可为 60°；高度较小，并有集中荷载时，可为 30°。

(5) 弯起钢筋的末端应留有直线段，其长度在受拉区不应小于 $20d$，在受压区不应小于 $10d$，对于光面钢筋，在其末端还应设置弯钩(见图 3-51)。此处，d 为弯起钢筋的直径。

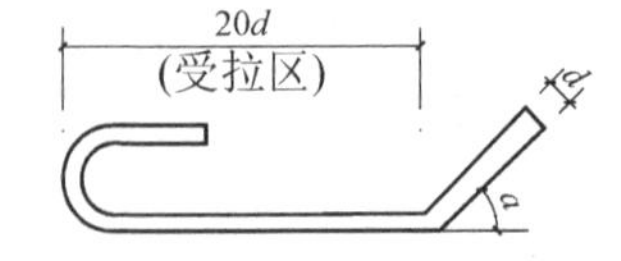

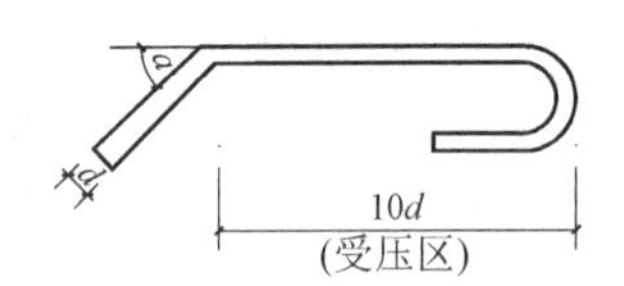

图 3-51　弯起端部锚固

(6) 当弯起钢筋是按计算设置时，前一排(相对于支座)弯起筋的弯终点至后一排弯起筋弯起点的水平距离不应大于表 3-7 规定的箍筋最大间距 s_{max}，以避免在两排弯起钢筋之间出现不与弯起钢筋相交的斜裂缝。需要进行疲劳验算的梁，两排弯起筋的间距除满足表 3-7 要求之外，还应不大于 $h_0/2$。

(7) 靠近支座的第一排弯起钢筋的弯终点至支座边的距离不应大于表 3-7 规定的箍筋最大间距 s_{max}，原因同前，但也不宜小于 50mm(在实际工程中一般采用 50mm)，以免由于钢筋尺寸误差而使钢筋的弯终点进入支座，造成施工不便及弯起钢筋不能充分发挥作用。

(8) 当纵向钢筋不能在所需要的地方弯起，或虽有箍筋及弯起筋但仍不足以抵抗设计剪力时，可增设附加抗剪钢筋，一般称为“鸭筋”(见图 3-52(a))，但不准采用“浮筋”(见图 3-52(b))。

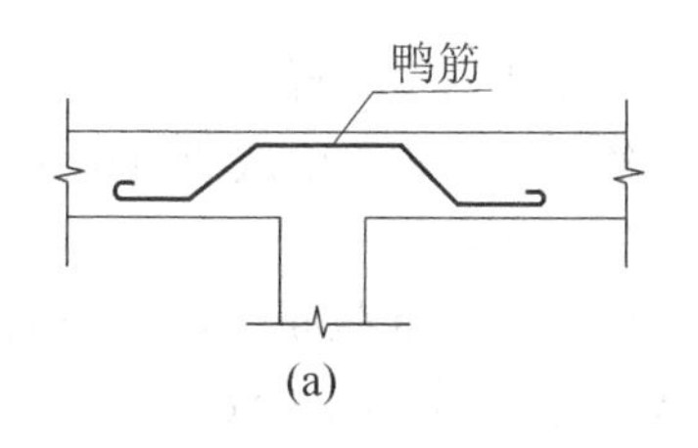

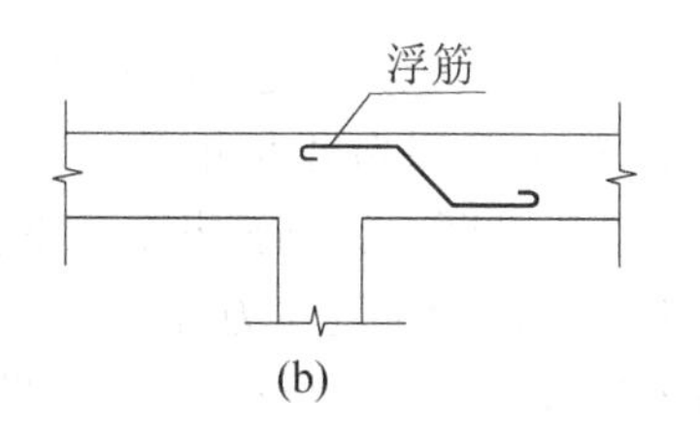

图 3-52　鸭筋和浮筋

3. 纵向钢筋的截断

如前所述，梁跨中下部承受正弯矩的钢筋及支座承受负弯矩的钢筋，是分别根据梁的跨中最大正弯矩及支座最大负弯矩配置的，从理论上说，对这些钢筋中的一部分，可在其不需要的位置截断。但是，对于跨中下部钢筋，一般不截断而采用弯起，或者一直伸进支座。在支座负弯矩区段，负弯矩向支座两侧迅速减小，常采用截断钢筋的办法，减少钢筋用量，以节省钢材。

梁支座负钢筋也常根据材料图截断。从理论上讲，某一根纵筋可在其不需要点(称为理论断点)处截断，但事实上，当在理论断点处切断钢筋后，相应于该处的混凝土拉应力会突增，有可能在切断处过早地出现斜裂缝，而该处未切断的纵筋的强度是被充分利用的，斜裂缝的出现，使斜裂缝顶端截面处承担的弯矩增大，未切断的纵筋应力就有可能超过其抗拉强度，造成梁的斜截面受弯破坏。因而，纵筋必须从理论断点以外延伸一定长度后再切断。此时，若在实际切断处再出现斜裂缝，则因该处未切断的纵筋并未充分利用，能承担因斜裂缝出现而增大的弯矩，再加上与斜裂缝相交的箍筋也能承担一部分增长的弯矩，从而使斜截面的受弯承载力得以保证。梁支座截面承担负弯矩的纵向钢筋若要分批截断时，每批钢筋应延伸至按正截面受弯承载力计算不需要该钢筋的截面之外，如图 3-53、图 3-54 所示，延伸长度按表 3-9 规定采用。

表 3-9　负弯矩钢筋的延伸长度 l_d

截面条件	充分利用截面伸出 l_{d1}	计算不需要截面伸出 l_{d2}
$V \leqslant 0.7bh_0f_t$	$1.2l_a$	$20d$
$V > 0.7bh_0f_t$	$1.2l_a+h_0$	$20d$ 且 h_0
$V > 0.7bh_0f_t$ 且断点仍在负弯矩受拉区内	$1.2l_a+1.7h_0$	$20d$ 且 $1.3h_0$

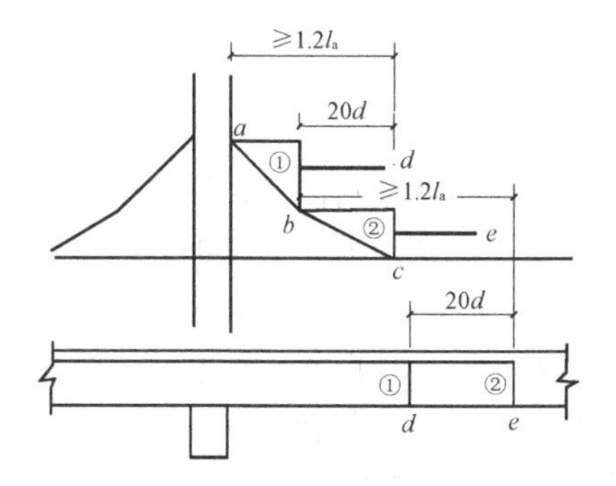

图 3-53　$V \leqslant 0.7f_tbh_0$ 时的钢筋截断

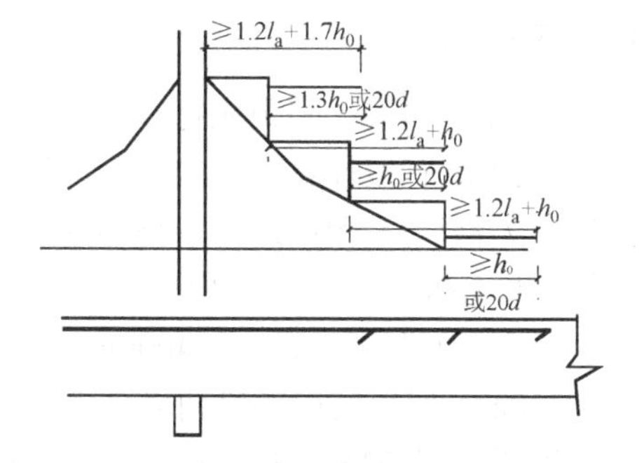

图 3-54　$V > 0.7f_tbh_0$ 时的钢筋截断

如图 3-55 所示一连续梁支座，根据支座处负弯矩设计值，配置 4Φ25 纵筋，则点 a、a'，b、b'，c、c'，d、d'分别为 4 根钢筋的不需要点(也称为钢筋的理论截断点)，钢筋在离开不需要点一定长度后截断，钢筋截断后，其抵抗弯矩图为阶梯形。

在实际工程中，为了施工方便，对支座负钢筋常采用分批截断，以减少钢筋的长度种类。例如图 3-56 的支座负钢筋，采分两批截断其抵抗弯矩图如图 3-56 所示。

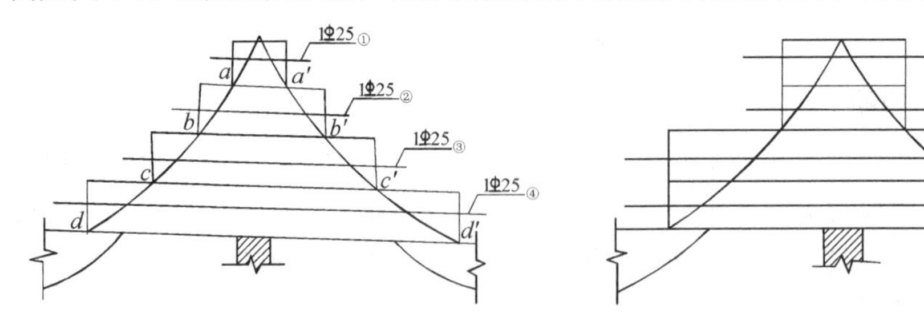

图 3-55 支座负筋的切断　　图 3-56 支座负筋的分批切断

对于板及次梁纵向钢筋的截断位置，一般不需绘制设计弯矩图及抵抗弯矩图来确定，而是根据经验确定。

3.7.2 箍筋的构造要求

1. 箍筋的设置

当$V \leqslant V_c$，按计算不需设置箍筋时，对于高度大于 300mm 的梁，仍应按梁的全长设置构造箍筋；高度为 150～300mm 的梁，可仅在构件端部 1/4 跨度范周内设置构造箍筋，但当梁的中部 1/2 跨度范围内有集中荷载作用时，则应沿梁的全长配置箍筋；高度为 150mm 以下的梁，可不设箍筋。

梁支座处的箍筋应从梁边(或墙边)50mm 处开始放置。

2. 箍筋的直径

箍筋除承受剪力外，尚能固定纵向钢筋的位置，并与纵向钢筋一起构成钢筋骨架，为使钢筋骨架具有一定的刚度，箍筋直径应不小于表 3.8 的规定。当梁中配有计算需要的纵向受压钢筋时，箍筋直径尚不应小于 $\frac{d}{4}$ (d 为纵向受压钢筋的最大直径)。

3. 箍筋的间距

(1) 梁内箍筋的最大间距应符合表 3-7 的要求。

(2) 当梁中配有按计算需要的纵向受压钢筋时，箍筋应做成封闭式，且弯钩直线长度不应小于 $5d$(d 为箍筋直径)；此时，箍筋的间距不应大于 $15d$(d 为纵向受压钢筋的最小直径)，同时不应大于 400mm；当一层内的纵向受压钢筋多于 5 根且直径大于 18mm 时，箍筋间距不应大于 $10d$；当梁的宽度大于 400mm 且一层内的纵向受压钢筋多于 3 根时，或当梁的宽度不大于 400mm 但一层内的纵向受压钢筋多于 4 根时，应设置复合箍筋。

(3) 在纵向受力钢筋搭接长度范围内应配置箍筋，其直径不应小于搭接钢筋最大直径的 0.25 倍。对梁、柱、斜撑等构件其间距不应大于纵向钢筋最小直径的 5 倍，对板、墙等平面构件其间距不应大于纵向钢筋最小直径的 10 倍，且均不应大于 100mm。当受压钢筋直径 d>25mm 时，尚应在搭接接头两个端面外 100mm 范围内各设置两个箍筋。

(4) 箍筋的形式。

箍筋通常有开口式和封闭式两种，如图 3-57 所示。

对于 T 形截面梁，当不承受动荷载和扭矩时，在其跨中承受正弯矩区段内，可采用开口式箍筋。

除上述情况外，一般均应采用封闭式箍筋。在实际工程中，大多数情况下都是采用封闭式箍筋。

(5) 箍筋的肢数。

箍筋按其肢数，分为单肢，双肢及四肢箍，如图 3-58 所示。

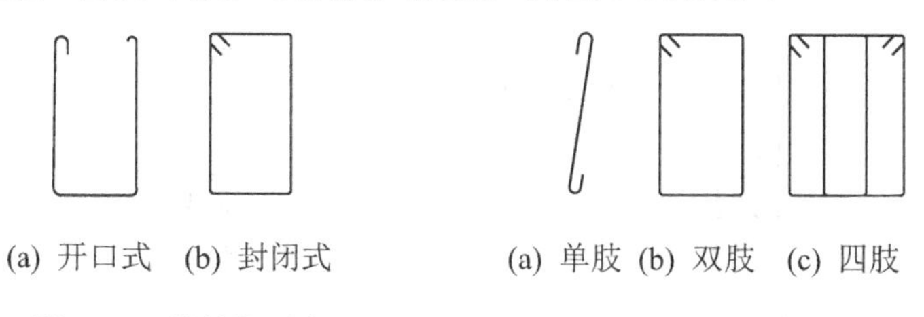

(a) 开口式　(b) 封闭式　　　(a) 单肢　(b) 双肢　(c) 四肢

图 3-57　箍筋的形式　　　图 3-58　箍筋的肢数

单肢箍一般在梁宽 $b \leqslant 150$mm 时采用；双肢箍一般在梁宽 $b<350$mm 时采用。当梁宽 $b \geqslant 350$mm，或一排中受拉钢筋超过 5 根，受压钢筋超过 3 根时，采用四肢箍。四肢箍一般由两个双肢箍组合而成。

采用图 3-59 所示形式的双肢箍或四肢箍时，钢筋末端应采用 135° 的弯钩，且弯钩伸进梁截面内的平直段长度，对于一般结构，应不小于箍筋直径的 5 倍。

3.8　简支梁的承载能力极限状态计算与构造

简支梁是工程中使用非常广泛的一种受弯构件，其材料构成可为木材、钢材、钢筋混凝土等，所受到的荷载形式可为分布荷载(包括均布荷载、非均布荷载)、集中荷载、力偶等。建筑工程中简支梁常见构成如图 3-59 所示，其支座可为砌体墙亦可为柱或梁。相应的计算简图形式如图 3-60 所示，为静定结构。

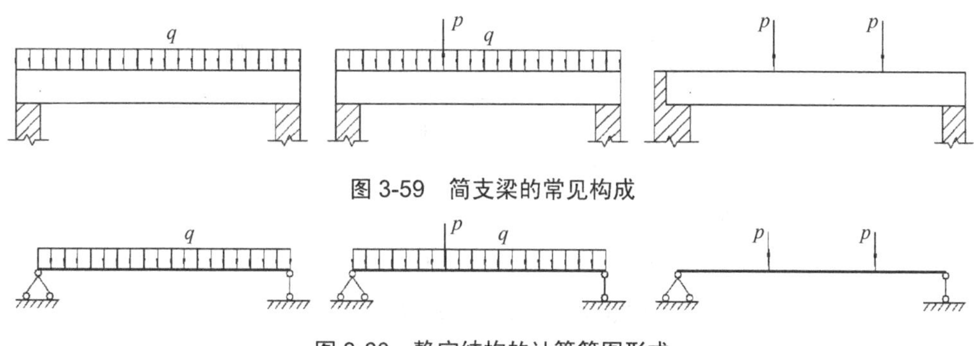

图 3-59　简支梁的常见构成

图 3-60　静定结构的计算简图形式

3.8.1　简支梁的受力分析及力学计算

1. 确定简支梁的计算简图

1) 计算跨度 l_0 的确定

$$l_0 = l_n + \frac{a}{2} + \frac{b}{2} \tag{3-41}$$

$$l_0 = 1.05 l_n \tag{3-42}$$

式中：a——梁支座长度，如图 3-61 所示；

b——梁支座长度，如图 3-61 所示。

简支梁计算跨度 l_0 取公式(3-41)、公式(3-42)计算所得小值。

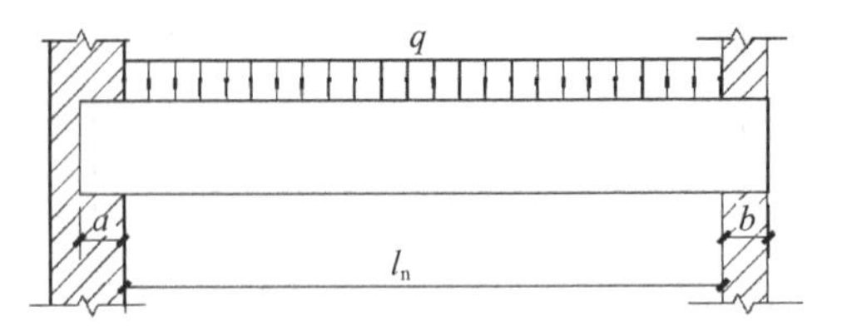

图 3-61　简支梁的计算简图

2) 荷载计算

根据工程实际构成情况，分析确定简支梁上所支撑构件传到梁上的荷载形式、荷载大小。如图 3-62 所示，L-1 承受板传来荷载及自重，为均布荷载形式。由于搭设于 L-1 上的板为预制板，预制板一端支撑于墙另一端支撑于梁 L-1，板承受的荷载一半传递到墙一半传递到梁 L-1，若板荷载为 $p(\mathrm{kN/m^2})$，则板传到梁上的荷载为 $p \times \left(\frac{l_1}{2} + \frac{l_2}{2}\right)(\mathrm{kN/m})$。

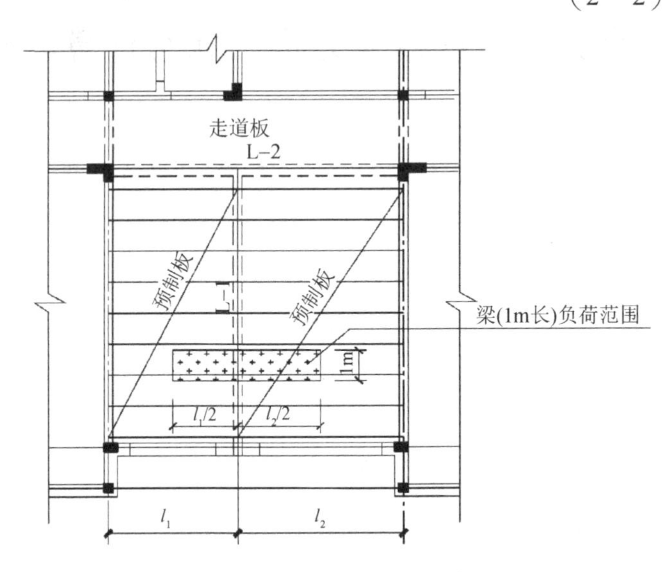

图 3-62　简支梁上构件的荷载

2. 内力计算

梁横截面上的内力分量一般有两项：剪力 V 和弯矩 M。

梁横截面上的内力计算方法，仍然采用截面法。计算步骤如下。

(1) 根据静力平衡求解支座反力。

(2) 确定截面位置，截取研究对象。

(3) 绘制研究对象的受力图(一般将剪力和弯矩均假设为正)。

(4) 利用静力平衡方程求解内力(剪力和弯矩)。

(5) 绘制梁的内力图(剪力图和弯矩图)。

3.8.2 简支梁的配筋计算

根据简支梁所采用的截面形式(矩形梁、T 形梁、L 形梁、工字形梁)，确定梁正截面承载力的计算方法(单筋矩形截面正截面承载力计算、双筋矩形截面正截面承载力计算、T 形梁正截面承载力计算)，计算梁的纵向钢筋用量。

根据简支梁所采用的截面形式(矩形梁、T 形梁、L 形梁、工字形梁)及荷载形式(均布荷载作用、集中荷载作用、均布荷载与集中荷载共同作用)确定梁斜截面承载力的计算方法，计算梁腹筋用量。

3.8.3 简支梁的构造

1. 架立钢筋

架立钢筋的根数与箍筋肢数有关，若采用单肢箍筋，采用一根；若采用双肢箍筋，采用两根；若采用四肢箍筋，则采用 4 根。

架立钢筋位于箍筋转角处。架立钢筋的直径要求见本章 3.1 节。

2. 弯起钢筋

简支梁中弯起钢筋的数量、位置首先必须满足计算要求，并满足材料图的要求。其次还应满足下列基本构造要求

(1) 简支梁中弯起钢筋的弯起角度，当梁高 h≤800mm 时一般为 45°，当梁截面高度 h 大于 800mm 时，为 60°。

(2) 简支梁中弯起钢筋一般选自跨中纵向钢筋，为保证钢筋骨架的成形，梁底层钢筋中的角部钢筋不应弯起。

3. 纵向钢筋的锚固

钢筋混凝土简支梁的下部纵向受力钢筋，其伸入支座范围内的锚固长度 l_{as} (见图 3-63)应符合下列规定：

当 $V \leqslant 0.7 f_t b h_0$ 时		$l_{as} \geqslant 5d$	(3-43)
当 $V > 0.7 f_t b h_0$ 时	带肋钢筋	$l_{as} \geqslant 12d$	(3-44)
	光面钢筋	$l_{as} \geqslant 15d$	(3-45)

式中：l_{as} ——纵向受拉钢筋伸入支座内的锚固长度；

d——锚固钢筋的最大直径。

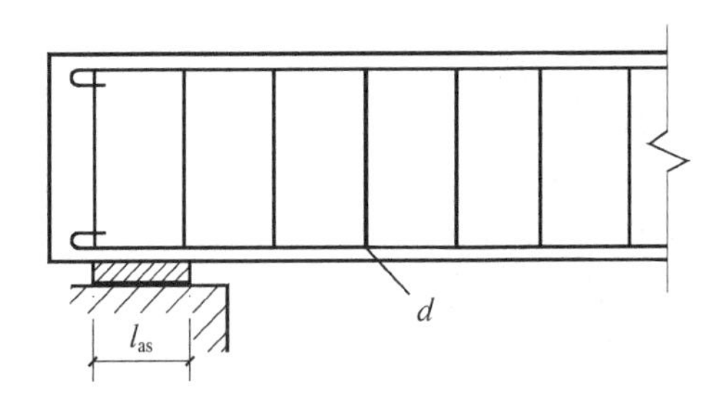

图 3-63 简支支座钢筋的锚固

如纵向受力钢筋伸入支座范围内的锚固长度不符合上述要求时，应采取弯钩或机械锚固措施，并应满足其相应的技术要求。

支撑在砌体结构上的钢筋混凝土独立梁，在纵向受力钢筋的锚固长度 l_{as} 范围内应配置不少于两个箍筋，其直径不宜小于 $d/4$，d 为纵向受力钢筋的最大直径。间距不宜大于 $10d$，当采取机械锚固措施时箍筋间距尚不宜大于 $5d$，d 为纵向受力钢筋的最小直径。

对于混凝土强度等级为 C25 及以下的简支梁和连续梁的简支端，若在距支座 $1.5h$ 范围内作用有集中荷载(包括作用有多种荷载，且其中集中荷载对支座截面所产生的剪力占总剪力的 75%以上的情况)，且 $V > 0.7f_tbh_0$ 时，对带肋钢筋宜采取有效的锚固措施，或取锚固长度不小于 $15d$，d 为锚固钢筋的直径。

当梁端按简支计算但实际受到部分约束时，应在支座区上部设置纵向构造钢筋。其截面面积不应小于梁跨中下部纵向受力钢筋计算所需截面面积的 1/4，且不应少于 2 根。该纵向构造钢筋自支座边缘向跨内伸出的长度不应小于 $l_0/5$，l_0 为梁的计算跨度。

4. 箍筋的构造要求

简支梁中箍筋构造要求同 3.7.2 节。

【案例分析】 简支梁设计实例

某房屋顶层结构平面如图 3-64 所示，采用装配式楼盖，已知楼板永久荷载标准值(构造做法与板自重之和)为 5.7kN/m^2,可变荷载标准值为 2.0kN/m^2，采用混凝土强度等级 C25 和 HRB400 级钢筋，箍筋采用 HPB300 级钢筋，结构安全等级为二级，环境类别为一类，可变荷载组合值系数为 0.7，结构设计使用年限为 50 年，试设计该钢筋混凝土梁。

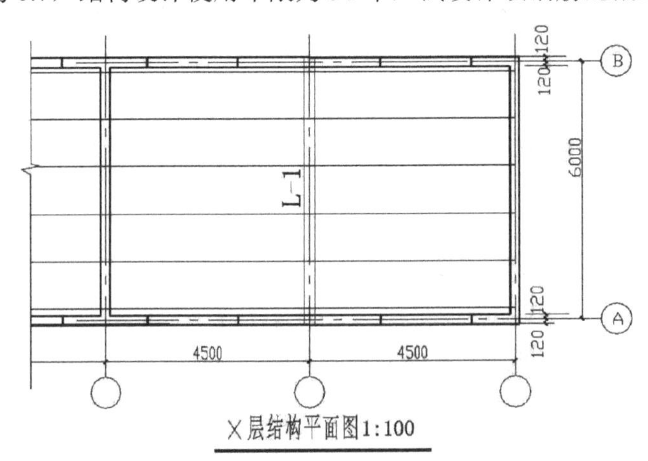

图 3-64

设计梁的基本思路与步骤如下。

1. 确定简支梁的计算简图

(1) 首先确定梁的计算跨度 l_0，根据跨高比初步确定梁的截面尺寸。

(2) 计算梁承受的线荷载设计值。

2. 内力计算

(1) 求解内力(剪力和弯矩)。

(2) 绘制梁的内力图(剪力图和弯矩图)。

3. 配筋计算

(1) 确定正弯矩最大值作用位置(正截面控制位置)及弯矩最大值 M_{max}，计算纵向钢筋用量。

(2) 确定剪力最大值作用位置(斜截面控制位置)及剪力最大值 V_{max}，计算横向钢筋(腹筋)用量。

4. 绘制梁施工图

解：1) 确定简支梁的计算简图

(1) 确定材料强度设计值，确定梁的计算跨度 l_0。

查表 f_c=11.9N/mm^2　f_t=1.27N/mm^2　f_y=300N/mm^2　f_{yv}=270N/mm^2

$$l_0=l_n+\frac{a}{2}+\frac{b}{2}=(6000-240)+\frac{240}{2}+\frac{240}{2}=6000\text{mm}$$

$$l_0=1.05l_n=1.05\times5760=6048\text{mm}$$

梁的计算跨度 L_0=6.0m

(2) 初估截面尺寸。

$$h=\left(\frac{1}{8}\sim\frac{1}{12}\right)l_0$$

$$=\left(\frac{1}{8}\sim\frac{1}{12}\right)\times6000$$

$$=750\sim500\text{mm}$$

取 h=500mm

$$b=\left(\frac{1}{2}\sim\frac{1}{2.5}\right)h$$

$$=250\sim200\text{mm}$$

取 b=250mm

(3) 荷载计算。

查表得钢筋混凝土重度标准值为 25kN/m^3

作用在梁上的总荷载设计值为：

可变荷载起控制作用 q=(5.7×4.5+0.25×0.50×25)×1.2+1.4×1×2×4.5

=47.13 kN/m

永久荷载起控制作用 q=(5.7×4.5+0.25×0.50×25)×1.35+1.4×0.7×2×4.5

=47.67 kN/m

取 q =47.67 kN/m

计算简图如图 3-65 所示。

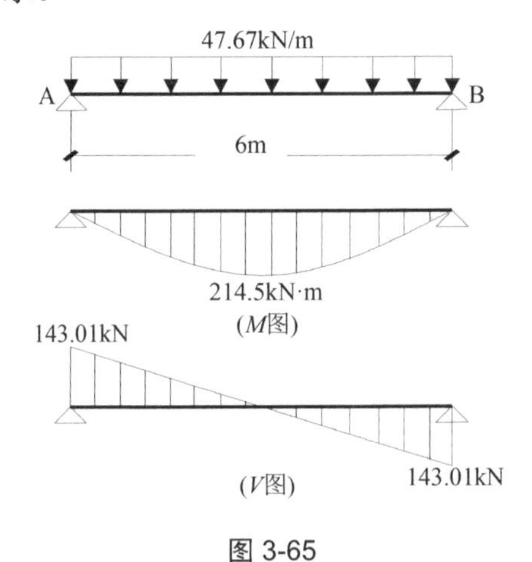

图 3-65

2) 内力计算

梁跨中最大弯矩设计值

$$M=\frac{1}{8}ql_0^2\gamma_0=\frac{1}{8}\times 47.67\times 6^2\times 1.0$$
$$=214.5\text{kN}\cdot\text{m}=214.5\times 10^6\text{N}\cdot\text{mm}$$

剪力最大值

$$V=\frac{1}{2}ql_0\gamma_0=\frac{1}{2}\times 47.67\times 6\times 1.0=143.01\text{kN}$$

内力图如图 3-65 所示。

3) 配筋计算

梁的有效高度 $h_0=h-60=500-60=440$mm

(1) 正截面承载力的计算。

解法一：公式法

$$x=h_0-\sqrt{h_0^2-\frac{2M}{\alpha_1 f_c b}}$$
$$=440-\sqrt{440^2-\frac{2\times 214.5\times 10^6}{1\times 11.9\times 250}}$$

=217.74mm＜$\xi_b h_0$=0.518×440=228mm(不超筋)

$$A_s=\frac{\alpha_1 f_c bx}{f_y}$$
$$=\frac{1\times 11.9\times 250\times 217.74}{360}=1799.38\text{mm}^2$$

$$\rho_{min} = 45\frac{f_t}{f_y} = 45\times\frac{1.27}{360}\% = 0.159\% < 0.2\%$$

取 $\rho_{min} = 0.2\%$

$$\rho_{min}bh = 0.2\%\times250\times500 = 250\text{mm}^2 < A_s = 1799.38\text{mm}^2\ (\text{不少筋})$$

解法二：表格法

$$\alpha_s = \frac{M}{\alpha_1 f_c b h_0^2} = \frac{214.5\times10^6}{11.9\times250\times440^2} = 0.372$$

查表 3-4 得　$\gamma_s = 0.753$

$$A_s = \frac{M}{f_y\gamma_s h_0} = \frac{214.5\times10^6}{300\times0.753\times440} = 1798.36\text{mm}^2$$

纵向钢筋选用 6Φ20($A_s = 1884\text{mm}^2$)

验算适用条件：

查表已知$\xi < \xi_b$=0.518，所以不超筋

$$\rho_{min}bh = 0.2\%\times250\times500 = 250\text{mm}^2 < A_s = 1798.36\text{mm}^2$$

所以不少筋。

(2) 斜截面承载力的计算。

计算剪力设计值：

最危险的截面在支座边缘处，剪力设计值为：

以永久荷载效应组合为主：

$l_n = 6000 - 120 - 120 = 5760\text{mm}$

$V = \frac{1}{2}ql_n = \frac{1}{2}\times47.67\times5.76 = 137.29\text{kN}$

验算截面尺寸：

$\frac{h_w}{b} = \frac{440}{250} = 1.76 < 4$

$0.25\beta_c f_c b h_0 = 0.25\times1\times11.9\times250\times440 = 327\text{kN} > V = 137.29\text{kN}$

截面尺寸满足要求。

判断是否需要按计算配置腹筋：

$0.7f_t b h_0 = 0.7\times1.27\times250\times440 = 97.79\text{kN} < V = 137.29\text{kN}$

所以需要按计算配置腹筋。

计算腹筋用量：

$V \leqslant V_{cs} = 0.7f_t b h_0 + f_{yv}\frac{A_{sv}}{s}h_0$

$\frac{nA_{sv1}}{s} \geqslant \frac{V - 0.7f_t b h_0}{f_{yv}h_0} = \frac{137.29\times10^3 - 97790}{270\times440} = 0.332\text{mm}^2/\text{mm}$

选Φ6 双肢箍，$A_{sv1} = 28.3\text{mm}^2$，$n$=2，代入上式得

$s \leqslant \frac{nA_{sv1}}{0.574} = \frac{2\times28.3}{0.332} = 1702\text{mm}$

取 s=150mm<s_{max}=200

验算配箍率：

$$\rho_{sv}=\frac{nA_{sv1}}{bs}=\frac{2\times 28.3}{250\times 150}=0.15\%>\rho_{sv\min}=0.24\frac{f_t}{f_{yv}}=0.129\%$$

配箍率满足要求，且所选箍筋直径和间距均符合构造要求，综合考虑其他构造要求，该简支梁配筋图如图 3-66 所示。

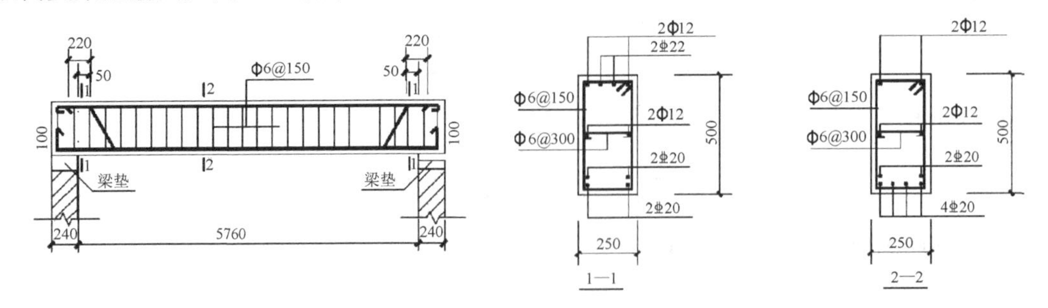

图 3-66　简支梁的配筋图

3.9　连续梁的承载能力极限状态计算与构造

连续梁是工程中使用非常广泛的另一种受弯构件，其材料构成可为木材、钢材、钢筋混凝土等，所受到的荷载形式可为分布荷载(包括均布荷载、非均布荷载)、集中荷载、力偶等。建筑工程中连续梁常见构成如图 3-67 所示，其支座可为砌体墙亦可为柱或梁。相应的计算简图形式如图 3-67 所示，为超静定结构。

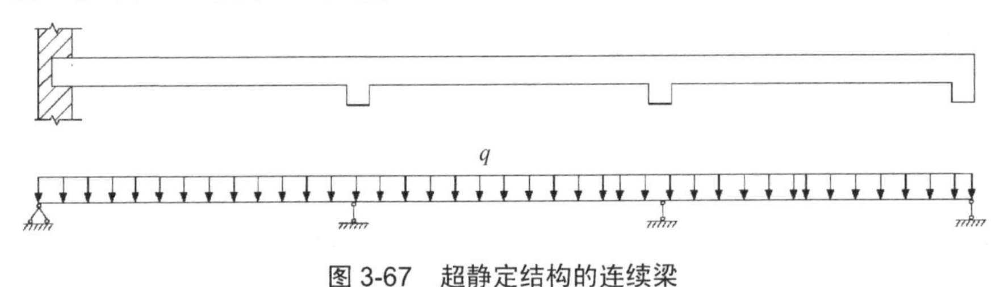

图 3-67　超静定结构的连续梁

3.9.1　连续梁的受力分析及力学计算

1. 确定连续梁的计算简图

1) 计算跨数的确定

梁的实际跨数≤5 时，按实际跨数计算；对于等刚度、等跨度的连续梁、板，当实际跨数>5 跨时,可简化为 5 跨计算，即所有中间跨(图 3-68(a)中的第三、四跨跨中)的内力和配筋均按第三跨处理，如图 3-68 所示。

2) 计算跨度 l_0 的确定

计算跨度为相邻支座反力之间的距离。它与支座构造型式、梁板支承在墙或梁上的支承长度及内力计算方法有关。板和梁的计算跨度详见表 3-10。

等跨度连续梁是指连续梁的计算跨度相等或计算跨度相差不超过 10%的情况。

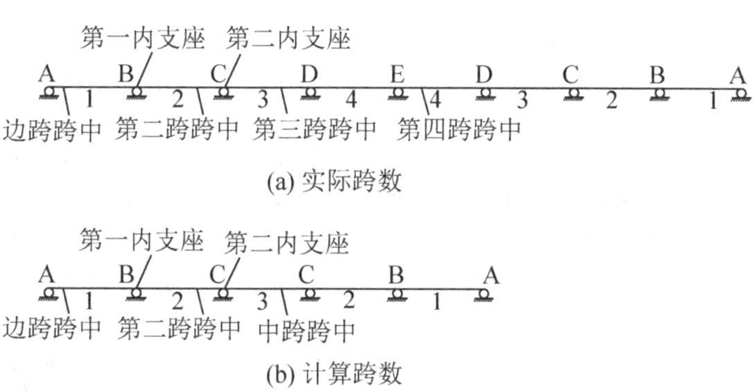

(a) 实际跨数

(b) 计算跨数

图 3-68　多跨连续梁板多于 5 跨时的计算跨数取法

表 3-10　板和梁的计算跨度

<table>
<tr><th colspan="2" rowspan="2">跨　数</th><th rowspan="2">支座情形</th><th colspan="2">计算跨度 l_0</th></tr>
<tr><th>板</th><th>梁</th></tr>
<tr><td rowspan="5">按弹性理论计算</td><td rowspan="3">单跨</td><td>两端简支</td><td>$l_0 = l_n + a$ 且 $l_0 \leqslant l_n + h$</td><td>$l_0 = l_n + a$ 且 $l_0 \leqslant 1.05 l_n$</td></tr>
<tr><td>一端简支一端与梁整体连接</td><td>$l_0 = l_n + \frac{a}{2} + \frac{b}{2}$ 且 $l_0 \leqslant l_n + \frac{b}{2} + \frac{h}{2}$</td><td>$l_0 = l_n + \frac{a}{2} + \frac{b}{2}$ 且 $l_0 \leqslant l_n + \frac{b}{2} + 0.25 l_n$</td></tr>
<tr><td>两端与梁整体连接</td><td>l_0</td><td>l_0</td></tr>
<tr><td rowspan="2">多跨</td><td>边跨</td><td>$l_0 = l_n + \frac{a}{2} + \frac{b}{2}$ 且 $l_0 \leqslant l_n + \frac{b}{2} + \frac{h}{2}$</td><td>$l_0 = l_n + \frac{a}{2} + \frac{b}{2}$ 且 $l_0 \leqslant l_n + \frac{b}{2} + 0.25 l_n$</td></tr>
<tr><td>中间跨</td><td>l_c</td><td>l_c</td></tr>
<tr><td rowspan="2">按塑性理论计算</td><td rowspan="2">多跨</td><td>一端简支一端与梁整体连接(边跨)</td><td>$l_0 = l_n + \frac{a}{2}$ 且 $l_0 \leqslant l_n + \frac{h}{2}$</td><td>$l_0 = l_n + \frac{a}{2}$ 且 $l_0 \leqslant 1.025 l_n$</td></tr>
<tr><td>两端与梁整体连接(中间跨)</td><td>l_n</td><td>l_n</td></tr>
</table>

注：l_0 一计算跨度；l_n 一净跨度；l_c 一支座中心线的距离。

3) 荷载计算

根据工程实际构成情况，分析确定连续梁所承受的荷载形式、荷载大小。如图 3-69 所示单向板肋梁楼盖，其组成构件板、次梁、主梁均为连续梁，各构件承受荷载范围。对于板通常取 1m 宽板带作为计算单元进行计算，作用在板上的是均布荷载。次梁承受左右板上传来的荷载及次梁本身自重，计算板传给次梁的荷载时，不考虑板的连续性，即板上的荷载平均传给相邻次梁，次梁承受的荷载也是均布荷载。主梁承受次梁传来的集中荷载和主梁自重引起的均布荷载。为了便于计算，一般将主梁自重折算成几个集中荷载分别加在次梁传来的集中荷载中，计算次梁传给主梁的集中荷载时，也不考虑次梁的连续性，即主梁承担相邻次梁各 1/2 跨的荷载，主梁承受的荷载是集中荷载。

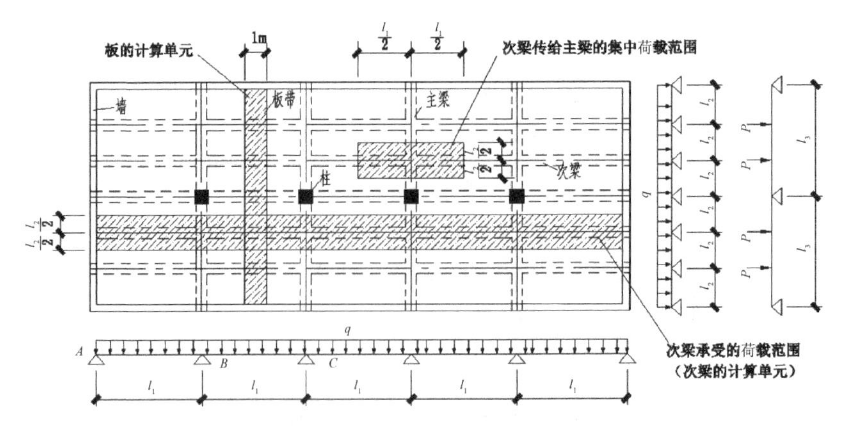

图 3-69 单向板肋梁楼盖各构件承受荷载范围

2. 内力计算

钢筋混凝土连续梁、板内力计算方法有两种：弹性理论计算方法和塑性理论计算方法。

1) 弹性理论计算方法

弹性理论计算法，根据前述的计算简图，内力可按结构力学的方法进行计算，一般采用力矩分配法来求连续梁的内力。对如图 3-70 所示的不等跨三跨连续梁，采用二次力矩分配法进行内力计算。

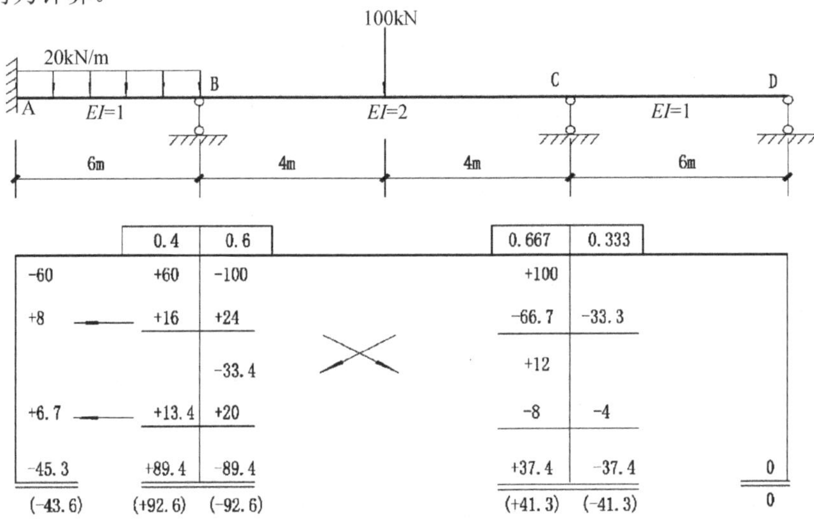

图 3-70 不等跨的三跨连续梁的内力计算

对等跨连续梁则可直接利用静力计算手册中的图表进行计算。

由于弹性计算法的计算跨度取支座中心线间的距离，计算所得支座处的 $M_{\max}$、$V_{\max}$，指支座中心处的弯矩、剪力值。而支座中心处截面较高，并不是危险截面，而真正的危险截面是支座边缘处，故设计中应取支座边缘处的弯矩、剪力值进行配筋计算。支座边缘处的内力值为：

弯矩值：$M = M_c - V_0 b/2$

剪力值：均布荷载：$V = V_c - (g+q)b/2$

集中荷载：$V = V_c$

式中：M_c、V_c——支座中心处的弯矩、剪力值；

V_0——按简支梁计算的支座剪力值(取绝对值)；

b——支座宽度。

2) 塑性理论计算方法

塑性内力计算法设计的结构构件，不可避免地会导致使用荷载作用下构件变形较大、应力较高、裂缝宽度较宽的结果。因此塑性理论计算方法有一定的条件限制，它不适用于以下情况。

(1) 在使用阶段不允许出现裂缝或对裂缝开展有较严格限制的结构(如水池池壁、自防水屋面等)。

(2) 直接承受动荷载和疲劳荷载作用的结构。

(3) 结构的重要部位，要求可靠度较高的结构(如主梁)。

(4) 轻质混凝土结构及其他特种混凝土结构。

(5) 预应力混凝土结构和二次受力的叠合结构。

(6) 处于有腐蚀环境中的结构。

均布荷载作用下等跨连续梁、板考虑塑性内力分布时，弯矩和剪力可按以下公式计算板和次梁的跨中及支座弯矩。

$$M = \alpha(g+q)l_0^2$$

弯矩系数α按表 3-11 弯矩系数采用。

表 3-11　弯矩系数

截　面	边跨中	第一内支座	中跨中	中间支座
α	1/11	−1/14(板)、1/11(梁)	1/16	−1/16

次梁支座的剪力可按下面公式计算

$$V = \beta\left(g+q\right)l_n$$

剪力系数β按表 3-12 采用。

表 3-12　剪力系数

截　面	边支座	第一内支座左	第一内支座右	中间支座
β	0.4	0.6	0.5	0.5

3.9.2　连续梁的配筋计算

连续梁支座部位一般承受负弯矩作用，跨中承受正弯矩作用。梁正截面承载力计算时，对于 T 形截面连续梁，跨中按 T 形截面考虑，支座则按矩形截面考虑。对于矩形梁及 L 形梁则跨中、支座均按矩形截面计算。

根据连续梁所采用的截面形式(矩形梁、T 形梁、L 形梁、工字形梁)及荷载形式(均布荷载作用、集中荷载作用、均布荷载与集中荷载共同作用)确定梁斜截面承载力的计算方法，计算梁腹筋用量。

3.9.3 连续梁的构造

1. 一般构造要求

连续梁的一般构造要求，如受力钢筋直径、间距、根数、排数、保护层、箍筋、架立筋等均与 3.1.2 节所述梁的构造要求相同。

2. 纵向钢筋的弯起与切断

连续梁的上部钢筋应贯通其中间支座或中间节点范围。

1) 次梁纵向钢筋的弯起与截断的位置

次梁跨中及支座截面的配筋数量，应按其最大弯矩确定。当次梁的跨度相等或相差不超过 20%，且可变荷载与永久荷载之比不大于 3 时，梁中纵向钢筋的弯起和截断可以参照图 3-71 布置。

梁中的抗剪钢筋宜采用箍筋，跨内第一道箍筋距支座边为 50mm。当采用弯起筋时，端支座上弯点一般距支座边为 50mm，弯起钢筋的锚固长度从上弯点起伸入支座的距离为 $20d$。当次梁需设置抗剪弯起钢筋时，可将跨中+M 部分钢筋弯起，但靠近支座第一根弯起钢筋弯起后(见图 3-71)，因其尚不能充分发挥作用，所以不得作为支座负弯矩钢筋用。弯起后的钢筋如不能满足弯矩的需要，可于支座上部另加直钢筋，一般不少于二根，且置于箍筋上部转角处用以代替架立钢筋。此直钢筋与跨中架立钢筋的搭接长度一般为 150～200mm 左右。

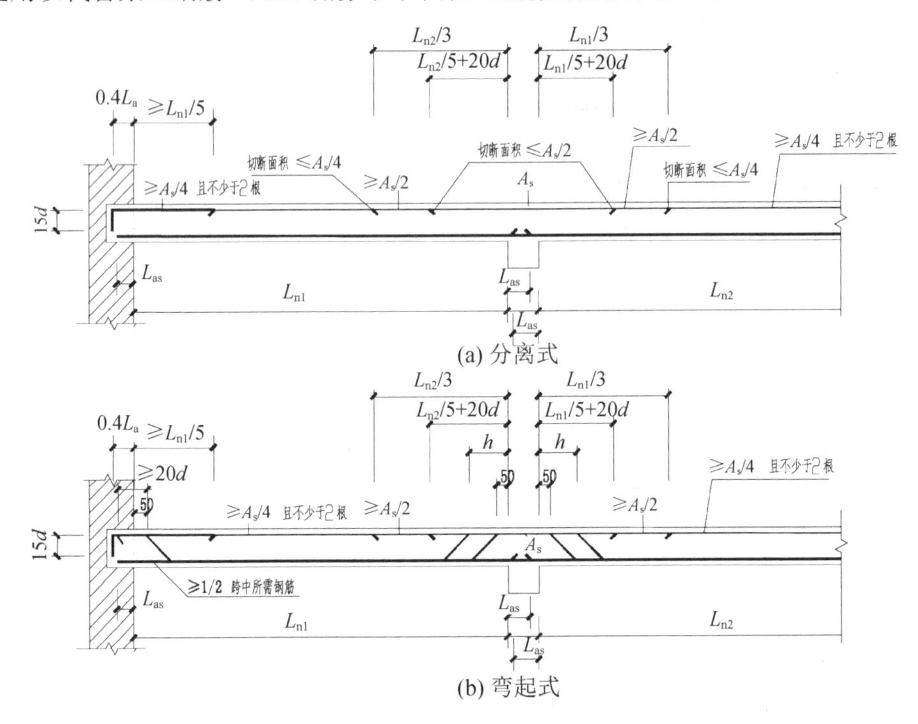

图 3-71 次梁纵向钢筋的弯起与切断

梁端与钢筋混凝土墙、梁或柱整浇时，通常仍按简支计算，支座内不设箍筋，上部构造钢筋同简支梁构造钢筋，如图 3-72 所示。当支座为柱或混凝土墙时，上部构造负筋数量宜适当增加，伸入跨内长度宜为计算跨度的 1/4。

2) 主梁纵向钢筋的弯起与截断的位置

主梁纵向受力钢筋的弯起和截断点的位置，应通过在弯矩包络图上画抵抗弯矩图来确定，并应同时满足斜截面的强度要求。

3) 连续梁下部纵向钢筋伸入中间支座或中间节点范围内的锚固长度应符合以下要求

(1) 当计算中不利用其强度时(例如梁在靠近中间支座或中间节点处，对于各种荷载组合情况均不可能出现正弯矩，因而下部钢筋不可能受拉，而且也不利用其抗压强度时)，其伸入的锚固长度应符合前述简支梁中 $V > 0.7 f_t bh_0$ 的要求；

(2) 当计算中充分利用钢筋的抗拉强度时，其伸入支座的长度 L_{as} 见图 3-73；

(3) 当计算中充分利用钢筋的抗压强度时，下部钢筋应按受压钢筋锚固在中间支座内，其直线锚固长度不应小于 $0.7L_a$。

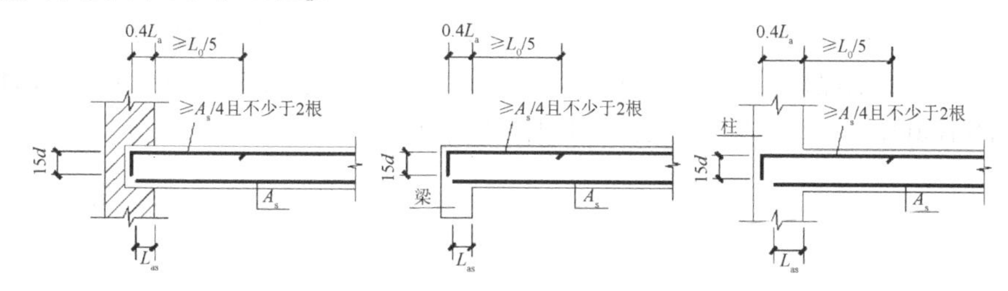

图 3-72　梁端按简支计算时(实际受到部分约束)支座上部负弯矩钢筋构造

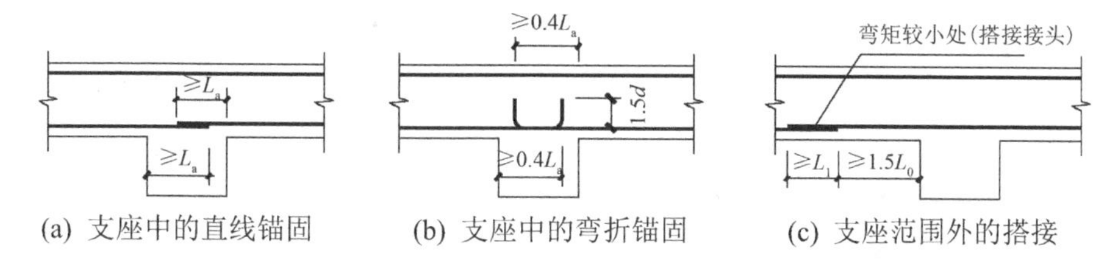

图 3-73　梁下部钢筋在中间支座范围的锚固与搭接

3. 附加横向钢筋

次梁与主梁相交处，由于次梁的集中荷载作用，有可能使主梁的下部开裂，因此，在主梁与次梁的交接处应设置附加横向钢筋，以承担次梁集中荷载，防止局部破坏。附加横向钢筋有附加箍筋及附加吊筋两种，如图 3-74 所示，规范规定，位于梁下部或在梁截面高度范围内的集中荷载，应全部由附加横向钢筋(吊筋、箍筋)承担。附加横向钢筋应布置在长度为 $s = 2h_1 + 3b$ 的范围内(见图 3-74)。附加横向钢筋应优先采用箍筋。当采用吊筋时，其弯起段应伸至梁上边缘，末端水平长度在受拉区不应小于 $20d$，在受压区不应小于 $10d$。

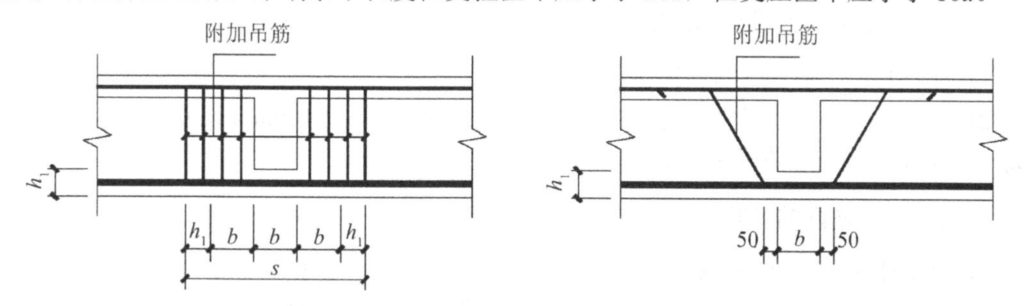

图 3-74　梁截面高度范围内有集中荷载作用时附加横向钢筋的设置

附加横向钢筋所需的总截面面积，应按下式计算：

$$A_{sv} \geqslant \frac{F}{f_{yv} \sin \alpha}$$

式中：A_{sv}——承受集中荷载所需的附加横向钢筋总截面面积；

F——作用在梁下部或梁截面高度范围内的集中荷载设计值；

α——附加横向钢筋与梁轴线间的夹角。

【案例分析】连续梁设计实例

某肋梁楼盖如图 3-75 所示，楼板厚度为 100mm，次梁截面尺寸为 $b \times h$=250mm×500mm，次梁承受荷载设计值 p=26.97kN/m，环境类别为一类，结构的安全等级为二级，结构设计使用年限为 50 年，混凝土保护层厚度为 20mm。混凝土强度等级为 C25，纵向钢筋采用 HRB400，箍筋采用 HPB300，试设计该连续梁(采用塑性内力计算法)。

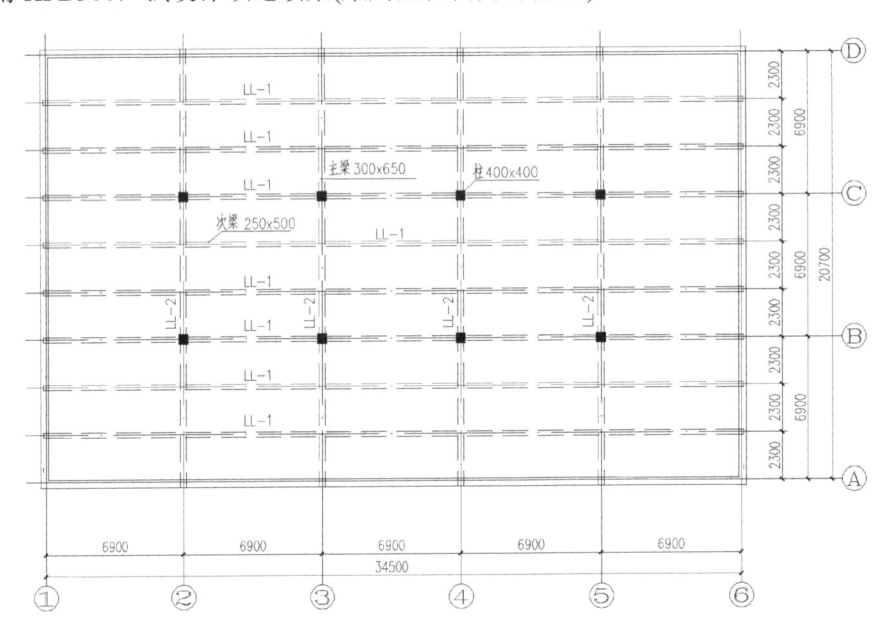

图 3-75　某肋梁楼盖

设计该连续梁的基本思路与步骤如下。

1. 确定连续梁的计算简图及截面尺寸

(1) 首先确定次梁各跨的计算跨度 l_0；

(2) 确定次梁的截面尺寸。由于 b、h 已知，现浇楼板厚度 100mm 已知，即次梁翼缘厚度 h_f' =100mm，这里主要确定次梁的翼缘宽度 b_f' 。

2. 内力计算及配筋计算

(1) 用塑性内力计算法计算控制截面的最大内力(剪力和弯矩)。

(2) 确定正弯矩、负弯矩最大值作用位置(正截面控制位置)及弯矩最大值 M_{max}，计算纵向钢筋用量。

(3) 确定剪力最大值作用位置(斜截面控制位置)及剪力最大值 V_{max}，计算横向钢筋(腹筋)用量。

3. 绘制梁施工图

解： 1) 确定连续梁的计算简图及截面尺寸

(1) 计算跨度。

连续梁在砖墙上的支承长度 a=240mm，该梁的计算跨度为：

中跨 $l_0=l_n=(6900-300)=6600$mm

边跨 $l_0=l_n+(0.025\ l_n$ 和 $a/2$ 中较小者)

$l_0=1.025\ l_n=1.025\times(6900-120-150)$mm $=6796$mm

$l_0=l_n+a/2=(6900-120-150+240/2)$mm $=6750$mm

取　$l_0=6750$mm

跨度差　$\dfrac{6750-6600}{6600}=2.27\%<10\%$，可按等跨连续梁计算。

(2) 计算跨数取实际跨数5跨。

(3) 计算简图如图3-76所示。

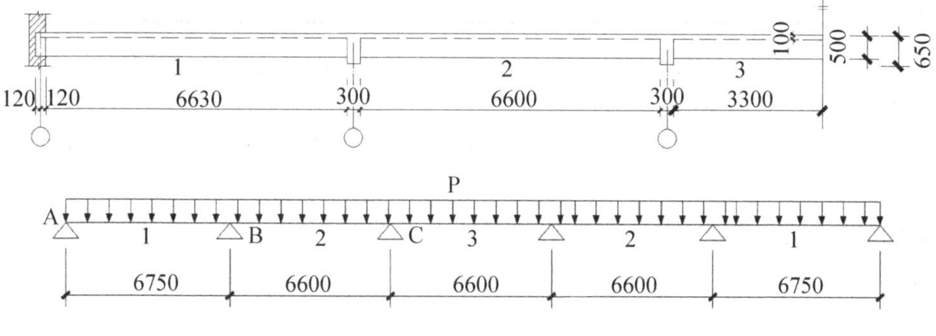

图3-76　连续梁计算简图

(4) 确定次梁的翼缘宽度 b_f'。

按计算跨度考虑：第一跨 $b_f'=6750/3=2250$mm，第二跨 $b_f'=6600/3=2200$mm；

按梁肋净距考虑：第一跨 $b_f'=(2300-120-125)+250=2305$mm，

第二跨 $b_f'=(2300-250)+250=2300$mm；

按翼缘高度考虑：

$h_0=(500-40)$mm=460 mm

$h_f'/h_0=100/460=0.217>0.1$，翼缘宽度 b_f' 不受该项控制。

取上面各种情况的最小值 $b_f'=2200$mm。

2) 内力及配筋计算

内力计算结果见表3-13。

表 3-13　梁正截面内力及配筋计算

截面位置	边跨中	第一内支座	中跨中	中间支座
计算跨度 l_0 (m)	6.75	6.75	6.6	6.6
弯矩系数 α_m	1/11	−1/11	1/16	−1/16
荷载设计值 $p=g+q$ (kN/m)	26.97	26.97	26.97	26.97
弯矩 $M=\alpha_m(g+q)l_0^2$ (kN•m)	111.73	−111.73	76.81	−76.81
b 或 b_f' (mm)	2200	250	2200	250
$x=h_0-\sqrt{h_0^2-\dfrac{2M}{a_1f_cb}}$	9.37	90.56	6.42	60.05
ξ_0h_0	238.28	250.24	250.24	250.24
$A_s=\dfrac{a_1f_cbx}{f_Y}$ (mm^2)	682	748.36	467	496.22
选配钢筋	2Φ16+1Φ20	3Φ18	3Φ16	3Φ16
实配钢筋面积 (mm^2)	716	763	603	603

(1) 正截面承载力计算：梁跨中按 T 形截面计算，支座按矩形截面计算。

判别跨中 T 形截面类型：

$a_1f_c\ b_f'\ h_f'\ (h_0-\ h_f'\ /2)\ =1\times9.6\times2200\times100\times(460-100/2)\text{kN·m}=865.92\text{kN·m} > M_{max}=111.73$ kN·m

故各跨跨中截面均属于第一类 T 形截面。

(2) 梁的正截面内力及配筋计算列于表 3-13 中。

(3) 斜截面承载力计算列于表 3-14 中。

表 3-14　梁斜截面内力及配筋计算

截面位置	边支座 (支座 A)	第一内支座左侧 (支座 B 左)	第一内支座右侧 (支座 B 右)	中间支座 (支座 C)
净跨 l_n(m)	6.630	6.630	6.3	6.3
剪力系数 α_v	0.4	0.6	0.5	0.5
剪力 $V=\alpha_v(g+q)l_n$(kN)	71.52	107.29	85	85
$0.25\beta_cf_cbh_0$(kN)	276＞V，截面尺寸满足要求			
$0.7f_tbh_0$(kN)	88.55＞V，按构造配箍	88.55KV＞V，按构造配筋	88.55KV＞V，按构造配筋	
箍筋肢数、直径	双肢Φ6			
$A_{sv}=nA_{sv1}$(mm^2)	2×28.3=56.6			
$s=f_{yv}A_{sv}h_0/(V-0.7f_tbh_0)$ (mm)		375		
实配箍筋间距(mm)	200	200	200	200
箍筋最大间距(mm)	300	200	200	200

4. 梁配筋图(如图 3-77 所示)

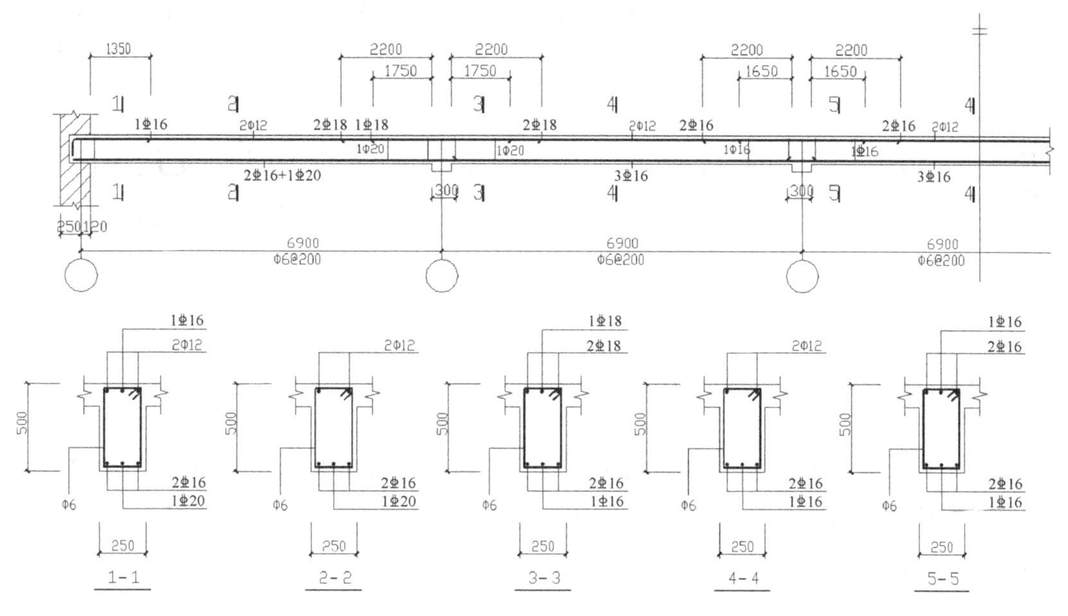

图 3-77　梁配筋图

3.10　悬挑梁的承载能力极限状态计算与构造

悬挑构件是广泛应用于砌体结构、钢筋混凝土结构中的又一种常见构件。如混合结构房屋的墙体中，往往将钢筋混凝土的梁悬挑在墙外用以支撑屋面的挑檐、阳台、雨篷以及悬挑外廊等。这种一端嵌固在砌体墙体内的悬挑式钢筋混凝土梁，称为挑梁。挑梁常见形式如图 3-78 所示。

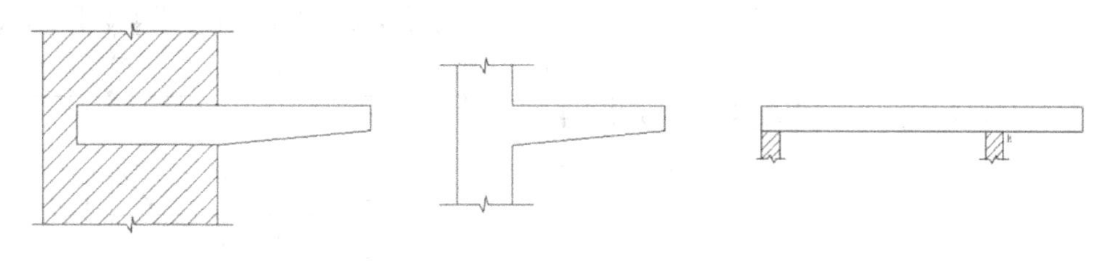

图 3-78　挑梁

3.10.1　挑梁的受力分析及力学计算

1. 挑梁的计算简图

挑梁常见计算简图如图 3-79 所示。

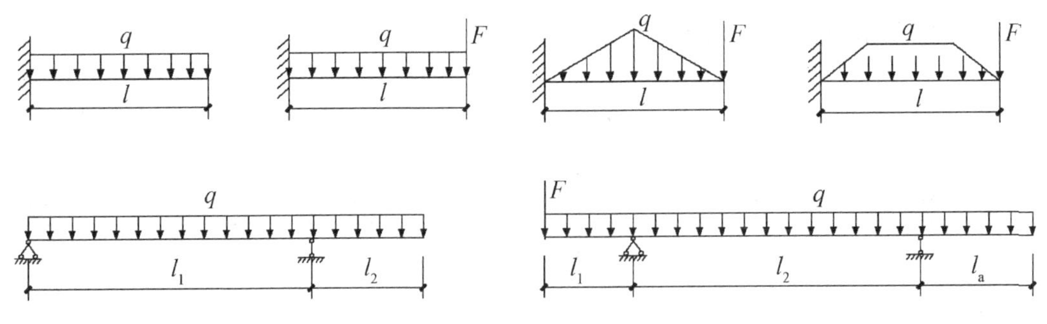

图 3-79 挑梁计算简图

1) 计算跨度

悬挑构件的悬挑长度一般即取为悬挑构件的计算跨度。

2) 荷载计算

根据工程实际构成情况，分析确定挑梁上所支撑构件传到梁上的荷载形式、荷载大小。挑梁承受的荷载形式如图 3-80 所示，有均布荷载、均布荷载与集中荷载的组合；三角形分布荷载或梯形荷载等。

2. 内力计算

挑梁的内力仍然是剪力 V 和弯矩 M。由于悬挑构件的悬挑部分是简单的静定结构，其内力可直接利用截面法计算。具体计算步骤如下。

(1) 确定截面位置，截取研究对象。

(2) 绘制研究对象的受力图(一般将剪力和弯矩均假设为正)。

(3) 利用静力平衡方程求解内力(剪力和弯矩)。

(4) 绘制梁的内力图(剪力图和弯矩图)。

常见悬挑构件内力图见图 3-80。

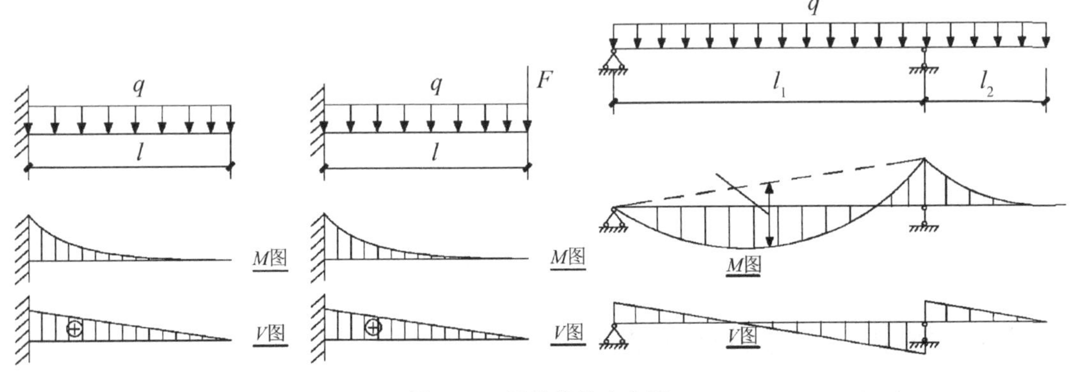

图 3-80 悬挑构件内力图

3.10.2 悬挑梁的配筋计算

悬挑梁正截面承载力、梁斜截面承载力的基本思路及计算方法，同简支梁及连续梁。

3.10.3　悬挑梁的构造

(1) 对挑梁进行分析的结果是，挑梁在埋入$l_1/2$(l_1挑梁埋入墙体内的长度)处的弯矩仍较大，因此挑梁中纵向受力钢筋至少应有 1/2 的钢筋面积伸入梁尾端，且不少于 2Φ12，为了锚固更可靠，其余钢筋伸入支座的长度不应小于$2l_1/3$。

(2) 挑梁埋入砌体长度l_1与挑出长度l之比宜大于 1.2；当挑梁上无砌体(如全靠楼盖自重抗倾覆)时，l_1与l之比宜大于 2。

(3) 钢筋混凝土悬挑梁中，应有不少于 2 根上部钢筋伸至悬挑梁外端，并向下弯折不小于 12d；其余钢筋不应在梁的上部截断，而应按弯起钢筋弯起点的要求向下弯折，并按弯起钢筋相应规定在梁的下边锚固。

【案例分析】悬挑梁设计实例

例 1　某工程一层结构平面布置图如图 3-81 所示，图中 L-1 为钢筋混凝土矩形截面伸臂梁，其计算简图及承受荷载设计值(包括自重)如图 3-81 所示，截面尺寸 b×h=250mm×650mm，环境类别为一类，结构的安全等级为二级，结构设计使用年限为 50 年，混凝土保护层厚度为 20mm。采用 C25 混凝土，箍筋和纵筋分别采用 HPB300 和 HRB400，若利用梁底纵筋弯起承受剪力，试设计此梁，并画出梁的配筋详图及材料抵抗弯矩图。

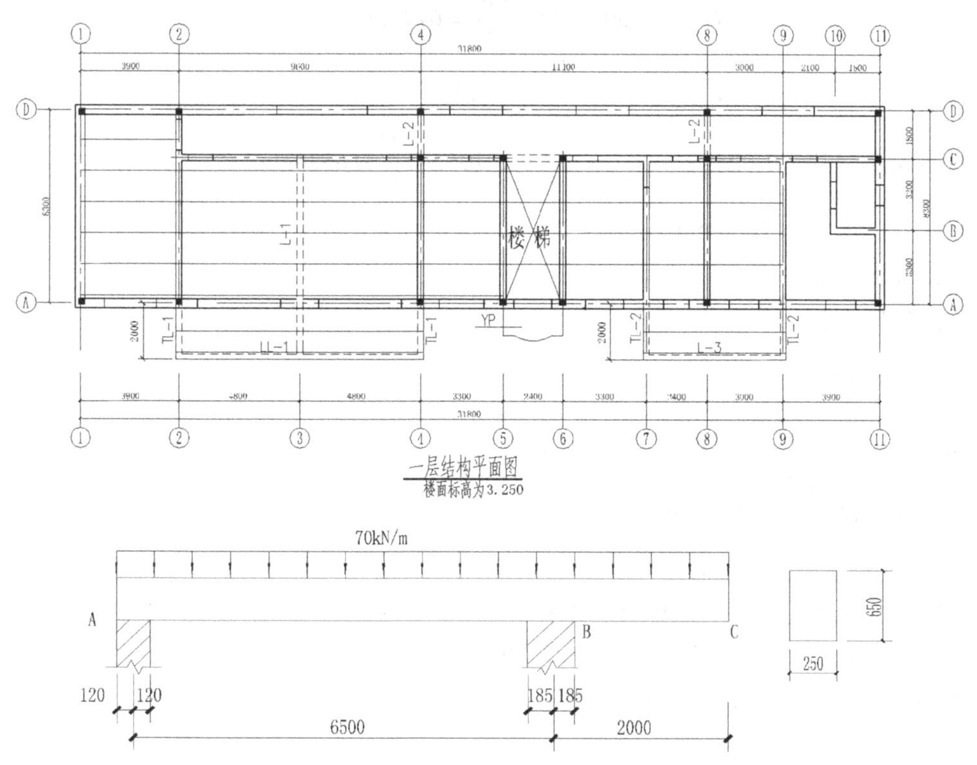

图 3-81

设计该悬挑梁的基本思路与步骤如下

1. 首先确定梁的计算跨度 l_0，确定梁的计算简图

2. 内力计算

(1) 计算支座反力。

(2) 计算内力并绘制内力图。

3. 配筋计算

(1) 正截面承载力计算。

(2) 斜截面承载力计算。

(3) 绘制抵抗弯矩图。

4. 绘制梁施工图

解：(1) 材料强度指标

$f_c = 11.9\text{N/mm}^2$， $\alpha_1 = 1.0$， $f_y = 360\text{N/mm}^2$， $f_{yv} = 270\text{N/mm}^2$

$f_t = 1.27\text{N/mm}^2$， $h_0 = 650 - 60 = 590\text{mm}$

(2) 计算跨度

$$l_{nAB} = 6500 - 120 - \frac{370}{2} = 6195\text{mm}$$

$$l_{nBC} = 2000 - \frac{370}{2} = 1815\text{mm}$$

计算跨度 $l_{AB} = 1.025 l_{nAB} + \dfrac{370}{2} = 1.025 \times 6195 + \dfrac{370}{2} = 6535\text{mm}$

$l_{BC} \approx 2000\text{mm}$

计算简图如 3-83 所示。

(3) 内力计算

① 梁端反力

$$R_B = \frac{70 \times \frac{1}{2} \times (6.535 + 2.0)^2}{6.535} = 390.1\text{kN}$$

$$R_A = 70 \times (6.535 + 2.0) - 390.1 = 207.4\text{kN}$$

② 支座边缘截面的剪力

AB 跨 $V_A = 207.4 - 70 \times 0.155 = 196.5\text{kN}$

$V_{B左} = 196.5\text{-}6.195 \times 70 = -273.2\text{kN}$

BC 跨 $V_{B右} = 70 \times 1.815 = 127.1\text{kN}$

③ 弯矩计算

根据剪力为零的条件 $V_x = 207.4 - 70x = 0$ 算出 x=2.963m，x 为最大弯矩截面距支座 A 的距离，则

AB 跨　　$M_{\max} = 207.4 \times 2.963 - \dfrac{1}{2} \times 70 \times 2.963^2 = 307.2\text{kN} \cdot \text{m}$

BC 跨　　$M_B = \dfrac{1}{2} \times 70 \times 2^2 = 140\text{kN} \cdot \text{m}$

M_C=0

内力图见图 3-82。

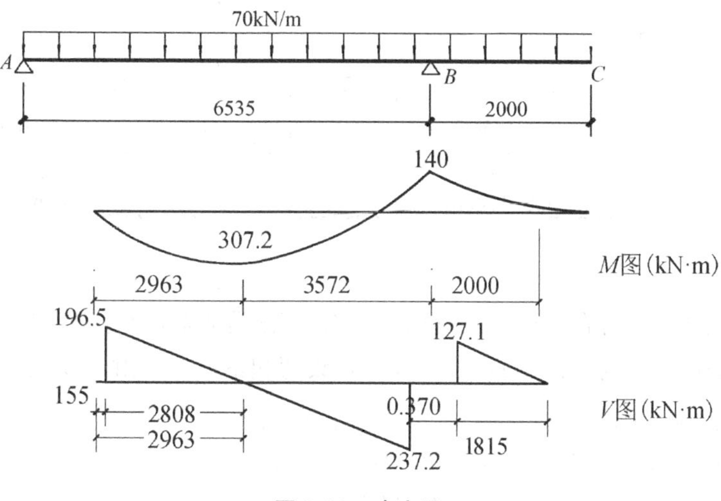

图 3-82　内力图

5. 验算截面尺寸

$$\alpha_{\max} = \xi_b (1 - 0.5\xi_b) = 0.518 \times (1 - 0.5 \times 0.518) = 0.384$$

据单筋正截面公式 $M_{\max} = \alpha_{\max} \alpha_1 f_c b h_0^2$ 得

$$M_{\max} = 0.384 \times 1.0 \times 11.9 \times 250 \times 590^2$$

$$=397.7\text{kN}\cdot\text{m} > 307.2\ \text{kN}\cdot\text{m}$$

$$\frac{h_w}{b} = \frac{590}{250} = 2.36 < 4$$

$0.25\beta_c f_c b h_0 = 0.25 \times 1 \times 11.9 \times 250 \times 590 = 438.8\text{kN} > V_{\max} = 237.2\text{kN}$

$0.7 f_t b h_0 = 0.7 \times 1.27 \times 250 \times 590 = 131.1\text{kN} < V_A = 196.5\text{kN}$

$$< V_{B左} = 273.2\text{kN}$$

$$> V_{B右} = 127.1\text{kN}$$

故 V_A 及 $V_{B左}$ 截面都需计算配腹筋，$V_{B右}$ 截面按构造配箍筋。

6. 正截面承载力计算(见表 3-15)

表 3-15 正截面承载力计算

截 面	AB 跨跨中截面	支座 B 截面
M	307.2kN·m	−140kN·m
由 $A_s=\dfrac{M}{\gamma_s f_y h_0}$ 计算 A_s	$a_s=\dfrac{M}{Y_s f_y h_0^2}$ $=\dfrac{307.2\times10^6}{1\times11.9\times250\times590^2}$ =0.2966 $\gamma_s=\dfrac{1+\sqrt{1-2a}}{2}$ $=\dfrac{1+\sqrt{1-2\times0.2966}}{2}$ $=0.8189$ $A_s=\dfrac{307.2\times10^6}{360\times0.8189\times590}$ $=1766.2\text{mm}^2$	$a_s=\dfrac{M}{Y_s f_y h_0^2}$ $=\dfrac{140\times10^6}{1\times11.9\times250\times610^2}$ =0.1265 $\gamma_s=\dfrac{1+\sqrt{1-2a}}{2}$ $=\dfrac{1+\sqrt{1-2\times0.1265}}{2}$ $=0.9321$ $A_s=\dfrac{140\times10^6}{360\times0.9321\times610}$ $=684\text{mm}^2$
选 筋	3Φ22+2Φ20 (1140+628=1768mm²)	2Φ22 (760mm²)

7. 腹筋计算

前面验算截面尺寸符合要求，V_A及$V_{B左}$需按计算配置腹筋，$V_{B右}$截面按构造配箍筋。为充分利用跨中截面的纵向受拉钢筋，V_A及$V_{B左}$均设弯起钢筋(数量由计算确定)，并按构造选箍筋双肢箍Φ6@200。则箍筋与混凝土共同抵抗的剪力为：

选Φ6 双肢箍，$A_{sv1}=28.3\text{mm}^2$，n=2，代入上式得

$$s\leqslant\frac{nA_{sv1}}{0.574}=\frac{2\times28.3}{0.332}=1702\text{mm}$$

取 s=150mm<s_{max}=200

验算配箍率：

$$\rho_{sv}=\frac{nA_{sv1}}{bs}=\frac{2\times28.3}{250\times150}=0.15\%>\rho_{sv\min}=0.24\frac{f_t}{f_{yv}}=0.129\%$$

$$V_{cs}=0.7f_t bh_0+f_{yv}\frac{A_{sv}}{s}h_0$$

$$=0.7\times1.27\times250\times590+270\times\frac{2\times28.3}{200}\times590=176.2\text{kN}$$

$<V_{B左}=273.2\text{kN}$

$>V_{B右}=127.1\text{kN}$

$<V_A=196.5\text{kN}$

故 V_A截面及 $V_{B左}$截面均需设弯起钢筋，$V_{B右}$截面则配 6@200 的箍筋就足够了。

支座 A

$$A_{sb}\geqslant\frac{V_A-V_{cs}}{0.8f_y\sin\alpha_s}=\frac{196.5\times10^3-176.2\times10^3}{0.8\times360\times\sin45^\circ}=99.7\text{mm}^2$$

弯 2Φ20(628＞99.7mm²)可以，弯起钢筋的弯终点与支座边缘相距为 50mm，则第一排弯起钢筋的弯起点的设计剪力为：

$$V_1 = 196500 \times \frac{2.808 - 0.05 - (0.65 - 0.037 - 0.032)}{2.808} = 152.3\text{kN} < V_{cs} = 176.2\text{kN}$$

故不需要弯起第二排钢筋。

支座 $B_{左}$

$$A_{sb} \geqslant \frac{V_{B左} - V_{cs}}{0.8 f_y \sin\alpha_s} = \frac{237.2 \times 10^3 - 176.2 \times 10^3}{0.8 \times 360 \times \sin 45^\circ} = 299.6\text{mm}^2$$

弯 1Φ20(314＞299.6mm²)可以。

检验 $B_{左}$截面是否需要弯起第二排钢筋：

$$V_2 = 237200 \times \frac{6.535 - 2.963 - 0.185 - 0.05 - (0.65 - 0.037 - 0.032)}{6.535 - 2.963 - 0.185}$$
$$= 193\text{kN} > V_{cs} = 176.2\text{kN}$$

需要弯起第二排钢筋，由于 193kN<237.2kN，故再弯 1Φ20 即可。

8. 绘制抵抗弯矩图

首先按跨中、支座截面处的钢筋实际配量分别计算抵抗弯矩值。

1) 跨中截面抵抗弯矩值

按单筋截面计算

$$x = \frac{f_y A_s}{\alpha_1 f_c b} = \frac{360 \times 1768}{1 \times 11.9 \times 250} = 213.9\text{mm} < \xi_b h_0 = 0.518 \times 590 = 305.6\text{mm}$$

$$M_{跨中} = \alpha_1 f_c bx(h_0 - \frac{x}{2})$$
$$= 1 \times 11.9 \times 250 \times 213.9 \times (590 - 0.5 \times 213.9) \times 10^{-6} = 307.4\text{kN}\cdot\text{m}$$

其中 2Φ20 的抵抗弯矩 $307.4 \times \frac{628}{1768} = 109.2\text{kN}\cdot\text{m}$

2) B 截面的抵抗弯矩

按单筋截面计算(仅考虑 2Φ20 钢筋用量)

$$x = \frac{f_y A_s}{\alpha_1 f_c b} = \frac{360 \times 760}{1 \times 11.9 \times 250} = 92\text{mm}$$

$$M_B = \alpha_1 f_c bx(h_0 - \frac{x}{2})$$
$$= 1 \times 11.9 \times 250 \times 92 \times (610 - 0.5 \times 92) \times 10^{-6} = 154.4\text{kN}\cdot\text{m}$$

抵抗弯矩图及配筋详图见图 3-83。

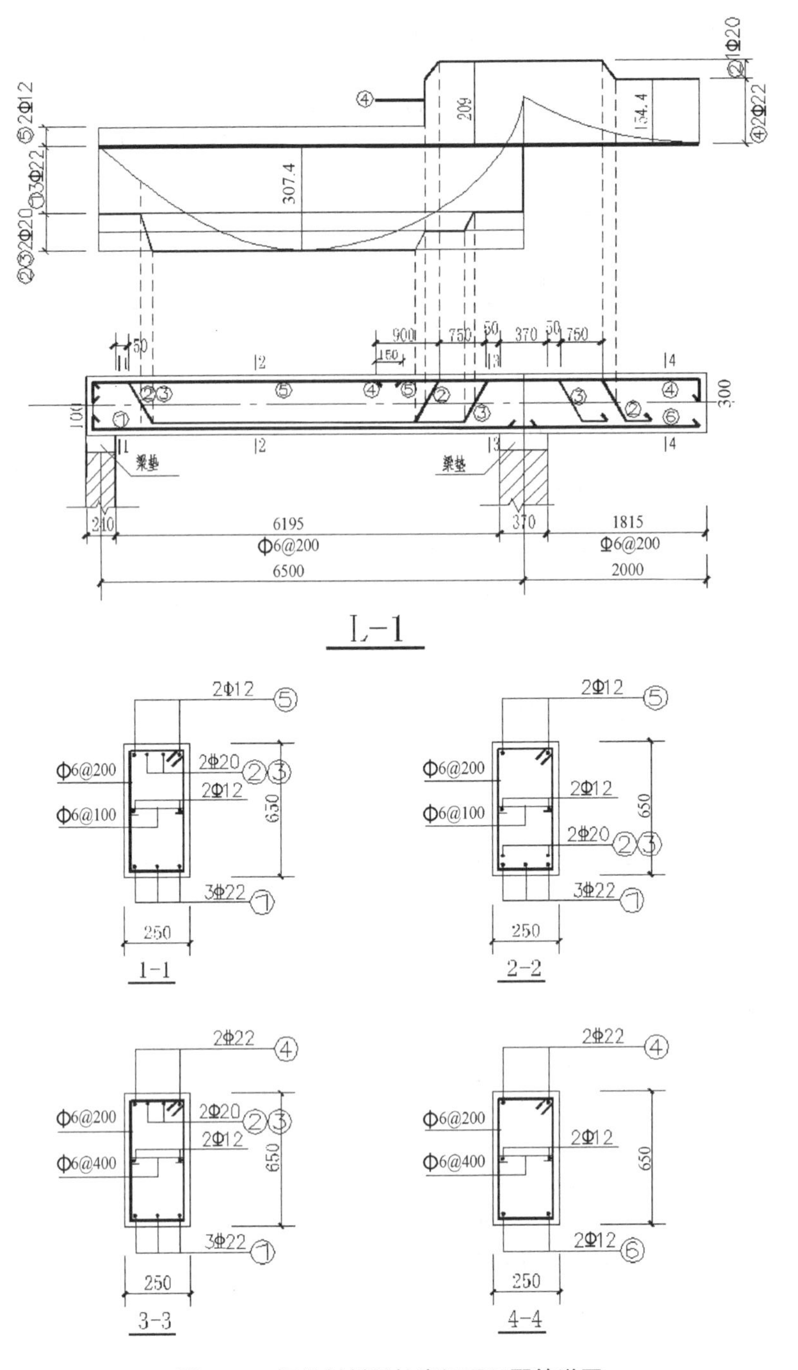

图 3-83　梁的材料抵抗弯矩图及配筋详图

例 2　试设计图 3-84 所示钢筋混凝土雨篷。已知雨篷板根部厚度为 100mm，端部厚度为 80mm，跨度为 1000mm，各层做法见图示。板承受永久荷载载外，尚在板的自由端每米宽作用有 1kN 的施工活荷载，承受的屋面可变荷标准值为 0.5kN/m^2，雪载标准值为 0.4kN/m^2。板采用 C25 混凝土，HPB300 级钢筋，f_y=270N/mm^2，a_1=1，f_c=11.9 N/mm^2，f_t=1.27 N/mm^2，雨篷所处环境为一类，混凝土保护层厚度为 15mm(永久荷载起控制作用)，安全等级为二级。

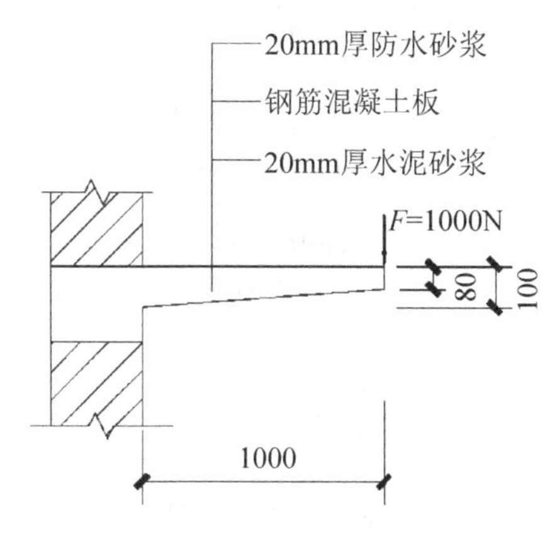

图 3-84　钢筋混凝土雨篷

解： 1) 荷载计算

荷载标准值

20mm 防水砂浆	$0.02\times20=0.4\text{kN/m}^2$
板重(平均板厚 90mm)	$0.09\times25=2.25\text{kN/m}^2$
20mm 水泥砂浆	$0.02\times20=0.4\text{kN/m}^2$
总计	3.05 kN/ m^2

取 1m 板宽为计算单元 $g=3.05\times1=3.05\text{kN/ m}$

活载标准值(屋面可变荷载与雪载，两者不同时作用，取大值)

施工活荷载　　$F=1\text{kN}$

均布活荷载　　$q=0.5\times1=0.5\text{kN/m}$

2) 内力计算

固定端截面最大弯矩设计值(永久荷载起控制作用)

$$M=(\frac{1}{2}ql_0^2\gamma_G+Fl_0\gamma_Q)\gamma_0$$

$$=(\frac{1}{2}\times3.05\times1^2\times1.35+1\times1\times1.4\times0.7)\times1.0$$

$$=3.04\text{kN}\cdot\text{m}=3.04\times10^6\text{N}\cdot\text{mm}$$

$$M=(\frac{1}{2}ql_0^2\gamma_G+\frac{1}{2}Ql_0^2\gamma_Q)\gamma_0$$

$$=(\frac{1}{2}\times3.05\times1^2\times1.35+\frac{1}{2}\times0.5\times1^2\times1.4\times0.7)\times1.0$$

$$=2.304\text{kN}\cdot\text{m}=2.304\times10^6\text{N}\cdot\text{mm}$$

$M_{max}=3.04+2.304=5.344\text{kNm}$

3) 配筋计算

控制截面为板根部，板的有效高度 $h_0=h-a_s=100-25=75\text{mm}$

公式法

$$x = h_0 - \sqrt{h_0^2 - \frac{2M}{\alpha_1 f_c b}}$$

$$= 75 - \sqrt{75^2 - \frac{2 \times 5.344 \times 10^6}{1 \times 11.9 \times 1000}}$$

$=6.25\text{mm} < \xi_b h_0 = 0.558 \times 75 = 41.85\text{mm}$(不超筋)

$$A_s = \frac{\alpha_1 f_c bx}{f_y}$$

$$= \frac{1 \times 11.9 \times 1000 \times 6.25}{270} = 275\text{mm}^2$$

$$\rho_{\min} = 45\frac{f_t}{f_y} = 45 \times \frac{1.27}{270}\% = 0.212\% > 0.2\%$$

取

$$\rho_{\min} = 0.212\%$$

$$\rho_{\min} bh = 0.212\% \times 1000 \times 100 = 212\text{mm}^2 < A_s = 275\text{mm}^2$$

选用Φ8@150($A_s = 335\text{mm}^2$)

分布钢筋选用Φ6@250 配筋图如图 3-85 所示。

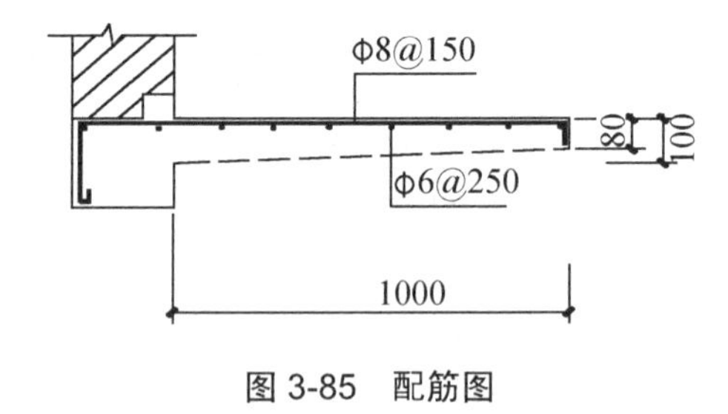

图 3-85 配筋图

3.11 板的承载能力极限状态计算与构造

钢筋混凝土楼盖、屋盖是房屋结构重要的组成部分，在垂直方向，它通过抗弯起着支撑楼面和屋面荷载的作用，在水平方向，它又起着隔板和连接竖向构件的作用；楼盖的高度会直接影响建筑物的总高度和使用净高度，楼盖的重量还会直接影响墙、柱、基础的大小，对建筑物总造价影响很大。

混凝土楼盖按其施工方法可分为现浇整体式、装配式和装配整体式三种形式。

板是楼盖的重要组成构件，板按其受力特点分为单向板和双向板。在荷载作用下，只在一个方向发生弯曲的板，称为单向板；有些板在荷载作用下，两个方向都要发生弯曲，称为双向板。

如图 3-86 所示两边支承的板，无论板的长短边比例如何，板所承受的荷载均沿单一方向传递到两边的支承墙体，是标准的单向板；对于四边支承板则不同，如图 3-87(a)所示四边简支板，根据理论分析，当长边 l_2 与短边 l_1 之比 $l_2 / l_1 > 2$ 时，沿长边 l_2 方向传递的荷载不超过 6%，沿长边方向传递的荷载可以忽略不计，而认为板荷载是单一的沿短边 l_1 方向传递，板的弯曲主要沿短边方向发生，这样的四边支承板也是单向板。当长边 l_2 与短边 l_1 之比 $l_2 / l_1 \leqslant 2$ 时，板在两个方向的弯曲均不可忽略，板上的荷载沿两个方向传递，这样的板为双向板。单向板与双向板的区别如表 3-16 所示。

板的受力特点与梁基本相同，与梁同属受弯构件。板与梁的区别在于板的截面宽而薄，而梁的截面常是窄而高。

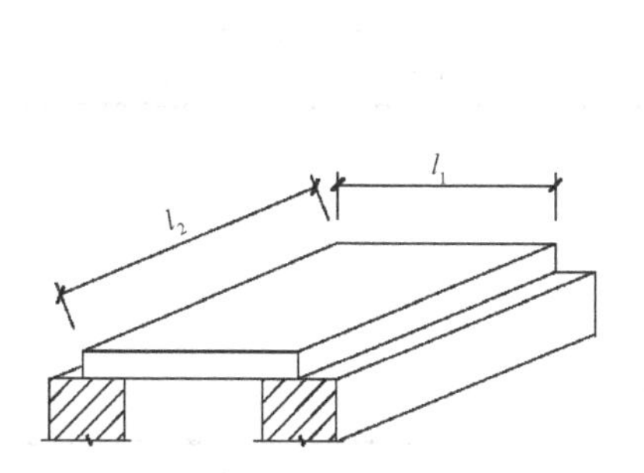

图 3-86　两对边支承板(单向板)

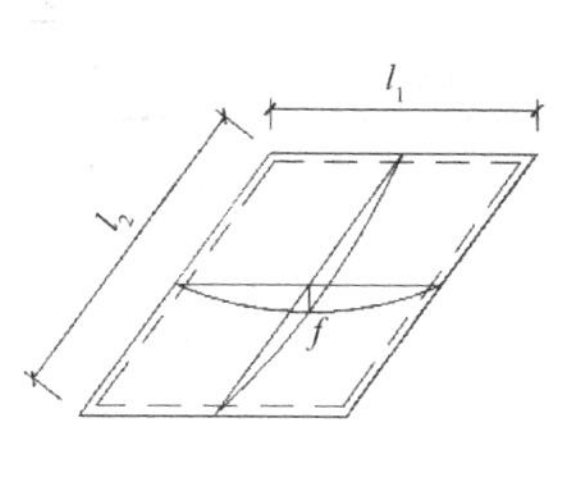

(a) 四边简支单向板　　(b) 四边简支双向板

图 3-87　四边支承板

表 3-16　单向板与双向板的区别

项　次	区别内容	单 向 板	双 向 板
1	计算原则	$l_2 / l_1 \geqslant 3$ 按单向板计算，长边方向布置构造钢筋	$l_2 / l_1 \leqslant 2$ 按双向板计算及配筋
		$2 < l_2 / l_1 < 3$ 按单向板计算时，应沿长边方向布置足够数量的构造钢筋	$2 < l_2 / l_1 < 3$ 宜按双向板计算
2	弯曲变形	单向受弯——只考虑短边方向弯曲	双向受弯——考虑两个方向弯曲
3	荷载传递	单向传递——荷载全部通过短边方向传递(长边方向传递的荷载忽略不计)	双向传递——荷载通过短边及长边两个方向传递(短边仍为主要传递方向)
4	受力状态	单向受力——只在短边方向受力	双向受力——短边、长边两个方向受力(短边受力较大)
5	钢筋配置	短边方向钢筋为受力钢筋，长边方向钢筋为构造钢筋	短边、长边两个方向的钢筋均为受力钢筋

3.11.1　板的构造要求

1. 板的截面形式及厚度

1) 板的截面形式

板的常见截面形式有槽形板、空心板、实心板等，如图 3-89 所示。

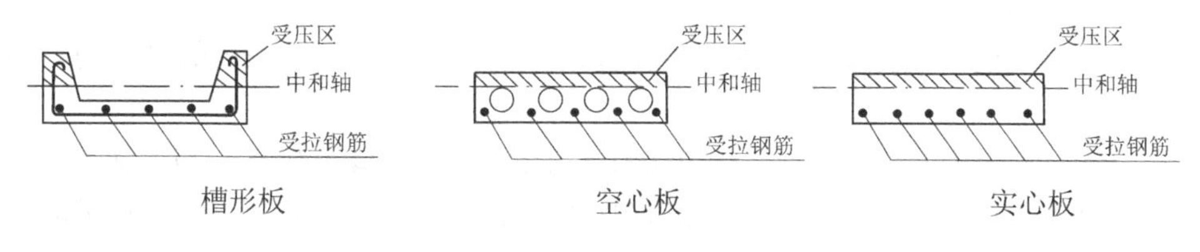

图 3-88　板

2) 板的厚度

板的截面厚度应满足承载力、刚度和抗裂的要求，如表 3-17 所示。

刚度要求的厚度：工程中现浇板的常用厚度有 60～120mm，板厚以 10mm 为模数，如表 3-18 所示。

表 3-17　板的厚度与计算跨度的最小比值

板的种类	梁式板		双向板		悬臂板
	简支	连续	简支	连续	
h/l_0	1/30	1/40	1/40	1/50	1/12

注：① l_0 为板的计算跨度。双向板为板的短向计算跨度。

② 跨度＞4m 的板应适当加厚。

③ 荷载较大时，板厚另行考虑。

表 3-18　现浇钢筋混凝土板的最小厚度　　mm

板的类别		最小厚度
单向板	屋面板	60
	民用建筑楼板	60
	工业建筑楼板	70
	行车道下的楼板	80
双向板		80
密肋板		50
悬臂板	悬臂长度小于或等于 500mm	60
	悬臂长度 1200mm	100
无梁楼板		150
现浇空心楼盖		200

2. 板的支承长度

现浇板搁置在砖墙上时，$a \geq h$ 且 $a \geq 120$mm。
预制板搁置在砖墙上时，$a \geq 100$mm。
预制板搁置在钢筋混凝土梁上时，$a \geq 80$mm。

3. 板内配筋

板内钢筋一般有纵向受力钢筋和分布钢筋，如图 3-89 所示。

1) 板的受力钢筋

板的受力钢筋的作用主要是承受弯矩在板内产生的拉力，设置在板的受拉的一侧，其数量通过计算确定。

直径：常用直径为 8～12mm 的 HPB300、HRB335、HRB400 钢筋，为了施工中不易被踩下，板面钢筋直径不宜小于Φ8。现浇钢筋混凝土板受力钢筋的直径如表 3-19 所示。

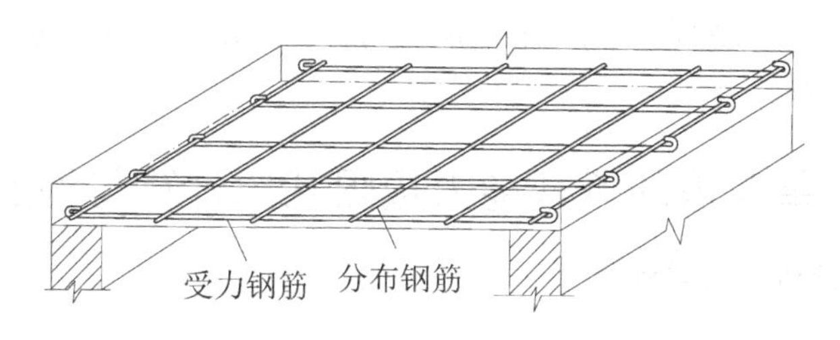

图 3-89 板内钢筋

表 3-19 现浇钢筋混凝土板受力钢筋的直径

mm

直径	支承板			悬臂板	
	板厚(mm)			悬出长度	
	$h<100$	$100\leqslant h\leqslant 150$	$h>150$	$l\leqslant 500$	$l>500$
最小	8	8	10	8	8
常用	8~10	8~12	10~16	8~10	8~12

为使板内钢筋受力均匀，配置时应尽量采用直径小的钢筋。

在同一板块中采用不同直径的钢筋时，其种类一般不宜多于 2 种，钢筋直径差应不小于 2mm，以方便施工。

间距：板中采用绑扎钢筋时，受力钢筋间距应符合表 3-20 规定。

表 3-20 受力钢筋的间距

mm

间距	板厚 $h\leqslant 150$	板厚 $h>150$
最大	200	$1.5h$ 及 250 中的较小值
最小	70	70

当采用焊接钢筋网片时，受力钢筋间距不宜大于 200mm。伸入支座的下部纵向受力钢筋间距不应大于 400mm，且其截面面积不应小于跨中受力钢筋截面面积的 1/3。

在温度、收缩应力较大的区域，应在板的表面布置防裂构造钢筋。配筋率不宜小于 0.1%，钢筋间距不宜大于 200mm，防裂构造钢筋可利用原有钢筋贯通布置，也可另行设置钢筋并与原有钢筋按受拉钢筋要求搭接或在周围构件中锚固。

2) 板的分布钢筋

当按单向板设计时，除沿受力方向布置受力钢筋外，还应在垂直受力方向布置分布钢筋。分布钢筋宜采用 HPB300(Ⅰ级)、 HRB335(Ⅱ级)和 HRB400(Ⅲ级)的钢筋，常用直径是 6mm 和 8mm。

板中分布钢筋的作用是：承受和分布板上局部荷载产生的内力；承受温度变化及混凝土收缩在垂直板跨方向所产生的拉应力；在施工中固定受力钢筋的位置。

分布钢筋按构造要求配置：

(1) 单位宽度上分布钢筋的截面面积不宜小于单位长度上受力钢筋截面面积的 15%，且配筋率不宜小于 0.15% 。

(2) 分布钢筋的间距不宜大于 250mm，直径不宜小于 6mm(绑扎钢筋)或 5mm(焊接网)。

(3) 对于集中荷载较大的情况，分布钢筋的截面面积应适当加大，其间距不宜大于 200mm。

(4) 板的分布钢筋应配置在受力钢筋的所有弯折处，并沿受力钢筋直线段均匀布置，但在梁的范围内不必布置。

3.11.2 混凝土单向板的承载能力极限状态计算与构造

1. 单向板受力分析及力学计算

单向板有单跨板和多跨连续板两种。

通常板面荷载为分布荷载。

板的计算跨度按表 3-10 取值。

一般钢筋混凝土板的承载力由正截面承载力控制，斜截面承载力一般不会发生问题，斜截面承载力一般不计算，内力计算只需计算弯矩。

1) 单跨板的内力计算

根据板支座对板约束的不同，常见单跨单向板有简支板、一端固定一端简支板、两端固定板三种类型。这三种单跨板的弯矩图如图 3-90 所示。

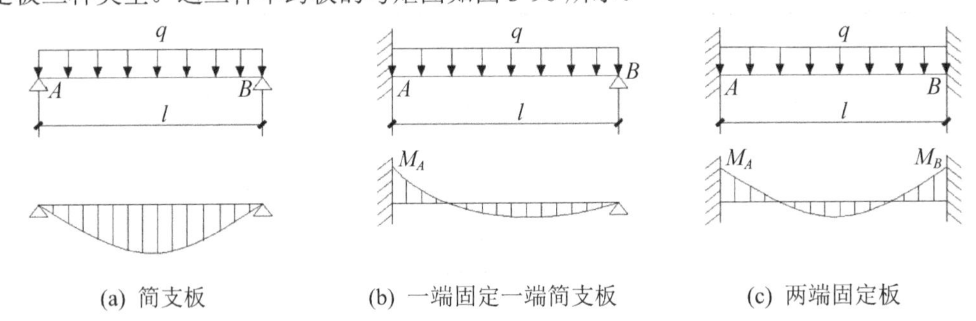

(a) 简支板　　(b) 一端固定一端简支板　　(c) 两端固定板

图 3-90 常见的三种单跨板弯矩图

简支板：$M_{max}=\frac{1}{8}ql^2$

一端固定一端简支板：$M_A=-\frac{1}{8}ql^2$　　$M_{max}=\frac{9}{128}ql^2$

两端固定板：$M_A=M_B=-\frac{1}{12}ql^2$　　$M_{max}=\frac{1}{24}ql^2$

2) 多跨板的内力计算

钢筋混凝土连续板内力计算方法有两种：弹性理论计算方法和塑性理论计算方法。

(1) 弹性理论计算方法。

弹性理论计算方法同连续梁一样可采用结构力学方法进行计算，亦可直接利用静力计算手册中的图表进行计算。

(2) 塑性理论计算方法。

① 计算跨数的确定。

板的实际跨数≤5 时，按实际跨数计算，当板实际跨数>5 跨时，可简化为 5 跨计算，即所有中间跨的内力和配筋均按第三跨处理。

② 计算跨度 l_0 的确定。

计算跨度为相邻支座反力之间的距离。它与支座构造型式、板支承在墙或梁上的支承长度及内力计算方法有关。板的计算跨度详见表 3-10。

③ 板的内力计算。

均布荷载作用下等跨连续板考虑塑性内力分布时，仍可按以下公式计算板的跨中及支座弯矩。

$$M = \alpha(g+q)l_0^2$$

弯矩系数α按表3-11弯矩系数采用。

等跨度连续板仍是指连续板的计算跨度相等或计算跨度相差不超过10%的情况。

④ 单向板的内力调整(板的内拱效应)。

由于板在荷载作用下支座处会在上部开裂，而跨中会在下部开裂，使板的实际轴线呈拱形，受压混凝土形成一个拱(见图3-91)，板实际承受的弯矩小于计算弯矩值，考虑这种有利影响，规定对四周与梁整体连接的单向板，其中间跨的跨中截面及中间支座(第一内支座除外)的计算弯矩可减少20%。

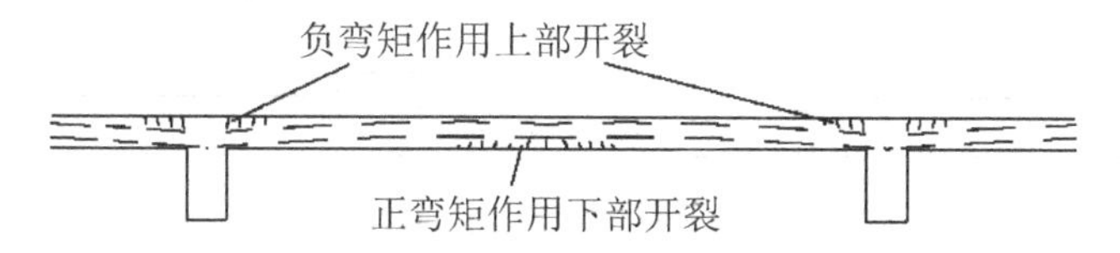

图3-91　四边与梁整浇板的内拱作用

2. 单向板的配筋

1) 板的配筋计算

板通常取1m宽板带作为计算单元进行计算。板的配筋计算即是一个截面宽度为1m，截面高度为板厚的单筋矩形截面正截面承载力计算。

配筋计算中截面有效高度取值：

$$h_0 = h - c - d/2$$

2) 钢筋的选配

为避免支座处钢筋间距紊乱，选配钢筋时，应使相邻跨跨中和支座钢筋的直径及间距相互协调，跨中和支座钢筋宜采用相同间距或成倍间距，钢筋种类不宜太多。

3) 板的配筋方式

板内受力钢筋的配筋方式有弯起式和分离式两种。

弯起式配筋是将承受正弯矩的跨中钢筋部分伸入支座下部锚固，部分在支座附近弯起伸人相邻板面一段距离后切断，以承受支座负弯矩，如图3-92所示。弯起筋数量为跨中钢筋的1/3～2/3，如弯起钢筋数量小于支座负弯矩钢筋的需要量，则需要补充直的负弯矩钢筋。弯起角一般为30°，当板厚大于200mm时，可采用45°。

弯起式配筋方式整体性较好、用钢量少、有利于承受动态荷载，但由于施工复杂，工程上较少采用。

分离式配筋即将承受正弯矩和负弯矩的钢筋各自单独配置，配筋方式如图3-93所示。分离式配筋构造简单，施工方便，但钢筋锚固较差，整体性不如弯起式配筋，用钢量稍高。

4) 受力钢筋伸入支座的长度

分离式配筋的单跨或多跨连续单向板的底部钢筋宜全部伸入支座，简支板或连续板下部纵向受力钢筋伸入支座内的锚固长度L_{as}不应小于$5d$(d为受力钢筋直径)，且宜伸过支座中心线。当连续板内温度、收缩应力较大时，伸入支座的长度宜适当增加，如图 3-94(a)所示；连续板下部纵向受力钢筋根据实际长度也可采取连续配筋，不在中间支座处截断如图 3-94(b)所示。

(1) 弯起式。

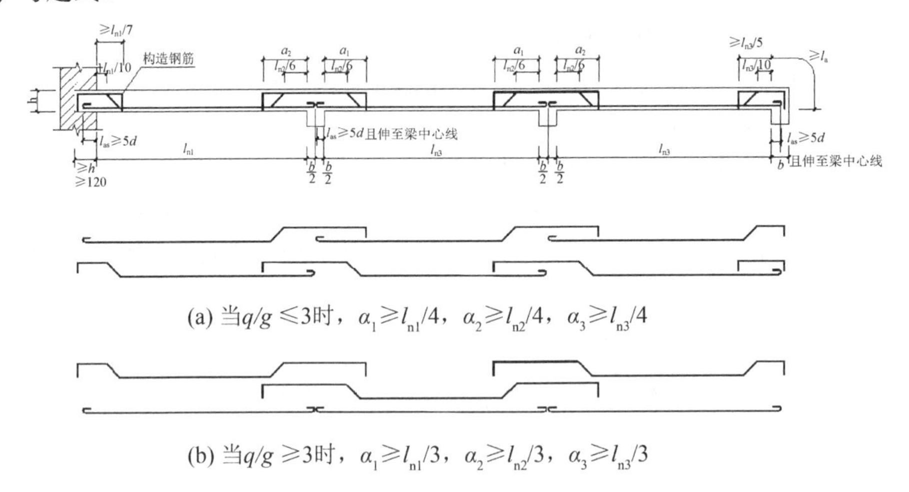

图 3-92　跨度相差不大于 20%的连续板的弯起式配筋

q—均布活载设计值；g—均布恒载设计值

(2) 分离式。

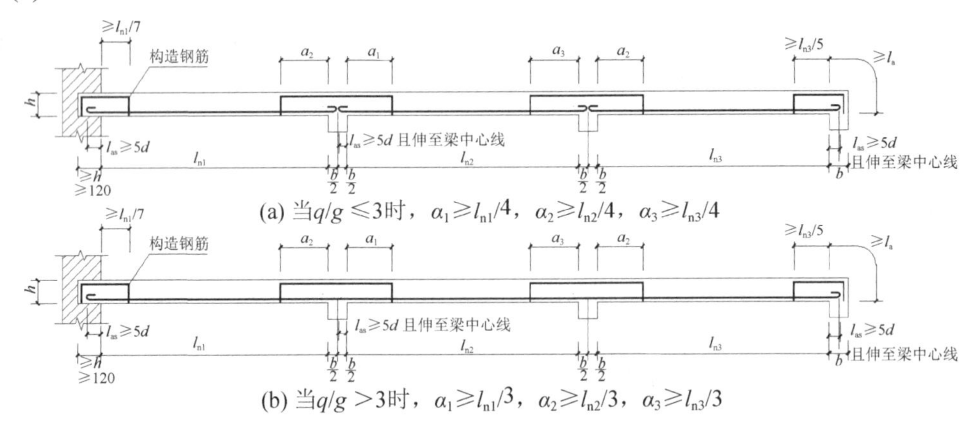

图 3-93　跨度相差不大于 20%的连续板的分离式配筋

5) 单向板钢筋构造要求

单向板中受力钢筋、分布钢筋基本构造要求同 3.11.1 节。但嵌固在承重墙内的板，由于支座处受砖墙的约束，将产生负弯矩，因此在平行墙面方向会产生裂缝，在板角部分也会产生斜向裂缝。为防止上述裂缝，对嵌固在承重砖墙内的现浇板，在板的上部应配置构造钢筋(见图 3-94)，并应符合下列规定。

(1) 钢筋直径不应小于 8mm(包括弯起钢筋在内)，间距不应大于 200mm；沿受力方向配置的上部构造钢筋(包括弯起钢筋)的截面面积不宜小于跨中受力钢筋截面面积的 1/3；与混凝土梁、墙整体浇筑的单向板非受力方向，配置的上部构造钢筋，构造钢筋(包括弯起钢筋)的截面面积不宜小于受力方向跨中受力钢筋截面面积的 1/3。

(2) 钢筋从混凝土梁边、柱边、墙边伸入板内的长度不应小于 $l_0/4$，砌体墙支座处钢筋伸入板内的长度不应小于 $l_0/7$；l_0 为板的短边计算跨度。如单向板肋梁楼盖中与主梁肋垂直的上部构造钢筋(单向板非受力方向)如图 3-94、图 3-95 所示。

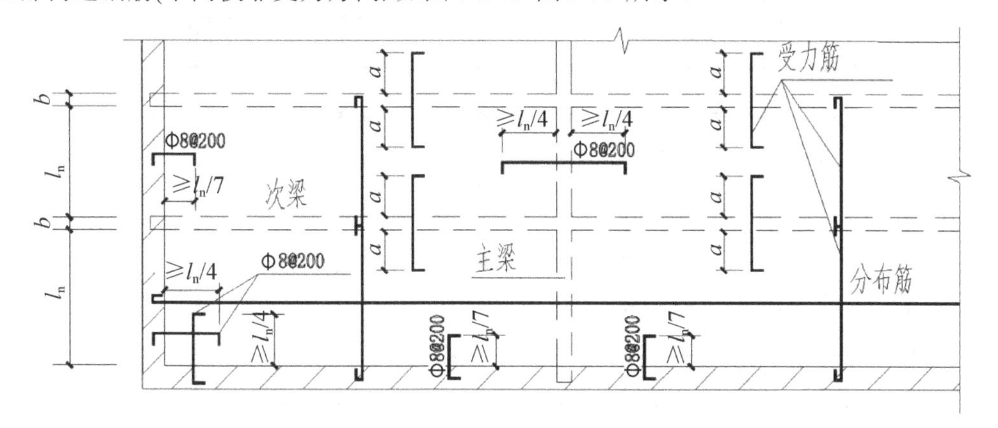

图 3-94　板的构造钢筋

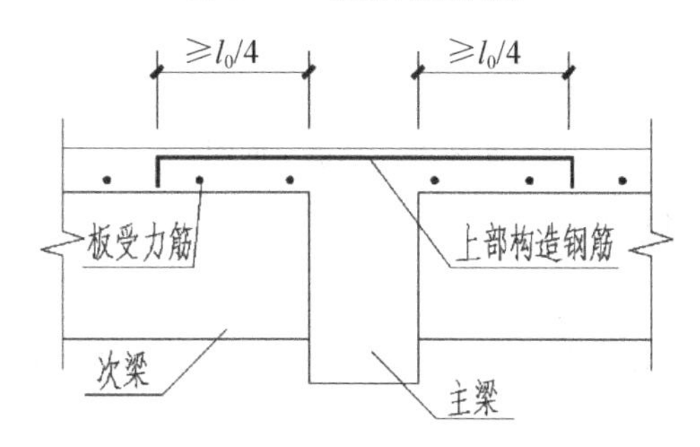

图 3-95　现浇板与主梁垂直的构造钢筋

(3) 对两边均嵌固在墙内的板角部分，宜沿两个方向正交、斜向平行或放射状布置附加钢筋。

(4) 钢筋应在梁内、柱内或墙内可靠锚固。

【案例分析】单向板设计实例

某工程楼盖采用现浇钢筋混凝土单向板肋梁楼盖。结构平面布置如图 3-96 所示，楼梯设置在相邻房屋内。次梁截面宽度 250mm，截面高度 500mm，主梁截面宽度 300mm，截面高度 650mm。楼面面层采用水磨石楼面，自重标准值为 0.65kN/m^2；板底采用 V 形轻钢龙骨矿棉吸声板吊顶，自重标准值为 0.12kN/m^2。板采用 C25 混凝土，HRB300 级钢筋，f_y=300N/mm^2，α_1=1.0，f_c=11.9 N/mm^2，f_t=1.27N/mm^2，环境类别为二 a 类，混凝土保护层厚度为 20mm，安全等级为二级；楼板承受的可变荷载标准值为 5kN/m^2。试设计该楼板。

设计该楼板的基本思路与步骤如下。

1. 确定板的计算简图

(1) 首先确定板的计算跨度 l_0，根据跨高比及最小板厚限制初步确定板的厚度。

(2) 取计算单元，计算板承受的荷载设计值。

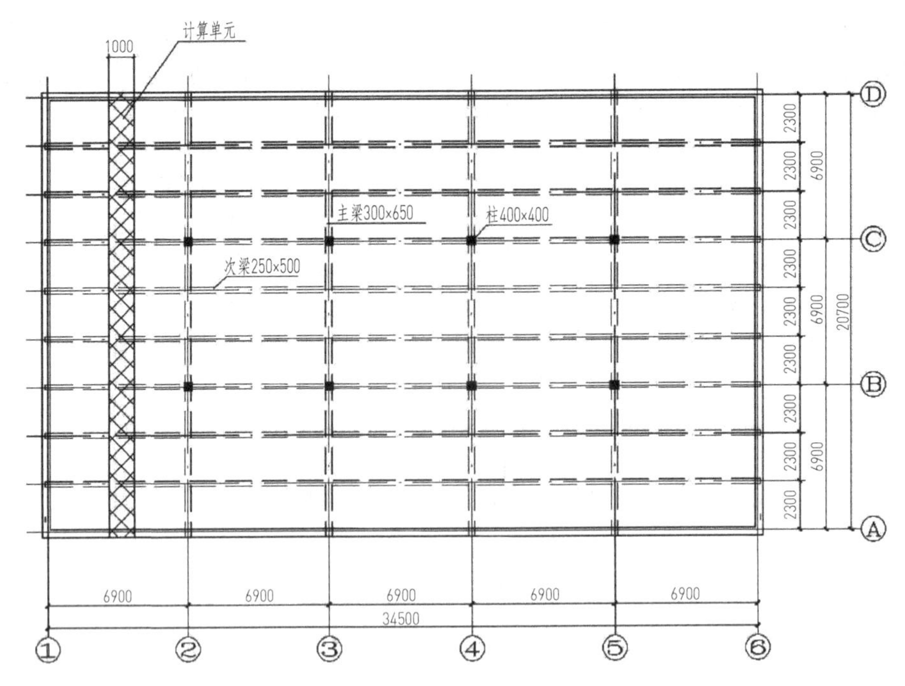

图 3-96　楼盖平面图

2. 内力计算及配筋计算

(1) 用塑性内力计算法计算板控制截面的最大弯矩。

(2) 确定正弯矩、负弯矩最大值作用位置(正截面控制位置)及弯矩最大值 M_{max}，计算纵向钢筋用量。

3. 绘制板施工图

解： 1) 确定板的计算简图

(1) 板厚的确定。

多跨连续板的厚度按不进行挠度验算条件应不小于 $l_0/40$，根据建筑防火要求楼面板最小厚度应不小于 80mm，结合其他工种要求。

$l_0/40$ =(2300/40)mm=57.5mm，取板厚 h=100mm。

(2) 选取计算单元。

取 1 m 宽板带为计算单元，如图 3-98 所示。

2) 计算跨度

按塑性内力重分布理论计算，板的计算跨度可取。

中跨 $l_0 = l_n$=(2300−250)mm=2050mm。

边跨 $l_0 = l_n$+(h/2 和 a/2 中较小者)

$l_n+h/2$ =(2300−120−250/2+100/2)mm=2105mm

$l_n+a/2$ =(2300−120−250/2+120/2)mm=2115mm

取 l_0=2105mm

边跨与中跨的计算跨度相差(2105−2050)/2050=2.68%＜10%，故可按等跨连续板计算板的内力。

3) 计算跨数

板的实际跨数为 9 跨，可简化为 5 跨连续板计算，如图 3-98 所示。

4) 荷载计算

水磨石楼面	0.65 kN/m^2
100mm 钢筋混凝土现浇板	0.1×25=2.50 kN/m^2
轻钢龙骨矿棉吸音板	0.12 kN/m^2
永久荷载标准值	g_k =3.27 kN/m^2
可变荷载标准值	q_k =5.00 kN/m^2

属可变荷载起控制作用情况

荷载设计值 $p=1.2\times3.27+1.3\times5kN/m^2=10.42kN/m^2$

因活载标准值大于 4kN/m^2 ，所以活载分项系数取 1.3。

5) 计算简图(如图 3-98 所示)

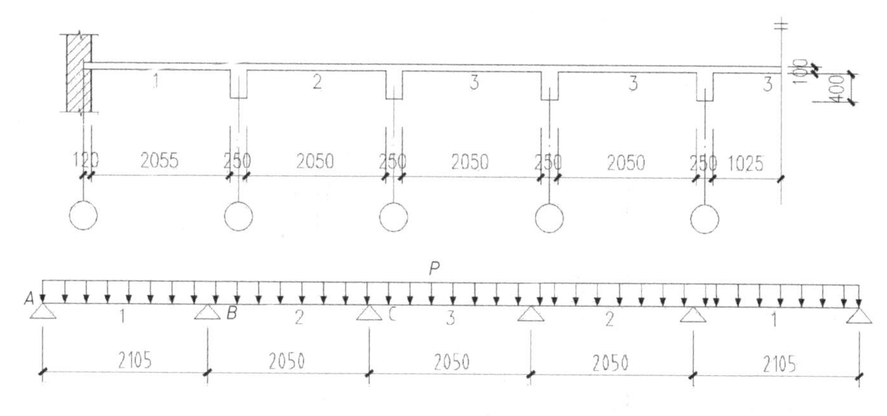

图 3-97　板计算简图

4. 内力及配筋计算

取 b=1000mm，取 h_0=(100−25)mm=75 mm。板的内力及配筋计算计算列于表 3-21 中。

表 3-21　板的内力及配筋计算

截　面	边 跨 中	第一内支座	中 跨 中	中间内支座
荷载设计值 $p=g+q$ (kN/m)	10.42	10.42	10.42	10.42
计算跨度 l_0 (m)	2.105	2.105	2.05	2.05
弯矩系数 α_m	$\frac{1}{11}$	$-\frac{1}{14}$	$\frac{1}{16}$	$-\frac{1}{16}$
弯矩 $M=\alpha_m(g+q)l_0^2$ (kN·m)	4.20	−3.30	2.74 (2.19)	−2.74 (−2.19)
$x=h_0-\sqrt{h_0^2-\frac{2M}{a_1 f_c b}}$	4.86	3.79	3.14 (2.50)	3.14 (−2.50)

续表

截　面	边 跨 中	第一内支座	中 跨 中	中间内支座
$\xi_b h_0$	41.85	41.85	41.85	41.85
$A_s=\dfrac{\alpha_1 f_c bx}{f_y}$ (mm²)	238	185	153 (122)	153 (122)
$A_{s\min}=\rho_{\min}bh$	212	212	212	212
选配钢筋	Φ8@150	Φ8@180	Φ8@180	Φ8@180
实配钢筋面积(mm²)	335	279	279	279

注：① 括号内数字为四周与梁整浇板的跨中弯矩及中间支座弯矩减少 20%后的计算值。

② 由于上述计算未考虑混凝土收缩及温度变化引起的应力，考虑这些因素的影响，钢筋用量予以适当放大。

$$\rho_{\min}=45\frac{f_t}{f_y}=45\times\frac{1.27}{270}\%=0.212\%>0.2\%$$

取

$$\rho_{\min}=0.212\%$$

板配筋图如图 3-98 所示。

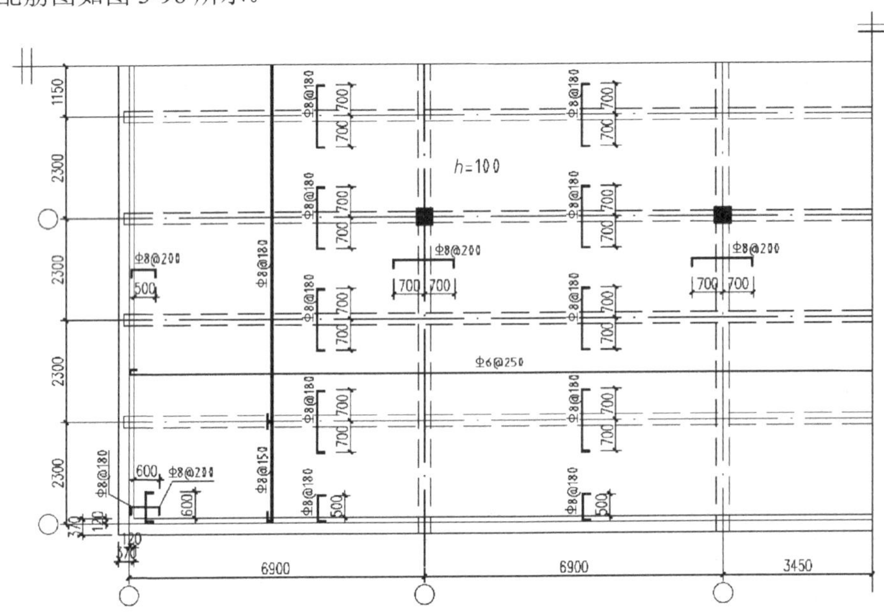

图 3-98　板配筋图

3.11.3　混凝土双向板的承载能力极限状态计算与构造

1. 双向板受力分析及力学计算

由于建筑结构平面布置，使四边支承板的长边与短边之比≤2，此时板上作用的荷载沿短边和长边两个方向传至周边支承梁，板内的受力钢筋也沿两个方向分别配置，这种四边支承板称为双向板。

常用双向板一种是单块双向板，如图 3-99 所示住宅、宾馆中的卫生间板，图 3-100 所示四边或三边支承的楼梯间休息平台板等。另一种是连续由双向板，常用于楼盖，如图 3-102 所示的双向板肋形楼盖。

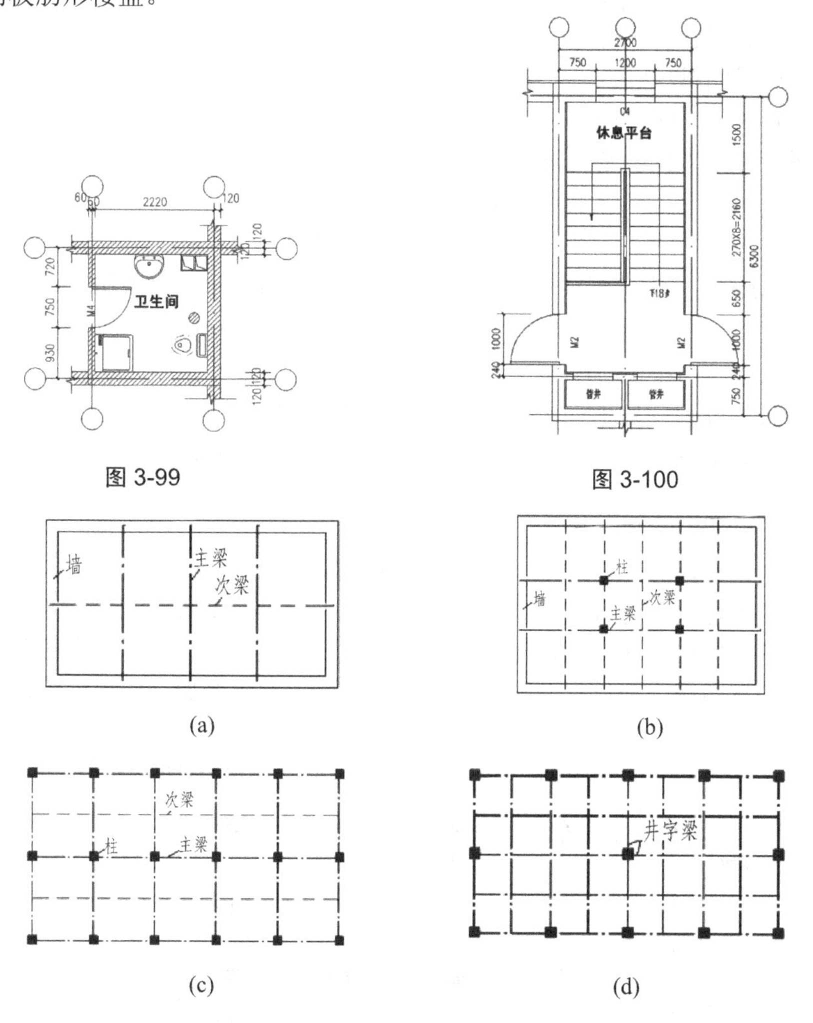

图 3-99

图 3-100

(a)　(b)　(c)　(d)

图 3-101　双向板肋梁楼盖结构平面布置图

同单向板一样，双向板的计算也有弹性计算法和塑性计算法两种。实际工程中塑性计算法的应用较少，这里仅双向板的弹性理论计算方法。

弹性理论计算方法是按弹性薄板小挠度理论为依据而进行的一种计算方法，内力分析计算比较复杂，为了便于工程设计和计算，采用简化的办法，根据双向板四边不同的支承条件，制成各种相应的计算用表，见附录 C。

1) 单块双向板的内力计算

单跨双向板按其四边支承情况的不同，可以形成不同的计算简图，分别为：①四边简支；②一边固定、三边简支；③两对边固定、两对边简支；④两邻边固定、两邻边简支；⑤三边固定、一边简支；⑥四边固定；⑦三边固定、一边自由。在计算时可根据不同的支承条件，查附表中的弯矩系数，表中的系数是考虑混凝土横向变形系数 $\mu=0$ 时得出的。双向板跨中弯矩和支座可按下式进行计算

$$M = 表中弯矩系数 \times (g+q) l_0^2$$

式中：M——跨中或支座截面单位板宽内的弯矩；

g——均布恒载设计值；

q——均布活载设计值；

l_0——l_1、l_2 中的较小值。

对于钢筋混凝土双向板则应按下式计算：

$$M_1^{(\mu)} = M_1 + \mu M_2$$
$$M_2^{(\mu)} = M_2 + \mu M_1$$

式中：$M_1^{(\mu)}$，$M_2^{(\mu)}$——钢筋混凝土双向板跨中或支座截面单位板宽内的弯矩；

M_1，M_2——$\mu = 0$ 时板跨中或支座截面单位板宽内的弯矩，其中 $\mu = 1/6$。

2) 多跨连续双向板的内力计算

连续双向板的弹性计算更为复杂，在实用计算中同样采用简化计算方法。该方法在板上活荷载不利布置的基础上，将多跨连续板简化为单跨双向板，然后利用上述单跨板的计算方法进行计算。

(1) 跨中最大弯矩的计算。

求某跨最大正弯矩时，活荷载不利布置为棋盘布置，如图 3-102 所示。图中 $g+q/2$ 作用时，内部区格的板可按四边固定的双向板计算，$\pm q/2$ 作用时，承受反对称荷载的连续板，中间支座弯矩为零，内部区格的板可按四边简支的双向板计算。边区格沿楼盖边缘的支承条件可按实际情况考虑。最后将两种情况计算出的跨中弯矩叠加，即得该跨跨中的最大正弯矩。

$$M=表中弯矩系数(固定)(g+q/2) l_0^2 + 表中弯矩系数(简支)q/2\, l_0^2$$

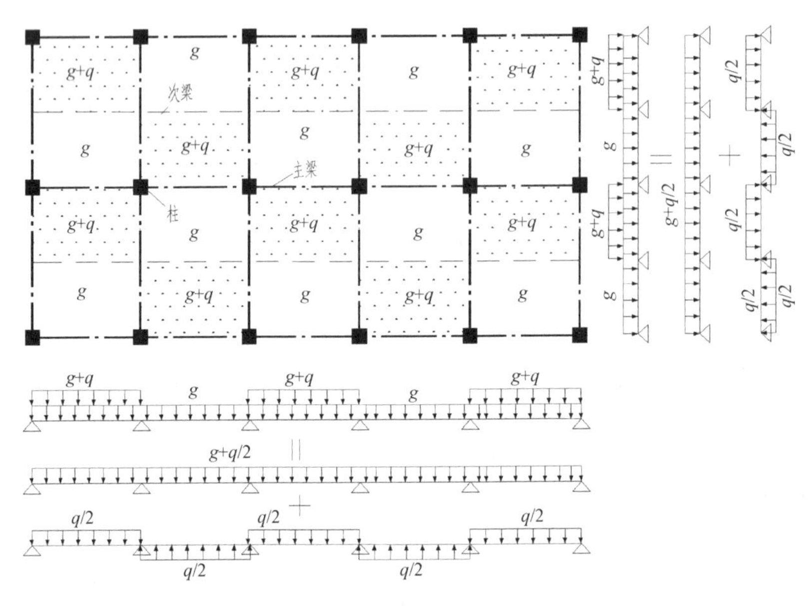

图 3-102　连续双向板计算简图

(2) 支座最大负弯距的计算。

当活荷载和恒荷载全部满布在各区格上时，可近视求得支座中点最大负弯矩。

此时可先将内部区格的板按四边固定的单块板计算，求的支座中点负弯矩，然后与相

邻板的支座中点负弯矩平均，即可得该支座中点最大负弯矩。

同样边区格沿楼盖边缘的支承条件需按实际情况考虑。

$$M=\text{表中弯矩系数(固定)}(g+q)\,l_0^2$$

3) 双向板内力调整

对于四边与梁整体连接的双向板，考虑周边支承梁对板产生水平推力的有利影响，可将计算所得弯矩值根据下列情况予以减少。

(1) 中间区格板的跨中截面及中间支座的计算弯矩可减少 20%。

(2) 边跨的跨中截面及自楼板边缘算起的第二支座上。

当 $l_c/l<1.5$ 时，可减少 20%；当 $1.5\leqslant l_c/l\leqslant 2$ 时，可减少 10%。

其中，l_c 为沿楼板边缘方向的计算跨度，l 为垂直于楼板边缘方向的计算跨度。

对于楼板的角区格不应减少。

双向板截面的计算高度 h_0 分别为 h_{0x} 和 h_{0y}，若板厚为 h，x 方向为短边，y 方向为长边时，则 $h_{0x}=h-a_s$、$h_{0y}=h-d$，d 为 x 方向上钢筋的直径。对于正方形板可取 h_{0x} 和 h_{0y} 的平均值简化计算。

2. 双向板的配筋与构造

1) 双向板配筋方式

双向板配筋形式有弯起式与分离式两种，常用分离式配筋。

双向板按跨中弯矩所求得的钢筋数量为板中部所需的量，而靠近板的两边，其弯矩已减少，所以配筋也应减少。按弹性理论计算的双向板，当短边跨度 l_1 较大时 ($l_1\geqslant 2.5$m)，为施工方便，可将整块板按纵横两个方向划分为三个板带。两边板带的宽度均为短边跨度 l_1 的 1/4，其余则为中间板带。中间板带的钢筋用量按跨中弯矩计算确定，边缘板带的配筋量为相应中间板带的数量之半，如图 3-103 所示。连续板支座上的配筋则按支座最大负弯矩求得，沿整个支座均匀布置，边带中不减少。

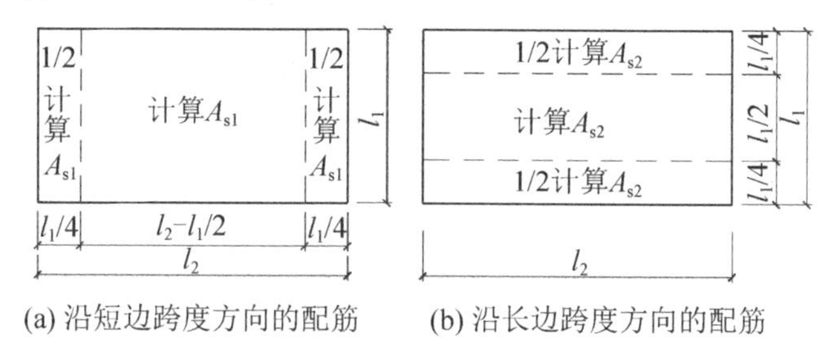

(a) 沿短边跨度方向的配筋　(b) 沿长边跨度方向的配筋

图 3-103　双向板的板带划分

2) 双向板的构造要求

双向板应具有足够的刚度，对于简支板 $h\geqslant l_0/45$，对于连续板 $h\geqslant l_0/50$。厚度一般不小于 80mm。

双向板中钢筋的配置是沿板的两个方向布置的，短边方向上的受力钢筋要放在长边方向受力钢筋的外侧。

双向板的角区如两边嵌固在承重墙内，为防止产生垂直于对角线方向的裂缝，对嵌固在承重砖墙内的现浇板，在板的上部应配置构造钢筋，如图 3-104(a)所示。多跨双向板采用分离式配筋时，跨中正弯矩宜全部伸入支座；支座负弯矩钢筋向跨内的延伸长度应覆盖负弯矩图并满足锚固长度的要求，如图 3-104(b)所示。

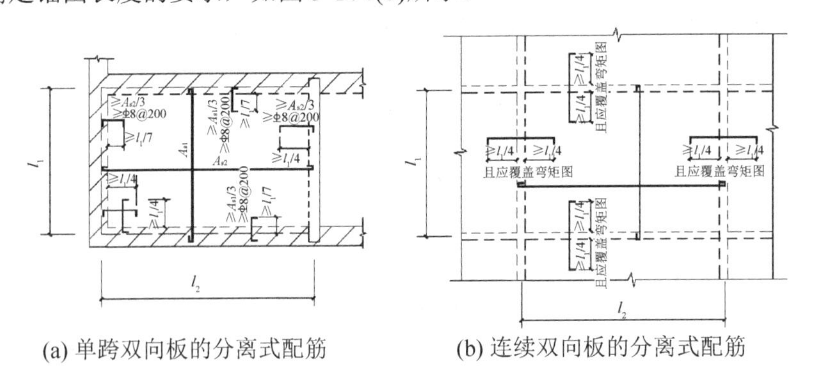

图 3-104　双向板的分离式配筋 $L_1 \leqslant L_2$

双向板配筋的其他要求与单向板相同。

【案例分析】双向板设计实例

如图 3-105 所示一连续钢筋混凝土楼板，板厚 h=100mm，周边简支，计算荷载为永久荷载设计值为 G=5kN/m^2，可变荷载设计值为 Q=3.5kN/m^2，板采用 C25 混凝土，HRB335 级钢筋，f_y=300N/mm^2，α_1=1，f_c=11.9 N/mm^2，f_t=1.27 N/mm^2，环境类别为一类，混凝土保护层厚度为 20mm，安全等级为二级；试设计该楼板。

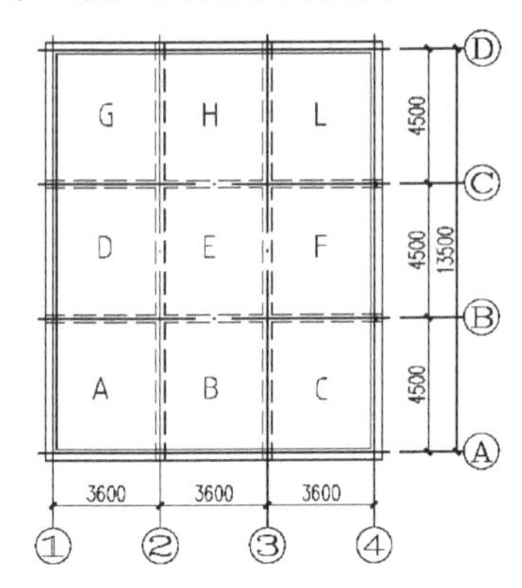

图 3-105　结构平面布置图

设计该楼板的基本思路与步骤如下。

1. 内力计算

用弹性内力计算法(利用表格)计算各板块控制截面的最大内力弯矩。

2. 配筋计算

确定正弯矩、负弯矩最大值作用位置(正截面控制位置)及弯矩最大值 M_{max}，计算纵向钢筋用量。

3. 绘制板施工图

解：1) 内力计算

$$p=g+q=8.5\text{kN/m}^2 \qquad g'=5+\frac{1}{2}\times3.5=6.75\ \text{kN/m}^2$$

$$q'=\pm\frac{1}{2}\times3.5=\pm1.75\ \text{kN/m}^2 \quad \text{钢筋混凝土的泊桑比}\ \mu=\frac{1}{6}$$

A 区格：$\dfrac{l_1}{L_2}=\dfrac{3.6}{4.5}=0.8$

(1) 求跨内最大弯矩 $M_{X(A)}$、$M_{Y(A)}$。

① g' 作用下见附录 C(两边简支两边固定)得 $\mu=0$ 时的

M_1=0.0361 $g'\ l_X^2$=0.0361×6.75×3.6²=3.16 kN·m

M_2=0.0218 $g'\ l_X^2$=0.0218×6.75×3.6²=1.91 kN·m

换算成 $\mu=\dfrac{1}{6}$ 时

$$M_1^{(\mu)}=M_1+\mu M_2=3.16+\frac{1}{6}\times1.91=3.48\ \text{kN·m}$$

$$M_2^{(\mu)}=M_2+\mu M_1=1.91+\frac{1}{6}\times3.16=2.44\ \text{kN·m}$$

② q' 作用下查表见附录 C(四边简支)得 $\mu=0$ 时

$$M_1=0.0561\,q'\ l_1^2=0.0561\times1.75\times3.6^2=1.27\ \text{kN·m}$$

$$M_2=0.0334\,q'\ l_1^2=0.0334\times1.75\times3.6^2=0.76\ \text{kN·m}$$

换算成 $\mu=\dfrac{1}{6}$ 时

$$M_1^{(\mu)}=M_1+\mu M_2=1.27+\frac{1}{6}\times0.76=1.40\ \text{kN·m}$$

$$M_2^{(\mu)}=M_2+\mu M_1=0.76+\frac{1}{6}\times1.27=0.97\ \text{kN·m}$$

③ 叠加得 $M_{X(A)}$=3.48+1.4=4.88 kN·m

$$M_{2(A)}=2.44+0.97=3.41\ \text{kN·m}$$

(2) 求支座中点弯矩 $M_{1(A)}^{\circ}$、$M_{2(A)}^{\circ}$。

p 作用下查表见附录 C(两边简支两边固定)得 $\mu=0$ 时

$M_1^{\circ}=-0.0883\,p\ l_1^2=-0.0883\times8.5\times3.6^2=-9.73$ kN·m

$M_2^{\circ}=-0.0748\,p\ l_1^2=-0.0748\times8.5\times3.6^2=-8.24$ kN·m

在四边支承矩形板中，当 $\mu\neq0$ 时的支座弯矩系数与 $\mu=0$ 时的支座弯矩系数相同，所以

$$M_{1(A)}^{\circ}=M_1^{\circ}=-9.73\ \text{kN·m}$$

$$M_{2(A)}^{\circ}=M_2^{\circ}=-8.24\ \text{kN·m}$$

其他区格内力计算与 A 区格类似，具体计算结果和板配筋计算详见表 3-22、表 3-23。

2) 板配筋计算

h_0 =100−20=80mm

表 3-22　*x* 方向板正截面承载力计算

截　面	A、C 板块跨中弯矩	②、③轴支座弯矩(A～B 轴范围)	B 板块跨中弯矩	D、F 板块跨中弯矩	②、③轴支座弯矩(B～C 轴范围)	E 板块跨中弯矩
M (kN・m)	4.88	−8.84	4.36	2.72	−6.80×0.8	3.98×0.8
$\alpha_s = \dfrac{M}{\alpha_1 f_c b h_0^2}$	0.064	0.116	0.057	0.036	0.071	0.042
$x = h_0 - \sqrt{h_0^2 - \dfrac{2M}{a_1 f_c b}}$	0.066	0.124	0.059	0.037	0.074	0.043
ξ_b	0.55	0.55	0.55	0.55	0.55	0.55
$A_s = \dfrac{a_1 f_c \xi h_o}{f_y}$ (mm^2)	210	392	186	116	235	136
$A_{s\min} = \rho_{s\min} bh$	200	200	200	200	200	200
选配钢筋	Φ8@120	Φ10@120	Φ6/8@120	Φ6/8@120	Φ8@120	Φ6/8@120
实配钢筋面积(mm^2)	419	654	327	327	419	327

注：① 括号内数字为四周与梁整浇板的跨中弯矩及中间支座弯矩减少 20%后的计算值(0.8 为四边与梁整浇板内力折减系数)。

② 由于上述计算未考虑混凝土收缩及温度变化引起的应力，考虑这些因素的影响，钢筋用量予以适当放大。

$$\rho_{\min} = 45\frac{f_t}{f_y} = 45\times\frac{1.10}{270}\% = 0.18\% < 0.2\%$$

取

$$\rho_{\min} = 0.2\%$$

表 3-23　*y* 方向板正截面承载力计算

截　面	A、G 板块跨中弯矩	B、C 轴支座弯矩(①～②③～④轴范围)	D 板块跨中弯矩	B、H 板块跨中弯矩	B、C 轴支座弯矩(②～③轴范围)	E 板块跨中弯矩
M (kN・m)	3.41	−8.1	4.36	2.72	−6.22×0.8	3.63×0.8
$\alpha_s = \dfrac{M}{\alpha_1 f_c b h_0^2}$	0.045	0.106	0.057	0.036	0.065	0.038
$\xi = 1 - \sqrt{1 - 2\alpha_s}$	0.046	0.112	0.059	0.037	0.067	0.039
ξ_b	0.55	0.55	0.55	0.55	0.55	0.55

续表

截　面	A、G 板块跨中弯矩	B、C 轴支座弯矩(①～②③～④轴范围)	D 板块跨中弯矩	B、H 板块跨中弯矩	B、C 轴支座弯矩(②～③轴范围)	E 板块跨中弯矩
$A_s=\dfrac{a_1 f_c b\xi h_0}{f_y}$ (mm²)	146	356	186	116	213	123
$A_{s\min}=\rho_{s\min}bh$	200	200	200	200	200	200
选配钢筋	Φ6@120	Φ10@120	Φ6/8@120	Φ6@120	Φ8@120	Φ6@120
实配钢筋面积(mm²)	236	654	327	236	419	236

注：① 括号内数字为四周与梁整浇板的跨中弯矩及中间支座弯矩减少 20%后的计算值(0.8 为四边与梁整浇板内力折减系数)。

② 由于上述计算未考虑混凝土收缩及温度变化引起的应力，考虑这些因素的影响，钢筋用量予以适当放大。

4. 板配筋(见图 3-106)

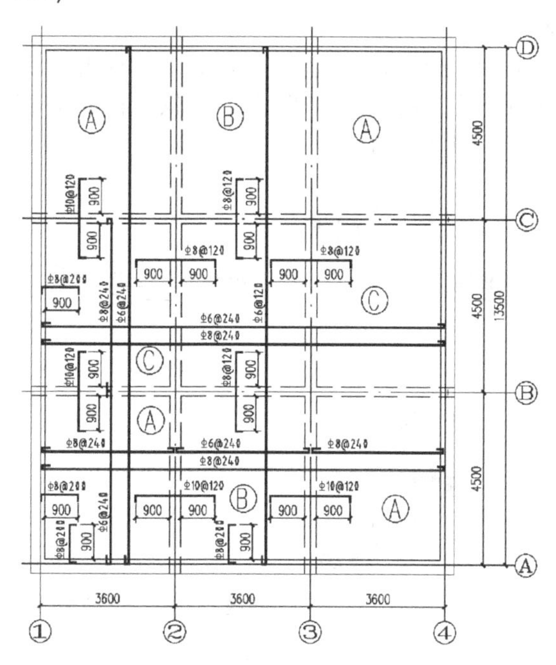

图 3-106　板配筋图

3.12　混凝土楼梯的承载能力极限状态计算与构造

楼梯是建筑物中主要的垂直交通设施之一，其主要功能是通行和疏散。楼梯按结构形式及受力特点的不同可分为板式楼梯(见图 3-107)和梁式楼梯两种(见图 3-108)。板式楼梯由梯板、平台板和梯梁组成；梁式楼梯由梯板、斜梁、梯梁和平台板组成。

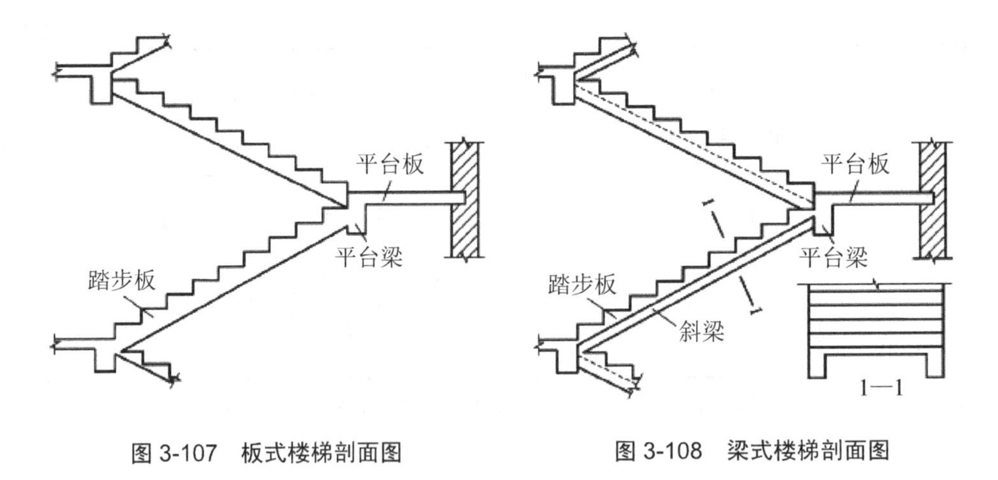

图 3-107 板式楼梯剖面图　　图 3-108 梁式楼梯剖面图

3.12.1 板式楼梯的承载能力极限状态计算与构造

1. 板式楼梯的组成和受力特点

1) 板式楼梯的组成

板式楼梯由梯板、梯梁和平台板等构件组成，其中，梯板可由踏步板和踏步板端平板组成，可根据楼梯平面尺寸和层高选择无平板的梯板(仅有梯板)、有低端平板、有高端平板和两端有平板的梯板，如图 3-109 所示。

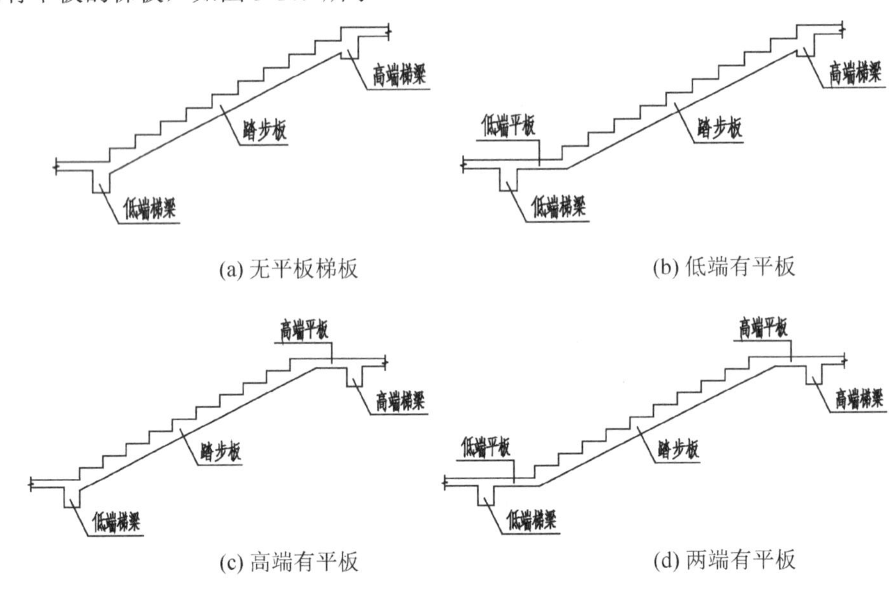

(a) 无平板梯板　(b) 低端有平板

(c) 高端有平板　(d) 两端有平板

图 3-109 板式楼梯梯板形式

2) 板式楼梯的受力特点

梯板是一块斜板，外形呈锯齿形，一端支承在层间梯梁上，另一端支承在楼层梯梁上(底层梯板的下端支承在地梁上或地垄墙上)；平台板支承在梯梁或墙上；梯梁两端支承在承重墙或柱上，如图 3-110 所示。

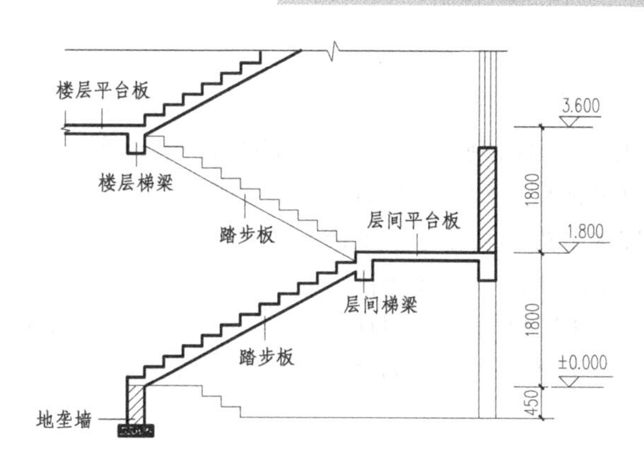

图 3-110　板式楼梯结构布置

板式楼梯的传力途径一般为：

踏步上的竖向荷载→梯板 { 楼层梯梁→墙或柱；→层间梯梁→楼梯间侧墙或平台柱；地梁或地垄墙(指底层梯板的下端) }

平台板上的竖向荷载→平台板→ { 梯梁；门、窗过梁 }

2. 板式楼梯的计算

1) 梯板

计算梯板时，一般取 1m 宽的板带作为计算单元，并将板简化为斜向搁置的简支板。

(1) 荷载计算。

楼梯的荷载有恒荷载和活荷载两种，它们都是竖向作用的重力荷载。梯板的荷载项目如图 3-111 所示。

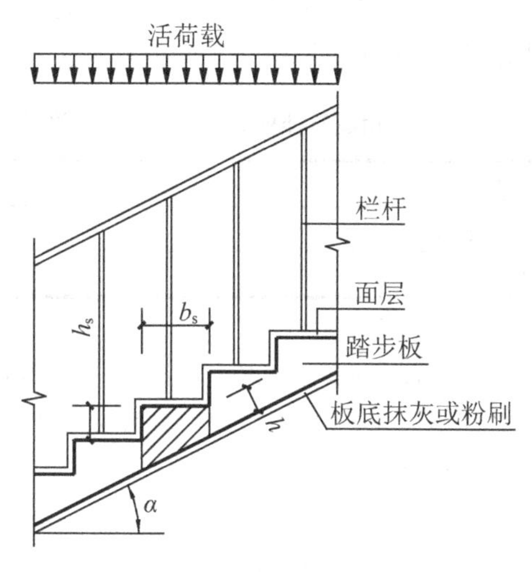

图 3-111　梯板的荷载项目

① 恒荷载。

楼梯的恒荷载按水平投影面线荷载来计算。梯板的恒荷载主要包括楼梯栏杆、踏步面层、锯齿形梯板、板底抹灰或粉刷等自重。其中踏步面层和锯齿形梯板的自重可以用一个踏步范围内的材料自重来计算，然后折算为每延米的自重。

楼梯栏杆自重：按水平投影长度 1m 计算。

踏步面层自重：包括踏步的顶面和侧面两部分，按下式计算：

$$1\times面层材料容重\times面层厚度\times(b_s+h_s)/b_s \quad (\mathrm{kN/m}) \tag{3-46}$$

锯齿形踏步自重：一个踏步的断面为梯形截面(图 3-112 中斜线部分)，其水平投影每延米的自重按下式计算：

$$1\times\frac{\dfrac{h}{\cos\alpha}+\left(h_s+\dfrac{h}{\cos\alpha}\right)}{2}\times b_s\times\gamma/b_s=\left(\frac{h}{\cos\alpha}+\frac{h_s}{2}\right)\gamma \quad (\mathrm{kN/m}) \tag{3-47}$$

板底抹灰或粉刷自重：$1\times板底抹灰或粉刷厚度\times材料容重/\cos\alpha\ (\mathrm{kN/m})$ (3-48)

式中：b_s、h_s——楼梯踏步宽和高；

h——梯板的厚度；

α——楼梯梯板的倾角；

γ——钢筋混凝土的容重，见表 3-24。

表 3-24 材料容重

材料名称	水泥砂浆	钢筋混凝土	石灰砂浆
容重 γ (kN/m^3)	20	25	17

楼梯的恒荷载为上述几项之和。

② 活荷载。

楼梯的活荷载是按水平投影面 1m^2 上的荷载来计量的，按《建筑结构荷载规范》(GB 50009—2001)(2006 年版)(以下简称《荷载规范》)取用。表 3-25 为《荷载规范》中规定的民用建筑楼梯的均布活荷载标准值；工业建筑生产车间的楼梯活荷载按实际情况采用。

表 3-25 民用建筑楼梯的均布活荷载标准值

序 号	项 目	活荷载标准值(kN/ m^2)
1	多层住宅	2.0
2	其他	3.5

注：楼梯栏杆活荷载标准值，不应小于下列规定：

① 住宅、宿舍、办公楼、旅馆、医院、托儿所、幼儿园，栏杆顶部的水平荷载应取 1.0kN / m；

② 学校、食堂、剧场、电影院、车站、礼堂、展览馆或体育场，栏杆顶部的水平荷载应取 1.0 kN/m，竖向荷载应取 1.2 kN/m，水平荷载与竖向荷载应分别考虑。

(2) 内力计算。

梯板斜向搁置在层间梯梁和楼层梯梁上(底层梯板的下端搁置在地梁或地垄墙上)，见图 3-112(a)，其计算简图如图 3-112(b)所示。

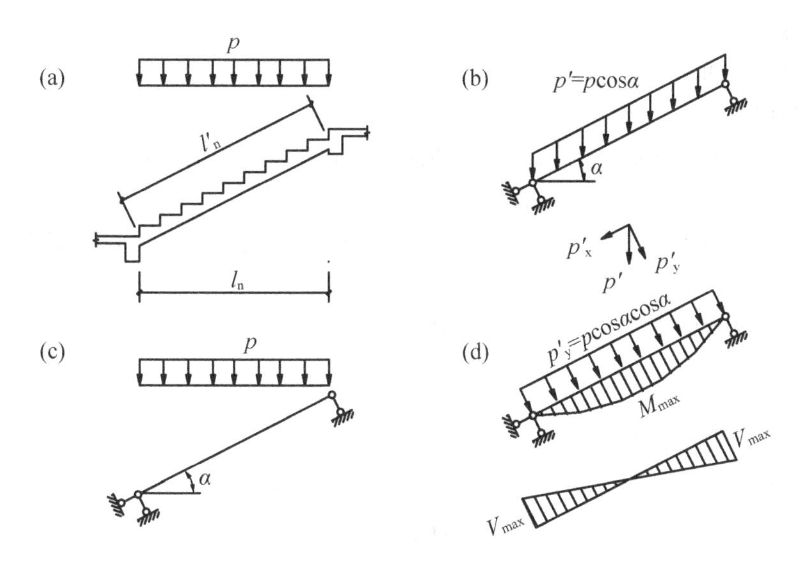

图 3-112　梯板计算简图

作用在梯板计算单元上的荷载为均布线荷载，包括均布恒荷载和均布活荷载两部分。

将梯板单位长度上的竖向均布荷载 p 换算成沿板单位长度上分布的竖向均布荷载 p'，如图 3-112(c)所示。

设 l_n 为梯板的水平净跨长度，l'_n 为梯板的斜向净跨长度。

由
$$pl_n = p' l'_n,\quad l_n = l'_n \cos\alpha$$

得
$$p' = \frac{pl_n}{l'_n} = p\cos\alpha$$

将竖向荷载 p' 分解为平行于梯板方向的分力 p'_x 和垂直于梯板方向的分力 p'_y。

$$p'_x = p' \sin\alpha = p\cos\alpha\sin\alpha$$

$$p'_y = p' \cos\alpha = p\cos\alpha\sin\alpha$$

其中平行于梯板方向的分力 p'_x 对梯板的弯矩和剪力没有影响。在垂直于梯板方向的分力 p'_y 作用下(见图 3-112(d))，梯板的跨中最大弯矩为

$$M_{max} = \frac{1}{8}p'_y\left(l'_n\right)^2 = \frac{1}{8}p\cos^2\alpha\times\left(\frac{l_n}{\cos\alpha}\right)^2 = \frac{1}{8}pl_n^2$$

考虑梯板与平台板整体连接，梯板的跨中弯矩相对于简支板有所减少，梯板的跨中弯矩可近似取

$$M = \frac{1}{10}pl_n^2 \tag{3-49}$$

梯板支座处最大剪力

$$V = \frac{1}{2}p'_y l'_n = \frac{1}{2}p\cos^2\alpha\times\frac{l_n}{\cos\alpha} = \frac{1}{2}pl_n\cos\alpha \tag{3-50}$$

(3) 截面设计。

梯板可取 1m 宽的板带作为计算单元，按单筋矩形截面受弯构件正截面承载力计算配筋。

2) 平台板

平台板通常是四边支承板，一般近似按短跨方向的简支单向板来设计。

(1) 荷载计算。

平台板上作用的均布荷载 p 包括楼梯的活荷载 q 和平台板的自重 g。

(2) 内力计算。

在短跨方向，平台板内端与梯梁整浇，外端或者简支在砖墙上，或者与门、窗过梁整浇。

当平台板简支在砖墙上时，跨中弯矩设计值取

$$M=\frac{1}{8}pl_0^2 \tag{3-51}$$

式中：l_0——平台板的计算跨度。

当平台板外端与门、窗过梁整浇时，考虑支座的部分嵌固作用，跨中弯矩设计值取

$$M=\frac{1}{10}pl_0^2 \tag{3-52}$$

(3) 截面设计。

平台板一般设计为单向板，取 1m 宽板带按单筋矩形截面受弯构件正截面承载力计算配筋。

3) 梯梁

梯梁两端搁置在楼梯间两侧的砖墙上，或与立在框架梁上的短柱相整结。

(1) 荷载计算。

梯梁按简支梁设计，承受平台板和梯板传来的均布线荷载，计算简图如图 3-113 所示。计算时可略去中间的空隙，按荷载布满全跨考虑。

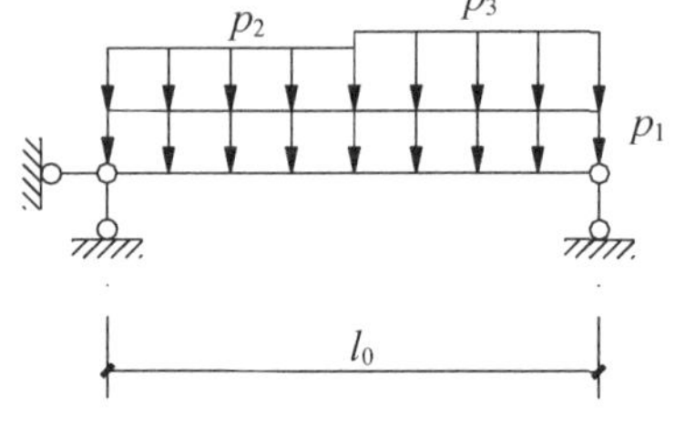

图 3-113　梯梁的计算简图

图 3-113 中，p_1 为梯梁自重及平台板传来的均布荷载；p_2 和 p_3 分别为上、下梯板传来的均布荷载，当上、下梯板跨度相等时，可取 $p_2=p_3$。

(2) 内力计算。

由图 3-113 可知，梯梁跨中正截面弯矩设计值为

$$M=\frac{1}{8}pl_0^2 \tag{3-53}$$

梯梁支座截面的剪力设计值为

$$V=\frac{1}{2}pl_n \tag{3-54}$$

式中：p——梯梁的均布线荷载，$p=p_1+p_2$；

l_0——梯梁的计算跨度。

当梯梁搁置在两侧砖墙上时，取 $l_0=l_n+a$，l_n 为梯梁的净跨，a 为一端的支承长度；当梯梁与立在框架梁上的短柱整结时，取 $l_0=l_n$。

(3) 截面设计。

梯梁按单筋矩形截面受弯构件正截面承载力计算纵筋，同时按受弯构件斜截面承载力计算箍筋。

3. 板式楼梯的构造

1) 梯板

板式楼梯踏步高度和宽度由建筑设计确定，梯板的厚度 h 一般取

$$h=(\frac{1}{30}\sim\frac{1}{25})l'_{\mathrm{n}}$$

式中：l'_{n}——梯板的斜向净跨长度。

梯板类型有无平板的 AT 型梯板，有平板的 BT、CT、DT、ET 型梯板，踏步板和平台板整体的 FT、GT、HT 型双跑楼梯及有抗震构造措施的 ATa、ATb、ATc 型梯板等 11 种类型(详见 11G101-2)。其中 AT～ET 型梯板的梯板与平台板为各自独立配筋；FT～HT 型为梯板与平台板整体配筋，第一跑梯板和第二跑梯板通过平台板整体连接共同受力，形成双炮楼梯；ATa～ATc 型梯板中，ATa 型和 ATb 型梯板采用了滑动支座，梯板配筋采用通长配筋方式，ATc 型梯板考虑了楼梯参与主体结构抗震计算，梯板配筋采用通长配筋方式并增设暗柱等抗震构造措施。

梯板的纵向受力钢筋通常采用 HRB400 级钢筋，直径为 10～14mm，沿斜向布置，间距取为当板厚 $h\leqslant150$mm 时，不宜大于 200mm，当板厚 $h>150$mm 时，不宜大于 $1.5h$，且不宜大于 250mm；当按单向板设计时，除沿受力方向布置受力钢筋外，尚应在垂直受力方向布置分布钢筋。单位长度上分布钢筋的截面面积不宜小于单位宽度上受力钢筋截面面积的 15%，且不宜小于该方向板截面面积的 0.15%；分布钢筋的间距不宜大于 250mm，直径不宜小于 6mm；对集中荷载较大的情况，分布钢筋的截面面积应适当增加，其间距不宜大于 200mm。为了增加截面的有效高度，纵向受力钢筋应放在水平分布钢筋的外侧。

2) 平台板

平台板的构造同普通楼板构造，但是当平台板的跨度与梯板的水平跨度相差较大时，在平台板的跨中可能出现较大的负弯矩，因此，这时应验算跨中正截面承受负弯矩的能力，必要时在跨中上部应配置受力的负弯矩钢筋。

3) 梯梁

梯梁的构造要求同受弯构件。

【案例分析】

图 3-114 为某办公楼楼梯建筑平面图，楼梯面层做法依次为 30mm 厚水磨石、20mm 水泥砂浆找平层、钢筋混凝土梯板、20mm 厚石灰砂浆板底抹灰，设计该楼梯。

楼梯设计如下。

1. 楼梯形式的选择和结构布置

作为办公楼的楼梯，楼梯梯段跨度为 3300mm，人流量较少，适合采用现浇钢筋混凝土板式楼梯，其结构布置如图 3-115 所示。

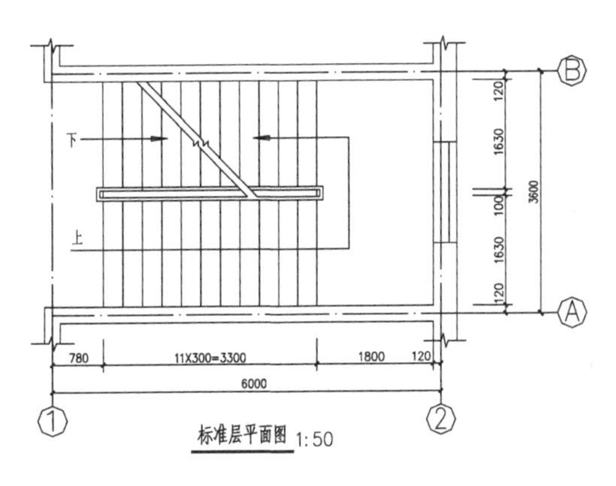

图 3-114　现浇板式楼梯标准层结构布置图

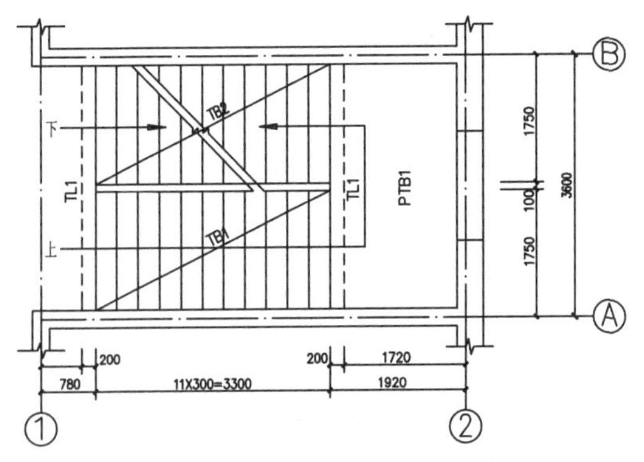

图 3-115　现浇板式楼梯标准层结构布置图

2. 梯板设计

1) 确定梯板厚度 h

梯板的水平投影净长度为 l_n=3300mm

梯板的斜向净长为

$$l_n' = \frac{l_n}{\cos\alpha} = \frac{3300}{300/\sqrt{150^2+300^2}} = \frac{3300}{0.894} = 3691\text{mm}$$

梯板厚度为

$$h = \left(\frac{1}{25} \sim \frac{1}{30}\right) l_n' = \left(\frac{1}{25} \sim \frac{1}{30}\right) \times 3691 = 123 \sim 147\text{mm}$$

取 h=130mm。

2) 荷载计算

楼梯梯板荷载计算见表 3-26。

表 3-26　楼梯梯板荷载计算表

荷载种类		荷载标准值(kN/m)	荷载分项系数	荷载设计值(kN/m)
恒荷载	栏杆自重	1.0	1.2	1.20
	30 厚水磨石面层	$(0.3+0.15)\times 0.65/0.3=0.975$	1.2	1.17
	锯齿形梯板自重	$\left(\frac{h}{\cos\alpha}+\frac{h_s}{2}\right)\gamma=\left(\frac{0.13}{0.894}+\frac{0.15}{2}\right)\times 25=5.51$	1.2	6.612
	20 厚板底抹灰	$17\times 0.02\times\frac{1}{0.894}=0.38$	1.2	0.456
	小计　g	7.87	1.2	9.44
活荷载　q		3.5	1.4	4.9
总计 p				14.34

3) 计算简图

梯板的计算简图用一根假想的跨度为 l_n 的水平梁替代，如图 3-116 所示，其计算跨度取梯板水平投影净长 l_n=3300mm。

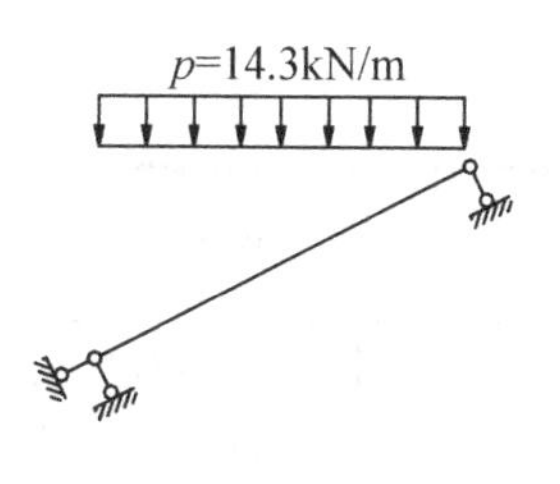

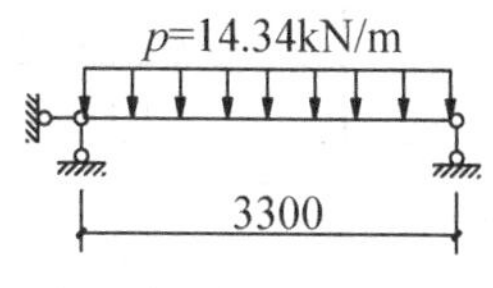

图 3-116　梯板的计算简图

4) 内力计算

梯板的内力，一般只需计算跨中最大弯矩，考虑到梯板两端均与梁整结，对板有约束作用，因此

$$M=\frac{pl_n^2}{10}=\frac{14.34\times3.3^2}{10}=15.62\text{kN}\cdot\text{m}$$

5) 配筋计算

钢筋采用 HPB300 级：f_y=270N/mm^2；混凝土采用 C25：f_c=11.9 N/mm^2，f_t=1.27N/mm^2，梯板的混凝土保护层厚度为 15mm，取 a_s=25mm，则

$$h_0=h-a_s=130-25=105\text{mm}$$

$$\alpha_s=\frac{M}{\alpha_1 f_c bh_0^2}=\frac{15.62\times10^6}{1.0\times11.9\times1000\times105^2}=0.119$$

$$\xi=\left(1-\sqrt{1-2\alpha_s}\right)=1-\sqrt{1-2\times0.119}=0.127<\xi_b=0.614$$

$$\gamma_s=0.5\left(1+\sqrt{1-2\alpha_s}\right)=0.5\left(1+\sqrt{1-2\times0.119}\right)=0.936$$

$$A_s=\frac{M}{\gamma_s f_y h_0}=\frac{15.62\times10^6}{0.936\times270\times105}=589\text{mm}^2$$

$$\rho_{\min}=\max\begin{cases}0.2\%\\0.45\dfrac{f_t}{f_y}=0.45\dfrac{1.27}{270}=0.21\%\end{cases}=0.21\%$$

$$A_{s,\min}=\rho_{\min}bh=0.21\%\times1000\times130=273\text{mm}^2$$

$$A_s=589\text{mm}^2>A_{s,\min}=273\text{mm}^2$$

选用：受力钢筋　Φ10@130，A_s=604mm^2；

分布钢筋　Φ8@250；A_s=201mm^2(>604×15%=90.6mm^2 且>1000×130×0.15%=195 mm^2)

上部构造钢筋 Φ10@200，A_s=393mm^2(> 604÷2=302 mm^2)

3. 平台板设计

1) 确定平台板厚度 h

平台板厚度取 h=100mm。

2) 荷载计算

平台板荷载计算见表 3-27。

表 3-27　平台板荷载计算表

荷载种类		荷载标准值(kN/m)	荷载分项系数	荷载设计值(kN/m)
恒荷载	平台板自重	25×0.1×1=2.5	1.2	3.0
	30 厚水磨石面层	0.65×1=0.65	1.2	0.78
	20 厚板底抹灰	17×0.02×1=0.34	1.2	0.41
	小计　g	3.49	1.2	4.19
活荷载　q		3.5	1.4	4.9
总计 p				9.09

3) 计算简图

平台板取 1m 宽为计算单元，按短跨方向的简支板计算，计算简图如图 3-117 所示。

计算跨度：平台板两端均与梁整结，计算跨度取净跨 l_n=1600mm。

4) 内力计算

考虑平台板两端梁的嵌固作用，跨中最大设计弯矩取

$$M=\frac{pl_n^2}{10}=\frac{9.09\times1.6^2}{10}=2.33\text{kN}\cdot\text{m}$$

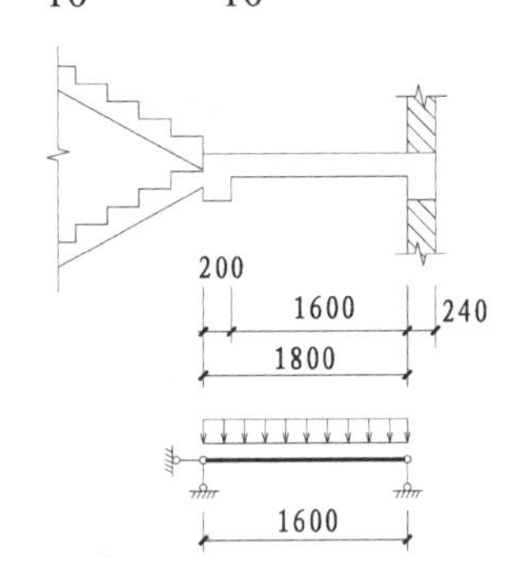

图 3-117　平台板的计算简图

5) 配筋计算

钢筋采用 HPB300 级：f_y=270 N/mm²；混凝土采用 C25：f_c=11.9 N/mm²，f_t=1.27 N/mm²，平台板的混凝土保护层厚度为 15mm，取 a_s=25mm，则 $h_0=h-a_s=100-25=75\text{mm}$

$$\alpha_s=\frac{M}{\alpha_1 f_c bh_0^2}=\frac{2.33\times10^6}{1.0\times11.9\times1000\times75^2}=0.035$$

$$\xi=\left(1-\sqrt{1-2\alpha_s}\right)=1-\sqrt{1-2\times0.035}=0.036<\xi_b=0.614$$

$$\gamma_s=0.5\left(1+\sqrt{1-2\alpha_s}\right)=0.5\left(1+\sqrt{1-2\times0.035}\right)=0.982$$

$$A_s=\frac{M}{\gamma_s f_y h_0}=\frac{2.33\times10^6}{0.982\times270\times75}=117\text{mm}^2$$

$$\rho_{min}=\max\begin{cases}0.2\% \\ 0.45\dfrac{f_t}{f_y}=0.45\times\dfrac{1.27}{270}=0.21\%\end{cases}=0.21\%$$

$$A_{s,min}=\rho_{min}bh=0.21\%\times1000\times100=210\text{mm}^2$$

$$A_s=117\text{mm}^2<A_{s,min}=210\text{mm}^2$$

按最小配筋率配筋，选用：受力钢筋Φ8@200，A_s=251mm^2；分布钢筋Φ8@250，A_s=201mm^2(>251×15%=37.7 mm^2 且>1000×100×0.15%=150 mm^2)

4. 梯梁 TL1 设计

1) 确定梯梁截面尺寸

取梯梁的截面高度 h=300mm，截面宽度 b=200mm。

2) 荷载计算

梯梁荷载计算见表 3-28。

表 3-28　梯梁荷载计算表

荷载种类		荷载标准值(kN/m)	荷载分项系数	荷载设计值(kN/m)
恒荷载	由梯板传来的恒荷载	$7.865\times\dfrac{l_n}{2}=7.865\times\dfrac{3.3}{2}=12.98$	1.2	15.58
	由平台板传来的恒荷载	$3.49\times\dfrac{l_n}{2}=3.49\times\dfrac{1.6}{2}=2.79$	1.2	3.35
	梯梁自重	25×0.20×0.30=1.5	1.2	1.8
	30 厚水磨石面层	0.65×0.20=0.13	1.2	0.16
	20 厚梁底、侧面抹灰	17×1×0.02×[0.20+2(0.30−0.1)]=0.2	1.2	0.28
	小计　g	17.6		21.12
活荷载　q		$3.5\times1\times\left(\dfrac{3.3}{2}+\dfrac{1.6}{2}+0.2\right)=9.28$	1.4	12.99
总计 p				34.11

3) 计算简图

梯梁的两端搁置在楼梯间的侧墙上，计算跨度取

$l_0=l_n+a$=(3600－240)+240=3360+240=3600mm

梯梁的计算简图如图 3-118 所示。

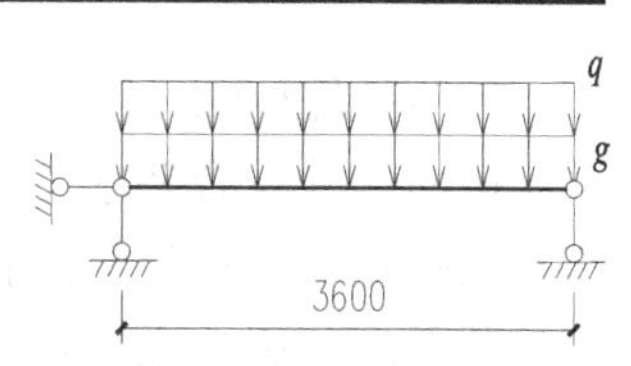

图 3-118　梯梁的计算简图

4) 内力计算

梯梁跨中正截面最大弯矩设计值

$$M=\frac{pl_0^2}{8}=\frac{34.11\times3.6^2}{8}=55.26\text{kN}\cdot\text{m}$$

梯梁支座处最大剪力设计值

$$V=\frac{pl_{n}}{2}=\frac{34.11\times3.36}{2}=57.3\text{kN}$$

5) 配筋计算

受力钢筋采用 HRB400 级：f_y=360N/mm^2；箍筋采用 HPB300 级：f_{yv}=270N/mm^2；混凝土采用 C25：f_c=11.9N/mm^2，f_t=1.27N/mm^2，梯梁的混凝土保护层厚度为 20mm，取 a_s=35mm。

(1) 正截面受弯承载力计算。

$$h_0=h-a_s=300-35=275\text{mm}$$

$$\alpha_s=\frac{M}{\alpha_1 f_c bh_0^2}=\frac{55.26\times10^6}{1.0\times11.9\times200\times275^2}=0.307$$

$$\xi=\left(1-\sqrt{1-2\alpha_s}\right)=1-\sqrt{1-2\times0.307}=0.379<\xi_b=0.550$$

$$\gamma_s=0.5\left(1+\sqrt{1-2\alpha_s}\right)=0.5\left(1+\sqrt{1-2\times0.307}\right)=0.815$$

$$A_s=\frac{M}{\gamma_s f_y h_0}=\frac{55.26\times10^6}{0.815\times360\times275}=685\text{mm}^2$$

$$\rho_{\min}=\max\begin{cases}0.2\% \\ 0.45\dfrac{f_t}{f_y}=0.45\times\dfrac{1.27}{300}=0.19\%\end{cases}=0.2\%$$

$$A_{s,\min}=\rho_{\min}bh=0.2\%\times200\times300=120\text{mm}^2$$

$$A_s=685\text{mm}^2>A_{s,\min}=120\text{mm}^2$$

选用：纵向受力钢筋 3Φ18，A_s=763mm^2；架立钢筋 2Φ10。

(2) 斜截面受剪承载力计算。

首先，验算截面尺寸

$$h_w/b=275/200=1.38<4$$

$$0.25\beta_c f_c bh_0=0.25\times1.0\times11.9\times200\times275=163.6\times10^3\text{N}=163.6\text{kN}>V=57.3\text{kN}$$

截面尺寸符合要求。

判断是否需按计算配置箍筋：

截面高度影响系数β_h：(下式中 h_0<800，取 h_0=800)

$$\beta_h=\left(\frac{800}{h_0}\right)^{1/4}=\left(\frac{800}{800}\right)^{1/4}=1.0$$

$$0.7f_t bh_0=0.7\times1.27\times200\times275=48.9\times10^3\text{N}=48.9\text{kN}<V=57.3\text{kN}$$

需按计算配置箍筋

$$\frac{A_{sv}}{s}\geqslant\frac{V-0.7f_tbh_0}{1.25f_{yv}h_0}=\frac{57.3\times10^3-48.9\times10^3}{1.25\times270\times275}=0.091\text{mm}^2/\text{mm}$$

选用Φ6 双肢箍筋($A_{sv}=57\text{mm}^2$)，则

$$s\leqslant\frac{A_{sv}}{0.091}=\frac{57}{0.091}=626\text{mm}$$

取 s=200mm，相应的配箍率为

$$\rho_{sv}=\frac{A_{sv}}{bs}=\frac{57}{200\times200}=0.143\%>\rho_{sv,\min}=0.24\frac{f_t}{f_{yv}}=0.24\times\frac{1.27}{270}=0.113\%$$

故配置双肢Φ6@200 箍筋满足要求。

5. 绘制施工图

楼梯结构施工图如图 3-119 所示，依据《混凝土结构施工图平面整体表示方法制图规则和构造详图(现浇混凝土板式楼梯)》(11G101-2)绘制的楼梯平法施工图如图 3-120 所示。

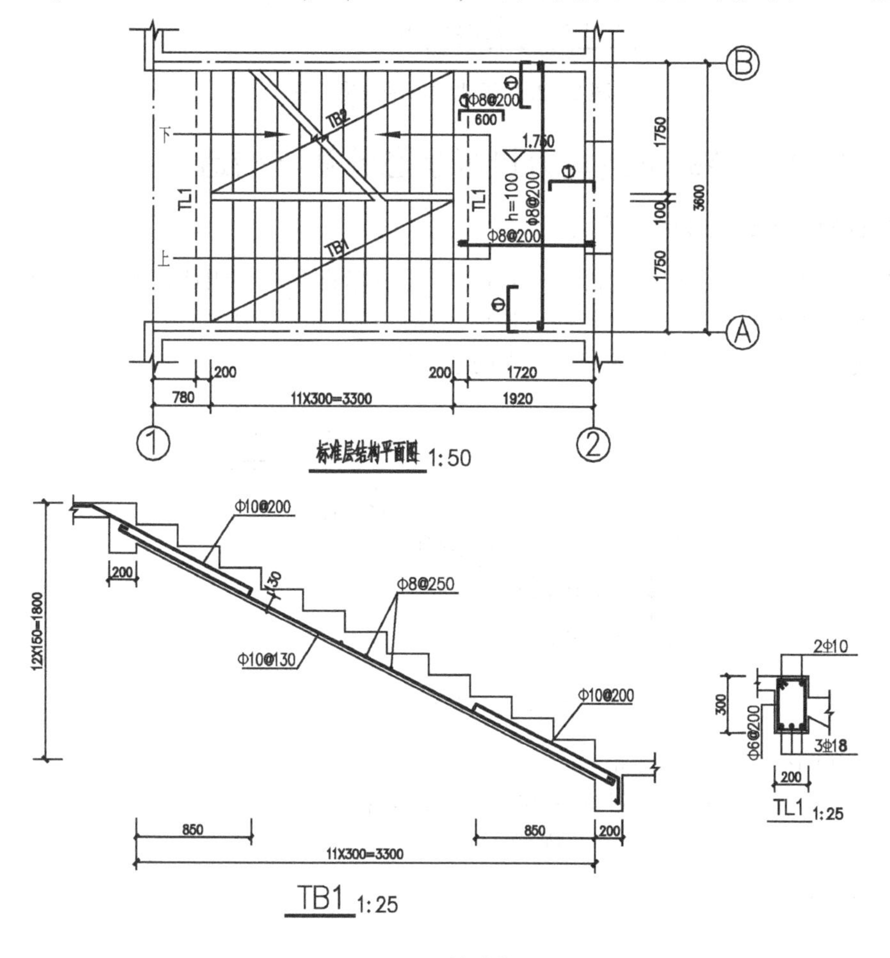

图 3-119　楼梯施工图

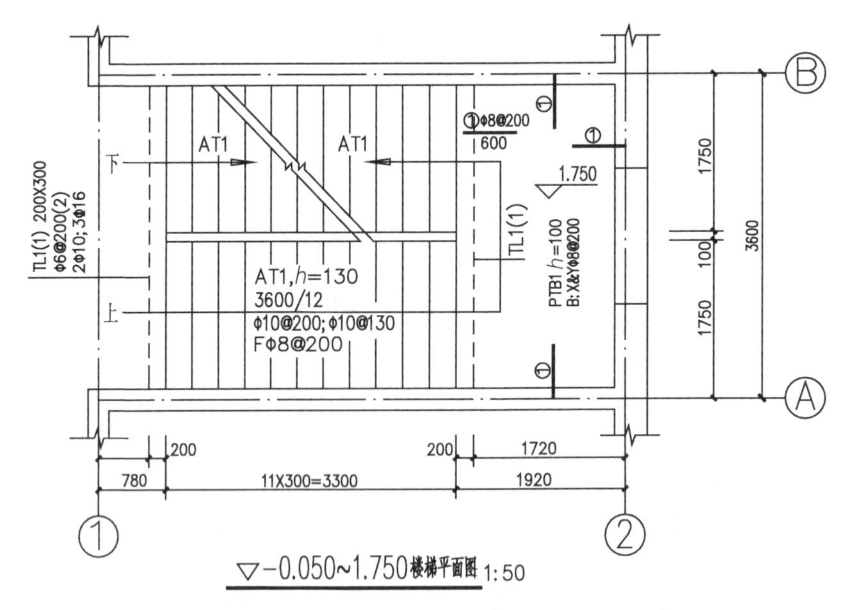

图 3-120　板式楼梯平法施工图

3.12.2　梁式楼梯的承载能力极限状态计算与构造

1. 梁式楼梯的组成和受力特点

现浇梁式楼梯主要由梯板、斜梁、梯梁和平台板等四种构件组成，如图 3-121 所示。由于斜梁承重，梯板的厚度不受楼梯跨度影响，跨度可比板式楼梯的更大，自重轻，常用于楼层高度较高、楼梯跨度较大及荷载较大的建筑中。

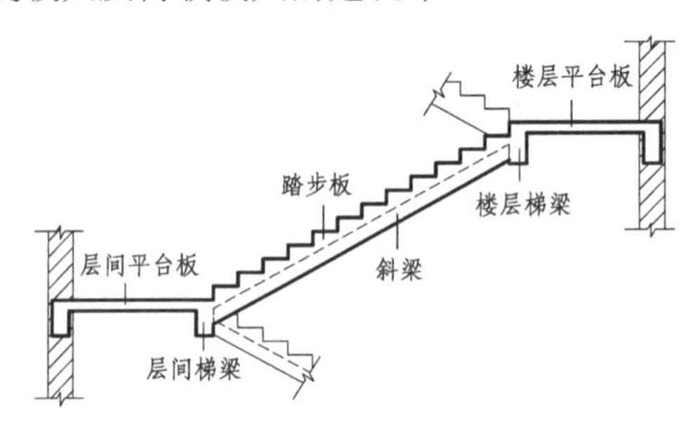

图 3-121　楼梯构建组成

梁式楼梯的荷载传递途径如下：

踏步板上的荷载→梯板→斜梁→梯梁→侧墙或柱

平台板上的荷载→平台板→ { 梯梁 ; 门、窗过梁 }

2. 梁式楼梯的计算

现浇梁式楼梯的设计主要包括梯板、斜梁、梯梁及平台板设计四部分。

1) 梯板

(1) 内力计算。

现浇梁式楼梯的梯板斜向支承在斜梁及墙上，是一块斜向支承的单向板。计算时竖向切出一个踏步，按竖向简支板计算，其横断面为梯形，为了方便计算，可折算为矩形截面，其截面高度可近似地取梯形截面的平均高度，即 $h=\dfrac{h_s}{2}+\dfrac{t}{\cos\alpha}$，截面宽度为 b_s，如图 3-122 所示。

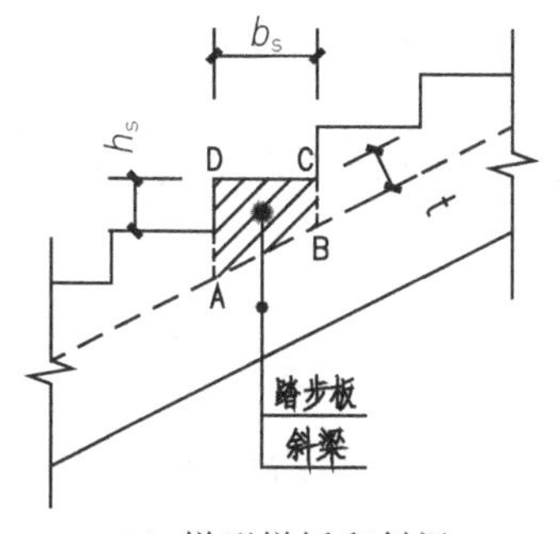

(a) 梯形梯板和斜梁

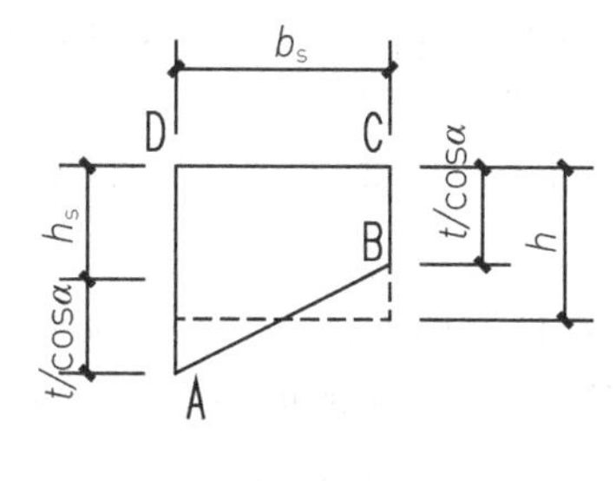

(b) 梯板折算为矩形截面

图 3-122　梁式楼梯的梯板

当梯板一端与斜梁整结，另一端搁置在砖墙上时，可按简支板计算，跨中最大弯矩设计值为

$$M=\frac{1}{8}pl_0^2 \tag{3-55}$$

当梯板两端都与斜梁整结时，考虑到斜梁对梯板的弹性约束，梯板跨中最大弯矩设计值可取为

$$M=\frac{1}{10}pl_0^2 \tag{3-56}$$

式中：p——梯板上的均布线荷载，包括恒荷载和活荷载，可按下式计算

$$p=\gamma_G g_k+\gamma_Q q_k b_s \tag{3-57}$$

式中：l_0——梯板的计算跨度，$l_0=l_n+\dfrac{a}{2}$，l_n 为梯板的净跨度，a 为梯板在砖墙上的支承长度；

g_k——一个踏步范围内(图 3-121 中 ABCD)包括面层和底部抹灰在内 1m 长的踏步自重；

γ_G——恒荷载分项系数，$\gamma_G=1.2$；

q_k——楼梯活荷载的标准值；

γ_Q——活荷载分项系数，一般情况下 $\gamma_Q=1.4$，当 $q_k>4\text{kN/m}^2$ 时，取 $\gamma_Q=1.3$；

b_s——一个踏步的宽度。

(2) 截面设计。

梯板按照截面高度为 h、宽度为 b_s 的矩形截面受弯构件进行计算配筋。

2) 斜梁

(1) 内力计算。

现浇梁式楼梯的斜梁承受由梯板传来的荷载、栏杆重量及斜梁自重。内力计算与板式

楼梯的梯板相似，计算简图如图 3-123 所示。承受均布荷载的斜梁的跨中最大弯矩，可按简支水平梁计算，即跨中弯矩为

$$M=\frac{1}{8}pl_0^2 \tag{3-58}$$

斜梁剪力为按水平梁计算所得的剪力乘以 $\cos\alpha$，即

$$V=\frac{1}{2}pl_n\cos\alpha \tag{3-59}$$

式中：p——按水平投影长度度量的竖向均布线荷载，kN/m;

l_n——斜梁净跨度；

l_0——斜梁计算跨度。按层间梯梁与楼层梯梁之间的水平净距采用，当底层下端支承在地垄墙上时，应算至地垄墙中心。

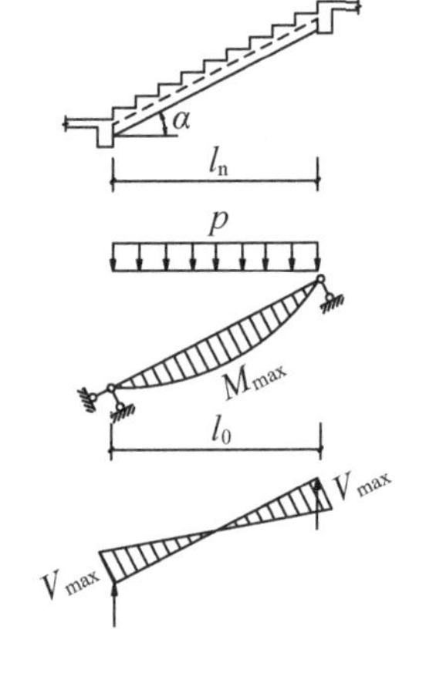

图 3-123 斜梁计算简图

这里必须注意：斜梁的剪力是与斜梁轴线相垂直的，并不是斜梁的竖向支座反力 R, 斜梁的竖向支座反力 $R=\frac{1}{2}pl_n$，R 就是传给梯梁的集中力 F。

(2) 截面设计。

截面设计时，斜梁的截面形状，视其与梯板的相对位置而定，一般有两种情况。

① 梯板在斜梁的上部，如图 3-124(a)所示。此时，当仅有一根斜梁时，斜梁按矩形截面计算，截面计算高度取锯齿形斜梁的最小高度；当有两根斜梁或为中梁式时，可按倒 L 形截面计算，翼缘高度 h_f'取梯板的厚度 t，翼缘计算宽度 b_f'按 T 形截面受弯构件的规定取用。

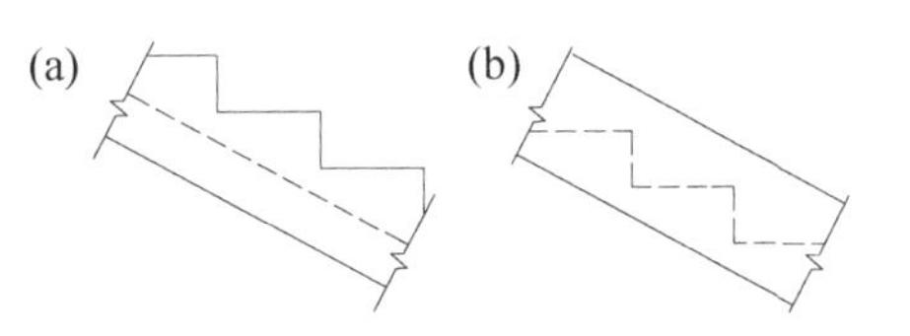

图 3-124 斜梁截面的两种情况

② 梯板处在斜梁的下部，即斜梁向上翻，如图 3-124(b)所示，此时斜梁按矩形截面受弯构件计算。

3) 梯梁

梁式楼梯的梯梁与板式楼梯的梯梁计算方法相同，所不同的是板式楼梯传给梯梁的荷载是均布荷载，而梁式楼梯传给梯梁的荷载是斜梁传来的集中力 F_1 和 F_2,当上、下楼梯跑长度相等时，$F_1=F_2=F$，计算简图如图 3-125 所示，跨中弯矩为

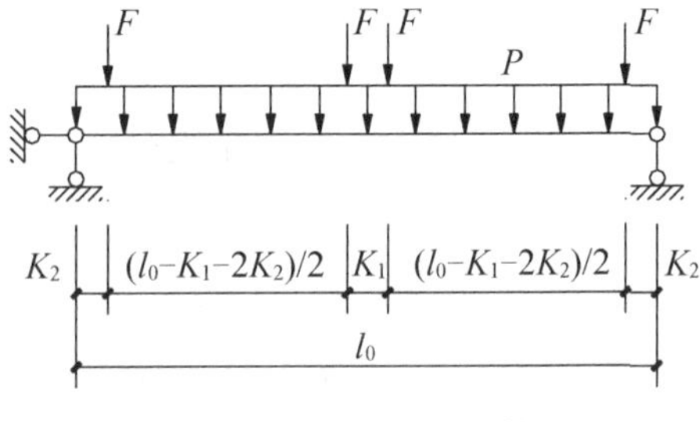

图 3-125 梯梁的计算简图

$$M=\frac{1}{8}pl_0^2+\frac{1}{2}Fl_0+(K_2-\frac{K_1}{2})F \tag{3-60}$$

梁端剪力为

$$V=\frac{1}{2}pl_n+2F \tag{3-61}$$

式中：p——梯梁的均布线荷载，其中包括梯梁的自重及休息平台传来的荷载；

l_0——梯梁计算跨度；

l_n——梯梁净跨度。

4) 平台板设计

平台板设计与现浇板式楼梯相同。

3. 梁式楼梯的构造

梯板的配筋除按计算确定外，还应满足构造要求，即每一踏步下不少于 2 根Φ6 的受力钢筋。同时，整个梯板还应沿斜面布置间距不大于 250mm 的Φ6 分布钢筋。梯板内的受力钢筋在伸入支座后，每 2 根中应弯上 1 根作为抵抗负弯矩的钢筋，并伸入负弯矩区 $l_n/4$。梁式楼梯梯板的配筋见图 3-126。

斜梁的构造要求按照受弯构件的规定执行，在支承处的两侧应配置附加箍筋，必要时可设置吊筋。考虑到梯梁可能产生扭矩，在配筋时应酌量增加抗扭纵筋和箍筋。

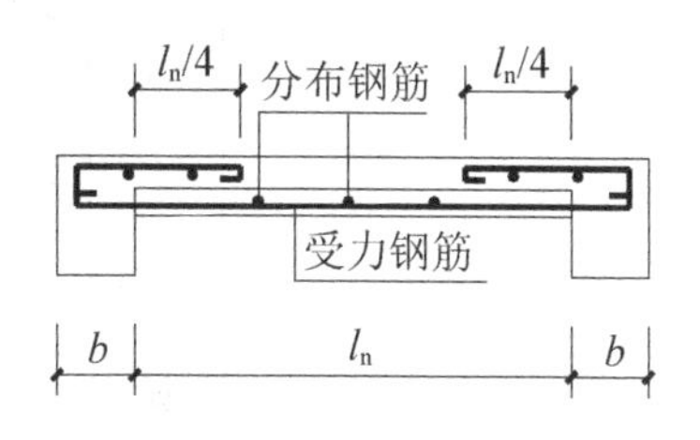

图 3-126　梯板的配筋

【案例分析】

图 3-127 为某教学楼楼梯建筑平面图，楼梯面层做法依次为 30mm 厚水磨石、20mm 水泥砂浆找平层、钢筋混凝土梯板、20mm 厚石灰砂浆板底抹灰，设计该楼梯。

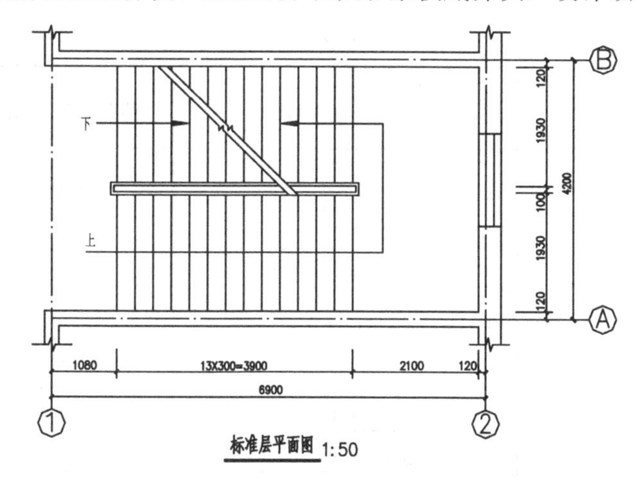

图 3-127　楼梯建筑平面图

楼梯设计步骤如下。

1. 楼梯形式的选择和结构布置

作为教学楼的楼梯，楼梯梯段跨度为 3900mm，人流量比较密集，活荷载大，适合采用现浇钢筋混凝土梁式楼梯，其结构布置如图 3-128 所示。

2. 梯板设计

1) 截面尺寸

设梯板厚度 h=40mm，取 1 个踏步作为计算单元。

楼梯的倾斜角：

$$\cos\alpha = \frac{300}{\sqrt{150^2 + 300^2}} = 0.894$$

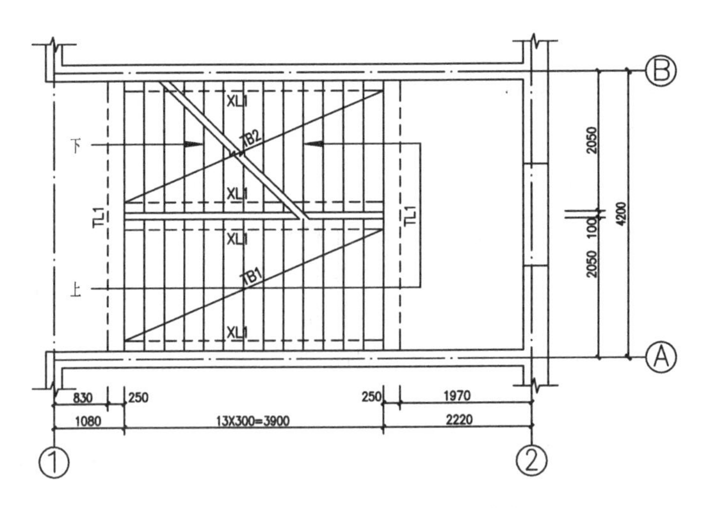

图 3-128　现浇梁式楼梯标准层结构布置图

2) 荷载计算

梯板荷载计算见表 3-29。

表 3-29　梯板荷载计算表

荷载种类		荷载标准值(kN/m)	荷载分项系数	荷载设计值(kN/m)
恒荷载	踏步自重	$\left(\frac{0.04}{0.894}+\frac{0.15}{2}\right)\times 0.3\times 25=0.9$	1.2	1.08
	30 厚水磨石面层	$(0.3+0.15)\times 0.65=0.29$	1.2	0.35
	20 厚板底抹灰	$0.02\times\frac{0.3}{0.894}\times 17=0.11$	1.2	0.13
	小计　g	1.3	1.2	1.56
活荷载　q		3.5×0.3=1.05	1.4	1.47
总计　p				3.03

3) 内力计算

梯板两端均与斜边梁相整结，计算跨度为

$$l_0=l_n=2050-120-300=1630\text{mm}$$

跨中最大弯矩设计值为

$$M=\frac{1}{10}pl_0^2=\frac{1}{10}\times 3.03\times 1.63^2=0.81\text{kN}\cdot\text{m}$$

4) 截面设计

钢筋采用 HPB300：f_y=270N/mm^2；混凝土采用 C25：f_c=11.9N/mm^2，f_t=1.27 N/mm^2，梯板的混凝土保护层厚度为 15mm，取 a_s=25mm，则

$$h=\frac{h_s}{2}+\frac{h}{\cos\alpha}=\frac{150}{2}+\frac{40}{0.894}=120\text{mm}$$

$$h_0 = h - a_s = 120 - 25 = 95\text{mm}$$

$$b = b_s = 300\text{mm}$$

$$\alpha_s = \frac{M}{\alpha_1 f_c b h_0^2} = \frac{0.81\times10^6}{1.0\times11.9\times300\times95^2} = 0.025$$

$$\xi = 1-\sqrt{1-2a_s} = 1-\sqrt{1-2\times0.025} = 0.025 < \xi_b = 0.614$$

$$\gamma_s = 0.5\times(1+\sqrt{1-2\alpha_s}) = 0.5\times(1+\sqrt{1-2\times0.025}) = 0.988$$

$$A_s = \frac{M}{\gamma_s f_y h_0} = \frac{0.81\times10^6}{0.988\times270\times95} = 32\text{mm}^2$$

$$\rho_{\min} = \max\begin{cases} 0.2\% \\ 0.45\dfrac{f_t}{f_y} = 0.45\times\dfrac{1.27}{270} = 0.21\% \end{cases} = 0.21\%$$

$$A_{s,\min} = \rho_{\min} bh = 0.21\%\times300\times120 = 75.6\text{mm}^2$$

$$A_s = 32\text{mm}^2 < A_{s,\min} = 75.6\text{mm}^2$$

取 A_s=75.6 mm²，受力钢筋选用 2Φ8，A_s=101mm²；分布钢筋采用Φ6@250，如图 3-129 所示。

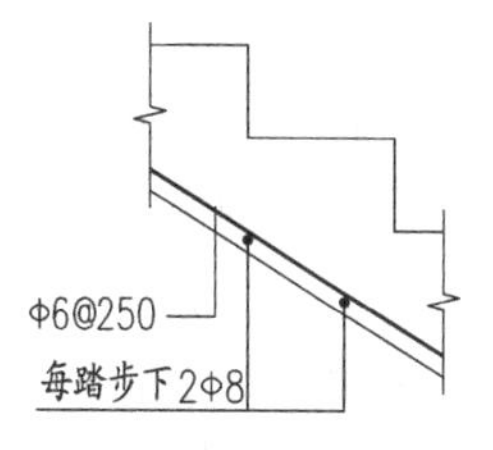

图 3-129　踏步配筋图

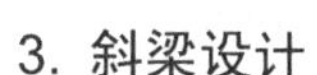

3. 斜梁设计

1) 截面形状及尺寸

截面形状：踏步位于斜梁上部。

截面尺寸：

斜梁截面高度

$$h = \left(\frac{1}{12}\sim\frac{1}{18}\right)l' = \left(\frac{1}{12}\sim\frac{1}{18}\right)\times\frac{3900}{0.894} = \left(\frac{1}{12}\sim\frac{1}{18}\right)\times4362 = 242\sim364\text{mm}$$，取 h=300mm

斜梁截面宽度取 b=150mm。

2) 荷载计算

斜梁荷载计算见表 3-30。

表 3-30　斜梁荷载计算表

荷载种类		荷载标准值(kN/m)	荷载分项系数	荷载设计值(kN/m)
恒荷载	栏杆自重	1.0	1.2	1.2
	梯板传来的荷载	$1.3\times\left(\frac{1.63}{2}+0.15\right)\times\frac{1}{0.3}=4.18$	1.2	5.02

续表

荷载种类		荷载标准值(kN/m)	荷载分项系数	荷载设计值(kN/m)
恒荷载	斜梁自重	$25\times0.15\times(0.3-0.04)/0.894=1.09$	1.2	1.31
	斜梁外侧 20 厚抹灰	$17\times0.02\times\left(\frac{0.15}{2}+\frac{0.3}{0.894}\right)=0.14$	1.2	0.17
	斜梁底及内侧 20 厚抹灰	$17\times0.02\times[0.15+(0.3-0.04)]\times\frac{1}{0.894}=0.16$	1.2	0.19
	小计 g	6.57		7.88
活荷载 q		$3.5\times\left(\frac{1.63}{2}+0.15\right)=3.38$	1.4	4.73
总计 p				12.61

3) 内力计算

斜梁跨中最大弯矩设计值为

$$M=\frac{1}{8}pl_0^2=\frac{1}{8}\times12.61\times3.9^2=23.97\text{kN}\cdot\text{m}$$

斜梁端部最大剪力设计值为

$$V=\frac{1}{2}pl_n\cos\alpha=\frac{1}{2}\times12.61\times3.9\times0.894=21.98\text{kN}$$

斜梁的支座反力

$$R=\frac{1}{2}pl_n=\frac{1}{2}\times12.61\times3.9=24.59\text{kN}$$

4) 截面设计

受力钢筋采用 HRB335：f_y=300N/mm^2；箍筋采用 HPB300：f_{yv}=270N/mm^2；混凝土采用 C25：f_c=11.9N/mm^2，f_t=1.27N/mm^2，斜梁的混凝土保护层厚度为 20mm，取 a_s=35mm。由于踏步位于斜梁的上部，而且梯段的两侧均有斜梁，故斜梁按倒 L 形截面设计。

翼缘高度取梯板的厚度

$$h_f'=h=40\text{mm}$$

翼缘计算宽度

按计算跨度 l_0 考虑 $$b_f'=\left(\frac{l_0}{0.894}\right)/6=\left(\frac{3900}{0.894}\right)/6=4362/6=727\text{mm}$$

按梁净距 s_n 考虑 $$b_f'=b+\frac{s_n}{2}=150+\frac{1630}{2}=965\text{mm}$$

按翼缘高度 h_f'考虑 $h_0=h-35=300-35=275$mm

$$h_f'/h_0=40/275=0.15>0.1 \quad \text{不用考虑此项}$$

根据以上三项，取 b_f'=727mm。

判别 T 形截面类型：

$$\alpha_1 f_c b_f' h_f'\left(h_0-\frac{h_f'}{2}\right)=1.0\times11.9\times727\times40\times\left(275-\frac{40}{2}\right)=88.24\times10^6\text{N}\cdot\text{mm}$$

$$=88.24\text{kN}\cdot\text{m}>M=23.97\text{kN}\cdot\text{m}$$

属于第一类 T 形截面，则

$$\alpha_s=\frac{M}{\alpha_1 f_c b_f' h_0^2}=\frac{23.97\times10^6}{1.0\times11.9\times727\times275^2}=0.037$$

$$\xi=\left(1-\sqrt{1-2\alpha_s}\right)=1-\sqrt{1-2\times0.037}=0.038<\xi_b=0.550$$

$$\gamma_s=0.5\left(1+\sqrt{1-2\alpha_s}\right)=0.5\times\left(1+\sqrt{1-2\times0.037}\right)=0.981$$

$$A_s=\frac{M}{\gamma_s f_y h_0}=\frac{23.97\times10^6}{0.981\times300\times275}=296\text{mm}^2$$

$$\rho_{\min}=\max\begin{cases}0.2\%\\ 0.45\dfrac{f_t}{f_y}=0.45\times\dfrac{1.27}{300}=0.19\%\end{cases}=0.2\%$$

$$A_{s,\min}=\rho_{\min}bh=0.2\%\times150\times300=90\text{mm}^2$$

$$A_s=296\text{mm}^2>A_{s,\min}=90\text{mm}^2$$

选用：纵向受力钢筋 2Φ14，A_s=308mm^2；架立钢筋 2Φ10。

4. 平台板设计

同现浇板式楼梯的平台板。

5. 梯梁设计(层间梯梁)

1) 截面尺寸

梯梁截面取 h=350mm , b=250mm。

2) 荷载计算

梯梁荷载计算见表 3-31。

表 3-31　梯梁荷载计算表

荷载种类		荷载标准值(kN/m)	荷载分项系数	荷载设计值(kN/m)
恒荷载	由平台板传来的恒荷载	$3.49\times\frac{1.73}{2}=3.02$	1.2	3.62
	梯梁自重	25×0.25×0.35=2.19	1.2	2.63
	30 厚水磨石面层	0.65×0.25=0.16	1.2	0.19
	梁底面和侧面 20 厚抹灰	17×0.02×[0.25+2(0.35−0.1)]=0.26	1.2	0.31
	小计　g	5.63	1.2	6.76
活荷载　q		$3.5\times\left(\frac{1.73}{2}+0.25\right)=3.9$	1.4	5.46
总计 p				12.22
由斜梁传来的集中力(F)				24.59

3) 内力计算

梯梁的两端搁置在楼梯间的侧墙上，计算跨度取 $l_0=l_n+a=(4200-240)+240=3960+240=4200\text{mm}$，计算简图如图 3-130 所示。

梯梁跨中最大弯矩设计值：

$$M=\frac{1}{8}pl_0^2+\frac{1}{2}Fl_0+(K_2-\frac{K_1}{2})F$$

$$=\frac{1}{8}\times12.22\times4.2^2+\frac{1}{2}\times24.59\times4.2+(0.195+\frac{0.25}{2})\times24.59=86.45\text{kN}\cdot\text{m}$$

梁端最大剪力设计值：

$$V=\frac{1}{2}pl_n+2F=\frac{1}{2}\times12.22\times3.96+2\times24.59=73.38\text{kN}$$

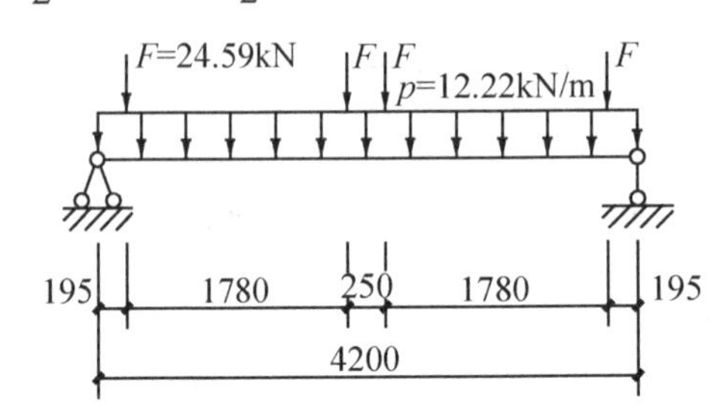

图 3-130　梯梁的计算简图

4) 截面设计

受力钢筋采用 HRB400：$f_y=360\text{N/mm}^2$；箍筋采用 HPB300：$f_{yv}=270\text{N/mm}^2$；混凝土采用 C25：$f_c=11.9\text{N/mm}^2$，$f_t=1.27\text{N/mm}^2$，梯梁的混凝土保护层厚度为 20mm，取 $a_s=35\text{mm}$。

(1) 正截面受弯承载力计算。

$$h_0=h-a_s=350-35=315\text{mm}$$

$$\alpha_s=\frac{M}{\alpha_1 f_c bh_0^2}=\frac{86.45\times10^6}{1.0\times11.9\times250\times315^2}=0.293$$

$$\xi=\left(1-\sqrt{1-2\alpha_s}\right)=1-\sqrt{1-2\times0.293}=0.357<\xi_b=0.550$$

$$\gamma_s=0.5\left(1+\sqrt{1-2\alpha_s}\right)=0.5\left(1+\sqrt{1-2\times0.293}\right)=0.822$$

$$A_s=\frac{M}{\gamma_s f_y h_0}=\frac{86.45\times10^6}{0.822\times360\times315}=927\text{mm}^2$$

$$\rho_{\min}=\max\begin{cases}0.2\%\\0.45\dfrac{f_t}{f_y}=0.45\times\dfrac{1.27}{360}=0.16\%\end{cases}=0.2\%$$

$$A_{s,\min}=\rho_{\min}bh=0.2\%\times250\times350=175\text{mm}^2$$

$$A_s = 927\text{mm}^2 > A_{s,\min} = 175\text{mm}^2$$

选用：纵向受力钢筋 3Φ20，A_s=942mm^2；架立钢筋 2Φ10。

(2) 斜截面受剪承载力计算。

验算截面尺寸

$$h_w/b = 315/250 = 1.26 < 4$$

$$0.25\beta_c f_c b h_0 = 0.25\times1.0\times11.9\times250\times315 = 234.3\times10^3\text{N} = 234.3\text{kN} > V = 73.38\text{kN}$$

截面尺寸符合要求。

判断是否需按计算配置箍筋。

截面高度影响系数β_h：(下式中 h_0<800，取 h_0=800)

$$\beta_h = \left(\frac{800}{h_0}\right)^{1/4} = \left(\frac{800}{800}\right)^{1/4} = 1.0$$

$$0.7 f_t b h_0 = 0.7\times1.27\times250\times315 = 70\times10^3\text{N} = 70\text{kN} < V = 73.38\text{kN}$$

需按计算配置箍筋

$$\frac{A_{sv}}{s} \geqslant \frac{V - 0.7 f_t b h_0}{1.25 f_{yv} h_0} = \frac{73.38\times10^3 - 70\times10^3}{1.25\times270\times315} = 0.032\text{mm}^2/\text{mm}$$

选用Φ6 双肢箍筋($A_{sv} = 57\text{mm}^2$)，则

$$s \leqslant \frac{A_{sv}}{0.032} = \frac{57}{0.032} = 1781\text{mm}$$

取 s=200mm，相应的配箍率为

$$\rho_{sv} = \frac{A_{sv}}{bs} = \frac{57}{250\times200} = 0.114\% > \rho_{sv,\min} = 0.24\frac{f_t}{f_{yv}} = 0.24\times\frac{1.27}{270} = 0.113\%$$

故配置双肢Φ6@200 箍筋满足要求。

6. 绘制施工图

图 3-131 为梁式楼梯斜梁的结构施工图。

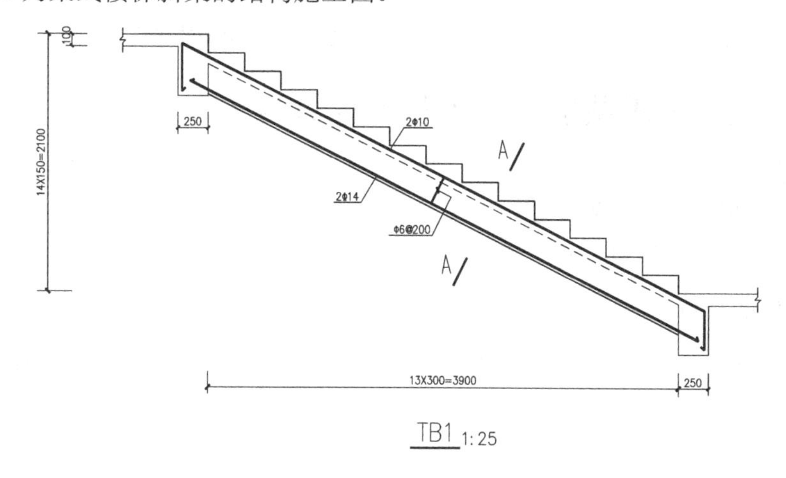

图 3-131　梁式楼梯配筋图

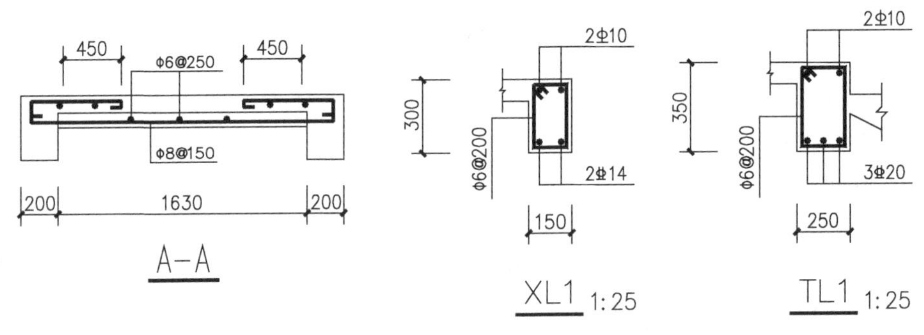

图 3-131　梁式楼梯配筋图(续)

3.13　混凝土雨篷的承载能力极限状态计算与构造

雨篷是建筑工程中常见的悬挑构件，由雨篷板和雨篷梁两部分所组成(见图 3-132)。其受力特点随结构类别、支承条件、布置、构造等不同而不同，雨篷板承受板自重、板上均布活荷载、检修荷载及雪荷载等；雨篷梁承受雨篷板的荷载外还承受梁自重、梁上墙体的重量等荷载。雨篷板为受弯构件，雨篷梁为受弯、剪、扭构件。

因此，雨篷可能发生的三种破坏情况如下。

(1) 雨篷板的支承截面因正截面受弯而破坏，如图 3-133(a)所示；

(2) 雨篷梁受弯、剪、扭作用而破坏，如图 3-133(b)所示；

(3) 雨篷发生整体倾覆，如图 3-133(c)所示。

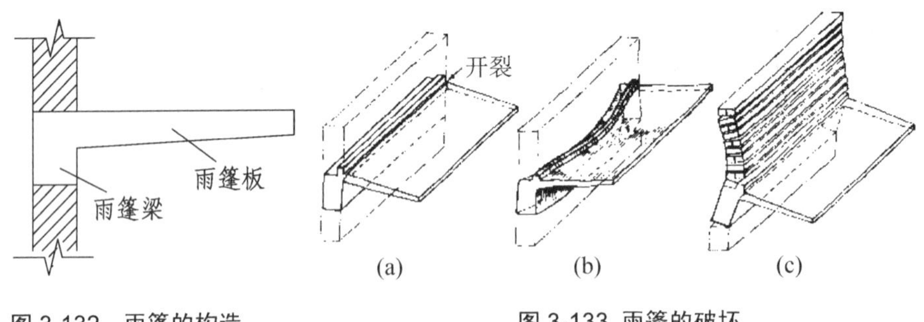

图 3-132　雨篷的构造

图 3-133　雨篷的破坏

3.13.1　雨篷板的承载能力极限状态计算与构造

雨篷板是雨篷主要的组成构件之一，工程中常见的雨篷板有平挑雨篷板、端部上下返檐雨篷板等多种形式。雨篷板主要承受雨篷板自重、板上活荷载及雪荷载，雨篷板的计算包括荷载计算、内力计算和配筋计算。

1. 雨篷板的计算

雨篷板是一块固定在雨篷梁上的悬臂板，如图 3-134 所示，计算单元取 1m 宽。

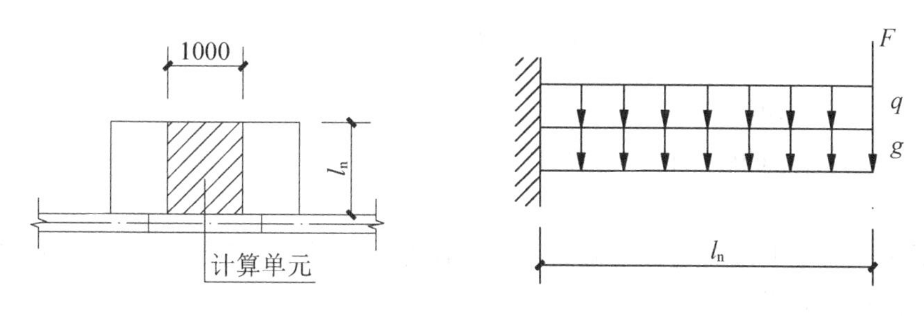

图 3-134　雨篷板计算简图

1) 荷载计算

作用在板上的荷载如下。

(1) 雨篷板自重、板底抹灰等均布恒荷载 g；

(2) 作用于板端的其他集中恒荷载(如栏杆、返檐等)F_g；

(3) 均布活荷载 q：雨篷水平投影面上均布活荷载标准值为 0.5kN/m^2 , γ_Q =1.4。

(4) 雪荷载：雨篷水平投影面上的雪荷载标准值 s_k 按下式计算(取值参考《建筑结构荷载规范》(GB50009—2001)：

$$s_k = \mu_r s_0 \tag{3-62}$$

式中：μ_r ——积雪分布系数；

s_0——基本雪压(kN/m^2)。

雪荷载的荷载分项系数 γ_Q =1.4。雨篷的均布活荷载不应与雪荷载同时考虑，可取两者中较大值进行设计。

(5) 施工和检修集中荷载 F：取 F=1kN，当计算雨篷承载力时，沿板宽每隔 1.0m 取一个集中荷载；验算雨篷倾覆时，沿板宽每隔 2.5～3.0m 考虑一个集中荷载。当施工荷载有可能超过上述荷载时，应按实际情况验算，或采取加支撑等临时措施解决。施工集中荷载和雨篷的均布活荷载不同时考虑。

2) 内力计算

雨篷板的最大弯矩截面应取在板的根部，则均布恒荷载与活荷载组合(见图 3-135(a))下的最大弯矩为：

$$M_1 = \frac{1}{2}(g+q)l_n^2 + F_g l_n \tag{3-63}$$

恒荷载与集中荷载组合(见图 3-135(b))下的最大弯矩：

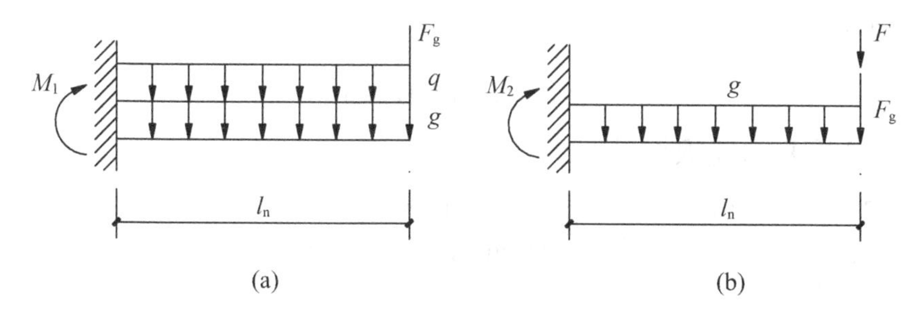

图 3-135　雨篷板计算简图

$$M_2 = \frac{1}{2}gl_n^2 + F_g l_n + Fl_n \tag{3-64}$$

式中：l_n——板的净跨度。

取 M_1、M_2 两者中的较大值进行设计。

3) 配筋计算

雨篷板按单筋矩形截面进行正截面受弯承载力计算配筋，由于其上部受拉，纵向受力钢筋应布置在板的上侧。

2. 雨篷板的构造

1) 雨篷板的厚度

雨篷板的厚度首先应根据刚度要求初步确定，并且应满足承载力的要求以及经济和施工上的方便。从刚度条件看，雨篷板是属于悬挑构件，因此雨篷板根部的最小厚度可按悬臂板最小厚度要求确定，不小于计算跨度的 1/12。为了保证施工质量，雨篷板根部的最小厚度不应小于表 3-32 规定的数值。

表 3-32 雨篷板的最小厚度 mm

悬臂板(根部)	悬臂长度不大于 500mm	60
	悬臂长度 1200mm	100

2) 雨篷板的配筋

雨篷板的钢筋有受力钢筋和分布钢筋两种(见图 3-136)，受力钢筋沿雨篷板受力方向在板顶部布置，承受由弯矩作用而产生的拉应力，其大小和间距由计算确定。分布钢筋布置在板顶部受力钢筋内侧且与受力钢筋相垂直，与受力钢筋绑扎或焊接在一起，形成钢筋骨架。当雨篷板的厚度较大时，可在板底部适当配置分布钢筋，防止混凝土收缩裂缝和温度裂缝的产生。

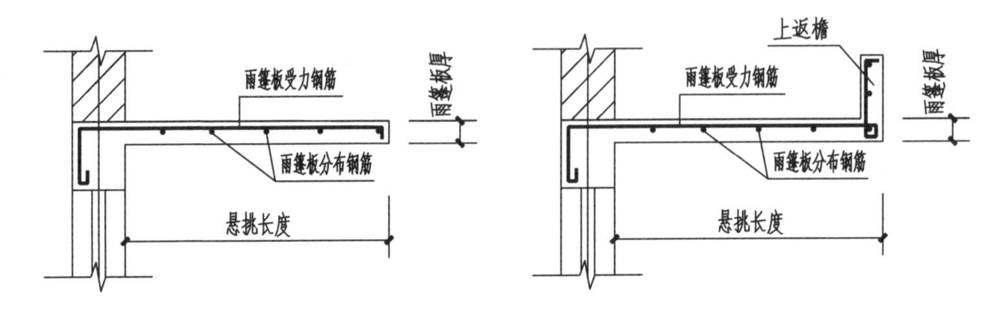

图 3-136 雨篷板钢筋

【案例分析】雨篷板设计

如图 3-137 所示为某仓库入口处钢筋混凝土雨篷，平面尺寸见图，雨篷板的建筑做法为：20mm 水泥砂浆面层、钢筋混凝土板、15mm 厚石灰砂浆板底抹灰。设计该雨篷板，并绘制雨篷板的结构施工图。

已知门洞宽 2.7m，现取雨篷板宽为 2.7+0.5=3.2m；

设雨篷梁两端各伸入墙内 0.5m，则雨篷梁长为 2.7+2×0.5=3.7m。

1) 雨篷板计算

(1) 确定板厚。

雨篷板厚 $h \geq \frac{l}{12} = \frac{1200}{12} = 100\text{mm}$，取 $h = 100\text{mm}$。

(2) 荷载计算。

取 1m 宽板带为计算单元，荷载计算见表 3-33。

表 3-33　雨篷板荷载(1m 宽板带)

荷载种类		荷载标准值(kN/m)	荷载分项系数	荷载设计值(kN/m)
恒荷载	20mm 水泥砂浆面层	20×0.02×1=0.40	1.2	0.48
	板自重	25×0.09×1=2.5	1.2	3.0
	15mm 厚板底抹灰	17×0.015×1=0.34	1.2	0.41
	小计　g	3.24	1.2	3.89
活荷载	雪荷载	$s_k\gamma_Q = \mu_r s_0 \gamma_Q$ =1.0×0.4=0.4	1.4	0.56
	均布活荷载	0.5×1=0.50	1.4	0.7
	q(均布活荷载)			0.7
集中荷载(1m 宽内一个)				F=1.0kN

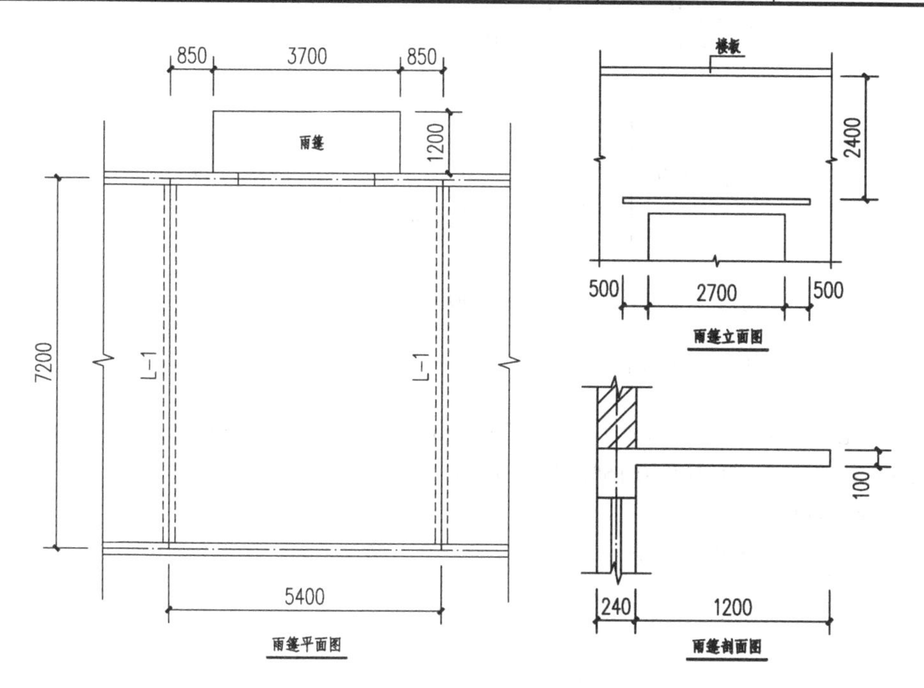

图 3-137　雨篷建筑图

(3) 内力计算。

计算弯矩设计值 M。

① 恒荷载加均布活荷载：

$$M_1 = \frac{1}{2}(g+q)l_n^2 = \frac{1}{2}\times(3.89+0.7)\times1.2^2 = 3.3\text{kN}\cdot\text{m}$$

② 恒荷载加集中荷载：

$$M_2=\frac{1}{2}gl_n^2+Fl_n=\frac{1}{2}\times3.89\times1.2^2+1\times1.2=4\text{kN}\cdot\text{m}$$

$M_2>M_1$，故应按 $M=M_2$=4kN·m 计算配筋。

(4) 截面设计。

钢筋采用 HPB300：f_y=270 N/mm^2；混凝土采用 C25：f_c=11.9N/mm^2，f_t=1.27 N/mm^2，雨篷板的混凝土保护层厚度为 15mm，取 a_s=25mm，则

$$h_0=h-a_s=100-25=75\text{mm}$$

$$\alpha_s=\frac{M}{\alpha_1 f_c bh_0^2}=\frac{4\times10^6}{1.0\times11.9\times1000\times75^2}=0.06$$

$$\xi=\left(1-\sqrt{1-2\alpha_s}\right)=1-\sqrt{1-2\times0.06}=0.062<\xi_b=0.614$$

$$\gamma_s=0.5\left(1+\sqrt{1-2\alpha_s}\right)=0.5\times\left(1+\sqrt{1-2\times0.06}\right)=0.969$$

$$A_s=\frac{M}{\gamma_s f_y h_0}=\frac{4\times10^6}{0.969\times270\times75}=204\text{mm}^2$$

$$\rho_{\min}=\max\begin{cases}0.2\%\\0.45\dfrac{f_t}{f_y}=0.45\times\dfrac{1.27}{270}=0.21\%\end{cases}=0.21\%$$

$$A_{s,\min}=\rho_{\min}bh=0.21\%\times1000\times100=210\text{mm}^2$$

$$A_s=204\text{mm}^2<A_{s,\min}=210\text{mm}^2$$

按最小配筋率配筋，选Φ8@200，A_s=251mm^2；分布钢筋Φ6@180，A_s=157mm^2(>251×15%=41.85mm^2 且>1000×100×0.15%=150 mm^2)。

2) 绘制配筋图

雨篷板的配筋详见图 3-138。

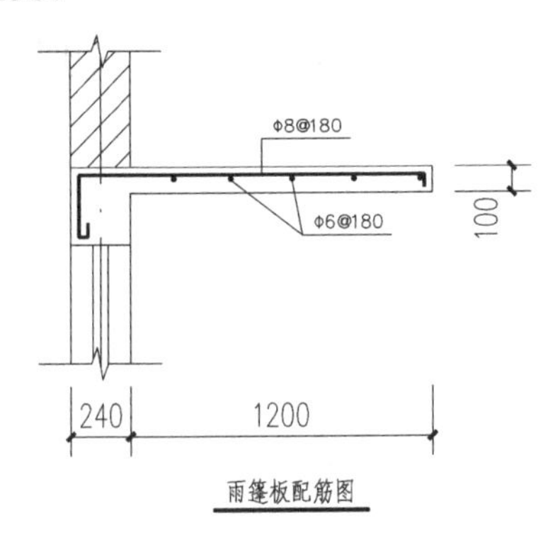

图 3-138 雨篷板配筋图

3.13.2　雨篷梁的承载能力极限状态计算与构造

雨篷梁是雨篷主要的组成构件之一，雨篷梁主要承受着雨篷板传来的荷载和梁上墙体重量、梁板荷载等。在雨篷板作用下，雨篷梁受扭，在墙体重量与梁板荷载作用下，雨篷梁受弯剪。因此，雨篷梁是受弯、剪、扭构件。

1. 雨篷梁的计算

雨篷梁承受的荷载除了梁自重、梁上砌体重以及可能有的楼板荷载外，还承受雨板传来的荷载。雨篷梁自重、梁上砌体重等荷载的作用线通过梁截面的对称轴，使梁受弯、剪，雨篷板传来的荷载作用线不通过梁截面的对称轴，使梁受扭，因此雨篷梁是受弯、剪、扭的构件。

1) 荷载计算

作用在雨篷梁上的荷载如下。

(1) 梁自重、抹灰等恒荷载；

(2) 梁上墙体荷载。

① 对砖砌体，当雨篷梁上的墙体高度 $h_w<l_n/3$(l_n为雨篷梁的净跨)时，应按墙体的均布自重采用。当墙体高度 $h_w\geq l_n/3$ 时，应按高度为 $l_n/3$ 墙体的均布自重采用；

② 对混凝土砌块砌体，当雨篷梁上的墙体高度 $h_w<l_n/2$ 时，应按墙体的均布自重采用。当墙体高度 $h_w\geq l_n/2$ 时，应按高度为 $l_n/2$ 墙体的均布自重采用。

(3) 梁上楼面或屋面梁、板传来的恒荷载和活荷载：

当梁、板下的墙体高度 $h_w<l_n$ 时，应计入梁、板传来的荷载；当 $h_w\geq l_n$ 时，可不考虑梁、板荷载。

(4) 雨篷板传来的荷载(见图 3-139(a))。

① 雨篷板自重、板底抹灰等均布恒荷载 g；

② 作用于板端的其他集中恒荷载(如栏杆等)F_g；

③ 均布活荷载 q：雨篷活荷载标准值为 0.5kN/m^2。

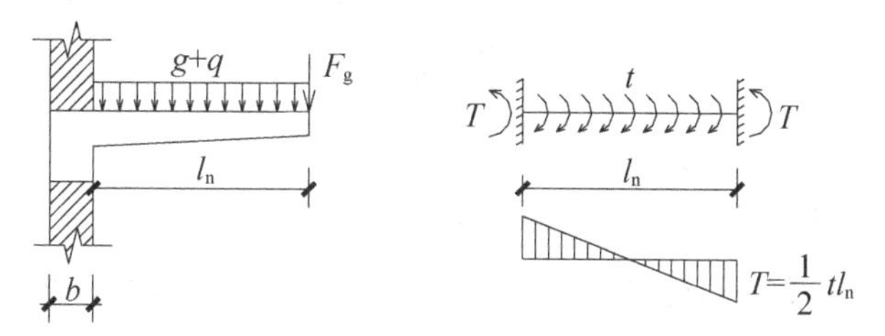

图 3-139　雨篷梁承受的扭矩

2) 内力计算

(1) 弯矩 M 和剪力 V。

雨篷梁按照简支梁计算弯矩 M 和剪力 V。

(2) 扭矩 T。

雨篷板在恒荷载 g ，F_g 和活荷载 q 的组合下(见图 3-138(a))，将产生沿梁单位长度上的扭矩 t，其值为

$$t=(g+q)l_{\mathrm{n}}\left(\frac{l_{\mathrm{n}}+b}{2}\right)+F_{\mathrm{g}}\left(l_{\mathrm{n}}+\frac{b}{2}\right)(\mathrm{kN\cdot m/m}) \tag{3-65}$$

t 要使雨篷梁转动，但雨篷梁的两端由于上、下砌体的约束作用将阻止雨篷转动，因此梁嵌入砌体应有一定的长度。梁在扭矩作用下的计算简图取为两端嵌固的单跨梁(见图 3-140(b))。沿梁纵轴单位长度上作用的扭矩为 t，则梁在门洞边缘处的最大扭矩值 T 为

$$T=\frac{1}{2}tl_{\mathrm{n}} \tag{3-66}$$

梁各截面的扭矩值由洞口边最大值向跨中按直线比例减小，于跨度中央处为零值。由图 3-140(b)可以看出，t 与 T 的关系和简支梁在均布荷载 q 作用下梁上荷载 q 与剪力 V 的关系相类似。

3) 配筋计算

雨篷梁应按受弯构件的正截面受弯承载力和弯剪扭构件的扭曲截面承载力分别进行计算，受弯构件的正截面受弯承载力前面已经介绍，以下介绍扭曲截面承载力的计算方法。

(1) 最小截面尺寸要求。

在弯矩、剪力和扭矩共同作用下，对 $h_{\mathrm{w}}/b\leqslant6$ 的矩形截面构件，其截面应符合下列条件：

当 $h_{\mathrm{w}}/b\leqslant4$ 时

$$\frac{V}{bh_0}+\frac{T}{0.8W_{\mathrm{t}}}\leqslant0.25\beta_{\mathrm{c}}f_{\mathrm{c}} \tag{3-67}$$

当 $h_{\mathrm{w}}/b=6$ 时

$$\frac{V}{bh_0}+\frac{T}{0.8W_{\mathrm{t}}}\leqslant0.2\beta_{\mathrm{c}}f_{\mathrm{c}} \tag{3-68}$$

当 $4<h_{\mathrm{w}}/b<6$ 时，按线性内插法确定。

式中：T——扭矩设计值；

h_0——截面的有效高度；

W_{t}——受扭构件的截面受扭塑性抵抗矩，矩形截面按下式计算

$$W_{\mathrm{t}}=\frac{b^2}{6}(3h-b) \tag{3-69}$$

式中：b、h——矩形截面的宽度、高度；

h_{w}——截面的腹板高度，对矩形截面 $h_{\mathrm{w}}=h_0$。

注：当 $h_{\mathrm{w}}/b>6$ 时，受扭构件的截面尺寸条件及扭曲截面承载力计算应符合专门规定。

(2) 判定是否需要按计算配置纵向钢筋和箍筋。

若满足 $\frac{V}{bh_0}+\frac{T}{W_{\mathrm{t}}}\leqslant0.7f_{\mathrm{t}}$，可不进行构件受剪扭承载力计算，仅需按构造要求配置纵向钢筋和箍筋。

(3) 判定是否考虑剪力 V 和扭矩 T 的影响。

① 当 $V\leqslant0.35f_{\mathrm{t}}bh_0$ 或 $V\leqslant0.875f_{\mathrm{t}}bh_0/(\lambda+1)$时，可忽略剪力的影响，可按受弯构件的正截面受弯承载力和纯扭构件的受扭承载力分别进行计算；

② 当 $T\leqslant0.175f_{\mathrm{t}}W_{\mathrm{t}}$ 时，可忽略扭矩的影响，可按受弯构件的正截面受弯承载力和斜截

面受剪承载力分别进行计算。

(4) 矩形截面纯扭构件的受扭承载力

$$T \leqslant 0.35 f_t W_t + 1.2\sqrt{\zeta} f_{yv} \frac{A_{stl} A_{cor}}{s} \tag{3-70}$$

其中

$$\zeta = \frac{f_y A_{stl} s}{f_{yv} A_{stl} u_{cor}} \tag{3-71}$$

由上式可得

$$\frac{A_{stl}}{s} = \frac{T - 0.35 f_t W_t}{1.2\sqrt{\zeta} f_{yv} A_{cor}} \tag{3-72}$$

式中：ζ——受扭的纵向钢筋与箍筋的配筋强度比值，对钢筋混凝土纯扭构件，其ζ值应符合 $0.6 \leqslant \zeta \leqslant 1.7$ 的要求，当$\zeta > 1.7$ 时，取$\zeta = 1.7$；

A_{stl}——受扭计算中取对称布置的全部纵向非预应力钢筋截面面积；

A_{stl}——受扭计算中沿截面周边配置的箍筋单肢截面面积；

f_{yv}——受扭箍筋的抗拉强度设计值；

f_y——受扭纵向钢筋的抗拉强度设计值；

A_{cor}——截面核心部分的面积：$A_{cor}=b_{cor}h_{cor}$，此处的 b_{cor}、h_{cor} 为箍筋内表面范围内截面核心部分的短边、长边尺寸(见图 3-140)；

u_{cor}——截面核心部分的周长：$u_{cor}=2(b_{cor}+h_{cor})$。

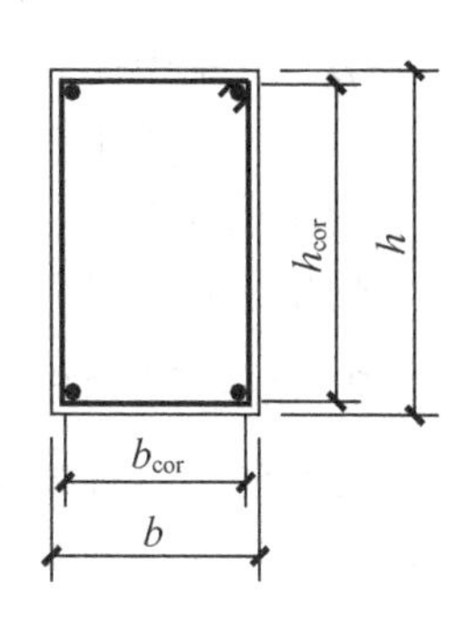

图 3-140　受扭构件截面

(5) 矩形截面剪扭构件承载力。

① 一般剪扭构件。

受剪承载力：

$$V \leqslant (1.5 - \beta_t) 0.7 f_t b h_0 + 1.25 f_{yv} \frac{A_{sv}}{s} h_0 \tag{3-73}$$

$$\beta_t = \frac{1.5}{1 + 0.5 \dfrac{V W_t}{T b h_0}} \tag{3-74}$$

由上式可得

$$\frac{A_{sv}}{s} \geqslant \frac{V - (1.5 - \beta_t) 0.7 f_t b h_0}{1.25 f_{yv} h_0} \tag{3-75}$$

式中：A_{sv}——受剪承载力所需的箍筋截面面积；

β_t——一般剪扭构件混凝土受扭承载力降低系数：当$\beta_t<0.5$ 时，取$\beta_t=0.5$；当$\beta_t>1$ 时，取$\beta_t=1$。

受扭承载力：

受扭承载力按公式(3-68)计算，式中的β_t应按公式(3-71)计算。

② 集中荷载作用下的独立剪扭构件。

受剪承载力：

$$V \leqslant (1.5-\beta_t)\frac{1.75}{\lambda+1}f_t b h_0 + f_{yv}\frac{A_{sv}}{s}h_0 \tag{3-76}$$

$$\beta_t = \frac{1.5}{1+0.2(\lambda+1)\frac{VW_t}{Tbh_0}} \tag{3-77}$$

由上式可得

$$\frac{A_{sv}}{s} \geqslant \frac{V-(1.5-\beta_t)\frac{1.75}{\lambda+1}f_t b h_0}{f_{yv}h_0} \tag{3-78}$$

式中：λ——计算截面的剪跨比，可取$\lambda=a/h_0$，a 为集中荷载作用点至支座或节点边缘的距离；当$\lambda<1.5$ 时，取$\lambda=1.5$，当$\lambda>3$ 时，取$\lambda=3$；

β_t——集中荷载作用下剪扭构件混凝土受扭承载力降低系数：当$\beta_t<0.5$ 时，取$\beta_t=0.5$；当$\beta_t>1$ 时，取$\beta_t=1$。

受扭承载力：

受扭承载力仍应按公式(3-67)计算，但式中的β_t应按公式(3-74)计算。

2. 雨篷梁的构造

雨篷梁是一种受弯、剪、扭的复合受力构件，在设计时除了配置抗弯的纵向受力钢筋和抗剪的箍筋，还需沿截面周边布置抗扭纵向钢筋(见图 3-141)，并满足相应的构造要求。

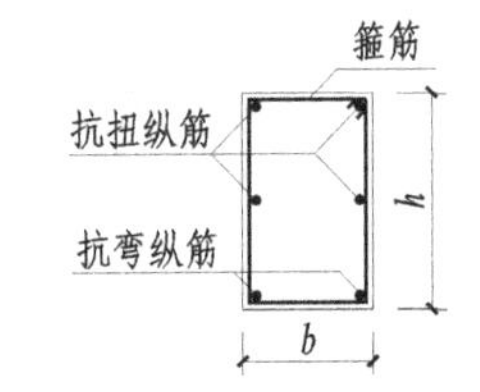

图 3-141　受扭构件配筋

1) 纵向钢筋的构造要求

梁内受扭纵向钢筋的配筋率ρ_{tl}应符合下列规定：

$$\rho_{tl} \geqslant 0.6\sqrt{\frac{T}{Vb}}\frac{f_t}{f_y} \tag{3-79}$$

当 $T/(Vb)>2.0$ 时，取 $T/(Vb)=2.0$。

式中：ρ_{tl}——受扭纵向钢筋的配筋率：$\rho_{tl}=A_{stl}/bh$；

b——受剪的截面宽度；

A_{stl}——沿截面周边布置的受扭纵向钢筋总截面面积。

沿截面周边布置的受扭纵向钢筋的间距不应大于 200mm 和梁截面短边长度；除应在梁截面四角设置受扭纵向钢筋外，其余受扭纵向钢筋宜沿截面周边均匀对称布置。受扭纵向钢筋应按受拉钢筋锚固在支座内。

在弯剪扭构件中，配置在截面弯曲受拉边的纵向受力钢筋，其截面面积不应小于按受弯构件受拉钢筋最小配筋率计算出的钢筋截面面积与按式(3-76)受扭纵向钢筋配筋率计算并分配到弯曲受拉边的钢筋截面面积之和。

2) 箍筋的构造要求

雨篷梁箍筋的配筋率$\rho_{sv}(\rho_{sv}=A_{sv}/(bs))$不应小于$0.28f_t/f_{yv}$。箍筋间距应符合表 3-34 的规定，其中受扭所需的箍筋应做成封闭式，且应沿截面周边布置；当采用复合箍筋时，位于截面内部的箍筋不应计入受扭所需的箍筋面积；受扭所需箍筋的末端应做成 135° 弯钩，弯钩端头平直段长度不应小于 $10d$(d 为箍筋直径)。

表 3-34　梁中箍筋的最大间距　　mm

梁高 h	$V>0.7f_tbh_0$	$V\leqslant0.7f_tbh_0$
$150<h\leqslant300$	150	200
$300<h\leqslant500$	200	300
$500<h\leqslant800$	250	350
$h>800$	300	400

3. 雨篷的整体抗倾覆验算

雨篷板上的荷载使整个雨篷绕雨篷梁底的倾覆点 O 转动而倾倒，雨篷梁上的墙体自重和梁板荷载等起到阻止倾倒的抗倾覆作用(见图 3-142)。为保证雨篷的整体稳定，需按下式对雨篷进行抗倾覆验算：

$$M_{ov}\leqslant M_r \tag{3-80}$$

$$M_r=0.8G_r(l_2-x_0) \tag{3-81}$$

式中：M_{ov}——雨篷板的荷载设计值对倾覆点产生的倾覆力矩(kN · m)；

M_r——雨篷梁的抗倾覆力矩设计值(kN·m)；

G_r——雨篷的抗倾覆荷载(kN)，取雨篷梁尾端上部 45° 扩散角的阴影范围(其水平长度为 $l_3=l_n/2$)内本层的砌体与楼面恒荷载标准值之和，G_r 作用点距墙外边缘的距离 $l_2=l_1/2$；

x_0——倾覆点 O 至墙外边缘的距离(mm)，当 $l_1\geqslant2.2h_b$ 时，$x_0=0.3h_b$ 且 $x_0\leqslant0.13l_1$ (h_b 为雨篷梁截面高度)；当 $l_1<2.2h_b$ 时，$x_0=0.13l_1$。

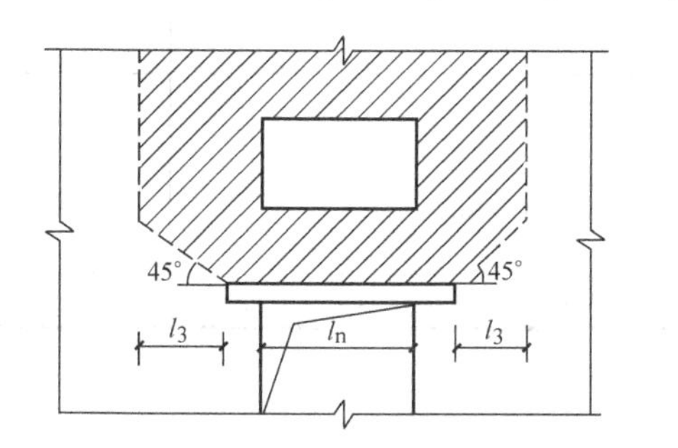

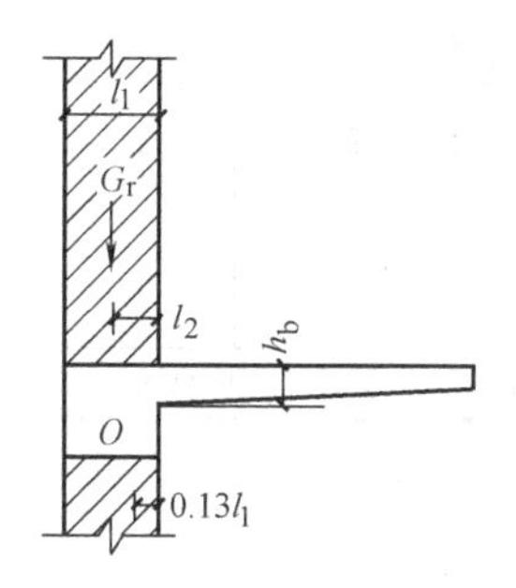

图 3-142　雨篷抗倾覆计算简图

计算 M_{ov} 时，应考虑可能出现的最大力矩，即包括作用于雨篷板上的全部恒荷载及活荷载及活荷载对 O 点的力矩。其中活荷载应考虑两种情况：一种是均布活荷载(0.5kN/m^2)，另一种是施工或检修集中荷载(1.0kN)，该集中荷载沿板宽度每隔 2.5～3.0m 考虑一个集中荷载，作用于雨篷板端部。取两种情况中的较大值。

计算 M_r 时，应按实际可能存在的最小力矩计算，不考虑活荷载的影响，仅考虑结构自重。

【案例分析】

图 3-143 中仓库的雨篷，平面尺寸见图，设计该雨篷梁，并绘制雨篷梁的结构施工图。仓库屋面做法为：

4mm 厚 SBS 改性沥青防水卷材

20mm 厚水泥砂浆找平层

水泥珍珠岩找坡 3%，最薄处 20mm 厚

100mm 聚苯板保温层

20 厚水泥砂浆找平层

120mm 厚钢筋混凝土现浇板

20mm 厚石灰砂浆板底抹灰

1) 雨篷梁计算

(1) 截面尺寸。

取雨篷梁截面尺寸为 $b\times h$=240mm×300mm。

(2) 荷载计算。

雨篷梁上荷载计算见表 3-35。

表 3-35　雨篷梁上的线荷载

荷载种类		荷载标准值(kN/m)	荷载分项系数	荷载设计值
恒荷载	梁自重	25×0.24×0.3=1.8	1.2	2.16
	梁侧抹灰	17×0.02×0.3×2=0.2	1.2	0.24
	梁上砌体	因梁上砌体高度大于 $l_n/3$，故按 $l_n/3$ 高度的砌体计算，即 $(19\times0.24+0.36)\times\dfrac{2.4}{3}\times1.2=4.72$	1.2	5.66
	雨篷板传来恒荷载	3.24	1.2	3.89
	小计　g			11.95
活荷载	雨篷板传来 q	0.5×1.2=0.6	1.4	0.84
集中荷载	每 1m 一个集中荷载 1kN，板实际宽 3.5m，集中荷载按三个计算		1.4	1.4

注：水泥砂浆粉刷墙面的单位自重为 0.36kN/m^2。

(3) 计算简图。

雨篷梁的计算简图如图 3-143 所示，计算跨度取为

$$l_0=1.05l_n=1.05\times2.7=2.84\text{m}$$

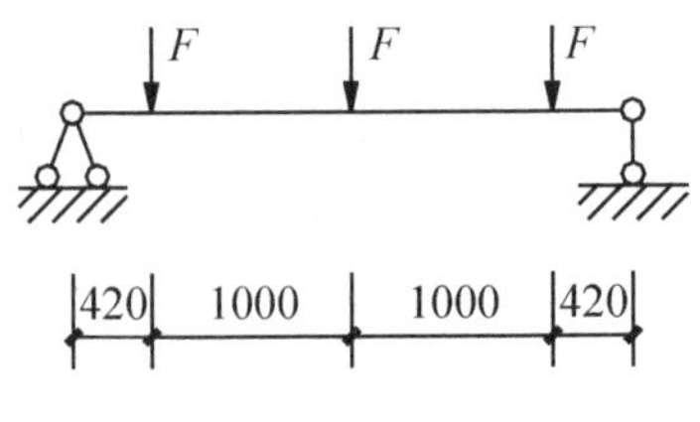

图 3-143　雨篷梁计算简图

(4) 正截面受弯承载力计算。

① 弯矩设计值 M。

恒荷载加均布活荷载：

$$M_1=\frac{1}{8}(g+q)l_0^2=\frac{1}{8}\times(11.95+0.84)\times2.84^2=12.8\text{kN}\cdot\text{m}$$

恒荷载加集中荷载：

三个集中荷载按图 3-143 布置，即荷载下的跨中弯矩

$$M_\text{F}=\frac{1.4\times3}{2}\times1.42-1.4\times1=1.58\text{kN}\cdot\text{m}$$

$$M_2=\frac{1}{8}gl_0^2+M_\text{F}=\frac{1}{8}\times11.95\times2.84^2+1.58=13.63\text{kN}\cdot\text{m}$$

$M_2>M_1$，故应按 $M=M_2=13.63\text{kN}\cdot\text{m}$ 计算配筋。

② 配筋计算。

钢筋采用 HPB300：f_y=270 N/mm^2；混凝土采用 C25：f_c=11.9 N/mm^2，f_t=1.27 N/mm^2，雨篷梁的混凝土保护层厚度为 20mm，取 a_s=35mm，雨篷梁截面为倒 L 形，现近似按矩形截面计算，则

$$h_0=h-a_\text{s}=300-35=265\text{mm}$$

$$\alpha_\text{s}=\frac{M}{\alpha_1f_\text{c}bh_0^2}=\frac{13.63\times10^6}{1.0\times11.9\times240\times265^2}=0.068$$

$$\xi=\left(1-\sqrt{1-2\alpha_\text{s}}\right)=1-\sqrt{1-2\times0.068}=0.07<\xi_\text{b}=0.614$$

$$\gamma_\text{s}=0.5\left(1+\sqrt{1-2\alpha_\text{s}}\right)=0.5\left(1+\sqrt{1-2\times0.068}\right)=0.965$$

$$A_\text{s}=\frac{M}{\gamma_\text{s}f_\text{y}h_0}=\frac{13.63\times10^6}{0.965\times270\times265}=197\text{mm}^2$$

$$\rho_\text{min}=\max\begin{cases}0.2\%\\0.45\dfrac{f_\text{t}}{f_\text{y}}=0.45\times\dfrac{1.27}{270}=0.21\%\end{cases}=0.21\%$$

$$A_\text{s,min}=\rho_\text{min}bh=0.21\%\times240\times300=151\text{mm}^2$$

$$A_\text{s}=197\text{mm}^2>A_\text{s,min}=151\text{mm}^2$$

兼顾受扭需要，取 2Φ14，A_s=308mm^2。

(5) 扭曲截面受剪扭承载力计算。

① 扭矩 T 和剪力 V 设计值。

恒载与均布活荷载组合：

雨篷板上均布荷载$(g+q)$产生沿梁纵轴每米的线扭矩为

$$t_1=\frac{1}{2}(g+q)\left(l_\text{n}+\frac{b}{2}\right)^2=\frac{1}{2}\times(3.89+0.7)\times(1.2+0.12)^2=4\text{kN}\cdot\text{m/m}$$

梁门洞边处扭矩

$$T_1=\frac{1}{2}t_1l_n=\frac{1}{2}\times 4\times 2.7=5.4\text{kN}\cdot\text{m}$$

相应剪力

$$V_1=\frac{1}{2}(g+q)l_n=\frac{1}{2}\times(11.95+0.84)\times 2.7=17.27\text{kN}$$

恒载与集中荷载组合:

集中荷载在门洞边所产生的扭矩为

$$T_F=\frac{3F}{2}\left(l_n+\frac{b}{2}\right)=\frac{3\times 1.4}{2}\times(1.2+0.12)=2.77\text{kN}\cdot\text{m}$$

雨篷板上恒载(g)产生沿梁纵轴每米的线扭矩为

$$t_g=\frac{1}{2}g\left(l_n+\frac{b}{2}\right)^2=\frac{1}{2}\times 3.89\times(1.2+0.12)^2=3.39\text{kN}\cdot\text{m/m}$$

梁门洞边处扭矩

$$T_2=\frac{1}{2}t_gL_n+T_F=\frac{1}{2}\times 3.39\times 2.7+2.77=7.35\text{kN}\cdot\text{m}$$

相应剪力

$$V_2=\frac{1}{2}gL_n+1.5F=\frac{1}{2}\times 11.95\times 2.7+1.5\times 1.4=16.13+2.1=18.23\text{kN}$$

故应取 $T=T_2=7.35\text{kN}\cdot\text{m}$ 和剪力 $V=V_2=18.23\text{kN}$ 进行计算。

② 截面尺寸校核。

近似取矩形截面计算，截面抗扭塑性抵抗矩为

$$W_t=\frac{b^2}{6}(3h-b)=\frac{1}{6}\times 240^2\times(3\times 300-240)=6.336\times 10^6\text{mm}^3$$

$$h_w/b=260/240=1.08<4$$

$$\frac{V}{bh_0}+\frac{T}{0.8W_t}=\frac{18.23\times 10^3}{240\times 265}+\frac{7.35\times 10^6}{0.8\times 6.336\times 10^6}=1.74\text{N/mm}^2$$

$$0.25\beta_cf_c=0.25\times 1\times 11.9=2.98\text{N/mm}^2>1.74\text{N/mm}^2$$

$$0.7f_t=0.7\times 1.27=0.89\text{N/mm}^2<1.74\text{N/mm}^2$$

截面尺寸符合要求，但应进行构件受剪扭承载力计算配置纵向钢筋和箍筋。

③ 计算受剪箍筋。

集中荷载对支座截面所产生的剪力为 $V_P=1.5P=1.5\times 1.4=2.1\text{kN}<18.23\times 75\%=13.67\text{kN}$

故剪扭构件的受剪承载力应按一般剪扭构件进行计算：由

$$0.35f_tbh_0=0.35\times 1.27\times 240\times 265=28.27\times 10^3\text{N}=28.27\text{kN}>V=18.23\text{kN}$$

表明受剪箍筋可按构造配置。

④ 计算受扭箍筋。

$$0.175f_tW_t=0.175\times 1.27\times 6.336\times 10^6=1.41\times 10^6\text{N}\cdot\text{mm}=1.41\text{kN}\cdot\text{m}<T=7.35\text{kN}\cdot\text{m}$$

应按计算配置受扭箍筋，现取受扭构件纵向钢筋与箍筋的配筋强度比值 $\zeta=1.2$，则剪扭构件的受扭承载力应满足：

$$T\leqslant 0.35\beta_tf_tW_t+1.2\sqrt{\zeta}f_{yv}\frac{A_{st1}A_{cor}}{s}$$

取 $b_{cor}=b-60=240-60=180mm$，$h_{cor}=h-60=300-60=240mm$。

由上式可得

$$\frac{A_{st1}}{s}=\frac{T-0.35\beta_t f_t W_t}{1.2\sqrt{\zeta}f_{yv}A_{cor}}=\frac{7.35\times10^6-0.35\times1\times1.27\times6.336\times10^6}{1.2\sqrt{1.2}\times270\times180\times240}=0.094mm^2/mm$$

在弯剪扭构件中，箍筋的最小配箍率

$$\rho_{sv,min}=0.28\frac{f_t}{f_{yv}}=0.28\times\frac{1.27}{270}=0.132\%$$

因
$$\rho_{sv}=\frac{A_{sv}}{bs}$$

故
$$A_{sv}=\rho_{sv}bs$$

现取箍筋间距 s=100mm，则

$$A_{sv}=\rho_{sv}bs=0.132\%\times240\times100=31.68mm^2$$

取双肢箍Φ6@100，$A_{sv}=2\times28.3=56.6mm^2$

验算

$$\frac{A_{st1}}{s}=\frac{28.3}{100}=0.283mm^2/mm>0.094mm^2/mm$$

满足要求。

⑤ 计算受扭纵筋。

受扭构件纵筋与箍筋的配筋强度比 ζ 的计算公式为

$$\zeta=\frac{f_y A_{stl}s}{f_{yv}A_{st1}u_{cor}}$$

前面取 $\zeta=1.2$，故受扭纵筋为

$$\zeta A_{stl}=\frac{\zeta f_{yv}A_{st1}u_{cor}}{f_y s}=\frac{1.2\times270\times28.3\times2\times(180+240)}{270\times100}=285mm^2$$

选 4Φ10，$A_{stl}=314mm^2$。

梁内受扭纵向钢筋的最小配筋率

$$\rho_{tl,min}=0.6\sqrt{\frac{T}{Vb}}\frac{f_t}{f_y}=0.6\sqrt{\frac{7.35\times10^6}{18.23\times10^3\times240}}\times\frac{1.27}{270}=0.79\%$$

$$\rho_{tl}=\frac{A_{stl}}{bh}=\frac{314}{240\times300}=0.44\%>\rho_{tl,min}=0.79\%$$

满足最小配筋率的要求。

将抗扭纵筋中 2Φ10 置于梁高 h 的中部，2Φ10 配在上面兼作架立钢筋。

2) 雨篷抗倾覆验算

(1) 计算倾覆力矩 M_{ov}。

计算倾覆力矩时应采用荷载设计值。已知雨篷宽为 B=3.2m，按《荷载规范》要求，计算一个集中荷载，因此恒荷载加活荷载的组合所得倾覆力矩更不利。

$$M_{ov}=\frac{1}{2}(g+q)l_n^2B=\frac{1}{2}\times(3.89+0.7)\times1.2^2\times3.2=10.58kN\cdot m$$

(2) 计算抗倾覆力矩 M_r。

① 计算倾覆点至墙外边缘的距离 x_0：

因 $$l_1=240\text{mm}<2.2h_b=2.2\times300=660\text{mm}$$

故 $$x_0=0.13l_1=0.13\times240=31.2\text{mm}$$

② 组成抗倾覆力矩的荷载有：梁的自重、梁上砌体重、山墙上的屋面恒荷载的标准值。

梁自重： $g_1=(2.16+0.14)/1.2=1.92\text{kN/m}$(1.2 为恒载分项系数$\gamma_G$)

砌体重：可计入梁端上部 45° 扩散角范围内的部分砌体重，要求 $l_3=l_n/2=2.7/2=1.35\text{m}$，故可计算的参加抗倾覆验算的砌体如图 3-144 中阴影线所示。阴影线的面积 A 为

$$A=\left[(3.7+2\times1.35)\times(2.4+1.35)-1.35\times1.35\right]=22.18\text{m}^2$$

近似按沿梁长每米砌体的平均重 g_2 为

$$g_2=(19\times0.24+0.36)\times22.18/3.7=29.49\text{kN/m}$$

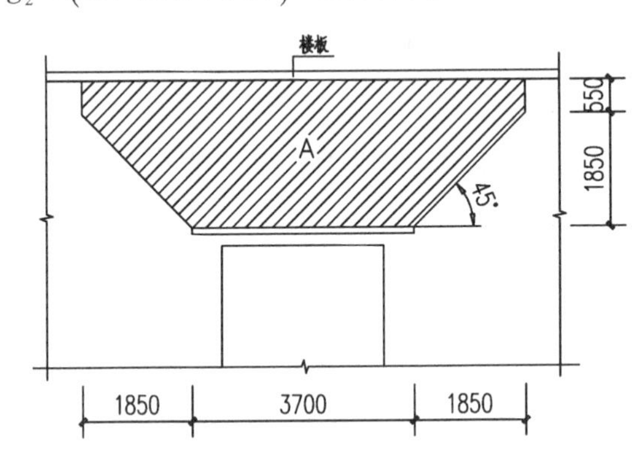

图 3-144 雨棚梁上砌体荷载范围

屋面恒荷载：

4mm 厚 SBS 改性沥青防水卷材	0.05kN/m^2
20mm 厚水泥砂浆找平层	$20\times0.02=0.4\ \text{kN/m}^2$
膨胀珍珠岩找坡 3%，最薄处 20mm 厚	$(\frac{3.6\times0.03}{2}+0.02)\times2=0.15\ \text{kN/m}^2$
100mm 聚苯板保温层	$0.1\times0.5=0.05\text{kN/m}^2$
20 厚水泥砂浆找平层	$20\times0.02=0.4\ \text{kN/m}^2$
140mm 厚钢筋混凝土现浇板	$0.14\times25=3.5\text{kN/m}^2$
20mm 厚水泥砂浆板底抹灰	$20\times0.02=0.4\ \text{kN/m}^2$
恒荷载标准值	$4.95\ \text{kN/m}^2$
活荷载标准值	$0.5\ \text{kN/m}^2$
屋面总荷载标准值	$5.45\ \text{kN/m}^2$

双向板三角形阴影部分(见图 3-145) $g_3=(5.45\times\frac{5.4\times2.7}{2})/3.7=10.74\text{kN/m}$

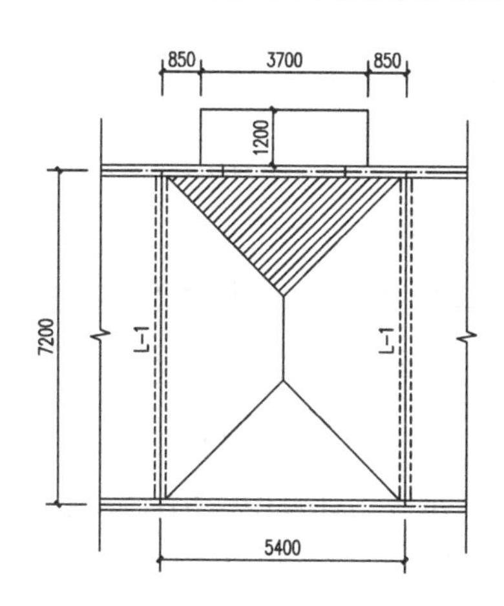

图 3-145　屋面荷载分布图

抗倾覆力矩 M_r 为

$$\begin{aligned} M_r &= 0.8G_r(l_2 - x_0) \\ &= 0.8(g_1 + g_2 + g_3) \cdot L(l_2 - x_0) \\ &= 0.8 \times (1.92 + 29.49 + 10.74) \times 3.7 \times \left(\frac{0.24}{2} - 0.0312\right) \\ &= 11.08\text{kN} \cdot \text{m} \end{aligned}$$

(3) 抗倾覆验算

$M_{ov} = 10.58\text{kN}\cdot\text{m} < M_r = 11.08\text{kN}\cdot\text{m}$　满足要求。

【课程实训】

思考题

1. 试述少筋梁、适筋梁和超筋梁的破坏特征。在设计中如何防止少筋梁和超筋梁破坏？

2. 在受弯构件中，什么是相对界限受压区高度ξ_b？怎样确定它的数值？它和最大的配筋率ρ_{max}有何关系？

3. 单筋矩形截面的极限弯矩 M_{umax} 与哪些因素有关？

4. 在什么情况下可采用双筋截面梁？为什么要求双筋矩形截面的受压区高度 $x \geqslant 2a_s'$ (a_s' 为受压钢筋合力至受压区边缘的距离)？若不满足这一条件应如何处理？

5. T 形截面有何优点？为什么 T 形截面的配筋率公式中的 b 为肋宽？

6. 什么叫配筋率？配筋量对梁的正截面承载力有何影响？

7. 试说明界限破坏和界限配筋率的概念。为什么界限配筋率又称为梁的最大配筋率？

8. 按如图 3-146 所示截面尺寸相同，配筋量不同的 4 种受弯截面情况，回答下列问题。

(1) 它们破坏的原因和破坏的性质有何不同？

(2) 破坏时的钢筋应力情况如何？

(3) 破坏时钢筋和混凝土的强度是否被充分利用？

(4) 破坏时哪些截面能利用力的平衡条件写出受压区高度 x 的计算式？哪些截面则不能？

(5) 开裂弯矩 M_{cr} 大致相等吗？

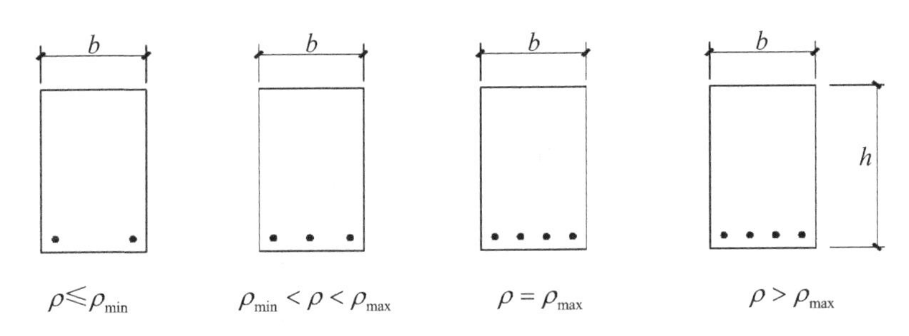

图 3-146

9. 为什么在双筋截面的受弯承载力计算中，仍需满足 $x \leqslant \xi_b h_0$ 的条件？

10. 两类 T 形截面梁如何判别？为什么说第一类 T 形梁可按 $b_f' \times h$ 的矩形截面计算？

11. 当构件承受的弯矩和截面高度都相同时，如图 3-147 所示 4 种截面的正截面承载力需要的钢筋面积 A_s 是否一样？为什么？

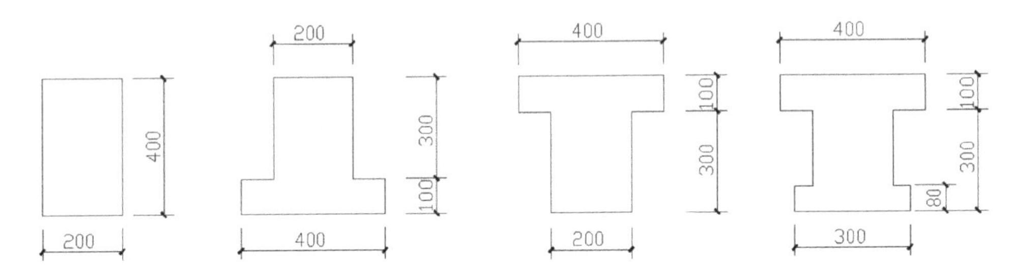

图 3-147

12. 当钢筋级别、混凝土强度等级、截面高度一致时：

(1) 试比较图 3-148 所示各截面承担的极限弯矩是否一致，并说明其原因。

(2) 各截面的 ρ_{min} 是否一致？

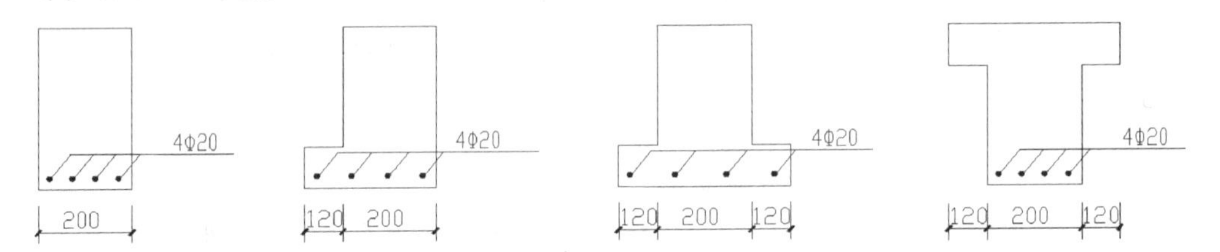

图 3-148

13. 楼梯按结构形式的不同分为几种楼梯，其适用范围如何？

14. 试述板式楼梯和梁式楼梯的荷载传递途径。

15. 雨篷梁上墙体荷载如何取值？

16. 雨篷的整体抗倾覆验算不满足时，可以采取哪些措施？

练习题

1. 某办公楼一简支梁，梁的计算跨度 l_0=5.2m，承受均布线荷载：活荷载标准值 8kN/m，恒载标准值 9.5kN/m(不包括梁的自重)，采用混凝土强度等级 C25 和 HRB400 级钢筋，结构安全等级为二级，环境类别为一类，可变荷载组合值系数为 0.7，f_t=1.27 N/mm^2，试设计该钢筋混凝土梁。

2. 某办公室结构平面、建筑构造如图 3-149 所示，大梁承受永久荷载标准值为 G_k=6.2 kN/m^2，大梁截面尺寸为b×h=250 mm×550mm，混凝土强度等级为C20，配有4Φ22(A_s=1520mm^2) HRB400 级钢筋，计算跨度 l_0=6.3m，环境类别为一类，①现欲将该办公室改为教室使用，从正截面承载力考虑，问是否可行？(教室 Q_k=2.5kN/m^2，组合值系数为 0.7)(2)求该办公室板面允许使用可变荷载标准值为多少？

3. 某矩形截面梁，截面尺寸为 b×h=250mm×550mm，已配有 HPB300 级受拉钢筋 3Φ20(A_s=941mm^2)，混凝土强度等级 C20，试求该梁能承受的最大设计弯矩是多少？若①混凝土强度等级增大为 C30；②钢筋由 HPB300 级钢筋变为用 HRB400 级钢筋；③截面高度由 500mm 增大为 600mm；④截面宽度由 200mm 增大为 250mm。该梁所能承受的最大设计弯矩又分别是多少？

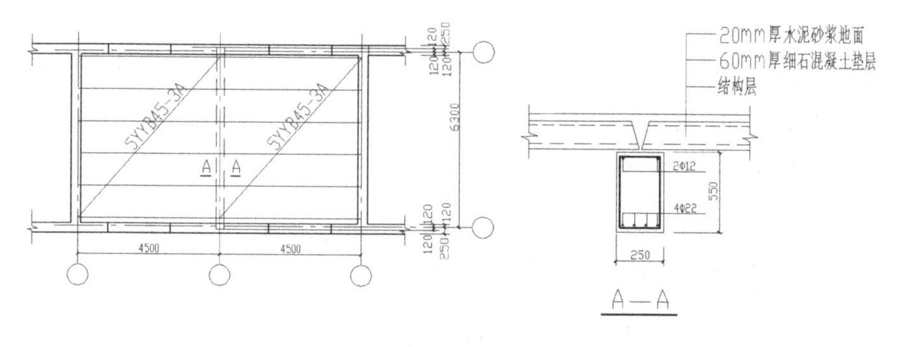

图 3-149

4. 某办公楼有一矩形截面简支梁，其截面尺寸 b×h=200mm×450mm，该简支梁计算跨度为 5m，承受均布荷载设计值 78.08 kN/m(包括自重)，混凝土强度等级为 C30，钢筋用 HRB400 级钢筋，求①A_s及A_s'；②若 A_s'=941mm^2，求 A_s。

5. 有一梁截面尺寸为 b×h=300mm×600mm，采用混凝土强度等级 C30，钢筋用 HRB400 级钢筋，该梁承受设计弯矩 160 kN·m，并已知该梁受压区已配有 2Φ12 (A_s'=226mm^2)的受压钢筋，求受拉钢筋面积 A_s 并选择其直径及根数。

6. 已知梁截面尺寸 b×h=250mm×500mm，混凝土强度等级 C25，钢筋为 HRB400 级钢筋，受压区配有 2Φ16(A_s'=402mm^2)的钢筋，受拉区配有 6Φ25(A_s=2945mm^2)的钢筋，试求该梁能承受的极限弯矩 M_u。

7. 一 T 形截面外伸梁如图 3-150 所示，简支跨和外伸跨梁的截面尺寸相同为 b_f'=400mm，b=200mm，h_f'=100mm，h=500mm，该外伸梁承受的均布荷载设计值 60 kN/m，混凝土强度等级为 C25，钢筋的级别为 HRB335 级钢筋，试进行跨中配筋计算、支座配筋计算及抗剪箍筋计算。

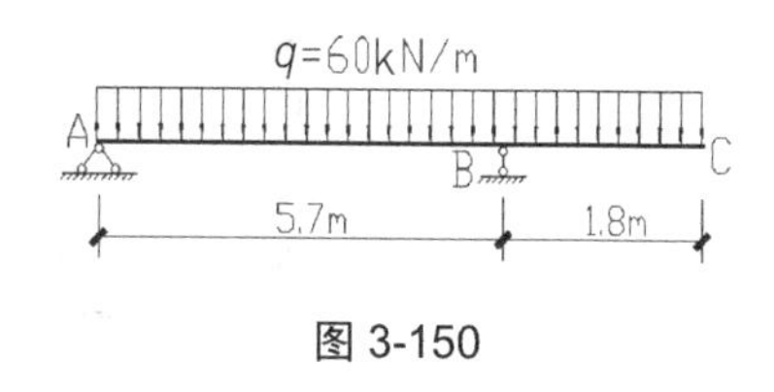

图 3-150

8. 某工业建筑采用单向板肋梁楼盖，结构平面布置如图 3-151 所示，楼面均布活荷载标准值为 6kN/m^2，梁和板均采用 C25 级混凝土，梁中受力纵筋为 HRB400 级钢筋，箍筋为 HPB300 级钢筋，板中受力钢筋为 HPB300 级钢筋。楼面采用 25 厚水泥砂浆抹面，梁、板底采用 15mm 厚石灰砂浆抹灰。试设计该楼盖的板及次梁。

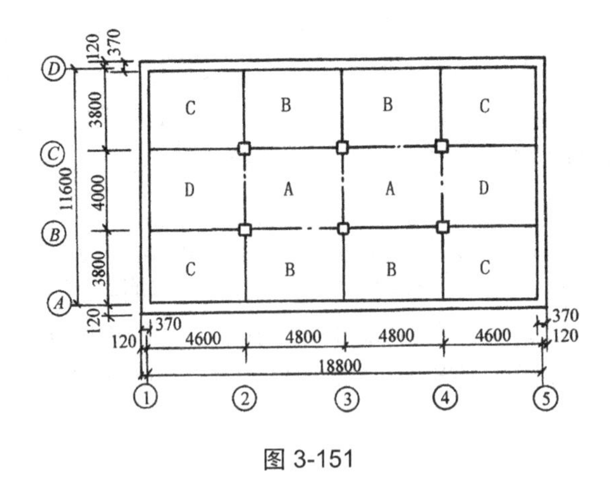

图 3-151

9. 某建筑楼盖平面如图 3-152 所示，楼面荷载标准值 $q_k = 4\text{kN}/\text{m}^2$，板厚 h=120mm,楼面面层采用水磨石楼面，板底采用 15 厚石灰砂浆抹面。混凝土采用 C20，钢筋采用 HRB400 级钢，试按弹性理论对该楼板进行设计。

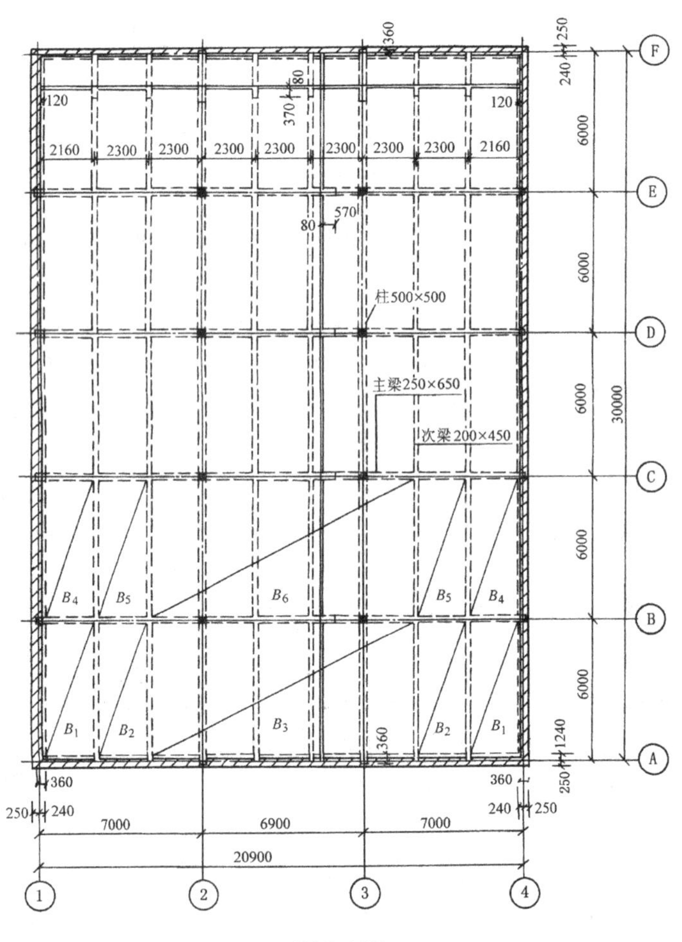

图 3-152

10. 某图书馆梁式楼梯平面如图 3-153 所示，梯板荷载设计值为 4kN/m，斜梁截面为 $b \times h$=150×200，设计梁式楼梯的斜梁(XL1)。

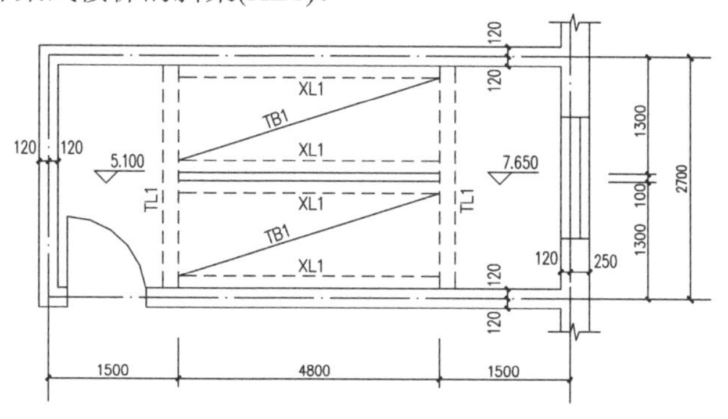

图 3-153　楼梯结构平面图

11. 钢筋混凝土雨篷如图 3-154 所示，采用 C30 混凝土，雨篷板钢筋采用 HPB300 级钢筋，雨篷梁纵筋采用 HPB300 级钢筋，箍筋采用 HPB300 级钢筋，结构安全等级为二级，环境类别为二 b 类，雨篷梁上墙体与梁板荷载设计值为 20kN/m。试设计雨篷板及雨篷梁。

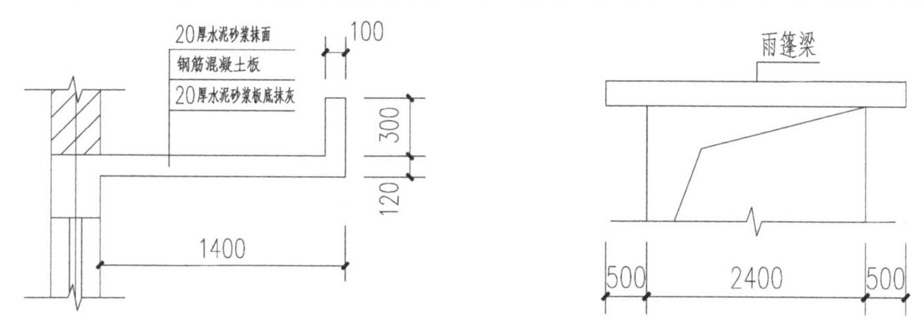

图 3-154　钢筋混凝土雨篷

第4章　正常使用极限状态验算

【学习目标】

- 懂得钢筋混凝土构件按正常使用极限状态进行变形验算的方法。
- 懂得钢筋混凝土构件按正常使用极限状态进行裂缝宽度验算的方法。

【核心概念】

使用正常使用极限状态进行变形验算。

使用正常使用极限状态进行裂缝宽度验算。

【引导案例】

在建筑工程中，结构或结构构件应根据承载能力极限状态和正常使用极限状态分别进行计算和验算。因此，无论是何种构件都要求进行承载力计算；只是针对某些结构构件还应该根据其使用条件，通过验算使其变形和裂缝宽度不超过规定限值。本章主要介绍钢筋混凝土构件按正常使用极限状态进行变形验算、裂缝宽度验算的有关知识。

当结构构件不满足正常使用极限状态时，将对生命财产的危害性比不满足承载能力极限状态的危害性小，其相应的目标可靠指标β值可以小一些，称变形及裂缝宽度为验算。本章关于裂缝宽度的验算，仅仅是指对荷载作用下的正截面裂缝宽度的控制。

《混凝土结构设计规范》规定，结构构件正截面的受力裂缝控制等级分为三级，等级划分及要求应符合下列规定。

一级：严格要求不出现裂缝的构件，按荷载标准值组合计算时，构件受拉边缘混凝土不应产生拉应力。

$$\sigma_{ck}-\sigma_{pc}\leqslant 0 \tag{4-1}$$

二级：一般要求不出现裂缝的构件，按荷载标准值组合计算时，构件受拉边缘混凝土拉应力不应大于混凝土抗拉强度的标准值。

$$\sigma_{ck}-\sigma_{pc}\leqslant f_{tk} \tag{4-2}$$

三级：允许出现裂缝的构件：对钢筋混凝土构件，按荷载准永久组合并考虑长期作用影响计算时，构件的最大裂缝宽度不应超过表 4-1 规定的最大裂缝宽度限值；对预应力混凝土构件，按荷载标准组合并考虑长期作用影响计算。构件的最大裂缝宽度不应超过表 4-1 规定的最大裂缝宽度限值。

$$\omega_{max}\leqslant\omega_{lim} \tag{4-3}$$

表 4-1　结构构件的裂缝控制等级及最大裂缝宽度的限值　mm

环境类别	钢筋混凝土结构		预应力混凝土结构	
	裂缝控制等级	ω_{lim}	裂缝控制等级	ω_{lim}
一	三级	0.30(0.40)	三级	0.20
二 a				0.10
二 b			二级	—
三 a、三 b			一级	—

注：① 表 4-1 中环境类别按表 4-2 确定；

② 对处于年平均相对湿度小于 60%地区一类环境下的受弯构件，其最大裂缝宽度限值可采用括号内的数值；

③ 在一类环境下，对钢筋混凝土屋架、托架及需作疲劳验算的吊车梁，其最大裂缝宽度限值应取为 0.20mm；对钢筋混凝土屋面梁和架梁，其最大裂缝宽度限值应取为 0.30mm；

④ 在一类环境下，对预应力混凝土屋架、托架及双向板体系，应按二级裂缝控制等级进行验算；对一类环境下的对预应力混凝土屋面梁、托架、单向板，应按表二 a 级环境的要求进行验算；在一类和二类 a 环境下需作疲劳验算的预应力混凝土吊车梁，应按裂缝控制等级不低于二级的构件进行验算；

⑤ 表中规定的预应力混凝土构件的裂缝控制等级和最大裂缝宽度限值仅适用于正截面的验算，预应力混凝土构件的斜截面裂缝控制验算应符合《混凝土结构设计规范》的规定；

⑥ 对于烟囱、筒仓和处于液体压力下的结构，其裂缝控制要求应符合专门标准的有关规定；

⑦ 对于处于四、五类环境下的结构构件，其裂缝控制要求应符合专门标准的有关规定；

⑧ 表中的最大裂缝宽度限值为用于验算荷载作用引起的最大裂缝宽度。

对二 a 类环境的预应力混凝土构件，按荷载准永久组合计算，且构件受拉边缘混凝土的拉应力不应大于混凝土的抗拉强度的标准值。

$$\sigma_{cq}-\sigma_{pc}\leqslant f_{tk} \tag{4-4}$$

式中：σ_{ck}、σ_{cq}——荷载标准组合、准永久组合下抗裂验算边缘的混凝土法向应力；

σ_{pc}——扣除全部预应力损失后在抗裂验算边缘混凝土的预应力；

f_{tk}——混凝土轴心抗拉强度标准值；

ω_{max}——按荷载的标准组合或准永久组合并考虑长期作用影响计算的最大裂缝宽度；

ω_{lim}——最大裂缝宽度限值。

表 4-2　混凝土结构的环境类别

环境类别	条　件
一	室内干燥环境； 无侵蚀性净水浸没环境
二 a	室内潮湿环境； 非严寒和非寒冷地区的露天环境； 非严寒和非寒冷地区无侵蚀性的水或直接接触的环境； 严寒和寒冷地区的冰冻线以下与无侵蚀性的水或直接接触的环境
二 b	干湿交替环境； 水位频繁变动环境； 严寒和寒冷地区的露天环境； 严寒和寒冷地区的冰冻线以上与无侵蚀性的水或直接接触的环境
三 a	严寒和寒冷地区冬季水位变动区环境； 受除冰盐影响环境； 海风环境
三 b	盐渍土环境； 受除冰盐作用环境； 海岸环境
四	海水环境
五	受人为或自然的侵蚀性物质影响的环境

注：① 室内潮湿环境是指构件表面经常处于结露或湿润状态的环境；

② 严寒和寒冷地区的划分应符合现行国家标准《民用建筑热工设计规范》(GB 50176)的有关规定；

③ 海岸环境和海风环境宜根据当地情况，考虑主导风向及结构所处迎风、背风部位等因素影响，由调查研究和工程经验确定；

④ 受除冰盐影响环境是指受除冰盐盐雾影响的环境；受除冰盐作用环境是指被除冰盐溶液溅射的环境以及使用除冰盐地区的洗车房、停车楼等建筑；

⑤ 暴露的环境是指混凝土结构表面所处的环境。

4.1　裂缝控制验算

4.1.1　裂缝的形成和开展过程

未出现裂缝时，在受弯构件纯弯区段内，各截面受拉混凝土的拉应力 σ_{ct}、拉应变大致相同；由于这时钢筋和混凝土间的黏结没有被破坏，因而钢筋拉应变沿纯弯区段长度亦大致相同。

当受拉区外边缘的混凝土达到其抗拉强度 f_t^0 时，由于混凝土的塑性变形，因此还不会马上开裂；当其拉应变接近混凝土的极限拉应变值时，就处于即将出现裂缝的状态，这就是Ⅰa 阶段。

当受拉区外边缘混凝土在最薄弱的截面处达到其极限拉应变值 ε_{ct}^0 后，就会出现第一批裂缝(一条或几条裂缝，如图 4-1 的 a—a，c—c 截面处)。

在裂缝出现截面，钢筋和混凝土所收到的拉应力将发生突然变化，开裂的混凝土不再承受拉力，拉应力降低到零，原来由混凝土承担的拉力转移由钢筋承担，所以裂缝截面的钢筋应力就突然增大，由$\sigma_{s,cr}$增至σ_{s1}，如图 4-1(b)所示。在开裂前混凝土有一定弹性，开裂后受拉张紧的混凝土向裂缝截面两边回缩，混凝土和钢筋有产生相对滑移的趋势。由于钢筋与混凝土之间存在黏结作用，混凝土的回缩受到钢筋的约束，因而随着离裂缝截面距离的加大，回缩逐渐减小，亦即混凝土仍处在一定的张紧状态，当达到某一距离处，混凝土和钢筋的拉应变相同，两者的应力又恢复到未裂前状态，如图 4-1(c)图所示。

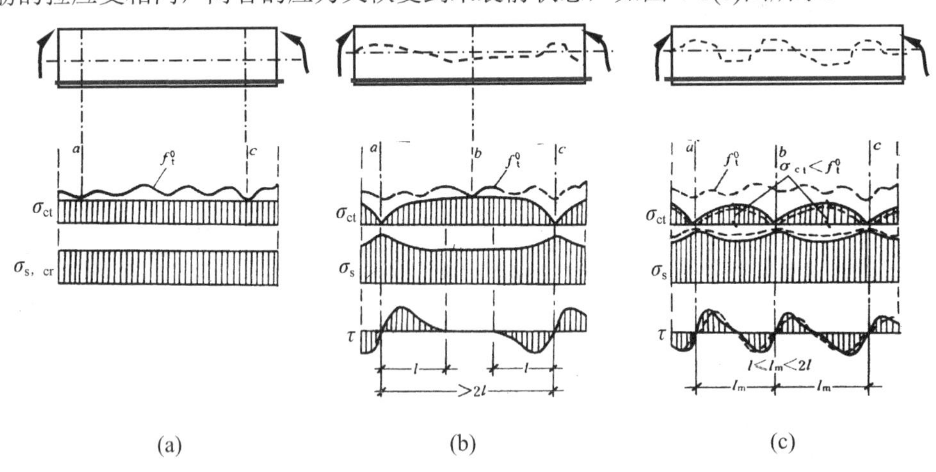

图 4-1 裂缝开展前后的应力应变状态

在荷载长期作用下，由于混凝土的滑移徐变和拉应力的松弛，将导致裂缝间受拉混凝土不断退出工作，使裂缝开展宽度增大；混凝土的收缩使裂缝间混凝土的长度缩短，这也会引起裂缝的进一步开展；此外，受荷载的变动使钢筋直径时涨时缩等因素的影响，也将引起黏结强度的降低，导致裂缝宽度的增大。

实际上，由于材料的不均匀性以及截面尺寸的偏差等因素的影响，裂缝的出现具有某种程度的偶然性，因而裂缝的分布和宽度同样是不均匀的。但是，对大量试验资料的统计分析表明，从平均的观点来看，平均裂缝间距和平均裂缝宽度是有规律性的，平均裂缝宽度与最大裂缝宽度之间也有一定的规律性。

4.1.2 裂缝宽度计算

1. 裂缝的平均间距 l_{cr}

由试验可知，第一批裂缝出现后，随着荷载的不断增加，第一批裂缝宽度将不断加大。

同时在第一批裂缝之间有可能出现第二批的裂缝。试验表明，当荷载增加到一定程度后，裂缝间距才基本稳定。我们用 l_{cr} 表示裂缝的平均间距。

试验分析表明，裂缝的平均间距 l_{cr} 的数值与三个因素有关：

(1) 与有效受拉混凝土面积 A_{te} 计算的纵向钢筋配筋率(有效配筋力)有关。如果混凝土受拉区面积相对大，则混凝土收缩力就大，于是就需要一个较长的距离以积累更多黏结力来组织混凝土的回缩。所以，裂缝间距就比较大。

(2) 与混凝土保护层厚度的大小有关。当混凝土保护层厚度较大时，裂缝间距较大。

(3) 与钢筋与混凝土之间的黏结性有关。钢筋与混凝土之间的黏结性好，裂缝间距小，同样条件下变形钢筋裂缝间距要比光面钢筋的小。

《混凝土结构设计规范》考虑上述三个因素并参照其他试验资料，给出了受弯构件裂缝平均间距的计算公式

$$l_{cr}=\beta\left(1.9c+0.08\frac{d}{\rho_{te}}\right) \tag{4-5}$$

式中：β——系数，对轴心受拉构件，取β=1.1，对其他受力构件，均取β=1.0；

c——最外层纵向受拉钢筋外边缘至受拉底边的距离(mm)；当 c<20 时，取 c=20；当 c>65 时，取 c=65；

d——钢筋直径(mm)，当配置不同钢种、不同直径的钢筋时，式中的 d 应改为等效直径 d_{eq}，其计算公式为

$$d_{eq}=\frac{\sum n_i d_i^2}{\sum n_i v_i d_i}$$

式中：n_i——受拉区第 i 种纵向钢筋的根数；对于有黏结预应力钢绞线，取为钢绞线束数；

v_i——受拉区第 i 种纵向钢筋的相对黏结特性系数，按表 4-3 采用；

d_i——受拉区第 i 种纵向钢筋的公称直径；对于有黏结预应力钢绞线束的直径取为 $\sqrt{n_1 d_{p1}}$，其中 d_{p1} 为单根钢绞线的公称直径，n_1 为单束钢绞线根数；

ρ_{te}——按有效受拉混凝土截面面积计算的纵向受拉钢筋配筋率；对无黏结后张构件，仅取纵向受拉普通钢筋计算配筋率，其计算公式为

$$\rho_{eq}=\frac{A_s}{A_{te}}$$

式中：A_s——受拉区纵向普通钢筋截面面积；

A_{te}——有效受拉混凝土截面面积；对轴心受拉构件，取构件截面面积；对受弯、偏心受压和偏心受拉构件，取 $A_{te}=0.5bh+(b_f-b)h_f$，此处，b_f、h_f 为受拉翼缘的宽度、高度。

最大裂缝宽度计算中，当ρ_{te}<0.01 时，取ρ_{te}=0.01；

表 4-3　钢筋的相对黏结特性系数

钢筋类别	钢　筋		先张法预应力筋			后张法预应力筋		
	光圆钢筋	带肋钢筋	带肋钢筋	螺旋肋钢丝	钢绞线	带肋钢筋	钢绞线	光面钢丝
v_i	0.7	1.0	1.0	0.8	0.6	0.8	0.5	0.4

2. 裂缝的平均宽度ω_m

裂缝宽度是指受拉钢筋截面重心水平处构件侧表面的裂缝宽度。试验表明，裂缝宽度的离散程度比裂缝间距更大些。因此，平均裂缝宽度的确定，必须以平均裂缝间距为基础。

$$\omega_m = \alpha_c \psi \frac{\sigma_{sk}}{E_s} l_{cr} \tag{4-6}$$

式中：α_c——裂缝间混凝土伸长对裂缝宽度影响系数；对受弯、偏心受压构件取α_c=0.77，其他构件取α_c=0.85；

ψ——裂缝间纵向受拉钢筋应变不均匀系数；其计算公式为

$$\psi=1.1-0.65\frac{f_{tk}}{\rho_{te}\sigma_s} \tag{4-7}$$

当ψ<0.2 时，取ψ=0.2；当ψ>1.0 时，取ψ=1.0；对直接承受重复荷载的构件，取ψ=1.0；

l_{cr}——平均裂缝间距。

σ_s——按荷载准永久组合计算的钢筋混凝土构件纵向受拉普通钢筋应力或按标准组合计算的预应力混凝土构件纵向受拉钢筋等效应力；

f_{tk}——混凝土轴心抗压强度标准值；

σ_{sk}——裂缝截面处的钢筋应力。由于钢筋应力计算对钢筋混凝土构件和预应力混凝土构件分别采用荷载准永久组合和标准组合，故该符号改为σ_s。

对受弯构件 $$\sigma_{sk}=\frac{M_k}{0.87h_0A_s}$$

对轴拉构件 $$\sigma_{sk}=\frac{N_k}{A_s}$$

3. 最大裂缝宽度

由于混凝土的非均匀性及其随机性，裂缝并非均匀分布，具有较大的离散性，因此，《规范》规定，对于允许出现裂缝的构件，在荷载效应的标准组合下，并考虑长期作用影响的最大裂缝宽度应满足

$$\omega_{max} \leqslant \omega_{lim}$$

式中：ω_{max}——最大裂缝宽度。按下式计算

$$\omega_{max}=\alpha_{cr}\psi\frac{\sigma_s}{E_s}\left(1.9c_s+0.08\frac{d_{eq}}{\rho_{te}}\right) \tag{4-8}$$

α_{cr}——构件受力特征系数，按表 4-4 采用；

ω_{lim}——最大裂缝宽度限值，按表 4-1 采用。

c_s——最外层纵向受拉钢筋外边缘至受拉区底边的距离(mm)，当c_s<20 时，取c_s=20；当c_s>65 时，取c_s=65。

公式中其他符号同前。

表 4-4　构件受力特征系数

类　型	α_{cr}	
	钢筋混凝土构件	预应力混凝土构件
受弯、偏心受压	1.9	1.5
偏心受拉	2.4	—
轴心受拉	2.7	2.2

【案例分析】

已知矩形梁截面尺寸 $b\times h$=250mm×500mm，弯矩设计值 M=150kN·m，混凝土强度等级为 C30，钢筋采用 HRB335 级(E_s=2×10^{5}N/mm^2)，混凝土保护层厚度为 c=20mm，结构的安全等级为二级，箍筋采用Φ8。通过正截面强度计算，已配有纵向受力钢筋截面面积4Φ20(A_s=1256mm^2)，最大允许裂缝宽度ω_{lim}=0.3mm(环境类别为一类)。试验算裂缝宽度是否满足要求？

解　1) 设计参数

C30 混凝土，查表得：f_c=14.3N/mm^2 、f_{tk}=2.01N/mm^2、h_0=500−30−8=462mm

HRB335 级钢筋，查表得：f_y=300 N/mm^2。

2) 计算系数

裂缝处钢筋的应力

$$\sigma_{sk}=\frac{M_k}{0.87h_0A_s}=\frac{150\times10^6}{0.87\times462\times1256}\text{N/mm}^2=297.13\text{N/mm}^2$$

有效配筋率

$$\rho_{te}=\frac{A_s}{A_{te}}=\frac{1256}{0.5\times250\times500}=0.05>0.01$$

钢筋应变不均匀系数

$$\psi=1.1-0.65\frac{f_{tk}}{\rho_{te}\sigma_s}=1.1-0.65\frac{2.01}{0.02\times297.13}=0.880$$

钢筋的等效直径

$$d_{eq}=\frac{\sum n_id_i^2}{\sum n_iv_id_i}=\frac{4\times20^2}{1.0\times4\times20}\text{mm}=20\text{mm}$$

3) 计算最大裂缝宽度

$$\omega_{max}=\alpha_{ce}\psi\frac{\sigma_s}{E_s}\left(1.9c_s+0.08\frac{d_{eq}}{\rho_{te}}\right)$$

$$=1.9\times0.880\times\frac{297.13}{2.0\times10^3}\times\left(1.9\times20+0.08\times\frac{20}{0.02}\right)\text{mm}$$

$$=0.293\text{mm}<\omega_{lim}=0.3\text{mm}(满足)$$

4.2 受弯构件挠度验算

在一般建筑中，对混凝土构件的变形有一定的要求，这是为了保证建筑的使用功能要求；防止对结构产生不良的影响；防止对非结构构件产生不良影响以及保证人们的感觉在可以结构程度之内。《规范》基于上述因素的基础上，根据工程经验，仅对受弯构件规定了允许挠度值，见表 4-5。

表 4-5 受弯构件的挠度限值

构件类型		挠度限值
吊车梁	手动吊车	$l_0/500$
	电动吊车	$l_0/600$
屋盖、楼盖及楼梯构件	当 $l_0<7$m 时	$l_0/200(l_0/250)$
	当 7m$\leqslant l_0\leqslant$9m 时	$l_0/250(l_0/300)$
	当 $l_0>9$m 时	$l_0/300(l_0/400)$

注：① 表中 l_0 为构件的计算跨度；计算悬臂构件的挠度限值时，其计算跨度 l_0 按实际悬臂长度的 2 倍取用；

② 表中括号内的数值使用与使用上对挠度有较高要求的构件；

③ 如果构件制作时预先起拱，且使用上也允许，则在验算挠度时，可将计算所得的挠度值减去起拱值；对预应力混凝土构件，尚可减去预加力所产生的反拱值；

④ 构件制作时的起拱值和预加力所产生的反拱值，不宜超过构件在相应荷载组合作用下的计算挠度值。

4.2.1 截面弯曲刚度

在材料力学中知，研究计算构件挠度的公式需要满足两个条件：一是梁变形后要满足平截面假定；二是梁的截面抗弯刚度 EI 为常数。但是由于抗弯刚度不是一个定值，于是在计算公式中引入一个变刚度 B 来代替 EI。这样，钢筋混凝土构件的变形计算就变成其变刚度 B 的计算问题。

钢筋混凝土构件的变形随着时间的增长而加大，变形计算要考虑荷载的短期作用和长期作用的影响，相应的刚度也分为短期刚度 B_s 和长期刚度 B，长期刚度即称为受弯构件的刚度。

1. 短期刚度 B_s 的计算

受弯构件的抗弯抗的反映其抵抗变形的能力，根据矩形、T 形、倒 T 形、工字形截面的钢筋混凝土受弯构件的实验结果分析，《规范》给出了受弯构件短期刚度 B_s 的计算公式为

$$B_s=\frac{E_s A_s h_0^2}{1.15\psi+0.2+\dfrac{6\alpha_E\rho}{1+3.5\gamma_f}} \tag{4-9}$$

式中：E_s——纵向受拉钢筋的弹性模量；

ψ——裂缝间纵向受拉普通赶紧应变不均匀系数，见式(4-7)；

α_E——钢筋弹性模量与混凝土弹性模量之比，即 E_s/E_c；

ρ——纵向受拉钢筋配筋率；

γ_f——受拉翼缘截面面积与腹板截面面积的比值。

2. 受弯构件的刚度 B 的计算

正如前面所讲，当构件在荷载长期作用下，其挠度将随着时间增长而不断缓慢增加。这也可以理解为构件的抗弯刚度将随着时间增长而不断缓慢降低。这一过程往往持续数年之久，主要原因是截面受压区混凝土的徐变。此外，还因为裂缝之间受拉混凝土的应力松弛，以及受拉钢筋和混凝土之间的滑移徐变，使裂缝之间的受拉混凝土不断退出工作，从而引起受拉钢筋在裂缝之间的应变不断增长。

对于受弯构件，《规范》要求考虑荷载长期作用影响的刚度 B 的计算公式

采用荷载标准组合时

$$B=\frac{M_k}{M_q(\theta-1)+M_k} \tag{4-10}$$

采用荷载准永久组合时

$$B=\frac{B_s}{\theta} \tag{4-11}$$

式中：M_k——按荷载的标准组合计算的弯矩，取计算区段内的最大弯矩值；

M_q——按荷载的准永久组合计算的弯矩，取计算区段内的最大弯矩值；

θ——考虑荷载长期作用对挠度增大的影响系数。

对钢筋混凝土受弯构件，当 $\rho'=0$ 时，取 $\theta=2.0$；当 $\rho'=\rho$ 时，取 $\theta=1.6$；当 ρ' 为中间数值时，θ 按线性内插法取用。此处 ρ'、ρ 分别为纵向受压钢筋、受拉钢筋的配筋率。对于翼缘位于受拉区的倒 T 形截面，θ 应增大 20%。对于预应力混凝土受弯构件，取 $\theta=2.0$。

4.2.2 受弯构件挠度的计算

由以上分析不难看出。钢筋混凝土梁某一截面处的抗弯刚度不仅随着荷载的增长而变化，而且在某一荷载作用下，由于梁内各截面中的弯矩不同，故截面的抗弯刚度沿梁长也是变化的。弯矩大的截面抗弯刚度小；反之，弯矩小的截面抗弯刚度大。为了简化计算，《规范》建议，可取同号弯矩区内弯矩绝对值最大的截面刚度作为该区段的抗弯刚度，即在梁中取最大正弯矩截面或最大负弯矩截面抗弯刚度为该区段的抗弯刚度。按这种方法计算出的抗弯刚度值最小，故常称这种原则为“最小刚度原则”。该计算结果已经能满足工程设计的要求。

受弯构件的抗弯刚度计算出后，就可以按材料力学的变形计算公式计算钢筋混凝土受弯构件的挠度，并验算是否符合规范要求，可查表 4-5。

当验算不满足要求时，减小构件挠度的最有效方法是增加截面高度或采用预应力混凝土结构。

【案例分析】

已知在教学楼楼盖中一矩形截面简支梁，截面尺寸为 200mm×500mm，配置 4 根直径 16mm 的 HRB335(A_s=804mm^2)级受力钢筋，采用直径 8mm 的 HPB300 级箍筋。混凝土强度等级 C30，保护层厚度 C=25mm，梁跨度 l_0=5.6m，承受均布荷载，其弯矩 M_k=80kN·m，M_q=64kN·m。试验算其挠度 f。

解 1) 设计参数

C30 混凝土，查表得：

$f_c=14.3N/\text{mm}^2$，$f_{tk}=2.01\text{N/mm}^2$，$E_c=3.00\times10^6\text{N/mm}^2$，$h_0=500-30-8=462\text{mm}$

HRB335 级钢筋，查表得：f_y=300 N/mm^2 、E_s=2×10^{5}N/mm^2 。

2) 计算系数

$$\alpha_E=\frac{E_s}{E_c}=\frac{2\times10^5}{3.00\times10^4}=6.671$$

$$\theta=2.0$$

$$\rho=\frac{A_s}{bh_0}=\frac{804}{200\times462}=0.0087$$

$$\rho_{te}=\frac{A_s}{A_{te}}=\frac{804}{0.5\times250\times500}=0.0129$$

$$\sigma_{sk}=\frac{M_k}{0.87h_0A_s}=\frac{8\times10^6}{0.87\times462\times804}\text{N/mm}^2=248\text{N/mm}^2$$

$$\psi=1.1-0.65\frac{f_{tk}}{\rho_{te}\sigma_s}=1.1-0.65\times\frac{2.01}{0.0129\times248}=0.692$$

3) 计算刚度

$$B_s=\frac{E_sA_sh_0^2}{1.15\psi+0.2+\dfrac{6\alpha_E\rho}{1+3.5\gamma_f'}}$$

$$=\frac{2\times10^5\times804\times462^2}{1.15\times0.692+0.2+\dfrac{6\times6.671\times0.0087}{1+3.5\times0}}=2.6\times10^{13}\text{N}\cdot\text{mm}^2$$

$$B=\frac{M_k}{M_q(\theta-1)+M_k}B_s=\frac{80}{64\times(2.0-1)+80}\times2.6\times10^{13}=10^{13}\text{N}\cdot\text{mm}^2$$

4) 计算挠度

$$f=\frac{5}{48}\frac{M_kl^2}{B}=\frac{5}{48}\times\frac{80\times10^6\times5600^2}{1.4\times10^{13}}$$

$$=18.7\text{mm}<[f]=\frac{l_0}{200}=\frac{5600}{200}=28\text{mm(满足)}$$

【课程实训】

思考题

1. 在受弯构件挠度计算中，什么叫“最小刚度原则”？

2. 最大裂缝宽度计算公式是怎样建立起来的？为什么不用裂缝宽度的平均值而用最大值作为评价指标？

3. 已知：某钢筋混凝土屋架下弦，$b\times h$=200mm×200mm，轴向拉力 N_k=130kN，有 4 根 HRB400 直径 14mm 的受拉钢筋，C30 等级混凝土，保护层厚度 c=20mm, ω_{lim}=0.2mm。

求：验算裂缝宽度是否满足？

仿真习题

1. 某屋架下弦杆截面 $b\times h$=180mm×180mm，配有 4 根 16mm 钢筋(A=804mm^2)，混凝土等级为 C30，钢筋 HRB335，混凝土保护层厚度 C＝25mm，承受轴向拉力 N_k=132kN(标准值)，最大裂缝限值 ω_{lim}=0.3mm(一类环境)。验算该构件的裂缝是否满足要求。

2. 已知在教学楼楼盖中一矩形截面简支梁，梁的计算跨度 l_0=6m，截面尺寸为 250mm×600mm，配置 HRB335 级受力钢筋 4 根直径 20mm(A_s=1256mm^2)，采用直径 8mm 的 HPB300 级箍筋。混凝土强度等级 C30，保护层厚度 C=25mm，承受均布荷载，其弯矩 M_k=145kN • m，M_q=119kN • m。试验算其变形能否满足最大挠度不超过 l_0/200 的要求。

第5章 受压构件的计算与构造

【学习目标】

- 轴心受压构件的计算与构造。
- 判别大小偏心受力构件的方法。
- 大偏心受压构件的受力特点、计算及构造。
- 小偏心受压构件的受力特点、计算及构造。

【核心概念】

轴心受压构件、大偏心受压构件、小偏心受压构件

【引导案例】

某工程为一综合楼，五层现浇钢筋混凝土框架结构，其适当简化后的结构平面布置图如图 5-1 所示。柱网横向尺寸 3×7.2m，纵向尺寸为 6×8.0m，自基础顶面至屋面板顶的总高度为 23.8m，第五层框架中柱、边柱截面尺寸均为 500mm×500mm，中柱轴压力设计值 N=750kN；边柱 x 方向由可变荷载效应控制的内力组合为：弯矩设计值 M=237.4kN · m，轴压力设计值 N=354kN；y 方向由永久荷载效应控制的内力组合为：弯矩设计值 M=7kN · m，轴压力设计值 N=385kN。混凝土强度等级 C30，纵向受力钢筋采用 HRB400(⏀)级钢筋，箍筋采用 HRB400(⏀)级钢筋，柱净高 H_n=3600-600(梁高)=3000mm，计算长度 l_0=1.25×3600=4500 mm。

要求：确定③轴五层框架中柱、边柱钢筋面积。

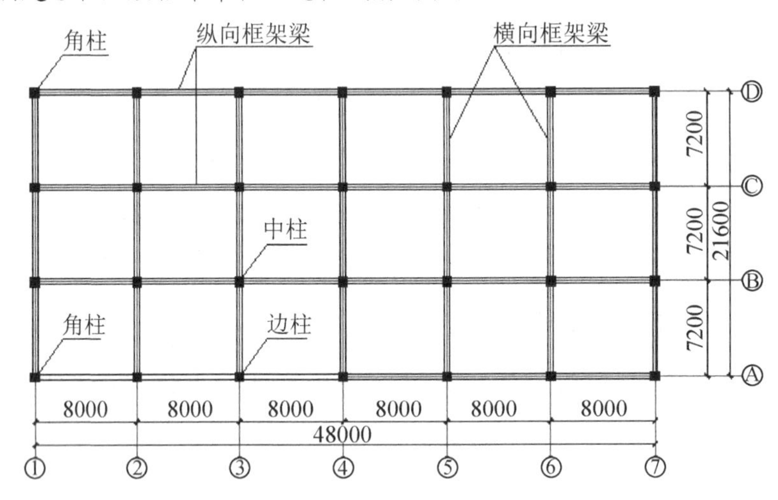

(a) 结构平面布置图

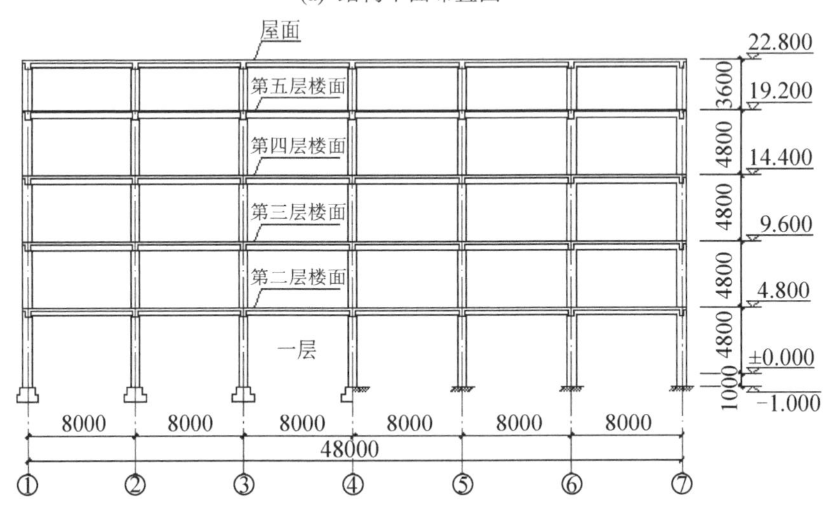

(b) 框架横剖面图

图 5-1　结构平面、剖面图

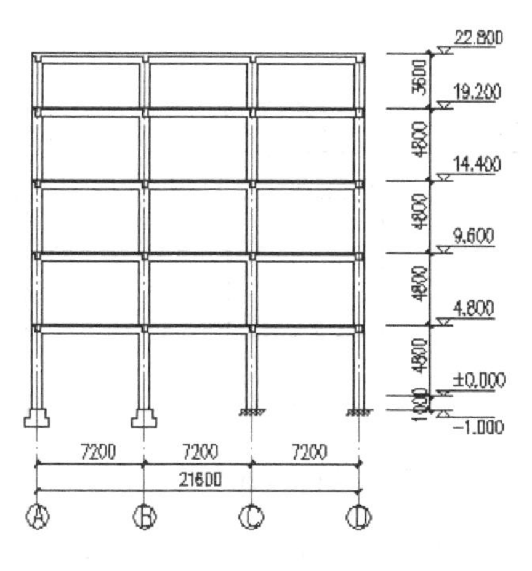

(c) 框架纵剖面图

图 5-1 结构平面、剖面图(续)

图中柱子即为受压构件，设计中如何确定柱的受力特点，如何计算出配筋，构造要求是什么，是本章要解决的问题。

【基本知识】

5.1 柱的计算与构造

5.1.1 轴心受压柱的计算

以承受轴向压力为主的构件称为受压构件，并能同时承受风力或地震作用产生的剪力和弯矩。如多层框架柱，单层排架柱，剪力墙结构中的剪力墙、桁架结构中的受压弦杆、腹杆以及桥梁结构中的桥墩等，都属于受压构件如图 5-2 所示。受压构件在结构中的作用非常重要，一旦发生破坏，后果很严重。

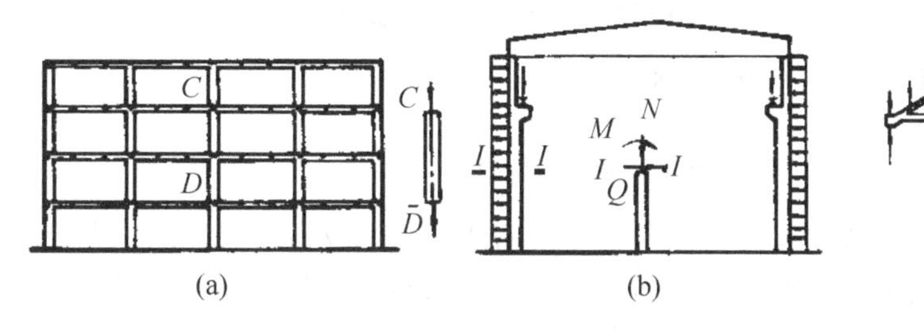

图 5-2 受压构件

受压构件按其受力情况可以分为轴心受压构件和偏心受压构件。当轴心压力作用线与构件截面形心轴重合时称为轴心受压构件如图 5-3 所示；当轴心压力作用线与构件截面形心轴不重合时或构件同时承受轴向压力和弯矩时，称为偏心受压构件。当轴向压力作用线仅对构件截面一个主轴有偏心距时，为单向偏心受压构件；对构件截面的两个主轴都有偏心距时，则为双向偏心受压构件。

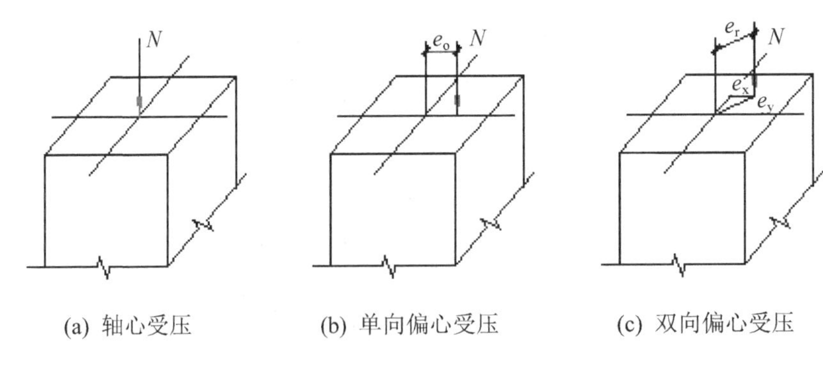

图 5-3　轴心受压与偏心受压

在实际工程中，理想的轴心受压构件是不存在的。这是因为荷载作用位置的不定性、混凝土质量的不均匀性、配筋的不对称、施工制作的误差，常常截面的几何中心与物理中心不重合，这些因素使轴向压力很难通过截面的形心，因此把受压构件都作为具有一定初始偏心的偏心受压构件来设计。但是对于某些构件的设计，如以承受恒载为主的框架中柱，桁架的受压腹杆和压杆等，往往因构件截面上的弯矩很小而略去不计，以承受轴向压力为主，可近似地简化为轴心受压构件进行计算。

按照柱中箍筋配置方式的不同，轴心受压构件可分为：普通箍筋柱和螺旋箍筋柱(或焊环式)两种类型，它们的截面和配筋形式如图 5-4 所示。

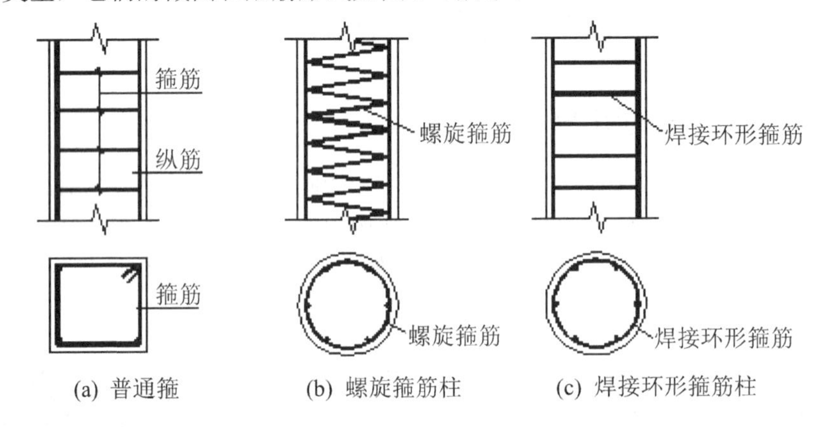

图 5-4　轴心受压柱

构件在轴压力作用下，其承载力由混凝土和钢筋两部分承载力组成，混凝土抗压强度远高于其抗拉强度，在受压构件中配置钢筋，一方面可以辅助混凝土抗压，提高承载力，并减少构件截面尺寸，能够抵抗因偶然偏心在构件受拉边产生的拉应力；另一方面可以改善破坏时混凝土的变形能力；减小混凝土的收缩与徐变变形。

箍筋的作用主要是固定纵向钢筋的位置，与纵筋形成空间钢筋骨架，并且防止纵筋受力后向外压屈(外凸)，为纵向钢筋提供侧向支撑，同时箍筋还可以约束核心混凝土，提高其极限变形，还可以在一定程度上改善构件突然的脆性破坏，提高构件的承载力，增强构件的延性。

1) 配有普通箍筋的轴心受压构件

轴心受压柱按长细比(柱的计算长度 l_0 与截面回转半径 i 之比)的不同可分为短柱和长柱。短柱是指 $l_0/b\leqslant8$(矩形截面，b 为截面较小的边长)或 $l_0/d\leqslant7$(圆形截面，d 为直径)或 $l_0/i\leqslant28$(其他截面，i 为截面最小回转半径)的柱。长柱和短柱两者的承载力和破坏形态不同。

(1) 轴心受压短柱的受力分析及破坏特征。

试验表明，轴心受压短柱，在整个加载过程中，可能的初始偏心(或称偶然偏心)对构件承载力无明显影响。由于钢筋和混凝土之间存在黏结力，使两者的压应变基本相同。

受力分析：在轴心压力作用下，受压短柱整个截面的应变基本上是均匀分布的。加载初期，钢筋、混凝土均处于弹性阶段，柱子竖向变形增加与荷载增加成正比；随着压力的继续增加，由于混凝土塑性变形的发展，在相同荷载增量下，钢筋的压应力明显地比混凝土的压应力增加得快，其压缩变形快于荷载增加的速度，柱中开始出现纵向细微裂缝，当轴压力增加到破坏荷载的 90%左右时，柱四周出现明显的纵向裂缝及压坏痕迹，混凝土保护层剥落，混凝土侧向膨胀将向外挤推纵筋，使纵筋发生压屈，向外凸，在箍筋之间呈灯笼状如图 5-5 所示，混凝土被压碎，柱子即被破坏。

所以短柱破坏时，一般是纵筋先达到屈服强度，此时荷载仍可继续增加，最后混凝土达到极限压应变，混凝土被压碎，构件破坏。

素混凝土棱柱体受压构件压应变一般在 0.0015～0.002 左右，而钢筋混凝土短柱达到最大承载力时的压应变一般在 0.0025～0.0035 之间，这是因为构件中配置纵向钢筋后改善了混凝土的变形性能。轴心受压构件承载力计算时，对普通混凝土构件，取压应变等于 0.002 为控制条件，即认为构件破坏时，压应变达到 0.002，混凝土强度达到 f_c。受压钢筋的应变与混凝土相同，也为 0.002，则此时钢筋应力为：

$$\sigma_s=E_s\varepsilon_s=2\times10^5\times0.002=400\text{N/mm}^2$$

也就是说，如果采用 HRB400、HRBF400 和 RRB400 级热轧钢筋作为纵筋 $f_y'=360\text{N}/\text{mm}^2$，则构件破坏时钢筋应力都可以达到屈服强度。柱中配置钢筋后，轴心受压构件的极限压应变还会有所增大，因此极限状态时 HRB500 和 HRBF500 级纵筋 f_y'取 400N/mm^2 的应力也可以达到屈服强度。

(2) 轴心受压长柱的受力分析及破坏特征。

试验表明，初始偏心对于轴心受压短柱的承载力没有明显影响，可不考虑，但对轴心受压长柱的承载力及破坏形态的影响是不能忽视的。构件受荷后，由于初始偏心将使构件朝与初始偏心相反的方向产生侧向弯曲。而侧向挠曲又加大了原来的初始偏心距，在构件的各个截面中除轴向压力外还将有附加弯矩 $M=Ny$ 的作用，随着荷载的增加，附加弯矩和侧向挠度将不断增大，使长柱最终在轴力和附加弯矩的共同作用下向一侧凸出破坏。其破坏特征是受压一侧(凹侧)先出现纵向裂缝，箍筋之间的纵向钢筋向外压屈，随后混凝土被压碎；而受拉另一侧(凸侧)混凝土出现横向裂缝(被拉裂)，侧向挠度急剧增大，如图 5-6 所示。

当轴心受压构件的长细比更大时，构件还有可能在材料发生破坏之前由于失稳而丧失承载能力，发生失稳破坏。

图 5-5　短柱的破坏

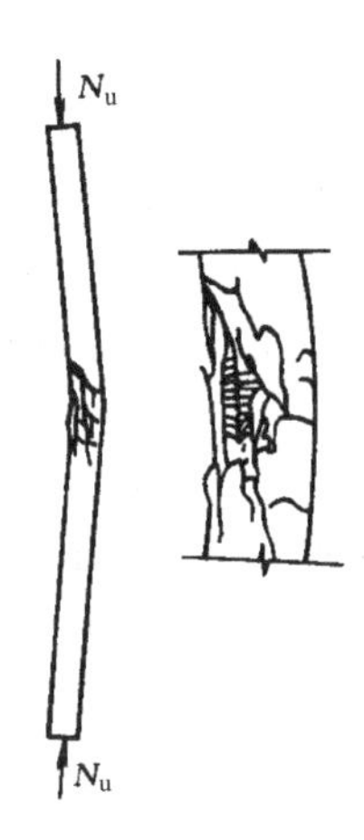

图 5-6　长柱的破坏

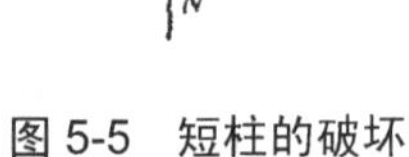

试验表明，长柱承载力低于相同条件下短柱的承载力。《规范》采用稳定系数φ来表示长柱承载力随长细比增大而降低的程度。即

$$\varphi=\frac{N_u^l}{N_u^s}$$

式中：N_u^l、N_u^s——分别表示长柱和短柱的受压承载力。

稳定系数φ主要与构件的长细比 l_0/b 有关(l_0为柱的计算长度，b 为截面的短边尺寸)，混凝土强度等级及配筋率对其影响较小。其关系见表 5-1。

表 5-1　钢筋混凝土轴心受压构件的稳定系数φ

l_0/b	l_0/d	l_0/i	φ
8	7	28	1
10	8.5	35	0.98
12	10.5	42	0.95
14	12	48	0.92
16	14	55	0.87
18	15.5	62	0.81
20	17	69	0.75
22	19	76	0.70
24	21	83	0.65
26	22.5	90	0.60
28	24	97	0.56
30	26	104	0.52
32	28	111	0.48
34	29.5	118	0.44
36	31	125	0.40
38	33	132	0.36
40	34.5	139	0.32
42	36.5	146	0.29
44	38	153	0.26
46	40	160	0.23
48	41.5	167	0.21
50	43	174	0.19

注：表中为构件的计算长度；b 为矩形截面的短边尺寸；d 为圆形截面的直径；i 为截面的最小回转半径。

构件的计算长度 l_0 与构件两端支承情况有关，在实际工程中，构件端部的连接构造比较复杂，对框架柱等的计算长度如表 5-2 所示。

表 5-2　框架结构各层柱的计算长度

楼盖类型	柱的类别	l_0
现浇楼盖	底层柱	$1.0H$
	其余各层柱	$1.25H$
装配式楼盖	底层柱	$1.25H$
	其余各层柱	$1.5H$

注：表中 H 为底层柱从基础顶面到一层楼盖顶面的高度，对其余各层柱为上下两层楼盖顶面之间的高度。

(3) 柱正截面承载力计算。

在轴向压力 N 作用下(如图 5-7 所示)，根据构件截面竖向力的平衡条件，并考虑长柱与短柱计算公式的统一以及构件可靠度的调整因素后，轴心受压构件承载力计算公式为：

$$N \leqslant N_u = 0.9\varphi\left(f_c A + f_y' A_s'\right) \tag{5-1}$$

式中：N—— 轴向压力设计值；

N_u——轴心受压构件承载力设计值，也叫构件的极限轴向压力；

φ——钢筋混凝土构件的稳定系数，查表 5-1；

f_c——混凝土轴心抗压强度设计值；

A——构件截面面积，当纵向钢筋配筋率 $\rho'>3\%$ 时，A 改为 $A-A_s'$；

f_y'——纵向钢筋的抗压强度设计值；

A_s'——全部纵筋受压钢筋截面积；

0.9——防止构件偶然偏心以及为保持与偏心受压构件正截面承载力计算具有相近的可靠度时的调整系数。

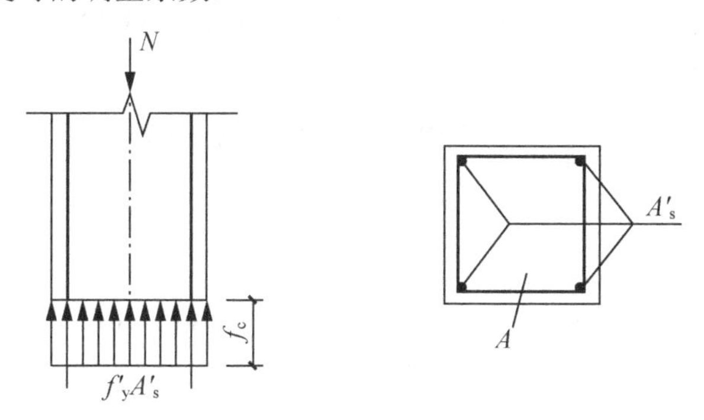

图 5-7　普通箍筋柱截面受压承载力计算简图

在实际工程中，轴心受压构件沿两个主轴方向的杆端约束条件可能不同，因此计算长度 l_0 和截面回转半径 i 也不同，应分别按两个方向确定 φ 值，选其中较小者进行计算。

(4) 设计步骤。

① 截面设计。

截面设计一般有以下两种情况。

第一种情况：已知：$b\times h$，f_c，f_y'，N，　l_0，求截面所需要的纵向钢筋数量 A_s'。

解： 首先计算长细比 l_0/b，查表 5-1，确定稳定系数 φ

直接利用公式计算 $A_s = \dfrac{\dfrac{N}{0.9\varphi} - f_c A}{f_y'}$

验算配筋率 $\rho'_{min} \leqslant \rho' \leqslant \rho'_{max}$

当 $\rho' > \rho'_{max}$ 时，说明截面尺寸偏小，可考虑增大截面尺寸后重新计算;

当 $\rho' > \rho'_{min}$ 时，说明截面尺寸偏大，可考虑减小截面尺寸后重新计算或取 $\rho' = \rho'_{min}$ 进行配筋计算。

然后选配钢筋，并注意应符合钢筋的构造要求。

第二种情况：已知：f_c，f_y'，N，l_0，要求确定构件的截面尺寸 b，h，纵向钢筋截面面积 A_s'。

首先在经济配筋率(1.5%～2%)范围内选定 ρ'，然后取 φ=1，并将 A_s' 写成 $\rho' A$，代入式(5-1)计算构件的截面面积 A，并确定边长 b(应符合构造要求)。其余计算同第一种情况。

② 截面复核。

i 已知 $b \times h$，f_c，f_c，f_y'，N，l_0，A，验算承载力是否满足要求。

ii 已知 $b \times h$，f_c，f_y'，N，l_0，A_s'，求截面能够承受的轴心压力设计值 N_u。

解： 计算长细比 l_0/b，查表确定稳定系数 φ。

直接利用公式(5-1)，$N \leqslant N_u$ 则承载力满足要求；$N > N_u$ 则承载力不满足要求。

【案例分析】

例 5-1 某现浇多层钢筋混凝土框架结构底层中柱，柱的截面尺寸为 450mm×450 mm，计算长度 l_0=5.8m，承受轴心压力设计值 3300kN，混凝土强度等级为 C30，钢筋采用 HRB400 级，要求确定纵筋截面面积 A_s'，并进行钢筋布置且应符合构造要求。

解： C30 混凝土：f_c=14.3N/mm^2，HRB400 级钢筋：f_y'=360N/ mm^2

(1) 求稳定系数 φ

$$\frac{l_0}{b} = \frac{5800}{450} = 12.89，\text{查表 5-1，}\ \varphi = 0.937$$

(2) 计算受压纵筋截面面积 A_s'

由式(5-1)得

$$A_s' = \frac{\dfrac{N}{0.9\varphi} - f_c A}{f_y'} = \frac{\dfrac{3300 \times 10^3}{0.9 \times 0.937} - 14.3 \times 450 \times 450}{360} = 2826\text{mm}^2$$

(3) 验算配筋率 ρ' 并配筋

$\rho' = \dfrac{A_s'}{bh} = \dfrac{2826}{450 \times 450} = 1.4\% < 3\%$，同时大于最小配筋率 0.55%。选用 8Φ22，A_s'=3040mm^2。沿截面周边均匀布置，每边 3 根。截面配筋如图 5-8 所示。

例 5-2　某钢筋混凝土轴心受压柱，计算长度 l_0=4.9m，承受轴心压力设计值 N=2800kN，混凝土强度等级 C30，钢筋 HRB400 级。要求确定柱截面尺寸及纵筋截面面积。

解：(1) 估算柱截面尺寸

假定 $\rho'=1.8\%$，暂取 $\varphi=1.0$，将 A_s' 写成 $\rho' A$，代入式(5-1)，计算柱截面面积，即

$$A=\frac{N}{0.9\varphi(f_c+\rho' f_y')}=\frac{2800\times10^3}{0.9\times1.0\times(14.3+0.018\times360)}=149733\text{mm}^2$$

采用正方形截面

$$b=\sqrt{A}=\sqrt{149733}=387\text{mm}^2$$

选用截面尺寸 400mm×400mm。

(2) 求稳定系数 φ

$$\frac{l_0}{b}=\frac{4900}{400}=12.25,\qquad \text{查表 5-1 得 } \varphi=0.946$$

(3) 计算纵筋截面面积 A_s'

$$A_s'=\frac{\dfrac{N}{0.9\varphi}-f_cA}{f_y'}=\frac{\dfrac{2800\times10^3}{0.9\times0.946}-14.3\times400\times400}{360}=2780\text{ mm}^2$$

(4) 验算配筋率

$$\rho'=\frac{A_s'}{bh}=\frac{2780}{400\times400}=1.74\%,\quad 0.55\%<\rho'<3\%$$ 满足配筋率的构造要求。

(5) 选纵向受压钢筋

选用 8Φ22，A_s'=3040mm^2。沿截面周边均匀布置，每边 3 根。截面配筋如图 5-9 所示。

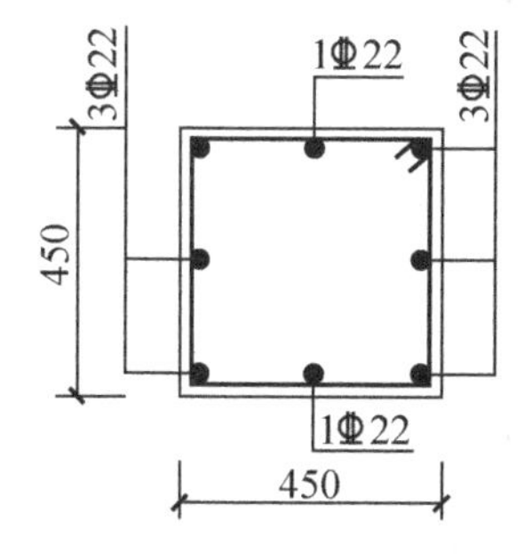

图 5-8　例 5-1 截面配筋图

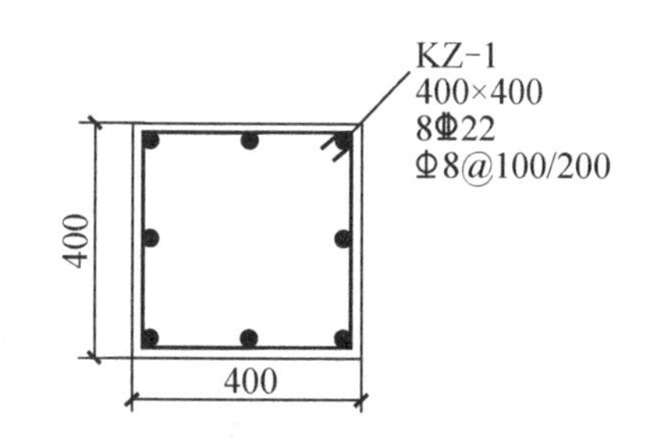

图 5-9　例 5-2 截面配筋图

2) 配有螺旋式(或焊环式)箍筋的轴心受压构件正截面承载力计算

螺旋箍筋柱是在柱中配置间距很密的螺旋箍筋或焊环箍，它犹如一套筒，将核心混凝土约束住，使混凝土处于三向受压状态，从而间接地提高了柱的承载力，它不仅提高了柱的纵向承载力，更重要的是在承载力不降低的情况下，能使柱的变形能力(延性)大大增加，故特别适用于抗震地区。

(1) 箍筋的横向约束作用。

试验研究表明，螺旋箍筋柱，在加载初期，由于混凝土压力较小，箍筋对核心混凝土的横向变形约束作用不明显，随着压力的增加，混凝土的横向变形急剧增大，使螺旋箍筋或焊环箍筋中产生拉力，从而有效地限制了混凝土的横向变形，在箍筋的约束下，混凝土

处于三向受压状态，提高了混凝土的抗压强度。当轴心压力增大到使混凝土压应变达到无约束混凝土的极限压应变时，螺旋箍筋外面的混凝土保护层开始剥落退出工作。当螺旋箍筋应力达到抗拉屈服强度时，就不再能有效地约束混凝土的横向变形，核心部分混凝土的抗压强度也不再提高，使混凝土被压碎而导致构件破坏。

由此可以看出，螺旋箍筋或焊环式箍筋的作用是：使核心部分混凝土处于三向受压状态，提高混凝土的抗压强度。混凝土的纵向受压破坏是纵向压缩时横向产生膨胀而发生的拉坏，由于此种箍筋间接地起到了提高构件轴心受压承载力的作用，故又称之为“间接钢筋”。

而对配置矩形箍筋的受压柱，其约束作用的效果远没有螺旋箍筋或焊环式箍筋那样显著，因为矩形箍筋水平肢的侧向抗弯刚度很弱，无法对核心混凝土形成有效的约束。

(2) 正截面受压承载力计算。

由于螺旋箍筋或焊环箍筋的套箍作用，使核心混凝土处于三向受压状态，混凝土的抗压强度由 f_c 提高到 f_{c1}，其轴心抗压强度可近似按下式表示：

$$f_{c1}=f_c+4\alpha\sigma_r \tag{5-2}$$

式中：f_{c1}——被约束核心混凝土轴心抗压强度设计值；

f_c——混凝土轴心抗压强度设计值；

α——间接钢筋对混凝土约束的折减系数：当混凝土强度等级不超过 C50 时，取 1.0；当混凝土强度等级为 C80 时，取 0.85，其间按线性内插法确定。

σ_r——螺旋箍筋或焊环箍筋的应力达到屈服强度时，柱的核心区混凝土受到的径向应力，如图 5-10 所示。

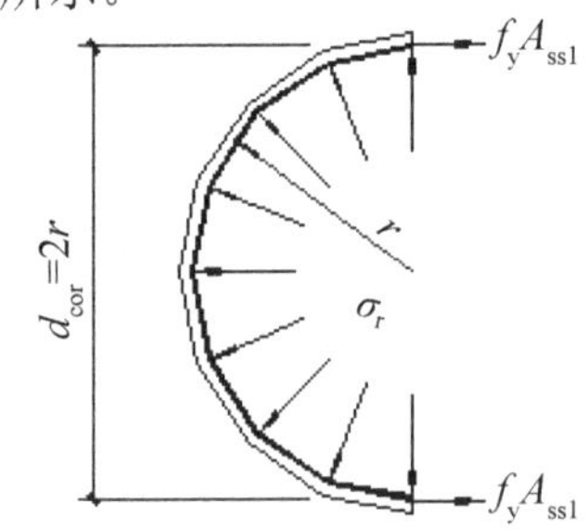

图 5-10　混凝土径向受力示意图

一个螺旋箍筋间距 s 范围内 σ_r 在水平方向上的合力为 $\sigma_r sd_{cor}$，如图 5-10 所示，水平方向上的平衡条件可得：

$$\sigma_r sd_{cor}=2f_{yv}A_{ss1} \tag{5-3}$$

于是

$$\sigma_r=\frac{2f_{yv}A_{ss1}}{sd_{cor}}=\frac{2f_{yv}}{4\times\frac{\pi d_{cor}^2}{4}}\times\frac{\pi d_{cor}A_{ss1}}{s}=\frac{f_{yv}}{2A_{cor}}A_{sso} \tag{5-4}$$

$$A_{sso}=\frac{\pi d_{cor}A_{ss1}}{s} \tag{5-5}$$

式中：d_{cor}——构件的核心截面直径：间接钢筋内表面之间的距离；

s ——间接钢筋沿构件轴线方向的间距；

f_{yv}——间接钢筋的抗拉强度设计值；

A_{ss1}——螺旋式或焊接环式箍筋单根间接钢筋的截面面积；

A_{cor}——构件的核心混凝土截面面积；取间接钢筋内表面范围内的混凝土截面面积；

A_{sso}——螺旋式或焊接环式间接钢筋的换算截面面积。

可以将$\pi d_{cor}A_{ss1}$想象成若干根长度为 s 的纵筋体积，则 $A_{sso}=\dfrac{\pi d_{cor}A_{ss1}}{s}$ 就是若干根长度为 s 的纵筋截面积。

如上所述，螺旋箍筋或焊环箍筋柱破坏时，受压纵筋应力达到了抗压屈服强度，螺旋式或焊环式箍筋内的混凝土达到抗压强度 f_{c1}，箍筋外面的保护层混凝土已开裂甚至剥落而退出工作。所以，承受压力的混凝土截面面积应取核心混凝土的面积 A_{cor}。于是根据轴向力平衡条件，同时考虑可靠度调整系数 0.9 后，可得螺旋式或焊环式箍筋柱受压承载力计算公式，即：

$$N\leqslant N_u=0.9\left(f_{c1}A_{cor}+f_y'A_s'\right)=0.9\left(f_cA_{cor}+4\alpha\times\frac{f_y}{2A_{cor}}A_{sso}A_{cor}+f_y'A_s'\right)$$

经整理后得

$$N\leqslant N_u=0.9\left(f_cA_{cor}+2\alpha f_yA_{sso}+f_y'A_s'\right)\tag{5-6}$$

上述公式由三部分组成：第一项f_cA_{cor}为核心混凝土的承载力；第三项为纵向受压钢筋的承载力；第二项 $2\alpha\ f_yA_{sso}$ 为受到螺旋箍约束后核心混凝土提高的轴向力(螺旋箍筋所增加的承载力)。由此可见对配有间接钢筋柱承载力要比配普通箍筋柱的承载力高。

当按式(5-6)计算螺旋式或焊环式箍筋的轴心受压柱承载力时，必须满足有关条件，否则就不能考虑箍筋的约束作用。《混凝土结构设计规范》规定：凡属下列情况之一者，不考虑间接钢筋的影响而按式(5-1)计算构件的承载力。

① 为了防止混凝土保护层不致过早脱落，按式(5-6)算得的构件受压承载力值，不应大于按式(5-1)算得的构件受压承载力设计值的 1.5 倍。

② 当 $l_0/d>12$ 时，因构件长细比较大，有可能因纵向弯曲影响致使螺旋箍筋尚未屈服有可能丧失稳定而破坏，而使间接钢筋不能充分起作用。

③ 当按式(5-6)计算的受压承载力小于按式(5-1)计算得到的受压承载力时，这时应按式(5-1)计算。

④ 当间接钢筋的换算截面面积 A_{sso} 小于纵向钢筋的全部截面面积的 25%时。可以认为间接钢筋配置得太少，对核心混凝土的约束效果较差，这时应按式(5-1)计算。

当考虑间接钢筋作用时，则间接钢筋的间距 s 不应大于 80mm 及 $d_{cor}/5$(d_{cor}为按间接钢筋内表面确定的核心截面直径)，同时亦不宜小于 40mm；间接钢筋的直径不应小于 $d/4$，且不应小于 6mm，d 为纵向钢筋的最大直径。

【案例分析】

例 5-3　某大楼底层门厅现浇钢筋混凝土柱，已求得轴向力设计值 N=4250kN，若柱的计算长度为 4.4m，根据设计要求，柱为圆形截面，直径为 400mm，混凝土采用 C40，纵筋采用 HRB400 钢筋，螺旋箍筋采用 HRB335 钢筋，混凝土保护层厚度为 25mm，要求设计该柱。

解：1) 先按普通箍筋柱计算

(1) 基本参数。

C40：f_c=19.1N/mm^2；HRB400 级钢筋：f_y'=360N/mm^2，HRB335 级钢筋：f_y=300N/mm^2

(2) 计算长细比

$$\frac{l_0}{b}=\frac{4400}{400}=11\text{，查表 5-1，}\varphi=0.965$$

(3) 计算纵向受压钢筋截面面积 A_s'。

圆柱截面积为

$$A=\frac{\pi d^2}{4}=\frac{3.14\times 400^2}{4}=125600\ \text{mm}^2$$

$$A_s'=\frac{\dfrac{N}{0.9\varphi}-f_cA}{f_y'}=\frac{\dfrac{4250\times 10^3}{0.9\times 0.965}-19.1\times 125600}{360}=6929\ \text{mm}^2$$

(4) 验算配筋率 ρ'

$$\rho'=\frac{A_s'}{A}=\frac{6929}{125600}=5.52\%>5\%$$

由于配筋率 $\rho'>5\%$，明显偏高，若混凝土强度等级不再提高，说明普遍箍筋柱不再适用，可考虑采用螺旋箍筋柱。

2) 按螺旋箍筋柱计算

(1) 判别是否可用螺旋箍筋。

$\dfrac{l_0}{b}=\dfrac{4400}{400}=11<12$，可以采用螺旋箍筋柱。

(2) 确定纵向受压钢筋 A_s'

假定按纵筋配筋率 $\rho'=4\%$ 计算，则 $A_s'=\rho'A=0.04\times 125600=5024\text{mm}^2$ A_s'，选用 10Φ25 (A_s'=4909 mm^2)。纵筋净距为 79mm，大于 50 mm，小于 300，均符合构造要求。

(3) 计算核心截面面积

$$d_{cor}=d-(25+10)\times 2=400-70=330\text{mm}$$

$$A_{cor}=\frac{\pi d^2}{4}=\frac{3.14\times 330^2}{4}=85487\ \text{mm}^2$$

(4) 计算间接钢筋的换算截面面积 A_{sso} 并验算其用量

$$A_{sso}=\frac{\dfrac{N}{0.9}-f_cA_{cor}-f_y'A_s'}{2\alpha f_{yv}}=\frac{\dfrac{4250\times 10^3}{0.9}-19.1\times 85487-360\times 4909}{2\times 1.0\times 300}$$

$$=2204\text{mm}^2>0.25A_s'=0.25\times 4909=1227\ \text{mm}^2$$

满足构造要求。

(5) 确定螺旋箍筋直径和间距。

选螺旋箍筋直径 12mm(A_{ss1}=113mm^2)，大于 d/4=25/4=6mm，满足构造要求。箍筋间距为

$$s=\frac{\pi d_{cor}A_{ss1}}{A_{sso}}=\frac{3.14\times 330\times 113}{2204}=53\,\text{mm}$$

按照螺旋箍筋的构造要求，箍筋间距不应大于 80 mm 及 d_{cor}/5，且不宜小于 40 mm，即 40≤s≤80 mm，取 s=50 mm，$s\leqslant\frac{d_{cor}}{5}$=330/5=66 mm，符合要求。图 5-11 为截面配筋图。

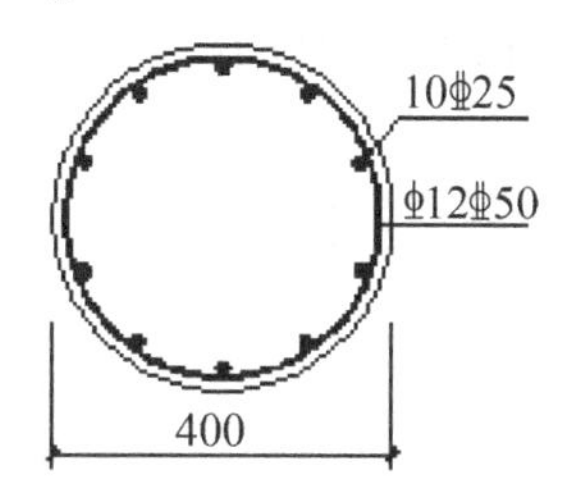

图 5-11　例 5-3 截面配筋图

(6) 验算承载力。

根据所配置的螺旋箍筋 d=12 mm，s=50mm，重新用式(5-5)及式(5-6)求得螺旋箍筋柱的轴心压力设计值 N_u 如下：

$$A_{sso}=\frac{\pi d_{cor}A_{ss1}}{s}=\frac{3.14\times 330\times 113}{50}=2344\,\text{mm}^2$$

$$N_u=0.9(f_cA_{cor}+2\alpha f_yA_{sso}+f_y{}'A_s{}')$$
$$=0.9\times(19.1\times 85487+2\times 1.0\times 300\times 2344+360\times 4909)$$
$$=4326\text{kN}>N=4250\text{ kN}$$

按照普通箍筋柱计算受压承载力

$$N_{u1}=0.9\varphi(f_cA+f_y'A_s')$$
$$=0.9\times 0.965\times(19.1\times 125600+360\times 4909)$$
$$=3618.3\text{kN}$$
$$4326\text{kN}<1.5N_{u1}=1.5\times 3618.3=5427.5\text{kN}$$

说明保护层不会过早脱落，所设计的螺旋箍筋柱符合要求。

5.1.2　偏心受压构件正截面承载力计算

实际工程中的大多数竖向构件都是偏心受压构件，且应用得非常广泛，如多层框架柱、多层或高层房屋的钢筋混凝土剪力墙、单层排架柱等。

工程中的偏心受压构件大部分都是按单向偏心受压来进行截面设计的，即只考虑轴压力 N 沿截面一个主轴方向偏心作用。工程中也有一部分双向偏心受压构件，如框架房屋的角柱。它的轴压力同时沿截面的两个主轴方向有偏心作用。它应按双向偏心受压构件来进行设计。

1. 偏心受压构件正截面的破坏特征

偏心受压构件根据轴向力 N 的偏心距 e_0 和纵向钢筋配筋率的变化，按其破坏特征划分为大偏心受压破坏(又称受拉破坏)和小偏心受压破坏(又称受压破坏)两类。偏心受压构件中的纵筋通常布置在截面偏心方向两侧，离偏心压力较近一侧的纵向钢筋为受压钢筋，其截面面积用 A_s'表示；离偏心压力较远一侧的纵向钢筋可能受拉也可能受压，不论受拉还是受压，其截面面积都用 A_s 表示。

1) 大偏心受压破坏(受拉破坏)

当轴向压力的相对偏心距 e_0/h_0 较大，且受拉钢筋 A_s 配置适量时，就会出现受拉破坏，即大偏心受压破坏如图 5-12 所示。

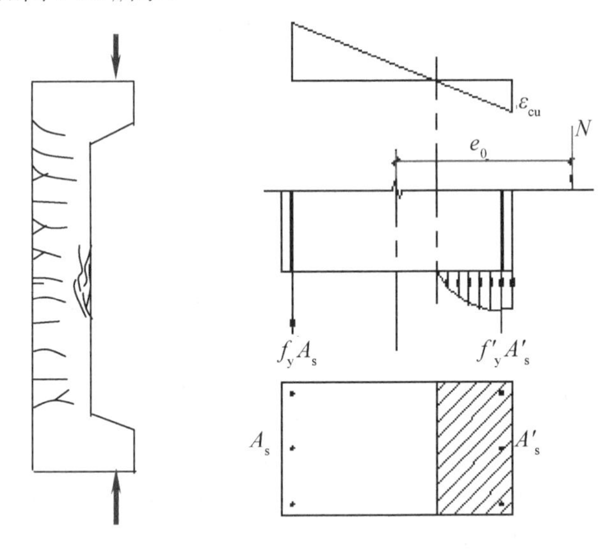

图 5-12 大偏心受压破坏

这类构件由于相对偏心距比较大，所以弯矩的影响较明显，具有与受弯构件适筋梁类似的受力特点。在偏心压力 N 作用下，与纵向压力较近一侧截面受压，较远一侧截面受拉。当偏心压力 N 逐渐增大到一定数值时，首先在受拉边缘混凝土出现短的水平裂缝，这些裂缝将随着荷载的增大而不断加宽并向受压区延伸，裂缝截面处的拉力将全部转由受拉钢筋承担，并在受拉边形成一条或几条主要水平裂缝，随着荷载的继续增加接近破坏荷载时，受拉钢筋的应力首先达到屈服，钢筋屈服后塑性伸长(变形)，裂缝明显加宽，不断向受压区延伸发展，使受压区面积进一步减小，混凝土压应变增大，受压区混凝土也出现了纵向裂缝。最后当受压边缘混凝土达到极限压应变时，受压区混凝土被压碎而导致构件破坏。此时，混凝土压碎区一般都较短，受压钢筋一般都能屈服。

可以看出，破坏从受拉区开始，大偏心受压构件的破坏特征与适筋受弯构件的破坏特征完全相同：受拉钢筋首先达到屈服，然后受压钢筋也能达到屈服，最后由于受压区混凝土压碎而导致构件破坏。由于破坏是从受拉钢筋屈服开始的，故也称为“受拉破坏”破坏。这种破坏形态在破坏前有明显的预兆，属于塑性破坏。钢筋与混凝土材料强度都得到充分发挥。

2) 小偏心受压破坏(受压破坏)

(1) 当轴向压力的相对偏心距 e_0/h_0 较小，或虽然相对偏心距 e_0/h_0 较大，但受拉钢筋 A_s 配置较多时，就将发生小偏心受压破坏如图 5-13 所示。截面处于大部分受压而小部分受拉状态。当偏心压力 N 逐渐增大时，与受拉破坏情况相同，在截面受拉边缘出现水平裂缝，但水平裂缝开展与延伸比较缓慢，未形成明显的主裂缝，而受压区边缘混凝土的压应变增长较快，临近破坏时受压边出现纵向裂缝，破坏较突然，无明显预兆，构件的破坏是由受压区混凝土的压碎而引起的，而且压碎区段较长。破坏时，受压一侧的钢筋一般能达到屈服强度，但受拉钢筋不能屈服。截面受压边缘混凝土的压应变比受拉破坏时小。图 5-13 中需要注意的是，由于受拉钢筋没有达到屈服强度，因此在截面应力分布图中其拉应力只能用σ_s来表示。

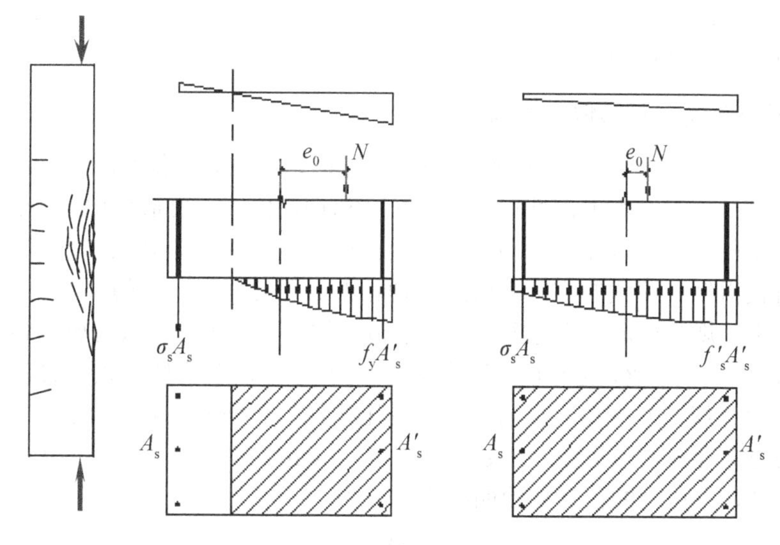

图 5-13　小偏心受压破坏

(2) 当相对偏心距 e_0/h_0 很小时，构件全截面受压，距轴压力较近一侧的混凝土压应力较大，另一侧的压应力较小，构件的破坏是由压应力较大一侧的混凝土被压碎而引起，破坏时该侧的受压钢筋应力一般均能屈服，而压应力较小一侧的钢筋应力达不到屈服强度。

若相对偏心距更小，由于截面的实际形心和构件的几何中心不重合，且远离轴压力一侧的钢筋 A_s 又配得不够多，少于靠近轴压力一侧纵筋，也有可能使远离轴压力一侧的混凝土反而先被压坏，此时钢筋 A_s 受压，其应力能达到屈服强度。

以上小偏心受压破坏的共同特征是：构件的破坏都是由受压区混凝土的压碎而引起的，离轴压力较近一侧的受压钢筋能达到屈服强度，而另一侧的钢筋不论受拉还是受压，一般均达不到屈服强度。破坏时没有明显预兆，属脆性破坏。由于破坏是从受压区开始的，故也称为“受压破坏”。混凝土强度越高，破坏越突然。

3) 两种偏心受压破坏的界限

从以上两种偏心受压破坏特征可以看出，二者之间的根本区别在于破坏时远离轴压力一侧的钢筋是否能屈服。

如果受拉钢筋先屈服而后受压区混凝土被压碎即为受拉破坏；如果受拉钢筋或受拉或受压但都未达到屈服强度即为受压破坏。在“受拉破坏”和“受压破坏”之间存在一种界限状态，也就是说，当受拉钢筋屈服的同时，受压区边缘混凝土正好达到极限压应变ε_{cu}，混凝土被压碎，这种状态下的破坏称为界限破坏。界限破坏时，混凝土压碎区段的大小比“受拉破坏”的大，比“受压破坏”时的要小，界限破坏是大小偏心受压破坏的分界。这和受弯构件的适筋与超筋破坏两种情况完全相同，因此，两种偏心受压破坏形态的界限与受弯构件适筋与超筋破坏的界限也必然相同。大小偏心界限破坏时的相对受压区高度称为界限相对受压区高度ξ_b。

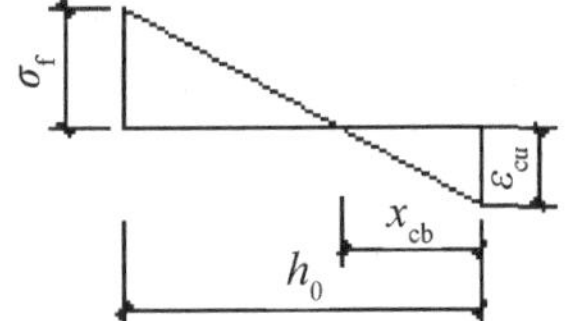

图 5-14　界限状态时截面应变

由图 5-14 可看出，对于大偏心受压构件，破坏时，$\varepsilon_s > \varepsilon_y$，则 $x_c < x_b$，对于小偏心受压构件，由于构件破坏时受拉钢筋受拉不屈服或者受压不屈服，则有 $x_c > x_b$。

由上述分析，可以得到大、小偏心受压构件的判别条件：

当$\xi \leqslant \xi_b$时为大偏心受压；

当$\xi > \xi_b$时为小偏心受压。

2. 附加偏心距 e_a，初始偏心距 e_i

当截面上作用弯矩设计值为M，轴向压力设计值为N时，其偏心距$e_o=M/N$，e_o称为原始偏心距。由于在施工过程中，结构的几何尺寸和钢筋位置不可避免地会与设计规定有一定偏差，混凝土的质量不可能绝对均匀，荷载作用位置与设计计算位置不可避免的偏差等因素，这样就使得轴向荷载的实际偏心距与理论偏心距之间有一定的误差，在偏心受压构件承载力计算中，规范规定，应考虑上述因素造成的不利影响，引入附加偏心距 e_a，当 e_0 比较小时，e_a的影响较显著，随着轴向压力偏心距的增大，e_a对构件承载力的影响逐渐减小。《混凝土结构设计规范》规定，在两类偏心受压构件的正截面承载力计算中，均应计入轴向压力在偏心方向存在的附加偏心距 e_a。其值取 20mm 和偏心方向截面尺寸的 1/30 两者中的较大值。因此，轴压力的计算初始偏心距 e_i 应为：

$$e_i = e_0 + e_a \tag{5-7}$$

式中：e_i ——初始偏心距；

e_0 ——由截面 M、N 计算所得的原始偏心距；

e_a ——附加偏心距，$e_a = h/30 \geqslant 20\text{mm}$。

3. 偏心受压构件的纵向弯曲影响

试验表明，钢筋混凝土受压构件在承受偏心荷载后，将产生纵向弯曲变形，即会产生侧向挠度。

对于长细比较小的柱来讲，由于纵向弯曲很小，计算时一般可忽略其影响。可以认为偏心距从开始加载到破坏始终不变，也就是说$\dfrac{M}{N}=e_0$为常数。

但对于长细比较大的长柱，偏心荷载作用产生的侧向挠度很大，从而由侧向挠度产生的附加弯矩(二阶弯矩)不能忽略，纵向弯曲降低了柱的承载力，设计时必须予以考虑。

构件在偏心压力作用下产生侧向挠度，使偏心距由原来的e_i变为e_i+f，如图 5-15 所示。y为构件任意点的水平侧向挠度，f为柱高中点处最大的侧向挠度，则柱截面中最大弯矩为：

$$M=N(e_i+f)=Ne_i+Nf$$

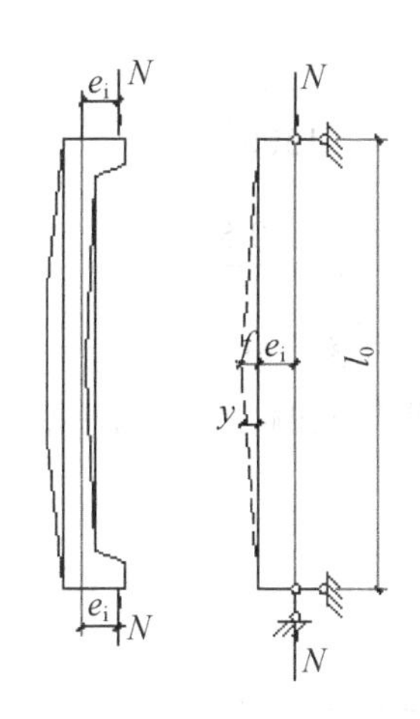

图 5-15　两端铰支等偏心距受压构件

把轴向力 N 与初始偏心距 e_i 产生的弯矩 Ne_i 称为一阶弯矩或初始弯矩，它与偏心距的大小成正比例，计算时相对简单和直观。把轴向力下的纵向弯曲在柱高中点产生的弯矩 Nf 称为二阶弯矩或附加弯矩。实测和理论分析证明，纵向挠度的变化与轴向力之间不是线性关系，而是纵向挠度增加的速度远大于轴向力增加的速度，同样 Nf 的增加速度远比轴向力 N 的增加速度快，也就是说二阶弯矩效应的影响远超过一阶弯矩效应，即二阶弯矩将使细长柱承载力能力快速下降，因此必须考虑二阶弯矩的影响。

4. 偏心受压长柱的二阶弯矩

偏心受压构件考虑轴向压力在挠曲杆件中产生的二阶效应后，在构件的某个截面上，其弯矩可能会大于端部截面的弯矩。设计时应取弯矩最大的(控制)截面进行计算。

下面具体介绍控制截面弯矩设计值的计算方法。

1) 两端铰支等偏心距单曲率弯曲(单向压弯)

图 5-15 为一两端铰支的细长杆件，设在其两端对称平面内作用初始偏心距为 e_i 的偏心轴向压力 N。杆件在弯矩作用平面内将产生单曲率弯曲变形(使构件的同一侧受拉)，则构件控制截面的弯矩为：

$$M = N\left(e_i + f\right) = N\left(1 + \frac{f}{e_i}\right)e_i \tag{5-8}$$

其中

$$e_i = e_0 + e_a$$

令

$$\eta_{ns} = \frac{e_i + f}{e_i} = 1 + \frac{f}{e_i} \tag{5-9}$$

于是

$$M = \eta_{ns} N e_i \tag{5-10}$$

式中：N ——与弯矩设计值对应的轴向压力设计值；

η_{ns} ——弯矩增大系数。

式(5-10)表明，两端铰支等偏心距的细长柱考虑二阶弯矩后控制截面的弯矩等于一阶弯矩乘以弯矩增大系数。因此，若求构件控制截面弯矩就要求得弯矩增大系数 η_{ns}，弯矩增大系数 η_{ns} 表达式为：

$$\eta_{ns}=1+\frac{1}{1300\dfrac{e_0+e_a}{h_0}}\left(\frac{l_c}{h}\right)^2\zeta_c \tag{5-11}$$

$$\zeta_c=\frac{0.5f_cA}{N} \tag{5-12}$$

式中：ζ_c——偏心受压构件截面曲率修正系数，当$\zeta_c>1.0$时，取$\zeta_c=1.0$；

l_c——构件的计算长度，可近似取偏心受压构件相应主轴方向上下支撑点之间的距离；

e_a——附加偏心距；

h_0——与偏心距平行的截面有效高度；

h——截面高度；

A——构件截面面积。

2) 两端铰支不等偏心距单曲率弯曲(单向压弯)

图 5-16(a)表示两端铰支不等偏心距的单向压弯构件，设构件 A 端的弯矩为 $M_1=Ne_{i1}$；B 端的弯矩为 $M_2=Ne_{i2}$，并设$|M_2|\geqslant|M_1|$。在二阶弯矩的影响下，其总弯矩图如图 5-16(b)所示，其控制截面弯矩为 $M_{\mathrm{I}\,max}$。$M_{\mathrm{I}\,max}$ 值的大小通过等代柱法确定。

所谓等代柱法，是指把求两端铰支不等偏心距(e_{i1}、e_{i2})的压弯构件控制截面弯矩，变换成求与其等效的两端铰支等偏心距 C_me_{i2} 的压弯构件控制截面的弯矩 $M_{\mathrm{II}\,max}$。并把前者称为原柱，后者称为等代柱。其中，C_m 为待定系数，称为构件端部截面偏心距调节系数，如图 5-16(c)所示。

等代柱两端的一阶弯矩为 NC_me_{i2}，在二阶弯矩的影响下其总弯矩图如图 5-16(d)所示，控制截面位于构件 1/2 高度处，其弯矩为 $M_{\mathrm{II}\,max}$。为了使两柱等效，显然，应令两者的承载力相等，即 $M_{\mathrm{I}\,max}=M_{\mathrm{II}\,max}=M$。

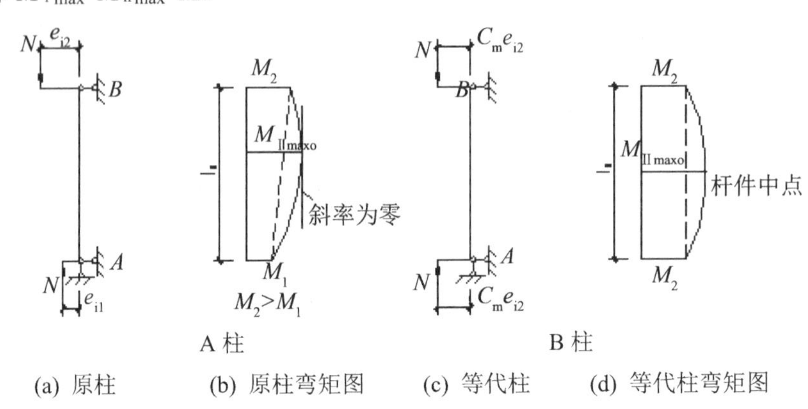

图 5-16　两端铰支不等偏心距受压构件的计算

根据国内所做的系列试验结果，并参照国外规范的相关内容，《混凝土结构设计规范》给出了偏心受压构件端部截面偏心距调节系数的表达式：

$$C_m=0.7+0.3\frac{M_1}{M_2} \tag{5-13}$$

因为等代柱为两端铰支等偏心距单向压弯构件，因此，可直接按式(5-10)计算偏心受压构件(排架结构柱除外)考虑轴向压力在挠曲杆件中产生的二阶效应后控制截面的弯矩设计值：

$$M=\eta_{ns}Ne_i=\eta_{ns}NC_m e_{i2}=\eta_{ns}C_m M_2 \tag{5-14}$$

现行新规范 GB 50010—2010 沿用我国习惯的极限曲率表达式，结合国际先进经验并作调整后给出了弯矩增大系数η_{ns}值为：

$$\eta_{ns}=1+\frac{1}{1300\dfrac{(M_2/N)+e_a}{h_0}}\left(\frac{l_c}{h}\right)^2\zeta_c \tag{5-15}$$

式中：M ——考虑二阶效应后控制截面的弯矩设计值；

C_m ——构件端部截面偏心距调节系数，当计算值小于 0.7 时，取 0.7；

l_c ——构件计算长度，可近似取偏心受压构件相应主轴方向上下支撑点之间的距离；

N ——与弯矩设计值M_2相应的轴向压力设计值；

e_a ——附加偏心距；

ζ_c——偏心受压构件截面曲率修正系数，当$\zeta_c>1.0$时，取$\zeta_c=1.0$；

h_0 ——与偏心距平行的截面有效高度。

当$\eta_{ns}C_m$计算值小于 1.0 时，取 1.0；对剪力墙及核心筒墙，可取$\eta_{ns}C_m=1.0$。

3) 两端铰支不等偏心距双曲率弯曲

图 5-17(a)表示两端铰支不等偏心距双曲率弯曲，设构件 A 端的弯矩为$M_1=Ne_{i1}$；B 端的弯矩为$M_2=Ne_{i2}$，并设$|M_2|\geqslant|M_1|$。由两端不相等弯矩引起的构件弯矩分布如图 5-17(b)所示；由纵向弯曲引起的二阶弯矩如图 5-17(c)所示；总弯矩的分布如图 5-17(d)所示。图 5-17(d)中，二阶弯矩未引起最大弯矩的增加，即构件的最大弯矩在柱端。

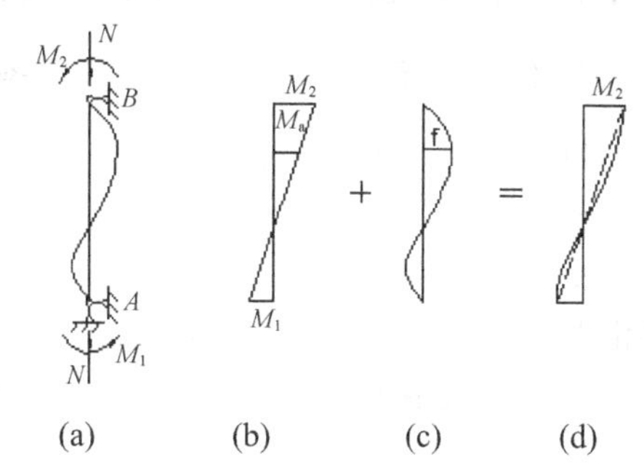

图 5-17　两端铰支不等偏心距受压构件的计算

由上述分析可看出，当构件两端弯矩值不等且双曲率弯曲时图 5-17，沿构件产生一个反弯点，弯矩增加很少，考虑二阶效应后的最大弯矩值一般不会超过构件端部弯矩或有一定增大。

5. 构件承载力计算中挠曲二阶效应的考虑

所谓二阶效应是指偏压杆件中由轴向压力在产生了挠曲变形的杆件内引起的曲率和弯矩增量(二阶弯矩，由轴向压力所引起的附加内力)，通常称为 P-δ 效应。P-δ 效应一般会增大柱段中部截面的弯矩，但并不增大柱端截面的弯矩。特别是当杆件较细长，杆件两端弯矩同号(即均使杆件同侧受拉)且两端弯矩的比值接近 1.0、轴压比偏大的偏压构件中，经 P-δ 效应增大后的杆件中部弯矩有可能超过柱端控制截面的弯矩，此时，在截面设计中应考虑 P-δ 效应的附加影响。

相反，在结构中常见的反弯点位于柱高中部的偏心受压构件中，二阶效应虽能增大构件除两端区域外各截面的曲率和弯矩，但增大后的弯矩通常不超过柱两端控制截面的弯矩。因此，在这种情况下，P-δ 效应不会对杆件截面的偏心受压承载能力产生不利影响。

《混凝土结构设计规范》(GB 50010—2010)根据分析结果和参考国外规范，给出了可不考虑 P-δ 效应的条件。规范规定，弯矩作用平面内截面对称的偏心受压构件，当同一主轴方向的杆端弯矩比$\dfrac{M_1}{M_2}$不大于 0.9，且轴压比不大于 0.9。若杆件长细比满足式(5-16)条件，可不考虑轴向压力在该方向挠曲杆件中产生的附加弯矩的影响；否则，应按两个主轴方向分别考虑轴向压力在挠曲杆件中产生的附加弯矩影响。

$$\frac{l_c}{i} \leqslant 34 - 12\frac{M_1}{M_2} \tag{5-16}$$

式中：M_1、M_2 ——分别为已考虑侧移影响的偏心受压构件两端截面按结构弹性分析确定的对同一主轴的组合弯矩设计值，绝对值较大端为 M_2，绝对值较小端为 M_1，当构件按单曲率弯曲时，$\frac{M_1}{M_2}$ 取正值，否则取负值；

i ——偏心方向的截面回转半径。

排架结构柱考虑二阶效应的弯矩设计值可按下列公式计算：

$$M = \eta_s M_0 \tag{5-17}$$

$$\eta_s = 1 + \frac{1}{1500\frac{(M_0/N)+e_a}{h_0}}\left(\frac{l_0}{h}\right)^2 \zeta_c \tag{5-18}$$

式中：l_0 ——排架柱的计算长度。

5.1.3 矩形截面非对称配筋偏心受压构件正截面承载力计算

1. 偏心受压构件基本公式及适用条件

1) 大偏心受压构件($x \leqslant \xi_b h_0$)

试验表明，对于大偏心受压构件，因其破坏时受拉钢筋 A_s 受压钢筋 A_s' 均能达到屈服，所以受拉钢筋 A_s 的应力取抗拉强度设计值 f_y，受压钢筋 A_s' 应力取抗压强度设计值 f_y'，受压区混凝土压碎时应力为抛物线形，与受弯构件正截面承载力计算分析方法相同，为了简化计算，同样采用等效矩形应力图形，其应力值为 $\alpha_1 f_c$。截面应力计算图形如图 5-18 所示。

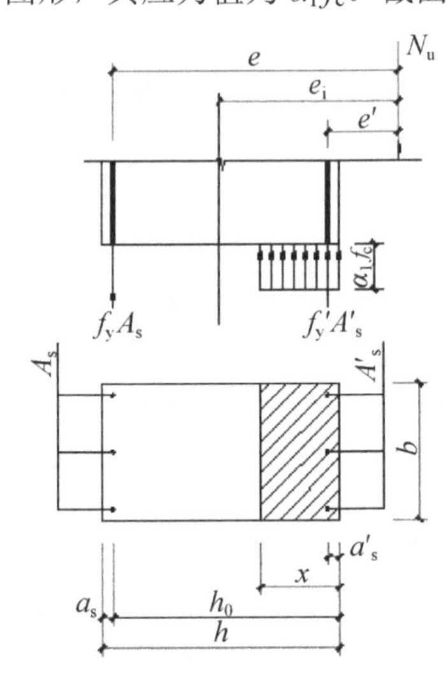

图 5-18 矩形截面非对称配筋大偏心受压构件截面应力计算图形

(1) 基本公式。

由纵向力的平衡条件及各力对受拉钢筋 A_s 合力点取矩以及对 A_s' 合力点取矩的力矩平衡

条件，可以得到以下两个基本公式：

$$\sum N=0 \quad N\leqslant \alpha_1 f_c bx + f_y' A_s' - f_y A_s \tag{5-19}$$

$$\sum M=0 \quad Ne\leqslant \alpha_1 f_c bx\left(h_0-\frac{x}{2}\right)+f_y' A_s'(h_0-a_s') \tag{5-20}$$

或

$$Ne'\leqslant \alpha_1 f_c bx\left(\frac{x}{2}-a_s'\right)-f_y A_s(h_0-a_s') \tag{5-21}$$

$$e=e_i+\frac{h}{2}-a_s \quad (5-2$$

2)

$$e'=e_i-\frac{h}{2}+a_s' \tag{5-23}$$

式中：e——轴向力作用点至受拉钢筋合力点之间的距离；

e'——轴向力作用点至受压钢筋合力点之间的距离。

将 $x=\xi h_0$ 代入式(5-19)和式(5-20)，并令 $a_s=\xi(1-0.5\xi)$，则上列公式可写成如下形式：

$$N\leqslant \alpha_1 f_c bh_0\xi + f_y' A_s' - f_y A_s \tag{5-24}$$

$$Ne\leqslant \alpha_1 f_c bh_0^2\xi(1-0.5\xi)+f_y' A_s'(h_0-a_s') \tag{5-25}$$

$$=\alpha_1\alpha_s f_c bh_0^2+f_y' A_s'(h_0-a_s')$$

(2) 适用条件。

以上两个公式是按大偏心受压破坏模式建立的，为保证受拉、受压钢筋都屈服，所以在应用公式时，应满足下列条件：

$x\leqslant\xi_b h_0$ (或$\xi\leqslant\xi_b$)　　保证受拉钢筋屈服

$x\geqslant 2a_s'$ (或$\xi\geqslant\frac{2a_s'}{h_0}$)　　保证受压钢筋屈服

当不满足条件$\xi\leqslant\xi_b$时，说明截面发生小偏心受压破坏，应改按小偏压公式计算。

当不满足条件 $x\geqslant 2a_s'$ 时，说明虽为大偏压(受拉钢筋屈服)，但受压钢筋 A_s' 不屈服，这时可对未屈服的受压钢筋 A_s' 合力点取矩，可近似取 $x=2a_s'$(忽略受压混凝土对此点的力矩，偏于安全)，如图 5-19 所示，则得：

$$Ne'\leqslant f_y A_s(h_0-a_s') \tag{5-26}$$

$$e'=e_i-\frac{h}{2}+a_s'$$

$$A_s=\frac{Ne'}{f_y(h_0-a_s')} \tag{5-27}$$

2) 小偏心受压构件($x>\xi_b h_0$)

小偏心受压构件破坏时，靠近轴压力一侧受压区混凝土已被压碎，该侧钢筋应力可以达到受压屈服强度，故 A_s' 应力取抗压强度设计值 f_y'。而远离轴压力一侧的钢筋可能受拉也可能受压，但均不能达到屈服强度 f_y 或 f_y'，所以 A_s 的应力用 σ_s 表示，受压区混凝土应力图形仍取等效矩形分布，其应力值$\alpha_1 f_c$，如图 5-20 所示。

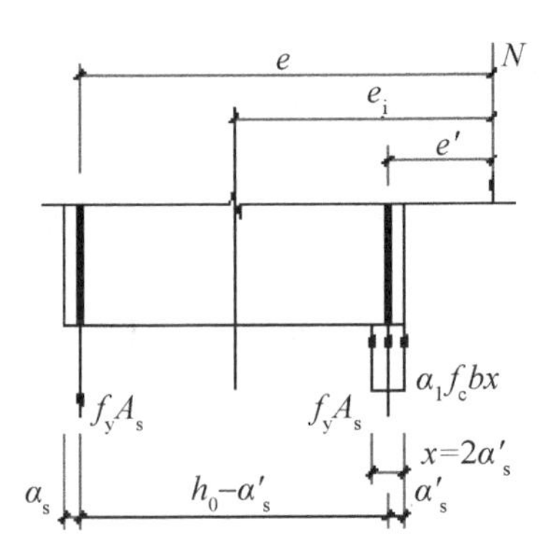

图 5-19　$x<2a_s'$大偏心受压构件的截面计算

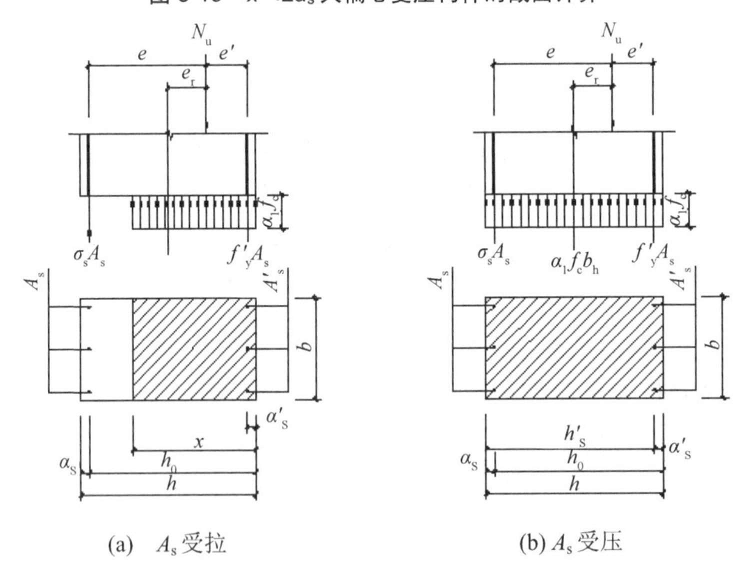

图 5-20　矩形截面非对称配筋小偏心受压构件截面应力计算图形

(1) 基本公式。

由纵向力平衡条件，各力对 A_s 合力点取矩的力矩平衡条件，可以得到以下计算公式：

$$\sum N=0 \qquad N\leqslant \alpha_1 f_c bx+f_y'A_s'-\sigma_s A_s \tag{5-28}$$

$$\sum M=0 \qquad Ne\leqslant \alpha_1 f_c bx\left(h_0-\frac{x}{2}\right)+f_y'A_s'\left(h_o-a_s'\right) \tag{5-29}$$

将 $x=\xi h_0$ 代入上式，则上列公式可写成如下形式：

$$N\leqslant \alpha_1 f_c bh_0\xi+f_y'A_s'-\sigma_s A_s \tag{5-30}$$

$$Ne\leqslant \alpha_1 f_c bh_0^2\xi(1-0.5\xi)+f_y'A_s'\left(h_0-a_s'\right) \tag{5-31}$$

(2) σ_s 的确定，为了计算方便，《混凝土结构设计规范》建议采用以下近似的方法来确定 σ_s 的值：

$$\sigma_s=\frac{\xi-\beta_1}{\xi_b-\beta_1}f_y \tag{5-32}$$

当计算出的 σ_s 为正时，表示 A_s 受拉；σ_s 为负时，表示 A_s 受压。按上式计算的 σ_s 应符合下述要求：

$$-f_y' \leqslant \sigma_s \leqslant f_y \tag{5-33}$$

式中 β_1 同受弯构件。

(3) 适用条件。

应满足下列条件：$x > \xi_b h_0$。

需要说明，上述介绍的小偏心受压公式仅适用于靠近轴压力一侧先压坏的一般情况。

3) 反向受压破坏时的计算

当轴向压力较大而偏心距很小时(小偏心受压构件全截面受压)，远离轴压力一侧的钢筋 A_s 又配得不够多，则由于附加偏心距 e_a 的负偏差等原因，也有可能使远离轴压力一侧的混凝土反而先被压坏，此时钢筋 A_s 受压屈服，其应力达到抗压强度设计值 f_y'。这种情况称为小偏心受压的反向破坏。如图 5-21 所示是反向破坏对应的截面应力计算图形。计算分析表明，当远离轴压力一侧仅按最小配筋率配筋时，构件的极限承载力仅为 $f_c bh$。为防止此种破坏，《混凝土结构设计规范》规定，对采用非对称配筋的小偏心受压构件，当轴压力设计值 $N > f_c bh$ 时，为防止 A_s 发生受压破坏，A_s 应满足下列公式的要求。

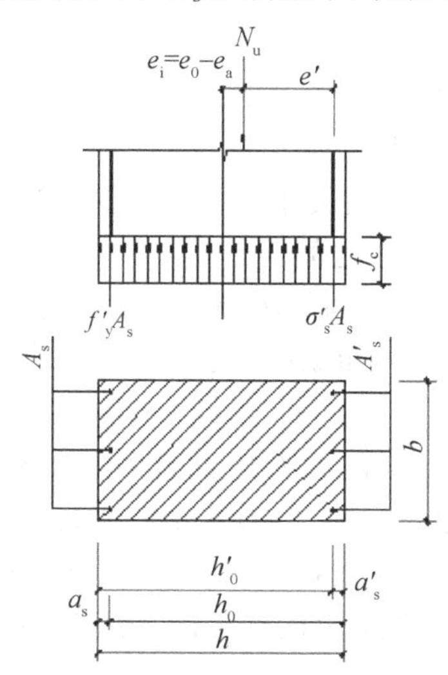

图 5-21　小偏心反向受压破坏时截面应力计算图形

对 A_s' 合力点取矩，可得：

$$Ne' \leqslant f_c bh\left(h_0' - \frac{h}{2}\right) + f_y' A_s\left(h_0' - a_s\right) \tag{5-34}$$

$$A_s = \frac{Ne' - f_c bh(h_0' - \frac{h}{2})}{f_y'(h_0' - a_s')} \tag{5-35}$$

$$e' = \frac{h}{2} - a_s' - \left(e_0 - e_a\right) \tag{5-36}$$

式中：e'——轴向压力作用点至受压区纵向钢筋合力点的距离。

这里初始偏心距取 $e_i = e_0 - e_a$，因为在这种情况下，轴压力作用点和截面形心靠近，考虑到不利方向的附加偏心距(负偏差)，按这样考虑计算的 e' 会增大，从而使 A_s 用量增加，偏于安全。

这时的A_s'仍按式(5-32)计算。

2. 大、小偏心受压破坏的设计判别

在对偏心受压构件进行承载力计算时，应首先判别构件是属于大偏心受压还是小偏心受压，然后才能应用相应的公式进行计算。

大、小偏心受压破坏的判别条件为$x \leqslant \xi_b h_0$或$x > \xi_b h_0$。在设计时，如果根据大、小偏心受压构件的界限条件$\xi=\xi_b$来判别，则需要计算出截面相对受压区高度ξ。而在设计之前，由于钢筋面积A_s及A_s'尚未确定，无法求出ξ(或x)，故无法采用界限条件来判别。因此，必须另外寻求一种间接的判别方法。

根据理论统计资料分析，对实际工程中可能遇到的一般情况，当$e_i < 0.3h_0$时，截面总是发生小偏心受压破坏。因此，当$e_i < 0.3h_0$时，可按小偏心受压公式进行设计；当$e_i \geqslant 0.3h_0$时，可先按大偏心受压公式进行设计，然后再判断适用条件$x \leqslant \xi_b h_0$是否满足，如能满足，说明确为大偏心受压；否则需改按小偏压计算。当用于截面校核时，用判别条件$\xi \leqslant \xi_b$或$\xi > \xi_b$。

3. 矩形截面非对称配筋的设计步骤

(1) 选择合适的截面尺寸及材料。

可参考类似的设计资料确定。截面尺寸一般不宜小于250×250，以避免构件长细比过大，矩形截面的长短边比例约在1.5～2.5之间。

混凝土强度对偏心受压构件承载力的影响要比受弯构件大得多，因此，宜选用强度等级较高的混凝土，一般常采用C25～C40。纵向受力钢筋应采用HRB400、HRB500、HRBF400、HRBF500级钢筋。

(2) 求出$e_0=M/N$；取e_a为20mm及$h/30$两者中之大者；计算出$e_i=e_0+e_a$。

(3) 判断是否考虑二阶效应的影响，计算弯矩增大系数；计算控制截面弯矩设计值。

(4) 利用判别式$e_i \geqslant 0.3h_0$或$e_i < 0.3h_0$判别构件是属于大偏压还是小偏压。在任何情况下，求得的A_s、A_s'均应满足最小配筋率的规定，并且全部纵筋配筋率不宜超过5%。

(5) 当$e_i \geqslant 0.3h_0$时，先按大偏压公式计算。

情形一：已知M、N、e_i、b、$h(h_0)$、f_y'、f_y、f_c，需求A_s及A_s'，具体计算步骤如下：

大偏心受压基本公式

$$\sum N = 0 \qquad N \leqslant \alpha_1 f_c b h_0 \xi + f_y' A_s' - f_y A_s$$

$$\sum M = 0 \qquad Ne \leqslant \alpha_1 f_c b h_0^2 \xi (1-0.5\xi) + f_y' A_s' (h_0 - a_s')$$

$$= \alpha_1 \alpha_s f_c b h_0^2 + f_y' A_s' (h_0 - a_s')$$

由上式可以看出，两个方程，三个未知数，以(A_s+A_s')总量最小作为补充条件，即充分利用混凝土的抗压强度，节约钢材。令$\xi=\xi_b$代入上式，解出A_s'，即：

$$A_s' = \frac{Ne - \alpha_1 f_c b h_0^2 \xi_b (1-0.5\xi_b)}{f_y' (h_0 - a_s')} \tag{5-37}$$

若求得的$A_s' \geqslant \rho'_{\min} bh$，代入公式(5-24)求得

$$A_s = \frac{\alpha_1 f_c b h_0 \xi_b + f_y' A_s' - N}{f_y} \qquad 且 A_s \geqslant \rho'_{min} bh$$

若求得的 $A_s' < \rho'_{min} bh$ 或 $A_s' < 0$，取 $A_s' = \rho'_{min} bh = 0.002bh$，必须按 A_s'为已知(情形二)计算 A_s。

情形二：已知 A_s'，其他已知条件同上，求 A_s。

基本公式：

$$N \leqslant \alpha_1 f_c b h_0 \xi + f_y' A_s' - f_y A_s$$

$$Ne \leqslant \alpha_1 f_c b h_0^2 \xi (1-0.5\xi) + f_y' A_s' (h_0 - a_s')$$

$$= \alpha_1 \alpha_s f_c b h_0^2 + f_y' A_s' (h_0 - a_s')$$

由式(5-25)得 $\alpha_s = \dfrac{Ne - f_y' A_s' (h_0 - a_s')}{\alpha_1 f_c b h_0^2}$，　　$\xi = 1 - \sqrt{1 - 2\alpha_s}$

如果 $\dfrac{2a_s'}{h_0} \leqslant \xi \leqslant \xi_b$，则由式(5-24)得

$$A_s = \frac{\alpha_1 f_c b h_0 \xi + f_y' A_s' - N}{f_y} \geqslant \rho'_{min} bh$$

如果$\xi < \dfrac{2a_s'}{h_0}$，即 $x < 2a_s'$，则说明受压钢筋 A_s' 应力达不到屈服强度 f_y' 这时应按式(5-26)计算 A_s。

(6) 当 $e_i < 0.3h_0$ 时，则按小偏心受压计算，基本计算公式：

$$N \leqslant \alpha_1 f_c b h_0 \xi + f_y' A_s' - \sigma_s A_s$$

$$Ne \leqslant \alpha_1 f_c b h_0^2 \xi (1-0.5\xi) + f_y' A_s' (h_0 - a_s')$$

$$\sigma_s = \frac{\xi - \beta_1}{\xi_b - \beta_1} f_y$$

其中

$$\xi = \frac{x}{h_0}$$

从式(5-30)和式(5-31)可以看出，此时共有ξ、A_s 和 A_s'三个未知数，如果仍以(A_s+ A_s')总量最小作为补充条件，则计算过程非常复杂。试验研究表明，当构件发生小偏心受压破坏时，远离轴压力一侧的 A_s 受拉或受压，一般均不能达到屈服强度，应力 σ_s 一般都比较小，所以，不需配置较多的钢筋，A_s 按最小配筋率配置也能满足要求。故一般情况下，可取 $A_s = \rho_{min} bh = 0.002bh$，或按构造要求配置，设计步骤如下。

① 将实际选配的 A_s 数值代入式(5-31)，并利用式(5-32)，得到关于ξ的一元二次方程，解此方程可以得到下式：

$$\xi = A + \sqrt{A^2 + B} \tag{5-38}$$

其中

$$A = \frac{a_s'}{h_0} + \left(1 - \frac{a_s'}{h_0}\right) \frac{f_y A_s}{(\xi_b - \beta_1) \alpha_1 f_c b h_0}$$

$$B = \frac{2Ne'}{\alpha_1 f_c b h_0^2} - 2\beta_1 \left(1 - \frac{a_s'}{h_0}\right) \frac{f_y A_s}{(\xi_b - \beta_1) \alpha_1 f_c b h_0}$$

如果$\xi \leqslant \xi_b$，应按大偏心受压构件重新计算。出现这种情况是由于截面尺寸过大造成的。

② 解出ξ值计算σ_s。

如果$-f_y' \leqslant \sigma_s < f_y$，且$\xi \leqslant \dfrac{h}{h_0}$时，将由式(5-38)求得的$\xi$代入式(5-31)可得：

$$A_s' = \frac{Ne - \alpha_1 f_c b h_0^2 \xi (1 - 0.5\xi)}{f_y'(h_0 - a_s')}$$

③ 当$N > f_c bh$时，远离轴压力一侧的钢筋A_s配筋过小，钢筋应力可能达到f_y而破坏。

因此，《规范》规定，对采用非对称配筋的小偏心受压构件，当$N > f_c bh$时，按最小配筋率初步拟定A_s值，即取$A_s = \rho_{min} bh$，应再按式(5-34)验算A_s用量，即

$$A_s = \frac{Ne' - f_c bh(h_0' - \frac{h}{2})}{f_y'(h_0' - a_s')}$$

其中

$$e' = \frac{h}{2} - a_s' - (e_0 - e_a)$$

取两者中的较大值选配钢筋，并应符合钢筋的构造要求。

(7) 垂直于弯矩作用平面的受压承载力验算。

不论大、小偏心受压，在弯矩作用平面受压承载力计算后，均应按轴心受压构件验算垂直于弯矩作用平面的受压承载力。在轴心受压计算公式中，式中的A_s'应取截面上全部纵向钢筋的截面面积，计算长度l_0应按垂直于弯矩作用平面方向确定，对于矩形截面，稳定系数φ应按该方向的计算长度l_0与截面短边b的比值查表确定。

当轴压力设计值N较大且弯矩作用平面内的偏心距较小，虽然短边方向没有弯矩，但因长细比较大(与弯矩作用方向相比)，则有可能使垂直于弯矩作用平面的轴心受压承载力不足(起控制作用)而发生破坏。

【案例分析】

例 5-4 钢筋混凝土偏心受压柱，截面尺寸b=400mm，h=500mm，柱承受轴向压力设计值N=980kN，柱顶截面弯矩设计值M_1=272kN·m，柱底截面弯矩设计值M_2=296kN·m，柱挠曲变形为单曲率。弯矩作用平面内柱上下两端的支撑长度为5.4 m；弯矩作用平面外柱的计算长度l_0=5.6m，混凝土强度等级为C30，纵筋采用HRB400级钢筋，混凝土保护层厚度c=20 mm。求柱受拉钢筋A_s和受压钢筋A_s'。

解： 查表得 C30：f_c=14.3N/mm^2；HRB400级钢筋：$f_y = f_y'$=360 N/mm^2

1) 判断是否考虑二阶效应的影响

杆端弯矩比 $$\frac{M_1}{M_2} = \frac{272}{296} = 0.92 > 0.9$$

柱轴压比 $$\frac{N}{f_c A} = \frac{980 \times 10^3}{14.3 \times 400 \times 500} = 0.342 < 0.9$$

截面回转半径 $$i = \sqrt{\frac{I}{A}} = \frac{h}{2\sqrt{3}} = \frac{500}{2\sqrt{3}} = 144.34$$

长细比 $$\frac{l_c}{i} = \frac{5400}{144.34} = 37.41 > 34 - 12\frac{M_1}{M_2} = 34 - 12 \times 0.92 = 22.96$$

故应考虑二阶弯矩的影响。

2) 计算弯矩增大系数

按箍筋直径为 10 mm 考虑，$a_s=a_s'=20+10+10=40$ mm，

$$h_0=h-a_s=500-40=460\text{ mm}$$

$$e_a=\frac{h}{30}=\frac{500}{30}=16.67\text{ mm}<20\text{ mm，取 }e_a=20\text{ mm}$$

$$\zeta_c=\frac{0.5f_cA}{N}=\frac{0.5\times14.3\times400\times500}{980\times10^3}=1.46>1\text{，取 }\zeta_c=1$$

$$\eta_{ns}=1+\frac{1}{1300\left(\frac{M_2}{N}+e_a\right)/h_0}\left(\frac{l_c}{h}\right)^2\zeta_c$$

$$=1+\frac{1}{1300\times\left(\frac{296\times10^6}{980\times10^3}+20\right)/460}\times\left(\frac{5400}{500}\right)^2\times1=1.128$$

3) 计算控制截面弯矩设计值

$$C_m=0.7+0.3\frac{M_1}{M_2}=0.7+0.3\times0.92=0.976>0.7$$

所以 $M=\eta_{ns}C_mM_2=0.976\times1.128\times296=325.92\text{kN}\cdot\text{m}$。

4) 判别偏压类型

$$e_0=\frac{M}{N}=\frac{325.92\times10^6}{980\times10^3}=333\text{ mm}$$

$$e_i=e_0+e_a=333+20=353\text{ mm}>0.3h_0(=0.3\times460=138\text{mm})$$

故先按大偏心受压构件计算。

$$e=e_i+\frac{h}{2}-a_s=353+\frac{500}{2}-40=563\text{ mm}$$

5) 计算配筋 A_s' 和 A_s。

按式(5-37)计算 A_s'

$$A_s'=\frac{Ne-\alpha_1f_cbh_0^2\xi_b(1-0.5\zeta_b)}{f_y'(h_0-a_s')}$$

$$=\frac{980\times10^3\times563-1\times14.3\times400\times460^2\times0.518\times(1-0.5\times0.518)}{360\times(460-40)}$$

$$=577\text{ mm}^2>A_{s,\min}(=\rho_{\min}bh=0.002\times400\times500=400\text{mm}^2)$$

按式(5-24)计算 A_s

$$A_s=\frac{\alpha_1f_cbh_0\zeta_b+f_y'A_s'-N}{f_y}$$

$$=\frac{1.0\times14.3\times400\times460\times0.518+360\times577-980\times10^3}{360}=1641\text{ mm}^2$$

6) 选配钢筋

受压钢筋选 4Φ16($A_s'=804\text{mm}^2$)，受拉钢筋选 2Φ25+2Φ22($A_s=1742\text{ mm}^2$)。

7) 验算钢筋构造要求并画配筋图

短边方向钢筋间距：$=\dfrac{400-2\times(20+10)-2\times25-2\times22}{3}=82$ ＞纵筋最小净距 50 mm。

长边方向钢筋间距：500−2×(20+10)−25−16=399 mm＞300 mm，所以，根据构造要求，构件长边每侧配置 1Φ12，其配筋如图 5-22 所示。

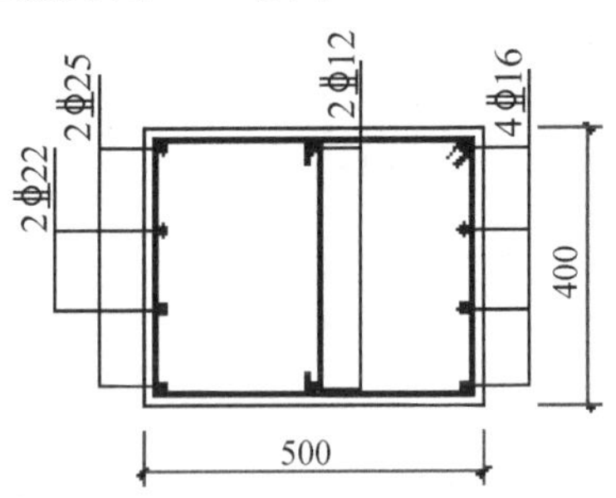

图 5-22 例 5-4 截面配筋图

截面总配筋率：$\rho=\dfrac{A_s+A_s'}{bh}=\dfrac{1742+804}{400\times500}=1.27\%$＞0.55%，满足要求。

8) 验算垂直于弯矩作用平面的受压承载力。

$$\frac{l_0}{b}=\frac{5600}{400}=14\text{，查表 5-1，}\varphi=0.92$$

由式(5-1)得

$N_u=0.9\varphi(f_cA+f_y'A_s')$

$=0.9\times0.92\times[14.3\times400\times500+360\times(1742+804)]$

$=3127\text{kN}>N=980\text{kN}$，满足要求

例 5-5 框架结构偏心受压柱，截面尺寸 b=400mm，h=500mm，截面受压区已配有 4 22(A_s' =1520mm^2)的钢筋，柱承受轴向压力设计值 N=160kN，柱顶截面弯矩设计值 M_1=−60kN • m，柱底截面弯矩设计值 M_2=250kN • m。弯矩作用平面内柱上下两端的支撑长度为 5.4 m，混凝土强度等级为 C30，纵筋采用 HRB400 级钢筋，混凝土保护层厚度 c=20 mm。求柱受拉钢筋 A_s。

解：查表得 C30：f_c=14.3N/mm^2；HRB400 级钢筋：$f_y=f_y'$=360 N/mm^2

1) 判断是否考虑二阶效应的影响

杆端弯矩比 $$\frac{M_1}{M_2}=\frac{-60}{250}<0.9$$

截面回转半径 $$i=\sqrt{\frac{I}{A}}=\frac{h}{2\sqrt{3}}=\frac{500}{2\sqrt{3}}=144.34$$

长细比 $$\frac{l_c}{i}=\frac{5400}{144.34}=37.41>34-12\frac{M_1}{M_2}=34-12\times\left(\frac{-60}{250}\right)=36.89$$

故应考虑二阶弯矩的影响。

2) 计算弯矩增大系数

按箍筋直径为 10 mm 考虑，$a_s=a_s'$=20+10+10=40 mm，

$$h_0=h-a_s=500-40=460\text{ mm}$$

$$e_a=\frac{h}{30}=\frac{500}{30}=16.67\text{ mm}<20\text{ mm}，取\ e_a=20\text{ mm}$$

$$\zeta_c=\frac{0.5f_cA}{N}=\frac{0.5\times14.3\times400\times500}{160\times10^3}=8.93>1，取\ \zeta_c=1$$

$$\eta_{ns}=1+\frac{1}{1300\times\left(\frac{M_2}{N}+e_a\right)/h_0}\left(\frac{l_c}{h}\right)^2\zeta_c$$

$$=1+\frac{1}{1300\times\left(\frac{250\times10^6}{160\times10^3}+20\right)/460}\times\left(\frac{5400}{500}\right)^2\times1=1.026$$

3) 计算控制截面弯矩设计值

$$C_m=0.7+0.3\frac{M_1}{M_2}=0.7+0.3\times\left(\frac{-60}{250}\right)=0.63<0.7$$

取 $C_m=0.7$，$C_m\eta_{ns}=0.7\times1.026=0.72<1.0$

取 $C_m\eta_{ns}=1.0$

所以控制截面弯矩设计值：

$M=C_m\eta_{ns}M_2=1.0\times250=250\text{kN}\cdot\text{m}$。

4) 判别偏压类型

$$e_0=\frac{M}{N}=\frac{250\times10^6}{160\times10^3}=1563\text{ mm}$$

$e_i=e_0+e_a=1563+20=1583\text{ mm}>0.3h_0(=0.3\times460=138\text{mm})$

故先按大偏心受压构件计算。

$$e=e_i+\frac{h}{2}-a_s=1583+\frac{500}{2}-40=1793\text{ mm}$$

5) 计算配筋 A_s

$$\alpha_s=\frac{Ne-f_y'A_s'(h_0-a_s')}{\alpha_1f_cbh_0^2}$$

$$=\frac{160\times10^3\times1793-360\times1520\times(460-40)}{1\times14.3\times400\times460^2}=0.0471$$

$$\xi=1-\sqrt{1-2\alpha_s}=1-\sqrt{1-2\times0.0471}=0.0482<\xi_b=0.518$$

$$x=\xi h_0=0.0482\times460=22.17\text{mm}<2a_s'=2\times40=80\text{mm}$$

即 $x<2a_s'$，说明破坏时 A_s' 不能达到屈服强度，近似取 $x=2a_s'$ 按式(5-23)和式(5-27)计算 A_s

$$e'=e_i-\frac{h}{2}+a_s'=1583-\frac{500}{2}+40=1373\text{mm}$$

$$A_s=\frac{Ne'}{f_y(h_0-a_s')}=\frac{160\times10^3\times1373}{360\times(460-40)}=1453\text{ mm}^2$$

选 4Φ22($A_s=1520\text{mm}^2$)。

截面总配筋率为：

$\rho=\frac{A_s+A_s'}{bh}=\frac{2\times1520}{400\times500}=1.52\%>0.55\%$，满足要求，其配筋如图 5-23 所示。

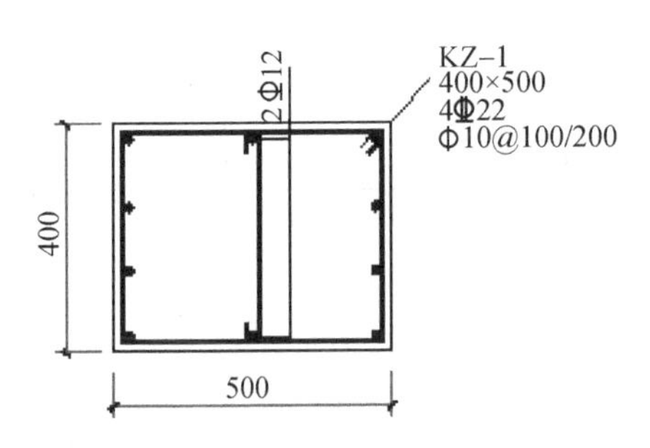

图 5-23 例 5-5 截面配筋图

例 5-6 钢筋混凝土偏心受压柱，截面尺寸 b=500mm，h=800mm，柱承受轴向压力设计值 N=4180kN，柱顶截面弯矩设计值 M_1=460kN·m，柱底截面弯矩设计值 M_2=480kN·m，柱挠曲变形为单曲率。弯矩作用平面内柱上下两端的支撑长度为 l_c=7.5 m；弯矩作用平面外柱的计算长度 l_0=7.5m，混凝土强度等级为 C30，纵筋采用 HRB400 级钢筋，$a_s=a_s'$=50 mm。求柱钢筋截面面积 A_s 和 A_s'。

解： 查表得 C30：f_c=14.3N/mm^2；HRB400 级钢筋：$f_y=f_y'$=360 N/mm^2

1) 判断是否考虑二阶效应的影响

杆端弯矩比 $\dfrac{M_1}{M_2}=\dfrac{460}{480}=0.958>0.9$

柱轴压比 $\dfrac{N}{f_cA}=\dfrac{4180\times10^3}{14.3\times500\times800}=0.73<0.9$

截面回转半径 $i=\sqrt{\dfrac{I}{A}}=\dfrac{h}{2\sqrt{3}}=\dfrac{800}{2\sqrt{3}}=230.95$

长细比 $\dfrac{l_c}{i}=\dfrac{7500}{230.95}=32.47>34-12\dfrac{M_1}{M_2}=34-12\times0.958=22.5$

故应考虑二阶弯矩的影响。

2) 计算弯矩增大系数

$$h_0=h-a_s=800-50=750\text{ mm}$$

$$e_a=\frac{h}{30}=\frac{800}{30}=27\text{ mm}>20\text{ mm}，取 e_a=27\text{ mm}$$

$$\zeta_c=\frac{0.5f_cA}{N}=\frac{0.5\times14.3\times500\times800}{4180\times10^3}=0.684$$

$$\eta_{ns}=1+\frac{1}{1300\left(\dfrac{M_2}{N}+e_a\right)/h_0}\left(\frac{l_c}{h}\right)^2\zeta_c$$

$$=1+\frac{1}{1300\times\left(\dfrac{480\times10^6}{4180\times10^3}+27\right)/750}\times\left(\frac{7500}{800}\right)^2\times0.684=1.245$$

3) 计算控制截面弯矩设计值

$$C_m=0.7+0.3\frac{M_1}{M_2}=0.7+0.3\times0.958=0.987>0.7$$

所以 $M=C_m\eta_{ns}M_2=0.987\times1.245\times480=589.83\text{kN}\cdot\text{m}$。

4) 判别偏压类型

$$e_0=\frac{M}{N}=\frac{589.83\times10^6}{4180\times10^3}=141\text{mm}$$

$$e_i=e_0+e_a=141+27=168\text{ mm}<0.3h_0(=0.3\times750=225\text{mm})$$

故先按小偏心受压构件计算。

$$e=e_i+\frac{h}{2}-a_s=168+\frac{800}{2}-50=518\text{mm}$$

$$e'=\frac{h}{2}-a_s'-e_i=\frac{800}{2}-50-168=182\text{ mm}$$

5) 初步确定 A_s

$$A_{s,\min}=\rho_{\min}bh=0.002\times500\times800=800\text{mm}^2$$

$$f_cbh=14.3\times500\times800=5720\text{kN}>N=4180\text{kN}$$

可不进行反向受压破坏验算，故取 $A_s=800\text{mm}^2$，选 4Φ16($A_s=804\text{mm}^2$)。

6) 计算 A_s'

由式(5-38)计算ξ

$$A=\frac{a_s'}{h_0}+\left(1-\frac{a_s'}{h_0}\right)\frac{f_yA_s}{(\xi_b-\beta_1)\alpha_1f_cbh_0}$$

$$=\frac{50}{750}+\left(1-\frac{50}{750}\right)\times\frac{360\times804}{(0.518-0.8)\times1\times14.3\times500\times750}=0.0667-0.1786=-0.1119$$

$$B=\frac{2Ne'}{\alpha_1f_cbh_0^2}-2\beta_1\left(1-\frac{a_s'}{h_0}\right)\frac{f_yA_s}{(\xi_b-\beta_1)\alpha_1f_cbh_0}$$

$$=\frac{2\times4180\times10^3\times182}{1\times14.3\times500\times750^2}-2\times0.8(-0.1786)$$

$$=0.664$$

$$\xi=A+\sqrt{A^2+B}=-0.1119+\sqrt{(-0.1119)^2+0.664}=0.711$$

将ξ代入式(5-32)得

$$\sigma_s=\frac{\xi-\beta_1}{\xi_b-\beta_1}f_y=\frac{0.711-0.8}{0.518-0.8}\times360=114\text{N/mm}^2$$

$$\sigma_s<f_y=360\text{N/mm}^2$$

$$\sigma_s>-f_y=-360\text{N/mm}^2$$

说明 A_s 受拉但未达到屈服强度。由式(5-31)得

$$A_s'=\frac{Ne-\alpha_1f_cbh_o^2\xi(1-0.5\xi)}{f_y'(h_o-a_s')}$$

$$=\frac{4180\times10^3\times518-1\times14.3\times500\times750^2\times0.711\times(1-0.5\times0.711)}{360\times(750-50)}$$

$$=1279\text{ mm}^2>A'_{s,\min}(=\rho_{\min}bh=0.002\times500\times800=800\text{mm}^2)$$

7) 选配钢筋

选 4Φ22(A_s'=1520mm^2)，

截面总配筋率： $\rho=\dfrac{A_s+A_s'}{bh}=\dfrac{804+1520}{500\times800}=0.58\%>0.55\%$，满足要求。

8) 验算垂直于弯矩作用平面的受压承载力

$$\frac{l_0}{b}=\frac{7500}{500}=15\text{，查表 5-1，}\varphi=0.895$$

由式(5-1)得

$N_u=0.9\varphi\left(f_cA+f_y'A_s'\right)$=0.9×0.895×[14.3×500×800+360×(1520+804)]

=5281kN＞N=4180kN，满足要求，其配筋如图 5-24 所示。

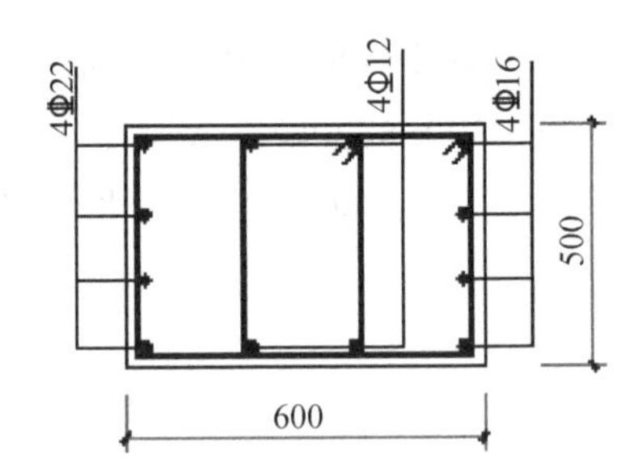

图 5-24　例 5-6 截面配筋图

4. 截面承载力验算(复核题)

在实际工程中，有时需要对已有的偏心受压构件进行截面承载力复核，此时，一般已知截面尺寸 $b\times h$，构件的计算长度为 l_c、l_0，截面配筋 A_s'和 A_s，混凝土强度等级 f_c 和钢筋种类 f_y、f_y'以及柱端的轴压力设计值 N 和杆端弯矩设计值 M_1、M_2，要求判断控制截面是否能够满足承载力的要求或确定截面能够承受的轴压力设计值 N_u。

1) 弯矩作用平面内承载力复核

一般是计算该截面的配筋，然后与实际配筋比较。若实际配筋不足，则说明承载力不够。对于建成、使用的结构构件，就必须进行加固(如粘钢、增大构件截面等)。因此，截面承载力复核的计算方法和步骤与截面设计时相同。

2) 弯矩作用平面外承载力复核

当弯矩作用平面外方向的截面尺寸 b 小于另一方向截面尺寸 h，或弯矩作用平面外方向的计算长度大于平面内方向的计算长度时，须复核弯矩作用平面外的截面承载力，验算时按轴心受压构件考虑。

3) 截面承载力复核方法

由式(5-24)、式(5-25)取$\xi=\xi_b$

$$N\leqslant\alpha_1f_cbh_0\xi+f_y'A_s'-f_yA_s$$

$$Ne\leqslant\alpha_1f_cbh_0^2\xi\left(1-0.5\xi\right)+f_y'A_s'\left(h_0-a_s'\right)$$

可得到如下界限状态时的偏心距 e_{ib}:

$$e_{ib}=\frac{\alpha_1f_cbh_0^2\xi_b\left(1-0.5\xi_b\right)+f_y'A_s'\left(h_0-a_s'\right)}{\alpha_1f_cbh_0\xi_b+f_y'A_s'-f_yA_s}-\left(\frac{h}{2}-a_s\right)$$

将实际计算出的 e_i 与 e_{ib} 比较，判别条件如下。

当 $e_i \geqslant e_{ib}$ 时，为大偏心受压；

当 $e_i < e_{ib}$ 时，为小偏心受压。

当 $N \leqslant N_u$ 且 $M \leqslant M_u$ 则承载力满足要求；$N > N_u$ 或 $M > M_u$ 则承载力不满足要求。

5.1.4 矩形截面对称配筋偏心受压构件正截面承载力计算

实际工程中，受压构件在不同的荷载作用下，同一截面内可能承受正负弯矩的作用，即截面中的受拉钢筋，在反向弯矩作用下变为受压，而受压钢筋则变为受拉。例如，框架柱承受来自相反方向的风荷载、地震作用。如果弯矩相差不多或者虽然相差较大，但按对称配筋设计时，纵向钢筋总量与非对称配筋设计的钢筋总量相差不多时，为便于设计和施工，宜采用对称配筋。其次对于预制构件，可避免因吊错方向而造成事故，由于以上优点，工程中几乎都采用对称配筋。缺点是，当以恒载为主且偏心距较大时，经济性稍差于非对称配筋。

所谓对称配筋是指：截面两侧(受压钢筋与受拉钢筋或受压钢筋)的钢筋数量和钢筋级别都相同，即 $A_s=A_s'$，$f_y=f_y'$，$a_s=a_s'$。

1. 大、小偏心受压构件的设计判别

对称配筋时，将 $A_s=A_s'$，$f_y=f_y'$，$a_s=a_s'$，代入大偏心受压构件的基本公式(5-19)中，就得到对称配筋大偏心受压基本计算公式：

$$N = \alpha_1 f_c bx = \alpha_1 f_c bh_0 \xi \tag{5-39}$$

$$Ne = \alpha_1 f_c bx\left(h_0 - \frac{x}{2}\right) + f_y' A_s'\left(h_0 - a_s'\right) \tag{5-40}$$

由式(5-39)可得

$$x = \frac{N}{\alpha_1 f_c b} \quad 或 \quad \xi = \frac{N}{\alpha_1 f_c bh_0} \tag{5-41}$$

因此，不论大、小偏心受压构件都可以首先按大偏心受压构件考虑，通过比较 x 和 $\xi_b h_0$ 来确定构件的偏心类型，即

当 $x \leqslant \xi_b h_0$(或 $\xi \leqslant \xi_b$)时，为大偏心受压构件；

当 $x > \xi_b h_0$(或 $\xi > \xi_b$)时，为小偏心受压构件。

但应该注意两个问题：一是 ξ 值对小偏心受压构件来说仅为判断依据，不能作为小偏心受压构件的实际相对受压区高度值；二是在实际设计中，由于构件截面尺寸的选择一般取决于构件的刚度，因此有可能出现截面尺寸很大而荷载相对较小以及偏心距也很小的情形。此时按式(5-41)就会得出大偏心受压的结论，但又存在 $e_i < 0.3h_0$ 而 $x < \xi_b h_0$ 的情况。实际上这种情况属于小偏心受压，但这种情况无论按大偏心受压计算还是按小偏心受压计算都接近按构造配筋，所得配筋均由最小配筋率来控制。因此只要是对称配筋就可以用 ξ 与 ξ_b 的关系作为判别大、小偏心受压构件的唯一依据，这样可使计算得到简化。

2. 对称配筋截面计算(设计题)

1) 大偏心受压构件

由式(5-41)得出 x。

(1) 若 $2a_s' \leqslant x \leqslant \xi_b h_0$，利用公式(5-40)可直接求得 A_s'，并使 $A_s=A_s'$；

$$A_s = A_s' = \frac{Ne - \alpha_1 f_c bx\left(h_0 - \frac{x}{2}\right)}{f_y\left(h_0 - a_s'\right)} \tag{5-42}$$

或

$$A_s = A_s' = \frac{Ne - \alpha_1 f_c bh_0^2 \xi\left(1 - 0.5\xi\right)}{f_y\left(h_0 - a_s'\right)} \tag{5-42a}$$

式中，$e = e_i + \frac{h}{2} - a_s$。

(2) 若 $x<2a_s'$，则表示受压钢筋不能达到屈服强度，仍可按式(5-27)求得 A_s，并使 $A_s=A_s'$。

$$A_s = A_s' = \frac{Ne'}{f_y(h_0 - a_s')} \tag{5-43}$$

式中，$e' = e_i - \frac{h}{2} + a_s$。

如果按上列诸式求得的 $A_s=A_s'<\rho_{min}bh$ 时，说明原先设定的截面尺寸偏大，必要时，可重新选择截面尺寸，重新设计。

2) 小偏心受压构件

将 $A_s=A_s'$，$f_y=f_y'$ 代入小偏心受压构件的基本公式中，就得到对称配筋小偏心受压基本计算公式：

$$N \leqslant \alpha_1 f_c bh_0 \xi + f_y' A_s' - \sigma_s A_s$$

$$Ne \leqslant \alpha_1 f_c bh_0^2 \xi\left(1 - 0.5\xi\right) + f_y' A_s'\left(h_0 - a_s'\right)$$

由此两式可解得一个关于ξ的三次方程，但ξ值很难求解。分析表明，在小偏心受压构件中，对于常用材料的强度，可采用近似计算公式：

$$\xi = \frac{N - \alpha_1 f_c bh_0 \xi_b}{\frac{Ne - 0.43\alpha_1 f_c bh_0^2}{(\beta_1 - \xi_b)(h_0 - a_s')} + \alpha_1 f_c bh_0} + \xi_b \tag{5-44}$$

显然，求得的$\xi>\xi_b$，肯定为小偏心受压情况。将ξ代入式(5-31)可求得：

$$A_s = A_s' = \frac{Ne - \alpha_1 f_c bh_0^2 \xi(1 - 0.5\xi)}{f_y'(h_0 - a_s')} \geqslant \rho_{min} bh \tag{5-45}$$

【案例分析】

例 5-7 钢筋混凝土偏心受压柱，截面尺寸 b=500mm，h=650mm，$a_s=a_s'$=50 mm，柱承受轴向压力设计值 N=2310kN，柱顶截面弯矩设计值 M_1=540kN·m，柱底截面弯矩设计值 M_2=560kN·m，柱挠曲变形为单曲率。弯矩作用平面内柱上下两端的支撑长度为 4.8m；弯矩作用平面外柱的计算长度 l_0=6.0m，混凝土强度等级为 C35，纵筋采用 HRB400 级钢筋。采用对称配筋，求柱受拉钢筋 A_s 和受压钢筋 A_s'。

解：查表得 C35：f_c=16.7N/mm^2；HRB400 级钢筋：$f_y=f_y'$=360 N/mm^2

1) 判断是否考虑二阶效应的影响

杆端弯矩比 $\frac{M_1}{M_2} = \frac{540}{560} = 0.964 > 0.9$

柱轴压比　$\frac{N}{f_c A}=\frac{2310\times10^3}{16.7\times500\times650}=0.4256<0.9$

截面回转半径　$i=\sqrt{\frac{I}{A}}=\frac{h}{2\sqrt{3}}=\frac{650}{2\sqrt{3}}=187.64$

长细比　$\frac{l_c}{i}=\frac{4800}{187.64}=25.58>34-12\frac{M_1}{M_2}=34-12\times0.964=22.43$

故应考虑二阶弯矩的影响。

2) 计算弯矩增大系数

$$h_0=h-a_s=650-50=600\ \text{mm}$$

$$e_a=\frac{h}{30}=\frac{650}{30}=22\ \text{mm}>20\ \text{mm}，取\ e_a=22\ \text{mm}$$

$$\zeta_c=\frac{0.5f_cA}{N}=\frac{0.5\times16.7\times500\times650}{2310\times10^3}=1.175>1，取\ \zeta_c=1$$

$$\eta_{ns}=1+\frac{1}{1300\left(\frac{M_2}{N}+e_a\right)/h_0}\left(\frac{l_c}{h}\right)^2\zeta_c$$

$$=1+\frac{1}{1300\times\left(\frac{560\times10^6}{2310\times10^3}+22\right)/600}\times\left(\frac{4800}{650}\right)^2\times1=1.095$$

3) 计算控制截面弯矩设计值

$$C_m=0.7+0.3\frac{M_1}{M_2}=0.7+0.3\times0.964=0.989>0.7$$

所以 $M=C_m\eta_{ns}M_2=0.989\times1.095\times560=606.45\text{kN}\cdot\text{m}$。

4) 判别偏压类型

$$e_0=\frac{M}{N}=\frac{606.45\times10^6}{2310\times10^3}=263\ \text{mm}$$

$$e_i=e_0+e_a=263+22=285\ \text{mm}>0.3h_0(=0.3\times600=180\text{mm})$$

初步判别是大偏心受压柱。

$$\xi=\frac{N}{\alpha_1f_cbh_0}=\frac{2310\times10^3}{1\times16.7\times500\times600}=0.461<\xi_b=0.518$$

且 $\xi=0.461>\frac{2a_s'}{h_0}=\frac{2\times50}{600}=0.167$，即 $x>2a_s'$。

故该柱确是大偏心受压柱

$$e=e_i+\frac{h}{2}-a_s=285+\frac{650}{2}-50=560\ \text{mm}$$

5) 计算配筋面积

按式(5-42a)可得

$$A_s=A_s'=\frac{Ne-\alpha_1f_cbh_0^2\xi(1-0.5\xi)}{f_y(h_0-a_s')}$$

$$=\frac{2310\times10^{3}\times560-1\times16.7\times500\times600^{2}\times0.461\times(1-0.5\times0.461)}{360\times(600-50)}$$

$=1148\text{mm}^2>A_{s,\min}(=\rho_{\min}bh=0.002\times500\times650=650\text{mm}^2)$

6) 选配钢筋

选 4Φ20(A_s=A_s'=1257 mm²)

截面总配筋率：$\rho=\frac{A_s+A_s'}{bh}=\frac{2\times1257}{500\times650}=0.77\%>0.55\%$，满足要求。

7) 验算垂直于弯矩作用平面的受压承载力

$$\frac{l_0}{b}=\frac{6000}{500}=12\text{，查表 5-1，}\varphi=0.95$$

由式(5-1)得

$N_u=0.9\varphi(f_cA+f_y'A_s')=0.9\times0.95\times(16.7\times500\times650+360\times2\times1257)$

$=5414\text{kN}>N=2310\text{kN}$

满足要求，其配筋如图 5-25 所示。

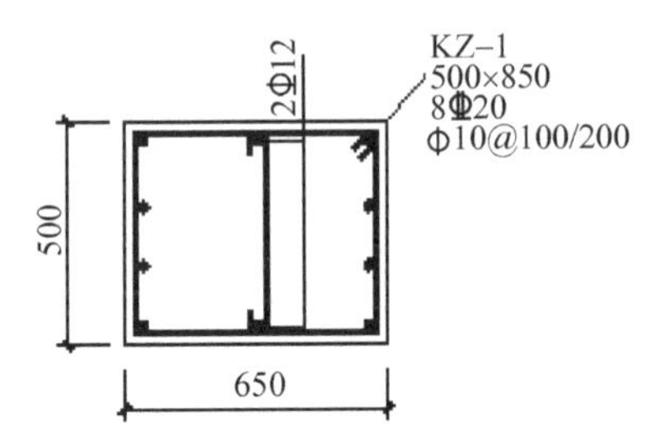

图 5-25 例 5-7 截面配筋图

5.1.5 工字形截面对称配筋偏心受压构件正截面承载力计算

通常情况下在单层厂房中，当柱截面尺寸较大时，为了节省混凝土、减轻结构自重，提高经济性能，往往将柱截面做成工字形，工字形截面偏心受压构件的受力性能、破坏特征以及计算原则和矩形截面偏心受压构件相同，仅需考虑由于截面形状不同而带来的差别。工字形截面柱一般采用对称配筋。

1. 基本计算公式及适用条件

1) 大偏心受压($x\leqslant\xi_bh_0$)

与 T 形截面受弯构件类似，工字形截面大偏心受压构件可分中和轴在翼缘内与中和轴在腹板内两种情况。

(1) 中和轴(受压区)在翼缘内($x\leqslant h_f'$)。

受压区在翼缘内，这种情形相当于宽度为 b_f'，高度为 h 的矩形截面构件，计算应力图形如图 5-26(a)所示，由力的平衡条件可得：

$$\sum N=0\qquad N\leqslant\alpha_1f_cb_f'x\tag{5-46}$$

$$\sum M=0\qquad Ne\leqslant\alpha_1f_cb_f'x\left(h_0-\frac{x}{2}\right)+f_y'A_s'(h_0-a_s')\tag{5-47}$$

公式适用条件：

$2a_s'\leqslant x\leqslant h_f'$ (保证受压钢筋 A_s'屈服及中和轴在翼缘内)

(2) 中和轴(受压区)在腹板内($h_f'<x\leqslant\xi_b h_0$)。

受压区在腹板内，受压区为全部翼缘和部分腹板，混凝土受压区为 T 形，计算应力图形如图 5-26(b)所示，由力的平衡条件可得

$$\sum N=0 \qquad N\leqslant\alpha_1 f_c bx+\alpha_1 f_c(b_f'-b)h_f' \tag{5-48}$$

$$\sum M=0 \qquad Ne\leqslant\alpha_1 f_c bx\left(h_0-\frac{x}{2}\right)+\alpha_1 f_c(b_f'-b)h_f'\left(h_0-\frac{h_f'}{2}\right)+f_y'A_s'\left(h_0-a_s'\right) \tag{5-49}$$

公式适用条件：

$$h_f'<x\leqslant\xi_b h_0$$

若不满足以上条件，说明 A_s 受拉不屈服，即截面发生小偏心受压破坏。

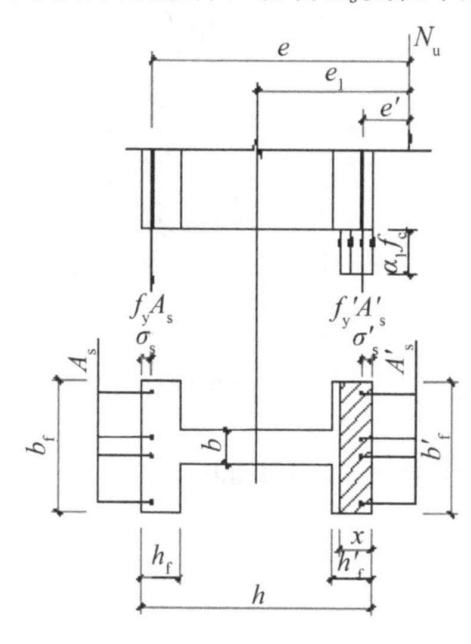

(a) 中和轴在翼缘内 $x\leqslant h_f'$

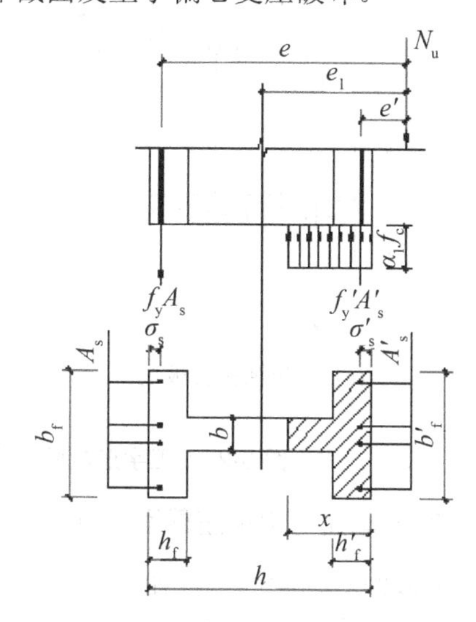

(b) 中和轴在腹板内 $h_f'<x\leqslant\xi bh_0$

图 5-26　工字形截面大偏心受压构件截面应力计算图形

2) 小偏心受压($x>\xi_b h_0$)

(1) 中和轴在腹板内($\xi_b h_0<x\leqslant h-h_f$)。

混凝土受压区为 T 形，计算应力图形如图 5-27(a)所示，由力的平衡条件可得：

$$\sum N=0 \qquad N\leqslant\alpha_1 f_c bx+\alpha_1 f_c(b_f'-b)h_f'+f_y'A_s'-\sigma_s A_s \tag{5-50}$$

$$\sum M=0 \quad Ne\leqslant\alpha_1 f_c bx\left(h_0-\frac{x}{2}\right)+\alpha_1 f_c(b_f'-b)h_f'\left(h_0-\frac{h_f'}{2}\right)+f_y'A_s'\left(h_0-a_s'\right) \tag{5-51}$$

公式适用条件：

$$\xi_b h_0<x\leqslant h-h_f$$

(2) 中和轴在离压力较远一侧翼缘内($h-h_f<x\leqslant h$)。

受压区进入远离轴压力较远一侧翼缘内，混凝土受压区截面形状为工字形，计算应力图形如图 5-27(b)所示，由力的平衡条件可得：

$$\sum N=0 \qquad N\leqslant\alpha_1 f_c bx+\alpha_1 f_c(b_f'-b)h_f'+\alpha_1 f_c\left(b_f-b\right)\left(x-h+h_f\right)+f_y'A_s'-\sigma_s A_s \tag{5-52}$$

$$\sum M=0 \qquad Ne\leqslant\alpha_1 f_c bx\left(h_0-\frac{x}{2}\right)+\alpha_1 f_c(b_f'-b)h_f'\left(h_0-\frac{h_f'}{2}\right)+f_y'A_s'\left(h_0-a_s'\right)$$

$$+\alpha_1 f_c(b_f-b)(x-h+h_f)\left(h_f-a_s-\frac{x-h+h_f}{2}\right) \tag{5-53}$$

该式最后一项为受压较小一侧翼缘混凝土的压力对承载力的影响，在实际工程中，其影响很小，可忽略不计，结果是偏于安全的，因此设计中可不区分中和轴是否进入受压较小一侧翼缘的情形，均按中和轴在腹板内的公式计算。

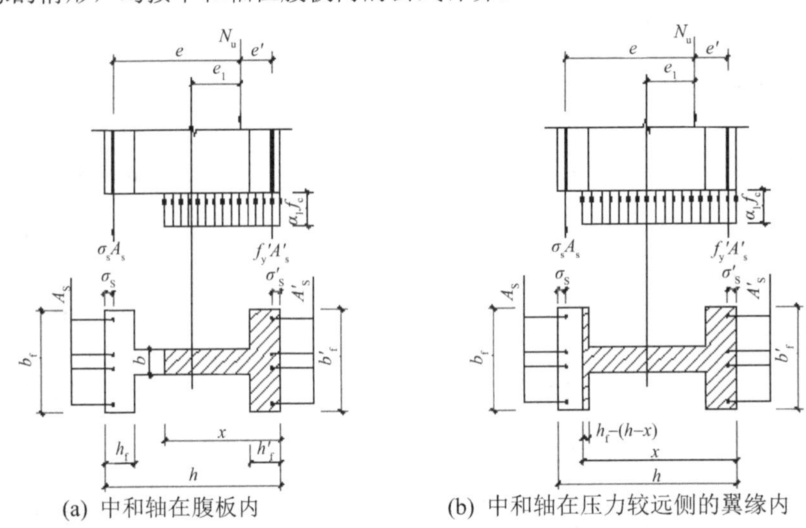

图 5-27　工字形截面小偏心受压构件截面应力计算图形

2. 工字形截面对称配筋截面设计

工字形截面对称配筋可按如下步骤计算。

1) 大偏心受压($x\leqslant\xi_b h_0$)

假设中和轴在翼缘内，则由式(5-46)得：

$$x=\frac{N}{\alpha_1 f_c b_f'} \tag{5-54}$$

(1) 当 $2a_s'\leqslant x\leqslant h_f'$时，由式(5-47)得：

$$A_s=A_s'=\frac{Ne-\alpha_1 f_c b_f' x(h_0-\frac{x}{2})}{f_y'(h_0-a_s')} \tag{5-55}$$

(2) 当 $x<2a_s'$ 时，按式(5-43)计算 A_s，取 $A_s=A_s'$。

$$A_s=A_s'=\frac{Ne'}{f_y(h_0-a'_s)}$$

(3) 当 $x>h_f'$时，表明中和轴进入腹板，这时应按式(5-48)重求 x

$$x=\frac{N-\alpha_1 f_c(b_f'-b)h_f'}{\alpha_1 f_c b} \tag{5-56}$$

当按式(5-56)求得的 $x\leqslant\xi_b h_0$，属于大偏心受压，则

$$A_s=A_s'=\frac{Ne-\alpha_1 f_c(b_f'-b)h_f'(h_0-\frac{h_f'}{2})-\alpha_1 f_c bx(h_0-\frac{x}{2})}{f_y'(h_0-a_s')} \tag{5-57}$$

2) 小偏心受压($x>\xi_b h_0$)

当按式(5-56)求得的 $x>\xi_b h_0$ 时，为小偏心受压。

同矩形截面对称配筋小偏心受压构件的计算，可推导出中和轴在腹板时的相对受压区高度ξ的简化公式：

$$\xi=\frac{N-\alpha_1 f_c(b_f'-b)h_f'-\alpha_1 f_c bh_0\xi_b}{\dfrac{Ne-\alpha_1 f_c(b_f'-b)h_f'(h_0-0.5h_f')-0.43\alpha_1 f_c bh_0^2}{(\beta_1-\xi_b)(h_0-a_s')}+\alpha_1 f_c bh_0}+\xi_b \qquad (5\text{-}58)$$

进而可求得钢筋截面面积 A_s。

工字形截面小偏心受压构件除应进行弯矩作用平面内的计算外，在垂直于弯矩作用平面也应按轴心受压构件进行验算。此时应按 l_0/i 查出 φ 值，i 为截面垂直于弯矩作用平面方向的回转半径。

工字形截面对称配筋偏心受压构件正截面受压承载力复核方法与矩形截面对称配筋偏心受压构件的相似。可参照矩形截面大、小偏心受压构件的步骤进行计算。

【案例分析】

例 5-8 工字形截面钢筋混凝土偏心受压排架柱，截面尺寸如图 5-28(a)所示。$a_s=a_s'=45$mm，柱承受轴向压力设计值 N=1000kN，下柱柱顶截面弯矩设计值 M_1=820kN・m，柱底截面弯矩设计值 M_2=1050kN・m，柱计算长度为 l_0= 5.5 m。混凝土强度等级为 C45，纵筋采用 HRB400 级钢筋。采用对称配筋，求柱受拉钢筋 A_s 和受压钢筋 A_s' 。

解：查表得 C45: $f_c=21.1\text{N/mm}^2$；HRB400 级钢筋: $f_y=f_y'=360\ \text{N/mm}^2$

1) 考虑二阶效应的影响

$$A=bh+2(b_f-b)h_f=100\times900+2\times(400-100)\times150=18\times10^4\text{mm}^2$$

$$I_y=\frac{bh^3}{12}+2\left[\frac{1}{12}(b_f-b)h_f^3+(b_f-b)h_f\left(\frac{h}{2}-\frac{h_f}{2}\right)^2\right]$$

$$=\frac{1}{12}\times100\times900^3+2\times\left[\frac{1}{12}\times(400-100)\times150^3+(400-100)\times150\times\left(\frac{900}{2}-\frac{150}{2}\right)^2\right]$$

$$=189\times10^8\text{mm}^4$$

截面回转半径 $$i_y=\sqrt{\frac{I_y}{A}}=\sqrt{\frac{189\times10^8}{18\times10^4}}=324\text{mm}$$

长细比 $$\frac{l_0}{i_y}=\frac{5500}{324}=17$$

2) 计算弯矩增大系数及弯矩

$$h_0=h-a_s=900-45=855\text{ mm}$$

$$e_a=\frac{h}{30}=\frac{900}{30}=30\text{ mm}>20\text{ mm}，取\ e_a=30\text{ mm}$$

$$\zeta_c=\frac{0.5f_cA}{N}=\frac{0.5\times21.1\times18\times10^4}{1000\times10^3}=1.899>1，取\ \zeta_c=1$$

因为是排架结构柱，所以应采用公式(5-18)计算弯矩增大系数。

$$\eta_s = 1 + \frac{1}{1500\dfrac{(M_0/N)+e_a}{h_0}}(\frac{l_0}{h})^2\zeta_c$$

$$= 1 + \frac{1}{1500\times\left(\dfrac{1050\times10^6}{1000\times10^3}+30\right)/855}\times\left(\frac{5500}{900}\right)^2\times1 = 1.02$$

所以 $M=\eta_s M_0$=1.02×1050=1071kN·m。

3) 判别偏压类型，计算配筋面积

$$e_0 = \frac{M}{N} = \frac{1071\times10^6}{1000\times10^3} = 1071\,\text{mm}$$

$$e_i = e_0 + e_a = 1071 + 30 = 1101\text{mm}$$

$$e = e_i + \frac{h}{2} - a_s = 1101 + \frac{900}{2} - 45 = 1506\,\text{mm}$$

先假定中和轴在受压翼缘内，由式(5-54)计算受压区高度：

$$x = \frac{N}{\alpha_1 f_c b_f'} = \frac{1000\times10^3}{1\times21.1\times400} = 118\text{mm} < h_f' = 150\text{mm}$$

且 $x>2a_s'$=2×45=90mm，是大偏心受压柱，受压区在受压翼缘内，由式(5-55)得

$$A_s = A_s' = \frac{Ne - \alpha_1 f_c b_f' x(h_0 - \dfrac{x}{2})}{f_y'(h_0 - a_s')}$$

$$= \frac{1000\times10^3\times1506 - 1\times21.1\times400\times118\times\left(855-\dfrac{118}{2}\right)}{360\times(855-45)}$$

$$= 2446\text{mm}^2 > \rho_{\min}A = 0.002\times18\times10^4 = 360\text{mm}^2$$

4) 选配钢筋

选 4Φ28(A_s= A_s' =2462 mm^2)

截面总配筋率：$\rho = \dfrac{A_s + A_s'}{bh} = \dfrac{2\times2462}{18\times10^4} = 2.73\% > 0.55\%$，满足要求。

5) 验算垂直于弯矩作用平面的受压承载力(略)

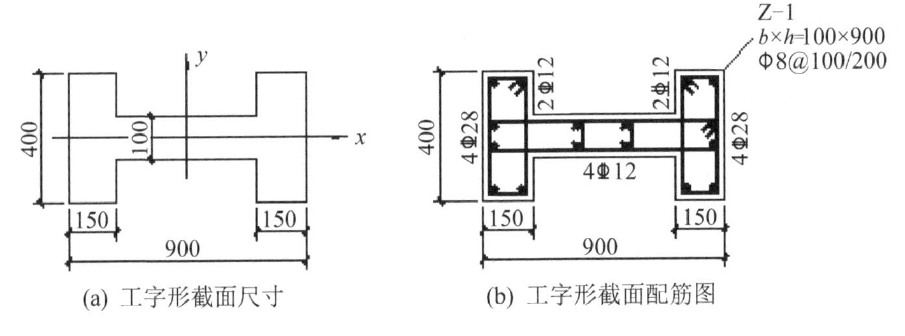

图 5-28 例 5-8 工字形截面尺寸与配筋图

5.1.6　偏心受压构件斜截面承载力计算

1. 轴向压力对受剪承载力的影响

偏心受压构件，一般情况下剪力值相对较小，可不进行斜截面承载力的验算；但对于框架结构，在竖向荷载和水平荷载共同作用下，柱截面上不仅有轴力和弯矩，而是还有剪力，剪力影响相对较大，必须考虑其斜截面受剪承载力。

试验研究表明，轴向压力对构件抗剪起有利作用，主要是因为轴向压力能阻滞斜裂缝的出现和开展，由于轴向压力的存在，使斜裂缝末端的混凝土剪压区高度增加，使剪压区的面积相对增大，从而提高了受压区混凝土所承担的剪力和骨料咬合力。

轴向压力对构件抗剪承载力的有利作用是有限的，试验结果表明，在轴压比$\dfrac{N}{f_c bh}$较小时，构件的抗剪承载力随轴压比的增大而提高，当轴压比$\dfrac{N}{f_c bh}$=0.4～0.5 时，抗剪承载力达到最大值，若再增大轴压力(或轴压比值更大)，则构件抗剪承载力反而会随着轴压力(或轴压比值)的增大而降低，当轴压比更大时，则转变为带有斜裂缝的小偏心受压被坏，不会出现剪切破坏。

故应对轴向压力的受剪承载力提高范围予以限制。在轴压比的限制内，斜截面(斜裂缝)沿构件纵轴方向投影长度与无轴向压力构件相比基本相同，故对跨越斜裂缝箍筋所承担的剪力没有明显影响。

2. 矩形、T 形和工字形截面偏心受压构件的斜截面受剪承载力

根据试验结果，并考虑一般偏心受压框架柱两端在节点处是有约束的，因而在轴向压力作用下的偏心受压构件受剪承载力，采用在无轴力受弯构件连续梁的受剪承载力公式的基础上增加一项附加受剪承载力的办法来考虑轴向压力对构件受剪承载力的有利影响。对这类截面偏心受压构件的斜截面受剪承载力计算公式为：

$$V \leqslant V_u = \frac{1.75}{\lambda+1} f_t b h_0 + f_{yv} \frac{A_{sv}}{S} h_0 + 0.07N \tag{5-59}$$

式中：λ——偏心受压构件计算截面的剪跨比，取为 $M/(Vh_0)$；

N——与剪力设计值 V 相应的轴向压力设计值，当 $N>0.3f_cA$ 时，取 $N=0.3f_cA$，A 为构件的截面面积。

计算截面的剪跨比按下列规定取用。

(1) 对各类结构的框架柱，宜取 $\lambda=\dfrac{M}{Vh_0}$；对框架结构中的框架柱，当其反弯点在层高范围内时，可取 $\lambda=\dfrac{H_n}{2h_0}$；当$\lambda<1$ 时，取$\lambda=1$；当$\lambda>3$ 时，取$\lambda=3$。上述 M 为计算截面上与剪力设计值 V 相应的弯矩设计值，H_n 为柱净高。

(2) 对其他偏心受压构件，当承受均布荷载时，取$\lambda=1.5$；当承受集中荷载(包括作用有多种荷载，其中集中荷载对支座截面或节点边缘所产生的剪力值占总剪力值的 75%以上的

情况)时，取 $\lambda=\frac{a}{h_0}$，当λ<1.5 时，取λ=1.5；当λ>3 时，取λ=3，此处，a 为集中荷载作用点到支座或节点边缘的距离。

试验还表明，配箍率过大，箍筋并不能充分发挥作用，构件会产生斜压破坏。因此，为防止出现斜压破坏，《规范》规定矩形、T 形和工字形截面偏心受压构件的截面必须满足，下列要求：

当 $\frac{h_w}{b}\leqslant4$ 时，

$$V\leqslant0.25\beta_c f_c bh \tag{5-60}$$

当 $\frac{h_w}{b}\geqslant6$ 时，

$$V\leqslant0.2\beta_c f_c bh \tag{5-61}$$

当 $4<\frac{h_w}{b}<6$ 时，按线性内插法确定。h_w 为截面的腹板高度。

此外，当符合下列条件时，可不进行斜截面抗剪承载力计算，仅需根据受压构件的构造要求配置箍筋。

$$V\leqslant\frac{1.75}{\lambda+1}f_t bh_0+0.07N \tag{5-62}$$

5.1.7 偏心受压构件的一般构造要求

受压构件除应满足承载力计算要求外，还应满足相应的构造要求。

受压构件的一般构造要求包括：截面形式及尺寸，材料强度要求，纵筋和箍筋。

1. 截面形式和尺寸

为便于施工和受力合理，钢筋混凝土受压构件截面通常采用方形或边长接近的矩形，有特殊要求时，也可做成圆形或多边形。为了节省混凝土及减轻结构自重，装配式受压构件也常采用工字形截面或双肢截面形式。

钢筋混凝土受压构件截面尺寸，通常根据经验或参考类似的设计资料，先假定一个截面尺寸，然后根据它的内力大小、构件长度及构造要求等条件，利用公式计算确定。非抗震设计时均不宜小于 250mm，抗震设计时均不宜小于 300mm。为避免构件长细比过大，承载力降低过多，柱截面尺寸不宜太小，若采用矩形截面，长边 h 与短边 b 的比值约控制在 1.5～2.5 之间。一般 b=(1/10～1/15)l_0。工字形截面柱的翼缘厚度不宜小于 120mm，腹板厚度不宜小于 100mm。为了施工支模方便，柱的截面尺寸宜符合模数，800mm 及以下时，宜取 50mm 的倍数，800mm 以上时可取 100mm 的倍数。

2. 材料强度要求

混凝土强度等级对受压构件正截面承载力的影响较大。为了减小构件截面尺寸及节省钢材，宜采用较高强度等级的混凝土，一般采用 C25～C40。对多层及高层建筑结构的下层柱，必要时可以采用更高强度等级的混凝土。

根据《混凝土结构设计规范》(GB 50010—2010)规定，柱中纵向受力钢筋，应采用 HRB400、HRB500、HRBF400、HRBF500 钢筋；箍筋宜采用 HRB400、HRBF400、HPB300、HRB500、HRBF500 钢筋。本次规范修订，提倡应用高强、高性能钢筋。增加强度为 500MPa

级的热轧带肋钢筋；推广 400MPa、500MPa 级高强热轧带肋钢筋作为纵向受力的主导钢筋；限制并准备逐步淘汰 335MPa 级热轧带肋钢筋的应用；用 300MPa 级光圆钢筋取代 235MPa 级光圆钢筋。

3. 纵向钢筋

1) 钢筋的直径及配筋率

在受压构件中，纵向钢筋最主要的作用是和混凝土结合在一起，共同受力并提高柱的承载能力，为了增加钢筋骨架的刚度，减小钢筋在施工时的纵向弯曲，宜采用较粗直径的钢筋，纵向受力钢筋的直径不宜小于 12mm，一般以选用根数少、直径较粗的钢筋为好。规范规定：受压构件全部纵向钢筋的配筋率不应小于 0.55%(强度等级为 400MPa)、0.50%(强度等级为 500MPa)；全部纵向钢筋配筋率不宜大于 5%，即(0.55%)0.5%≤ ρ ≤5%，一般配筋率控制在 1%～2%之间为宜。同时一侧纵向钢筋的配筋率不应小于 0.2%。

2) 纵向受力钢筋的布置

矩形截面受压构件中纵向受力钢筋根数不应少于 4 根，即每个柱角至少有一根纵筋，以便与箍筋形成钢筋骨架。轴心受压构件中的纵向钢筋应沿构件截面周边均匀、对称布置如图 5-29(a)所示，偏心受压构件中的纵向钢筋应按计算要求布置在偏心方向的两侧，如图 5-29(b)所示。圆形截面受压构件中纵向钢筋不宜少于 8 根，不应少于 6 根，且宜沿周边均匀布置。

3) 纵向构造配筋

当偏心受压构件的截面高度 h≥600mm 时，除在两个端面上配置纵向受力钢筋以外，在柱的侧面上应配置直径不小于 10mm 的纵向构造钢筋，以避免过大的无筋表面，防止构件因温度和混凝土收缩应力而产生裂缝，并相应地设置复合箍筋或拉筋维持其位置如图 5-29(c)、(d)所示。

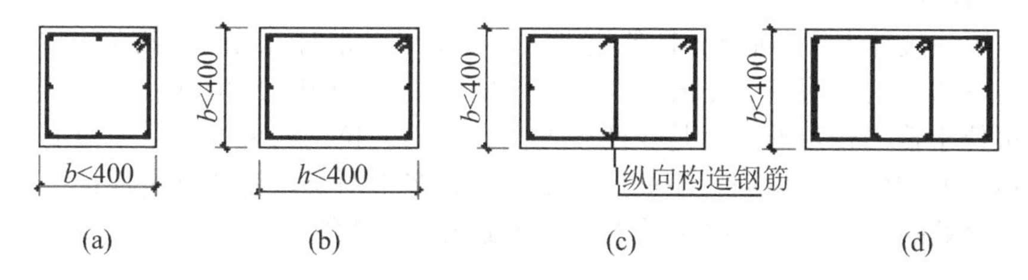

图 5-29　纵向构造钢筋及复合箍筋

4) 纵筋的间距

(1) 柱中纵向钢筋的净间距不应小于 50mm，且不宜大于 300mm。

(2) 在偏心受压柱中，垂直于弯矩作用平面的侧面上的纵向受力钢筋以及轴心受压柱中各边的纵向受力钢筋，其中距不宜大于 300mm。

对水平浇筑混凝土的预制柱，纵向钢筋的最小净间距不应小于 30mm 和 1.5 倍纵筋直径。提出最小间距的要求是为了防止配筋过于密集，影响其与握裹层混凝土的黏结锚固和共同受力；同时也是为了方便浇筑混凝土的需要。

5) 柱中纵向钢筋的连接

纵向受力钢筋的连接接头宜设置在受力较小处。在同一根受力钢筋上宜少设接头。在结构的重要构件和关键传力部位，纵向受力钢筋不宜设置连接接头。钢筋的接头宜采用机械连接接头，或焊接接头和绑扎搭接接头。机械连接接头和焊接接头的类型及质量应符合国家现行有关标准的规定。

4. 箍筋

1) 柱中箍筋的作用

箍筋的作用是和纵筋形成骨架，防止纵向钢筋受力后向外压屈。保证纵向钢筋的正确位置。同时使混凝土处于三向受压状态，混凝土强度大幅度增长，承载力因而明显提高。此外，因配置箍筋对核芯混凝土起一定的约束作用，还延缓了受压破坏的过程，避免了脆性压溃的可能性，使配箍柱的破坏具有一定的延性性质。

2) 配箍形式

沿受压构件柱周边布置的箍筋必须做成封闭式，箍筋末端应做成 135° 弯钩且弯钩末端应加平直段：

平直段长度：抗震 $l \geqslant 10d$；

其他情况 $l \geqslant 5d$。

柱中全部纵向受力钢筋的配筋率超过 3%时，$l \geqslant 10d$，箍筋直径不应小于 8mm，间距不应大于纵向受力钢筋最小直径的 10 倍，且不应大于 200mm；箍筋也可焊成封闭环式。圆柱的箍筋必须具有不小于 l_a 的搭接长度，这些要求是为了保证在柱受压侧向膨胀时箍筋在很大的环向拉力下仍能保持足够的对核心部分混凝土的有效约束。

3) 箍筋的直径及间距

箍筋直径不应小于 $\frac{d}{4}$ (d 为纵向钢筋的最大直径)且不应小于 6mm；间距不应大于 400mm 及构件截面的短边尺寸，且不应大于 15d(d 为纵向钢筋的最小直径)，上述要求是保证箍筋约束作用所必须的。

4) 复合箍的配置

柱截面短边尺寸大于 400mm 且各边纵向钢筋多于 3 根时，或当柱截面短边尺寸不大于 400mm，但各边纵向钢筋多于 4 根时，应设置复合箍筋。如图 5-30 所示，设置要求是使纵筋每隔一根位于箍筋转角处，就是在两个方向有箍筋或拉筋约束，当采用拉筋时，拉筋宜紧靠纵向钢筋并勾住封闭箍筋。箍筋局部重叠不宜多于两层。这个规定保证了柱内受力钢筋能够得到有效的侧向约束，避免受压屈曲而影响其承载能力。

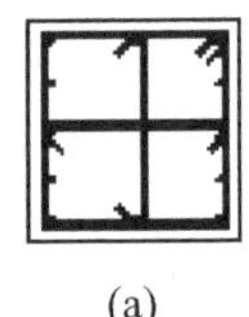

(a)

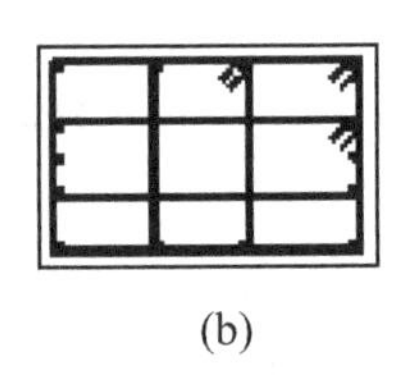

(b)

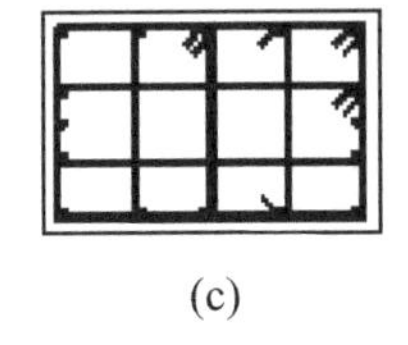

(c)

图 5-30 复合箍筋形式

5) 高配筋率柱的配箍要求

当柱中纵向钢筋的配筋率超过 3%时，表明混凝土截面相对较小，轴压比很大。因此更需要加强配箍的约束，以维持柱应有的承载力和延性。箍筋直径不应小于 8mm，间距不应大于纵向受力钢筋最小直径的 10 倍，且不应大于 200mm；箍筋末端应做成 135° 弯钩，且弯钩末端平直段长度不应小于箍筋直径的 10 倍；箍筋也可焊成封闭环式。但须注意应避免在施工现场焊接而伤及受力钢筋，而应事先焊成封闭环箍，宜采用闪光接触对焊等可靠的焊接方法，以确保焊接质量，再在现场安装。

6) 搭接区域的配箍

柱中纵向受力钢筋搭接长度范围内，箍筋的直径不应小于搭接钢筋较大直径的 0.25 倍。当钢筋受拉时，箍筋间距不应大于搭接钢筋较小直径的 5 倍，且不应大于 100mm；当钢筋受压时，箍筋间距不应大于搭接钢筋较小直径的 10 倍，且不应大于 200 mm。当受压钢筋直径 $d>25$ mm 时，尚应在搭接接头两个端面外 100 mm 范围内各设置两个箍筋。

对于截面形状复杂的柱，不可采用有内折角的箍筋如图 5-31(c)所示，以避免产生向外的拉力，因为内折角箍筋受力后有拉直的趋势，会使外围混凝土崩落。而应采用分离式箍筋，如图 5-31(b)所示。

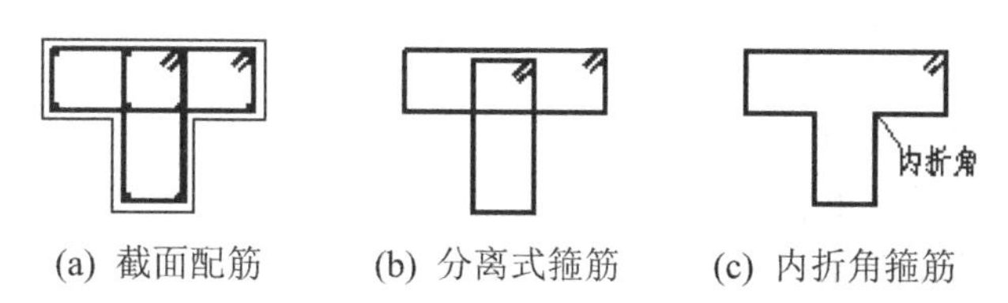

(a) 截面配筋　(b) 分离式箍筋　(c) 内折角箍筋

图 5-31　柱有内折角时的箍筋设置

5.2　钢筋混凝土墙的计算与构造

工程概况：某高层住宅楼，设有两层地下室，地面以上为 26 层住宅，首层层高 3.25m，柱准层层高为 2.80m，首层室内外地面高差为 0.3m，建筑室外地面至檐口的高度为 73.45m。建筑沿 x 方向的宽度为 33.70m，沿 y 方向的宽度为 14.450m。

根据建筑的使用功能、房屋的高度与层数、场地条件、结构材料以及施工技术等因素综合考虑，抗侧力结构采用现浇钢筋混凝土剪力墙结构体系。1～4 层的墙体厚度为 250 mm、200mm，其余各层的墙体厚度均为 200mm、180mm。门洞宽为 1.0，高度为 2.25m；窗洞高度为 1.50m，窗台高为 0.90m。剪力墙结构的平面布置如图 5-32 所示。

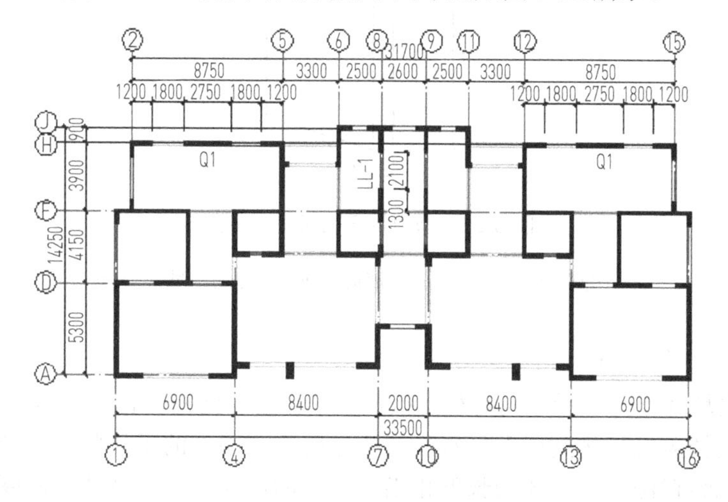

图 5-32　剪力墙结构平面图

楼盖结构采用现浇钢筋混凝土板，楼板厚度分为 120mm、150mm 和 180mm 三种，地下室顶板作为上部结构的嵌固部位，其楼板厚度取 180mm(阴影部分为钢筋混凝土剪力墙)。

设计钢筋混凝土剪力墙可分解为如下几个设计过程。

(1) 荷载作用下的内力计算，荷载
- 竖向荷载
  - 恒载
  - 活载
- 水平
  - 风载
  - 水平地震力

(2) 荷载效应组合。

(3) 剪力墙设计内容。

① 确定墙肢截面内力设计值。

② 墙肢受剪截面限制条件和轴压比限值。

③ 剪力墙正截面承载力计算。

④ 剪力墙斜截面受剪承载力计算。

⑤ 剪力墙暗柱的配筋计算。

⑥ 剪力墙的构造要求。

5.2.1 混凝土墙的配筋计算

墙是在两个方向(墙高 H 和宽)尺寸较大；而在另一个方向(厚度 b_w)尺寸相对较小的构件，从几何形状上讲接近于板，如图 5-33 所示。不同于板的主要特点是其承受平面内的压力(平面内刚度大，平面外较薄弱)，并且将上部各层荷载引起的压力传向基础，从受力形态上更接近于“柱”。墙与柱的区别主要是其截面高度与厚度的比值，当比值小于 4 时可按柱进行设计；当比值大于 4 时宜按钢筋混凝土墙进行设计。

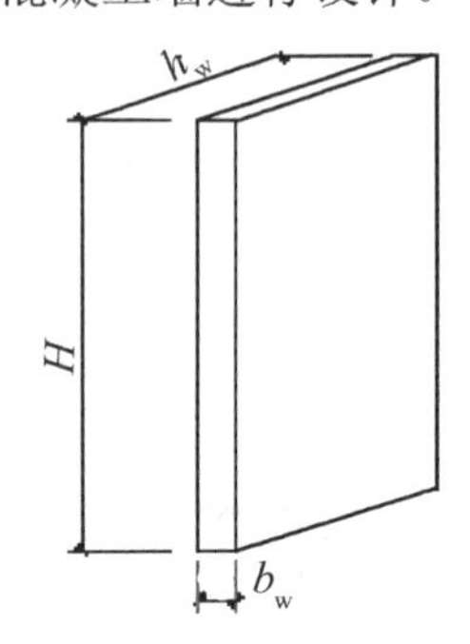

图 5-33 剪力墙截面尺寸示意图

b_w—墙肢截面宽度；h_w—墙肢截面高度；h—墙肢高度

1. 剪力墙结构的特点

利用建筑物墙体作为承受竖向荷载，抵抗水平作用的结构，称为剪力墙结构。

竖向荷载由楼盖直接传到墙上。水平荷载作用下，墙体的工作状态如同一根底部嵌于基础顶面的直立悬臂深梁，墙体的长度相当于深梁的截面高度，墙体的厚度相当于深梁的截面宽度。在轴向压力和水平力的作用下，剪力墙承受压(拉)、弯、剪复合受力状态。悬臂

剪力墙破坏形态可以归纳为弯曲破坏、弯剪破坏、剪切破坏和滑移破坏几种形态，如图 5-34 所示。弯曲破坏又分为大偏压破坏和小偏压破坏，大偏压破坏是具有延性的破坏形态，小偏压破坏的延性很小，而剪切破坏是脆性的。

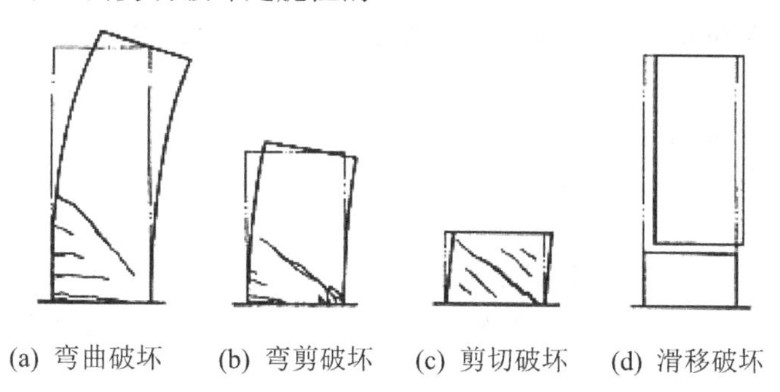

图 5-34　悬臂墙的破坏形态

在实际工程中，滑移破坏很少见，可能出现的位置是施工缝截面。

剪力墙结构由于承受竖向荷载及水平荷载的能力均较大，其特点是整体性好，抗侧、抗扭刚度大，地震(水平力)作用下侧移小，因此可以建造比框架结构更高、更多层数的建筑。国内外在多次大地震表明，剪力墙的震害较少。但是，设计不合理、施工不当等都可能使剪力墙遭受破坏，而剪力墙破坏容易引起整体倒塌，将会导致严重灾害。

2. 剪力墙布置

1) 剪力墙平面布置及抗侧刚度

多、高层建筑应具有较好的空间工作性能，平面布置宜简单、规则，剪力墙应沿两个主轴方向或其他方向双向布置，形成空间结构。如图 5-35 所示，对于一般的矩形、L 形、T 形等平面宜沿两个轴线方向布置；对三角形、Y 形平面宜沿三个轴线方向布置，对于正多边形、圆形及弧形平面可沿径向或环向布置。

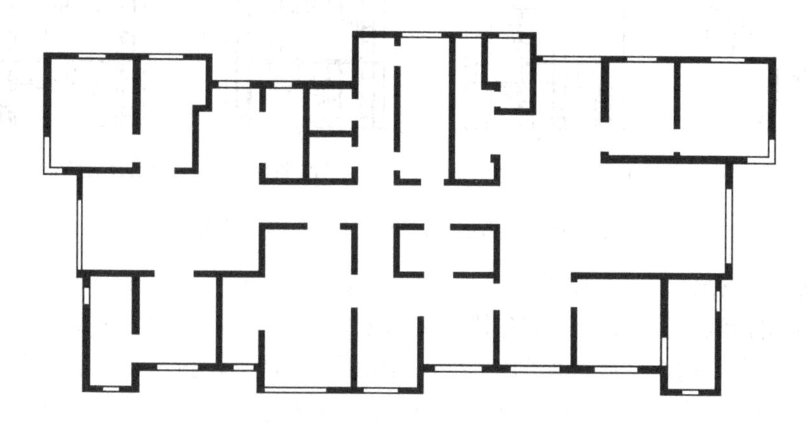

图 5-35　某高层住宅楼结构平面示意图

特别在抗震结构中，应避免仅单向有墙的结构布置形式，并宜使两个方向刚度接近，避免悬殊，即两个方向的自振周期宜相近。

剪力墙的平面布置应尽可能均匀、对称，尽量使结构的刚度中心和质量中心重合，以减少扭转。内外剪力墙应尽量拉通、对直。

2) 剪力墙的竖向布置

剪力墙的抗侧刚度较大，如果在某一层或几层切断剪力墙，易造成结构刚度突变，因此，剪力墙从上到下宜连续设置。为避免刚度突变，剪力墙的厚度应按阶段变化，每次厚度变化时宜不大于 50mm，混凝土强度等级变化与剪力墙厚度变化不应在同一楼层，以减小竖向突变。

3) 剪力墙洞口的布置

剪力墙洞口的布置，会明显影响剪力墙的力学性能。因此剪力墙洞口的布置应满足下列要求。

(1) 剪力墙的门窗洞口宜上下对齐规则开洞、洞口成列、成排布置，使剪力墙能形成明确的墙肢和连梁(两端与剪力墙在平面内相连的梁为连梁)；宜避免造成墙肢宽度相差悬殊的洞口设置。

成列开洞的规则剪力墙传力途径合理，受力明确，地震中不容易因为复杂应力而产生震害，且各墙肢的刚度相差不宜悬殊，应力分布比较规则。

(2) 抗震设计时，剪力墙的底部加强部位不宜采用上下洞口不对齐的错洞墙；全高均不宜采用洞口局部重叠的叠合错洞墙。

错洞剪力墙和叠合错洞墙都是不规则开洞的剪力墙，其应力分布复杂，洞口边容易产生显著的应力集中，容易造成剪力墙的薄弱部位，计算、构造都比较复杂和困难。如图 5-36(a)、(b)所示的是错洞墙，它们的洞口错开，但洞口之间的距离较大。如图 5-36(c)、(d)所示的是叠合错洞墙，其主要特点是洞口错开距离很小，甚至叠合，不仅墙肢不规则，洞口之间形成薄弱部位，叠合错洞墙比错洞墙更为不利。

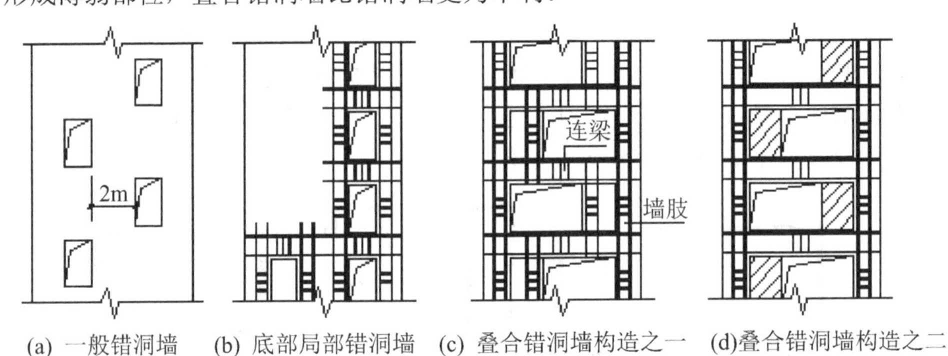

(a) 一般错洞墙　(b) 底部局部错洞墙　(c) 叠合错洞墙构造之一　(d)叠合错洞墙构造之二

图 5-36　剪力墙洞口不对齐时的构造措施

剪力墙底部加强部位，是塑性铰出现及保证剪力墙安全的重要部位，剪力墙的底部加强部位不宜采用错洞布置，如无法避免错洞墙，应控制错洞墙洞口间的水平距离不小于 2m，在洞口周边采取有效构造措施，如图 5-36(a)、(b)所示。此外，抗震设计的剪力墙全高都不宜采用叠合错洞墙，当无法避免叠合错洞布置时，应按有限元法仔细计算分析，并在洞口周边采取加强措施，如图 5-36(c)所示，或在洞口不规则部位采用其他轻质材料填充，将叠合洞口转化为规则洞口图 5-36(d)(其中阴影部分表示轻质填充墙体)。

4) 墙肢高宽比

剪力墙结构应具有延性，细高的剪力墙(即高宽比大于 3)容易设计成具有延性的弯曲破坏剪力墙，从而可避免脆性的剪切破坏。因此，当墙的长度很长时，可通过开设洞口将长墙分成长度较小的墙段，使每个墙段成为高宽比大于 3 的独立墙肢或联肢墙，分段宜较均匀。用以分割墙段的洞口上可设置约束弯矩较小的弱连梁(其跨高比一般宜大于 6)。因为它对墙肢内力影响可以忽略，可近似认为分成了独立墙段，如图 5-37(a)所示。此外，当墙段长度(即墙段截面高度)很长时，受弯后产生的裂缝宽度会较大，墙体的配筋容易拉断，因此，墙段的长度不宜大于 8m。

剪力墙结构的一个结构单元中，当有少量长度大于 8m 的大墙肢时，计算中楼层剪力主要由这些大墙肢承受，其他小的墙肢承受的剪力很小，一旦地震，尤其超烈度地震时，大墙肢容易首先遭受破坏，而小的墙肢又无足够配筋，使整个结构可能形成各个击破，这是极不利的。

当墙肢长度超过 8m 时，应采用施工时墙上留洞，完工时砌填充墙的结构洞方法，把长墙肢分成短墙肢如图 5-37(b)所示，或仅在计算简图中开洞处理。

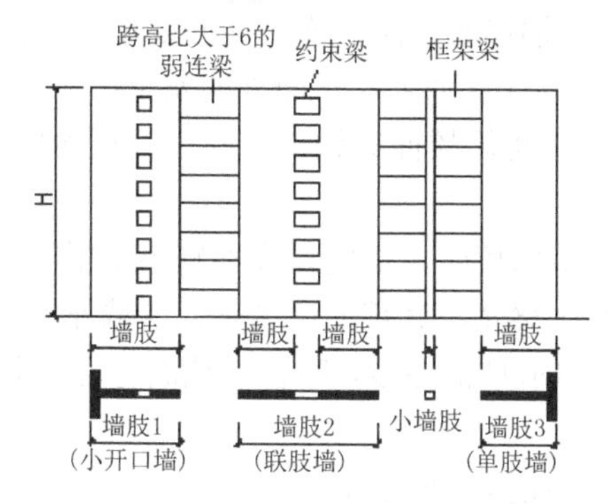

(a) 剪力墙的墙段及墙肢示意图

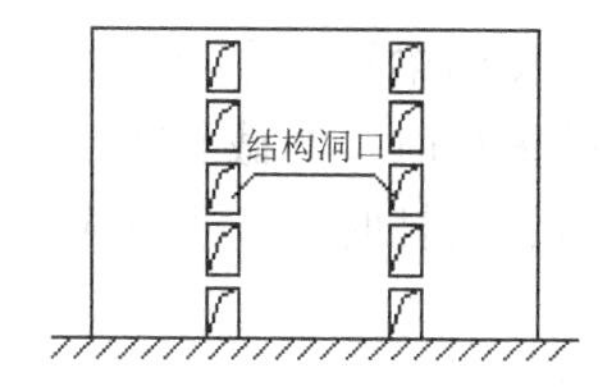

(b) 利用结构洞口改变剪力墙性能

图 5-37　较长的剪力墙墙段划分及结构洞口的利用

设计时应避免三个以上洞口集中于同一个十字交叉墙附近，如图 5-38 所示，应避免此种开洞情况，如无法避免时，开洞形成的十字交叉墙应按仅承受轴向力的柱子设计。

5) 剪力墙加强部位

悬臂剪力墙底部弯矩最大，底截面可能出现塑性铰，底截面钢筋屈服以后由于钢筋和混凝土的黏结力破坏，钢筋屈服范围扩大而形成塑性铰区。塑性铰区也是剪力最大的部位，斜裂缝常常在这个部位出现，且分布在一定范围，反复荷载作用就形成交叉裂缝，可能出现剪切破坏。因此，将墙体底部可能出现塑性铰的高度范围作为底部加强部位。

剪力墙底部加强部位的范围。

(1) 底部加强部位的高度，应从地下室顶板算起；

(2) 底部加强部位的高度可取底部两层和墙体总高度的 1/10 二者的较大值，如图 5-39 所示；

(3) 当结构计算嵌固端位于地下一层底板或以下时，底部加强部位宜延伸到计算嵌固端。即明确了当地下室整体刚度不足以作为结构嵌固端，而计算嵌固部位不能设在地下室顶板时，剪力墙底部加强部位的设计要求宜延伸至计算嵌固部位。

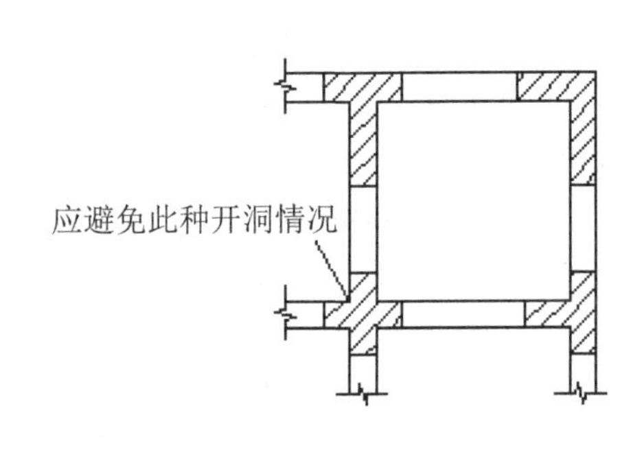

图 5-38 墙体开洞平面布置

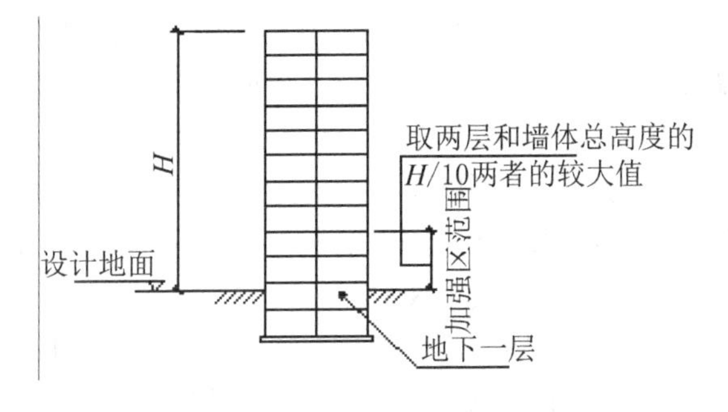

图 5-39 剪力墙底部加强部位

6) 梁的布置与剪力墙的关系

剪力墙的特点是平面内刚度及承载力大，而平面外刚度及承载力都很小。因此，当剪力墙与平面外方向的大梁连接时，会使墙肢平面外承受弯矩，而一般情况下并不验算墙的平面外的刚度及承载力。当梁高大于约 2 倍墙厚时，刚性连接梁的梁端弯矩将使剪力墙平面外产生较大的弯矩，此时应当采取措施，以保证剪力墙平面外的安全。

当剪力墙与平面外相交的楼面梁刚接时，可沿楼面梁轴线方向设置与梁相连的剪力墙、扶壁柱或在墙内设置暗柱，并应符合下列规定。

(1) 设置沿楼面梁轴线方向与梁相连的剪力墙时，墙的厚度不宜小于梁的截面宽度；

(2) 设置扶壁柱时，其截面宽度不应小于梁宽，其截面高度可计入墙厚；

(3) 墙内设置暗柱时，暗柱的截面高度可取墙的厚度，暗柱的截面宽度可取梁宽加 2 倍墙厚；

(4) 应通过计算确定暗柱或扶壁柱的纵向钢筋(或型钢)，非抗震时纵向钢筋的总配筋率不宜小于 0.55%(400MPa 级钢筋)；

(5) 暗柱或扶壁柱应设置箍筋，非抗震时箍筋直径不应小于 6mm，且不应小于纵向钢筋直径的 1/4；箍筋间距不应大于 200mm；

(6) 楼面梁的水平钢筋应伸入剪力墙或扶壁柱，伸入长度应符合钢筋锚固要求。钢筋锚固段的水平投影长度，不宜小于 $0.4l_{ab}$，当锚固段的水平投影长度不满足要求时，可将楼面梁伸出墙面形成梁头，梁的纵筋伸入梁头后弯折锚固如图 5-40 所示，也可采取其他可靠的锚固措施。

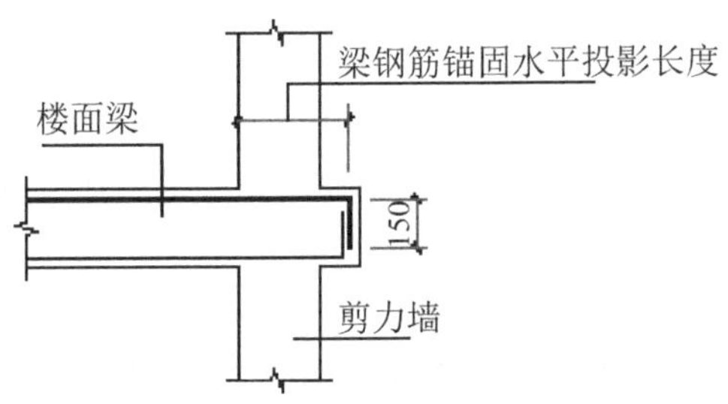

图 5-40 楼面梁伸出墙面形成梁头

7) 其他措施及有关规定

(1) 楼面梁不宜支承在剪力墙或核心筒的连梁上。楼面梁如果支承在连梁上，连梁将会产生扭转，一方面不能有效约束楼面梁，另一方面对连梁受力十分不利，连梁本身剪切应

变较大，容易出现剪切裂缝，因此要尽量避免。设计中若楼板次梁等截面较小的梁支承在连梁上时，次梁端部可做铰接处理。

(2) 在角部剪力墙上开设转角窗。

剪力墙结构的角部是结构的关键部位，在外墙角部开设角窗，不仅削弱了结构的整体抗扭刚度和抗侧力刚度，而且邻近洞口的墙肢、连梁内力增大，扭转效应明显。角窗的存在破坏了墙体的连续性和整体性，降低了结构的抗扭刚度和抗扭承载力，必须设置时应采取加强措施：

① 角窗墙肢厚度不应小于 200mm；

② 角窗两侧墙肢长度 h_w，当为独立一字形墙肢时，除强度要求外尚应满足 8 倍墙厚及角窗悬挑长度 1.5 倍的较大值；

③ 角窗折梁应加强，并按抗扭构造配置箍筋及腰筋；

④ 角窗两侧应沿全高设置与本工程抗震等级相同的约束边缘构件，暗柱长度不宜小于 3 倍墙厚且不小于 600mm；

⑤ 转角窗房间的楼板宜适当加厚，应采用双层双向配筋，板内宜设置连接两侧墙端暗柱的暗梁，暗梁纵筋锚入墙内 l_{aE}。如图 5-41 所示。

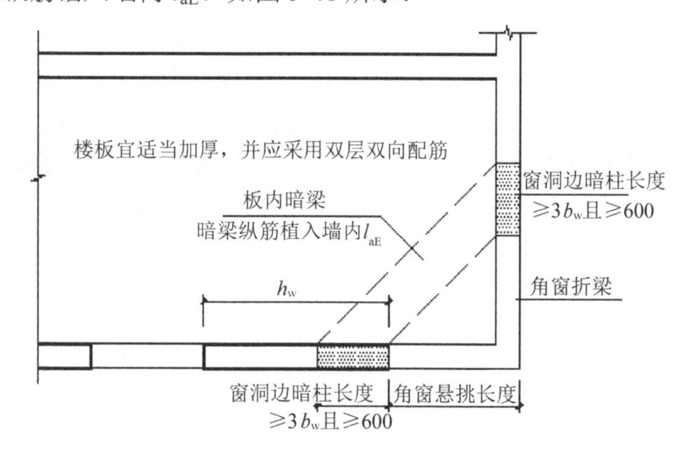

图 5-41　剪力墙角窗示意图

3. 剪力墙的墙肢划分

(1) 一般剪力墙的墙肢截面高度与厚度之比为大于 8。

(2) 截面厚度不大于 300mm，各肢截面高度与厚度之比的最大值大于 4 但不大于 8 时，划分为短肢剪力墙。

(3) 当墙肢截面高度 h_w 与厚度 b_w 之比不大于 4 时，宜按框架柱进行截面设计。

(4) 当剪力墙平面外有与其相交的剪力墙时，可视为剪力墙的支承，有利于保证剪力墙出平面的刚度和稳定性能。当剪力墙的端部有与之相垂直的墙体的长度不小于墙厚的 3 倍，或作为端柱其截面边长不小于墙厚的 2 倍时，称为剪力墙的翼墙或端柱。否则，视为无翼墙、无端柱。

(5) 剪力墙的类型有：不开洞的实体墙、有一排或多排洞口的联肢墙、框支剪力墙、嵌在框架内的有边框剪力墙，以及由剪力墙组成的筒，如图 5-42 所示。

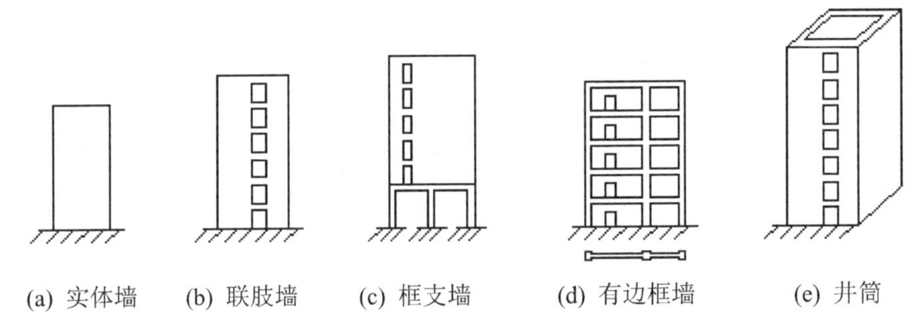

图 5-42 剪力墙的类型

4. 剪力墙截面设计

剪力墙结构是由一系列纵向剪力墙、横向剪力墙及楼板组成的空间结构体系。承受竖向荷载及水平荷载。它刚度大、位移小、抗震性能好，是高层建筑中常用的结构体系。

剪力墙结构在竖向荷载作用下，各片剪力墙承受的压力可近似按各肢剪力墙负荷面积分配。其受力情况及计算较为简单，这里不去讨论。除楼板传来的竖向荷载外，还有水平地震作用或风荷载。

剪力墙结构在水平荷载作用下计算时，可采用以下基本假定。

(1) 楼板在其自身平面内刚度很大，而平面外的刚度很小，可忽略不计，这样，楼板将各片剪力墙连成一体，共同抵抗水平力，在楼板平面内没有相对位移，剪力墙结构受水平荷载后，楼板在其平面内作刚体运动，并把水平作用的外荷载向各片剪力墙分配。

(2) 各片剪力墙在其自身平面内的刚度很大，在其平面外的刚度很小，可忽略不计。换言之，在外水平荷载作用下，垂直于该平面方向的力是很小的，可忽略不计；只承受在其自身平面内的水平力。即横向水平力由横墙承担，纵向水平力由纵墙承担。这样，可以把不同方向的剪力墙结构分开，作为平面结构来处理。

(3) 当两片剪力墙正交时，则在计算一方向剪力墙时，另一方向剪力墙的一部分作为翼缘予以考虑，因为纵墙、横墙在其交结面上位移必须是连续，在水平荷载作用下，纵墙与横墙是共同工作的，如图 5-43(c)所示。

各片剪力墙通过刚性楼板联系在一起，当结构的水平合力中心与结构刚度中心重合时，结构不会产生扭转，各片剪力墙在同一楼层标高处的侧移相等。当结构有扭转时，楼板只作刚体转动。

例如图 5-43(a)所示为剪力墙结构，在横向水平荷载作用下，只考虑横墙起作用，而“略去”纵墙的作用，如图 5-43(c)所示。在纵向水平荷载作用时，只考虑纵墙起作用，而“略去”横墙的作用，如图 5-43(d)所示。

计算剪力墙结构的内力和位移时，应考虑纵、横墙的共同工作，即纵墙的一部分可作为横墙的有效翼缘；横墙的一部分也可作为纵墙的有效翼缘。刚性楼板将各片剪力墙连接在一起，并把水平荷载按各片剪力墙的刚度向各剪力墙分配。

钢筋混凝土剪力墙截面验算的内容，包括平面内的偏心受压、斜截面受剪或偏心受拉、平面外轴心受压承载力计算等。一般情况下主要验算剪力墙平面内的承载力。

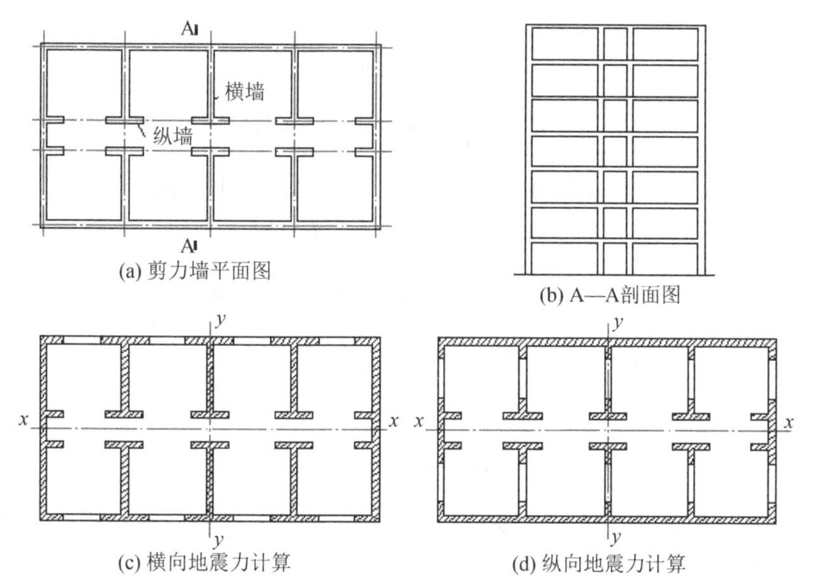

图 5-43　剪力墙结构

1) 偏心受压剪力墙墙肢的正截面承载力计算

剪力墙截面的特点是墙肢长度远大于墙体厚度，除了弯矩作用方向截面的两端(受压边缘和受拉边缘)集中布置纵向钢筋 A_s'和 A_s 外，还沿截面腹部均匀布置等直径、等间距的纵向受力钢筋 A_{sw}，一般每侧不少于 4 根。

沿截面均匀配筋的钢筋混凝土偏压构件，其钢筋由三部分组成：受压区边缘集中配置的钢筋 A_s'、受拉区边缘集中配置的钢筋 A_s 及沿截面腹部均匀配置的全部纵向钢筋 A_{sw}，如图 5-44 所示。

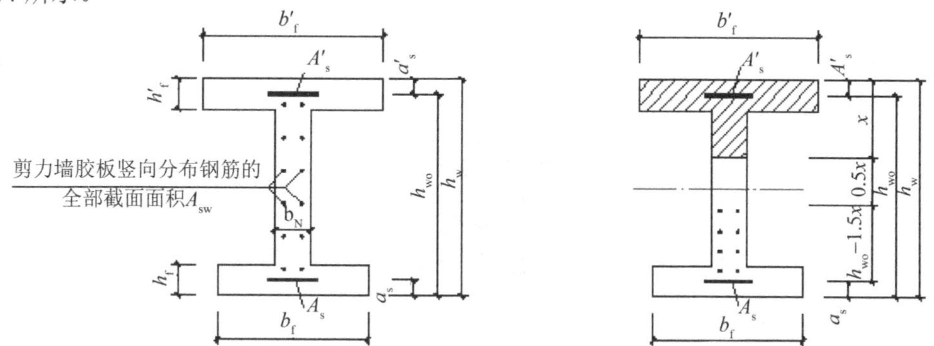

图 5-44　剪力墙正截面受压截面应力简化计算图形示意

剪力墙正截面偏心受压承载力的计算方法，是采用偏心受压截面计算假定得到的。按照平截面假定，不考虑受拉混凝土的作用，受压区混凝土按矩形应力图块计算。

大偏心受压时受拉、受压端部钢筋都达到屈服，在剪力墙腹板中 1.5 倍受压区范围之外，假定受拉区分布钢筋应力全部达到屈服；小偏压时端部受压钢筋屈服，而受拉分布钢筋及端部钢筋均未屈服，且忽略部分钢筋的作用。

矩形、T 形、工字形截面偏心受压剪力墙如图 5-44 所示的正截面受压承载力的计算公式。

(1) 由工字形截面两个基本平衡公式($\sum N=0$， $\sum M=0$)，可得各种情况下的设计计算公式。

$$N \leqslant f_y' A_s' - \sigma_s A_s - N_{sw} + N_c \tag{5-63}$$

$$N\left(e_0 + h_{wo} - \frac{h_w}{2}\right) \leqslant f_y' A_s' \left(h_{wo} - a_s'\right) - M_{sw} + M_c \tag{5-64}$$

(2) 当 $x > h_f'$ 时，中和轴在腹板中，基本公式中 N_c、M_c 由下式计算：

$$N_c = \alpha_1 f_c b_w x + \alpha_1 f_c \left(b_f' - b_w\right) h_f' \tag{5-65}$$

$$M_c = \alpha_1 f_c b_w x \left(h_{wo} - \frac{x}{2}\right) + \alpha_1 f_c \left(b_f' - b_w\right) h_f' \left(h_{wo} - \frac{h_f'}{2}\right) \tag{5-66}$$

(3) 当 $x \leqslant h_f'$ 时，中和轴在翼缘内，基本公式中 N_c、M_c 由下式计算：

$$N_c = \alpha_1 f_c b_f' x \tag{5-67}$$

$$M_c = \alpha_1 f_c b_f' x \left(h_{wo} - \frac{x}{2}\right) \tag{5-68}$$

(4) 当 $x \leqslant \xi_b h_{wo}$ 时，为大偏压，受拉、受压端部钢筋都达到屈服，基本公式中 σ_s、N_{sw}、M_{sw} 由下式计算：

$$\sigma_s = f_y \tag{5-69}$$

$$N_{sw} = \left(h_{wo} - 1.5x\right) b_w f_{yw} \rho_w \tag{5-70}$$

$$M_{sw} = \frac{1}{2}\left(h_{wo} - 1.5x\right)^2 b_w f_{yw} \rho_w \tag{5-71}$$

(5) 当 $x > \xi_b h_{wo}$ 时，为小偏压，端部受压钢筋屈服，而受拉分布钢筋及端部钢筋均未屈服。基本公式中 σ_s、N_{sw}、M_{sw} 由下式计算：

$$\sigma_s = \frac{f_y}{\xi_b - 0.8}\left(\frac{x}{h_{wo}} - \beta_1\right) \tag{5-72}$$

$$N_{sw} = 0 \tag{5-73}$$

$$M_{sw} = 0 \tag{5-74}$$

(6) 界限相对受压区高度：

$$\xi_b = \frac{\beta_1}{1 + \dfrac{f_y}{E_s \varepsilon_{cu}}} \tag{5-75}$$

式中：a_s'——剪力墙受压区端部钢筋合力点到受压区边缘的距离；

e_0——偏心距，$e_0 = \dfrac{M}{N}$；

b_f'——T 形或工形截面受压区翼缘宽度；

h_f'——T 形或工形截面受压区翼缘高度；

h_{wo}——剪力墙截面有效高度，$h_{wo} = h_w - a_s'$； (5-76)

f_y、f_y'——分别为剪力墙端部受拉、受压钢筋强度设计值；

f_{yw}——剪力墙墙体竖向分布钢筋强度设计值；

f_c——混凝土轴心抗压强度设计值；

ρ_w——剪力墙竖向分布钢筋配筋率；

ξ_b——界限相对受压区高度；

α_1——受压区混凝土矩形应力图的应力与混凝土轴心抗压强度设计值的比值，混凝土强度等级不超过 C50 时取 1.0，混凝土强度等级为 C80 时取 0.94，其间按直线内插法取用；

β_1——当混凝土等级不超过 C50 时取 0.8，混凝土强度等级为 C80 时取 0.74，其间按直线内插法取用；

ε_{cu}——混凝土极限压应变。

2) 矩形截面大偏心受压对称配筋($A_s'=A_s$)时，由公式(5-64)得正截面承载力计算

$$A_s = A_s' = \frac{M + N(h_{wo} - \frac{h_w}{2}) + M_{sw} - M_c}{f_y(h_{wo} - a_s')} \tag{5-77}$$

其中

$$M_{sw} = \frac{1}{2}\left(h_{wo} - 1.5x\right)^2 \frac{f_{yw}A_{sw}}{h_{wo}} \tag{5-78}$$

$$M_c = \alpha_1 f_c b_w x\left(h_{wo} - \frac{x}{2}\right) \tag{5-79}$$

受压区高度 x：

由公式(5-48)、式(5-50)、式(5-54)、式(5-55)得

$$N = -N_{sw} + N_c = \alpha_1 f_c b_w x - \left(h_{wo} - 1.5x\right) b_w f_{yw} \rho_w$$

$$x = \frac{(N + f_{yw}A_{sw})h_{wo}}{\alpha_1 f_c b_w h_{wo} + 1.5 f_{yw} A_{sw}} \tag{5-80}$$

式中：A_{sw}——剪力墙截面竖向分布钢筋总截面面积。

在工程设计时先确定竖向分布钢筋的 A_{sw} 和 f_{yw}，求出 M_{sw} 和 M_c，然后按公式(5-77)计算墙端所需钢筋截面面积 $A_s = A_s'$。

$$A_s = A_s' = \frac{M + N(h_{wo} - \frac{h_w}{2}) + M_{sw} - M_c}{f_y(h_{wo} - a_s')}$$

3) 矩形截面小偏心受压对称配筋($A_s'=A_s$)时，正截面承载力近似计算：

$$A_s = A_s' = \frac{Ne - \xi(1 - 0.5\xi)\alpha_1 f_c b_w h_{wo}^2}{f_y'(h_{wo} - a_s')} \tag{5-81}$$

式中的相对受压区高度ξ 按以下公式计算：

$$\xi = \frac{N - \xi_b \alpha_1 f_c b_w h_{wo}}{\dfrac{Ne - 0.43\alpha_1 f_c b_w h_{wo}^2}{(\beta_1 - \xi_b)(h_{wo} - a_s')} + \alpha_1 f_c b_w h_{wo}} + \xi_b \tag{5-82}$$

式中：e——$e=e_i+\frac{h_w}{2}-a_s$，$e_i=e_0+e_a$，e_a 取 20mm 和偏心方向截面尺寸的 1/30 两者中的较大值；

e_0——偏心距，$e_0 = \frac{M}{N}$；

a_s——剪力墙端部受拉钢筋合力点至截面近边缘的距离。

4) 墙肢受剪截面限制条件

剪力墙墙肢截面剪力设计值应符合下面规定。

永久、短暂设计状况

$$V \leqslant 0.25\beta_c f_c b_w h_{wo} \tag{5-83}$$

式中：V——剪力墙墙肢截面的剪力设计值；

b_w、h_{wo}——分别为剪力墙墙肢截面宽度和有效高度；

β_c——混凝土强度影响系数，当混凝土等级不超过 C50 时取 1.0，混凝土强度等级为 C80 时取 0.8，其间按直线内插法取用；

墙肢截面的剪压比超过一定值时，将过早出现斜裂缝，发生脆性破坏，即使配置很多抗剪钢筋，也会过早剪切破坏。

为了防止剪力墙过早出现斜裂缝，发生脆性破坏，应限制墙肢截面的平均剪应力与混凝土轴心抗压强度的比值，即限制剪压比，也就是限制剪力设计值。剪力墙设计除满足上述要求外还应满足墙肢轴压比限值等，具体要求参见抗震教材。

5) 偏心受压斜截面抗剪承载力计算

偏心受压剪力墙斜截面受剪承载力应符合下面规定。

剪力墙截面设计时，是通过构造措施(最小配筋率和分布钢筋最大间距等)防止发生剪拉破坏或斜压破坏，通过计算确定墙中需要配置的水平钢筋数量，防止发生剪压破坏。

偏压构件中，轴压力有利于抗剪承载力，但压力增大到一定程度后，对抗剪的有利作用减小，因此对轴力的取值加以限制。偏心受压剪力墙的斜截面受剪承载力应符合下列规定。

永久、短暂设计状况

$$V \leqslant \frac{1}{\lambda - 0.5}\left(0.5 f_t b_w h_{wo} + 0.13N\frac{A_w}{A}\right) + f_{yh}\frac{A_{sh}}{s}h_{wo} \tag{5-84}$$

式中：N——剪力墙截面轴向压力设计值，当 N 大于 $0.2f_c b_w h_w$ 时，应取 $0.2f_c b_w h_w$；

A——剪力墙全截面面积；

A_w——T 形或工字形截面剪力墙腹板的面积，矩形截面时取 A_w=A；

A_{sh}——配置在同一水平截面内的水平分布钢筋的全部截面面积；

s——剪力墙水平分布钢筋的竖向间距。

λ——计算截面处的剪跨比，即

$$\lambda = \frac{M_c}{V_c h_{wo}} \tag{5-85}$$

其中，M_c、V_c 应取同一组组合的未进行内力调整的墙肢截面弯矩和剪力计算值；当λ<1.5 时,应取λ=1.5，λ>2.2 时，应取λ=2.2；

当计算截面与墙底之间的距离小于 0.5 h_{wo}时，λ应按距墙底 0.5 h_{wo}处的弯矩值和剪力值计算。

6) 矩形截面偏心受拉正截面承载力计算

$$N \leqslant \frac{1}{\dfrac{1}{N_{ou}} + \dfrac{e_0}{M_{wu}}} \tag{5-86}$$

其中，N_{ou}和 M_{wu}可分别按下列公式计算：

$$N_{ou} = 2f_y A_s + f_{yw} A_{sw} \tag{5-87}$$

$$M_{wu} = f_y A_s (h_{wo} - a_s') + f_{yw} A_{sw} \frac{h_{wo} - a_s'}{2} \tag{5-88}$$

式中：A_{sw}——剪力墙竖向分布钢筋的截面面积。

5.2.2 剪力墙截面构造要求

1. 混凝土强度等级

为了保证剪力墙的承载能力及变形能力，宜采用高强高性能混凝土和高强钢筋，混凝土强度等级不宜太低，不应低于 C20。

2. 剪力墙截面厚度

剪力墙的截面厚度应符合《高规》附录 D 的墙体稳定性验算要求，并应满足剪力墙截面最小厚度的规定，其目的是为了保证剪力墙平面外的刚度和稳定性能，太薄的墙体出平面的刚度很小，稳定性差，容易在偏心等意外荷载下压屈失稳。也是高层建筑剪力墙截面厚度的最低要求。

剪力墙截面厚度，除应满足稳定要求外，尚应满足剪力墙受剪截面限制条件、剪力墙正截面受压承载力要求以及剪力墙轴压比限值要求。

剪力墙截面的最小厚度不宜小于 160mm。剪力墙井筒中，分隔电梯井或管道井的墙肢截面厚度可适当减小，但不宜小于 160mm。因为一般剪力墙井筒内分隔空间的墙数量多而长度不大，两端嵌固好，为了减轻结构自重，增加筒内使用面积，其墙厚可减小。

工程结构中的楼板是剪力墙的侧向支承，可防止剪力墙由于平面外变形而失稳，与剪力墙平面外相交的墙体也是侧向支承，如图 5-45 所示。

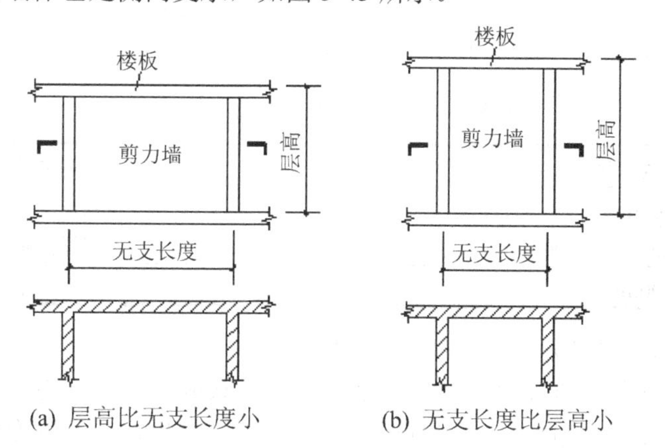

(a) 层高比无支长度小　　(b) 无支长度比层高小

图 5-45　剪力墙的层高与无支长度示意

无支长度是指沿剪力墙长度方向没有平面外横向支承墙的长度。当墙平面外有与其相交的剪力墙时，可视为剪力墙的支承，有利于保证剪力墙出平面的刚度和稳定性能。

3. 剪力墙的水平和竖向分布钢筋

1) 分布钢筋的作用

剪力墙设计除应满足承载力配置受力钢筋以外，还必须根据构造要求配置水平及竖向分布钢筋，目的在于使墙体在不确定荷载作用下(如竖向荷载的偏心，平面外的作用力等)

具有一定的抗力。同时也使墙体在受到温度变化和混凝土收缩影响而引起约束应力时，具有一定的控制裂缝的能力。同时，分布筋也起到了抗剪钢筋的作用。

调查研究及工程实践表明，混凝土结构中的剪力墙往往在未曾受力承载时就普遍开裂，这些裂缝多是由于温度变化和混凝土收缩在现浇结构的约束条件下，因拉应力积聚过多而产生的，为非受力的“间接裂缝”。即使在遵守规范伸缩缝间距的规定及遵照施工规范施工的条件下，裂缝依然普遍发生。

温度裂缝多见于结构的顶部和底部墙体，原因是墙体与屋盖的温差以及墙体与基础的温差。其他各层间由于墙体和楼板温差及收缩变形，也会引起墙体裂缝。近年来，由于现浇结构及泵送混凝土大量推广，混凝土组分中的粗骨料减少等原因，使得混凝土体积收缩明显增加，因此而引起的裂缝更加普遍，已成为现浇混凝土的通病。

如果在墙体中配置一定的构造钢筋，特别是沿约束拉应力方向配置水平分布钢筋，则可以对控制裂缝及限制其发展起到明显的遏制作用。根据我国的工程经验，水平分布钢筋配筋率在 0.20%～0.25%时，有一定的控制裂缝的作用，当大于 0.30%时，可有较好的裂缝控制效果。工程实配竖向分布钢筋不应小于水平分布钢筋。

2) 剪力墙竖向分布钢筋配筋方式

高层建筑剪力墙中竖向和水平分布钢筋，不应采用单排配筋。因为高层建筑的剪力墙厚度大，为防止混凝土表面出现收缩裂缝，同时使剪力墙具有一定的出平面抗弯能力，剪力墙不允许单排配筋。

当剪力墙厚度超过 400mm 时，如仅采用双排钢筋，形成中间大面积的素混凝土，会使剪力墙截面应力分布不均匀，因此，可采用三排或四排配筋方案，截面设计所需要的配筋可分布在各排中，靠墙面的配筋可略大。在各排配筋之间需要用拉筋互相联系，拉筋的间距不应大于 600mm，直径不应小于 6mm，见表 5-3。

表 5-3　宜采用的分布钢筋配筋方式

截面厚度	配筋方式
$b_w \leqslant 400\text{mm}$	双排配筋
$400\text{mm} < b_w \leqslant 700\text{mm}$	三排配筋
$b_w > 700\text{mm}$	四排配筋

3) 剪力墙竖向和水平分布钢筋最小配筋率

为了防止混凝土墙体在受弯裂缝出现后立即达到极限抗弯承载力，配置的竖向分布钢筋必须大于或等于最小配筋百分率。同时为了防止斜裂缝出现后发生脆性的剪拉破坏，竖向分布钢筋和水平分布钢筋的最小配筋率不应小于 0.20%。

钢筋混凝土剪力墙的水平分布钢筋 A_{sh} 及竖向分布钢筋 A_{sv} 的配筋率 $\rho_{sh}=\dfrac{A_{sh}}{bs_v}$，$\rho_{sv}=\dfrac{A_{sv}}{bs_h}$，$s_v$、$s_h$ 分别为水平分布钢筋和竖向分布钢筋的间距。剪力墙分布钢筋的配置还应符合下列要求。

(1) 剪力墙的竖向和水平分布钢筋的间距均不宜大于 300 mm；分布钢筋直径不应小于 8 mm；竖向分布钢筋直径不宜小于 10 mm。为了保证分布钢筋具有可靠的混凝土握裹力，剪力墙中配置的直径不宜过大，否则容易产生墙面裂缝，规定剪力墙的竖向和水平分布钢筋的直径不宜大于墙厚的 1/10。一般宜配置直径小而间距较密的分布钢筋。

(2) 房屋顶层剪力墙、长矩形平面房屋的楼梯间和电梯间剪力墙、端开间纵向剪力墙以及端山墙等是温度应力可能较大的部位，应当适当增大其分布钢筋配筋量，因此，以上部位的水平和竖向分布钢筋的配筋率均不应小于 0.25%，钢筋间距均不应大于 200 mm。

4. 剪力墙的钢筋锚固和连接要求

剪力墙的钢筋锚固长度以及竖向及水平分布钢筋的连接应符合下列规定。

(1) 非抗震设计时，剪力墙纵向钢筋最小锚固长度应取 l_a。

(2) 剪力墙竖向及水平分布钢筋采用搭接连接时，应符合如图 5-46 所示的要求。剪力墙的底部加强部位，接头位置应错开，同一截面连接的钢筋数量不宜超过总数量的 50%，错开净距不宜小于 500 mm；其他情况剪力墙的钢筋可在同一截面连接。分布钢筋的搭接长度，非抗震设计时不应小于 $1.2\,l_a$。

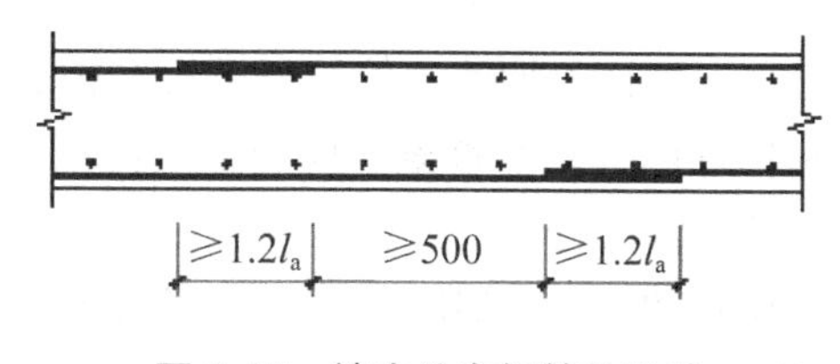

图 5-46　墙内分布钢筋的连接

(3) 暗柱及端柱内纵向钢筋连接和锚固要求宜与框架柱相同，并应符合有关规定。

(4) 水平分布钢筋的锚固与搭接。

无翼墙时，水平分布钢筋伸至墙端向内水平弯折 10*d* 后截断。有翼墙时，水平分布钢筋伸至翼墙外边，向两侧弯折 15*d* 后截断。在有转角墙处，内侧水平分布钢筋伸至外墙边弯折 15*d* 后截断；外侧水平分布钢筋宜在边缘构件以外搭接，以避免转角处水平分布筋与边缘构件箍筋重叠，如图 5-47 所示。

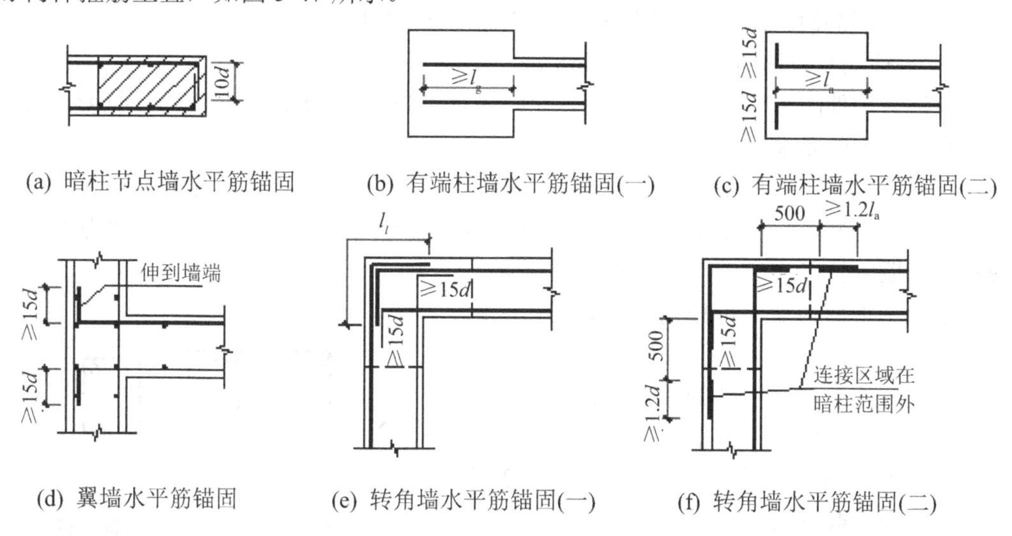

(a) 暗柱节点墙水平筋锚固　(b) 有端柱墙水平筋锚固(一)　(c) 有端柱墙水平筋锚固(二)

(d) 翼墙水平筋锚固　(e) 转角墙水平筋锚固(一)　(f) 转角墙水平筋锚固(二)

图 5-47　水平分布钢筋的锚固与搭接

5. 约束边缘构件和构造边缘构件

剪力墙两端和洞口两侧应设置边缘构件，剪力墙的边缘构件分为约束边缘构件和构造边缘构件两类。约束边缘构件的截面尺寸及配筋都比构造边缘构件要求高，其长度及箍筋配置量都需要通过计算确定。边缘构件包括暗柱、端柱和翼墙。

1) 约束边缘构件设计

约束边缘构件的主要措施是加大边缘构件的长度 l_c 及其体积配箍率ρ_v，体积配箍率ρ_v由配箍特征值λ_v计算。约束边缘构件沿墙肢方向的长度 l_c 和箍筋配箍特征值λ_v应符合有关规定要求，其体积配箍率ρ_v应按下式计算：

$$\rho_v = \lambda_v \frac{f_c}{f_{yv}} \tag{5-89}$$

当箍筋及拉筋采用相同种类、相同直径的钢筋时，

$$\rho_v = \lambda_v \frac{f_c}{f_{yv}} = \frac{V_{sv}}{V_{cor}} = \frac{V_{sv}}{A_{cor}s} = \frac{A_{sv1}l_v}{A_{cor}s}$$

式中：ρ_v——箍筋体积配箍率。可计入箍筋、拉筋以及符合构造要求的水平分布钢筋，计入的水平分布钢筋的体积配箍率不应大于总体积配箍率的30%；

λ_v——约束边缘构件配箍特征值；

f_c——混凝土轴心抗压强度设计值；混凝土强度等级低于C35时，应取C35的混凝土轴心抗压强度设计值；

f_{yv}——箍筋、拉筋或水平分布钢筋的抗拉强度设计值；

V_{cor}——在核心面积范围内混凝土的体积(mm^3)，$V_{cor} = A_{cor}s$；

A_{cor}——箍筋内表面范围内的混凝土的核心面积(mm^2)；

V_{sv}——箍筋及拉筋的体积计算值(mm^3)

$$V_{sv} = A_{sv1}l_v$$

A_{sv1}——箍筋或拉筋的单肢截面面积(mm^2)；

l_v——箍筋及拉筋的计算总长度(mm)(计算原则同 A_{cor})；

s——箍筋及拉筋沿竖向的间距 mm。

约束边缘构件阴影部分的竖向钢筋，除应满足正截面受压(受拉)承载力计算要求外，还应满足有关规定的要求。

在相同的轴压力作用下，带翼缘或带端柱的剪力墙，其受压区高度小于一字形截面剪力墙，延性要好些，一字形的矩形截面最为不利。因此，带翼缘或带端柱的剪力墙的约束边缘构件沿墙的长度，小于一字形截面剪力墙。

对于十字形剪力墙，可按两片墙分别在端部设置边缘约束构件，交叉部位按构造钢筋设置。

为了发挥约束边缘构件的作用，在剪力墙约束边缘构件长度范围内，箍筋的长边不大于短边的3倍，且相邻两个箍筋应至少相互搭接1/3长边的距离如图5-48所示。

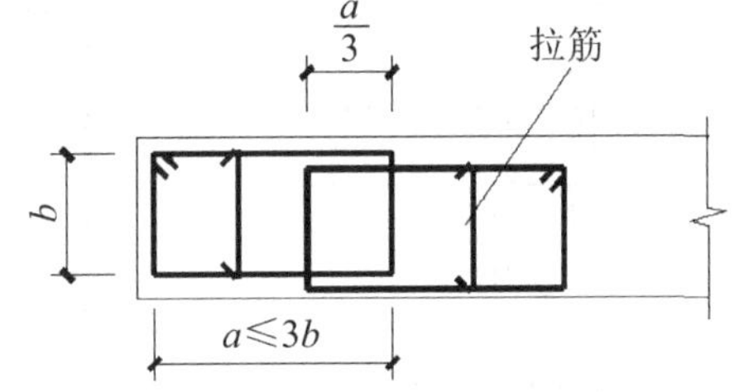

图 5-48　约束边缘构件箍筋

约束边缘构件箍筋布置应符合下列要求。

(1) 阴影部分以箍筋为主，其构造要求与框架柱的箍筋相同，当箍筋的无支长度大于 300mm 时，可设置拉筋，拉筋应同时拉住水平筋和纵筋；

(2) 阴影部分以外非阴影区箍筋及拉筋的体积配箍率按阴影部分箍筋特征值λ_v的 1/2 确定，肢距不宜大于 300 mm，不应大于竖向钢筋间距的 2 倍。非阴影区外圈封闭箍筋应伸入阴影区内 1 倍纵向钢筋间距，并箍住该纵向钢筋如图 5-49 所示；

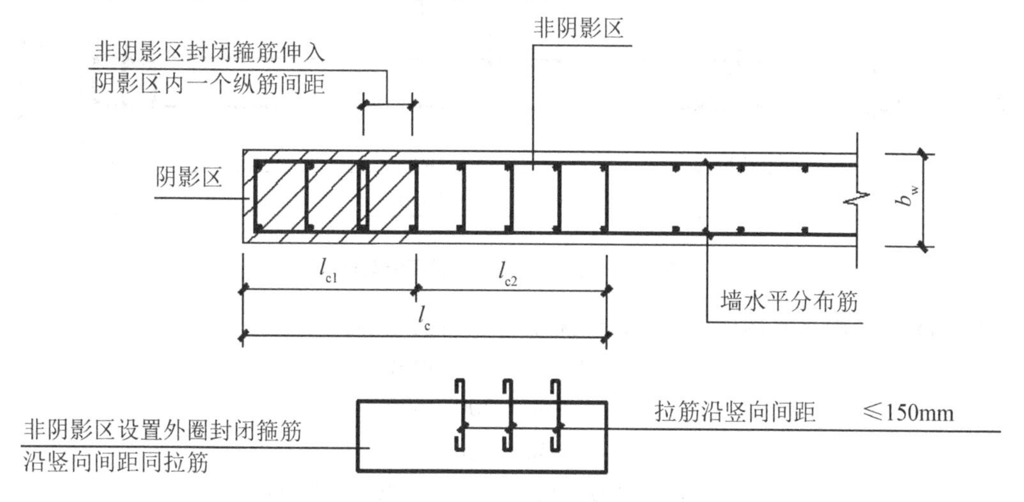

图 5-49　非阴影区外圈设置封闭箍筋

(3) 无论阴影区或非阴影区，箍筋沿竖向的间距，不大于 150mm；

(4) 箍筋及拉筋采用 135° 弯钩，直段长度不应小于 10 倍箍筋直径；

(5) 箍筋重叠不宜多于两个。

2) 构造边缘构件设计

剪力墙构造边缘构件的范围宜按图 5-50 中阴影部分采用，尚应符合下列规定。

(1) 剪力墙构造边缘构件中的纵向钢筋按承载力计算和构造要求二者中的较大值设置。

(2) 构造边缘构件可配置箍筋与拉筋相结合的横向钢筋。箍筋、拉筋沿水平方向的肢距不宜大于 300 mm，不应大于竖向钢筋间距的 2 倍。

(3) 非抗震设计的剪力墙，墙肢端部应配置不少于 4Φ12 的纵向钢筋，箍筋直径不应小于 6mm、间距不宜大于 250mm。

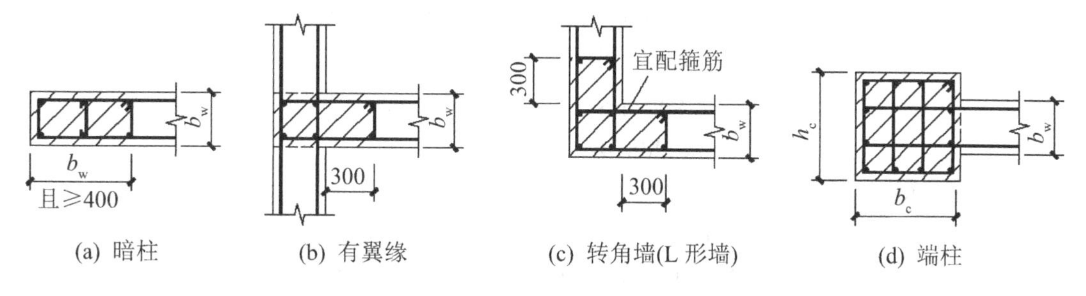

图 5-50　剪力墙的构造边缘构件范围

【案例分析】

例 5-9 有一剪力墙结构，首层一墙肢的墙肢截面为 b_w=200mm，h_w=3000mm，如图 5-51

所示，纵筋 HRB400 级，f_y=360N/mm^2，箍筋 HPB300 级，f_y=270N/mm^2，混凝土 C25，f_c=11.9N/mm^2，f_t=1.27N/mm^2，ξ_b=0.518，竖向分布钢筋为双排Φ10@200，墙肢内力组合设计值 M=173kN·m，轴力设计值 N=3100kN。

要求：确定纵向钢筋(对称配筋)。

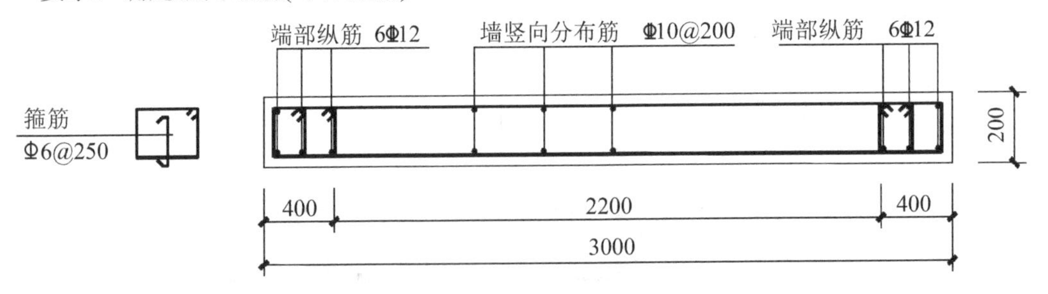

图 5-51 例 5-9 剪力墙截面配筋图

解： 1) 墙肢应设置构造边缘构件(暗柱)，其暗柱长度为

$$h_c=\max(b_w，400)$$
$$=\max(200，400)$$
$$=400\text{ mm}$$

构造边缘构件的纵向受力钢筋合力作用点到截面近边缘的距离:

$$a_s=a_s'=\frac{400}{2}=200\text{ mm}$$

墙肢截面的有效高度 $h_{wo}=h_w-a_s'$=3000−200=2800 mm

2) 剪力墙竖向分布钢筋配筋率

$$\rho_w=\frac{nA_{sv}}{b_w s}=\frac{2\times78.5}{200\times200}=0.393\%$$

满足剪力墙分布钢筋最小配筋率 0.20%的规定。

3) 配筋计算

假定 $x<\xi_b h_{wo}$，即 $\sigma_s=f_y$。因 $A_s=A_s'$，故 $f_yA_s'-\sigma_sA_s=0$，应用式(5-63)、式(5-65)和式(5-70)

$$N=f_y'A'-\sigma_sA_s-N_{sw}+N_c$$
$$=N_c-N_{sw}$$
$$N_c=\alpha_1 f_c b_w x=1.0\times11.9\times200x=2380x$$
$$N_{sw}=(h_{wo}-1.5x)b_w f_{yw}\rho_w$$
$$=(2800-1.5x)\times200\times360\times0.393\%$$
$$=792288-424.5x$$

合并三式得:

$$3100\times10^3=2380x-792288+424.5x$$
$$x=1387\text{mm}<\xi_b h_{wo}=0.518\times2800=1450.4\text{mm}$$

原假定符合。

应用式(5-79)

$$M_c=\alpha_1 f_c b_w x(h_{wo}-\frac{x}{2})$$

$$=1.0\times11.9\times200\times1387\times(2800-\frac{1387}{2})$$

$$=6954\times10^{6}\ \text{N}\cdot\text{mm}$$

应用式(5-71)

$$M_{sw}=\frac{1}{2}(h_{wo}-1.5x)2b_{w}f_{yw}\rho_{w}$$

$$=\frac{1}{2}\times(2800-1.5\times1387)\times2\times200\times360\times0.393\%$$

$$=73.3\times10^{6}\ \text{N}\cdot\text{mm}$$

$$e_0=\frac{M}{N}=\frac{173\times10^{6}}{3100\times10^{3}}=56\ \text{mm}$$

应用式(5-77)

$$A_s=A_s'=\frac{M+N(h_{wo}-\frac{h_w}{2})+M_{sw}-M_c}{f_y(h_{wo}-a_s')}$$

$$=\frac{173\times10^{6}+3100\times10^{3}\times(2800-\frac{3000}{2})+73.3\times10^{6}-6954\times10^{6}}{360\times(2800-200)}$$

$$=-0.003\times10^{6}<0$$

表明墙肢的构造边缘构件仅需按构造要求配置纵向受力钢筋。

选 6Φ12($A_s=A_s'=679\ \text{mm}^2$)，截面配筋见图 5-51。

例 5-10　剪力墙结构，五层墙肢的墙肢截面为 b_w=200mm，h_w=2200mm，如图 5-52 所示，纵筋 HRB400 级，f_y=360N/mm^2，箍筋 HPB300 级，f_y=270N/mm^2，混凝土 C25，f_c=11.9N/mm^2，ξ_b=0.518，竖向分布钢筋为双排Φ10@200，墙肢内力组合设计值 M=85kN·m，轴力设计值 N=1840kN。

要求：确定纵向钢筋(对称配筋)。

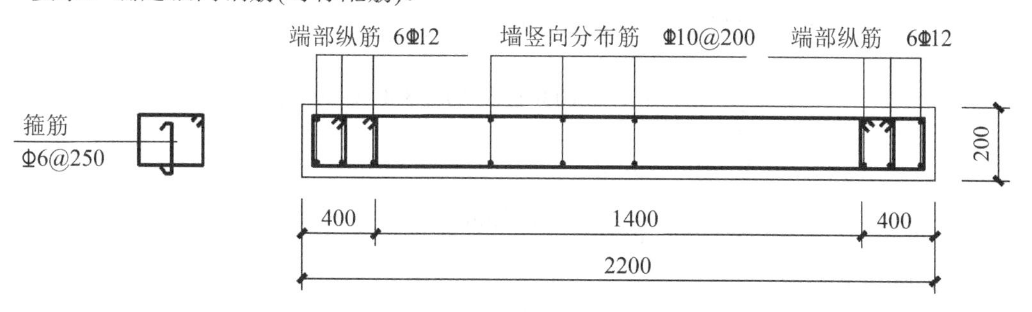

图 5-52　例 5-10 剪力墙截面配筋图

解：(1) 墙肢应设置构造边缘构件(暗柱)，其暗柱长度为：

$$h_c=\max(b_w,\ 400)$$

$$=\max(200,\ 400)$$

$$=400\ \text{mm}$$

构造边缘构件的纵向受力钢筋合力作用点到截面近边缘的距离:

$$a_s = a_s' = \frac{400}{2} = 200\,\text{mm}$$

墙肢截面的有效高度 $h_{wo}=h_w-a_s'$=2200−200=2000 mm

(2) 剪力墙竖向分布钢筋配筋率：

$$\rho_w = \frac{nA_{sv}}{b_w s} = \frac{2\times 78.5}{200\times 200} = 0.393\%$$

满足剪力墙分布钢筋最小配筋率 0.20%的规定。

(3) 配筋计算：

假定 $x<\xi_b h_{wo}$，应用式(5-63)、式(5-65)和式(5-70)

$$N = f_y'A_s' - \sigma_s A_s - N_{sw} + N_c = N_c - N_{sw}$$

$$N_c = \alpha_1 f_c b_w x = 1.0\times 11.9\times 200x = 2380x$$

$$N_{sw} = (h_{wo} - 1.5x)b_w f_{yw}\rho_w$$

$$=(2000-1.5x)\times 200\times 360\times 0.393\%$$

$$=565920-424.5x$$

合并三式得：

$$1840\times 10^3=2380x-565920+424.5x$$

得

$$x=858\text{mm}<\xi_b h_{wo}=0.518\times 2000=1036\text{mm}$$

原假定符合。

应用式(5-79)

$$M_c = \alpha_1 f_c b_w x\left(h_{wo} - \frac{x}{2}\right)$$

$$=1.0\times 11.9\times 200\times 1036\times(2000-\frac{1036}{2})$$

$$=3654\times 10^6\ \text{N·mm}$$

应用式(5-71)

$$M_{sw} = \frac{1}{2}(h_{wo} - 1.5x)^2 b_w f_{yw}\rho_w$$

$$=\frac{1}{2}\times(2000-1.5\times 1036)\times 2\times 200\times 360\times 0.393\%$$

$$=28\times 106\ \text{N·mm}$$

$$e_0 = \frac{M}{N} = \frac{85\times 10^6}{1840\times 10^3} = 46.2\text{mm}$$

应用式(5-77)

$$A_s = A_s' = \frac{M + N(h_{wo} - \frac{h_w}{2}) + M_u - M_c}{f_y(h_{wo} - a_s')}$$

$$=\frac{85\times 10^6 + 1840\times 10^3\times(2000 - \frac{2200}{2}) + 28\times 10^6 - 3654\times 10^6}{360\times(2000-200)}<0$$

表明墙肢的构造边缘构件仅需按构造要求配置纵向受力钢筋。

选 6Φ12($A_s = A_s'$=679 mm^2)，截面配筋见图 5-52。

由于使用功能的要求，剪力墙结构中往往要开门窗等洞口，那么，剪力墙开洞形成的跨高比小于 5 的梁称为连梁。它是实现剪力墙二道设防设计的重要构件。因为跨高比小于 5 的连梁，在竖向荷载作用下的弯矩所占比例较小，水平荷载作用下连梁两端承受反向弯曲作用，截面厚度又较小，是一种对剪切变形十分敏感、且容易出现剪切裂缝的构件。在实际工程中，剪力墙连梁在多数情况下跨高比较小，延性较差。因此对小跨高比不大于 2.5 的连梁在截面平均剪应力及斜截面受剪承载力验算上规定更加严格。

设计连梁的特殊要求是：在小震和风荷载作用的正常使用状态下，它起着联系墙肢，且加大剪力墙刚度的作用，它承受弯矩和剪力，不能出现裂缝；在中震下它应当首先出现弯曲屈服，耗散地震能量；在大震作用下，可能、也允许它剪切破坏。连梁的设计成为剪力墙设计中的重要环节，应当了解连梁的性能和特点，从概念设计的需要和可能对连梁进行设计。

当连梁跨高比大于 5 时，宜按框架梁设计。此时竖向荷载作用下的弯矩所占比例较大。一端与剪力墙(在同一平面内)、另一端与框架柱相连的跨高比小于 5 的梁宜按连梁设计。

1. 连梁两端截面剪力设计值 V 应符合下面的规定

非抗震设计以及四级剪力墙的连梁，其梁端截面组合的剪力设计值应按下式确定。

$$V = \frac{M_b^l + M_b^r}{l_n} + V_{Gb} \tag{5-90}$$

式中：M_b^l、M_b^r——分别为连梁左右端截面顺时针或逆时针方向的弯矩设计值；

l_n——连梁的净跨；

V_{Gb}——在重力荷载代表值作用下，按简支梁计算的梁端截面剪力设计值；

2. 连梁截面剪力设计值应符合下面的规定

连梁截面的平均剪应力大小对连梁破坏性能影响较大，尤其在跨高比较小的条件下，如果平均剪应力过大，在箍筋充分发挥作用之前，连梁就会发生剪切破坏。因此对截面尺寸提出要求，限制截面平均剪应力，对小跨高比连梁限制更加严格。剪力设计值必须满足以下条件。

永久、短暂设计状况：

$$V \leqslant 0.25\beta_c f_c b_b h_{bo} \tag{5-91}$$

式中：V——按式(5-90)连梁截面剪力设计值；

l_n、b_b、h_{bo}——分别为连梁的净跨、截面宽度和截面有效高度；

β_c——混凝土强度影响系数。

3. 连梁的斜截面受剪承载力应符合下面的规定

永久、短暂设计状况：

$$V \leqslant 0.7 f_t b_b h_{bo} + f_{yv}\frac{A_{sv}}{s}h_{bo} \tag{5-92}$$

4. 连梁最小和最大配筋率的限值

(1) 跨高比 $l/h_b \leqslant 1.5$ 的连梁，非抗震设计时，其纵向钢筋的最小配筋率可取为 0.2%；跨高比大于 1.5 的连梁，其纵向钢筋的最小配筋率可按框架梁的要求采用。

(2) 剪力墙结构连梁中，非抗震设计时，顶面及底面单侧纵向钢筋的最大配筋率不宜大于 2.5%。

5. 连梁配筋构造应符合下列规定

一般连梁的跨高比都较小，容易出现剪切斜裂缝，为防止斜裂缝出现后的脆性破坏，加大其箍筋配置外，《高规》规定了在构造上的一些要求，例如钢筋锚固、箍筋配置、腰筋配置等。连梁的配筋构造示意图如图 5-53 所示。

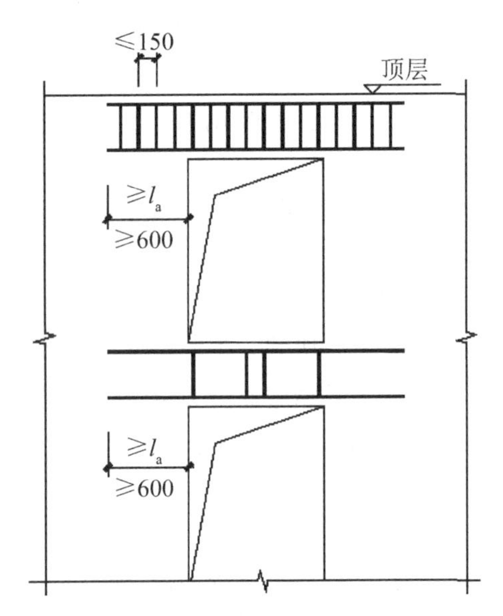

图 5-53 剪力墙连梁配筋构造示意

(1) 连梁顶面、底面纵向水平钢筋伸入墙内的长度，非抗震设计时不应小于 l_a，且均不应小于 600mm。

(2) 非抗震设计时，沿连梁全长的箍筋直径不应小于 6 mm，间距不应大于 150 mm。

(3) 顶层连梁纵向水平钢筋伸入墙体的长度范围内，应配置箍筋，箍筋间距不宜大于 150 mm，直径应与该连梁的箍筋直径相同。

(4) 剪力墙的水平分布钢筋可作为连梁的纵向构造钢筋在连梁范围内贯通。当梁的腹板高度 h_w 不小于 450mm 时，其两侧面沿梁高范围设置的纵向构造钢筋的直径不应小于 10mm，间距不应大于 200mm；对跨高比不大于 2.5 的连梁，梁两侧的纵向构造钢筋的面积配筋率尚不应小于 0.3%。

6. 剪力墙开小洞口和连梁开洞时构造要求

(1) 剪力墙开有边长小于 800 mm 的小洞口，且在结构整体计算中不考虑其影响时，应在洞口上、下和左、右配置补强钢筋，补强钢筋的直径不应小于 12mm，截面面积应分别不小于被截断的水平分布钢筋和竖向分布钢筋的面积，如图 5-54(a)所示。

(2) 穿过连梁的管道宜预埋套管，洞口上、下的截面有效高度不宜小于梁高的 1/3，且不宜小于 200 mm；被洞口削弱的截面应进行承载力验算，洞口处应配置补强纵向钢筋和箍筋，补强纵向钢筋的直径不应小于 12 mm，如图 5-54(b)所示。

【案例分析】

例 5-11 剪力墙结构，连梁的截面尺寸为 b_b=200mm，h_b=500mm，l_n=1000mm，箍筋 HPB300 级，f_y=270N/mm^2，混凝土 C30，f_c=14.3N/mm^2，f_t=1.43N/mm^2，连梁的内力组合设计值 M=33kN·m，剪力 V=67.5kN。

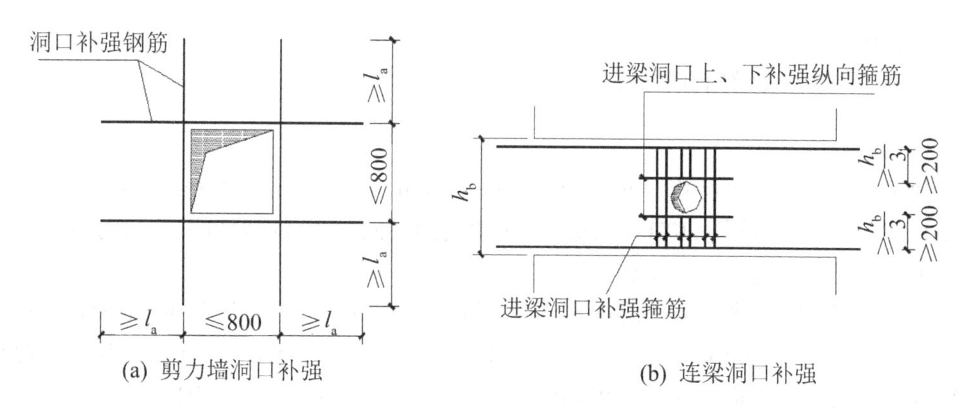

(a) 剪力墙洞口补强　　(b) 连梁洞口补强

图 5-54　洞口补强配筋示意图

要求：计算箍筋。

解：(1) 连梁受剪截面限制条件验算：

$$h_{bo}=h_b-a_s=500-40=460\text{mm}$$

根据式(5-91)

$$\begin{aligned}V&=0.25\beta_c f_c b_b h_{bo}\\&=0.25\times1.0\times14.3\times200\times460\\&=328.9\text{ kN}\end{aligned}$$

所以，截面尺寸满足剪压比限制的要求。

(2) 连梁斜截面受剪承载力计算：

由于

$$V=67.5\text{ kN}$$

$$V<0.7f_t b_b h_{bo}$$

$$V<0.7\times1.43\times200\times460=92.1\text{kN}$$

因此，按构造要求配置箍筋，选Φ6@150。

【课程实训】

思考题

1. 受压构件中箍筋的作用有哪些？它对构件纵向抗压有什么影响？

2. 轴心受压普通箍筋短柱与长柱的破坏形态有何不同？计算时如何考虑其长细效应对承载力的不利影响？

3. 轴心受压螺旋箍筋柱与普通箍筋柱的受压承载力计算有何不同？螺旋箍筋柱承载力计算公式的适用条件是什么？为什么有这些限制条件？

4. 说明大、小偏心受压破坏的发生条件和破坏特征。什么是界限破坏？

5. 为什么要考虑附加偏心距 e_a？

6. 什么是构件端截面偏心距调节系数 C_m？

7. 为什么要对垂直于弯矩作用方向的截面承载力进行验算？

8. 什么是剪力墙加强部位？范围是什么？

9. 当剪力墙墙肢与其平面外方向的楼面梁连接时，应采取哪些措施，可减小梁端部弯

矩对墙的不利影响？

10. 剪力墙约束边缘构件和构造边缘构件箍筋布置应符合哪些要求？

习题

1. 轴心受压柱，截面尺寸为 $b\times h$=300mm×300mm，计算长度 l_0=4.8m，采用 C25 混凝土，HRB400 级纵向钢筋，箍筋 HPB300 级，柱底承受的轴向压力(包括柱的自重)为 N=1500KN，设计该柱并画出柱配筋图，满足构造要求。

2. 某多层四跨现浇框架结构的第二层内柱，柱截面尺寸为 $b\times h$=350mm×350mm，承受轴心压力设计值 N=1590kN，楼层高 H=6m，柱计算长度 l_0=1.25H，混凝土强度等级为 C35，采用 HRB400 级纵向钢筋，箍筋 HPB300 级，设计该柱并画出柱配筋图。

3. 钢筋混凝土偏心受压柱，截面尺寸为 $b\times h$=300mm×450mm，承受轴向压力设计值 N=720kN，柱顶截面弯矩设计值 M_1=155kN·m，柱底截面弯矩设计值 M_2=165kN·m。柱挠曲变形为单曲率。弯矩作用平面内柱上下两端的支撑长度为 3.5 m；弯矩作用平面外柱的计算长度 l_0=4.375m。混凝土强度等级为 C40，纵筋采用 HRB400 级钢筋，混凝土保护层厚度 c=20mm。求：

(1) 钢筋截面面积 A_s'和 A_s；

(2) 若已知截面受压区配有 3Φ18 的钢筋，受拉钢筋 A_s 为多少？

(3) 画出柱配筋图。

4. 钢筋混凝土偏心受压柱，截面尺寸为 $b\times h$=400mm×700mm，a_s=a_s'=50 mm。截面承受轴向压力设计值 N=3350kN，柱顶截面弯矩设计值 M_1=460KN.m，柱底截面弯矩设计值 M_2=480kN·m。柱挠曲变形为单曲率。弯矩作用平面内柱上下两端的支撑长度为 6.0 m；弯矩作用平面外柱的计算长度 l_0=7.5m。混凝土强度等级为 C40，纵筋采用 HRB400 级钢筋，求：钢筋截面面积 A_s' 和 A_s。并画出柱配筋图。

5. 已知钢筋混凝土柱，截面尺寸为 $b\times h$=400mm×500mm，承受轴向压力设计值 N=1500kN，承受弯矩设计值 M_1=M_2=200kN·m。计算长度 l_o=5.0m，a_s=a_s'=40 mm。混凝土强度等级为 C35，纵筋采用 HRB400 级钢筋。试确定对称配筋的钢筋面积。并画出柱配筋图。

6. 剪力墙结构，墙肢截面为 b_w=200mm，h_w=2200mm，纵筋 HRB400 级，f_y=360N/mm^2，箍筋 HPB300 级，f_y=270N/mm^2，混凝土 C30，f_c=14.3N/mm^2，f_t=1.43N/mm^2，竖向分布钢筋为双排Φ10@200，墙肢内力组合设计值 M=8kN·m，轴力设计值 N=2300kN，剪力 V=44kN。

要求：(1) 验算墙肢剪压比。

(2) 根据受剪承载力的要求确定水平分布钢筋。

仿真习题

1. 某工程为一综合楼，五层现浇钢筋混凝土框架结构，其适当简化后的结构平面布置如图 5-1 所示。柱网横向尺寸 3m×7.2m，纵向尺寸为 6m×8.0m。自基础顶面至屋面板顶的总高度为 23.8m，第五层框架中柱、边柱截面尺寸均为 500mm×500mm，中柱轴压力设计值 N=750kN；边柱 x 方向由可变荷载效应控制的内力组合为：弯矩设计值 M=237.4kN·m，轴压力设计值 N=354kN；y 方向由永久荷载效应控制的内力组合为：弯矩设计值 M=7kN·m 轴压力设计值 N=385kN。混凝土强度等级 C30，纵向受力钢筋采用 HRB400 级钢筋，箍筋采用 HRB400 级钢筋，柱净高 H_n=3600−600(梁高)=3000mm，计算长度 l_0=1.25×3600=4500 mm。

要求：(1) 确定③轴五层框架中柱纵筋截面面积。

(2) 采用对称配筋确定③轴五层框架边柱纵筋截面面积。

设计依据及计算基本条件如下。

(1) 所依据的国家规范：①《建筑结构荷载规范》(GB 50009)；②《混凝土结构设计规范》(GB 50010—2010)；

(2) 框架结构柱计算基本条件：①建筑结构的安全等级：二级；②设计使用年限 50 年，γ_0=1.0；③一类环境；④非抗震设计。

2. 工程概况：某高层住宅楼，设有两层地下室，地面以上为 26 层住宅，首层层高 3.25m，柱准层层高为 2.80m，首层室内外地面高差为 0.3m，建筑室外地面至檐口的高度为 73.45m。建筑沿 x 方向的宽度为 33.70m，沿 y 方向的宽度为 14.450m。

根据建筑的使用功能、房屋的高度与层数、场地条件、结构材料以及施工技术等因素综合考虑，抗侧力结构采用现浇钢筋混凝土剪力墙结构体系。1～4 层的墙体厚度为 250 mm、200mm，其余各层的墙体厚度均为 200mm、180mm。门洞宽为 1.0，高度为 2.25m；窗洞高度为 1.50m，窗台高为 0.90m。剪力墙结构的平面布置如图 5-32 所示。

楼盖结构采用现浇钢筋混凝土板，楼板厚度分为 120mm、150mm 和 180mm 三种，地下室顶板作为上部结构的嵌固部位，其楼板厚度取 180mm。(阴影部分为钢筋混凝土剪力墙)

要求：(1) 墙肢 Q1 截面设计。

(2) 连梁 LL-1 截面设计。

墙肢 Q1：截面为 b_w=200mm，h_w=2750mm，采用 C30 混凝土，f_c=14.3N/mm^2，f_t=1.43N/mm^2，HRB400 级纵向钢筋，f_y=360N/mm^2，箍筋 HPB300 级，f_y=270N/mm^2，承载力计算时进行了各种工况的荷载效应的组合。取墙肢 Q1 的组合内力设计值：

(1) 轴力设计值 N=2013.2kN，弯矩设计值 M=131kN·m；

(2) 轴力设计值 N=2467kN，弯矩设计值 M=133kN·m，

剪力设计值 V=16kN。

连梁 LL-1：截面尺寸为 b_b=200mm，h_b=1100mm，l_n=2100mm，采用 C30 混凝土，箍筋 HPB300 级，连梁的内力组合设计值 M=38kN·m，剪力 V=70.5kN。

3．设计依据为国家标准及规范

4．设计的基本条件

(1) 建筑结构的设计使用年限、安全等级。

本工程为普通高层民用住宅楼，属于一般的建筑物。根据《建筑结构可靠度设计统一标准》第 1.0.5 条“结构的设计使用年限为 50 年”。

按照《建筑结构可靠度设计统一标准》第 1.0.8 条和第 7.0.3 条，建筑结构的安全等级为二级，结构重要性系数 γ_0=1.0。

建筑室外地面至檐口的高度为 73.45m，14.45m，高宽比 $\dfrac{73.45}{14.45}=5.08$，根据《高规》第 3.3.1 条和 3.3.2 条，本工程属于 A 级高度钢筋混凝土高层建筑结构。

(2) 雪荷载。

根据《建筑结构荷载规范》，当地的基本雪压 S_0=0.40kN/m^2。

(3) 风荷载。

① 基本风压。

本工程的房屋高度大于 60m，承载力设计时风荷载计算可按基本风压的 1.1 倍采用。基本风压 W_0=0.50 kN/m^2。

② 地面粗糙度。

本工程位于有密集建筑群的城市市区、地面粗糙度为 C 类。

5．混凝土结构的环境类别

按照《混凝土结构设计规范》第 3.5.2 条的规定，本工程混凝土结构可根据其所处环境条件不同，划分一类和二 a、二 b 类两种。

第 6 章　预应力混凝土结构的计算

【学习目标】

- 了解预应力混凝土的基本概念。
- 熟练掌握后张法预应力混凝土轴心受拉构件的设计计算方法。
- 掌握先张法预应力混凝土受弯构件的设计计算方法。
- 熟悉预应力混凝土构件的构造要求。

【核心概念】

先张法、后张法、轴心受力构件、受弯构件

【引导案例】

在工程结构中，为了建造大跨度或承受重型荷载的构件，常有高强轻质的要求，而普通期筋混凝土构件由于裂缝宽度的限值满足不了上述的要求；同样，另外一些结构物——如水池、油罐、原子能反应堆、受到侵蚀性介质作用的工业厂房、水利、海洋、港口工程结构物等，需要有较高的密闭性或耐久性，在裂缝控制上要求较严格，采用预应力混凝土结构易于满足这种要求(不出现裂缝或裂缝宽度不超过允许的极限值)，并能充分发挥高强度钢筋的作用。

某工程采用预应力空心楼盖，如图 6-1 所示。根据预应力构件的张拉方法的不同特点，该预应力空心楼盖采用什么样的张拉方法？在设计时，该如何确定预应力构件的受力特点、承载力计算、变形验算以及构造要求，是本章要解决的问题。

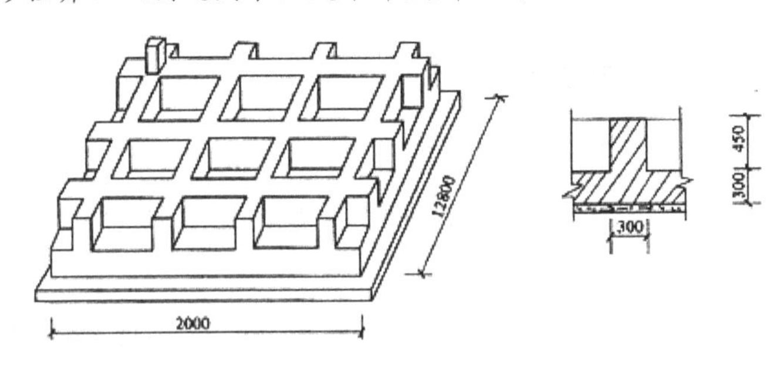

图 6-1 预应力空心楼盖

【基本知识】

6.1 预应力混凝土结构的基本知识

众所周知，混凝土的抗拉强度很低，极限拉应变也很小，约$(0.1\sim0.15)\times10^{-3}$，所以裂缝出现时构件中受拉钢筋的应力仅为 20～30N/mm^2，当裂缝宽度为 0.2～0.3mm 时，钢筋拉应力也只达到 150～250 N/mm^2。因为混凝土的过早开裂，使高强材料无法应用且导致构件刚度下降，不易满足变形控制的要求。为了避免钢筋混凝土结构的裂缝过早出现，充分利用高强材料，适应大跨度、大开间工程结构的需要，人们在长期的生产实践中创造了预应力混凝土结构。

6.1.1 预应力混凝土的基本原理

预应力混凝土结构就是在结构构件受外荷载作用前，预先对混凝土受拉区施加压应力的结构。构件借助产生的预压应力来减小或抵消外荷载产生的拉应力。原理见图 6-2。

根据以上原理，可以得到预应力混凝土具有以下特点。

1. 构件的抗裂度和刚度提高

由于预应力钢筋混凝土中预应力的作用，当构件在使用阶段外荷载作用下产生拉应力时，首先要抵消预压应力。这就推迟了混凝土裂缝的出现并限制了裂缝的发展，从而提高了混凝土构件的抗裂度和刚度。

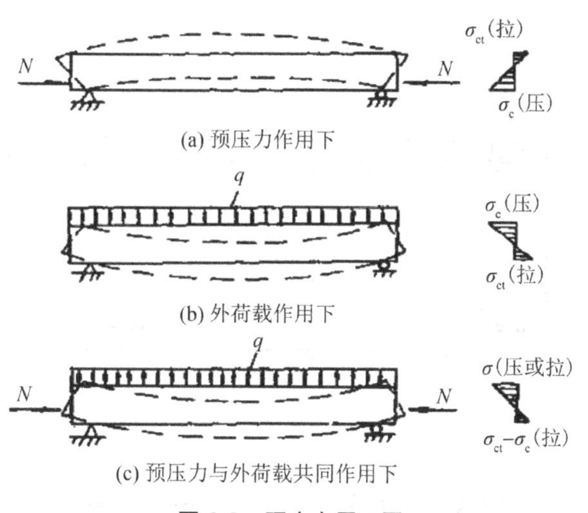

(a) 预压力作用下

(b) 外荷载作用下

(c) 预压力与外荷载共同作用下

图 6-2　预应力原理图

2．构件的耐久性增加

预应力混凝土能避免或延缓构件出现裂缝，而不能限制裂缝扩大，构件内的预应力筋不容易锈蚀，延长了使用期限

3．预应力的大小和位置可以根据需要调整

预应力是一种人为施加的应力，因此它的大小和施加位置可以由设计人员根据需要调整。可使构件使用时下边缘纤维的应力也变为压应力。显然，施加的预压应力越高，构件在使用阶段的抗裂性也越高。

4．在使用荷载作用下，预应力混凝土构件基本上处于弹性工作阶段

正因为使用荷载作用下产生的拉应力需要抵消预压应力，预应力混凝土构件在使用荷载作用下往往不开裂，因而构件处于弹性工作阶段。材料力学的公式可以一直应用到预应力混凝土构件截面开裂为止。

5．施加预应力对构件的正截面承载力无明显影响

对构件施加预应力主要是改善构件使用阶段的性能(抗裂性、刚度)的固有缺点，预应力的存在对构件承载力无明显影响。

6.1.2　张拉预应力钢筋的方法

张拉预应力钢筋的方法是通过张拉配置在结构构件内的纵向受力钢筋并使其产生回缩，达到对构件施加预应力的目的。按照张拉钢筋与浇捣混凝土的先后次序，可将建立预应力的方法分为下面两种。

1．先张法

先张法即先张拉钢筋，后浇筑混凝土的方法。先在台座上按设计规定的拉力张拉钢筋，并用锚具临时固定，再浇筑混凝土，待混凝土达到一定强度后(约为设计强度的 70%以上，以保证具有足够的黏结力)，放松钢筋，将钢筋的回缩力通过钢筋与混凝土的黏结作用传递给混凝土，使混凝土获得预压应力，见图 6-3。

先张法预应力混凝土构件、预应力是靠钢筋与混凝土之间的黏结力来传递的。

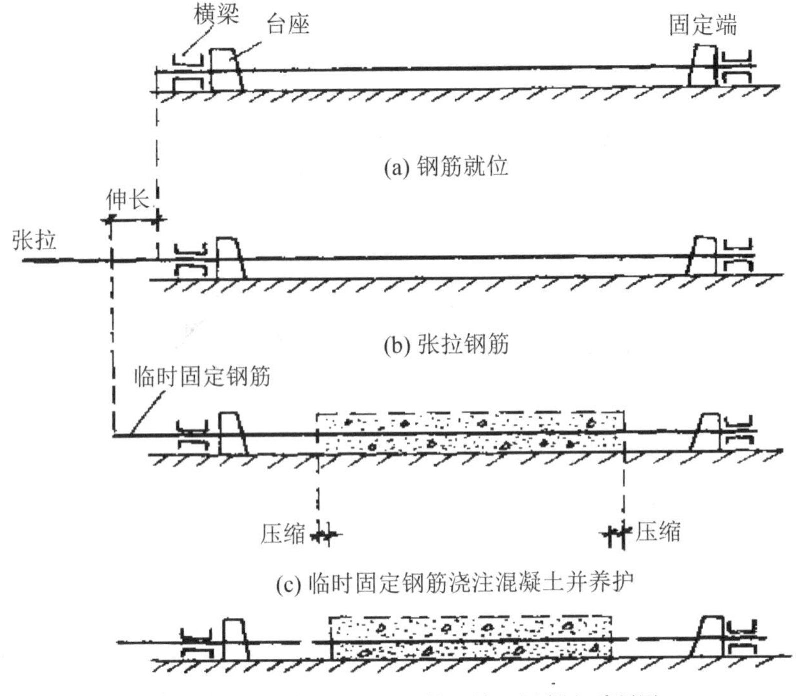

图 6-3 先张法预应力施加方法

2. 后张法

后张法是先浇筑构件混凝土，等混凝土养护结硬后，再在构件上张拉预应力钢筋的方法。先浇筑混凝土，并在混凝土构件中预留孔道，待混凝土达到一定强度后，将钢筋穿入预留孔内，以混凝土构件本身作为支座张拉钢筋，同时混凝土构件被压缩；待张拉到设计拉力后，用锚具将钢筋锚固于混凝土构件上，使混凝土获得并保持预压应力；最后在预留孔内压力灌注水泥浆，以保护预应力钢筋不致腐蚀，并尽可能地将预应力钢筋与混凝土联成整体，见图 6-4。

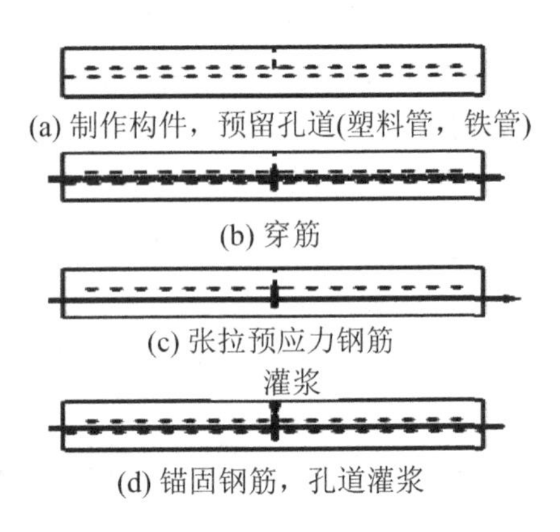

图 6-4 后张法主要工序示意图

将先张法和后张法对比可以看出，先张法的生产工序少，工艺简单，质量容易保证。同时，先张法不用工作锚具，生产成本较低，台座越长，一条长线上生产的构件数量越多，所以适合于工厂内成批生产中、小型预应力构件。但是，先张法生产所用的台座及张拉设备一次性投资费用较大，而且台座一般只能固定在一处，不够灵活。后张法不需要台座，比较灵活，构件在现场施工制作时，张拉工作可以在工地进行。但是，后张法构件只能单一逐个地施加预应力，工序较多，操作也较麻烦。同时，后张法构件的锚具耗钢量大，锚具加工要求的精度较高，成本较贵。因此，后张法适用于运输不便的大、中型构件。

6.1.3 预应力混凝土构件的锚、夹具

预应力混凝土结构和构件中锚固预应力钢筋的器具有锚具和夹具两种。

在先张法预应力混凝土构件施工时，为保持预应力筋的拉力并将其固定在生产台座(或设备)上的临时性锚固装置；在后张法预应力混凝土结构或结构施工时，在张拉千斤顶或设备上夹持预应力筋的临时性锚固装置称为夹具(代号 J)。夹具根据工作特点分为张拉夹具和锚固夹具。

在后张法预应力混凝土结构中，为保持预应力筋的拉力并将其传递到混凝土上所用的永久性锚固装置称为锚具(代号 M)。锚具根据工作特点分为张拉端锚具(张拉和锚固)和固定端锚具(只能固定)。根据锚固方式的不同分为以下几种类型。

夹片式锚具，代号 J，如 JM 型锚具(JM 12) 、QM 型、XM 型(多孔夹片锚具)、OVM 型锚具、夹片式扁锚(BM)体系。

支承式锚具，代号 L(螺丝)和 D(墩头)，如螺丝端杆锚具(LM)，墩头锚具(DM)。

锥塞式锚具，代号 Z，如钢质锥形锚具(GZ)。

握裹式锚具，代号 W，如挤压锚具和压花锚具等。

锚具的标记由型号、预应力筋直径、预应力筋根数和锚固方式等四部分组成。如锚固 6 根直径为 12mm 预应力筋束的 JM 12 锚具，标记为 JM 12-6。

常用的锚具有以下几种。

1. JM 型锚具

JM 型锚具由锚环和呈扇形的夹片组成，夹片的块数与预应力钢筋或钢绞线的根数相同。夹片呈楔形，其截面成扇形。每一块夹片有两个圆弧形槽，上有齿纹以锚住预应力钢筋。其构造如图 6-5 所示。它是一种利用楔块原理锚固多根预应力筋的锚具，既可作为张拉端的锚具，又可作为固定端的锚具或作为重复使用的工具锚。

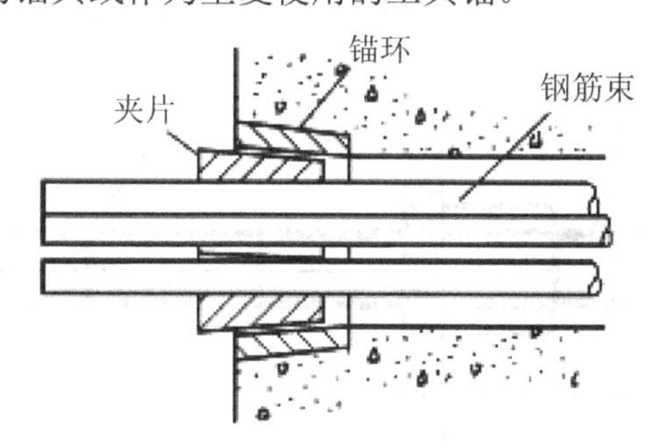

图 6-5 JM2 型锚具

2. XM 型、QM 型和 OVM 型锚具

XM 型锚具由锚板与二片夹片组成，如图 6-6 所示。它既适用于锚固钢绞线束，又适用于锚固钢丝束；既可锚固单根预应力筋，又可锚固多根预应力筋。当用于锚固多根预应力筋时，既可单根张拉、逐根锚固，又可成组张拉，成组锚固。另外，它还可用作工作锚具。

QM 型锚具由锚板与夹片组成，如图 6-7 所示。QM 型锚固体系配有专门的工具锚，以保证每次张拉后退锲方便，并减少安装工具锚所花费的时间。

OVM 型锚具是在 QM 型锚具的基础上，将夹片改为二片式，并在夹片背部上部锯有一

条弹性槽，以提高锚固性能。在张拉空间较小或在环形预应力混凝土结构中，当采用与 OVM 型锚具配套的变角张拉工艺时，张拉十分方便，如图 6-8 所示。

图 6-6　XM 型锚具

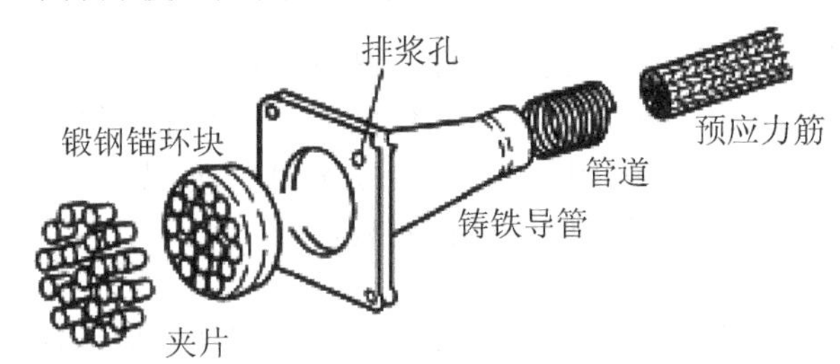

图 6-7　QM 型锚具及配件

3．夹片式扁锚体系

夹片式扁锚体系由夹片、扁型锚板、扁型喇叭竹等组成，如图 6-9 所示。采用扁锚的优点：可减少混凝土厚度、增大预应力钢筋的内力臂、减小张拉槽的尺寸等。

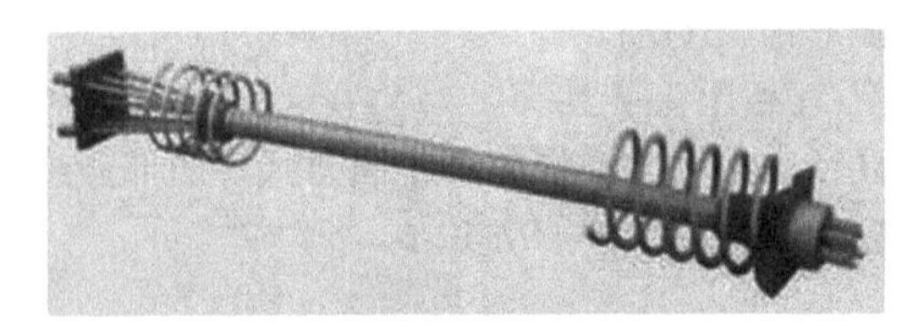

图 6-8　OVM 型锚具

图 6-9　夹片式扁锚体系

4．螺丝端杆锚具

螺丝端杆锚具由螺丝端杆、螺母和垫板二部分组成，如图 6-10 所示。锚具长度一般为 320mm，当为一端张拉或预应力筋的长度较长时，螺杆的长度应增加 30～50mm。这种锚固体系曾主要用于预应力混凝土屋架的下弦杆等配有直线预应力钢筋的结构构件中，目前已很少采用。

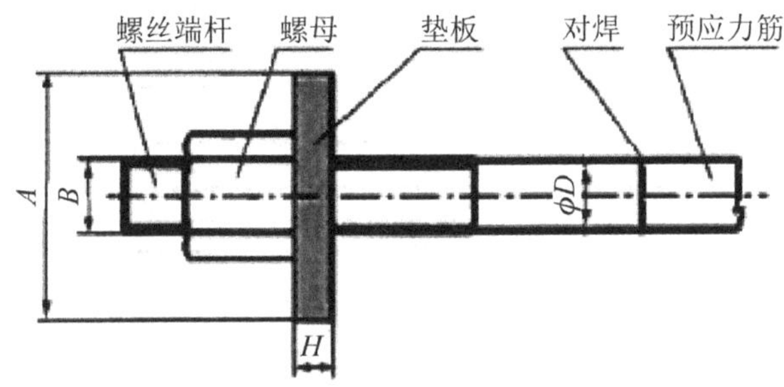

图 6-10　螺丝端杆锚具

5．墩头锚具

墩头锚具是利用钢丝两端的墩粗头来锚固预应力钢丝的一种锚具。墩头锚具加工简单，张拉方便，锚固可靠，成本较低，但对钢丝束的等长要求较严。这种锚具可根据张拉力大小和使用条件设计成多种形式和规格，能锚固任意根数的钢丝。常用的钢丝束墩头锚具分 A 型与 B 型。A 型由锚环与螺母组成，可用于张拉端；B 型为锚板，用于固定端，其构造如图 6-11 所示。

6．钢质锥形锚具

钢质锥形锚具由锚环和锚塞(如图 6-12 所示)组成，用于锚固以锥锚式双作用千斤顶张拉的钢丝束。锚环内孔的锥度应与锚塞的锥度一致。锚塞上刻有细齿槽，夹紧钢丝防止滑动。

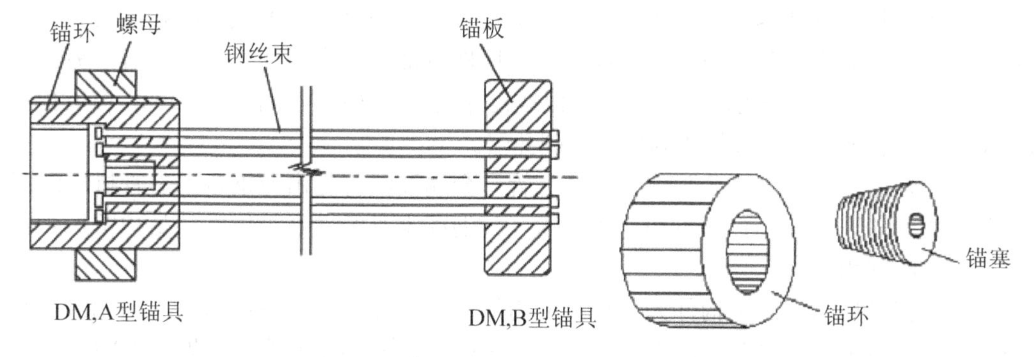

图 6-11　钢丝束墩头锚具　　　　图 6-12　钢质锥形锚具

6.1.4　预应力混凝土构件对材料的要求

1．预应力钢筋

与普通混凝土构件相比，预应力构件中的钢筋，从构件制作到构件破坏，始终处于高应力状态，故对钢筋有较高的质量要求。预应力混凝土结构对钢筋的性能要求如下。

(1) 高强度。预应力混凝土构件通过张拉预应力钢筋，在混凝土中建立预压应力。在制作和使用过程中，由于多种原因使预应力钢筋的张拉应力产生应力损失。为了在扣除应力损失以后，仍然能使混凝土建立起较高的预应力值，需要采用较高的张拉应力，因此，预应力钢筋必须采用高强度钢材。

(2) 较好的黏结性能。在受力传递长度内钢筋与混凝土间的黏结力是先张法构件建立预应力的前提，因此必须有足够的黏结强度。当采用光面高强钢丝时，表面应经“刻痕”或“压波”等措施处理后方能使用。

(3) 较好的塑性。为实现预应力结构的延性破坏，保证预应力筋的弯曲和转折要求，预应力筋必须具有足够的塑性，即预应力筋必须满足一定的拉断延伸率和弯折次数的要求。

我国目前用于预应力混凝土结构中的钢材有预应力钢丝(有光面、螺旋肋、刻痕)、钢绞线和预应力螺纹钢筋三大类，预应力钢筋的选择见表 2-7。

2．混凝土

预应力混凝土构件对混凝土的基本要求如下。

(1) 高强度。预应力混凝土需要采用较高强度的混凝土，才能建立起较高的预压应力，有效地减小构件截面尺寸，减轻构件自重，节约材料。对于先张法构件，高强度的混凝土具有较高的黏结强度，可减少构件端部应力传递长度；对于后张法构件，采用高强度混凝土可承受构件端部较高的局部压应力。

(2) 收缩和徐变小。这样，可以减少由于收缩徐变引起的预应力损失。

(3) 快硬和早强。这样，可以尽早地施加预应力，提高台座、模具和夹具的周转率，加快施工进度，降低管理费用。

预应力混凝土结构的混凝土强度等级不宜低于 C40，不应低于 C30。

3. 孔道及灌浆材料

后张法混凝土构件的预留孔道是通过制孔器来形成的，常用的制孔器的形式有两类。

一类为抽拔式制孔器，即在预应力混凝土构件中根据设计要求预留制孔器具，待混凝土初凝后抽拔出制孔器具，形成预留孔道。常用橡胶抽拔竹作为抽拔式制孔器。另一类为埋入式制孔器，即在预应力混凝土构件中根据设计要求永久埋置制孔器(管道)，形成预留孔道。常用铁皮竹或金属波纹竹作为埋入式制孔器。

目前，常用的留孔方法是预留金属波纹管。金属波纹管是由薄钢带用卷管机压波后卷成，具有重量轻、刚度好、弯折和连接简便、与混凝土黏结性好等优点，是预留后张预应力钢筋孔道的理想材料。

对于后张预应力混凝土构件为避免预应力筋腐蚀，保证预应力筋与其周围混凝土共同变形，应向孔道中灌入水泥浆。要求水泥浆应具有一定的黏结强度，且收缩也不能过大。

【课程实训】

思考题

1. 何谓预应力？为什么要对构件施加预应力？
2. 与钢筋混凝土构件相比，预应力混凝土构件有何优缺点？
3. 对构件施加预应力是否会改变构件的承载力？
4. 先张法和后张法各有何特点？
5. 预应力混凝构件对材料有何要求？为什么预应力混凝土构件要求采用强度较高的钢筋和混凝土？

6.2 张拉控制应力与预应力损失

6.2.1 张拉控制应力 σ_{con}

张拉控制应力 σ_{con} 是指钢筋张拉时，张拉设备上的测力计所指示的总张拉力除以预应力钢筋截面面积所得的应力值。从提高预应力钢筋的利用率来说，张拉控制预应力越高，在构件抗裂性相同的情况下，钢材用量越少；但张拉控制应力过高会使构件延性变差，可能引起预应力钢筋束断裂或预应力钢筋达到屈服，增大钢筋的应力松弛增大预应力损失。因此，《规范》规定张拉控制应力不宜超过以下的数值：

消除应力钢丝、钢绞线： $\sigma_{con} \leqslant 0.75 f_{ptk}$ (6-1)

中强度预应力钢丝： $\sigma_{con} \leqslant 0.70 f_{ptk}$ (6-2)

预应力螺纹钢筋： $\sigma_{con} \leqslant 0.85 f_{pyk}$ (6-3)

式中：f_{ptk} ——预应力筋极限强度标准值；

f_{pyk} ——预应力螺纹钢筋屈服强度标准值。

为了避免张拉控制应力过低，《规范》规定消除应力钢丝、钢绞线、中强度预应力钢丝的张拉控制应力不应小于 0.4 f_{ptk}，预应力螺纹钢筋的张拉应力控制值不宜小于 0.5 f_{pyk}。

设计预应力构件时，以上限值可根据具体情况和施工经验作适当调整，在下列情况下，可将 σ_{con} 提高 0.05 f_{ptk} 或 0.05 f_{pyk} 。

(1) 要求提高构件在施工阶段的抗裂性能而在使用阶段受压区内设置的预应力钢筋；

(2) 要求部分抵消由于应力松弛、摩擦、钢筋分批张拉以及预应力钢筋与张拉台座间的温差因素产生的预应力损失。

6.2.2　预应力损失

由于张拉工艺和材料特性等原因，预应力构件的张拉应力从施工到使用将不断降低，称为预应力损失。预应力损失会影响预应力效果从而降低预应力混凝土构件的抗裂性能及刚度，所以必须尽可能减少预应力损失。精确计算预应力损失值是十分复杂的，为了简化设计，《规范》采用分项计算各项损失，然后根据不同情况将损失值叠加。下面分别讨论不同原因引起的预应力损失。

1. 张拉端锚具变形和预应力筋内缩引起的预应力损失 σ_{l1}

预应力张拉完毕后，用锚具加以锚固。由于锚具的变形(如螺帽、垫板缝隙被挤紧)及由于预应力筋在锚具内的滑移使预应力筋松动内缩而引起的预应力损失。

直线预应力钢筋的 σ_{l1} 按下列公式计算：

$$\sigma_{l1}=\frac{\alpha}{l}E_{s} \tag{6-4}$$

式中：α ——张拉锚具变形和钢筋内缩值，按表 6-1 采用；

l ——张拉端至锚固端之间的距离(mm)；

E_s ——预应力钢筋的弹性模量(N/mm^2)。

表 6-1　锚具变形和钢筋的内缩值 α　　mm

锚具类别		α
夹承式锚具(钢丝束镦头锚具)	螺帽缝隙	1
	每块后加垫板的缝隙	1
夹片式锚具	有顶压时	5
	无顶压时	6~8

注：① 表中的锚具变形和钢筋的内缩值也可根据实测数据确定；
② 其他类型的锚具变形和钢筋的内缩值应根据实测数值确定。

锚具损失只考虑张拉端，因为在张拉钢筋时固定端的锚具已经被压紧，不会应起预应力损失。

在后张法构件中，应计算曲线预应力钢筋由锚具变形和预应力筋内缩引起的预应力损失。当其对应的圆心角不大于 45° 时，σ_{l1} 可按下列公式计算：

$$\sigma_{l1}=2\sigma_{con}l_{f}\left(\frac{\mu}{r_{c}}+k\right)\left(1-\frac{x}{l_{f}}\right) \tag{6-5}$$

式中：r_c ——圆弧形曲线预应力钢筋的曲率半径(m)；

μ——预应力钢筋与孔道壁之间的摩擦系数，按表 6-2 取用；

k——考虑孔道每米长度局部偏差的摩擦系数，按表 6-2 取用；

x——张拉端至计算截面的距离(m)，且应符合 $x \leq l_f$ 的规定；

l_f——反向摩擦影响长度(m)，按下式进行计算：

$$l_f = \sqrt{\frac{\alpha E_s}{1000\sigma_{con}\left(\mu / r_c + k\right)}} \tag{6-6}$$

α——张拉端锚具变形和预应力筋内缩值(mm)，按表 6-1 取用；

E_s——预应力筋弹性模量(N/mm^2)。

表 6-2　摩擦系数 k 及 μ 值

孔道成型方式	k	μ	
		钢丝束、钢绞线	预应力螺纹钢筋
预埋金属波纹管	0.0015	0.25	0.50
预埋塑料波纹管	0.0015	0.15	—
预埋钢管	0.0010	0.30	—
抽芯成型	0.0014	0.55	0.60
无黏结预应力筋	0.0040	0.09	—

注：摩擦系数可根据实测数据确定。

2. 预应力筋与孔道壁之间摩擦引起的预应力损失 σ_{l2}

后张法构件在张拉钢筋时，由于孔道尺寸偏差、孔壁粗糙、预应力钢筋表面粗糙等原因，使钢筋在张拉时与孔壁接触而产生摩擦阻力，此摩擦阻力距预应力钢筋张拉端越远影响越大，因而使构件每一截面上的实际预应力减小，这种应力差额称为摩擦引起的预应力损失 σ_{l2}，如图 6-13 所示。其值可按下式计算：

$$\sigma_{l2} = \sigma_{con}\left(1 - \frac{1}{e^{kx+\mu\theta}}\right) \tag{6-7}$$

式中：x——从张拉端到计算截面的孔道长度，可近似取该段孔道在纵轴上的投影长度(m)；

θ——从张拉端至计算截面曲线孔道部分切线的夹角之和(rad)。

当 $(kx+\mu\theta)$ 不大于 0.3 时，σ_{l2} 可按下列公式近似计算：

$$\sigma_{l2} = \sigma_{con}\left(kx+\mu\theta\right) \tag{6-8}$$

注：当采用夹片式群锚体系时，在 σ_{con} 中宜扣除锚口摩擦损失。

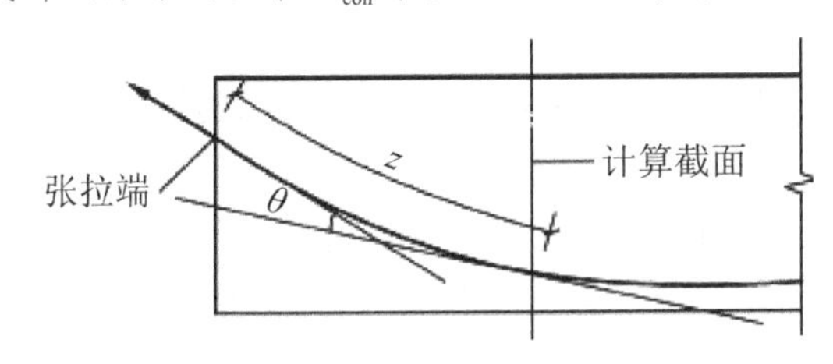

图 6-13　预应力摩擦损失计算

3. 混凝土加热养护时，受张拉的钢筋与承受拉力的设备之间温差引起的预应力损失 σ_{l3}

为了缩短先张法的生产周期，混凝土常采用蒸汽养护老加速其硬化。升温时，新浇混凝土尚未结硬，钢筋受热自由膨胀，但两端的台座固定不动，距离保持不变，因而产生预应力损失 σ_{l3}。降温时，混凝土已结硬，并与钢筋结成整体一起回缩，所以 σ_{l3} 无法恢复。

当混凝土加热养护时，预应力钢筋与承受拉力的台座之间的温差为 Δt (℃)，钢筋的线膨胀系数为 $\alpha = 1\times10^{-5}$/℃，则 σ_{l3} 可按下式计算：

$$\begin{aligned}\sigma_{l3} &= \varepsilon_s E_s = \frac{\Delta l}{l}E_s = \frac{\alpha l \Delta t}{l}E_s = \alpha E_s \Delta t \\ &= 1\times10^{-5}\times2.0\times10^{5}\times\Delta t = 2\Delta t\ (\mathrm{N/mm^2})\end{aligned} \tag{6-9}$$

4. 预应力钢筋的应力松弛引起的预应力损失 σ_{l4}

预应力筋在高应力作用下，其塑性变形随时间而增长，在预应力筋长度保持不变的条件下其应力随时间的增加而逐渐降低的现象成钢筋的应力松弛，由此引起的预应力钢筋的应力损失称为预应力钢筋的应力松弛引起的预应力损失 σ_{l4}。其值可按表6-3计算。

表6-3　预应力损失 σ_{l4} 的计算

消除应力钢丝 钢绞线	普通松弛： $0.4\psi\left(\frac{\sigma_{con}}{f_{ptk}}-0.5\right)\sigma_{con}$
	低松弛： 当 $\sigma_{con}\leqslant0.7f_{ptk}$ 时，$0.125\left(\frac{\sigma_{con}}{f_{ptk}}-0.5\right)\sigma_{con}$ 当 $0.7f_{ptk}\leqslant\sigma_{con}\leqslant0.8f_{ptk}$ 时，$0.20\left(\frac{\sigma_{con}}{f_{ptk}}-0.575\right)\sigma_{con}$
中强度预应力钢丝	$0.08\sigma_{con}$
预应力螺纹钢筋	$0.03\sigma_{con}$

注：预应力钢丝、钢绞线 $\sigma_{con}/f_{ptk}\leqslant0.5$ 时，预应力钢筋的应力松弛损失值可取为零。

5. 混凝土收缩、徐变引起的预应力损失 σ_{l5}

在一般湿度条件下，混凝土会发生体积收缩，而在预压力作用下，混凝土中又会发生徐变。收缩和压缩徐变都会使构件缩短，预应力钢筋也随之回缩造成预应力损失，用 σ_{l5} 表示。当构件中配有非预应力钢筋时，非预应力钢筋将产生压应力增量 σ_{l5}。

混凝土受拉区和受压区预应力钢筋的预应力损失 σ_{l5} 和 σ'_{l5} 在一般情况下按下式计算：

先张法构件

$$\sigma_{l5} = \frac{60 + 340\frac{\sigma_{pc}}{f'_{cu}}}{1+15\rho} \tag{6-10}$$

$$\sigma'_{l5} = \frac{60 + 340\dfrac{\sigma'_{pc}}{f'_{cu}}}{1 + 15\rho'} \tag{6-11}$$

后张法构件

$$\sigma_{l5} = \frac{55 + 300\dfrac{\sigma_{pc}}{f'_{cu}}}{1 + 15\rho} \tag{6-12}$$

$$\sigma'_{l5} = \frac{55 + 300\dfrac{\sigma'_{pc}}{f'_{cu}}}{1 + 15\rho'} \tag{6-13}$$

式中：σ_{pc}、σ'_{pc}——受拉区、受压区预应力筋合力点处的混凝土法向压应力；

f'_{cu}——施加预应力时混凝土的立方体抗压强度；

ρ、ρ'——受拉区、受压区预应力筋和普通钢筋的配筋率；

对于先张法构件，$\rho = \dfrac{A_p + A_s}{A_0}$，$\rho' = \dfrac{A'_p + A'_s}{A_0}$ (6-14)

对于后张法构件，$\rho = \dfrac{A_p + A_s}{A_n}$，$\rho' = \dfrac{A'_p + A'_s}{A'_n}$ (6-15)

式中：A_p、A_s——受拉区预应力钢筋和非预应力钢筋的截面面积；

A'_p、A'_s——受压区预应力钢筋和非预应力钢筋的截面面积；

A_0——先张法构件换算截面面积；

A_n——后张法构件净截面面积。

对于对称配置的预应力筋和普通钢筋的构件，配筋率 ρ、ρ' 应按钢筋总面积的一半计算。

6．环向预应力引起的预应力损失 σ_{l6}

用螺旋式预应力筋作配筋的环形构件，当直径 d 不大于 3m 时，由于混凝土的局部挤压而引起的预应力损失 $\sigma_{l6} = 30\text{N}/\text{mm}^2$。

上述各项预应力损失不是同时产生的，而是按不同的张拉方法分批产生的，有的只发生在先张法构件中，有的只发生在后张法构件中。通常把混凝土预压结束前产生的预应力损失称为第一批预应力损失 σ_{lI}，预压结束后产生的预应力损失称为第二批预应力损失 σ_{lII}。预应力混凝土构件在各阶段预应力损失值的组合可按表 6-4 取值。

表 6-4　各阶段预应力损失值的组合

预应力损失组合值	先张法构件	后张法构件
混凝土预压前的损失(第一批)	$\sigma_{l1} + \sigma_{l2} + \sigma_{l3} + \sigma_{l4}$	$\sigma_{l1} + \sigma_{l2}$
混凝土预压后的损失(第二批)	σ_{l5}	$\sigma_{l4} + \sigma_{l5} + \sigma_{6}$

《规范》规定了总预应力损失的最小值，即当计算所得的总预应力损失值 $\sigma_l = \sigma_{lI} + \sigma_{lII}$，小于下列数值时，应按下列数值取用。

先张法构件：100N/mm^2；

后张法构件：80N/mm^2。

【课程实训】

思考题

1. 何谓张拉控制应力？为什么要对钢筋的张拉应力进行控制？
2. 何谓预应力损失？有哪些因素引起预应力损失？
3. 先张法构件和后张法构件的预应力损失有何不同？
4. 如何减小预应力损失？

6.3　后张法预应力混凝土轴心受力构件的计算

6.3.1　后张法预应力混凝土轴心受力构件的受力分析

预应力混凝土构件从张拉钢筋开始直到构件破坏，可分为两个阶段：施工阶段和使用阶段。施工阶段是指构件承受外荷载之前的受力阶段；使用阶段是指构件承受外荷载之后的受力阶段。每个阶段又分若干个特征受力过程。

1. 施工阶段

(1) 预应力钢筋张拉并锚固。张拉预应力钢筋，混凝土弹性压缩，张拉完毕后加以锚固。张拉预应力钢筋至控制预应力的过程中，发生预应力钢筋与孔道壁之间的摩擦引起的预应力损失和锚固时发生锚具引起的预应力损失，此时预应力钢筋出现第一批预应力损失 $\sigma_{lI}=\sigma_{l1}+\sigma_{l2}$。此时应力分别为：

混凝土预压应力：
$$\sigma_{\rm pcI}=\frac{N_{\rm pI}}{A_0}=\frac{(\sigma_{\rm con}-\sigma_{lI})A_{\rm p}}{A_0} \tag{6-16}$$

预应力筋的拉力：
$$\sigma_{\rm peI}=\sigma_{\rm con}-\sigma_{lI} \tag{6-17}$$

非预应力筋的拉力：
$$\sigma_{\rm sI}=-\alpha_{\rm E}\sigma_{\rm pcI} \tag{6-18}$$

式中：A_0——换算截面面积，等于混凝土截面面积以及全部纵向预应力钢筋和非预应力钢筋截面面积换算成混凝土的截面面积，即 $A_0=A_{\rm c}+\alpha_{\rm E}A_{\rm s}$。

(2) 完成第二批损失。构件投入使用之前，完成混凝土的收缩和徐变预应力损失 σ_{l5}，即完成第二批预应力损失 $\sigma_{l\Pi}=\sigma_{l5}$，此时各材料应力为：

$$\sigma_{\rm pc\Pi}=\frac{(\sigma_{\rm con}-\sigma_{l})A_{\rm p}-\sigma_{l5}A_{\rm s}}{A_0} \tag{6-19}$$

$$\sigma_{\rm pe\Pi}=\sigma_{\rm con}-\sigma_{lI}-\sigma_{l\Pi}=\sigma_{\rm con}-\sigma_{l} \tag{6-20}$$

$$\sigma_{\rm s\Pi}=\alpha_{\rm E}\sigma_{\rm pc\Pi}+\sigma_{l5} \tag{6-21}$$

2. 使用阶段

(1) 加载至混凝土应力为零。在外荷载作用下，轴向力逐渐增加，预应力轴心受拉构件逐渐伸长，混凝土预应力逐渐减小，当外荷载引起的拉应力与混凝土的有效预压应力 $\sigma_{\rm pc\Pi}$ 相等时，混凝土的应力将等于零，这个状态称为消压状态。此时预应力钢筋和非预应力钢筋的应力增量为$\alpha_E\sigma_{pcII}$，各材料的应力分别如下。

构件承受外荷载，直至混凝土应力为零。此时应力为：

$$\sigma_{pc}=0 \tag{6-22}$$

$$\sigma_s=\sigma_{l5} \tag{6-23}$$

$$\sigma_p=\sigma_{pII}+\alpha_E\sigma_{pcII}=\sigma_{con}-\sigma_l+\alpha_E\sigma_{pcII} \tag{6-24}$$

有平衡条件知，混凝土压力为零时的轴向力为：

$$N_0=\sigma_pA_p+\sigma_sA_s=\left(\sigma_{con}-\sigma_l+\alpha_E\sigma_{pcII}\right)A_p-\sigma_{l5}A_s=\sigma_{pcII}A_0 \tag{6-25}$$

式中：A_0——构件换算截面面积，$A_0=A_c+\alpha_EA_p+\alpha_EA_s$。

(2) 加载至构件即将开裂。荷载增加至混凝土拉应力达到混凝土轴心抗拉强度标准值f_{tk}时，混凝土即将开裂，此时的应力为：

$$\sigma_{pc}=f_{tk} \tag{6-26}$$

$$\sigma_s=\alpha_Ef_{tk}-\sigma_{l5} \tag{6-27}$$

$$\sigma_p=\sigma_{con}-\sigma_l+\alpha_E\sigma_{pcII}+\alpha_Ef_{tk} \tag{6-28}$$

有平衡条件求的抗裂承载力为：

$$N_{cr}=f_{tk}A_c+\sigma_pA_p+\sigma_sA_s=f_{tk}(A_c+\alpha_EA_s)+\left(\sigma_{con}-\sigma_l\right)A_p+\alpha_E(\sigma_{pcII}+f_{tk})A_p$$
$$=(f_{tk}+\sigma_{pcII})A_0 \tag{6-29}$$

(3) 加载至破坏。钢筋应力达到抗拉强度设计值时构件达到承载能力极限状态。此时应力为：

$$\sigma_c=0 \tag{6-30}$$

$$\sigma_s=f_y \tag{6-31}$$

$$\sigma_p=f_{py} \tag{6-32}$$

由平衡求得轴力为：

$$N_u=f_{py}A_p+f_yA_s \tag{6-33}$$

6.3.2 后张法预应力混凝土轴心受力构件的计算

在设计预应力混凝土构件时，应进行使用阶段的承载力计算、抗裂度验算、裂缝宽度计算。施工阶段还要对张拉(或放松)预应力钢筋时构件的承载力和端部锚固区局部受压验算(对采用锚具的后张法构件)。

1. 使用阶段的承载力计算

根据构件各阶段的应力分析，构件破坏时荷载全部由预应力钢筋和非预应力钢筋承担。轴心受拉构件正截面受拉承载力按下式计算：

$$N\leqslant f_yA_s+f_{py}A_p \tag{6-34}$$

式中：N——轴向拉力设计值；

f_y、f_{py}——纵向普通钢筋、预应力筋的抗拉强度设计值；

A_s、A_p——纵向普通钢筋、预应力筋的全部截面面积。

2．抗裂度验算

预应力混凝土构件的裂缝控制等级分为三级。裂缝控制等级为一级和二级的构件应进行抗裂度计算，裂缝控制等级为三级的构件应进行裂缝宽度验算。

(1) 裂缝控制等级为一级，严格要求不出现裂缝的构件。

一级控制要求的构件，在荷载效应的标准组合下不得出现拉应力，即

$$\sigma_{ck}-\sigma_{pc}\leqslant 0 \tag{6-35}$$

式中：σ_{ck}——荷载效应标准组合下混凝土的法向应力，$\sigma_{ck}=N_k/A_0$；

N_k——荷载效应标准组合下构件的轴向拉力；

σ_{pc}——扣除全部预应力损失后在抗裂验算边缘混凝土的预压应力，$\sigma_{pc}=\sigma_{pcII}$。

(2) 裂缝控制等级为二级，一般要求不出现裂缝的构件。

二级控制要求的构件，在荷载效应标准组合下可以出现拉应力，但不得超过混凝土的抗拉强度标准值 f_{tk}；在荷载的准永久组合下，不得出现拉应力，即

$$\sigma_{ck}-\sigma_{pc}\leqslant f_{tk} \tag{6-36}$$

$$\sigma_{eq}-\sigma_{pc}\leqslant 0 \tag{6-37}$$

式中：σ_{eq}——荷载准永久组合下混凝土的法向应力，$\sigma_{eq}=N_{eq}/A_0$，其中 $N_{eq}=N_{Gk}+\psi_q N_{Qk}$。

(3) 裂缝控制等级为三级，使用阶段允许出现裂缝的构件。

对于使用阶段允许出现裂缝的构件，应验算裂缝宽度。按荷载准永久组合并考虑长期作用影响的效应计算的构件最大裂缝宽度，即

$$w_{max}\leqslant w_{lim} \tag{6-38}$$

式中：w_{max}——最大裂缝宽度，$w_{max}=\alpha_{cr}\psi\frac{\sigma_s}{E_s}\left(1.9c_s+0.08\frac{d_{eq}}{\rho_{te}}\right)$，$\psi=1.1-\frac{0.65f_{tk}}{\rho_{te}\sigma_s}$，

$$\sigma_s=\frac{N_k-N_{p0}}{A_p+A_s},\quad d_{eq}=\frac{\sum n_i d_i^2}{\sum n_i v_i d_i},\quad \rho_{te}=\frac{A_s+A_p}{A_{te}};$$

α_{cr}——构件受力特征系数，按表 6-5 采用；

表 6-5　构件受力特征系数

类　型	α_{cr}	
	钢筋混凝土构件	预应力混凝土构件
受弯、偏心受压	1.9	1.5
偏心受拉	2.4	—
轴心受拉	2.7	2.2

ψ——裂缝间纵向受拉钢筋应变不均匀系数，当 $\psi<0.2$ 时，取 $\psi=0.2$；当 $\psi>1.0$ 时，取 $\psi=1.0$；对于直接承受重复荷载构件，取 $\psi=1.0$；

σ_s——按荷载准永久组合计算的钢筋混凝土构件纵向受拉普通钢筋应力或按标准组合计算的预应力混凝土构件纵向受拉钢筋的等效应力；

N_k——按荷载效应的标准组合计算的轴向拉力值；

N_{p0}——混凝土法向应力等于零时，全部纵向预应力和非预应力钢筋的合力；

c_s——最外层受拉钢筋外边缘至受拉区底边的距离(mm)，当 $c<20$mm 时，取

$c=20\text{mm}$，当 $c>65\text{mm}$，取 $c=65\text{mm}$；

ρ_{te}——按有效受拉混凝土截面面积计算的纵向受拉钢筋配筋率；对无黏结后张构件，仅取纵向受拉普通钢筋计算配筋率；在最大裂缝宽度计算中，当 $\rho_{te}<0.01$ 时，取 $\rho_{te}=0.01$；

A_{te}——有效受拉混凝土截面面积，对轴心受拉构件，取构件截面面积；

A_s——受拉区纵向普通钢筋截面面积；

A_p——受拉区纵向预应力筋截面面积；

d_{eq}——受拉区纵向钢筋的等效直径(mm)；对无黏结后张构件，仅为受拉区纵向受拉普通钢筋的等效直径(mm)

d_i——受拉区第 i 种受拉钢筋的公称直径(mm)；

n_i——受拉区第 i 种纵向钢筋的根数；对于有黏结预应力钢绞线，取为钢绞线束数；

v_i——受拉区第 i 种纵向钢筋的相对黏结特性系数，按表 6-6 采用；

w_{lim}——最大裂缝宽度限值，按表 6-7 取值。

表 6-6　钢筋的相对黏结特性系数

<table>
<tr><th rowspan="2">钢筋类别</th><th colspan="2">钢　筋</th><th colspan="3">先张法预应力钢筋</th><th colspan="3">后张法预应力筋</th></tr>
<tr><th>光圆钢筋</th><th>带肋钢筋</th><th>带肋钢筋</th><th>螺旋肋钢丝</th><th>钢 胶 线</th><th>带肋钢筋</th><th>钢 胶 线</th><th>光面钢丝</th></tr>
<tr><td>v_i</td><td>0.7</td><td>1.0</td><td>1.0</td><td>0.8</td><td>0.6</td><td>0.8</td><td>0.5</td><td>0.4</td></tr>
</table>

表 6-7　结构构件的裂缝控制等级及最大裂缝宽度的限值　mm

<table>
<tr><th rowspan="2">环境类别</th><th colspan="2">钢筋混凝土结构</th><th colspan="2">预应力混凝土结构</th></tr>
<tr><th>裂缝控制等级</th><th>w_{lim}</th><th>裂缝控制等级</th><th>w_{lim}</th></tr>
<tr><td>一</td><td rowspan="4">三级</td><td>0.3(0.40)</td><td rowspan="2">三级</td><td>0.20</td></tr>
<tr><td>二 a</td><td rowspan="3">0.20</td><td>0.10</td></tr>
<tr><td>二 b</td><td>二级</td><td>—</td></tr>
<tr><td>三 a、三 b</td><td>一级</td><td>—</td></tr>
</table>

3．施工阶段验算(见图 6-14)

对制作、运输及安装等施工阶段预拉区允许出现拉应力的构件，或预压时全截面受压的构件，在预加力、自重及施工荷载作用下(必要时应考虑动力系数)截面边缘的混凝土法向应力宜符合下列规定：

$$\sigma_{ct}\leqslant f'_{tk} \tag{6-39}$$

$$\sigma_{cc}\leqslant 0.8f'_{ck} \tag{6-40}$$

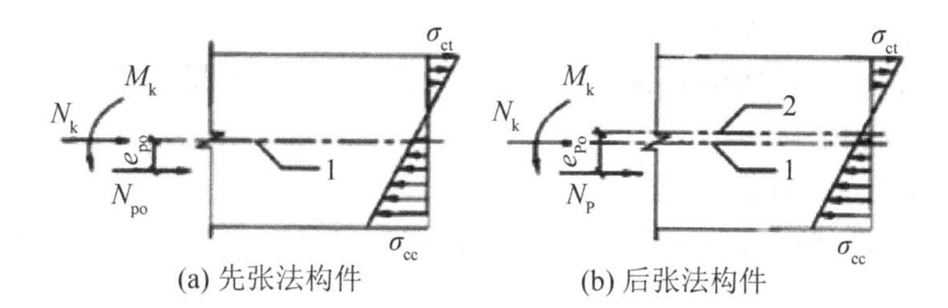

(a) 先张法构件　　(b) 后张法构件

图 6-14　预应力混凝土构件施工阶段验算

1—换算截面重心轴；2—净截面重心轴

简支构件的端部区段截面预拉区边缘纤维的混凝土拉应力允许大于 f'_{tk}，但不应大于 $1.2f'_{tk}$。

截面边缘的混凝土法向应力可按下列公式计算：

$$\sigma_{cc}\text{或}\sigma_{ct}=\sigma_{pc}+\frac{N_k}{A_0}\pm\frac{M_k}{W_0} \tag{6-41}$$

式中：σ_{ct}——相应施工阶段计算截面预拉区边缘纤维的混凝土拉应力；

σ_{cc}——相应施工阶段计算截面预压区边缘纤维的混凝土压应力；

f'_{tk}、f'_{ck}——相应施工阶段的混凝土立方体抗压强度相应的抗拉强度标准值、抗压强度标准值；

N_k、M_k——构件自重及施工荷载的标准组合在计算截面产生的轴向力值、弯矩值；

W_0——验算边缘的换算截面弹性抵抗拒。

4．端部锚固区的局部承压承载力验算

后张法构件的预应力通过锚具经过垫板传给混凝土。由于预压力很大，而锚具下的垫板与混凝土的传力接触面往往较小，锚具下的混凝土将承受较大的局部压力。因此，设计时既要保证在张拉钢筋时锚具下锚固区的混凝土不开裂和不产生过大的变形，又要计算锚具下所配置的间接钢筋以满足局部受压承载力的要求。

1) 局部受压截面尺寸验算

为了避免局部受压区混凝土由于施加预应力而出现沿构件长度方向的裂缝，对配置间接钢筋的混凝土构件，其局部受压区截面尺寸应符合下列要求：

$$F_l=1.35\beta_c\beta_l f_c A_{ln} \tag{6-42}$$

$$\beta_l=\sqrt{\frac{A_b}{A_l}} \tag{6-43}$$

式中：F_l——局部受压面上作用的局部荷载或局部压力设计值；

f_c——混凝土轴心抗拉强度设计值；

β_c——混凝土强度影响系数，当混凝土强度不超过 C50 时，取 β_c=1.0，当混凝土强度等级为 C80 时，取 β_c=0.8，其间按线性内插法取用；

β_l——混凝土局部受压时的强度提高系数，按式(6-46)计算；

A_b——局部受压时的计算底面积，可由局部受压面积与计算底面积按同心、对称原则确定，一般情况按图 6-15 取用；

A_l——混凝土局部受压面积；

A_{ln}——混凝土局部受压净面积，对后张法构件，应在混凝土局部受压面积中扣除孔道、凹槽部分的面积。

2) 局部受压承载力计算

当配置方格网式或螺旋式间接钢筋时(如图 6-16 所示)，局部受压承载力应按下列公式计算：

$$F_l \leqslant 0.9\left(\beta_c \beta_l f_c + 2\alpha \rho_v \beta_{cor} f_{yv}\right) A_{ln} \tag{6-47}$$

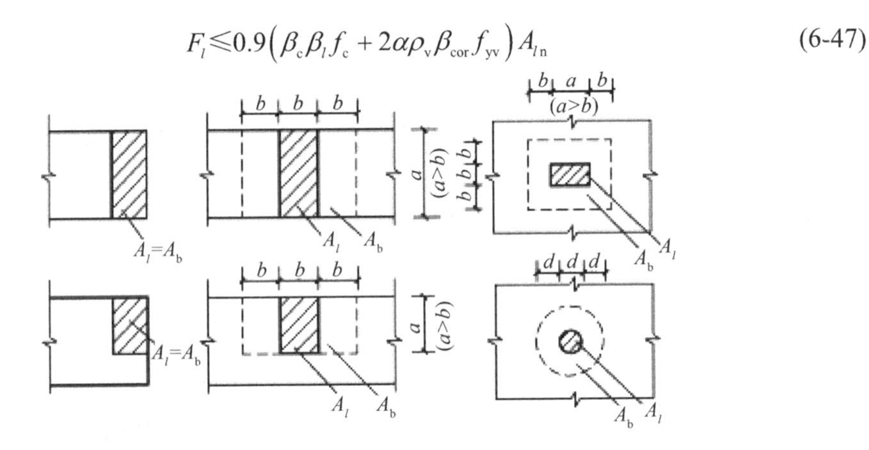

图 6-15　确定局部受压的计算底面积 A_b

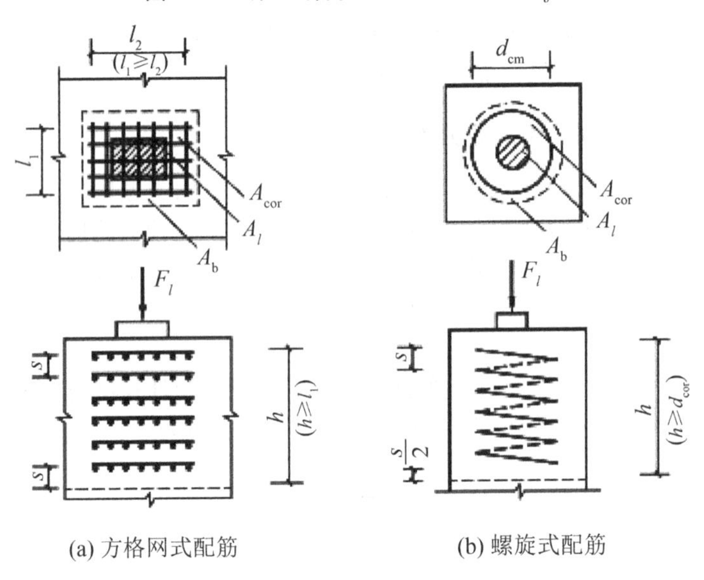

(a) 方格网式配筋　　(b) 螺旋式配筋

图 6-16　局部受压的间接钢筋

当为方格网配筋时(如图 6-16 (a)所示)，其体积配筋率应按下式计算：

$$\rho_v = \frac{n_1 A_{s1} l_1 + n_2 A_{s2} l_2}{A_{cor} s} \tag{6-45}$$

此时，在钢筋网两个方向的单位长度内钢筋截面面积的比值不宜大于 1.5 倍。

当为螺旋式钢筋时(如图 6-16(b)所示)，其体积配筋率应按下式计算：

$$\rho_{\mathrm{v}} = \frac{4A_{\mathrm{ss1}}}{d_{\mathrm{cor}}s} \tag{6-46}$$

式中：β_{cor}——配置间接钢筋的局部受压承载力提高系数，$\beta_{\mathrm{cor}} = \sqrt{\frac{A_{\mathrm{cor}}}{A_l}}$，当 A_{cor} 大于 A_{b} 时，A_{cor} 取 A_{b}；当 A_{cor} 不大于混凝土局部受压面积 A_l 的 1.25 倍时，β_{cor} 取 1.0；

α——间接钢筋对混凝土约束的折减系数，当混凝土强度等级不超过 C50 时，取 1.0，当混凝土强度等级为 C80 时，取 0.85，其间按线性内插法取用；

f_{yv}——间接钢筋的抗拉强度设计值；

A_{cor}——方格网式或螺旋式间接钢筋内表面范围内的混凝土核心截面面积，应大于混凝土局部受压面积 A_l，其重心应与 A_l 重心重合，计算按同心、对称的原则取值；

ρ_{v}——间接钢筋的体积配筋率(核心面积 A_{cor} 范围内单位混凝土体积所含间接钢筋体积)；

n_1、A_{s1}——方格网沿 l_1 方向的钢筋根数、单根钢筋的截面面积；

n_2、A_{s2}——方格网沿 l_2 方向的钢筋根数、单根钢筋的截面面积；

A_{ss1}——单根螺旋式间接钢筋的截面面积；

d_{cor}——螺旋式间接钢筋范围内的混凝土截面直径；

s——方格网式或螺旋式间接钢筋的间距，宜取 30～80mm。

间接钢筋配置在图 6-16 规定的高度 h 范围内，对方格网式钢筋，不应少于 4 片；对螺旋式钢筋不应少于 4 圈。

6.3.3　后张法预应力混凝土的构造

1．材料

混凝土：预应力混凝土结构的混凝土强度等级不宜低于 C40，且不应低于 C30。
钢筋：预应力筋宜采用预应力钢丝、钢绞线和预应力螺纹钢筋。

2．混凝土保护层

预应力结构构件中受力钢筋混凝土保护层厚度应符合规定。

3．锚具、夹具和连接器

后张法预应力钢筋的锚固应选用可靠的锚具、夹具和连接器，其形式及质量要求应符合国家现行有关标准的规定。

4．预应力钢筋的布置

当跨度和荷载不大时，预应力纵向钢筋可用直线布置(如图 6-17(a)所示)，施工时采用先张法或后张法均可；当跨度和荷载较大时，预应力钢筋可用曲线布置(如图 6-17(b)所示)，施工时一般采用后张法；当构件有倾斜受拉边的梁时，预应力钢筋可用折线布置(如图 6-17(c)所示)，施工时一般采用先张法。

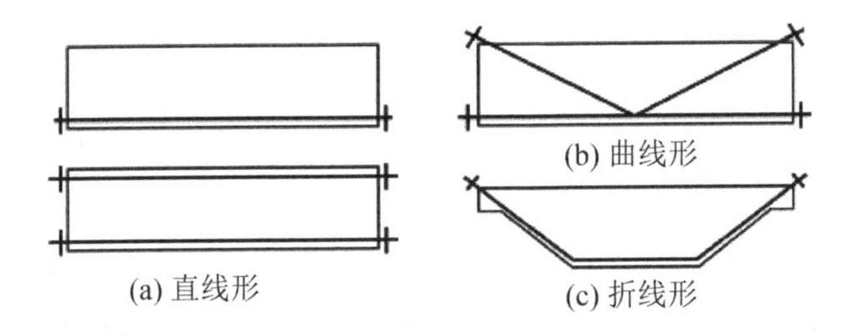

图 6-17　预应力钢筋的布置

5．预应力筋间距及预留孔道

后张法构件的预留孔道中要穿入预应力筋，孔道的布置应考虑张拉设备的布置、锚具尺寸及构件端部混凝土局部受压强度要求等因素。

(1) 对预制构件，孔道之间的水平净间距不宜小于 50mm，且不宜小于粗骨料粒径的 1.25 倍；孔道至构件边缘的净间距不宜小于 30mm，且不宜小于孔道直径的一半。

(2) 现浇混凝土梁中预留孔道在竖直方向的净间距不应小于孔道外径，水平方向的净间距不宜小于 1.5 倍孔道外径，且不应小于粗骨料粒径的 1.25 倍；从孔道外壁至构件边缘的净间距，梁底不宜小于 50mm，梁侧不宜小于 40mm，裂缝控制等级为三级的梁，梁底、梁侧分别不宜小于 60mm 和 50mm。

(3) 预留孔道的内径宜比预应力束外径及需穿过孔道的连接器外径大 6～15mm，且孔道的截面积宜为穿入预应力束截面积的 3.0～4.0 倍。

(4) 当有可靠经验并能保证混凝土浇筑质量时，预留孔道水平并列贴紧布置，但并排的数量不应超过 2 束。

(5) 在现浇板中采用扁形锚固体系时，穿过每个预留孔道的预应力筋数量宜为 3～5 根；在常用荷载情况下，孔道水平方向的净间距不应超过 8 倍板厚及 1.5m 中的较大值。

(6) 板中单根无黏结预应力筋的间距不宜大于板厚的 6 倍，且不宜大于 1m，带状束的无黏结预应力筋根数不宜多于 5 根，带状束不宜大于板厚的 12 倍，且不宜大于 2.4m。

(7) 梁中集束布置的无黏结预应力筋，集束的水平净间距不宜小于 50mm，束至构件边缘的净距不宜小于 40mm。

6．构件端部构造

(1) 构件端部尺寸应考虑锚具的布置、张拉设备的尺寸和局部受压的要求，必要时适当加大。在预应力钢筋锚具下及张拉设备的支承处，应设置预埋钢垫板，刚垫板厚度不小于 10mm，并按规定设置间接钢筋和附加构造钢筋。

(2) 对后张法预应力混凝土构件的端部锚固区，应按下列规定配置间接钢筋。

① 采用普通垫板时，应按规定进行局部受压承载力计算，并配置间接钢筋，其体积配筋率不应小于 0.5%，垫板的刚性扩散角应取 45°。

② 局部受压承载力计算时，局部压力设计值对有黏结预应力混凝土构件取 1.2 倍张拉控制力，对无黏结预应力混凝土取 1.2 倍张拉控制力和($f_{ptk}A_p$)中的较大值。

③ 当采用整体铸造垫板时，其局部受压区的设计应符合先关标准的规定。

④ 在局部受压间接钢筋配置区以外，在构件端部长度 l 不小于 $3e$(e 为截面重心线上部

或下部预应力钢筋的合力点至邻近边缘的距离)但不大于 1.2h(h 为构件端部截面高度)，高度为 2e 的附加配筋区范围内，应均匀配置附加箍筋或网片(如图 6-18 所示)，且体积配筋率不应小于 0.5%。

⑤ 当构件端部预应力钢筋需集中布置在截面下部或集中布置在上部和下部时，应在构件端部 0.2h(h 为构件端部截面高度)范围内设置附加竖向防端面裂缝构造钢筋。

⑥ 当构件在端部有局部凹进时，应增设折线构造钢筋(如图 6-19 所示)或其他有效的构造钢筋。

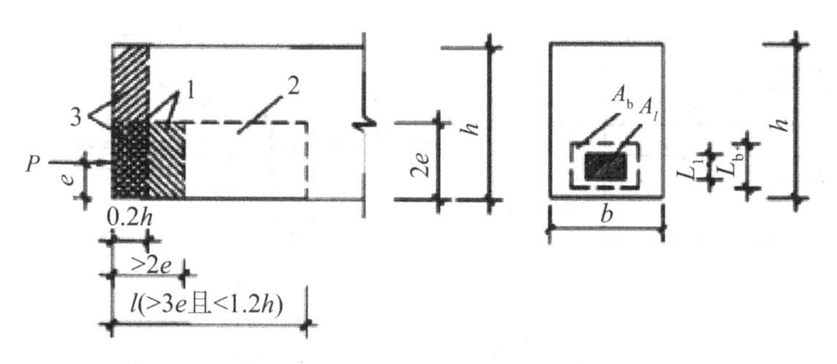

图 6-18　防止端部裂缝的配筋范围

1—局部受压间接钢筋配筋区；2—附加防劈裂配筋区；3—附加防断面裂缝配筋区

⑦ 后张法预应力混凝土构件中，曲线预应力束时，其曲率半径不宜小于 4m；对折线配筋的构件，在预应力束弯折处的曲率半径可适当减小。

⑧ 在后张法预应力混凝土构件的预拉区和预压区中，应设置纵向非预应力构造钢筋；在预应力钢筋弯折处，应加密箍筋或沿弯折处内侧设置钢筋网片。

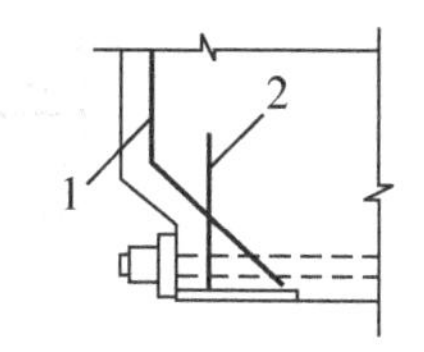

图 6-19　端部凹进处构造钢筋

1—折线构造钢筋；2—竖向构造钢筋

⑨ 对外露金属锚具，应采取可靠的防腐及防火措施。

6.3.4　案例分析

现以一预应力混凝土屋架下弦拉杆为例，介绍后张法预应力混凝土构件的设计计算。该屋架长 24m，截面尺寸 $b\times h$=250mm×200mm，混凝土强度等级为 C60(f_c=27.5N/mm^2，f_t=2.04N/mm^2，f_{tk}=2.85N/mm^2，E_c=3.60×10^{4}N/mm^2)；预应力钢筋采用高强低松弛钢绞线(f_{ptk}=1860N/mm^2，f_{py}=1320N/mm^2，E_p=1.95×10^{5}N/mm^2)；非预应力钢筋采用 HRB400(f_y=360N/mm^2，E_s=2.0×10^{5}N/mm^2)，按构造要求配置 4Φ12(A_s=452mm^2)。采用后张法，当混凝土强度达到规定设计强度后张拉预应力钢筋(一端张拉)，孔道(直径为 255mm)为预埋金属波纹管，采用 JM 12 锚具。构件端部构造如图 6-20 所示。构件承受荷载：永久荷载标准值产生的轴心拉力 N_{gk}=820kN，可变荷载标准值产生的轴心拉力 N_{qk}=320kN，可变荷载的准永久值系数为 0.50。裂缝控制等级为二级。结构重要性系数 γ_0=1.10。

1. 配筋计算

由式(6-34)得

$$A_p = \frac{\gamma_0 N - f_y A_s}{f_{yp}}$$

$$=[1.1\times(1.2\times820000+1.4\times320000)-360\times452]/1220=1070\text{mm}$$

选用高强低松弛钢绞线 2 束 4Φ1×7，d =15.2mm，A_p=1112mm^2。

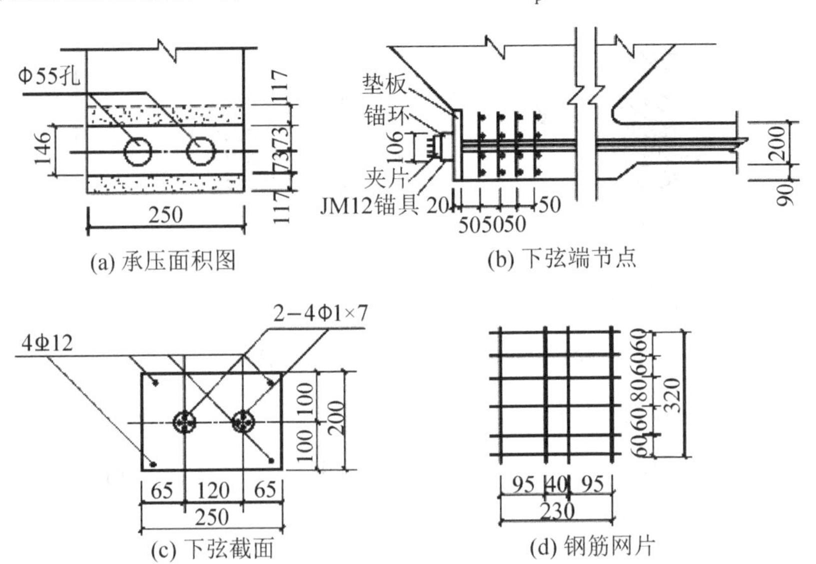

图 6-20 构件端部构造

2. 使用阶段裂缝控制验算

1) 截面几何特征和参数计算

非预应力钢筋弹性模量与混凝土弹性模量比

$$\alpha_E = \frac{E_s}{E_c} = \frac{2.0\times10^5}{3.6\times10^4} = 5.56$$

预应力钢筋弹性模量与混凝土弹性模量比

$$\alpha_p = \frac{E_p}{E_c} = \frac{1.95\times10^5}{3.6\times10^4} = 5.42$$

净截面面积

$$A_n = A_c + \alpha_E A_s = 250\times200 - 2\times\frac{1}{4}\times\pi\times55^2 - 452 + 5.56\times452 = 47312\text{mm}^2$$

换算截面面积

$$A_0 = A_c + \alpha_E A_s + \alpha_p A_p = 47312 + 5.42\times1112 = 53339\text{mm}^2$$

2) 确定张拉控制应力 σ_{con}

由式(6-1)得张拉控制应力

$$\sigma_{con}=0.75f_{ptk}=0.75\times1720=1290\text{N}/\text{mm}^2$$

3) 计算预应力损失

(1) 锚具变形损失，采用 JM 锚具由表可查得 $a=5\text{mm}$

$$\sigma_{l1}=\frac{a}{l}E_s=\frac{5}{24000}\times195000=40.63\text{N}/\text{mm}^2$$

(2) 孔道摩擦损失，直线配筋，$\theta=0°$，$l=24\text{m}$，查表得 $k=0.0015$，$\mu=0.25$，$\mu\theta+kx=0.25\times0+0.0015\times24=0.36>0.3$，

$$\sigma_{l2}=\sigma_{con}(1-\frac{1}{e^{\mu\theta+kx}})=1290\times(1-\frac{1}{e^{0.36}})=45.61\text{N}/\text{mm}^2$$

则第一批预应力损失

$$\sigma_{lI}=\sigma_{l1}+\sigma_{l2}=40.63+45.61=86.24\text{N}/\text{mm}^2$$

(3) 预应力筋的应力松弛损失

$$\sigma_{l4}=0.20\left(\frac{\sigma_{con}}{f_{ptk}}-0.575\right)\sigma_{con}=0.20\times(0.75-0.575)\times1290=45.15\text{N}/\text{mm}^2$$

(4) 混凝土收缩、徐变损失，完成第一批预应力损失后混凝土预压应力

$$\sigma_{pcI}=\frac{N_p}{A_n}=\frac{(\sigma_{con}-\sigma_{lI})A_p}{A_n}=\frac{(1290-86.24)\times1112}{47312}=28.29\text{N}/\text{mm}^2$$

$$\frac{\sigma_{pcI}}{f'_{cu}}=\frac{28.29}{60}=0.472<0.5$$

$$\rho=\frac{A_s+A_p}{2A_n}=\frac{452+1112}{2\times47312}=0.0165$$

$$\sigma_{l5}=\frac{55+330\frac{\sigma_{pcI}}{f'_{cu}}}{1+15\rho}=\frac{55+330\times\frac{28.29}{60}}{1+15\times0.0165}=168.95\text{N}/\text{mm}^2$$

则第二批预应力损失

$$\sigma_{lII}=\sigma_{l4}+\sigma_{l5}=45.15+168.95=214.1\text{N}/\text{mm}^2$$

预应力总损失

$$\sigma_l=\sigma_{lI}+\sigma_{lII}=86.24+214.1=300.34\text{N}/\text{mm}^2>80\text{N}/\text{mm}^2$$

4) 裂缝控制验算

混凝土预压应力 σ_{pcII}

$$\sigma_{pcII}=\frac{(\sigma_{con}-\sigma_l)A_p-\sigma_{l5}A_s}{A_n}=\frac{(1290-300.34)\times1112-168.95\times452}{47312}=21.65\text{N}/\text{mm}^2$$

外荷载在截面中引起的拉应力 σ_{ck} 和 σ_{cq}

荷载效应标准组合

$$\sigma_{ck}=\frac{N_k}{A_0}=\frac{820000+290000}{53339}=20.81\text{N}/\text{mm}^2$$

荷载效应准永久组合

$$\sigma_{cq}=\frac{N_q}{A_0}=\frac{820000+0.5\times 290000}{53339}=18.09\text{N/mm}^2$$

$$\sigma_{ck}-\sigma_{pcII}=20.81-21.65=-0.84<f_{tk}=2.85\text{N/mm}^2$$

$$\sigma_{cq}-\sigma_{pcII}=18.09-21.65=-3.65\text{N/mm}^2<0$$

符合一级裂缝控制等级的要求。

3. 施工阶段承载力验算

最大张拉力

$$N_p=\sigma_{con}A_p=1290\times 1112=1434480\text{N}$$

此时混凝土的压应力

$$\sigma_{cc}=\frac{N_p}{A_n}=\frac{1434480}{47312}=30.32\text{N/mm}^2<0.8f'_{ck}=0.8\times 38.5=30.8\text{N/mm}^2$$

满足要求。

4. 端部承载力验算

1) 局部受压面积验算

JM 12 锚具的直径为 106mm ，锚具下垫板厚 20mm，按 45° 扩散后，受压面积的直径增加到 106+2×20=146mm，如图 6-21(a)所示。计算可得局部受压面积：

$$A_l=2\times(\frac{\pi}{4}d^2-A_1-A_2)=2\times(\frac{\pi}{4}\times 146^2-358-734)=31299\text{mm}^2$$

将此面积换算成宽 250mm 的矩形时，其长度应为 31299/250=125mm，如图 6-21(b)所示。

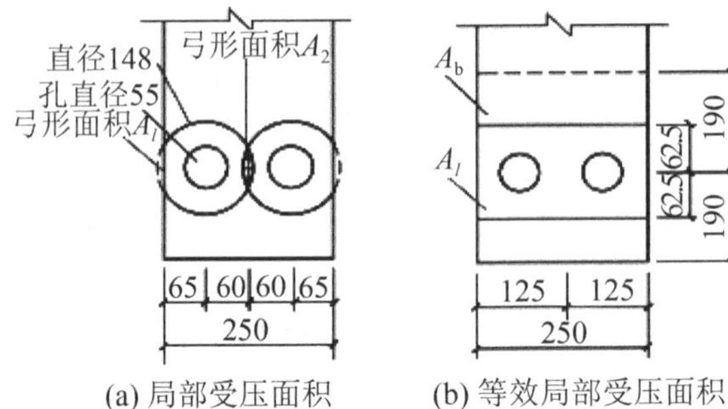

(a) 局部受压面积

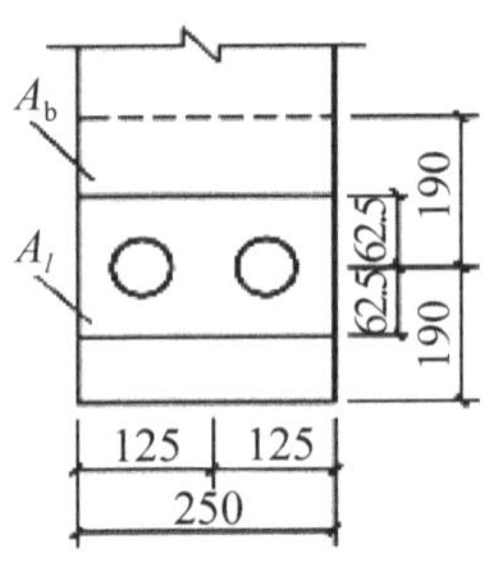

(b) 等效局部受压面积

图 6-21 局部受压面积计算

根据同心、对称原则，确定局部受压时计算底面积

$$A_b=2\times 250\times 195=95000\text{mm}^2$$

锚具下混凝土的局部受压面积(净面积)

$$A_{ln}=A_l-2\times\frac{\pi}{4}d^2=31299-2\times\frac{\pi}{4}\times 55^2=26547\text{mm}^2$$

故混凝土局压受压强度提高系数

$$\beta_l=\sqrt{\frac{A_b}{A_l}}=\sqrt{\frac{95000}{26547}}=1.892$$

$$F_l = 1.2\sigma_{con} A_p = 1.2 \times 1290 \times 1112 = 1721376\text{N} < 1.35\beta_c \beta_l f_c' A_{ln}$$
$$= 1.35 \times 0.933 \times 1.892 \times 27.5 \times 26547 = 1739741\text{N}$$

满足要求。

2) 局部受压承载力验算

屋架端部配置 HPB300 级钢筋焊接网，钢筋直径为$\phi 10$，网片间距 s=40mm，共 4 片，$l_1 = 320\text{mm}$，$l_2 = 230\text{mm}$，$n_1 = n_2 = 4$，$A_{s1} = A_{s2} = 78.5\text{mm}^2$。

混凝土核芯面积

$$A_{cor} = 320 \times 230 = 73600\text{mm}^2 < A_b = 95000\text{mm}^2$$

配置间接钢筋的局部受压承载力提高系数

$$\beta_{cor} = \sqrt{\frac{A_{cor}}{A_l}} = \sqrt{\frac{73600}{31299}} = 1.533$$

间接钢筋体积配筋率

$$\rho_v = \frac{n_1 A_{s1} l_1 + n_2 A_{s2} l_2}{A_{cor} s} = \frac{4 \times 78.5 \times 320 + 4 \times 78.5 \times 230}{73600 \times 40} = 0.0587$$

局部受压承载力验算

$$0.9\left(\beta_c \beta_l f_c + 2\alpha \rho_v \beta_{cor} f_{yv}\right) A_{ln}$$
$$= 0.9 \times \left(0.933 \times 1.892 \times 27.5 + 2 \times 0.95 \times 0.0587 \times 1.533 \times 270\right) \times 26547$$
$$= 2262777\text{N} > F_l = 1721376\text{N}$$

符合要求。

【课程实训】

思考题

1. 两个轴心受拉构件，设二者的截面尺寸、配筋及材料完成相同。一个施加了预应力；另一个没有施加预应力。有人认为前者在施加外荷载前钢筋中已存在有很大的拉应力，因此在承受轴心拉力以后，必然其钢筋的应力先到达抗拉强度。这种看法对吗？为什么？试用公式表达。

2. 如有一先张法和后张法轴心受拉构件，采用相同的控制应力，并假定预应力损失值也相同，问当加荷至混凝土预压应力等于零时，两种构件中钢筋应力是否相同？哪个大？

3. 局部承压验算中，ρ_v 代表什么意义？如何进行计算？

4. 为什么要进行施工阶段的验算，施工阶段的承载力和抗裂度验算公式如何？为什么要对预拉区非预应力钢筋的配筋率作出限制？

5. 什么叫有效预应力值？

6. 为什么要对构件的端部局部加强？举出三种构件端部局部加强的构造措施。

7. 写出后张法轴心受拉构件的应力变化过程和应力值计算公式。

习题

已知预应力混凝土屋架下弦用后张法施加预应力，截面尺寸 $b \times h = 250\text{mm} \times 200\text{mm}$，如图 6-22 所示。构件长 18m，混凝土强度等级 C35，预应力钢筋用预应力螺纹钢筋，采用螺丝端杆锚具，配置非预应力钢筋为4Φ10，当混凝土达到抗压强度设计值的90%时张拉预应力钢筋(采用两端同时张拉，超张拉)，孔道直径为50mm(充压橡皮管抽芯成型)，轴向拉力设计值N=460kN，在标准荷载组合下，轴向拉力值N_k=350kN，在荷载长期效应组合下，轴向拉力值N_q=300kN，该构件属一般要求不出现裂缝构件，要求：

(1) 确定钢筋数量；

(2) 进行使用阶段正截面抗裂验算；

(3) 验算施工阶段混凝土抗压承载力；

(4) 验算施工阶段锚固区局部承压力(包括确定钢筋网的材料、规格、网片的间距以及垫板尺寸等)。

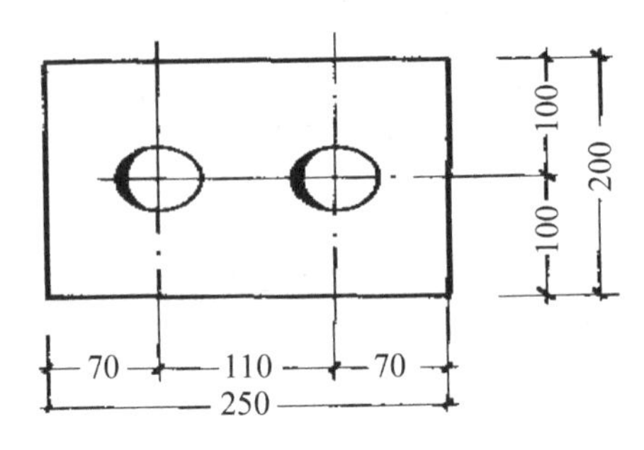

图 6-22　屋架下弦截面尺寸

6.4　先张法预应力混凝土受弯构件的计算

6.4.1　先张法预应力混凝土受弯构件受力分析

预应力混凝土受弯构件的应力分析与预应力混凝土轴心受拉构件的应力分析在原则上并无区别，也分施工阶段和使用阶段。在施工阶段，应力分析采用材料力学的分析方法；在使用阶段中，直到混凝土受拉开裂前，也可采用材料力学的分析方法。

在预应力混凝土轴心受拉构件中，预应力筋和非预应力筋的合力总是作用于构件的重心轴、混凝土是均匀受力的(在施工阶段及外荷载产生的轴力小于N_{po}以前，均匀受压；此后到开裂前，混凝土均匀受拉)，因此截面上任一位置的混凝土应力状态都相同，如图6-23(a)所示；而在预应力混凝土受弯构件中，预应力钢筋和非预应力钢筋的合力没有作用在构件的重心轴上，混凝土截面处于偏心受力状态，在同一截面上混凝土的应力随高度而线性变化，如图6-23(b)所示。

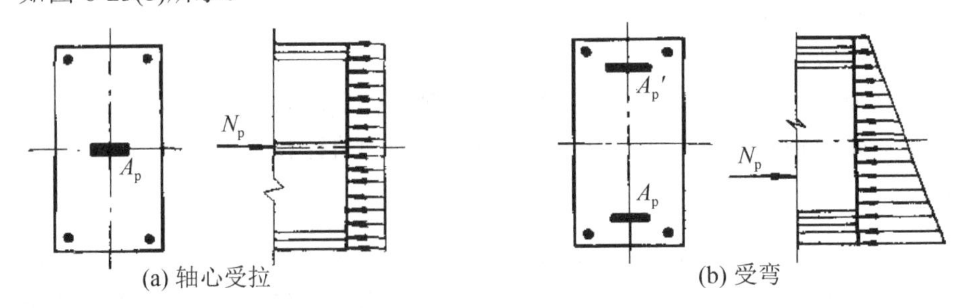

图 6-23　预应力混凝土轴心受拉构件和受弯构件施工阶段截面的应力比较

由材料力学可知，截面承受偏心压力 N_{p0} 时(见图 6-24)，截面上各点的法向应力可用如下公式表示：

$$\sigma_c(y)=\frac{N_p}{A}+\frac{N_p e_p}{I}y \tag{6-47}$$

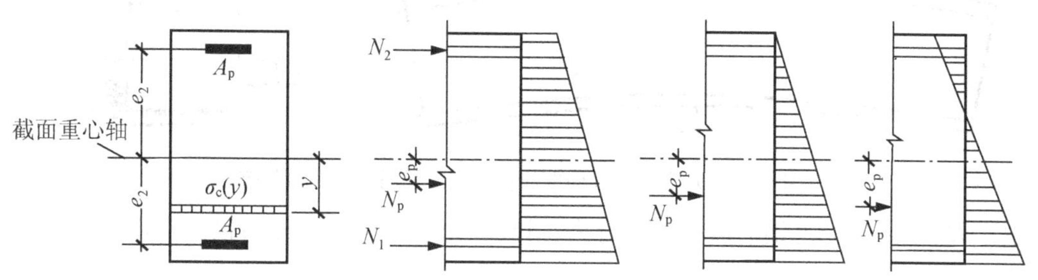

图 6-24　偏心压力作用下的截面应力状态

式中：N_p——作用在截面上的偏心压力，$N_p=N_1+N_2$，N_1、N_2 分别为作用于截面下部和上部的压力；

e_p——N_p 至截面重心的距离，$e_p=\dfrac{(N_1e_1-N_2e_2)}{N_p}$，$e_1$、$e_2$ 分别为 N_1、N_2 至截面重心的距离；

A——截面面积；

I——截面惯性矩；

y——离开截面重心的距离，以重心轴为坐标原点，向下为正，向上为负；$\sigma_c(y)$ 表示 y 点的应力。

将预应力钢筋和非预应力钢筋的合力看作 N_p，分别求出 A、I、e_p，则预应力混凝土受弯构件直到开裂前的应力状态都可用式(6-50)表达。

为了简单起见，先假定截面上只配有预应力钢筋。

与预应力混凝土轴心受拉构件对应，先张法受弯构件的截面几何特征用 A_0、I_0、y_0 表示，A_0 和 I_0 分别为换算截面面积和换算截面惯性矩，y_0 为换算截面重心轴至受拉区下边缘的距离，如图 6-25 所示。

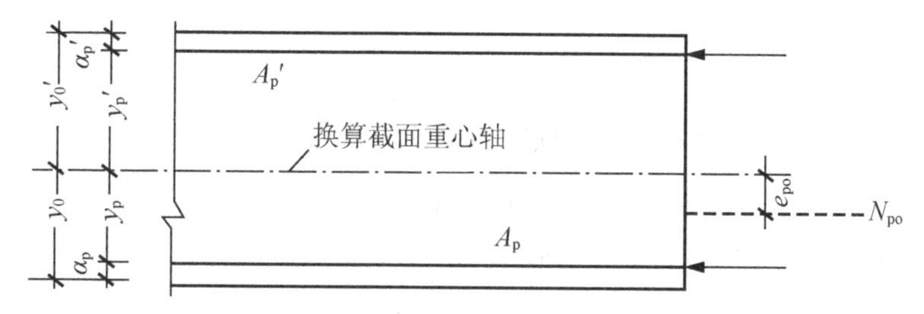

图 6-25　施工阶段先张法构件的几何尺寸及预应力钢筋合力位置

1．施工阶段

1) 放松预应力钢筋时

放松预应力钢筋时，混凝土受到预加应力，且沿截面线性分布，如图 6-26 所示。将预应力看成外力，则由式(6-50)可求得截面上的混凝土法向应力为

$$\sigma_{\mathrm{pcI}}(y)=\frac{N_{\mathrm{pI}}}{A_0}+\frac{N_{\mathrm{p1}}e_{\mathrm{p1}}}{I_0}y \tag{6-48}$$

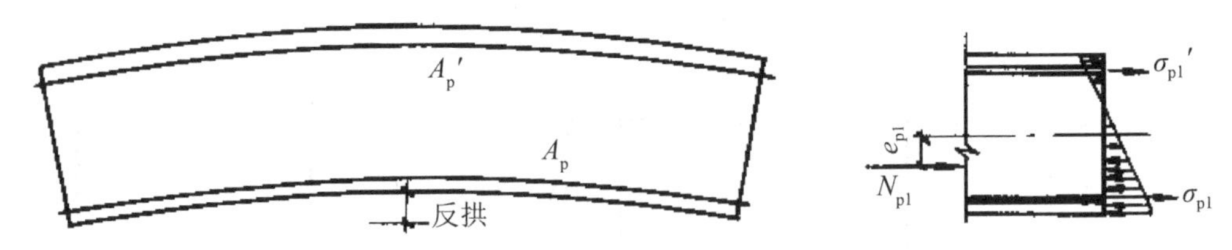

图 6-26　先张法受弯构件放松预应力钢筋时的受力状态

式中：N_{p1}——预应力钢筋放松时的合力；计算 N_{pI} 时，考虑预应力钢筋已出现第一批损失，故

$$N_{\mathrm{pI}}=(\sigma_{\mathrm{con}}-\sigma_{l1})A_{\mathrm{p}}+(\sigma'_{\mathrm{con}}-\sigma'_{l1})A'_{\mathrm{p}} \tag{6-49}$$

e_{p1}——预应力钢筋合力 N_{p1} 的偏心距，

$$e_{\mathrm{pI}}=\frac{(\sigma_{\mathrm{con}}-\sigma_{l1})A_{\mathrm{p}}y_{\mathrm{p}}-(\sigma'_{\mathrm{con}}-\sigma'_{l1})A'_{\mathrm{p}}y'_{\mathrm{p}}}{N_{\mathrm{pI}}} \tag{6-50}$$

A_{p}、σ_{con}、σ_{l1}——受拉区预应力钢筋的截面面积、张拉控制应力、第一批预应力损失；

A'_{p}、σ'_{con}、σ'_{l1}——受压区预应力钢筋的截面面积、张拉控制应力、第一批预应力损失。

混凝土在预加应力作用下发生变形，构件出现反拱，预应力钢筋中的预应力降低。在预应力钢筋 A_{p} 和 A'_{p} 的合力作用点处，混凝土法向应力分别为：

$$\sigma_{\mathrm{pcI}}(y_{\mathrm{p}})=\frac{N_{\mathrm{pI}}}{A_0}+\frac{N_{\mathrm{pI}}e_{\mathrm{pI}}}{I_0}y_{\mathrm{p}} \tag{6-51}$$

$$\sigma'_{\mathrm{pcI}}(y'_{\mathrm{p}})=\frac{N_{\mathrm{pI}}}{A_0}+\frac{N_{\mathrm{pI}}e_{\mathrm{pI}}}{I_0}y'_{\mathrm{p}} \tag{6-52}$$

2) 完成第二批应力损失之后

第二批预应力损失完成意味着预应力损失已全部完成。

距换算截面重心 y 处的混凝土法向应力为

$$\sigma_{\mathrm{pcII}}(y)=\frac{N_{\mathrm{po}}}{A_0}+\frac{N_{\mathrm{po}}e_{\mathrm{po}}}{I_0}y \tag{6-53}$$

式中：N_{po}——完成全部预应力损失后预应力钢筋的合力

$$N_{\mathrm{po}}=(\sigma_{\mathrm{con}}-\sigma_l)A_{\mathrm{p}}+(\sigma'_{\mathrm{con}}-\sigma'_l)A'_{\mathrm{p}} \tag{6-54}$$

e_{po}——N_{po} 至换算截面重心的偏心距

$$e_{\mathrm{po}}=\frac{(\sigma_{\mathrm{con}}-\sigma_l)A_{\mathrm{p}}y_{\mathrm{p}}-(\sigma'_{\mathrm{con}}-\sigma'_l)A'_{\mathrm{p}}y'_{\mathrm{p}}}{N_{\mathrm{po}}} \tag{6-55}$$

当考虑非预应力钢筋对混凝土收缩徐变的影响时，与预应力轴心受拉构件类似，式(6-56)和式(6-55)相应改为：

$$N_{\mathrm{po}}=(\sigma_{\mathrm{con}}-\sigma_l)A_{\mathrm{p}}-\sigma_{l5}A_{\mathrm{s}}+(\sigma'_{\mathrm{con}}-\sigma'_l)A'_{\mathrm{p}}-\sigma'_{l5}A'_{\mathrm{s}} \tag{6-56}$$

$$e_{po}=\frac{(\sigma_{con}-\sigma_l)A_p y_p-\sigma_{l5}A_s y_s-(\sigma'_{con}-\sigma'_l)A'_p y'_p+\sigma'_{l5}A'_s y'_s}{N_{po}} \tag{6-57}$$

式中：A_s、A'_s——受拉区、受压区的非预应力钢筋的截面面积；

y_s、y'_s——非预应力钢筋 A_s、A'_s 合力点至换算截面重心的距离。

y_p、y'_p——预应力钢筋 A_p、A'_p 合力点至换算截面重心的距离。

预应力钢筋的有效预应力为：

$$\sigma_{pe}=\sigma_{con}-\sigma_l-\alpha_E\sigma_{pcII}(y_p) \tag{6-58}$$

$$\sigma'_{pe}=\sigma'_{con}-\sigma'_l-\alpha_E\sigma'_{pcII}(y'_p) \tag{6-59}$$

式中：σ_{pcII}、σ'_{pcII}——预应力钢筋 A_p、A'_p 合力点处的混凝土法向应力，取 $y=y_p$ 或 $y=-y'_p$ 求得。

完成全部预应力损失后预应力钢筋的有效预应力 σ_{pcII}、σ'_{pcII} 以及预应力钢筋与非预应力钢筋钢筋的合力 N_{po} 将对构件使用阶段的性能起作用。

2. 使用阶段

1) 截面受拉区下边缘混凝土应力为零时

在外荷载作用下，截面上边缘混凝土转向受压，下边缘混凝土由受压转向受拉。当加荷至截面下边缘混凝土应力为零时，预应力钢筋的应力可近似地认为增加了 $\alpha_E\sigma_{pc}$ 即此时预应力钢筋应力比式(6-58)、式(6-59)增加了 $\alpha_E\sigma_{pcII}(y_p)$、$\alpha_E\sigma'_{pcII}(y'_p)$ 从而有：

$$\sigma_{po}=\sigma_{con}-\sigma_l \tag{6-60}$$

$$\sigma_{po}'=\sigma_{con}'-\sigma'_l \tag{6-61}$$

显然，当外荷载作用下的弯矩使截面下边缘产生的拉应力恰好与 $\sigma_{pcII}(y_0)$，相等时，就是截面下边缘应力为零的状态，这种状态也称消压状态，相应的弯短称为消压弯矩，其值为：

$$M_0=\sigma_{pcII}(y_0)\frac{I_0}{y_0}=\sigma_{pcII}(y_0)W_0 \tag{6-62}$$

式中：y_0——截面下边缘至换算截面重心的距离；

$\sigma_{pcII}(y_0)$——取 $y=y_0$，由式(6-53)求得；

W_0——换算截面受拉边缘的弹性抵抗矩，$W_0=\dfrac{I_0}{y_0}$。

消压弯矩与偏心拉力“等效”，仅指使截面下边缘应力为零而言。

2) 受拉区混凝土即将开裂时

外荷载继续增加，则截面上部压应力增大；当下边缘混凝土拉应力达到其抗拉强度时，构件即将开裂。显然，开裂时的弯矩从等于 M_0 加上相应钢筋混凝土受弯构件的开裂弯矩，因而预应力混凝土受弯构件的抗裂性能大大优于钢筋混凝土受弯构件。

裂缝出现前，受拉边缘混凝土变形模量约为初始弹性模量的一半。因此下部预应力钢筋应力可近似取为

$$\sigma_{pcr}=(\sigma_{con}-\sigma_l)+2\alpha_E f_{tk} \tag{6-63}$$

而上部预应力钢筋的应力将在σ'_{po}的基础上减少。

3) 构件破坏时

构件破坏时，裂缝截面上受拉区混凝土退出工作，受拉区的预应力钢筋A_p达到抗拉强度f_{py}，受压区的预应力钢筋A'_p则无论受拉或受压都不会屈服，其应力σ'_{pu}可近似取为

$$\sigma'_{pu}=\sigma'_{po}-f'_{py} \tag{6-64}$$

式中：σ'_{po}——消压时受压区预应力钢筋的应力，由式(6-64)得出。

f'_{py}——受压区预应力钢筋的抗压强度设计值。

上式中当$\sigma'_{pu}>0$时，预应力钢筋处于受拉状态；$\sigma'_{pu}<0$时，预应力钢筋处于受压状态。

将先张法构件和后张法构件各阶段受力状态进行对比后看出：

(1) 张拉预应力筋时，先张法构件因混凝土尚未浇灌，因而不存在混凝土受力问题，但是后张法构件中的混凝土将出现预加应力。

(2) 先张法构件的预应力钢筋开始时锚固在台座上，构件中无预加应力。待混凝土结硬后放松预应力钢筋时，构件受到预加应力而变形，预应力钢筋中的有效预应力，除应将张拉控制应力减去各项有关预应力损失值之外，还应考虑因构件受到预加应力产生变形引起预应力钢筋应力的降低。后张法构件由于张拉预应力钢筋时混凝土已受到压缩，因此预应力钢筋的有效预应力不考虑此项变化，即其他条件相同时，后张法构件的预应力钢筋有效预应力要高于相应的先张法构件。

(3) 构件破坏时，无论是先张法受弯构件和后张法受弯构件，配置在受压区的预应力钢筋不会屈服，除此之外，其受力状态均与钢筋混凝土受弯构件的受力状态相同。

6.4.2 先张法预应力混凝土受弯构件计算

1. 使用阶段承载力计算

1) 正截面承载力计算

(1) 矩形截面受弯构件正截面承载力计算。

① 计算简图。

预应力混凝土受弯构件正截面的破坏特征，与钢筋混凝土受弯构件的相同。构件破坏时，受拉区的预应力钢筋和非预应力钢筋以及受压区的非预应力钢筋均可得到充分利用。受压区的预应力钢筋因预拉应力较大，构件达承载力极限时，它可能受拉，也可能受压，但应力都很小，达不到强度设计值。矩形受弯构件正截面承载力的计算简图如图6-27所示。

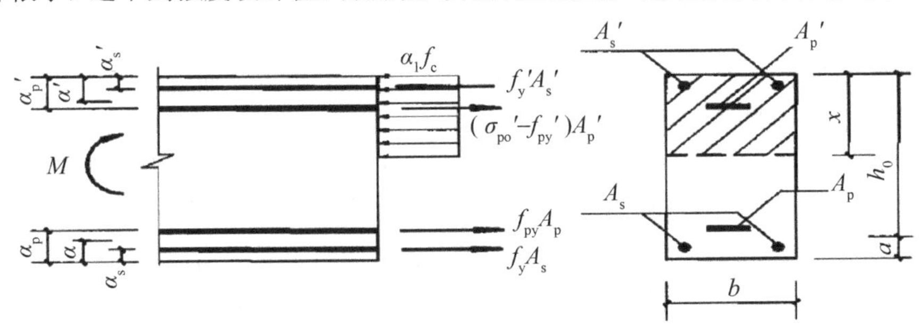

图6-27 矩形截面受弯构件正截面受弯承载力计算简图

② 基本计算公式及适用条件。

对矩形截面(或翼缘位于受拉边的 T 形截面)，其正截面受弯承载力按下列公式计算：

$$M \leqslant \alpha_1 f_c bx\left(h_0-\frac{x}{2}\right)+f'_y A'_s\left(h_0-a'_s\right)-\left(\sigma'_{po}-f'_{py}\right)A'_p\left(h_0-a'_p\right) \tag{6-65}$$

混凝土受压区高度按下列公式确定：

$$\alpha_1 f_c bx=f_y A_s-f'_y A'_s+f_{py}A_p+\left(\sigma'_{po}-f'_{py}\right)A'_p \tag{6-66}$$

混凝土受压区的高度应符合下列要求：

$$x \leqslant \xi_b h_0 \tag{6-67}$$

$$x \geqslant 2a' \tag{6-68}$$

式中：M——弯矩设计值；

α_1——系数，当混凝土强度等级不超过 C50 时，α_1 取为 1.0，当混凝土强度等级为 C80 时，α_1 取为 0.94，其间按线性内插法确定；

f_c——混凝土轴心抗压强度设计值；

A_s、A'_s——受拉区、受压区纵向普通钢筋的截面面积；

A_p、A'_p——受拉区、受压区纵向预应力筋的截面面积；

σ'_{po}——受压区纵向预应力筋合力点处混凝土法向应力等于零时的预应力钢筋应力；

h_0——截面的有效高度；

b——矩形截面的宽度或倒 T 形截面的腹板宽度；

a'_s、a'_p——受压区纵向普通钢筋合力点、预应力筋合力点至截面受压区边缘的距离。

a'——受压区全部纵向钢筋合力点至截面受压边缘的距离，当受压区未配置纵向预应力筋或受压区纵向预应力筋应力为拉应力时，公式中的 a' 用 a'_s 代替。

③ 受压区相对界限高度 ξ_b。

受拉钢筋和受压区混凝土同时达到其强度设计值时的相对界限受压区高度久，可以仿照第 3 章的方法求得。

对预应力混凝土构件，计算公式为：

$$\xi_b=\frac{\beta_1}{1+\dfrac{0.002}{\varepsilon_{cu}}+\dfrac{f_{py}-\sigma_{po}}{E_s\varepsilon_{cu}}} \tag{6-69}$$

式中：β_1——系数，当混凝土强度等级不超过 C50 时，α_1 取为 0.8，当混凝土强度等级为 C80 时，α_1 取为 0.74，其间按线性内插法确定；

ε_{cu}——非均匀受压时的混凝土极限压应变。

(2) T 形、工字形截面受弯构件正截面承载力计算。

翼缘位于受压区的 T 形、工字形截面受弯构件(见图 6-28)，其正截面承载力计算应符合下列规定。

当满足下列条件时，应按宽度为 b'_f 的矩形截面计算：

$$f_y A_s+f_{py}A_p \leqslant \alpha_1 f_c b'_f h'_f+f'_y A'_s-\left(\sigma'_{po}-f'_{py}\right)A'_p \tag{6-70}$$

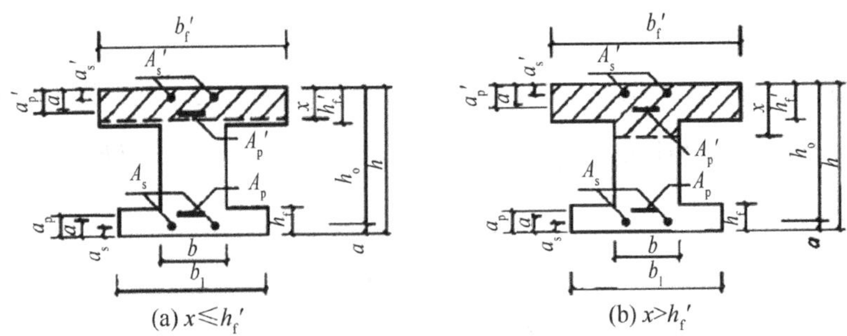

图 6-28　工字形截面受弯构件受压区高度位置

当不满足以上条件时，应按下列公式计算：

$$M \leqslant \alpha_1 f_c bx\left(h_0 - \frac{x}{2}\right) + \alpha_1 f_c (b'_f - b)h'_f\left(h_0 - \frac{h'_f}{2}\right) + f'_y A'_s (h_0 - a'_s) - (\sigma'_{po} - f'_{py})A'_p(h_0 - a'_p) \tag{6-71}$$

混凝土受压区高度应按下列公式确定：

$$\alpha_1 f_c\left[bx + (b'_f - b)h'_f\right] = f_y A_s - f'_y A'_s + f_{py}A_p + (\sigma'_{po} - f'_{py})A'_p \tag{6-72}$$

式中：h'_f——T 形、工字形截面受压区的翼缘高度；

b'_f——T 形、工字形截面受压区的翼缘计算宽度。

混凝土受压区高度仍应符合矩形截面公式。

2) 斜截面抗剪承载力计算

预应力的存在，推迟了斜裂缝的出现，减小了斜裂缝开展的宽度。当配置有弯起的预应力钢筋时，它在垂直方向的分量可部分地抵消荷载产生的剪力。因此，预应力混凝土受弯构件的抗剪承载力，比相同情况下的钢筋混凝土受弯构件的要高。

《规范》规定、矩形，T 形和工字形截面的一被受弯构件，当仅配有箍筋时，其斜截面的受剪承载力按下列公式计算：

$$V \leqslant V_{cs} + V_p \tag{6-73}$$

$$V_p = 0.05N_{po} \tag{6-74}$$

式中：V——构件斜截面上的最大剪力设计值；

V_{cs}——构件斜截面上混凝土和箍筋的受剪承载力设计值；

V_p——由预应力提高的构件的受剪承载力设计值；

N_{po}——计算截面上混凝土法向预应力等于零时的预加力，当 N_{po} 大于 $0.3f_cA_0$ 时，取 $0.3f_cA_0$。

当配置箍筋和弯起钢筋时，其斜截面的受剪承载力按下列公式计算：

$$V \leqslant V_{cs} + V_p + 0.8f_{yv}A_{sb}\sin\alpha_s + 0.8f_{py}A_{pb}\sin\alpha_p \tag{6-75}$$

式中：A_{sb}、A_{pb}——分别为同一平面内的弯起普通钢筋、弯起预应力筋的截面面积；

α_s、α_p——分别为斜截面上弯起普通钢筋、预应力筋的切线与构件纵轴线的夹角。

此外，当 $V \leqslant \alpha_{cv} f_t bh_0 + 0.05N_{po}$ 时，可按构造要求配置箍筋。

2. 使用阶段裂缝控制验算

1) 正截面裂缝控制验算

预应力混凝土受弯构件裂缝控制等级的划分方法及裂缝控制验算规定，与预应力混凝

土轴心受拉构件的完全相同。

2) 斜截面抗裂验算

斜截面抗裂验算的目的是限制各控制截面的混凝土主拉应力 σ_{tp} 和主压应力 σ_{cp}，以免出现斜裂缝。

(1) 混凝土主拉应力。

① 一级裂缝控制等级构件，应符合下列规定：

$$\sigma_{tp} \leqslant 0.85 f_{tk} \tag{6-76}$$

② 二级裂缝控制等级构件，应符合下列规定：

$$\sigma_{tp} \leqslant 0.95 f_{tk} \tag{6-77}$$

(2) 混凝土主压应力。

对一、二级裂缝控制等级构件，均应符合下列规定：

$$\sigma_{cp} \leqslant 0.60 f_{ck} \tag{6-78}$$

控制截面是指跨度内不利位置的截面，应对该截面的换算截面重心处和截面宽度突变处的主拉应力和主压应力进行验算。

对先张法预应力混凝土构件端部进行斜截面受剪承载力计算以及正截面、斜截面抗裂验算时，应计入预应力钢筋在其预应力传递长度范围内实际应力值的变化。预应力钢筋的实际预应力按线性规律增大，在构件端部应取零，在其预应力传递长度的末端应取有效预应力值，预应力钢筋的预应力传递长度应按公式(6-79)采用。

$$l_{ab} = \alpha \frac{f_{py}}{f_t} d \tag{6-79}$$

式中：f_t——混凝土轴心抗拉强度设计值，当混凝土强度等级高于 C60 时，按 C60 取值；

d——锚固钢筋的直径；

α——锚固钢筋的外形系数，按表 6-8 取用。

表 6-8　锚固钢筋的外形系数 α

钢筋类型	光圆钢筋	带肋钢筋	螺旋肋钢丝	三股钢绞线	七股钢绞线
α	0.16	0.14	0.13	0.16	0.17

先张法构件中，预应力钢筋的端部除了存在传力长度外，还应考虑锚固长度问题。放松预应力钢筋时，预应力钢筋向构件内回缩，但是钢筋与混凝土之间的黏结力，以及钢筋回缩时端部变粗对周围混凝土形成的挤压，阻止预应力钢筋的回缩。在外荷的作用下，构件端部形成的预应力钢筋的自锚区保证预应力钢筋的强度不会因钢筋拔出而不能发挥。自锚区的长度称为锚固长度。

计算先张法预应力混凝土构件端部锚固区的正截面和斜截面受弯承载力时，锚固区内的预应力钢筋抗拉强度设计值在锚固起点处应取零，在锚固终点处应取 f_{py}，在两点之间可按直线内插法取值。

3. 使用阶段变形验算

预应力受弯构件的变形由两部分组成：一部分是由荷载产生的挠度，另一部分是预加应力产生的反拱。

在预应力混凝土受弯构件中，由于预应力的合力作用点位于截面形心以下，因面使构件产生向上的挠曲变形，称为由预加应力产生的反拱。构件使用时，由荷载产生的变形，有一部分要抵消预加应力的反拱。因此，预应力混凝土受弯构件的变形，比相同情况下的钢筋混凝土受弯构件的小。

1) 预加应力作用下构件反拱的计算

预应力反拱可按材料力学方法求得的反拱值乘以长期增大系数 2.0，故：

$$a_{\mathrm{fpl}} = \frac{N_{\mathrm{po}} e_{\mathrm{po}} l^2}{4E_{\mathrm{c}} I_0} \tag{6-80}$$

式中：a_{fpl}——预应力反拱值；

l——计算跨度；

E_{c}——混凝土的弹性模量；

I_0——换算截面惯性矩。

2) 荷载作用下构件挠度的计算

预应力混凝土受弯构件在使用阶段的挠度，可根据构件的刚度用结构力学的方法计在等截面构件中，可假定各同号弯短区段内的刚度相等，并取用该区段内最大弯矩处的刚度计算挠度。

对使用阶段不出现裂缝的预应力混凝土受弯构件，在荷载短期效应组合作用下的短期刚度为

$$B_{\mathrm{s}} = 0.85 E_{\mathrm{c}} I_0 \tag{6-81}$$

对允许出现裂缝的预应力混凝土受弯构件，在荷载短期效应组合作用下的短期刚度为

$$B_{\mathrm{s}} = \frac{0.85 E_{\mathrm{c}} I_0}{\kappa_{\mathrm{cr}} + (1-\kappa_{\mathrm{cr}})\omega} \tag{6-82}$$

$$\kappa_{\mathrm{cr}} = \frac{M_{\mathrm{cr}}}{M_{\mathrm{k}}} \tag{6-83}$$

当$\kappa_{\mathrm{cr}} > 1$时，取$\kappa_{\mathrm{cr}}=1$

$$\omega = \left(1.0 + \frac{0.21}{\alpha_{\mathrm{E}}\rho}\right)(1+0.45\gamma_{\mathrm{f}}) - 0.7 \tag{6-84}$$

$$\gamma_{\mathrm{f}} = \frac{(b_{\mathrm{f}} - b)h_{\mathrm{f}}}{bh_0} \tag{6-85}$$

式中：M_{cr}——受弯构件正截面的抗裂弯矩，按下列公式计算；

$$M_{\mathrm{cr}} = (\sigma_{\mathrm{pc}} + \gamma f_{\mathrm{tk}}) W_0 \tag{6-86}$$

ρ——纵向受拉钢筋配筋率，对预应力混凝土构件取为$(\alpha_1 A_{\mathrm{p}} + A_{\mathrm{s}})/bh_0$；

γ_{f}——受拉翼缘面积与腹板有效面积的比值。

对预压时预拉区出现裂缝的构件，B_{s} 应减少 10%。

构件在荷载的长期作用下由于混凝土徐变变形等因素的影响，截面的刚度将有所减小，构件的挠度将随之加大。因此，应按荷载短期效应组合作用下并考虑荷载长期效应组合影响下长期刚度计算构件的挠度。对于矩形、T 形、倒 T 形和工字形截面的受弯构件，在荷载短期效应组合作用下，并考虑荷载长期效应组合影响的长期刚度。

3) 预应力混凝土受弯构件使用阶段变形验算方法

对预应力混凝土受弯构件进行使用阶段变形验算时，要求在荷载短期效应组合作用下并考虑荷载长期效应组合影响求得的挠度，减去预应力反拱后的最大值，不超过《规范》的挠度允许值，即：

$$a_{fl} - a_{fpl} \leqslant a_{fmax} \tag{6-87}$$

式中：a_{fmax}——规范的允许挠度，见前。

4．施工阶段的验算

在预应力混凝土受弯构件的制作、运输和吊装等施工阶段上，混凝土的强度和构件的受力状态与使用阶段往往不同，构件有可能由于抗裂能力不够而开裂，或者由于承载力不足而破坏。因此，除了要对预应力混凝土受弯构件使用阶段的承载力和裂缝控制进行验算外，还应对构件施工阶段的承载力和裂缝控制进行验算。具体计算方法同后张法预应力混凝土构件轴心受力构件。

6.4.3　先张法预应力混凝土构件的构造

材料、混凝土保护层厚度、预应力钢筋的布置同后张法。

1．钢筋的净距

先张法预应力筋之间的净间距不应小于其公称直径的 2.5 倍和混凝土粗骨料最大粒径的 1.25 倍，且应符合下列规定：预应力钢丝不应小于 15mm；三股钢绞线不应小于 20mm；七股钢绞线不应小于 25mm。当混凝土振捣密实性具有可靠保证时，净间距可放宽为最大粗骨料粒径的 1.0 倍。

2．端部加强措施

为防止放松钢筋时外围混凝土产生劈裂裂缝，对预应力筋端部周围的混凝土应采取下列加强措施。

(1) 单根配置的预应力筋，其端部宜设置螺旋筋。

(2) 分散布置的多根预应力筋，在构件端部 10*d* (*d* 为预应力筋的外径)且不小于 100mm 长度范围内，宜设置 3～5 片与预应力筋垂直的钢筋网片。

(3) 采用预应力钢丝配筋的薄板，在板端 100mm 长度范围内宜适当加密横向钢筋。

(4) 槽形板类构件，应在构件端部 100mm 长度范围内沿构件板面设置附加横向钢筋，其数量不应少于 2 根。

(5) 预制肋形板，宜设置加强其整体性和横向刚度的横肋。端横肋的受力钢筋应弯入纵肋内。当采用先张长线法生产有端横肋的预应力混凝土肋形板时，应在设计和制作上采取防止放张预应力时端横肋产生裂缝的有效措施。

(6) 在预应力混凝土屋面梁、吊车梁等构件靠近支座的斜向下拉应力较大部位，宜将一部分预应力钢筋弯起。

(7) 对预应力钢筋在构件端部全部弯起的受弯构件或直线配筋的先张法构件，当构件端部与下部支承结构焊接时，应考虑混凝土收缩、徐变及温度变化所产生的不利影响，宜在构件端部可能产生裂缝的部位设置足够的非预应力纵向构造钢筋。

6.4.4　案例分析

某先张法预应力正放矩形檩条，计算跨长l_0=3895mm，净跨长l_n=3710mm，恒荷载标准值$g_k = 2.0\text{kN/m}$，活荷载标准值$q_k = 0.7\text{kN/m}$，截面尺寸$b \times h = 80 \times 250\text{mm}$，如图6-29所示。混凝土强度等级C30，采用中强度预应力钢丝$\phi^{PM}5$做预应力钢筋，檩条在100m台座上生产，自然养护，混凝土达$0.75f_{cu}$时放松预应力钢丝，裂缝控制等级为二级，试设计此檩条。

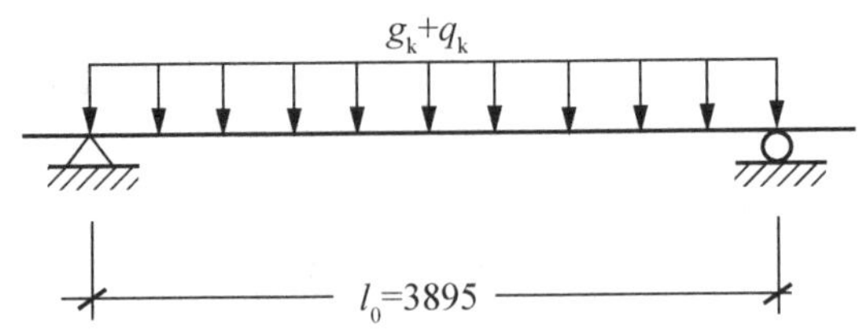

图6-29　计算简图

1．内力计算

1) 弯矩设计值和剪力设计值

荷载分项系数：$\gamma_g = 1.2$，$\gamma_q = 1.4$

(1) 跨中最大弯矩

$$M = \frac{1}{8}(\gamma_g g_k + \gamma_q q_k) l_0^2 = \frac{1}{8} \times (1.2 \times 2 + 1.4 \times 0.7) \times 3.895^2 = 6.41\text{kN} \cdot \text{m}$$

(2) 支座最大剪力

$$V = \frac{1}{2}(\gamma_g g_k + \gamma_q q_k) l_n = \frac{1}{2} \times (1.2 \times 2 + 1.4 \times 0.7) \times 3.710 = 6.27\text{kN}$$

2) 按荷载标准组合计算的跨中弯矩

$$M_k = \frac{1}{8}(g_k + q_k) l_0^2 = \frac{1}{8} \times (2 + 0.7) \times 3.895^2 = 5.12\text{kN} \cdot \text{m}$$

3) 按荷载准永久组合计算的跨中弯矩

$$M_q = \frac{1}{8} g_k l_0^2 = \frac{1}{8} \times 2 \times 3.895^2 = 3.79\text{kN} \cdot \text{m}$$

2．配筋计算

1) 正截面承载力的计算

环境类别为二b，则$h_0 = h - 35 = 250 - 35 = 215\text{mm}$

C30混凝土：

$f_{ck} = 20.1\text{N/mm}^2$，$f_{tk} = 2.01\text{N/mm}^2$，$f_c = 13.4\text{N/mm}^2$, $E_c = 3.0 \times 10^4\text{N/mm}^2$

$\phi^{PM}5$中强度预应力钢丝：$f_{ptk} = 800\text{N/mm}^2$，$f_{pyk} = 620\text{N/mm}^2$，$E_s = 2.05 \times 10^5\text{N/mm}^2$，$f_{py} = 510\text{N/mm}^2$。

按单筋矩形截面设计，只配置预应力钢筋。

混凝土为 C30，则 $\alpha_1=1.0$，$\beta_1=0.80$，$\varepsilon_{cu}=0.0033$

$$x=h_0-\sqrt{h_0^2-\frac{2M}{\alpha_1 f_c b}}=215-\sqrt{215^2-\frac{2\times6.41\times10^6}{23.1\times80}}$$

$$=27.87\text{mm}$$

$$\xi_b=\frac{\beta_1}{1+\frac{0.002}{\varepsilon_{cu}}+\frac{f_{py}-\sigma_{po}}{E_s\varepsilon_{cu}}}=\frac{0.8}{1+\frac{0.002}{0.0033}+\frac{510-(0.7\times800-147)}{2.05\times10^5\times0.0033}}=0.457$$

$$\xi_b h_0=0.457\times215=98.26\text{mm}$$

$$x<\xi_b h_0$$

$$A_s=\frac{\alpha_1 f_c bx}{f_{py}}=\frac{1\times14.3\times80\times27.87}{510}=62.52\text{mm}^2$$

考虑抗裂要求，实配 $6\Phi^{PM}5$，$A_p=117.8\text{mm}^2$；为防止构件施工阶段预拉区裂缝过宽，在构件顶部配置 $2\Phi^{PM}5$ 预应力钢筋，$A_p'=39.3\text{mm}^2$。

2) 斜截面抗剪计算

檩条类构件的剪力一般都较小，往往只须按构造规定配置箍筋。

(1) 截面尺寸验算

$$h_w/b=215/80=2.7<4$$

$0.25f_c bh_0=0.25\times14.3\times80\times215=61.49\text{kN}>6.27\text{kN}$，截面尺寸足够。

(2) 可否按构造配箍

$$\alpha_{cv}f_c bh_0=0.07\times14.3\times80\times215=17.22\text{kN}>6.27\text{kN}$$

即使不考虑预应力的作用 $0.05N_{po}$，也只得按构造要求，在构件每端设置两个构造箍筋，其余部分可不设置。

3. 有效预应力计算

1) 张拉控制应力

$$\sigma_{con}=\sigma_{con}'=0.7f_{ptk}=0.7\times800=560\text{N}/\text{mm}^2$$

2) 换算截面几何特征

$$\alpha_E=E_s/E_c=2.05\times10^5/3.0\times10^4=6.83$$

为便于计算，将截面划分成如图 6-30 所示的三部分。其中。②和③分别为受拉区和受压区预应力钢筋的换算面积。

(1) A_0 及 y_0。

换算截面面积：

$$A_0=250\times80+(6.83-1)\times(117.8+39.3)=20916\text{mm}^2$$

截面重心至下边缘距离：

$$y_0=\frac{80\times250\times250/2+117.8\times(6.83-1)\times35+39.3\times(6.83-1)\times230}{20916}=123.2\text{mm}$$

则 $y_0'=250-123.2=126.8\text{mm}$

$y_p = 123.2 - 35 = 88.2\text{mm}$

$y_p' = 126.8 - 20 = 106.8\text{mm}$

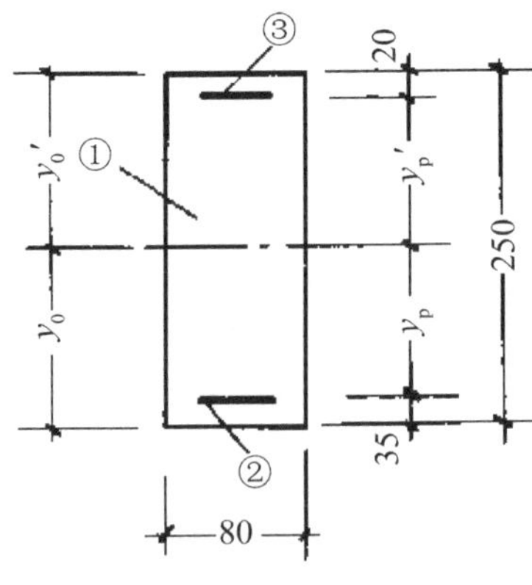

图 6-30 截面划分

(2) I_0 及 W_0

换算截面惯性矩

$$I_0 = \frac{1}{12} \times 80 \times 250^3 + 80 \times 250 \times (125 - 123.2)^2 + 117.8 \times (6.83 - 1) \times 88.2^2 + 39.3 \times (6.83 - 1) \times 106.8^2$$
$$= 1.122 \times 10^8 \text{mm}^4$$

换算截面抵抗矩

$$W_0 = \frac{I_0}{y_0} = \frac{1.122 \times 10^8}{123.2} = 9.106 \times 10^5 \text{mm}^3$$

3) 预应力损失

(1) 第一批损失。

$$\sigma_{l1} = \frac{a}{l} E_s = \frac{5}{100000} \times 2.05 \times 10^5 = 10.25\text{N/mm}^2$$

$$\sigma_{l3} = 0$$

$$\sigma_{l4} = 0.08\sigma_{con} = 0.08 \times 560 = 44.8\text{N/mm}^2$$

$$\sigma_{lI} = \sigma'_{lI} = \sigma_{l1} + \sigma_{l4} = 10.25 + 44.8 = 55.05\text{N/mm}^2$$

(2) 受拉区、受压区预应力钢筋合力点处混凝土法向应力。

由式(6-49)：$N_{pI} = (\sigma_{con} - \sigma_{lI}) A_p + (\sigma'_{con} - \sigma'_{lI}) A'_p$

$$= (560 - 55.05) \times 117.8 + (560 - 55.05) \times 39.3 = 79327.65\text{N}$$

N_{pI} 至换算截面重心的距离，由式(6-50)得：

$$N_{pI} e_{pI} = (\sigma_{con} - \sigma_{lI}) A_p y_p - (\sigma'_{con} - \sigma'_{lI}) A'_p y'_p$$
$$= (560 - 55.05) \times 117.8 \times 88.2 - (560 - 55.05) \times 39.3 \times 106.8 = 3094656.77\text{N}$$

由式(6-51)和式(6-52)得：

$$\sigma_{pcI}(y_p) = \frac{N_{pI}}{A_0} + \frac{N_{pI} e_{pI}}{I_0} y_p = \frac{79327.65}{20916} + \frac{3094656.77 \times 88.2}{1.122 \times 10^8} = 6.72\text{N/mm}^2$$

$$\sigma'_{pcI}(y'_p) = \frac{N_{pI}}{A_0} + \frac{N_{pI} e_{pI}}{I_0} y'_p = \frac{79327.65}{20916} - \frac{3094656.77 \times 106.8}{1.122 \times 10^8} = 0.84\text{N/mm}^2$$

(3) σ_{l5}、σ'_{l5}的计算。

由式(6-12)、式(6-13)得：

$$\rho = \frac{A_p + A_s}{A_0} = \frac{117.8 + 0}{20916} = 0.00563$$

$$\rho' = \frac{A'_p + A'_s}{A_0} = \frac{39.3 + 0}{20916} = 0.00188$$

$$\sigma_{l5} = \frac{60 + 340\dfrac{\sigma_{pc}}{f'_{cu}}}{1 + 15\rho} = \frac{60 + 340 \times 6.72/30 \times 0.75}{1 + 15 \times 0.00563} = 148.97\text{N/mm}^2$$

$$\sigma'_{l5} = \frac{60 + 340\dfrac{\sigma'_{pc}}{f'_{cu}}}{1 + 15\rho'} = \frac{60 + 340 \times 0.84/30 \times 0.75}{1 + 15 \times 0.00188} = 70.7\text{N/mm}^2$$

第二批预应力损失：

$$\sigma_{l\text{II}} = \sigma_{l5}, \quad \sigma'_{l\text{II}} = \sigma'_{l5}$$

故总预应力损失为：

$$\sigma_l = \sigma_{l\text{I}} + \sigma_{l\text{II}} = 55.05 + 148.97 = 204\text{N/mm}^2 > 100\text{N/mm}^2$$

$$\sigma'_l = \sigma'_{l\text{I}} + \sigma'_{l\text{II}} = 55.05 + 70.7 = 126\text{N/mm}^2 > 100\text{N/mm}^2$$

4) 有效预应力

由式(6-56)，扣除全部预应力损失后的预应力钢筋合力：

$$N_{po} = (\sigma_{con} - \sigma_l)A_p + (\sigma'_{con} - \sigma'_l)A'_p = (560 - 204) \times 117.8 + (560 - 126) \times 39.3$$
$$= 41937 + 17056 = 58993N$$

由式(6-57)：

$$e_{po}N_{po} = (\sigma_{con} - \sigma_l)A_p y_p - (\sigma'_{con} - \sigma'_l)A'_p y'_p = 41937 \times 88.2 - 17056 \times 106.8$$
$$= 3698843 - 1821581 = 1877262\text{N} \cdot \text{mm}$$

由式(6-55)，截面下边缘混凝土法向应力为：

$$\sigma_{pc} = \sigma_{pc\text{II}}(y_0) = \frac{N_{po}}{A_0} + \frac{N_{po}e_{po}}{I_0}y_0 = \frac{58993}{20916} + \frac{1877262}{1.122 \times 10^8} \times 123.2$$
$$= 2.82 + 2.06 = 4.88\text{N/mm}^2$$

4. 正常使用阶段验算

1) 抗裂验算

荷载标准组合和准永久组合下受拉边缘混凝土法向应力为：

$$\sigma_{ck} = \frac{M_k}{W_0} = \frac{5.12 \times 10^6}{9.106 \times 10^5} = 5.62\text{N/mm}^2$$

$$\sigma_{cq} = \frac{M_q}{W_0} = \frac{3.79 \times 10^6}{9.106 \times 10^5} = 4.16\text{N/mm}^2$$

$$f_{tk} = 2.01\text{N/mm}^2$$

则 $\sigma_{ck} - \sigma_{pc} = 5.62 - 4.88 = 0.74\text{N/mm}^2 < f_{tk}$

$$\sigma_{cq} - \sigma_{pc} = 4.16 - 4.88 = -0.72\text{N/mm}^2 < f_{tk}$$

该构件满足裂缝控制等级为二级的抗裂要求。

2) 挠度验算

构件的反拱：

$$a_{fpl} = \frac{N_{po}e_{po}l^2}{4E_cI_0} = \frac{1877262\times3895^2}{4\times3\times10^4\times1.122\times10^8} = 2.12\text{mm}$$

构件使用阶段不出现裂缝，短期刚度为：

$$B_s = 0.85E_cI_o = 0.85\times3\times10^4\times1.122\times10^8 = 2.86\times10^{12}\text{N}\cdot\text{mm}^2$$

长期刚度为：

$$B = \frac{M_k}{M_q(\theta-1)+M_k}B_s = \frac{5.12}{3.79(2-1)+5.12}\times2.86\times10^{12} = 1.64\times10^{12}\text{N}\cdot\text{mm}^2$$

构件在荷载作用下的长期挠度为：

$$a_{fl} = \frac{5(g_k+q_k)l_0^4}{384B_l} = \frac{5M_kl_0^2}{48B_l} = \frac{5\times5.12\times10^6\times3895^2}{48\times1.64\times10^{12}} = 4.93\text{mm}$$

则 $a_{fl} - a_{fpl} = 4.93 - 2.12 = 2.81\text{mm} \leqslant [a_{f\max}] = \dfrac{3895}{200} = 19.5\text{mm}$

挠度满足设计要求。

5. 施工阶段验算

放松预应力钢筋，只出现第一批预应力损失，预压应力较大，而混凝土的强度较低，故应对此时的构件承载力和抗裂进行验算。放松预应力钢筋时截面边缘的应力由式(6-51)求得：

$$\sigma_{cc} = \frac{N_{pI}}{A_0} + \frac{N_{pI}e_{pI}}{I_0}y_0 = \frac{79327.65}{20916} + \frac{3094656.77\times123.2}{1.122\times10^8} = 3.79 + 3.4 = 7.19\text{N/mm}^2$$

$$\sigma_{ct} = \frac{N_{pI}}{A_0} - \frac{N_{pI}e_{pI}}{I_0}y'_0 = \frac{79327.65}{20916} - \frac{3094656.77\times126.8}{1.122\times10^8} = 3.79 - 3.5 = 0.29\text{N/mm}^2$$

在 $0.75f_{cu}$ 时放张，有 $f'_{tk} = 2.01\times0.75 = 1.51\text{N/mm}^2$

$$f'_{ck} = 20.1\times0.75 = 15.1\text{N/mm}^2$$

由式(6-39)和式(6-40)：

$$\sigma_{ct} = 0.29\text{N/mm}^2 < f'_{tk} = 1.51\text{N/mm}^2$$

$$\sigma_{cc} = 7.19\text{N/mm}^2 < 0.8f'_{ck} = 0.8\times15.1 = 12.1\text{N/mm}^2$$

故满足要求。

【课程实训】

思考题

1. 在计算预应力混凝土构件的截面应力时，常应用换算截面，它是什么含义？当计算外荷载产生的截面应力时，先张法和后张法采用的截面面积是否相同？

2. 预应力混凝土受弯构件受压区配置预应力钢筋的主要目的何在？它对构件的正截面

抗弯和斜截面抗剪承载力有何影响？

3. 写出先张法受弯构件的应力变化过程和应力值计算公式。

4. 预应力混凝土构件正截面抗裂度计算是以哪一应力阶段作为依据？预应力混凝土构件的抗裂性为什么比非预应力构件高，试用算式加以分析比较说明。

5. 对预应力构件的受拉钢筋施加预应力能不能提高构件的承载力？受压钢筋施加项应力，影响不影响构件的承载力？

仿真习题

某适用于开间 3.6m，活荷载的标准值为 $2\text{kN}/\text{mm}^2$ 的圆孔板，搁置情况和剖面如图 6-31 所示。混凝土的强度等级为 C30，预应力钢筋为消除应力钢丝，受压区配置中强度预应力钢丝，先张法生产，台座长为 80m，自然养护，混凝土立方体抗压强度达到 $0.75f_{cu}$ 时，放松预应力钢丝。要求：

(1) 计算所需钢筋面积；

(2) 进行使用阶段正截面抗裂验算；

(3) 验算使用阶段挠度；

(4) 进行加工阶段构件的承载力和抗裂验算。

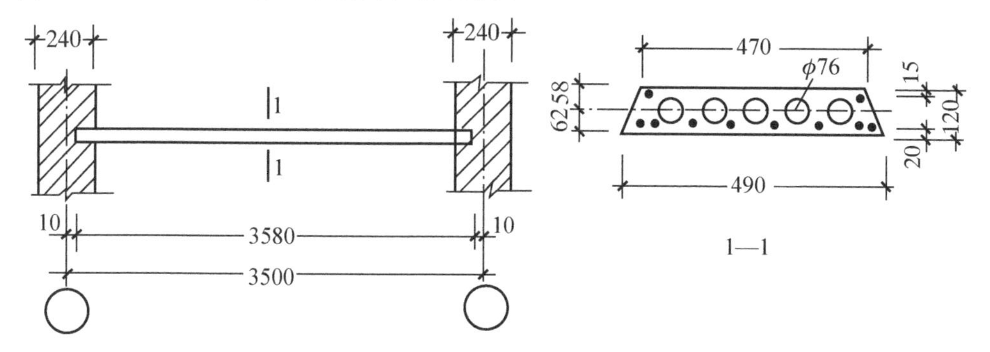

图 6-31　板的搁置及其剖面图

第7章　多层框架结构的设计

【学习目标】

- 多层框架结构布置。
- 框架梁、校的截面尺寸的确定方法。
- 框架在竖向和水平荷载作用下的内力计算。
- 框架的荷载组合及内力组合。
- 框架梁、校的配筋计算和节点构造。

【核心概念】

框架梁、框架柱、内力计算、内力组合、节点构造

【引导案例】

框架结构(如图 7-1 所示)的主要受力体系由梁、板、柱及基础组成。基础与柱节点应设计成刚接节点。在非抗震地区，框架结构主要承受竖向荷载和风荷载作用，梁柱节点宜设计成刚接节点外，局部可以设计成铰节点形式。在抗震地区，框架主要承受竖向荷载、风荷载和地震作用，梁柱节点宜设计成刚节点构成双向梁柱抗侧力体系。

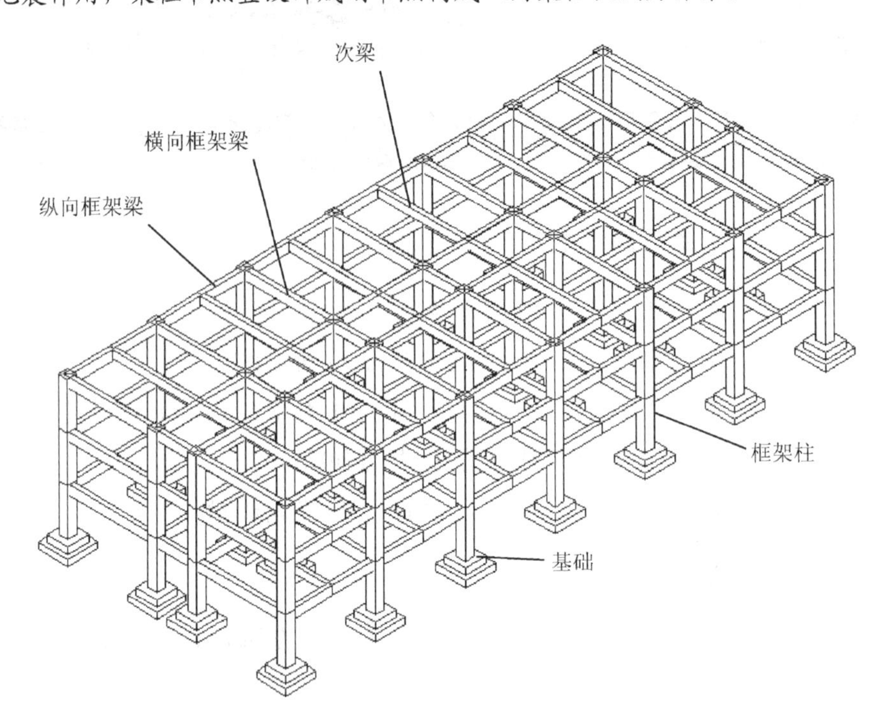

图 7-1　框架结构示例

作用于框架结构上的荷载有竖向荷载和水平荷载两种。竖向荷载包括结构构件自重、活荷载、雪荷载、积灰荷载等。水平荷载包括风荷载、地震作用等。

竖向荷载作用下，结构构件产生内力和挠度裂缝。结构构件在竖向荷载作用下可能产生以下破坏。

板——产生受弯、受剪破坏，产生竖向挠度及裂缝。

梁——产生受弯、受剪破坏，产生竖向挠度及裂缝。

柱——产生受压、受弯及特殊情况下产生受拉破坏，如图 7-2 所示。

基础——产生受弯、受冲切破坏。

水平荷载作用下，结构可能产生以下破坏。

梁——产生受弯、受剪破坏。

柱——产生受压、受拉、受弯及受剪破坏，如图 7-3 所示。

图 7-2　竖向荷载作用下结构破坏

图 7-3　水平荷载作用下结构破坏

框架整体产生水平位移。

整体结构刚度不均匀或不合理导致整体框架产生扭转效应。

框架结构在工业与民用建筑中有着广泛的应用。混凝土框架有采用现浇式的，也有采用装配式或装配整体式的，本章通过一个设计实例讨论非地震区的多层房屋钢筋混凝土现浇框架结构(简称为多层框架)的设计计算，如图 7-4 所示。

某大学教学办公楼，总建筑面积 3500m^2，建筑层数为 5 层，结构体型为框架结构，基础为柱下独立基础。建造于某市(标准设防类建筑)抗震设防烈度为 6 度 0.05g，设计地震分组为第一组，设计资料如下。

建筑做法说明如下。

(1) 设计标高±0.000 为相对标高，室内外高差 0.45m，层高均为 3.3m。

(2) 墙身：240 厚 MU7.5 机制砖，M5 混合砂浆砌筑；基础墙用 240 厚 MU10 机制砖 M10 水泥砂浆砌筑。

(3) 楼面：100 厚现浇钢筋混凝土楼板，素水泥浆一道，30 厚 1∶3 干硬性水泥砂浆黏结层，撒素水泥面(洒适量清水)，铺 20 厚花岗石板(正、背面及四周边满涂防污剂)，灌稀水泥浆(掺色)擦缝。

(4) 屋面：100 厚现浇钢筋混凝土屋面板，40 厚矿棉保温层，最薄 30 厚 1∶0.2∶3.5 水泥粉煤灰页岩陶粒找 1%坡，20 厚 1∶3 水泥砂浆找平层，防水卷材一层，3 厚纸筋灰隔离层，40 厚 C20 配筋刚性防水混凝土面层，设分格缝，缝内下部填砂，上部填专用密封膏。天沟面层做 30 厚 1∶3 水泥砂浆(加防水剂)找坡 1%，冷底子油刷二道，二毡三油上洒绿豆砂。

(5) 顶棚：现浇钢筋混凝土板底预留Φ10 钢筋吊环，双向中距≤1200，10 号镀锌低碳钢丝吊杆，双向中距≤1200，吊杆上部与板底预留吊环固定，T 形轻钢主龙骨 TB24×38 中距 600，找平后与钢筋吊杆固定，T 形轻钢次龙骨 TB24×28 中距 600，12 厚矿棉吸声板面层，规格 592×592。楼梯间无顶棚，其余都有。

(6) 基础：100 厚 C10 混凝土垫层，独立基础用 C30 混凝土。

(7) 构件：现浇的梁、柱、楼梯等用 C25 混凝土。

(8) 钢筋：除箍筋、分布筋用热轧钢筋 HPB300 外，其余都用热轧钢筋 HRB400 级。

(9) 基本风压：$\omega_0 = 0.55\text{kN}/\text{m}^2$(地面粗糙度属 B 类)。

(10) 活荷载：不上人屋面活荷载 $0.5\text{kN}/\text{m}^2$，办公楼楼面活荷载 $2.0\text{kN}/\text{m}^2$，走廊楼面活荷载 $2.5\text{kN}/\text{m}^2$。

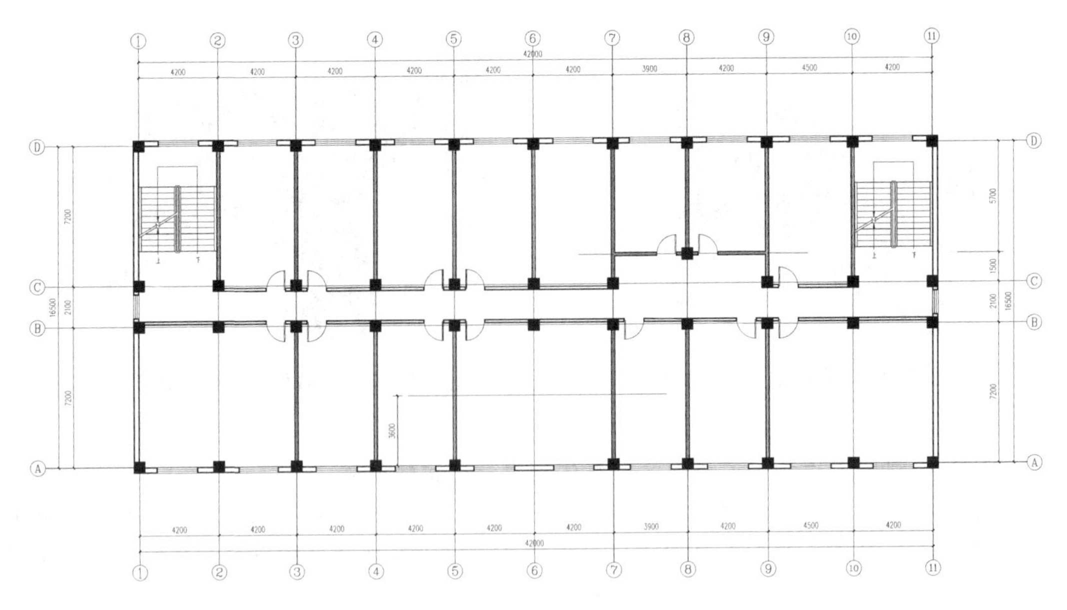

图 7-4　框架标准层平面图

【基本知识】

7.1　框架结构布置及截面选择

框架结构布置主要是确定柱网尺寸、布置承重框架。

7.1.1　柱网布置

框架结构的柱网布置，就是确定柱在平画上的位置，即柱距的大小。民用建筑常用柱距为 3.3～7.2m，梁跨为 4.5～7.0m，层高为 2.8～4.2m，通常以 300mm 为模数。

7.1.2　承重框架的布置

柱布置好后，用梁把柱连起来形成框架结构。一般情况下，柱在纵、横两个方向均应有拉结梁，在结构平面的长边方向所形成的框架称为纵向框架，短边方向所形成的框架为横向框架，根据楼盖荷载传递方向的不同，承重框架的结构布置有以下三种方案。

1. 横向框架承重方案

在横向布置主梁，在纵向布置连系梁就构成了横向框架承重方案，如图 7-5(a)所示，楼面上的荷载主要横向框架承担。横向框架的跨数往往较少，主梁沿横向布置有利于提高结构的横向抗侧移刚度。由连系梁和柱构成的纵向框架可以承受纵向的水平风荷载。但房屋端部横墙的受风面积小，而纵向框架的跨数往往较多，因而纵向风荷载在其中产生的内力不大，可忽略不计。主梁沿横向布置还有利于室内的采光和通风，在民用建筑中较多采用。

2. 纵向框架承重方案

在纵向布置主梁，在横向布置连系梁就构成了纵向框架承重方案，如图 7-5(b)所示，楼面上的荷载由纵向梁传给柱。由于横向连系梁的高度较小，有利于设备管线的穿行。当采用大开间柱网时，采用纵向框架承重方案可获得较高的室内净高。但因在横向设置截面高度较小的连系梁，所以其横向刚度较小，并且进深尺寸受预制板长的限制，多使用于工业厂房。

3. 纵、横向混合框架承重方案

在纵、横两个方向布置主梁以承担楼面荷载，就构成了纵、横向混合框架承重方案，如图 7-5(c)、(d)所示。当柱网布置为正方形或接近正方形时，或当楼面上有较大荷载时常采用这种承重力案。楼盖可采用预制板或现浇双向板。纵、横向混合框架承重方案具有较好的整体性，为空间受力体系。

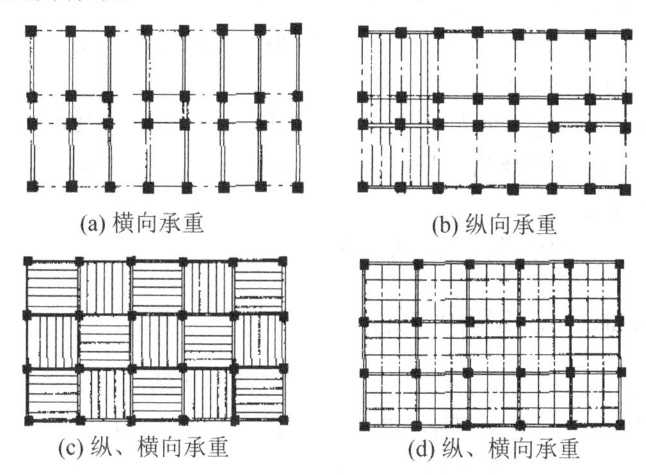

(a) 横向承重　(b) 纵向承重

(c) 纵、横向承重　(d) 纵、横向承重

图 7-5　承重框架的布置方案

7.1.3　梁、柱截面选择

1. 框架梁截面

对主要承受竖向荷载的框架横梁，其截面形式在整体式框架中以 T 形(楼板现浇)和矩形(楼板预制)为多。

框架梁的截面高度 h_b 可按 $(1/8\sim1/12)l_b$ 确定，且不小于 400mm，也不宜大于 1/4 净跨，l_b 为框架梁的计算跨度。为了降低楼层高度，或便于通风管道等通行，必要时可设计成宽度较大的扁梁，此时应根据荷载及跨度情况，满足梁的挠度和裂缝限值，扁梁截面高度 h_b 可取 $(1/15\sim1/18)l_b$ 。

宽度 b_b 可按 $(1/2\sim1/3)l_b$ 确定。另外，框架梁的截面尺寸还应符合下列要求。

(1) 截面宽度不宜小于 200mm；

(2) 截面高宽比不宜大于 4；

(3) 净跨与截面高度之比不宜小于 4。

2. 框架柱截面

框架柱的截面形状一般为矩形或正方形。在多层框架中，为了尽可能减少构件类型，各层梁、柱截面尺寸往往不变而只改变其截面配筋。

框架柱的截面尺寸可根据柱距大小、结构层数、荷载大小以及水平荷载等因素影响。由柱轴力设计值 N 初步估算。

$$A \geqslant \frac{(1.1 \sim 1.2)N}{f_c} \tag{7-1}$$

式中：A——柱的截面面积；

N——柱轴力设计值；可按柱受荷面积大小估算；

f_c——混凝土轴心抗压强度设计值。

另外，框架柱的截面尺寸还应符合下列要求。

(1) 矩形截面柱的边长，非抗震设计时，不宜小于 250mm；抗震设计时，抗震等级为四级或层数不超过 2 层时，其最小截面尺寸不宜小于 300mm，一、二、三级抗震等级且层数不超过 2 层时不宜小于 400mm。

圆柱的截面直径，抗震等级为四级或层数不超过 2 层时，其最小截面尺寸不宜小于 350mm，一、二、三级抗震等级且层数不超过 2 层时不宜小于 450mm。

(2) 剪跨比宜大于 2。

(3) 截面长边与短边的边长比不宜大于 3。

7.1.4 框架结构计算简图的确定

框架结构是一个空间受力体系，结构分析时可按空间结构分析和简化成平面结构分析两种方法。空间整体分析一般采用计算机进行分析，简化平面结构分析适用于手算。目前常用计算机空间整体分析法。但在初步设计阶段，为确定结构布置方案或构件截面尺寸，还需要采用一些简单的近似计算方法进行估算。所以，这里将重点介绍现浇平面框架结构按弹性理论的近似手算方法。

1. 计算单元

将横向框架和纵向框架分别按平面框架进行分析计算。通常，横向框架的间距和荷载都相同，因此取出有代表性的一榀中间横向框架作为计算单元。纵向框架上的荷载等往往各不相同，故常有中列柱和边列柱的区别，中列柱纵向框架的计算单元宽度可各取为两侧跨距的一半，边列柱纵向框架的计算单元宽度可取为一侧跨距的一半，如图 7-6 所示。采用现浇楼盖时，楼面分布荷载一般简化为均匀竖向荷载，水平荷载则简化为节点集中力。

2. 节点

现浇框架中，梁和柱的纵向受力钢筋都将穿过节点或锚入节点区，因此当按平面框架结构分析时，节点也可简化为刚接节点。

框架支座可分为固定支座和铰支座，当为现浇钢筋混凝土柱时，一般设计成固定支座。

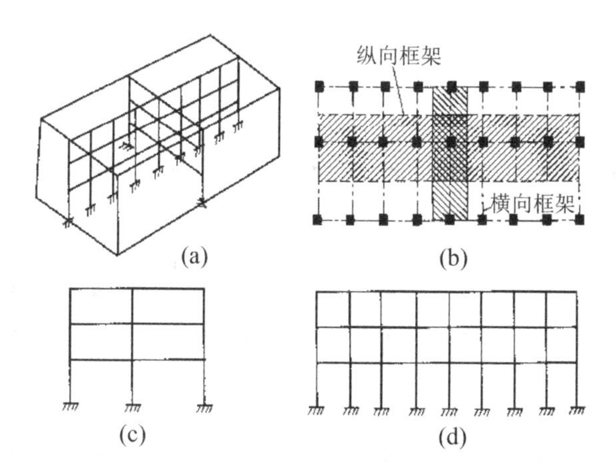

图 7-6　框架结构计算单元的选取

3. 跨度与层高

在结构计算简图中，杆件用其轴线来表示。框架梁的跨度可取柱子轴线之间的距离，当上下层柱截面尺寸变化时，一般以最小截面的形心线来确定。框架的层高即框架柱的长度可取相应的建筑层高，即取本层楼面及上层楼面的高度，但底层的层高则应取基础顶面到二层楼板顶面的距离。

4. 构件截面弯曲刚度的计算

在计算框架梁截面惯性矩时应考虑到楼板的影响。在框架梁两端节点附近，梁承受负弯矩，顶部的楼板受拉，楼板对梁的截面弯曲刚度影响较小，而在框架梁的跨中，梁承受正弯矩，楼板处于受压区形成 T 形截面梁，楼板对梁的截面弯曲刚度影响较大。为方便设计，假定梁的截面惯性矩沿轴线不变，对现浇楼盖，中框架取 $I=2I_0$，边框架取 $I=1.5I_0$，这里 I_0 为矩形截面梁的截面惯性矩。

7.1.5　案例分析

依据设计资料，本案例的结构平面布置如图 7-7 所示，各梁柱截面尺寸确定如下。

1. 梁截面尺寸初选

框架梁：梁编号见图7-8。框架梁截面的确定：由 h=(1/8～1/12)l(l 为主梁的计算跨度)，b=(1/2～1/3)h，且高度不宜大于 1/4 净跨，宽度不宜小于 $\frac{1}{4}h$ ，且不应小于 200mm 初步确定：

L_1：$b\times h$=250mm×600mm　　L_2：$b\times h$=250mm×500mm

L_3：$b\times h$=250mm×400mm　　L_4：$b\times h$=250mm×750mm

2. 柱截面尺寸初选

柱截面：根据轴压比 $[n]=\dfrac{N}{f_c A}$，高宽要求 b_c、$h_c \geqslant \left(\dfrac{1}{15}\sim\dfrac{1}{20}\right)H_c$ 以及类似工程参考初步确定除 6、7 与 A、B 轴相交处的柱截面尺寸为：$b\times h$=600mm×600mm,其余柱的截面尺寸均为：$b\times h$=500mm×500mm。柱高度:底层柱高度 h=3.3m+0.45m+0.5m=4.25m，其中 3.3m 为底层高，0.45m 为室内外高差，0.5m 为基础顶面至室外地坪的高度。其他层柱高等于层高 3.3m。

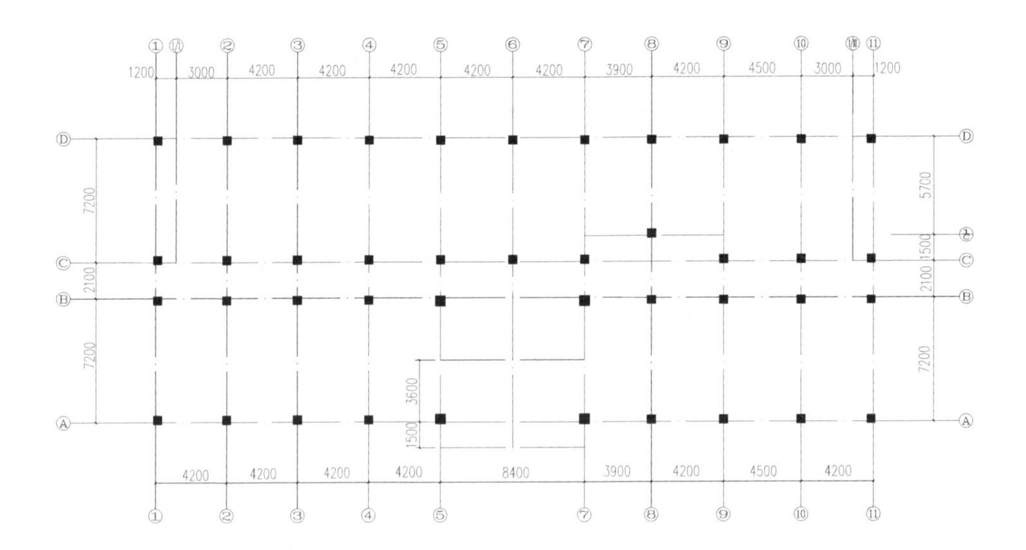

图 7-7　结构平面布置图

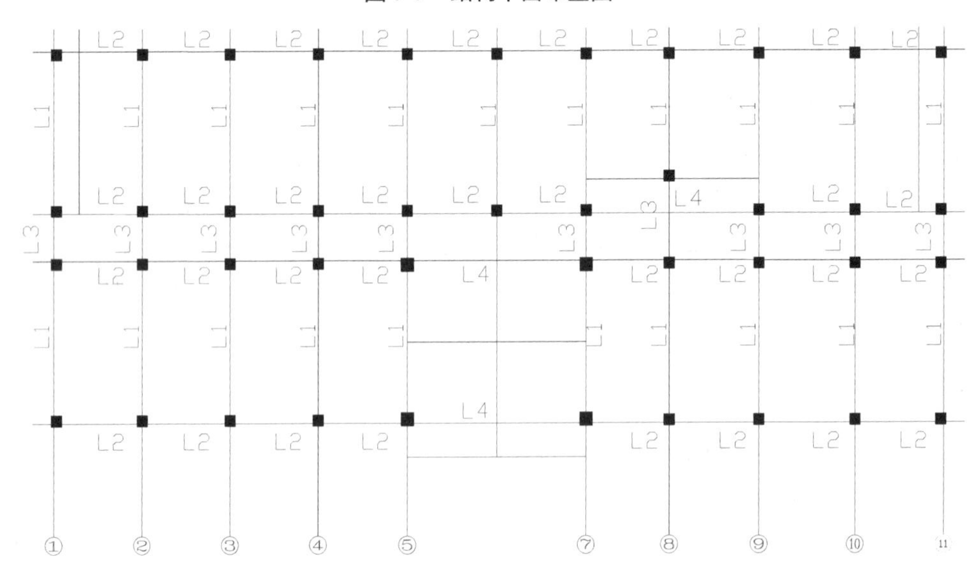

图 7-8　梁编号

3. 现浇楼板厚 100mm

4. 梁、板、柱的混凝土强度等级均选用 C25

5. 结构计算简图

现对 4 号轴框架进行计算，梁的计算跨度见图 7-9，框架计算简图见图 7-10。

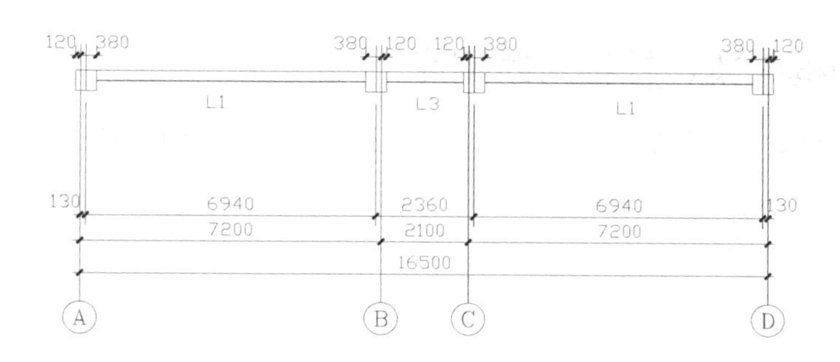

图 7-9　框架梁计算跨度

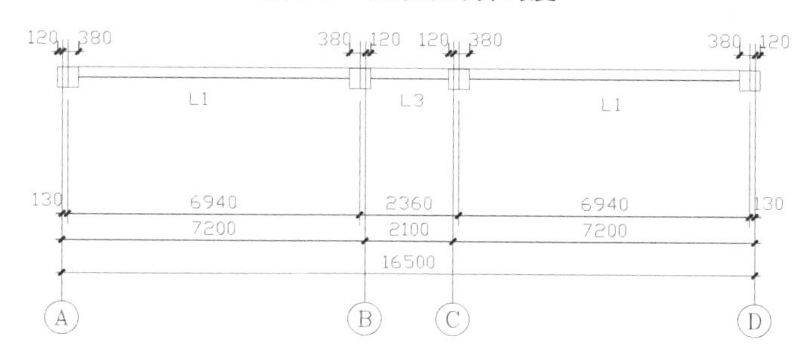

图 7-10　框架计算简图

6. 梁、柱惯性矩、线刚度、相对线刚度计算

横梁线刚度：采用混凝土 C25，E_c=2.8×10^{7}kN/m^2。

现浇板的楼面，可以作为梁的有效翼缘，增大梁的有效刚度，减少框架侧移。为考虑这一有利作用，在计算梁的截面惯性矩时，对现浇楼面的边框架取 $I=1.5I_0$ (I_0 为梁的截面惯性矩)；对中框架取 $I=2.0I_0$。横梁线刚度计算结果见表 7-1。

表 7-1　横梁线刚度

梁号 L	截面 $b\times h$ (m^2)	跨度 l (m)	惯性矩 $I_0=\frac{bh^3}{12}$ (m^4)	边框架梁		中框架梁	
				$I_b=1.5I_0$ (m^4)	$i_b=\frac{EI_b}{l}$ (kN·m)	$I_b=2.0I_0$ (m^4)	$i_b=\frac{EI_b}{l}$ (kN·m)
L1	0.25×0.6	6.94	4.5×10^3	6.75×10^3	2.72×10^4	9×10^3	3.63×10^4
L3	0.25×0.4	2.36	1.3×10^3	1.95×10	2.31×10^4	2.6×10^3	3.08×10^4

横向框架柱线刚度：柱线刚度计算结果见表 7-2。

表 7-2　柱线刚度

柱号 Z	截面(m^2)	柱高 h(m)	惯性矩	线刚度
			$I_c=\frac{bh^3}{12}$ (m^4)	$i_c=\frac{EI_c}{l}$ (kN • m)
Z1	0.5×0.5	3.3(4.25)	5.2×10^{-3}	4.41×10^4 (3.66×10^4)
Z2	0.6×0.6	3.3(4.25)	10.8×10^{-3}	9.16×10^4 (7.12×10^4)

注：括号内的为底层柱的线刚度。

7.1.6　横向框架梁、柱相对线刚度

现令中框架梁 L1 的线刚度为 1.0，则 4 号轴框架其余梁柱的相对线度见图 7-11。

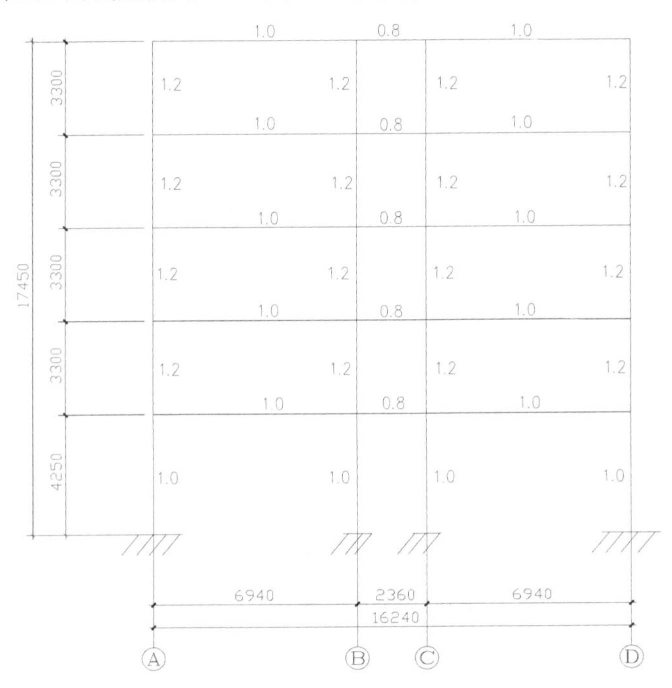

图 7-11　4 号轴框架梁、柱相对线刚度

【课程实训】

思考题

1. 钢筋混凝土现浇框架结构有哪几种承重方案？
2. 如何确定多层框架结构的计算简图？
3. 在确定框架结构的计算简图时，如何利用结构和荷载的对称性？
4. 如何初定钢筋混凝土现浇框架梁、柱的截面尺寸？
5. 如何确定钢筋混凝土框架梁的截面惯性矩？
6. 框架结构在哪些情况下采用？

仿真习题

某四层办公楼，采用现浇框架结构。建造于内蒙古呼和浩特市，建筑平面图、剖面图如图 7-12 所示，没有抗震设防要求，设计资料如下。

(1) 设计标高：室内设计标高±0.000 相当于绝对标高 4.400m，室内外高差 600mm。

(2) 墙身做法：墙身为陶粒砌块填充墙，M5 混合砂浆砌筑。内粉刷为混合砂浆底，纸筋灰面，厚 20mm，“803”内墙涂料两度。外粉刷为 1∶3 水泥砂浆底，厚 20mm，马赛克贴面。

(3) 楼面做法：顶层为 20mm 厚水泥砂浆找平，5mm 厚 1∶2 水泥砂浆加“107”胶水着色粉面层；底层为 15mm 厚纸筋面石灰抹底，涂料两度。

(4) 屋面做法：现浇楼板上铺膨胀珍珠岩保温层(檐口处厚 100mm，2%自两侧檐口向中间找坡)，1∶2 水泥砂浆找平层厚 20mm，二毡三油防水层。

(5) 门窗做法：门厅处为铝合金门窗，其他均为木门，钢窗。

(6) 地质资料：属III类建筑场地，余略。

(7) 基本风压：$\omega_0 = 0.55\text{kN}/\text{m}^2$(地面粗糙度属 B 类)。

(8) 活荷载：不上人屋面活荷载$0.5\text{kN}/\text{m}^2$，办公楼楼面活荷载$2.0\text{kN}/\text{m}^2$，走廊楼面活荷载$2.5\text{kN}/\text{m}^2$。

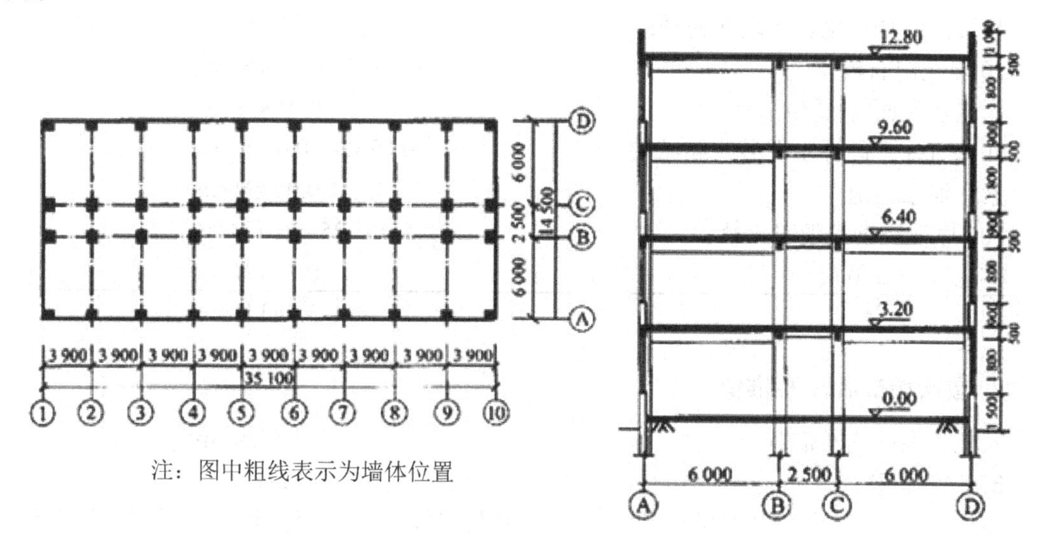

图 7-12　某多层框架平面图、剖面图

要求：

(1) 确定框架结构梁柱的截面尺寸及混凝土的强度等级。

(2) 确定 3 轴框架的计算简图。

(3) 确定 3 轴框架结构的梁柱线刚比。

7.2　框架结构竖向荷载的内力计算

7.2.1　框架结构的竖向荷载

框架结构上作用的竖向荷载有构件自重(此部分荷载属于恒荷载)，人员荷载、雪荷载、积灰荷载(此部分属于活荷载)及竖向地震作用(本案例不考虑)等。

1. 屋面均布恒载(标准值)

按屋面做法逐项计算均布荷载：

40 厚 C20 配筋刚性防水混凝土面层　　$0.04\times25=1.00\,\text{kN}/\text{m}^2$

3 厚纸筋灰隔离层　　$0.003\times16\approx 0.05\,\text{kN}/\text{m}^2$

防水卷材一层　　$0.05\,\text{kN}/\text{m}^2$

20 厚 1∶3 水泥砂浆找平层　　$0.02\times20=0.4\,\text{kN}/\text{m}^2$

最薄 30 厚 1∶0.2∶3.5 水泥粉煤灰页岩陶粒找 1%坡　　0.6 kN / m²
40 厚矿棉保温层　　0.04×1.2≈ 0.05 kN / m²
100 厚现浇钢筋混凝土屋面板　　0.1×25=2.5 kN / m²
矿棉吸声板吊顶　　0.12 kN / m²

共　　计　　4.77 kN / m²

楼面均布恒载(标准值)：
按楼面做法逐项计算均布荷载:
20 厚花岗石板　　0.02×28=0.56 kN / m²
撒素水泥面(洒适量清水)　　0.01 kN / m²
30 厚 1:3 干硬性水泥砂浆黏结层　　0.03×20=0.6 kN / m²
素水泥浆一道　　0.05 kN / m²
100 厚现浇钢筋混凝土楼板　　0.1×25=2.5 kN / m²
矿棉吸声板吊顶　　0.12 kN / m²

共　　计　　3.84 kN / m²

2. 屋面均布活载(标准值)

不上人屋面均布活载　　0.5 kN / m²

3. 积雪荷载　　0.3 kN / m²

屋面活荷载与雪荷载不同时考虑，两者中取较大值，故屋面均布活载(标准值)现取 0.5 kN / m²。

4. 楼面均布活载(标准值)

楼面均布活载对于办公室、会议室、陈列室、打字室、厕所等为 2kN/m²；复印机室、走廊、楼梯、门厅等为 2.5 kN / m²；贮藏室为 5.0 kN / m²。荷载统计时为了方便对以上露面各均布活载不进行折减，这样计算偏于安全。

(1) 梁柱自重(标准值)。

实际施工时考虑到被吊顶掩盖的梁柱部分侧面或底面不做抹灰以及与墙板交接处不做抹灰，还有柱下端有大理石板等材料贴面，为方便荷载统计近似考虑梁侧、梁底抹灰，柱四周抹灰，厚度均取 20mm，并按加大梁宽及柱宽计算来考虑，这样近似计算偏于安全，具体计算见表 7-3。

表 7-3　梁柱自重

梁(柱)编号	截面 $b\times h$(m²)	梁(柱)自重(kN/m)
L1	0.25×0.6	(0.25+0.04)×0.6×25=4.35
L2	0.25×0.5	(0.25+0.04)×0.5×25≈ 3.63
L3	0.25×0.4	(0.25+0.04)×0.4×25=2.90
L4	0.25×0.75	(0.25+0.04)×0.75×25≈ 5.44
Z1	0.5×0.5	(0.5+0.04)×(0.5+0.04)×25≈ 8.70
Z2	0.6×0.6	(0.6+0.04)×(0.6+0.04)×25=10.24

(2) 墙体自重(标准值)。

墙体均为 240 厚，考虑到两面抹灰或贴面砖等情况(门窗洞按墙体来计算)，为荷载统计方便起见近似按加厚墙体考虑抹灰或面砖重量，取墙两面均加厚 25mm，则单位面积上墙体重量为：$(0.24+0.05)\times19=5.51\,kN/m^2$。

5. 竖向荷载作用下的横向框架受荷

现仍对 4 号轴线上的中框架进行计算分析，经判断知该设计中的屋(楼)面板均为双向板，屋面均布恒载及活载均为梯形分布及三角形分布传给梁，具体分布情况见图 7-13。

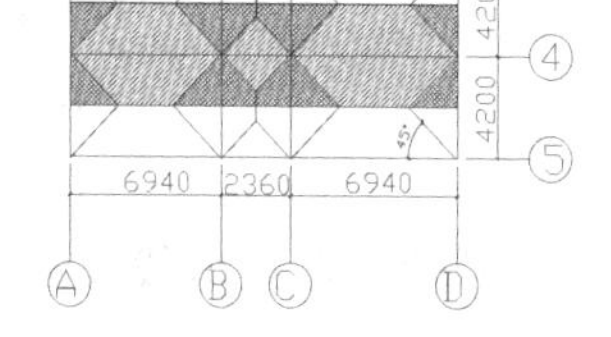

图 7-13　屋(楼)面板支承梁的荷载

荷载计算如下：

屋面恒载(标准值)：

AB 跨梁：

屋面均布恒载传给梁	$2\times(4.77\times2.1)\approx20.03$kN/m
横梁自重(包括抹灰)	$0.29\times0.6\times25=4.35$kN/m
恒载：	24.38kN/m

BC 跨梁：

屋面均布恒载传给梁	$2\times(4.77\times1.18)\approx11.26$kN/m
横梁自重(包括抹灰)	$0.29\times0.4\times25=2.9$kN/m
恒载：	14.16kN/m

CD 跨梁：

屋面均布恒载传给梁	$2\times(4.77\times2.1)\approx20.03$kN/m
横梁自重(包括抹灰)	$0.29\times0.6\times25=4.35$kN/m
恒载：	24.38kN/m

屋面活荷载(标准值)：

AB 跨梁：$2\times(0.5\times2.1)=2.1$kN/m

BC 跨梁：$2\times(0.5\times1.18)=1.18$kN/m

CD 跨梁：$2\times(0.5\times2.1)=2.1$kN/m

二~五层楼面恒载(标准值)：

AB 跨梁：

楼面均布恒载传给梁	$2\times(3.84\times2.1)\approx16.13$kN/m
横墙自重(包括饰面)	$0.29\times(3.3-0.6)\times19\approx14.88$kN/m
横梁自重(包括抹灰)	$0.29\times0.6\times25=4.35$kN/m
恒载：	35.36kN/m

BC 跨梁：

屋面均布恒载传给梁	$2\times(3.84\times1.18)\approx9.06$kN/m
横梁自重(包括抹灰)	$0.29\times0.4\times25=2.9$kN/m
恒载：	11.96kN/m

CD 跨梁：

楼面均布恒载传给梁	2×(3.84×2.1)≈ 16.13kN/m
横墙自重(包括饰面)	0.29×(3.3-0.6)×19≈ 14.88kN/m
横梁自重(包括抹灰)	0.29×0.6×25=4.35kN/m
恒载：	35.36kN/m

二～五层楼面活载(标准值)：

AB 跨梁： 2×(2.0×2.1)=8.4kN/m

BC 跨梁： 2×(2.5×1.18)=5.9kN/m

CD 跨梁： 2×(2.0×2.1)=8.4kN/m

4 号轴中框架恒载及活荷载受荷分别见图 7-14、图 7-15。

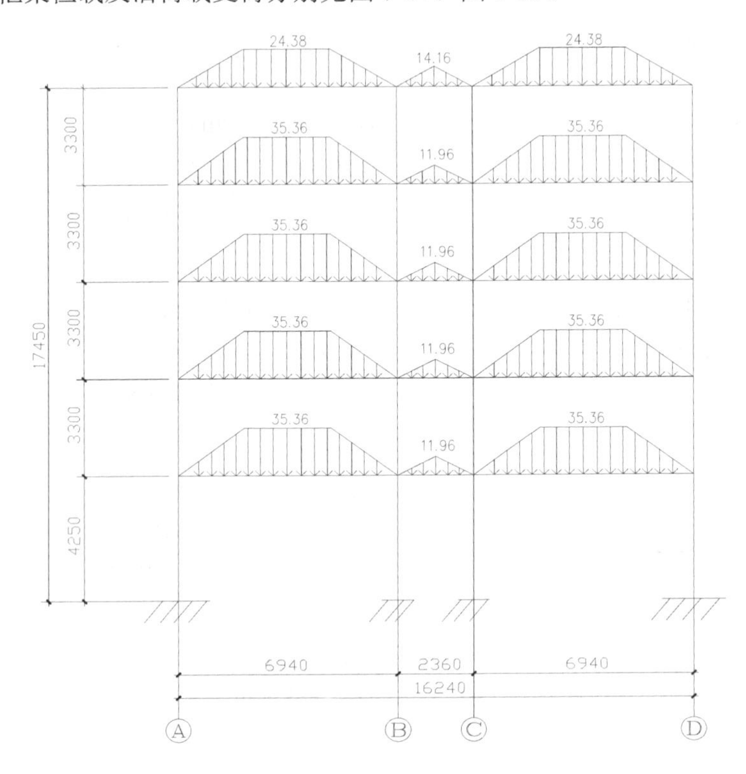

图 7-14 框架竖向恒载示意(标准值，单位 kN/m)

6. 三角形和梯形荷载的等效荷载计算

荷载等效计算原则为：杆件固端弯矩相等，三角形和梯形荷载的等效方法分别见图 7-16、图 7-17，其中 a 为双向板短边长的一半。等效后框架竖向均布恒载、均布活载受荷图分别见图 7-18 和图 7-19 (此时已算出节点处的集中荷载，标注在图上，但忽略集中力偏心引起的弯矩，因为弯矩较小)，恒载集中荷载受荷图见图 7-20，活载集中荷载受荷图见图 7-21。

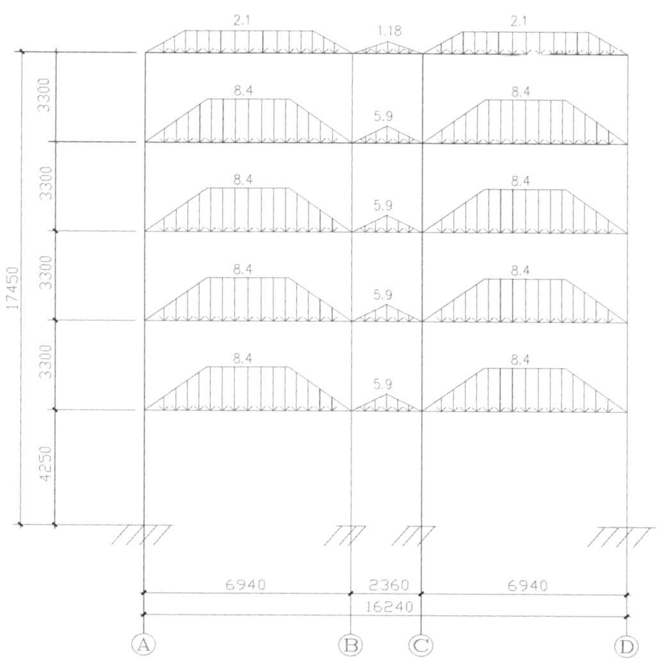

图 7-15　框架竖向活载示意(标准值，单位 kN/m)

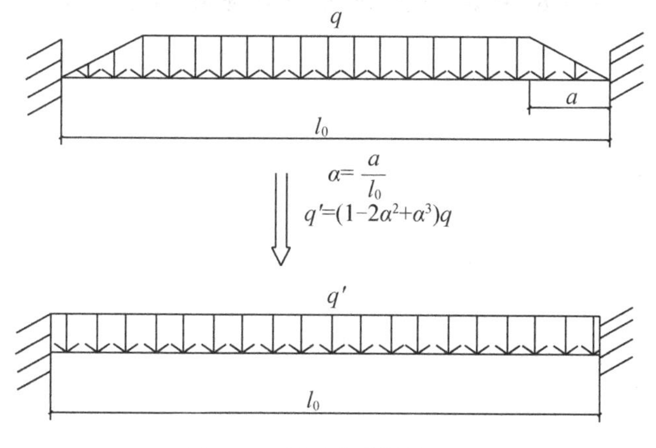

图 7-16　梯形荷载等效方法

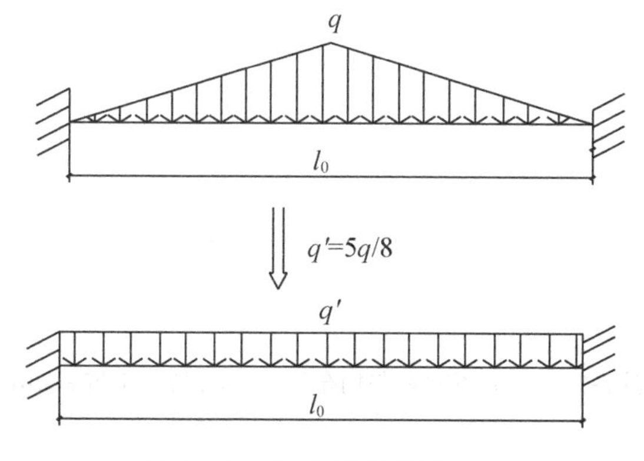

图 7-17　三角形荷载等效方法

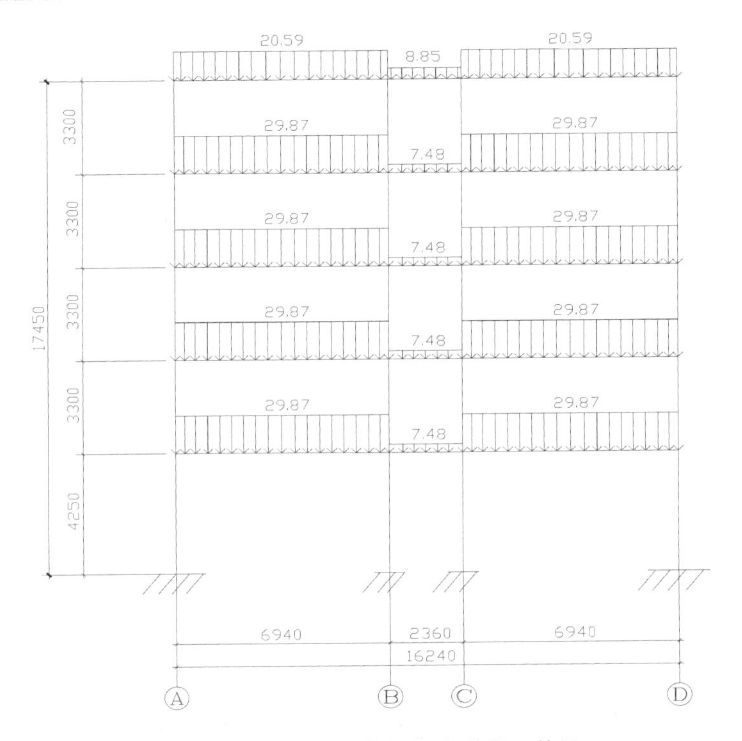

图 7-18　框架等效竖向均布恒载(标准值，单位 kN/m)

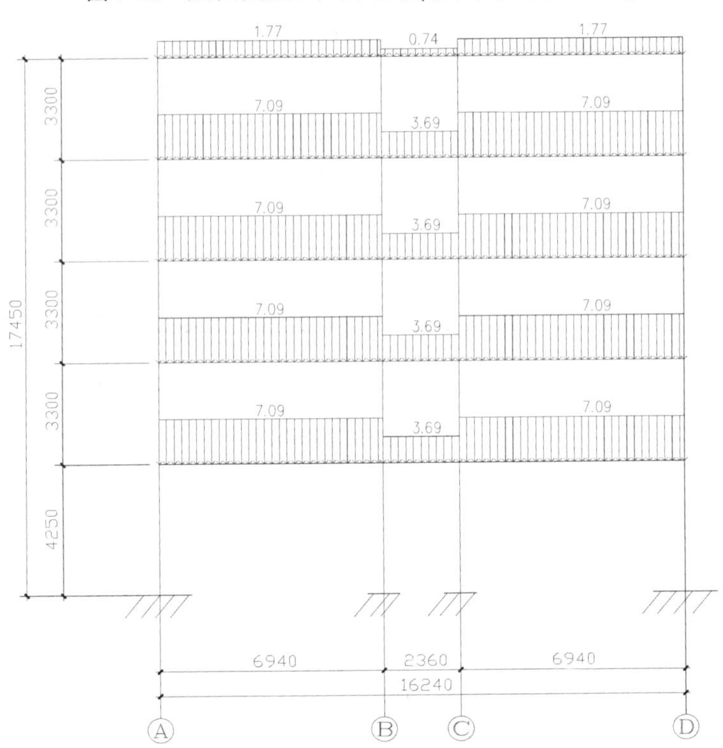

图 7-19　框架等效竖向均布活载(标准值，单位 kN/m)

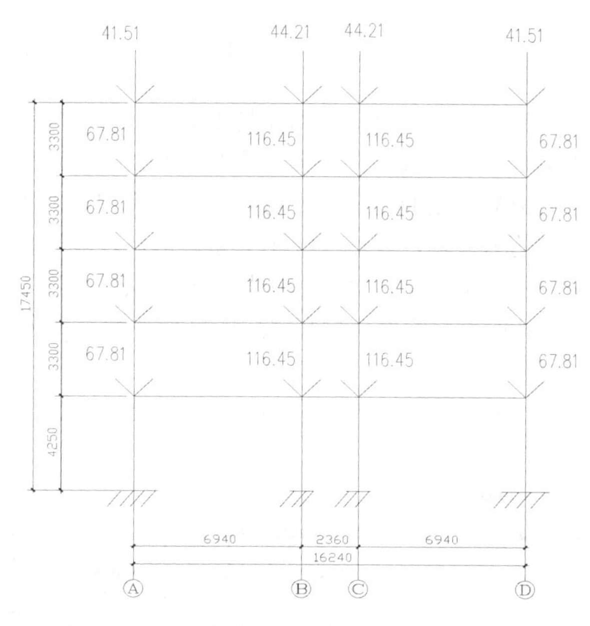

图 7-20　框架恒载集中荷载(标准值，单位 kN)

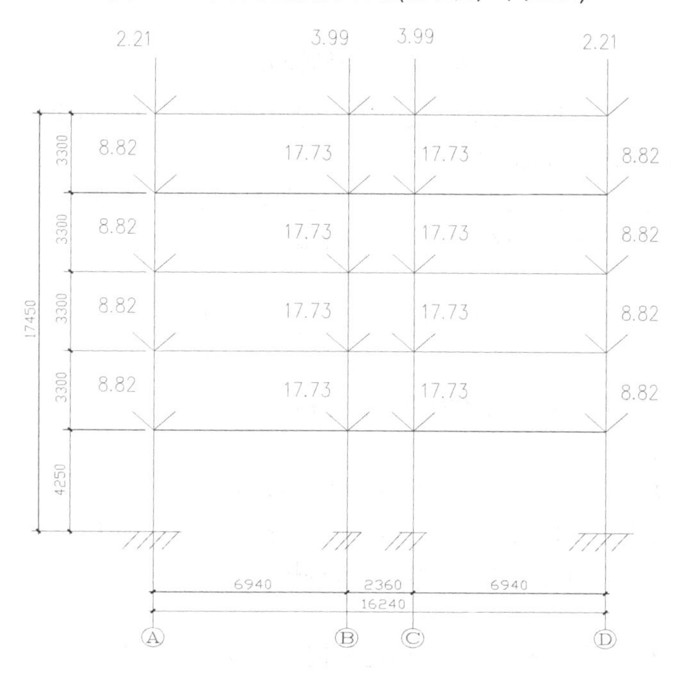

图 7-21　框架活载集中荷载(标准值，单位 kN)

7.2.2　竖向荷载作用下框架结构内力计算

多层框架结构属于多次超静定结构，按整体超静定结构计算工作量大，手算一般采用简化计算方法。框架结构在竖向荷载作用下的内力计算可近似地采用分层法。

分层法是将多层框架分解成多个单独的框架，对每个独立框架进行受力分析，然后将其叠加，得到整榀框架内力的方法。分层法是一种简化方法，主要用于计算多层多跨且梁柱全部贯通的均匀框架。当梁柱线刚度比值 $\sum\frac{i_b}{i_c}\geqslant 3$，或框架不规则时，分层法不适用。

通常多层多跨框架在竖向荷载作用下的侧移是不大的。可近似地按无侧移刚架进行分析，而且当某层梁上作用有竖向荷载时，在该层梁及相邻柱子中产生较大内力，而对其相邻楼层的梁、柱中内力的影响，是通过节点处弯矩分配给下层柱的上端及上层柱的下端，然后再传递到上、下层柱的另一端，其值已经不大了。因此，在竖向荷载作用下的内力分析时，可假定作用在某一层框架梁上的竖向荷载只对本楼层的梁以及与本层梁相连的框架柱产生弯矩和剪力，而对其他楼层的框架梁和隔层的框架柱都不产生剪力。

分层法的计算过程如下。

(1) 将 n 层框架分成 n 各框架(如图 7-22 所示)，每层梁柱形成一刚架结构，柱的远端假设为固定端。

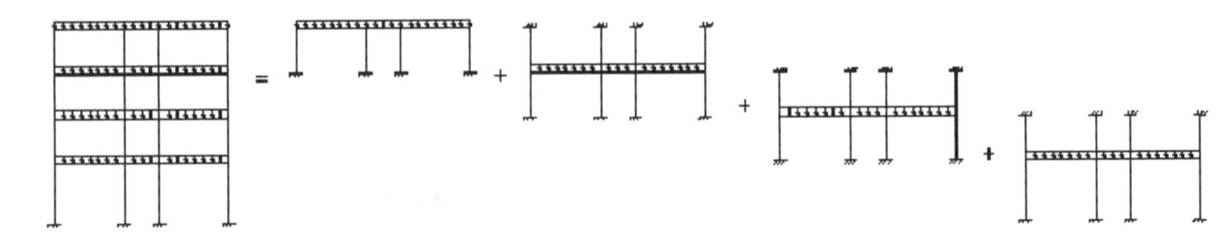

图 7-22　活荷载分层法

(2) 按弯矩分配法计算每一独立框架内力，弯矩分配一般分配两次或两次以上为宜。

(3) 将各独立框架内力叠加得出整体框架内力。

在应用分层法计算框架内力时，各层柱的远端除底层外，并非为固定支座，而是处于铰支和固定之间的弹性约束。故在计算中做以下调整，以减少误差。

分层法基本假定：

(1) 梁上荷载仅在该梁上及与其相连的上下层柱上产生内力，在其他层梁及柱上产生的内力可忽略不计；

(2) 竖向荷载作用下框架结构产生的水平位移可忽略不计。

分层法计算要点：

(1) 计算杆端分配系数 μ_i 时：上层柱线刚度取为原线刚度的 0.9 倍，其他杆件不变。

(2) 上层柱间的传递系数取为 1/3，其他杆件的传递系数仍为 1/2。

(3) 若节点出现不平衡力矩较小(10%)，直接按叠加成果进行下一步计算，否则需再分配一次。

为了避免梁支座处抵抗负弯矩的钢筋过分拥挤，以及在抗震结构中形成梁铰型侧移屈服机制，在框架结构设计时，允许框架梁端出现塑性铰，一般对竖向荷载作用下的梁端负弯矩进行人为地减小，减少梁柱节点附近梁顶面的配筋量，使框架梁端产生塑性铰。此过程称为梁端弯矩调幅。调幅幅度，对于现浇框架，调幅系数取 0.8～0.9，对于装配整体式框架，调幅系数取 0.7～0.8。

【案例分析】

本案例中荷载作用下的内力计算如下。

由于结构和荷载对称，可在中跨梁线刚度折减一半以后，力矩不再在中跨传递，仅计算半边框架，计算简图见图7-23。

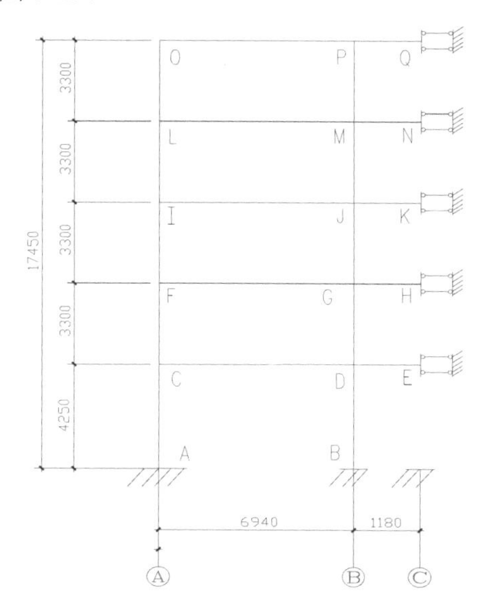

图7-23　简化计算简图

现以一层C、D节点为例计算杆端分配系数μ_i，其他节点计算方法一样，此处不再多举。

C节点：

∵转动刚度：$S_{CA}=4i_{CA}$，$S_{CD}=4i_{CD}$，$S_{CF}=0.9\times4i_{CF}=3.6i_{CF}$

$$\therefore\quad \mu_{CA}=\frac{4i_{CA}}{4i_{CA}+4i_{CD}+3.6i_{CF}}=\frac{4\times1.0}{4\times1.0+4\times1.0+3.6\times1.2}=0.33$$

$$\mu_{CF}=\frac{3.6i_{CF}}{4i_{CA}+4i_{CD}+3.6i_{CF}}=\frac{3.6\times1.2}{4\times1.0+4\times1.0+3.6\times1.2}=0.35$$

$$\mu_{CD}=1-0.33-0.35=0.32$$

D节点：

∵转动刚度：$S_{DB}=4i_{DB}$，$S_{DC}=4i_{DC}$

$S_{DE}=2i_{DE}$，$S_{DG}=0.9\times4i_{DG}=3.6i_{DG}$

$$\therefore\ \mu_{DB}=\frac{4i_{DB}}{4i_{DB}+4i_{DC}+2i_{DE}+3.6i_{DG}}=\frac{4\times1.0}{4\times1.0+4\times1.0+2\times0.8+3.6\times1.2}=0.29$$

$$\mu_{DC}=\frac{4i_{DC}}{4i_{DB}+4i_{DC}+2i_{DE}+3.6i_{DG}}=\frac{4\times1.0}{4\times1.0+4\times1.0+2\times0.8+3.6\times1.2}=0.29$$

$$\mu_{DG}=\frac{4i_{DG}}{4i_{DB}+4i_{DC}+2i_{DE}+3.6i_{DG}}=\frac{3.6\times1.2}{4\times1.0+4\times1.0+2\times0.8+3.6\times1.2}=0.31$$

$$\mu_{DS}=1-0.29-0.29-0.31=0.11$$

分层法具体计算过程和计算结果见图7-24～图7-26。矩形框内数据除杆端分配系数外均表示为梁跨中弯矩。

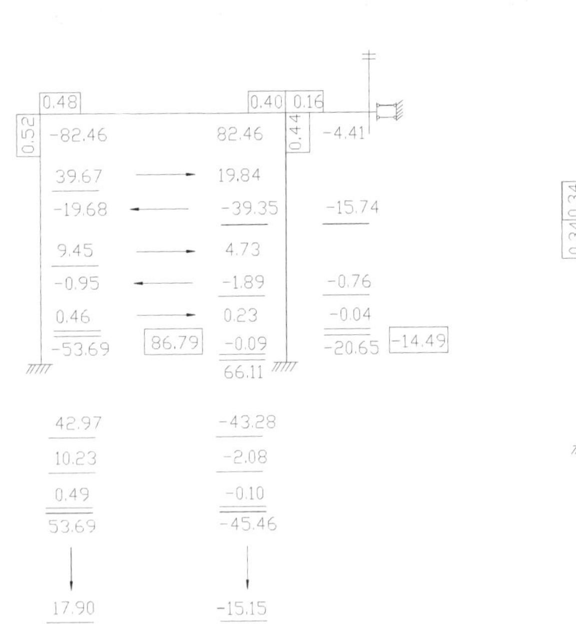

图 7-24　五层恒载分层计算图(单位 kN)

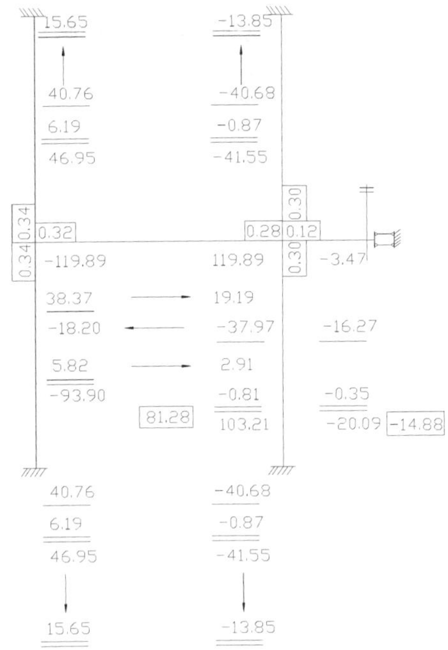

图 7-25　二～四层恒载分层计算图(单位 kN)

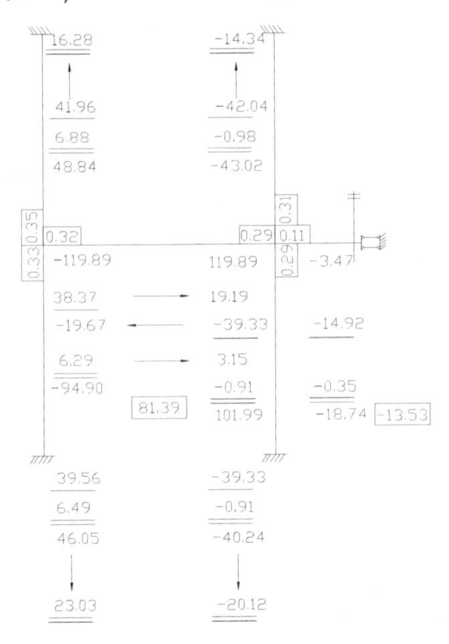

图 7-26　一层恒载分层计算图(单位 kN)

在恒载和活载作用下，跨中弯矩为：

$$M = \frac{1}{8}ql^2 - \frac{|M_{左}| + |M_{右}|}{2}$$

式中：$M_{左}$、$M_{右}$——梁左、右端弯矩。

竖向恒载作用下内力图见图 7-27～图 7-29(梁轴力没注，在具体情况下再作计算)。

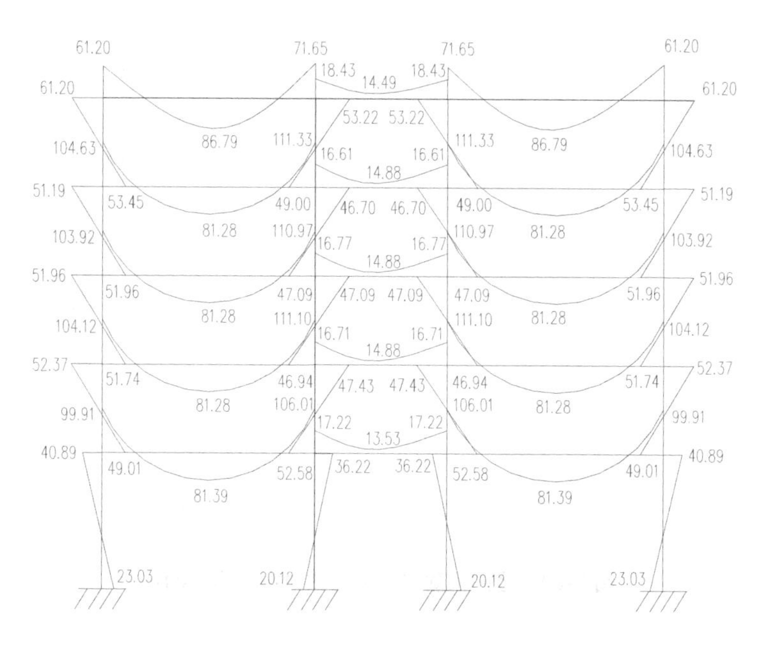

图 7-27　竖向恒载作用下的弯矩图(单位 kN·m)

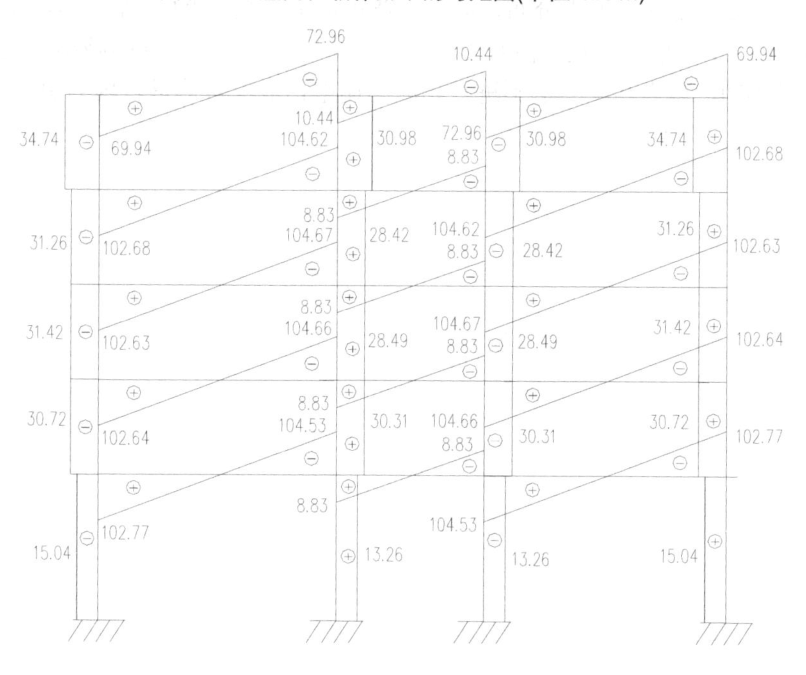

图 7-28　竖向恒载作用下的剪力图(单位 kN)

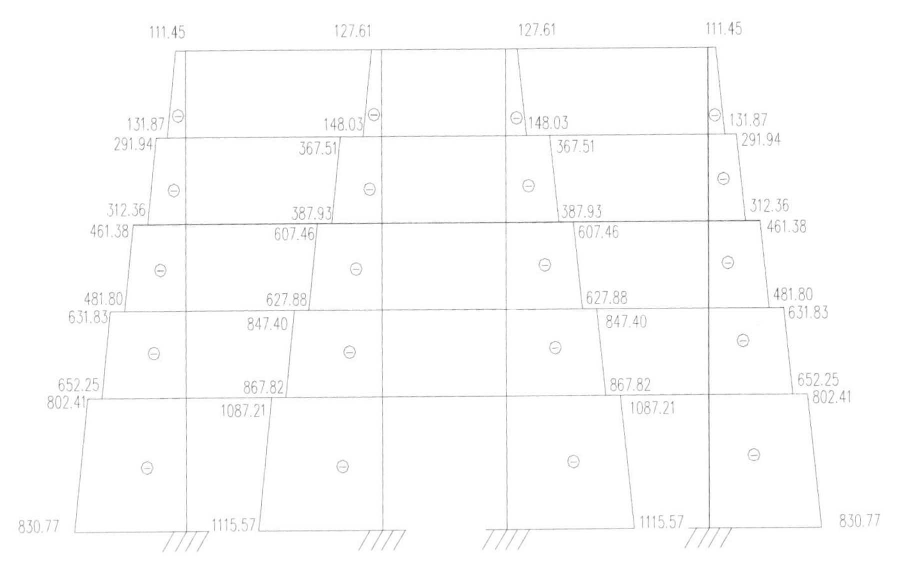

图 7-29　竖向恒载作用下的轴力图(单位 kN)

考虑框架梁端的塑性内力重分布，取梁端弯矩调幅系数为 0.9，左右两边跨跨中弯矩相应提高近似乘以 1.1 的增大系数，但对于中间跨跨中弯矩应乘以 0.9 的减小系数，调幅后框架弯矩图见图 7-30，剪力和轴力值不进行相应的调整仍取原数值进行内力组合。

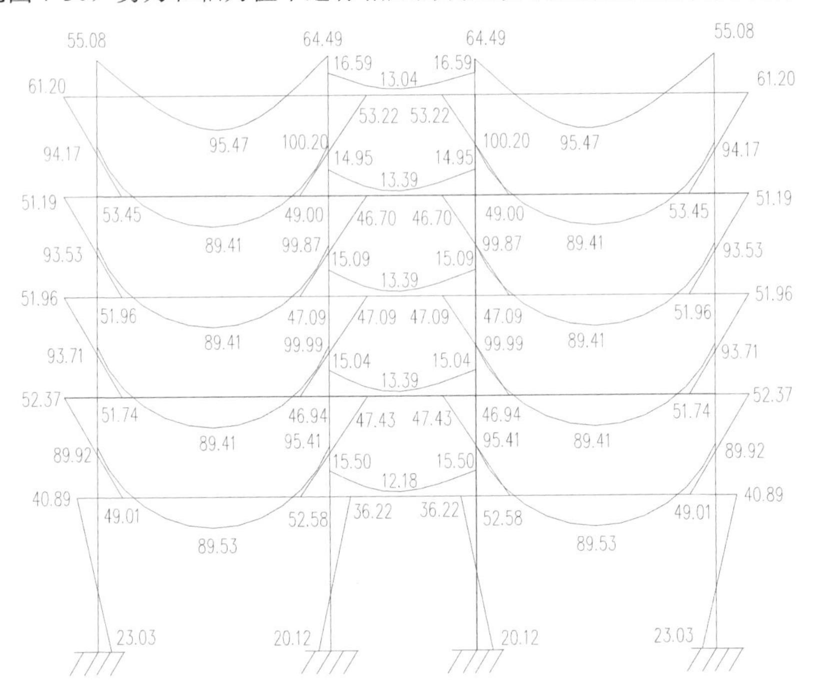

图 7-30　梁端弯矩调幅后的弯矩图(恒载，单位 kN·m)

活载作用下的横向框架内力计算。

计算方法同恒载作用下的横向框架内力计算，分层法具体计算过程和结果见图 7-31～

图 7-33。矩形框内数据除杆端分配系数外均表示为梁跨中弯矩。

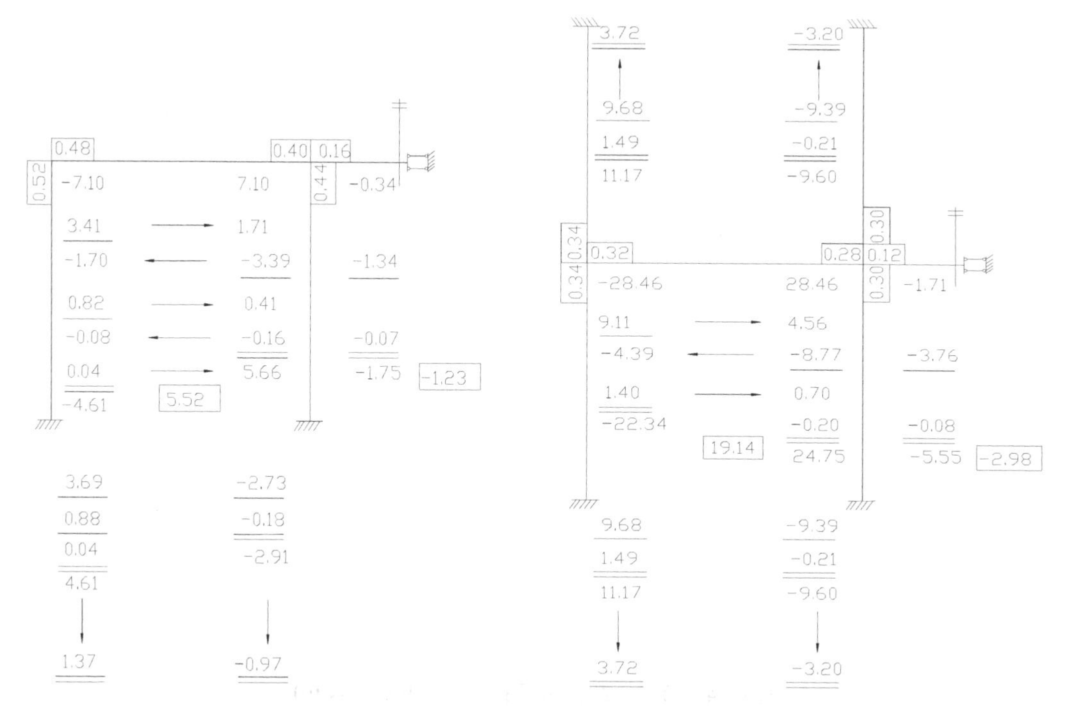

图 7-31　五层活载分层计算图(单位 kN)

图 7-32　二～四层活载分层计算图(单位 kN)

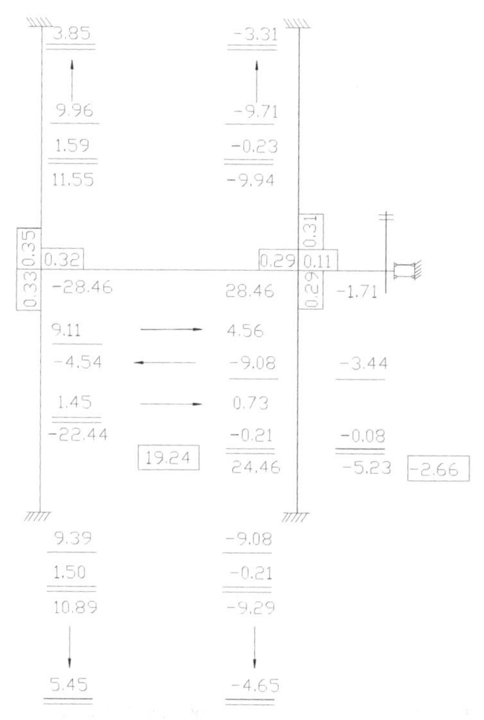

图 7-33　一层活载分层计算图(单位 kN)

竖向活载作用下的内力图见图 7-34～图 7-36(柱剪力和梁轴力没注，内力组合时应考虑)。

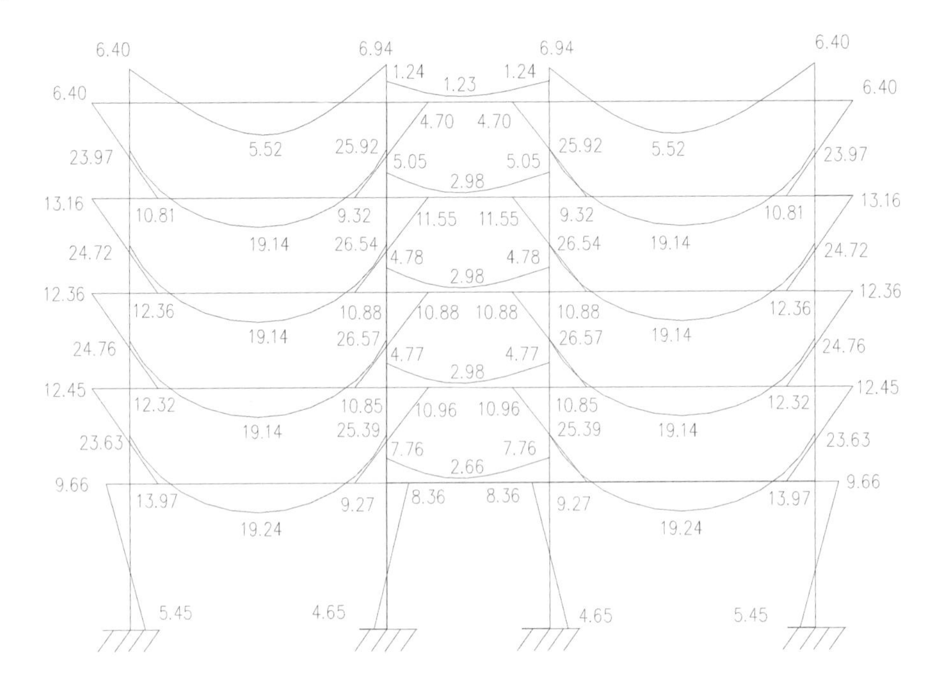

图 7-34　竖向活载作用下的弯矩图(单位 kN·m)

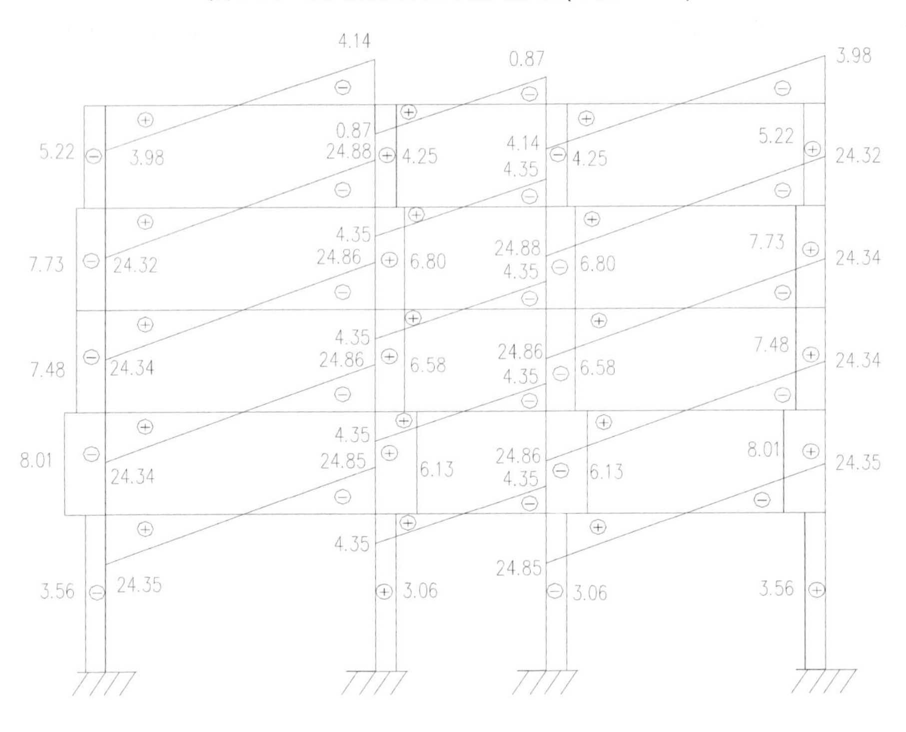

图 7-35　竖向活载作用下的剪力图(单位 kN)

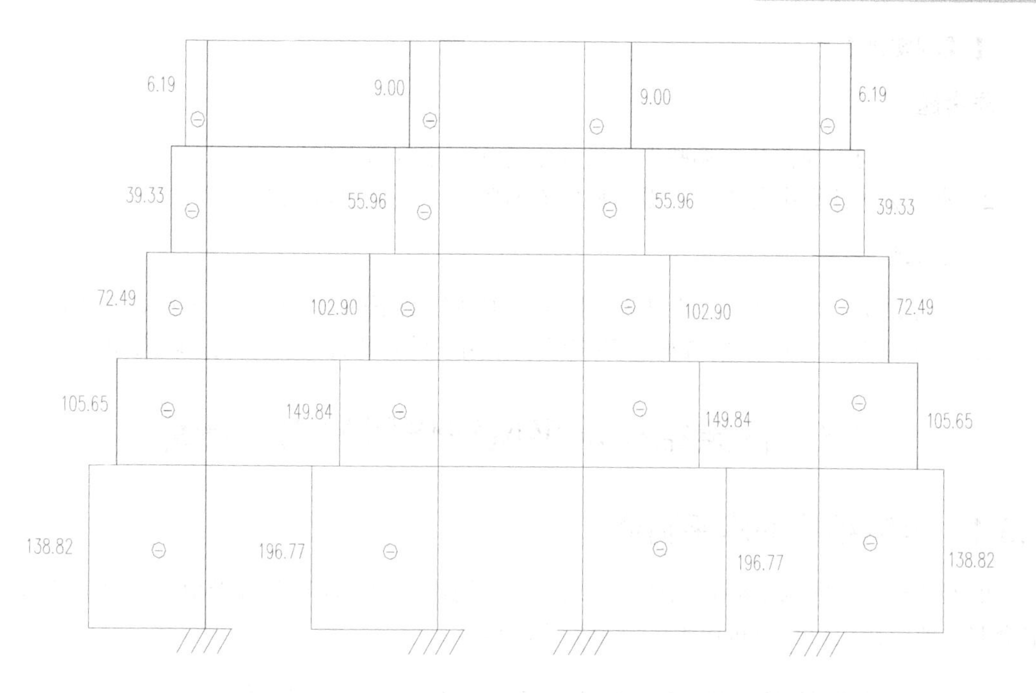

图 7-36　竖向活载作用下的轴力图(单位 kN)

考虑框架梁端的塑性内力重分布，取梁端弯矩调幅系数为 0.9，跨中弯矩相应提高近似乘以 1.1 的增大系数，部分梁端弯矩较小者不做调整，调幅后框架弯矩图见图 7-37，剪力和轴力值不进行相应的调整仍取原数值进行内力组合。

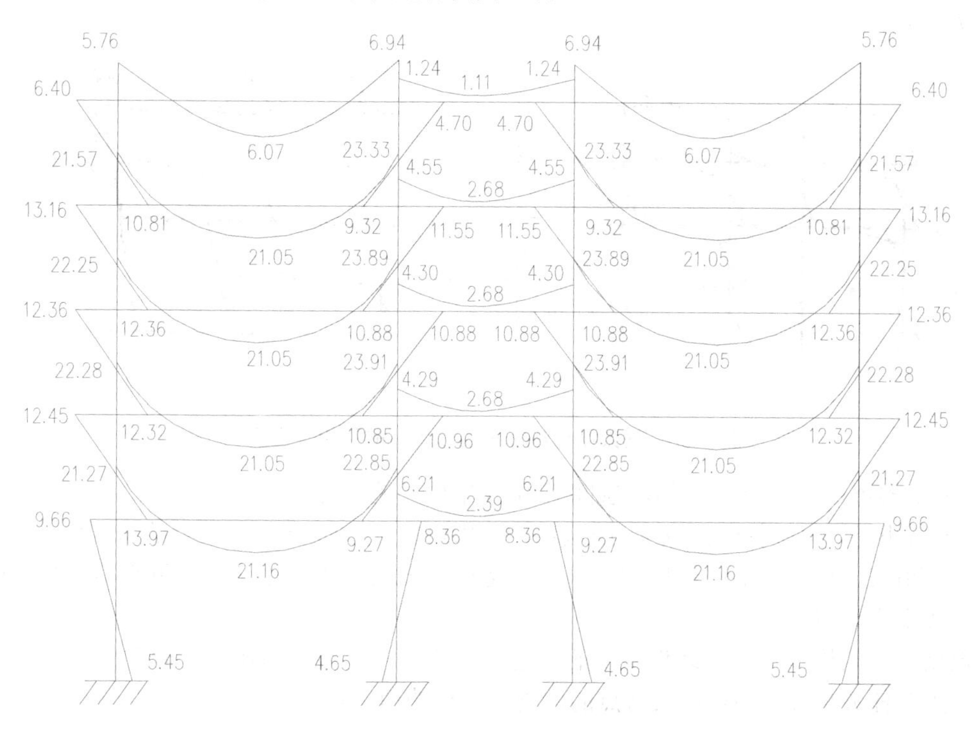

图 7-37　梁端弯矩调幅后的弯矩图(活载，单位 kN·m)

【课程实训】

思考题

1. 框架结构竖向荷载有哪些？在设计中是如何进行考虑的？
2. 分层法在计算中各采用了哪些假定？有哪些主要计算步骤？

仿真习题

1. 条件见 7.1 仿真习题，计算 3 轴框架在恒载作用下的弯矩图、剪力图、轴力图。
2. 条件见 7.1 仿真习题，3 轴框架在活载作用下的弯矩图、剪力图、轴力图。

7.3 框架结构水平风载作用的内力计算

7.3.1 框架结构的水平荷载

框架结构受到的水平荷载包括风荷载或水平地震作用。风荷载标准值可从《荷载规范》中查取，地震作用可从《抗震设计规范》中查取。

7.3.2 水平荷载作用下框架结构的受力与变形特点

框架结构受到的水平荷载均转化为节点集中荷载进行内力分析。

在节点水平集中荷载作用下，框架结构的内力和变形具有以下特点。

(1) 框架梁、柱的弯矩均为线性分布，且每跨梁及每根柱均有一零弯矩点即反弯点存在，如图 7-38 所示。

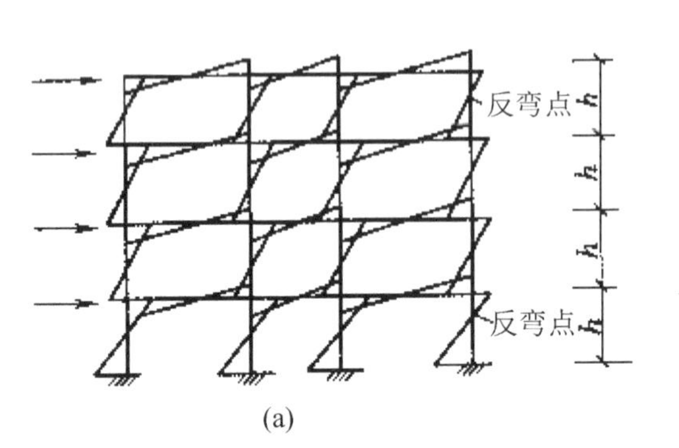

(a)

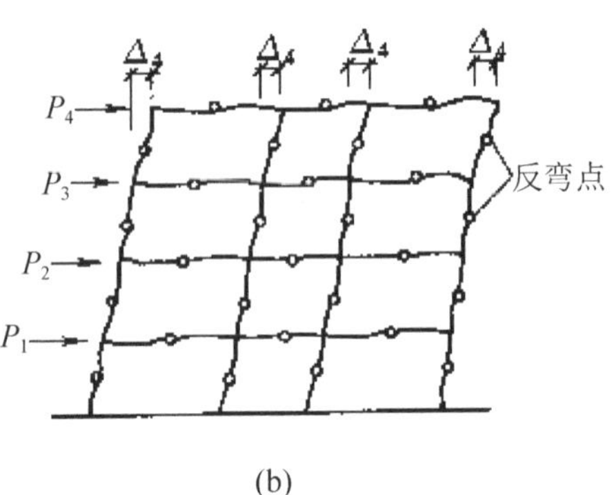

(b)

图 7-38　框架结构在水平力作用下的弯矩及变形

(2) 框架每一层柱的总剪力(称层间剪力)及单根柱的剪力均为常数。

(3) 若不考虑梁、柱轴向变形对框架侧移的影响，则同层各框架节点的水平位移相等。

(4) 除底层柱底为固定端外，其余杆端(或节点)既有水平侧移又有转角变形，节点转角随梁柱线刚度比的增大而减小。

根据框架结构在水平荷载作用下的上述受力特点，框架结构在水平荷载作用下，内力分析的主要任务是确定各柱中反弯点的位置和各柱的剪力。

7.3.3 水平荷载作用下的反弯点法

根据框架结构在水平荷载作用下精确分析的大量统计资料，反弯点法的基本假定如下。

(1) 框架底层各柱的反弯点在距柱底的 2/3 高度处，以上各层柱的反弯点在柱高的中点；

(2) 假定框架横梁的线刚度为无穷大；

(3) 不考虑框架横梁的轴向变形。

根据假定(2)，各柱的上、下端无转角，则柱的侧移刚度 D(即当柱顶产生单位水平侧移 $\Delta=1$ 时，在柱顶所需施加的水平集中力(见图 7-39)为：

$$D=\frac{12EI}{h^3}=\frac{12i}{h^2} \tag{7-2}$$

式中，$i=\frac{EI}{h}$ 为柱的线刚度。

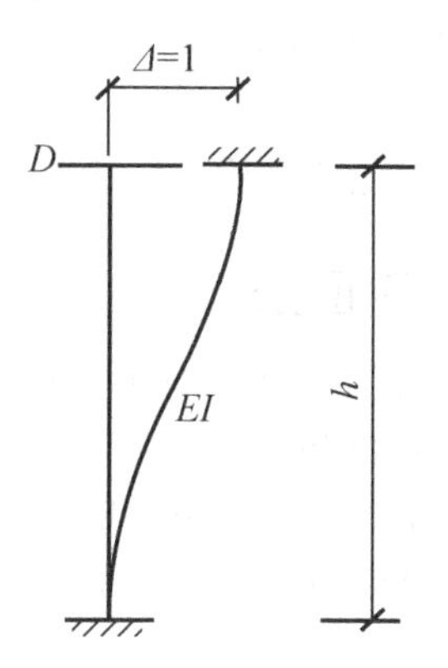

图 7-39　柱的侧移刚度

根据假定(3)，同层柱的柱顶侧移相等，则作用于某一层的总剪力 $\sum F$ 应按该层中各柱的侧移刚度分配到各柱，则各柱的剪力为：

$$V_i=\sum F\times\frac{D_i}{\sum D_i} \tag{7-3}$$

根据假定(1)，各柱的柱端弯矩为：

底层柱上端 $M_{上}=V_i\times\frac{1}{3}h_i$，柱下端 $M_{上}=V_i\times\frac{2}{3}h_i$，其余各层柱上、下端 $M=V_i\times\frac{1}{2}h_i$，其中 h_i 为第 i 层的层高，V_i、D_i 则为同一楼层中第 i 根柱的剪力和侧移刚度。

求出所有柱端弯矩后，各梁端弯矩可按节点的平衡条件求得，见图 7-40。

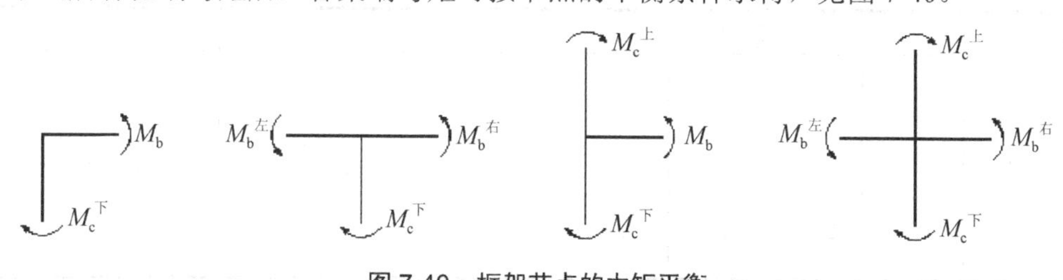

图 7-40　框架节点的力矩平衡

在边节点处，如图 7-40 所示，

$$M_{\mathrm{b}}=M_{\mathrm{c}}^{上}+M_{c}^{下} \tag{7-4}$$

在中间节点处，如图 7-40 所示，

$$M_{\mathrm{b}}^{左}=(M_{\mathrm{c}}^{上}+M_{\mathrm{c}}^{下})\frac{i_{左}}{i_{左}+i_{右}} \tag{7-5}$$

$$M_{\mathrm{b}}^{右}=(M_{\mathrm{c}}^{上}+M_{\mathrm{c}}^{下})\frac{i_{右}}{i_{左}+i_{右}} \tag{7-6}$$

式中$i_{左}$、$i_{右}$分别为节点左、右两侧梁的线刚度。

总结反弯点法的计算过程如下。

(1) 求得框架梁柱节点水平集中力，也就是层间总剪力；

(2) 计算本层各柱的抗侧移刚度；

(3) 按框架柱抗侧移刚度比分配层间总剪力给各柱；

(4) 根据反弯点高度求得各柱柱端弯矩；

(5) 根据节点弯矩平衡原理求得梁端弯矩；

根据反弯点法的基本假定，可知此法对梁、柱线刚度比较大的规则框架计算误差较小。

7.3.4 水平荷载作用下的 D 值法

反弯点法假定框架柱反弯点的位置不变，且框架梁的线刚度为无穷大，这使反弯点法的应用受到限制。在一般情况下，柱的抗侧移刚度还与梁的线刚度有关；柱的反弯点高度也与梁柱线刚度比、上下层梁的线刚度比、上下层的层高变化有关。在反弯点法的基础上，考虑上述因素的影响，对柱的抗侧移刚度和反弯点高度进行修正，就得到 D 值法。

1. 柱抗侧移刚度 D 值的修正

在反弯点法中，框架柱的抗侧移刚度$D=\frac{12i}{h^2}$是按柱上下端均为嵌固这一特定条件确定的。实际上，在荷载作用下，框架的节点均有转角，则柱的侧移刚度应降低，并取决于框架梁、柱的线刚度比。降低后的柱抗侧移刚度 D 可表示为：

$$D=\alpha\frac{12i}{h^2} \tag{7-7}$$

其中 i 和 h 分别为柱的线刚度和高度，α 是考虑柱上、下端产生转角的修正系数。α 按表 7-4 计算，式中 K 为框架梁、柱的线刚度比。

表 7-4　梁柱线刚度比值 K 与 α 值的关系

楼　层	简　图	K	α
一般层	i_2　i_c　i_4　　i_1　i_2　i_c　i_3　i_4	$K=\frac{i_1+i_2+i_3+i_4}{2i_c}$	$\alpha=\frac{K}{2+K}$

续表

楼　层	简　图	K	α
底层	（柱端节点简图：i_2, i_c；i_1, i_2, i_c）	$K=\dfrac{i_1+i_2}{i_c}$	$\alpha=\dfrac{0.5+K}{2+K}$

求得框架柱抗侧移刚度 D 值以后，同反弯点法求出各柱的剪力。

2. 柱反弯点位置的修正

多层框架在节点水平集中力作用下，各层柱的反弯点位置取决于该柱上下两端转角的大小，如果上下端的转角相等，反弯点就在柱的中点。如果柱上下两端转角不同，则反弯点移向转角较大的一端，即移向约束刚度较小的一端。影响柱两端转角大小的因素有：梁柱线刚度比、该柱所在楼层的位置、上下层梁线刚度比、上下层层高变化以及水平荷载的形式等因素。

修正后的柱反弯点高度为：

$$yh=(y_0+y_1+y_2+y_3)h \tag{7-8}$$

式中：y ——柱反弯点高度比；

h ——柱所在层的层高；

y_0 ——标准反弯点高度比；

y_1 ——柱上、下横梁刚度比不同时的修正值；

y_2，y_3 ——柱上、下层层高不同时的修正值。

采用修正后的柱抗侧移刚度 D 及柱反弯点高度 yh 计算各柱的剪力及柱端弯矩，从而求得框架梁端弯矩，计算方法同反弯点法。

7.3.5　框架结构侧移计算及限值

框架在水平荷载作用下，其位移有两部分变形组成：总体剪切变形和总体弯曲变形。总体剪切变形是由于楼层剪力引起框架梁、柱弯曲变形使框架产生侧向位移。总体弯曲变形是由于框架两侧边柱的轴向力引起的柱子伸长或缩短引起框架变形。

【案例分析】

本工程不进行具体抗震设计，水平荷载只考虑风荷载。

对于多层框架结构，风荷载沿房屋高度的计算方法可以来用简化方法，将沿高度分布作用的风荷载简化为作用于楼面和屋面位置处的集中荷载；对某一楼面，其值可取相邻上、下各半层高范围内分布荷载之和，并且该分布荷载可取为均布荷载。此时，从可按该楼面高度位置确定。风荷载有向右(左风)和向左(右风)两个可能作用的方向，考虑风荷载作用下的内力时、只能二者择一。

1. 风荷载的计算

风荷载标准值计算公式为：

$$\omega_k=\beta_z u_s u_z \omega_0 \tag{7-9}$$

式中：ω_k——风荷载标准值(kN/m²)；

β_z——高度 Z 处的风振系数；

μ_s——风荷载体型系数；

μ_z——风压高度变化系数；

ω_0——基本风压(kN/m²)；

因结构高度 H=17m<30 m，B=16.5m，H/B=1.03<1.5，故取 β_z=1.0;

H/B=1.1<4 的矩形平面建筑取 μ_s=1.3;

地面粗糙程度为 C 类,当查得的 μ_z 见表 7-5。

表 7-5　风压高度系数 μ_z

离地面高度 Z(m)	3.75	7.05	10.35	13.65	17
风压高度变化系数 μ_z	0.74	0.74	0.74	0.74	0.77

将风荷载换算成作用于框架每层节点上的集中荷载，计算过程如下(女儿墙高为 0.5m)：

5 层：F_{W5K}=4.2×(3.3÷2+0.5)×0.77=6.95kN

4 层：F_{W4K}=4.2×3.3×(0.77+0.74)÷2=10.46kN

3 层：F_{W3K}=4.2×3.3×0.74=10.26kN

2 层：F_{W2K}=4.2×3.3×0.74=10.26kN

1 层：F_{W1K}=4.2×(3.3÷2+3.75) ×0.74=16.78 kN

风荷载作用计算简图见图 7-41。

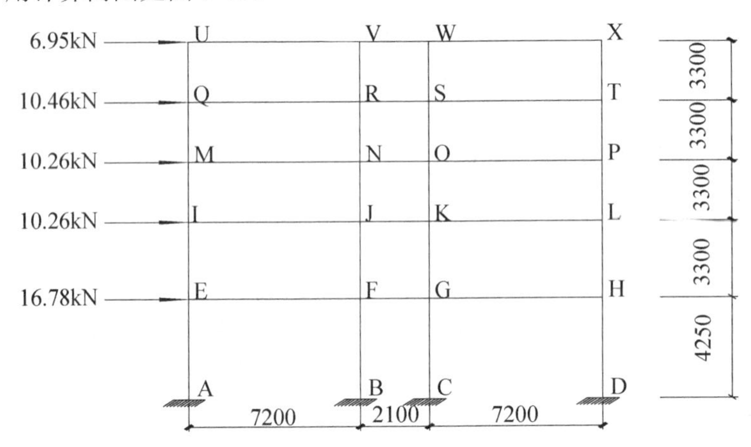

图 7-41　风荷载作用计算简图

2. 风荷载作用下横向框架的侧移验算

梁柱线刚度比的平均值 $\bar{K}$ 、修正系数 α_c 及 D 值的计算：

2～5 层：

A(D)轴柱：$\bar{K}=\dfrac{2\times 3.63\times 10^4}{2\times 4.41\times 10^4}=0.82$

$$\alpha_c=\frac{\bar{K}}{2+\bar{K}}=\frac{0.82}{2+0.82}=0.29$$

B(C)轴柱：$\overline{K}=\dfrac{2\times(3.63+3.08)\times10^4}{2\times4.41\times10^4}=1.52$

$$\alpha_c=\frac{\overline{K}}{2+\overline{K}}=\frac{1.52}{2+1.52}=0.43$$

1 层：

A(D)轴柱：$\overline{K}=\dfrac{3.63\times10^4}{3.66\times10^4}=1.00$

$$\alpha_c=\frac{0.5+\overline{K}}{2+\overline{K}}=\frac{0.5+1.00}{2+1.00}=0.50$$

B(C)轴柱：$\overline{K}=\dfrac{(3.63+3.08)\times10^4}{3.66\times10^4}=1.83$

$$\alpha_c=\frac{0.5+\overline{K}}{2+\overline{K}}=\frac{0.5+1.83}{2+1.83}=0.61$$

D 值计算(见表 7-6，$D=\alpha_c\dfrac{12i_c}{h^2}$)

表 7-6　横向框架柱的 D 值

D	A 轴	B 轴	C 轴	D 轴	$\sum D$
2～5 层	0.383	0.569	0.569	0.383	1.904
1 层	0.332	0.405	0.405	0.332	1.474

注：表中为相对线刚度，是相对于中框架梁 L_1 的线刚度的；中框架梁 L_1 的线刚度为 3.63×10^4kN·m。

3. 横向框架的侧移验算

由于总高 H=17m<50m，且 H/B=17/16.5=1.03<4，所以只考虑弯曲和剪切变形产生的位移，而忽略轴向变形引起的位移。

5 层：$\Delta_{MQ}=\dfrac{6.95}{1.904\times3.63\times10^4}\approx1.006\times10^{-4}\text{m}$

4 层：$\Delta_{MQ}=\dfrac{10.46+6.95}{1.904\times3.63\times10^4}\approx2.519\times10^{-4}\text{m}$

3 层：$\Delta_{MQ}=\dfrac{10.26+10.46+6.95}{1.904\times3.63\times10^4}\approx4.003\times10^{-4}\text{m}$

2 层：$\Delta_{MV}=\dfrac{10.26+10.26+10.46+6.95}{1.904\times3.63\times10^4}\approx5.488\times10^{-4}\text{m}$

1 层：$\Delta_{MQ}=\dfrac{16.78+10.26+10.26+10.46+6.95}{1.474\times3.63\times10^4}\approx10.225\times10^{-4}\text{m}$

经验算所有层间位移：

$$\Delta_{MQ}<\frac{h}{550}=\frac{3.3}{550}\approx60.0\times10^{-4}\text{m}$$

$$<\frac{4.25}{550}\approx77.30\times10^{-4}\text{m}$$

(满足要求)

顶点位移：

$$\Delta = (1.006 + 2.519 + 4.003 + 5.488 + 10.225) \times 10^{-4}$$
$$= 23.241 \times 10^{-4}\text{m} < \frac{H}{550} = \frac{17}{550} = 309.1 \times 10^{-4}\text{m}$$

(满足要求)

采用改进反弯点法(D 值法)计算，横向框架计算简图见图 7-44。

4. 各柱的剪力值和反弯点高度 $y \cdot h$ 计算

由前面求得的 D 值和 $\bar{K}$ 值列各柱剪力值见表 7-7 和反弯点高度 yh 见表 7-8。

表 7-7　各柱剪力值

	UQ	VR	WS	YT	$\sum D$
第五层	$D = 0.383$ $V = \frac{0.383}{1.904} \times$ $6.95 = 1.40\text{kN}$	$D = 0.569$ $V = \frac{0.569}{1.904} \times$ $6.95 = 2.08\text{kN}$	$D = 0.569$ $V = \frac{0.569}{1.904} \times$ $6.95 = 2.08\text{kN}$	$D = 0.383$ $V = \frac{0.383}{1.904} \times$ $6.95 = 1.40\text{kN}$	1.904
	QM	RN	SO	TP	$\sum D$
第四层	$D = 0.383$ $V = \frac{0.383}{1.904} \times$ $(6.95 + 10.46)$ $= 3.50\text{kN}$	$D = 0.569$ $V = \frac{0.569}{1.904} \times$ $(6.95 + 10.46)$ $= 5.20\text{kN}$	$D = 0.569$ $V = \frac{0.569}{1.904} \times$ $(6.95 + 10.46)$ $= 5.20\text{kN}$	$D = 0.383$ $V = \frac{0.383}{1.904} \times$ $(6.95 + 10.46)$ $= 3.50\text{kN}$	1.904
	MI	NJ	OK	PL	$\sum D$
第三层	$D = 0.383$ $V = \frac{0.383}{1.904} \times$ $(6.95 + 10.46$ $+10.26)$ $= 5.57\text{kN}$	$D = 0.569$ $V = \frac{0.569}{1.904} \times$ $(6.95 + 10.46$ $+10.26)$ $= 8.27\text{kN}$	$D = 0.569$ $V = \frac{0.569}{1.904} \times$ $(6.95 + 10.46$ $+10.26)$ $= 8.27\text{kN}$	$D = 0.383$ $V = \frac{0.383}{1.904} \times$ $(6.95 + 10.46$ $+10.26)$ $= 5.57\text{kN}$	1.904
	IE	JF	KG	LH	$\sum D$
第二层	$D = 0.383$ $V = \frac{0.383}{1.904} \times$ $(6.95 + 10.46 +$ $10.26 + 10.26)$ $= 7.63\text{kN}$	$D = 0.569$ $V = \frac{0.569}{1.904} \times$ $(6.95 + 10.46 +$ $10.26 + 10.26)$ $= 11.34\text{kN}$	$D = 0.569$ $V = \frac{0.569}{1.904} \times$ $(6.95 + 10.46 +$ $10.26 + 10.26)$ $= 11.34\text{kN}$	$D = 0.383$ $V = \frac{0.383}{1.904} \times$ $(6.95 + 10.46 +$ $10.26 + 10.26)$ $= 7.63\text{kN}$	1.904
	EA	FB	GC	HD	$\sum D$
第一层	$D = 0.332$ $V = \frac{0.332}{1.904} \times$ $(6.95 + 10.46 +$ $10.26 + 10.26$ $+16.78)$ $= 12.32\text{kN}$	$D = 0.405$ $V = \frac{0.405}{1.904} \times$ $(6.95 + 10.46 +$ $10.26 + 10.26$ $+16.78)$ $= 15.03\text{kN}$	$D = 0.405$ $V = \frac{0.405}{1.904} \times$ $(6.95 + 10.46 +$ $10.26 + 10.26$ $+16.78)$ $= 15.03\text{kN}$	$D = 0.332$ $V = \frac{0.332}{1.904} \times$ $(6.95 + 10.46 +$ $10.26 + 10.26$ $+16.78)$ $= 12.32\text{kN}$	1.474

表 7-8　各柱反弯点高度

层　次	A、D 轴线反弯点高度比					B、C 轴线反弯点高度比				
	y_0	y_1	y_2	y_3	$\sum y_i$	y_0	y_1	y_2	y_3	$\sum y_i$
5	0.31	0	0	0	0.31	0.38	0	0	0	0.38
4	0.40	0	0	0	0.40	0.43	0	0	0	0.43
3	0.45	0	0	0	0.45	0.48	0	0	0	0.48
2	0.50	0	0	0	0.50	0.50	0	0	0	0.50
1	0.65	0	0	0	0.65	0.57	0	0	0	0.57

5. 各层柱的柱端弯矩计算

第五层：

$$M_{UQ} = 1.40 \times 0.69 \times 3.3 = 3.19\text{kN} \cdot \text{m}$$
$$M_{QU} = 1.40 \times 0.31 \times 3.3 = 1.43\text{kN} \cdot \text{m}$$
$$M_{VR} = 2.08 \times 0.62 \times 3.3 = 4.26\text{kN} \cdot \text{m}$$
$$M_{RV} = 2.08 \times 0.38 \times 3.3 = 2.61\text{kN} \cdot \text{m}$$
$$M_{WS} = 2.08 \times 0.62 \times 3.3 = 4.26\text{kN} \cdot \text{m}$$
$$M_{SW} = 2.08 \times 0.38 \times 3.3 = 2.61\text{kN} \cdot \text{m}$$
$$M_{XT} = 1.40 \times 0.69 \times 3.3 = 3.19\text{kN} \cdot \text{m}$$
$$M_{TX} = 1.40 \times 0.31 \times 3.3 = 1.43\text{kN} \cdot \text{m}$$

第四层：

$$M_{QM} = 3.50 \times 0.60 \times 3.3 = 6.93\text{kN} \cdot \text{m}$$
$$M_{MQ} = 3.50 \times 0.40 \times 3.3 = 4.62\text{kN} \cdot \text{m}$$
$$M_{RN} = 5.20 \times 0.57 \times 3.3 = 9.78\text{kN} \cdot \text{m}$$
$$M_{NR} = 5.20 \times 0.43 \times 3.3 = 7.38\text{kN} \cdot \text{m}$$
$$M_{SO} = 5.20 \times 0.57 \times 3.3 = 9.78\text{kN} \cdot \text{m}$$
$$M_{OS} = 5.20 \times 0.43 \times 3.3 = 7.38\text{kN} \cdot \text{m}$$
$$M_{TP} = 3.50 \times 0.60 \times 3.3 = 6.93\text{kN} \cdot \text{m}$$
$$M_{PT} = 3.50 \times 0.40 \times 3.3 = 4.62\text{kN} \cdot \text{m}$$

第三层：

$$M_{MI} = 5.57 \times 0.55 \times 3.3 = 10.11\text{kN} \cdot \text{m}$$
$$M_{IM} = 5.57 \times 0.45 \times 3.3 = 8.27\text{kN} \cdot \text{m}$$
$$M_{NJ} = 8.27 \times 0.52 \times 3.3 = 14.19\text{kN} \cdot \text{m}$$
$$M_{JN} = 8.27 \times 0.48 \times 3.3 = 13.10\text{kN} \cdot \text{m}$$
$$M_{OK} = 8.27 \times 0.52 \times 3.3 = 14.19\text{kN} \cdot \text{m}$$
$$M_{KO} = 8.27 \times 0.48 \times 3.3 = 13.10\text{kN} \cdot \text{m}$$
$$M_{PL} = 5.57 \times 0.55 \times 3.3 = 10.11\text{kN} \cdot \text{m}$$
$$M_{LP} = 5.57 \times 0.45 \times 3.3 = 8.27\text{kN} \cdot \text{m}$$

第二层：

$$M_{IE} = 7.63 \times 0.50 \times 3.3 = 12.59\text{kN} \cdot \text{m}$$

$$M_{EI}=7.63\times0.50\times3.3=12.59\text{kN}\cdot\text{m}$$
$$M_{JF}=11.34\times0.50\times3.3=18.71\text{kN}\cdot\text{m}$$
$$M_{FJ}=11.34\times0.50\times3.3=18.71\text{kN}\cdot\text{m}$$
$$M_{KG}=11.34\times0.50\times3.3=18.71\text{kN}\cdot\text{m}$$
$$M_{GK}=11.34\times0.50\times3.3=18.71\text{kN}\cdot\text{m}$$
$$M_{LH}=7.63\times0.50\times3.3=12.59\text{kN}\cdot\text{m}$$
$$M_{HL}=7.63\times0.50\times3.3=12.59\text{kN}\cdot\text{m}$$

第一层：

$$M_{EA}=12.32\times0.35\times4.25=18.33\text{kN}\cdot\text{m}$$
$$M_{AE}=12.32\times0.65\times4.25=34.03\text{kN}\cdot\text{m}$$
$$M_{FB}=15.03\times0.43\times4.25=27.47\text{kN}\cdot\text{m}$$
$$M_{BF}=15.03\times0.57\times4.25=36.41\text{kN}\cdot\text{m}$$
$$M_{GC}=15.03\times0.43\times4.25=27.47\text{kN}\cdot\text{m}$$
$$M_{CG}=15.03\times0.57\times4.25=36.41\text{kN}\cdot\text{m}$$
$$M_{HD}=12.32\times0.35\times4.25=18.33\text{kN}\cdot\text{m}$$
$$M_{DH}=12.32\times0.65\times4.25=34.03\text{kN}\cdot\text{m}$$

6. 各层梁的梁端弯矩计算

节点处有多根梁时按梁线刚比进行分配。

第五层：

$$M_{UV}=M_{UQ}=3.19\text{kN}\cdot\text{m}$$
$$M_{VU}=\frac{1.0}{1.0+0.8}\times4.26=2.37\text{kN}\cdot\text{m}$$
$$M_{VW}=\frac{0.8}{1.0+0.8}\times4.26=1.89\text{kN}\cdot\text{m}$$
$$M_{WV}=\frac{0.8}{1.0+0.8}\times4.26=1.89\text{kN}\cdot\text{m}$$
$$M_{WX}=\frac{1.0}{1.0+0.8}\times4.26=2.37\text{kN}\cdot\text{m}$$
$$M_{XW}=M_{XT}=3.19\text{kN}\cdot\text{m}$$

第四层：

$$M_{QR}=M_{QM}+M_{QU}=6.93+1.43=8.36\text{kN}\cdot\text{m}$$
$$M_{RQ}=\frac{1.0}{1.0+0.8}\times(9.78+2.61)=6.88\text{kN}\cdot\text{m}$$
$$M_{RS}=\frac{0.8}{1.0+0.8}\times(9.78+2.61)=5.51\text{kN}\cdot\text{m}$$
$$M_{SR}=\frac{0.8}{1.0+0.8}\times(9.78+2.61)=5.51\text{kN}\cdot\text{m}$$
$$M_{ST}=\frac{1.0}{1.0+0.8}\times(9.78+2.61)=6.88\text{kN}\cdot\text{m}$$
$$M_{TS}=M_{TP}+M_{TX}=6.93+1.43=8.36\text{kN}\cdot\text{m}$$

第三层：

$$M_{\mathrm{MN}}=M_{\mathrm{MI}}+M_{\mathrm{MQ}}=10.11+4.62=14.73\mathrm{kN}\cdot\mathrm{m}$$

$$M_{\mathrm{NM}}=\frac{1.0}{1.0+0.8}(7.38+14.19)=11.98\mathrm{kN}\cdot\mathrm{m}$$

$$M_{\mathrm{NO}}=\frac{0.8}{1.0+0.8}(7.38+14.19)=9.59\mathrm{kN}\cdot\mathrm{m}$$

$$M_{\mathrm{ON}}=\frac{0.8}{1.0+0.8}(7.38+14.19)=9.59\mathrm{kN}\cdot\mathrm{m}$$

$$M_{\mathrm{OP}}=\frac{1.0}{1.0+0.8}(7.38+14.19)=11.98\mathrm{kN}\cdot\mathrm{m}$$

$$M_{\mathrm{PO}}=M_{\mathrm{PT}}+M_{\mathrm{PL}}=10.11+4.62=14.73\mathrm{kN}\cdot\mathrm{m}$$

第二层：

$$M_{\mathrm{IJ}}=M_{\mathrm{IM}}+M_{\mathrm{IE}}=8.27+12.59=20.86\mathrm{kN}\cdot\mathrm{m}$$

$$M_{\mathrm{JI}}=\frac{1.0}{1.0+0.8}(13.10+18.71)=17.67\mathrm{kN}\cdot\mathrm{m}$$

$$M_{\mathrm{JK}}=\frac{0.8}{1.0+0.8}(13.10+18.71)=14.14\mathrm{kN}\cdot\mathrm{m}$$

$$M_{\mathrm{KJ}}=\frac{0.8}{1.0+0.8}(13.10+18.71)=14.14\mathrm{kN}\cdot\mathrm{m}$$

$$M_{\mathrm{KL}}=\frac{1.0}{1.0+0.8}(13.10+18.71)=17.67\mathrm{kN}\cdot\mathrm{m}$$

$$M_{\mathrm{LK}}=M_{\mathrm{LP}}+M_{\mathrm{LH}}=8.27+12.59=20.86\mathrm{kN}\cdot\mathrm{m}$$

第一层：

$$M_{\mathrm{EF}}=M_{\mathrm{EI}}+M_{\mathrm{EA}}=12.59+18.33=30.92\mathrm{kN}\cdot\mathrm{m}$$

$$M_{\mathrm{FE}}=\frac{1.0}{1.0+0.8}(18.71+27.47)=25.66\mathrm{kN}\cdot\mathrm{m}$$

$$M_{\mathrm{FG}}=\frac{0.8}{1.0+0.8}(18.71+27.47)=20.52\mathrm{kN}\cdot\mathrm{m}$$

$$M_{\mathrm{GF}}=\frac{0.8}{1.0+0.8}(18.71+27.47)=20.52\mathrm{kN}\cdot\mathrm{m}$$

$$M_{\mathrm{GH}}=\frac{1.0}{1.0+0.8}(18.71+27.47)=25.66\mathrm{kN}\cdot\mathrm{m}$$

$$M_{\mathrm{HG}}=M_{\mathrm{HL}}+M_{\mathrm{HD}}=12.59+18.33=30.92\mathrm{kN}\cdot\mathrm{m}$$

7. 横向框架在风荷载作用下的弯矩(见图 7-42)、(剪力见图 7-43)和轴力图(见图 7-44)

图中为左风作用时的内力图，当为右风作用时内力大小一样只是方向相反，在这里不再重复计算，在荷载组合时再具体考虑；另外梁轴力不在图中标注，因为在接下来的配筋计算中不考虑梁的轴力对结构的影响，这样结构更偏于安全。

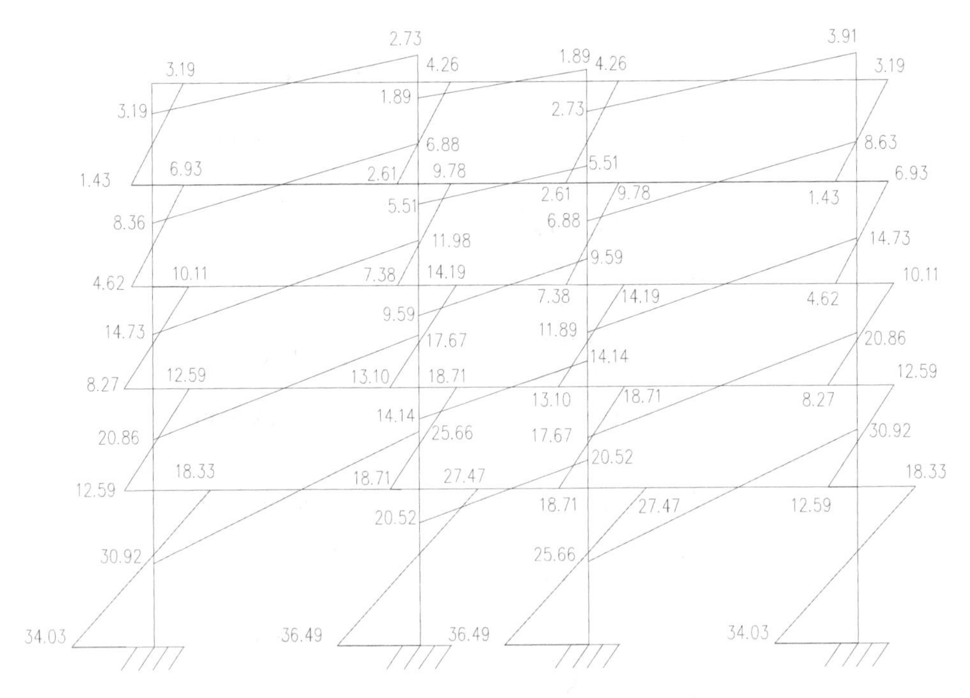

图 7-42　水平风荷载作用下的横向框架 M 图(单位 kN·m)

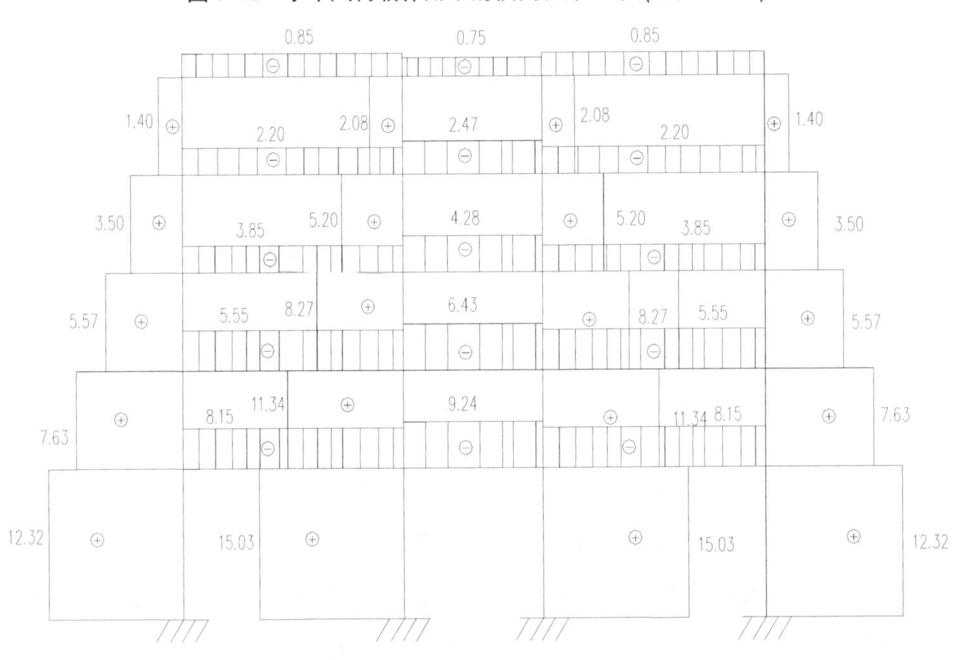

图 7-43　水平风荷载作用下的横向框架 V 图(单位 kN)

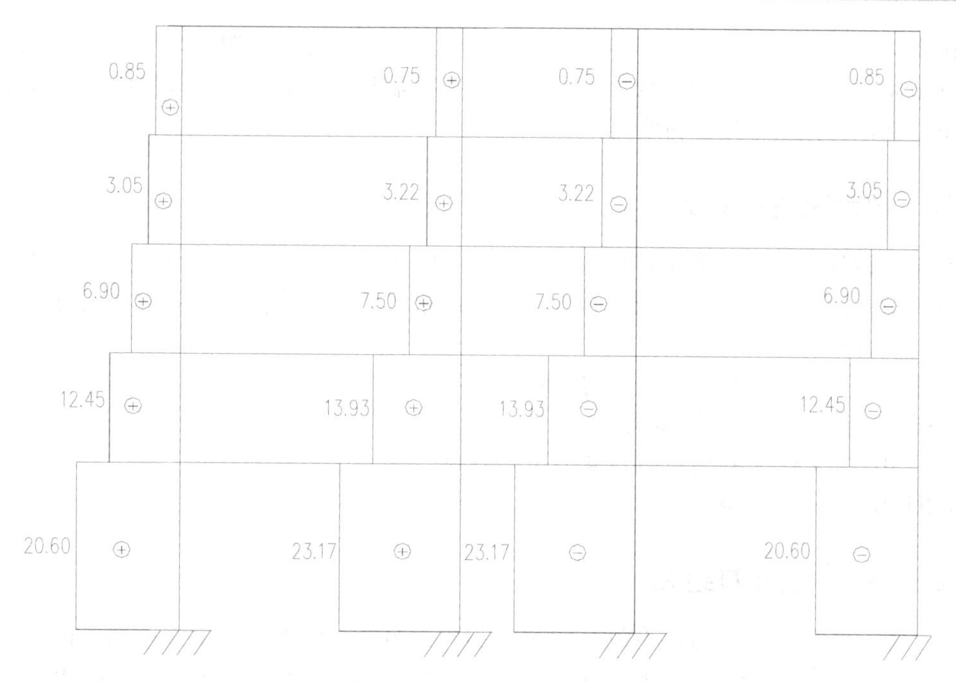

图 7-44　水平风荷载作用下的横向框架 N 图(单位 kN)

【课程实训】

思考题

1. 用反弯点法或修正反弯点法(D 值法)求得框架柱柱端弯矩之后，如何求框架梁梁端弯矩？

2. 如何根据框架的弯矩图绘出相应的剪力图和轴力图？

3. 如何计算框架在水平荷载作用下的侧移？计算时，为什么要对结构的抗侧移刚度进行折减？

仿真习题

条件见 7.1 节仿真习题，计算 3 轴框架在风载作用下的弯矩图、剪力图、轴力图。

7.4　框架结构荷载效应的内力组合

7.4.1　内力组合的目的

框架结构受竖向荷载和水平荷载的共同作用。几种荷载的共同作用下框架结构构件哪一个截面是最危险的截面？此截面的最不利内力为多少？内力组合的目的就是找出这些荷载在框架的各个杆件中所产生的最危险内力，以便进行杆件设计。

7.4.2　选取控制截面

控制截面就是杆件中需要按其内力进行设计计算的截面。

由框架结构内力图知道，柱的弯矩呈线形变化，梁的弯矩呈抛物线形变化。因此，框架梁的危险截面，也就是内力较大的截面一般在梁端和跨中截面，框架柱的危险截面一般在上下柱端，此截面称为控制截面。

7.4.3 荷载效应组合

在结构设计时，必须考虑各种荷载同时作用时的最不利情况。《荷载规范》规定了各种情况下荷载组合的方法。荷载组合方式分为由永久荷载效应控制的组合和由可变荷载效应控制的组合两类。

在不考虑抗震时，对于框架结构，应考虑以下几种组合。

1.35×恒荷载+1.4×0.7×活荷载

1.2(1.0)×恒荷载+1.4×活荷载+1.4×0.6×风荷载

1.2(1.0)×恒荷载+1.4×0.7×活荷载+1.4×风荷载

7.4.4 最不利内力组合

对于某一控制截面，可能有好几组最不利内力组合。比如对于梁端截面，需要找出最大负弯矩以确定梁端顶部的配筋，找出最大正弯矩以确定梁端底部的配筋，找出最大剪力以确定梁端箍筋和弯起钢筋。因此框架梁、柱的最不利内力组合有：

(1) 梁端截面：$-M_{max}$ 及 V_{max} 或有可能出现的 $+M_{max}$；

(2) 梁跨中截面：$+M_{max}$；

(3) 柱端截面：$\pm M_{max}$ 及相应的 N、V；

N_{max} 及相应的 M、V；

(4) N_{min} 及相应的 M、V。

7.4.5 案例分析

根据内力计算结果，即可进行框架各梁柱各控制截面上的内力组合，其中梁的控制截面为梁端(柱边)及跨中(见表 7-9、表 7-10)。柱每层有两个控制截面。表 7-11 给出了二层柱的内力组合过程。

表 7-9 AB 跨梁内力组合

层数	截面	内力	竖向荷载内力		水平荷载内力	内力组合		组合内力	
			①恒载	②活载	③风荷载(已考虑风向)	永久荷载控制 1.35①+1.4×0.7②	可变荷载控制 1.2①+1.4×0.9(②+③)	$\|M\|_{max}$ (kN·m)	$\|V\|_{max}$ (kN)
五层	左	M	−55.08	−5.76	−3.19	−80.00	−77.37	80.00	98.32
		V	69.94	3.98	0.85	98.32	90.01		
	中	M	95.47	6.07	0.23	134.83	122.50	134.83	
	右	M	64.49	6.94	2.73	93.86	89.57	93.86	102.55
		V	−72.96	−4.14	−0.85	−102.55	−93.84		

续表

层数	截面	内力	竖向荷载内力		水平荷载内力	内力组合		组合内力	
			①恒载	②活载	③风荷载(已考虑风向)	永久荷载控制 1.35①+1.4×0.7②	可变荷载控制 1.2①+1.4×0.9(②+③)	$\|M\|_{max}$ (kN·m)	$\|V\|_{max}$ (kN)
四层	左	M	−94.17	−21.57	−8.36	−148.27	−150.72	150.72	162.45
		V	102.68	24.32	2.20	162.45	156.63		
	中	M	89.41	21.05	0.74	141.33	134.75	141.33	
	右	M	100.20	23.33	6.88	158.13	158.30	158.3	165.62
		V	−104.62	−24.88	−2.20	−165.62	−159.66		
三层	左	M	−93.53	−22.25	−14.73	−148.07	−158.83	158.83	162.4
		V	102.63	24.34	3.85	162.40	158.68		
	中	M	89.41	21.05	1.38	141.33	135.55	141.33	
	右	M	99.87	23.89	11.98	158.24	165.04	165.04	165.67
		V	−104.67	−24.86	−3.85	−165.67	−161.78		
二层	左	M	−93.71	−22.28	−20.86	−148.34	−166.81	166.81	162.42
		V	102.64	24.34	5.55	162.42	160.83		
	中	M	89.41	21.05	1.60	141.33	135.83	141.33	
	右	M	99.99	23.91	17.67	158.42	172.38	172.38	165.64
		V	−104.66	−24.85	−5.55	−165.64	−163.90		
一层	左	M	−89.92	−21.27	−30.92	−142.24	−173.66	173.66	164.27
		V	102.77	24.35	8.15	162.60	164.27		
	中	M	89.53	21.16	2.63	141.60	137.41	141.60	
	右	M	95.41	22.85	25.66	151.20	175.61	175.61	167.02
		V	−104.53	−24.85	−8.15	−165.47	−167.02		

注：可变荷载效应控制中 0.9 为方便计算近似取可变荷载的组合系数。

表 7-10　BC 跨梁内力组合

层数	截面	内力	竖向荷载内力		水平荷载内力	内力组合		组合内力	
			①恒载	②活载	③风荷载(已考虑风向)	永久荷载控制 1.35①+1.4×0.7②	可变荷载控制 1.2①+1.4×0.9(②+③)	$\|M\|_{max}$ (kN・m)	$\|V\|_{max}$ (kN)
五层	左	M	−16.59	−1.24	−1.89	−23.61	−23.85	23.85	14.95
		V	10.44	0.87	0.75	14.95	14.57		
	中	M	−13.04	−1.11	0.00	−18.69	−17.05	18.69	
	右	M	16.59	1.24	1.89	23.61	23.85	23.85	14.95
		V	−10.44	−0.87	−0.75	−14.95	−14.57		
四层	左	M	−14.95	−4.55	−5.51	−24.64	−30.62	30.62	17.02
		V	8.83	4.35	0.75	16.18	17.02		
	中	M	−13.39	−2.68	0.00	−20.70	−19.44	20.70	
	右	M	14.95	4.55	5.51	24.64	30.62	30.62	19.19
		V	−8.83	−4.35	−2.47	−16.18	−19.19		

续表

层数	截面	内力	竖向荷载内力		水平荷载内力	内力组合		组合内力	
			①恒载	②活载	③风荷载(已考虑风向)	永久荷载控制 1.35①+1.4×0.7②	可变荷载控制 1.2①+1.4×0.9(②+③)	$\lvert M\rvert_{max}$ (kN·m)	$\lvert V\rvert_{max}$ (kN)
三层	左	M	−15.09	−4.3	−9.59	−24.59	−35.61	35.61	21.47
		V	8.83	4.35	4.28	16.18	21.47		
	中	M	−13.39	−2.68	0.00	−20.70	−19.44	20.70	
	右	M	15.09	4.3	9.59	24.59	35.61	35.61	21.47
		V	−8.83	−4.35	−4.28	−16.18	−21.47		
二层	左	M	−15.04	−4.29	−14.14	−24.51	−41.27	41.27	24.18
		V	8.83	4.35	6.43	16.18	24.18		
	中	M	−13.39	−2.68	0.00	−20.70	−19.44	20.70	
	右	M	15.04	4.29	14.14	24.51	41.27	41.27	16.18
		V	−8.83	−4.35	6.43	−16.18	−7.98		
一层	左	M	−15.5	−6.21	−20.52	−27.01	−52.28	52.28	27.72
		V	8.83	4.35	9.24	16.18	27.72		
	中	M	−12.18	−2.39	0.00	−18.79	−17.63	18.79	
	右	M	15.5	6.21	20.52	27.01	52.28	52.28	27.72
		V	−8.83	−4.35	−9.24	−16.18	−27.72		

注：可变荷载效应控制中 0.9 为方便计算近似取可变荷载的组合系数。

因为结构对称，故 CD 跨梁内力组合同 AB 跨梁内力组合，此处不再叙述。在接下来的柱内力组合中由于结构对称，故只对 A、B 轴进行内力组合，不再对 C、D 轴进行内力组合，如表 7-11 所示。

表 7-11　A、B 轴柱内力组合

A 轴柱														
层数	截面	内力	竖向荷载内力		风荷载		内力组合		组合内力	内力组合	组合内力	内力组合	组合内力
			①恒载	②活载	③左风	④右风	永久荷载控制 1.35①+1.4×0.7②	可变荷载控制 1.2①+1.4×(③或④+0.7×②)	$\lvert M\rvert_{max}$ 及相应的 N 和 V	可变荷载控制 1.2①+1.4×(②+0.6×③或④)	$\lvert N\rvert_{max}$ 及相应的 M 和 V	可变荷载控制 1.0①+1.4×(③或④+0.7×②)	$\lvert N\rvert_{min}$ 及相应的 M 和 V
五层	柱顶	M	61.20	6.40	−3.19	3.19	88.89	84.18	88.89	85.08	88.89	63.01	63.01
		N	−111.45	−6.19	0.85	−0.85	−156.52	−141.00	−141.00	−143.12	156.52	−116.33	116.33
		V	−34.74	−5.22	1.40	−1.40	−52.01	−48.76	-52.01	−50.17	−52.01	−37.90	−52.01
	柱底	M	53.45	10.81	−1.43	1.43	82.75	76.74	82.75	80.48	82.75	62.04	62.04
		N	−131.87	−6.19	0.85	−0.85	−184.09	−165.50	−165.50	−167.62	184.09	−136.75	136.75
		V	−34.74	−5.22	1.40	−1.40	−52.01	−48.76	−52.01	−50.17	−52.01	−37.90	−52.01

续表

A 轴柱													
层数	截面	内力	竖向荷载内力		风荷载		内力组合		组合内力	内力组合	组合内力	内力组合	组合内力
			①恒载	②活载	③左风	④右风	永久荷载控制 1.35①+1.4×0.7②	可变荷载控制 1.2①+1.4×(③或④+0.7×②)	$\lvert M\rvert_{max}$及相应的N和V	可变荷载控制 1.2①+1.4×(②+0.6×③或④)	$\lvert N\rvert_{max}$及相应的M和V	可变荷载控制 1.0①+1.4×(③或④+0.7×②)	$\lvert N\rvert_{min}$及相应的M和V
四层	柱顶	M	51.19	13.16	−6.93	6.93	82.00	84.03	84.03	85.67	85.67	54.38	54.38
		N	−291.94	−39.33	3.05	−3.05	−432.66	−393.14	−393.14	−407.95	432.66	−326.21	326.21
		V	−31.26	−7.73	3.50	−3.50	−49.78	−49.99	−49.99	−51.27	−51.27	−33.94	−49.78
	柱底	M	51.96	12.36	−4.62	4.62	82.26	80.93	82.26	83.54	83.54	57.60	82.26
		N	−312.36	−39.33	3.05	−3.05	−460.23	−417.65	−417.65	−432.46	−460.23	−346.63	346.63
		V	−31.26	−7.73	3.50	−3.50	−49.78	−49.99	−49.99	−51.27	−51.27	−33.94	−49.78
三层	柱顶	M	51.96	12.36	−10.11	10.11	82.26	88.62	88.62	88.15	88.15	49.92	82.26
		N	−461.38	−72.41	6.90	−6.90	−693.82	−634.28	−634.28	−660.83	−693.82	−522.68	522.68
		V	−31.42	−7.48	5.57	−5.57	−49.75	−52.83	−52.83	−52.85	−52.85	−30.95	−49.75
	柱底	M	51.74	12.32	−8.27	8.27	81.92	85.74	85.74	86.28	86.28	52.24	81.92
		N	−481.80	−72.49	6.90	−6.90	−721.47	−658.86	−658.86	−685.44	−721.47	−543.18	543.18
		V	−31.42	−7.48	5.57	−5.57	−49.75	−52.83	−52.83	−52.85	−52.85	−30.95	−49.75
二层	柱顶	M	52.37	12.45	−12.59	12.59	82.90	92.67	92.67	90.85	90.85	46.95	82.90
		N	−631.83	−105.65	12.45	−12.45	−956.51	−879.16	−879.16	−916.56	−956.51	−717.94	717.94
		V	−30.72	−8.01	7.63	−7.63	−49.32	−55.40	−55.40	−54.49	−54.49	−27.89	−49.32
	柱底	M	49.01	13.97	−12.59	12.59	79.85	90.13	90.13	88.95	88.95	45.07	79.85
		N	−652.25	−105.65	12.45	−12.45	−984.07	−903.67	−984.07	−941.07	−984.07	−738.36	738.36
		V	−30.72	−8.01	7.63	−7.63	−49.32	−55.40	−55.40	−54.49	−54.49	−27.89	−49.32
一层	柱顶	M	40.89	9.66	−18.33	18.33	64.67	84.20	84.20	77.99	77.99	24.69	64.67
		N	−802.41	−138.82	20.60	−20.60	−1219.30	−1127.78	−1219.30	−1174.54	−1219.30	−909.61	909.61
		V	−15.04	−3.56	12.32	−12.32	−23.79	−38.78	−38.78	−33.38	−33.38	−1.28	−23.79
	柱底	M	23.03	5.4	−34.03	−64.64	36.43	−57.52	−57.52	−19.03	36.43	−19.27	36.43
		N	−830.77	−138.82	20.60	−20.60	−1257.58	−1161.81	−1257.58	−1208.58	−1257.58	-937.97	937.97
		V	−15.04	−3.56	12.32	−12.32	−23.79	−38.78	−38.78	−33.38	−33.38	−1.28	−23.79
五层	柱顶	M	−53.22	−4.70	−4.26	4.26	−76.45	−74.43	76.45	−66.87	−76.45	−63.79	−76.45
		N	−127.61	−9.00	0.75	−0.75	−181.09	−160.90	−160.90	−166.36	181.09	−135.38	135.38
		V	30.98	4.25	2.08	−2.08	45.99	44.25	45.99	41.38	45.99	38.06	45.99
	柱底	M	−49.00	−9.32	−2.61	2.61	−75.28	−71.59	75.28	−69.66	−75.28	−61.79	−75.28
		N	−148.03	−9.00	0.75	−0.75	−208.66	−185.41	−185.41	−190.87	208.66	−155.80	155.80
		V	30.98	4.25	2.08	−2.08	45.99	44.25	45.99	41.38	45.99	38.06	45.99

B 轴柱

层数	截面	内力	竖向荷载内力		风荷载		内力组合	组合内力		内力组合	组合内力	内力组合	组合内力
			①恒载	②活载	③左风	④右风	永久荷载控制 1.35①+1.4×0.7②	可变荷载控制 1.2①+1.4×(③或④+0.7×②)	$\|M\|_{max}$ 及相应的N和V	可变荷载控制 1.2①+1.4×(②+0.6×③或④)	$\|N\|_{max}$ 及相应的M和V	可变荷载控制 1.0①+1.4×(③或④+0.7×②)	$\|N\|_{min}$ 及相应的M和V
四层	柱顶	M	-46.70	-11.55	-9.78	9.78	-74.36	-81.05	81.05	-63.99	-74.36	-71.71	-74.36
		N	-367.51	-55.96	3.22	-3.22	-550.98	-491.34	-491.34	-522.06	550.98	-417.84	417.84
		V	28.42	6.80	5.20	-5.20	45.03	48.05	48.05	39.26	45.03	42.36	45.03
	柱底	M	-47.09	-10.88	-7.38	7.38	-74.23	-77.50	77.50	-65.54	-74.23	-68.08	-74.23
		N	-387.93	-55.96	3.22	-3.22	-578.55	-515.85	-515.85	-546.56	578.55	-438.26	438.26
		V	28.42	6.80	5.20	-5.20	45.03	48.05	48.05	39.26	45.03	42.36	45.03
三层	柱顶	M	-47.09	-10.88	-14.19	10.11	-74.23	-87.04	87.04	-63.25	-74.23	-77.62	-77.62
		N	-607.46	-102.90	7.50	-7.50	-920.91	-819.29	-819.29	-879.31	920.91	-697.80	697.80
		V	28.49	6.58	8.27	-8.27	44.91	52.21	52.21	36.45	44.91	46.52	46.52
	柱底	M	-46.94	-10.85	-13.10	13.10	-74.00	-85.30	85.30	-60.51	-74.00	-75.91	-75.91
		N	-627.88	-102.90	7.50	-7.50	-948.48	-843.80	-843.80	-903.82	948.48	-718.22	718.22
		V	28.49	6.58	8.27	-8.27	44.91	52.21	52.21	36.45	44.91	46.52	46.52
二层	柱顶	M	-47.43	-10.96	-18.71	18.71	-74.77	-93.85	93.85	-56.54	-74.77	-84.36	-84.36
		N	-847.40	-149.84	13.93	-13.93	-1290.83	-1144.22	-1290.83	-1238.36	1290.83	-974.74	974.74
		V	30.13	6.13	11.34	-11.34	46.68	58.04	58.04	35.21	46.68	52.01	52.01
	柱底	M	-52.58	-9.27	-18.71	18.71	-80.07	-98.37	98.37	-60.36	-80.07	-87.86	-87.86
		N	-867.82	-149.84	13.93	-13.93	-1318.40	-1168.73	-1318.40	-1262.86	1318.40	-995.16	995.16
		V	30.31	6.13	11.34	-11.34	46.93	19.39	-1318.40	35.43	46.93	52.19	52.19
一层	柱顶	M	-36.22	-8.36	-27.47	27.47	-57.09	-90.11	90.11	-32.09	-57.09	-82.87	-82.87
		N	-1087.21	-196.77	23.17	-23.17	-1660.57	-1465.05	-1660.57	-1599.59	1660.57	-1247.61	1247.61
		V	13.26	3.06	15.03	-15.03	20.90	39.95	39.95	7.57	20.90	37.30	37.30
	柱底	M	-20.12	-4.65	-36.49	36.49	-31.72	-79.79	79.79	0.00	-31.72	-75.76	-75.76
		N	-1115.57	-196.77	23.17	-23.17	-1698.85	-1499.08	1698.85	-1633.62	1698.85	-1275.97	1275.97
		V	13.26	3.06	15.03	-15.03	20.90	39.95	39.95	7.57	20.90	37.30	37.30

注：表中弯矩单位为 kN·m，剪力和轴力单位为 kN。

【课程实训】

思考题

1. 在多层框架结构设计中，可能遇到哪几种荷载效应(内力)组合？

2. 在进行框架荷载效应(内力)组合时，应注意哪些问题？如何挑选框架柱的最不利内力组合？

3. 如何计算框架梁、柱控制截面上的最不利内力？活荷载应怎样布置？

仿真习题

1. 条件见 7.1 仿真习题，计算 3 轴框架梁的内力组合。
2. 条件见 7.1 仿真习题，计算 3 轴框架柱的内力组合。

7.5　框架梁的截面设计

7.5.1　框架梁的配筋

框架梁属于受弯构件，在组合内力作用下，框架梁的跨中截面产生最大正弯矩，支座截面产生最大负弯矩及剪力。因此，框架梁应按受弯构件正截面承载力计算确定跨中梁底纵向受力钢筋和支座负筋数量；按受弯构件斜截面受剪承载力计算确定箍筋数量。

框架梁配筋计算时要注意的是，通过内力组合后得到的梁端内力值是柱轴线处的内力，轴线处截面内力虽然最大，但此截面并非最危险截面，柱边缘截面才是最危险截面，如图 7-45 所示。因此，梁端内力应取柱边缘处的内力。

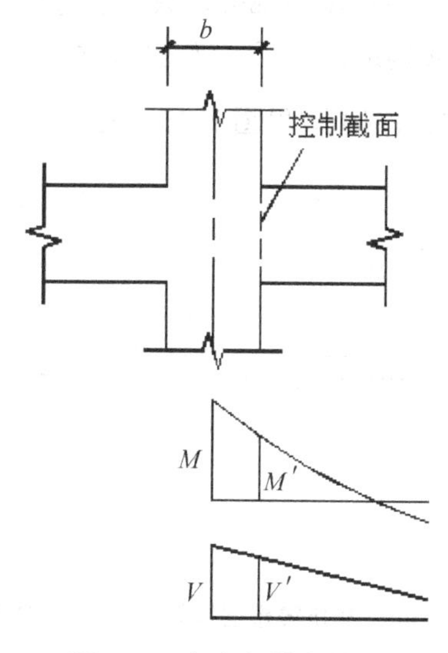

图 7-45　框架梁控制截面

$$V' = V - (g + q)\frac{b}{2} \tag{7-10}$$

$$M' = M - V'\frac{b}{2} \tag{7-11}$$

式中：V'、M'——梁端柱边缘处截面的剪力和弯矩；

V、M——内力组合得到的梁端剪力和弯矩；

g、q——作用在梁上的竖向均布恒荷载和活荷载。

当计算水平荷载或竖向集中荷载产生的内力时，则 $V' = V$。

对于现浇框架结构，梁正截面承载力计算时，跨中按 T 形截面计算，支座按矩形截面计算。

7.5.2 框架梁与柱连接节点构造

框架梁、柱构造的一般要求如下。

(1) 钢筋混凝土框架的混凝土强度等级不低于 C20；纵向钢筋宜采用 HRB400、HRB500、HRBF400、HRF500 级钢筋，箍筋宜采用 HRB400、HRBF400、HRB335、HPB300、HRB500、HRBF500 级钢筋。

(2) 梁柱混凝土保护层最小厚度应根据框架所处的环境条件确定。

(3) 框架梁柱的截面尺寸(尤其是柱)最终应根据房屋的侧移验算是否满足规范要求来确定。按前述方法预估的梁柱截面尺寸，对于多层框架结构侧移验算一般能满足要求。

(4) 框架梁柱应分别满足受弯构件和受压构件的构造要求；地震区的框架还应满足抗震设计的要求。

(5) 框架柱一般采用对称配筋，柱中全部纵向受力钢筋的配筋率每侧不应小于 0.2%，全部纵向受力钢筋配筋率不应大于 5%。

构件连接是框架设计的一个重要组成部分。只有通过构件之间的相互连接，结构才能成为一个整体。现浇框架的连接构造，主要是梁与柱及柱与柱之间的配筋构造。

1. 非抗震地区框架梁纵向钢筋构造(见图 7-46、图 7-47)

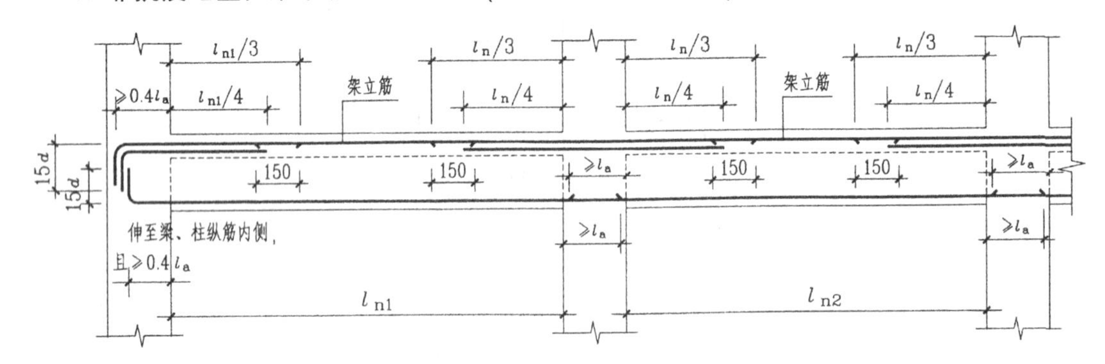

图 7-46 非抗震楼层框架梁(端支座弯锚)

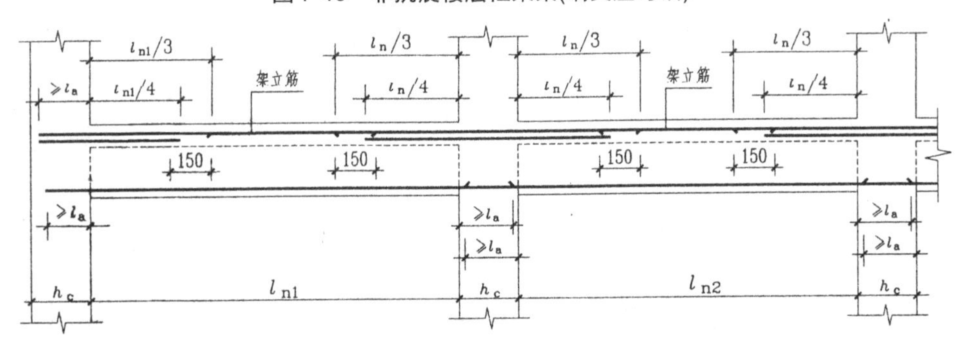

图 7-47 非抗震楼层框架梁(端支座直锚)

2. 非抗震地区框架梁箍筋构造(见图 7-48)

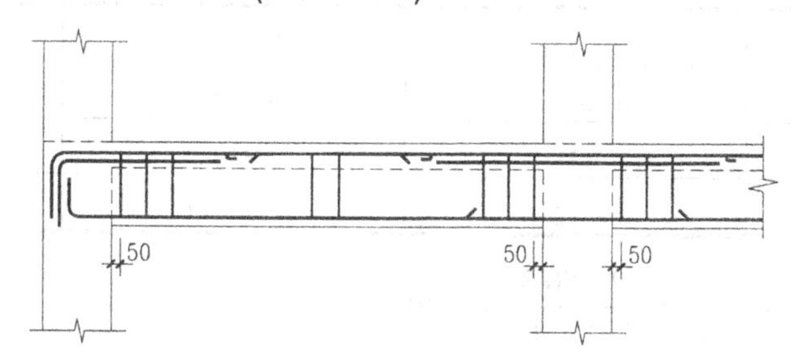

图 7-48　非抗震等级框架梁

【案例分析】

现以横向框架第一层梁为例。混凝土强度等级 C25($f_c = 11.9\text{N/mm}^2, f_t = 1.27\text{N/mm}^2$)；纵向受钢筋采用热轧钢筋 HRB400($f_y = 360\text{N/mm}^2$)；箍筋采用 HPB300($f_{yv} = 270\text{N/mm}^2$) 边跨梁截面尺寸为 250mm×600mm，中跨梁截面尺寸为 250mm×400mm,梁跨中按 T 形截面梁计算，支座处按矩形截面梁计算，T 形截面梁翼缘宽度近似均取 1m，由于结构对称，故只需对半边框架进行配筋计算，具体计算见表 7-12。在边跨梁截面高度 1/2 处配一腰筋Φ14，拉筋为Φ8。

表 7-12　框架梁正截面强度计算

截　面	边支座	边跨跨中	中支座左	中支座右	中间跨中
M/kN·m	−173.66	141.60	−175.61	−52.28	18.79
h_0/mm	540	565	540	340	365
α_s	0.200	0.037	0.202	0.152	0.012
γ_s	0.887	0.981	0.886	0.917	0.988
A_s/mm^2	1008	710	1019	466	145
配筋	4Φ20	3Φ20	4Φ20	2Φ20	2Φ12
实配面积 mm^2	1256	942	1256	628	226

注：在计算过程中已验算：$\xi \leqslant \xi_b$，且 $\rho \geqslant \rho_{min}$，对于 $\rho < \rho_{min}$ 时按最小配筋率配筋。

斜截面强度计算：具体计算见表 7-13。

表 7-13　框架梁斜截面强度计算

截　面	边支座	中支座左	中支座右
V/kN	164.27	167.02	52.28
h_0/mm	540	540	340
$0.25\beta_c f_c b h_0$/kN	401.63	401.63	252.88
$0.7 f_t b h_0$/kN	120.02	120.02	75.57

续表

截　面	边支座	中支座左	中支座右
nA_{sv1}	100.6(2⌀8)	100.6(2⌀8)	100.6(2⌀8)
箍筋间距	331	312	按构造配
实配箍筋	⌀8@200	⌀8@200	⌀8@200

配箍率 $\rho_{sv}=\dfrac{nA_{sv1}}{bs}=\dfrac{2\times 50.3}{250\times 200}=0.201\%$

最小配箍率 $\rho_{sv\min}=0.24\dfrac{f_t}{f_{yv}}=0.24\times\dfrac{1.1}{270}=0.10\%$

(满足要求)

【课程实训】

思考题

框架梁的纵向钢筋和箍筋应满足哪些构造要求？如何处理框架梁与柱连接(节点)构造？

仿真习题

条件见 7.1 仿真习题，计算 3 轴二层框架梁截面计算及配筋。

7.6 框架柱的截面设计

7.6.1 框架柱的配筋

框架柱一般为偏心受压构件，考虑地震作用通常采用对称配筋。柱中纵筋数量应按偏心受压构件的正截面受压承载力确定；箍筋数量应按偏心受压构件的斜截面受剪承载力计算确定。

框架柱配筋计算时，应注意以下两个问题。

1) 柱截面最不利内力的选取

经过内力组合以后，框架柱的上、下两端组合内力较多，由于M、V的互相影响，很难分辨出哪一组为最不利内力。为此可根据大、小偏心受压构件的判别条件，将几组内力分为大偏心受压组合小偏心受压组。大偏心受压柱按照“弯矩相差不多时，轴力越小越不利；轴力相差不多时，弯矩越大越不利”的原则进行比较，选出最不利内力。小偏心受压柱按照“弯矩相差不多时，轴力越大越不利；轴力相差不多时，弯矩越大越不利”的原则进行比较，选出最不利内力。

2) 框架柱的计算长度l_0

在偏心受压柱的计算中，需要确定柱的计算长度l_0来确定柱的长细比。梁柱为刚接的钢筋混凝土框架柱的计算长度应根据框架不同的侧向约束条件及所受荷载等情况综合考虑确定。比如现浇楼盖和装配式楼盖对框架的侧向约束是不同的，此时柱的计算高度也不同。《混凝土结构设计规范》给出了不同情况下框架柱的计算长度取值。

7.6.2　框架柱连接节点构造

非抗震设防地区，框架柱的具体构造要求可见第 5 章，这里给出框架柱的标准配筋构造详图。

1. 非抗震地区框架柱纵向钢筋构造(见图 7-49)

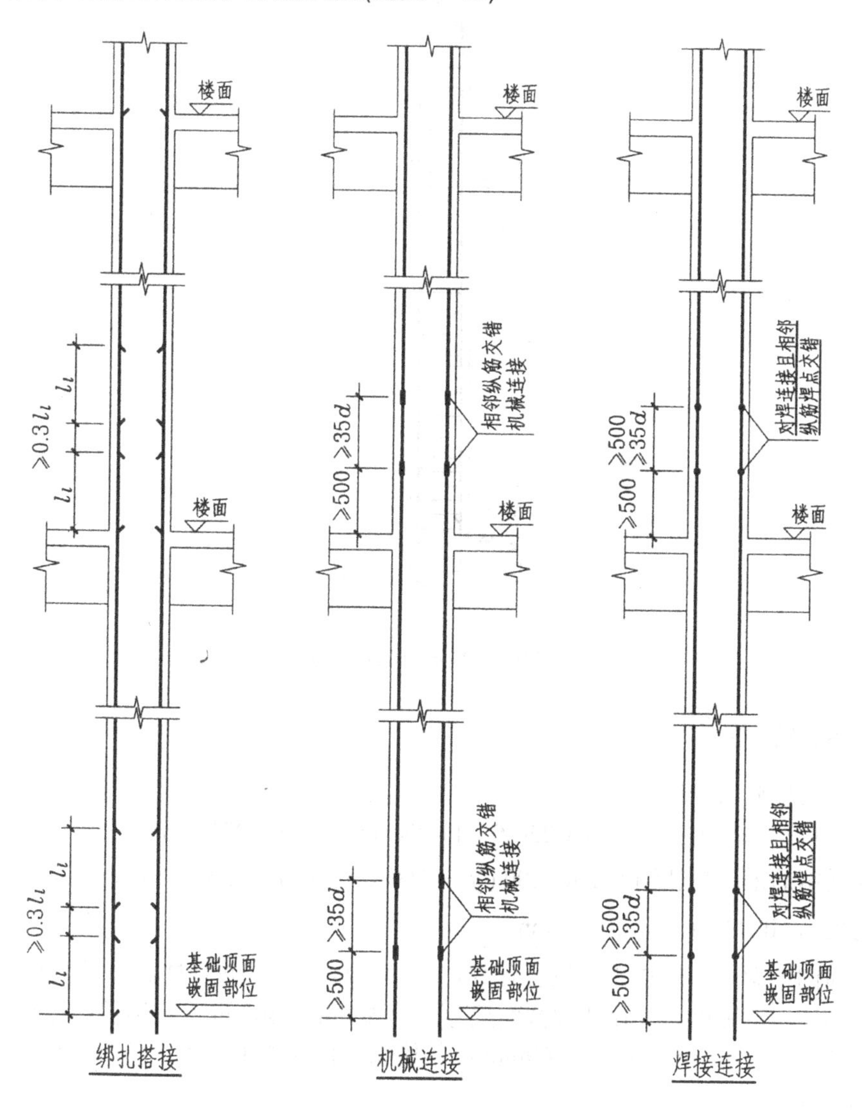

图 7-49　非抗震框架柱纵向钢筋连接构造

2. 非抗震地区框架柱箍筋构造(见图 7-50)

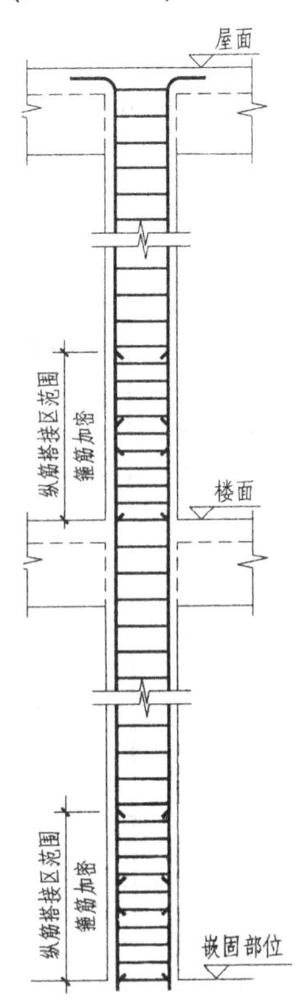

图 7-50　非抗震框架柱箍筋构造

7.6.3　案例分析

横向框架柱截面设计。

选取材料：混凝土强度等级 C25($f_c = 11.9\text{N/mm}^2, f_t = 1.27\text{N/mm}^2$)；

纵向受钢筋采用热轧钢筋 HRB400 ($f_y = 360\text{N/mm}^2 \; f_y' = 360\text{N/mm}^2$)；

箍筋采用 HPB300($f_y = 270\text{N/mm}^2$)。

现以横向框架第一层柱为例进行计算，由于结构对称，并且柱截面对称配筋，故现在只需计算半边框架可以。A、B 两柱截面尺寸均为 500mm×500mm，底层柱计算高度为 4.25m 截面有效高度均为 $h_0 = 500 - 40 = 460\text{mm}$ ，具体配筋计算如下。

1. 计算公式

大偏心计算时：

(1) 当 $2a_s' \leqslant x \leqslant \xi_b h_0$ 时

$$A_s'(=A_s) = \frac{N(\eta e_i - 0.5h + 0.5x)}{f_y'(h_0 - a_s')} \tag{7-12}$$

(2) 当 $x < 2a_s'$ 时

$$A_s(=A_s') = \frac{N(\eta e_i - 0.5h + a_s')}{f_y(h_0 - a_s')} \tag{7-13}$$

小偏心计算时：

$$A_s'(=A_s) = \frac{Ne - \xi(1-0.5\xi)\alpha_1 f_c b h_0^2}{f_y'(h_0 - a_s')} \tag{7-14}$$

2. 偏心受压长柱的受力特点及设计弯矩计算方法(二阶效应)

(1) 二阶效应：在结构产生侧移和受压构件产生纵向挠曲变形时，在构件中由轴向压力引起的附加内力，如图 7-51 所示。

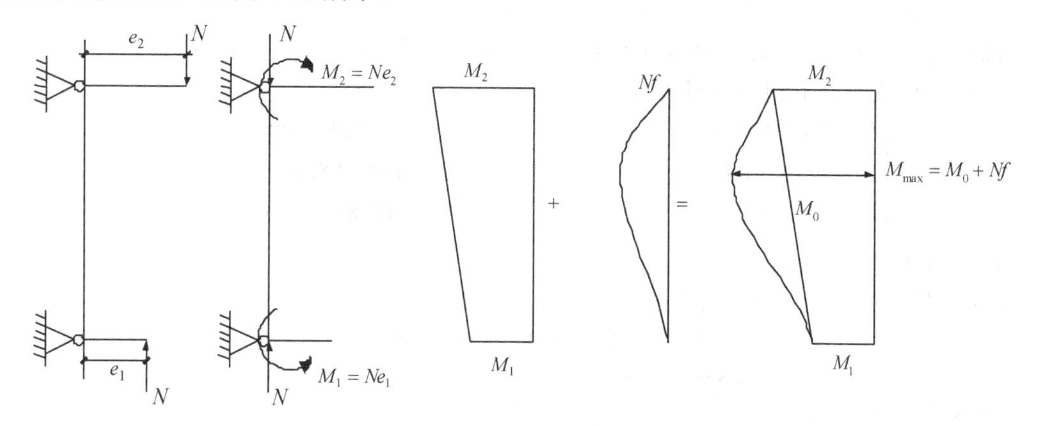

图 7-51　二阶效应

(2) P-Δ效应：竖向力在产生了侧移的结构中引起的附加侧移和附加内力(也称结构侧移引发的二阶效应)。 本工程，由于是 6 度设防，地震作用及风载产生的水平侧移较小，因此可忽略 P-Δ效应对结构内力产生的影响。

(3) P-δ 效应：轴压力在产生了挠曲的杆件中引起的附加挠度和附加内力(杆件自身挠曲引起的二阶效应)。

(4) 不考虑 P-δ 效应。

当同一主轴方向的杆端弯矩比 $\frac{M_1}{M_2}$ 不大于 0.9，且设计轴压比不大于 0.9 时，若构件的长细比满足下式的要求，可不考虑该方向构件自身挠曲产生的附加弯矩影响。

$$l_0/i \leqslant 34 - 12(M_1/M_2) \tag{7-15}$$

式中：M_1、M_2 ——同一主轴方向的弯矩设计值，绝对值较大端为 M_2，绝对值较小端为 M_1，当构件按单曲率弯曲时，为正，否则为负；

l_0——构件的计算长度，近似取偏心受压构件相应主轴方向两支承点之间的距离。

轴压比：

$$\mu_N = \frac{N}{f_c A} \tag{7-16}$$

(5) 考虑 P-δ 效应—弯矩增大系数法。

$$M = C_m \eta_{ns} M_2 \tag{7-17}$$

当 $C_m\eta_{ns}$ 小于 1.0 时，取 $C_m\eta_{ns}=1.0$；对于剪力墙类构件，可取 $C_m\eta_{ns}=1.0$

式中：C_m ——偏心距调节系数

$$C_m = 0.7 + 0.3\frac{M_1}{M_2} \geqslant 0.7 \tag{7-18}$$

η_{ns} ——弯矩增大系数

$$\eta_{ns} = 1 + \frac{1}{1300(M_2/N + e_a)/h_0}(\frac{l_0}{h})^2 \xi_c \tag{7-19}$$

$$\xi_c = \frac{0.5 f_c A}{N}$$

ξ_c——截面曲率修正系数，当 $\xi_c>1$ 时，取 $\xi_c=1$。

以底层 A 轴柱柱底截面为例：(本工程不考虑地震作用，未考虑内力调整)

A 柱控制截面最不利内力组合为

A 柱柱顶 $\begin{cases} M = 84.20\text{kN}\cdot\text{m} \\ N = 1219.30\text{kN} \\ V = 38.78\text{kN} \end{cases}$　　A 柱柱底 $\begin{cases} M = 57.52\text{kN}\cdot\text{m} \\ N = 1257.58\text{kN} \\ V = 38.78\text{kN} \end{cases}$

1) 框架柱纵筋配筋计算

(1) 判断是否考虑附加弯矩的影响

$$M_1/M_2 = 57.52/84.20 = 0.68 < 0.9$$

轴压比：$\mu_N = \dfrac{N}{f_c A} = \dfrac{1257.58\times10^3}{11.9\times500\times500} = 0.42 < 0.9$

截面回转半径：$i = \sqrt{\dfrac{I}{A}} = \dfrac{h}{2\sqrt{3}} = 144.3\text{mm}$

$$l_0/i = 4250/144.3 = 29.45 > 34 - 12(M_1/M_2) = 25.84$$

需要考虑附加弯矩的影响。

(2) 计算弯矩增大系数

$$h_0 = h - \alpha_s = 500 - 40 = 460\text{mm}$$

$$e_a = \frac{h}{30} = \frac{500}{30} = 16.67\text{mm} < 20\text{mm} \text{ 取 } e_a = 20\text{mm}$$

$$\xi_c = \frac{0.5 f_c A}{N} = \frac{0.5\times11.9\times500\times500}{1257.58\times1000} = 1.18 > 1 \quad \text{取 } \xi_c = 1$$

$$\eta_{ns} = 1 + \frac{1}{1300(M_2/N + e_a)/h_0}(\frac{l_0}{h})^2 \xi_c$$

$$= 1 + \frac{1}{1300\times\left(\dfrac{84.2\times10^6}{1257.58\times10^3} + 20\right)/460} \times \left(\frac{1.0\times4250}{500}\right)^2 \times 1 = 1.29$$

(3) 计算控制截面弯矩设计值

$$C_m = 0.7 + 0.3\times\frac{M_1}{M_2} = 0.904 \geqslant 0.7$$

所以 $M = C_m\eta_{ns}M_2 = 0.904\times1.29\times84.2 = 98.50\text{kN}\cdot\text{M}$

(4) 判别偏压类型

$$e_0 = \frac{M}{N} = \frac{98.5\times10^6}{1257.58\times10^3} = 78.32\text{mm}$$

$$e_i = e_0 + e_a = 78.32 + 20 = 98.32\text{mm} < 0.3h_0(0.3\times460 = 138\text{mm})$$

初步判别是小偏心受压柱。

由于采用对称配筋，所以：

$$\xi = \frac{N}{\alpha_1 f_c bh_0} = \frac{1257.58\times10^3}{1\times11.9\times500\times460} = 0.46\text{mm} < \xi_b = 0.550$$

且，$\xi = 0.46\text{mm} > \dfrac{2\alpha_s'}{h_0} = \dfrac{2\times40}{460} = 0.174$，即$x > 2\alpha_s'$

故该柱是大偏心受压柱

$$e = e_i + \frac{h}{2} - \alpha_s = 147.7 + \frac{500}{2} - 40 = 357.7\text{mm}$$

(5) 计算配筋面积

$$A_s'(=A_s) = \frac{Ne - \alpha_1 f_c bh_0^2\xi(1-0.5\xi)}{f_y'(h_0 - a_s')}$$

$$= \frac{1257.58\times10^3\times357.7 - 1\times11.9\times500\times460^2\times0.46\times(1-0.5\times0.46)}{360\times(460-40)}$$

$$= 2094\text{mm}^2 > A_{s,\min} = \rho_{\min}bh = 0.002\times500\times465 = 465\text{mm}^2$$

取 5Φ25 $A_s' = A_s = 5\times491 = 2455\text{mm}^2$

2) 框架柱箍筋配筋计算

(1) 框架柱抗剪截面计算

$$V = 38.78\text{kN} \leqslant 0.2\beta_c f_c bh_0 = 0.2\times1.0\times11.9\times500\times460 = 547\text{kN}$$

(2) 框架柱斜截面受剪承载力计算

$$\lambda = \frac{H_n}{2h_0} = \frac{3.65}{2\times0.46} = 3.97 > 2$$

$$0.07\text{N} = 0.07\times1219.3\times10^3 = 85.35\text{kN} < 0.3f_c A = 0.3\times11.9\times500\times500 = 892.5\text{kN}$$

$$V_c = \frac{1.75}{\lambda+1}f_t bh_0 + 0.07N = \frac{1.75}{3.97+1}\times1.27\times500\times460 + 0.07\times1219.3\times10^3 = 188.2\text{kN}$$

$$V = 38.78\text{kN} < V_c = 188.2\text{kN}$$

所以：不需要进行抗剪计算，按构造配箍计算。实配箍筋 $\phi8@200$。

思考题

1. 如何确定框架柱的计算长度？

2. 框架柱的纵向钢筋和箍筋应满足哪些构造要求？如何处理框架柱与柱的连接(节点)构造？

第 8 章　混凝土结构几种常用结构体系简介

【学习目标】

- 了解混凝土结构几种常用结构体系的适用范围。
- 了解几种常用结构体系的平面布置特点。
- 了解几种常用结构体系的受力特点。
- 掌握几种结构体系施工中的注意事项。

【核心概念】

剪力墙结构、框架-剪力墙结构、筒体结构、单层厂房结构

【引导案例】

当房屋的高度较高，且没有大空间要求时，把房屋的墙体做成钢筋混凝土墙来提高抗侧移刚度，控制房屋在水平荷载作用下的侧向位移。由于这种钢筋混凝土墙主要用来承担水平荷载，使墙体受剪、受弯，故称为剪力墙。在地震区，该水平荷载主要由地震作用产生，因此，剪力墙有时也称为抗震墙。如整幢房屋的竖向承重结构全部由剪力墙组成，则称为剪力墙结构。剪力墙结构在高层住宅和高层旅馆建筑中得到了广泛的应用(见图 8-1)，因为这类建筑物的内隔墙位置较为固定，布置剪力墙不会影响各个房间的使用功能，而且在房间内没有柱、梁等外凸构件，既整齐美观，又便于室内家具布置(见图 8-2)。

图 8-1　剪力墙结构高层住宅

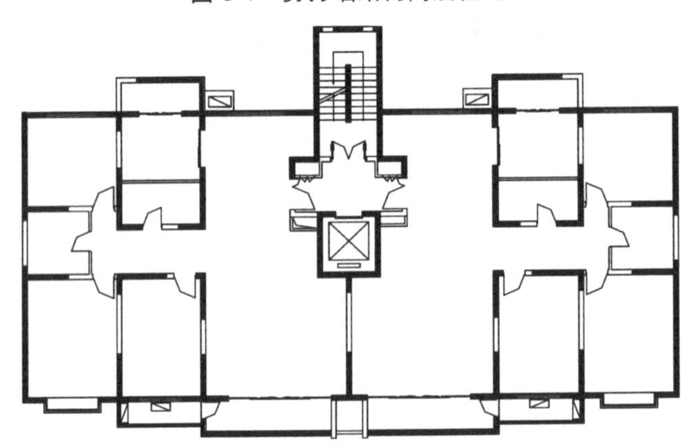

图 8-2　剪力墙结构住宅平面布置

剪力墙结构的平面应遵循规则、对称的原则沿结构主轴双向布置。一般来说，剪力墙的高度与整个房屋的高度相同，自基础顶面直至屋顶，高达几十米以上。而它的厚度则很薄，一般为 160～300mm，较厚的可达 500mm。因此，剪力墙在其墙身平面内的侧向刚度很大，而其墙身平面外的刚度却很小，一般可忽略不计。为使剪力墙具有较好的受力性能，结构平面布置时应注意纵、横向剪力墙交叉布置使之连成整体，尽量使墙肢形成 L 形、T 形、Z 形、[形、工字形截面，如图 8-3 所示。

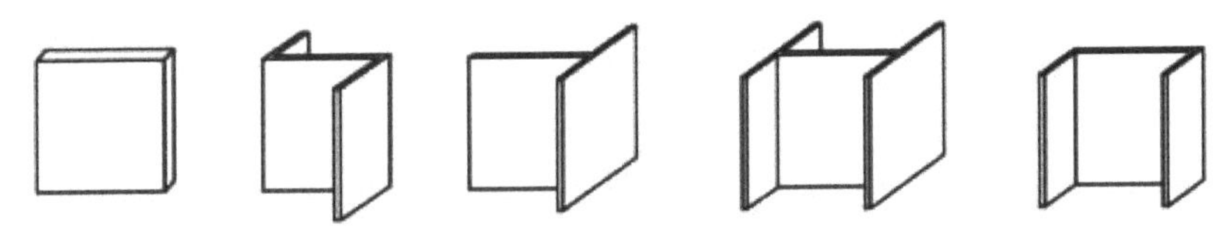

图 8-3　剪力墙截面形式

剪力墙竖向应贯通全高，避免出现竖向不连续的墙肢，剪力墙不连续会使结构竖向刚度突变，抗震不利。为避免刚度突变，剪力墙的厚度应沿高度逐渐减小，每次厚度减小宜为 50~100mm，使剪力墙刚度均匀连续变化。剪力墙上的门窗洞口应尽量上下对齐，规则布置，使洞口至墙边及相邻洞口之间形成墙肢、上下洞口之间形成连梁。规则成列开洞的剪力墙传力简捷，受力明确，受力钢筋容易布置且作用明确，因而经济指标较好。而错洞剪力墙往往受力复杂，洞口角边容易产生明显的应力集中，地震中容易发生震害，钢筋作用得不到充分发挥，应尽量避免采用。

8.1　框架-剪力墙结构简介

框架-剪力墙结构是在框架结构中适当增加抗侧力构件-剪力墙，由框架和剪力墙共同作为承重结构的受力体系。它克服了框架结构抗侧力刚度小的缺点，弥补了剪力墙结构使用空间小的缺点，既可使建筑平面灵活布置，又能对常见的高层建筑提供足够的抗侧刚度(见图 8-4)，因而在高层办公楼、酒店等公共建筑中得到了广泛的应用(见图 8-5)。

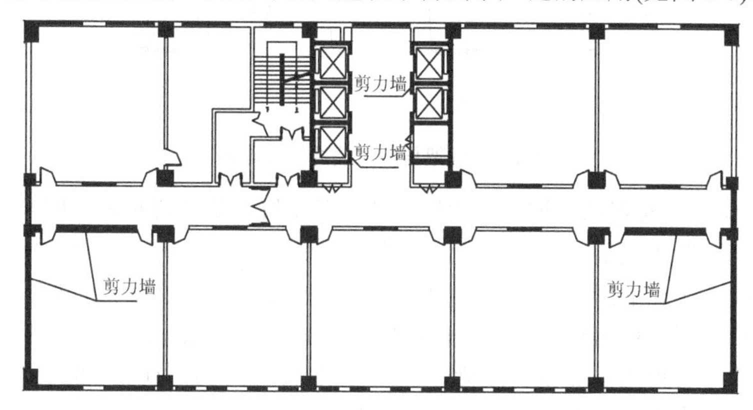

图 8-4　框架-剪力墙结构中的剪力墙布置

图 8-5　框架-剪力墙结构办公楼

在框架-剪力墙结构中，框架和剪力墙同时承受竖向荷载和水平荷载。在竖向荷载作用下，框架和剪力墙分别承担其受荷范围内的竖向力，在水平荷载作用下，框架和剪力墙协同工作，共同抵抗侧向力。由于框架和剪力墙单独承受侧向力时的变形特性完全不同，因此，侧向力在框架和剪力墙之间的分配，不但与框架和剪力墙的刚度比有关，而且还随着高度而变化。当侧向力单独作用于框架结构时，结构侧移曲线呈剪切型(见图 8-6(a))；当侧向力单独作用于剪力墙结构时，结构侧移曲线呈弯曲型(见图 8-6(b))。当侧向力作用于框架-剪力墙结构时，由于楼盖的连接作用，框架和剪力墙的侧移相同，结构侧移曲线呈弯剪型(见图 8-6(c))。由此可见，框架与剪力墙对整个结构侧移曲线的影响，沿结构高度方向是变化的。在结构底部，框架结构层间位移较大，剪力墙结构的层间位移较小，剪力墙发挥了较大的作用，框架结构的变形受到剪力墙的“制约”；而在结构的顶部，框架结构层间位移较小，剪力墙结构层间位移较大，剪力墙受到框架结构的“扶持”作用。因此，在框架-剪力墙结构中，框架和剪力墙是相互作用，相互约束的协调共同体。

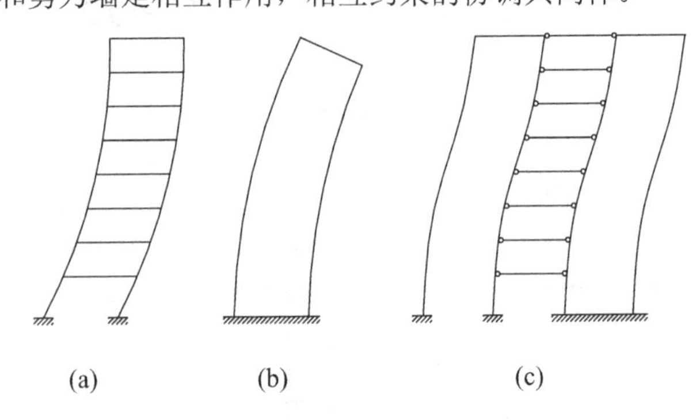

图 8-6　框架与剪力墙的相互作用

框架-剪力墙结构布置的关键是剪力墙的数量及位置。从建筑布置角度看，减少剪力墙数量则可使建筑布置更灵活。但从结构的角度看，剪力墙往往承担了大部分的水平荷载，对结构抗侧刚度有明显的影响，因而剪力墙数量不能过少。为了保证框架与剪力墙能够共同承受水平荷载作用，楼盖结构在其平面内的刚度必须得到保证。当在水平荷载作用下，楼盖结构可看成是一根水平放置的深梁，协调各相邻框架和剪力墙之间的变形，要保证框架与剪力墙在侧向荷载作用下变形一致，剪力墙的间距宜符合表 8-1 的限值。

表 8-1　剪力墙间距

楼盖形式	非抗震设计 (取较小值)	抗震设防烈度		
		6 度、7 度 (取较小值)	8 度 (取较小值)	9 度 (取较小值)
现浇	5.0*B*，60	4.0*B*，50	3.0*B*，40	2.0*B*，30
装配整体	3.5*B*，50	3.0*B*，40	2.5*B*，30	—

注：① 表中 B 为剪力墙之间的楼盖宽度/m。

② 当房屋端部未布置剪力墙时，第一片剪力墙与房屋端部的距离，不宜大于表中剪力墙间距的 1/2。

剪力墙应沿房屋的纵横两个方向均有布置，以承受各个方向的地震作用与风荷载，横向剪力墙宜布置在房屋的平面形状变化处、刚度变化处、楼锑间及电梯间，以及荷载较大的地方。同时，剪力墙应尽量布置在建筑物的周边部位，不宜集中布置在建筑物的中部(见图 8-7)，当中部有楼梯间、电梯间使剪力墙较集中时，宜在建筑物周边也适当布置剪力墙来消除扭转效应(见图 8-8)。

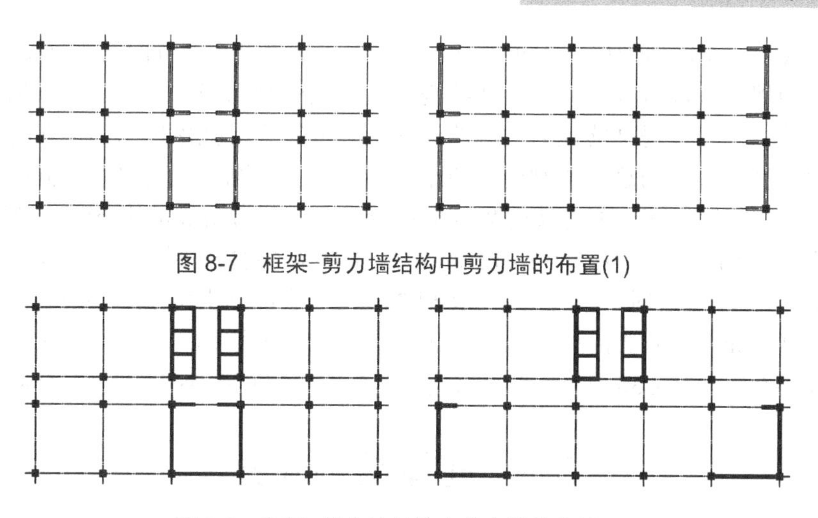

图 8-7　框架-剪力墙结构中剪力墙的布置(1)

图 8-8　框架-剪力墙结构中剪力墙的布置(2)

8.2　底部大空间剪力墙结构简介

在住宅或旅馆等墙间距较小的高层建筑中，有时底层作商店或停车场而需要大空间，这种情况下，上部剪力墙不能全部落地，而通过框架把上部结构荷载传递给基础，如图 8-9 所示。例如在沿街布置的高层住宅中，往往要求在建筑物的底层或底部若干层布置商店，以方便居民购物，满足城市规划中商业网点的布局要求，这就需要在建筑物底部取消部分隔墙以形成太空间，为满足建筑上的这一要求，在结构布置时，可将部分剪力墙落地，部分剪力墙在底部改为框架，即成为底部大空间剪力墙结构，也称为框支剪力墙结构，如图 8-10 所示。

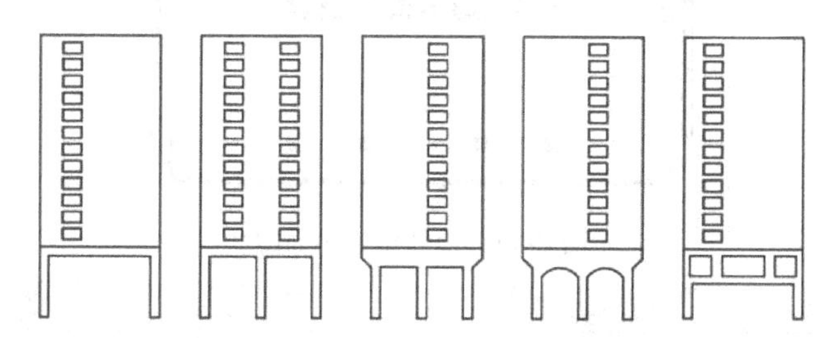

图 8-9　剪力墙截面形式

图 8-10　框支剪力墙结构商住楼

在进行底部大空间剪力墙结构布置时，应控制建筑物沿高度方向的刚度变化不要太大。因为部分剪力墙在底部被取消，从而使结构刚度突然受到削弱，这时应采取措施，例如增加落地剪力墙的厚度，提高落地剪力墙的混凝土强度等级，把落地剪力墙布置成筒状或工字形等来增加结构底部的总抗侧刚度，使结构转换层上下刚度较为接近。同时应控制落地剪力墙的数量与间距，落地剪力墙的数量不宜少于全部剪力墙数量的 50%，落地剪力墙的间距，非抗震设计时，不宜大于 3*B* 和 36m(*B* 为落地墙之间楼盖的平均宽度)；抗震设计时，当底部框支层为 1～2 层时，不宜大于 2*B* 和 24m；当底部框支层为 3 层及 3 层以上时，不宜大于 2*B* 和 20m。此外要提高转换层附近楼盖的强度及刚度，板厚不宜小于 180mm，混凝土强度等级不宜低于 C30，并应采用双层双向配筋，配筋率不宜小于 0.25%。

8.3 筒体结构简介

筒体结构是由框架-剪力墙结构与全剪力墙结构演变而来的，它将剪力墙集中到房屋的内部或外部形成封闭的筒体，在水平荷载作用下，筒体就像抗侧刚度极大的悬臂箱体一样，抵抗变形，如图 8-11 所示。筒体结构的抗侧移刚度较大，抗扭性能也比较好，又因为剪力墙集中布置，不妨碍房屋的使用空间，建筑平面布置较灵活，适用于高层公共建筑和商业建筑，如图 8-12 所示。

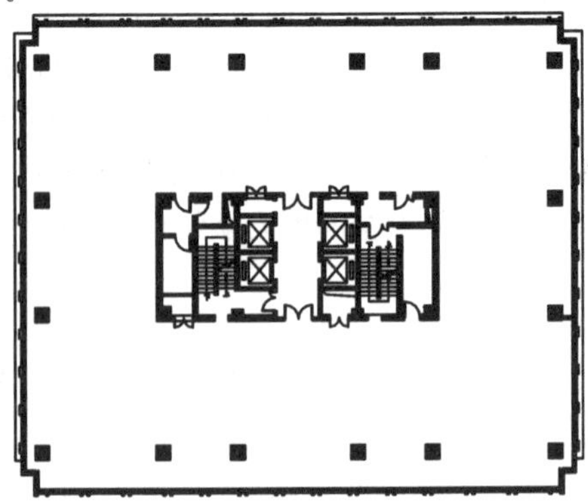

图 8-11 筒体结构平面图

图 8-12 筒体结构塔楼

筒体结构体系主要有核心筒结构和框筒结构所组成。

核心筒一般由布置在楼梯间、电梯间及设备管井的剪力墙组成(见图 8-13)，底端与基础相连，沿高与层间梁板侧向连接，其平面为单孔或多空相形截面，既可以承受竖向荷载，又可承受任意方向上的侧向力作用，是一个空间受力结构。在高层建筑中，楼梯间、电梯间等服务性设施用房常常位于房屋的中部，核心筒因此而得名。

框筒是由布置在房屋四周的密集立柱与高跨比很大的窗间梁所组成的一个多孔筒体，如图 8-14 所示。从形式上看，犹如由四榀平面框架在房屋的四角组合而成，故称为框筒结构。框筒结构在侧向力作用下，不但与侧向力平行的两榀平面框架受力，而且与侧向力相垂直的两榀框架也参与受力，通过角柱的连接形成一个空间受力体系。

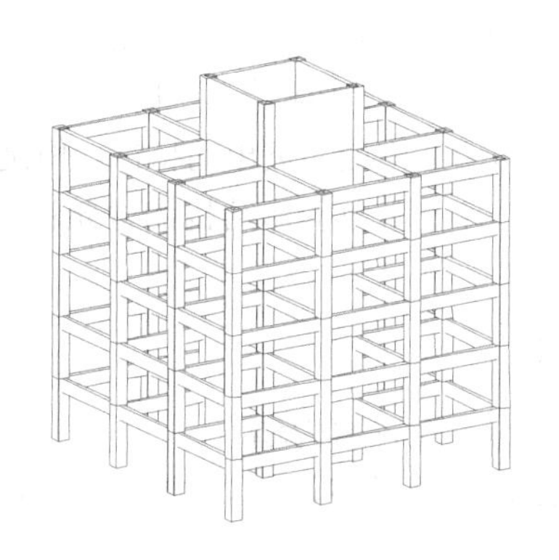

图 8-13　核心筒结构

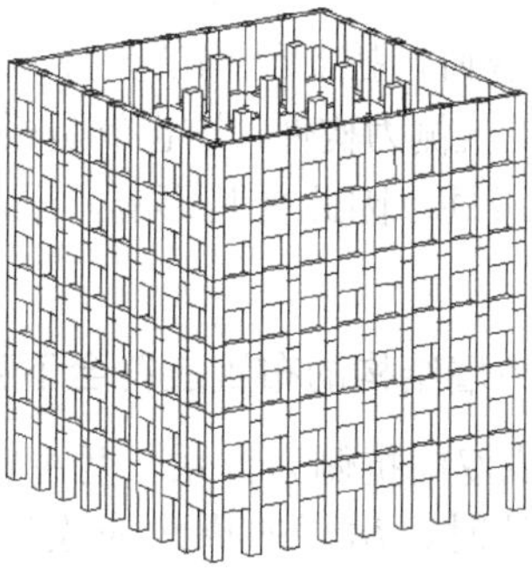

图 8-14　框筒结构

筒体结构体系的主要形式有框筒结构、核心筒结构、筒中筒结构、框架-核心筒结构、束筒结构和多筒结构等。筒体结构抗侧刚度大，整体性好，建筑布置灵活，能够提供可以自由分隔的使用空间，特别适用于高层及超高层办公楼等建筑。

8.4　板柱-剪力墙结构简介

板柱结构是一种由板和柱结构组合在一起的建筑结构形式，其水平构件是楼板，竖向构件是柱，这样的水平和竖向构件共同组成了建筑的框架，这就是板柱结构的主体。在水平荷载作用下，其受力的特性与框架结构相似，只不过其没有框架结构中的梁结构，而是用楼板代替了框架梁，可以认为是一种特殊的框架结构。其优缺点较为明显，主要表现在以下几个方面。

1. 板柱结构的优点

板柱结构因为没结构梁，实际上可以减少楼层的单层高度，对一些建筑的使用和某些装饰工程带来了方便，因此板柱结构在一些工程中应用较为广泛，尤其是地下建筑体。

2. 板柱结构的缺陷

板柱结构的抗侧移刚度明显低于有梁结构，板柱结构的结合部位在抗震性能上也没有梁柱结构牢固。主要是因为楼板对柱子的约束力没有梁柱结构约束力强，主要是两者结合的方式不同，框架梁能够做到较高的节点约束，即高结合强度，又能让塑性铰出现在梁端，做到强柱弱梁。另外，在地震作用下，建筑结构上产生的不平衡弯矩会从板柱节点传递，在柱内产生较大的附加应力。这种应力主要是剪应力，当剪应力增大而又缺乏有效的抗剪措施的时候，就会出现建筑结构的冲切和破坏，甚至是结构的连续性损毁。因此，单独的板柱结构是不适合用于抗震设计中的，即使用在非抗震建筑中，其建筑高度也有很大的限制。

为了提高板柱结构的实用性，在建筑中常常将板柱结构和剪力墙结合使用。这就是板柱-剪力墙结构，其主要的结构形式就是在楼层平面除周边框架有梁结构、楼梯间有梁，在建筑内部的柱间都不采用梁结构进行连接，而是利用抗侧力结构即剪力墙和核心筒组成，这就是板柱-剪力墙结构的主要形式。板柱-剪力墙结构的受力特征和框架-剪力墙结构类似，其变形属于弯剪型变形，而且接近于弯曲型变形。在水平地震作用下，剪力墙承担结构的大部分水平载荷，控制结构的整体水平侧移，提高了结构的延性和抗震能力，这时剪力墙就是最主要的抗侧力构件，这也就是板柱-剪力墙结构最为突出的特性。但是由于板柱-剪力墙的主体还是板柱，因此受其影响，采用板柱-剪力墙为主体结构的建筑高度也受到一定的限制。

3. 板柱-剪力墙结构的布置应符合下列要求

(1) 应布置成双向抗侧力体系，两主轴方向均应设置剪力墙。

(2) 抗震设计时，房屋的周边应设置框架梁，房屋的顶层及地下一层顶板宜采用梁板结构。

(3) 有楼、电梯间等较大开洞时，洞口周围宜设置框架梁或边梁。

(4) 无梁板可根据承载力和变形要求采用无柱帽板或有柱帽板。当采用托板式柱帽时，托板的长度和厚度应按计算确定。且每方向长度不宜小于板跨度的 1/6，其厚度不宜小于 1/4 无梁板的厚度，抗震设计时，托板每方向长度尚不宜小于同方向柱截面宽度与 4 倍板厚度之和，托板处总厚度尚不宜小于 16 倍柱纵筋直径。当不满足承载力要求且不允许设置柱帽时可采用剪力架，此时板的厚度，非抗震设计时不应小于 150mm，抗震设计时不应小于 200mm。

(5) 双向无梁板厚度与长跨之比，不宜小于表 8-2 的规定。

表 8-2　双向无梁板厚度与长跨的最小比值

非预应力楼板		预应力楼板	
无 柱 帽	有 柱 帽	无 柱 帽	有 柱 帽
1/30	1/35	1/40	1/45

8.5　单层钢筋混凝土厂房简介

单层钢筋混凝土厂房常用的结构形式有排架结构和刚架结构两种。排架结构由屋架、排架柱、基础等构件组成，柱与屋架铰接，与基础刚接。这种结构适合用于预制构件装配，可以大规模工业化生产和施工。根据跨数的不同，排架结构有单跨、两跨和多跨形式，根据生产工艺和使用要求的不同，可做成等高、不等高和锯齿形等多种形式，如图 8-15 所示。排架结构跨度可达 30m，甚至更大，重型工业厂房吊车吨位可达 150t，甚至更大。

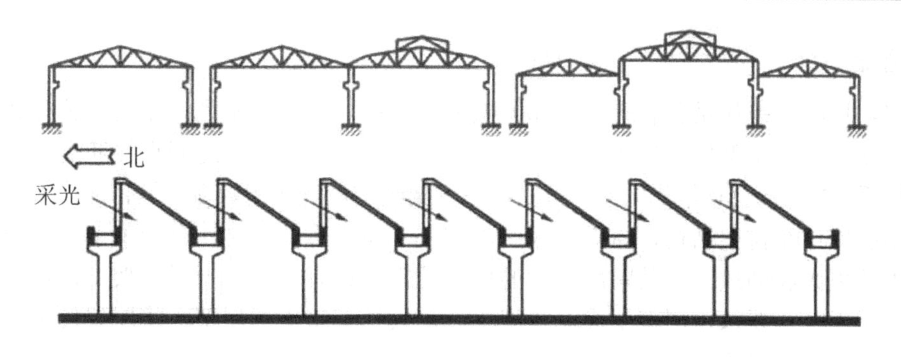

图 8-15　排架结构形式

单层厂房采用的刚架结构是由刚架横梁、刚架柱和基础组成，如图 8-16 所示。梁、柱为整体刚节点连接，柱与基础通常为铰接。刚架结构按横梁形式的不同，可分为折线形门式刚架和拱形门式刚架两种。刚架结构因为梁、柱为整体刚接，故受荷载后，在横梁与柱节点处产生较大的弯矩，容易开裂；此外，横梁下端柱顶将产生水平推力，使柱顶产生水平位移，厂房跨度增大。因此刚架结构的整体刚度较差，仅适用于采用轻钢屋盖系统的无吊车或吊车吨位较小的跨度不超过 18m 的轻型厂房。

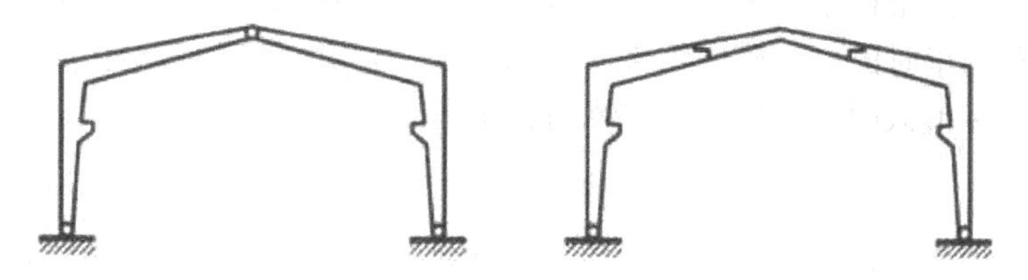

图 8-16　刚架结构

在钢筋混凝土单层厂房结构中，排架结构应用较为广泛，钢筋混凝土单层厂房排架结构体系主要由屋盖系统、排架柱、吊车梁、支撑系统、基础及维护结构等部分组成，如图 8-17 所示。

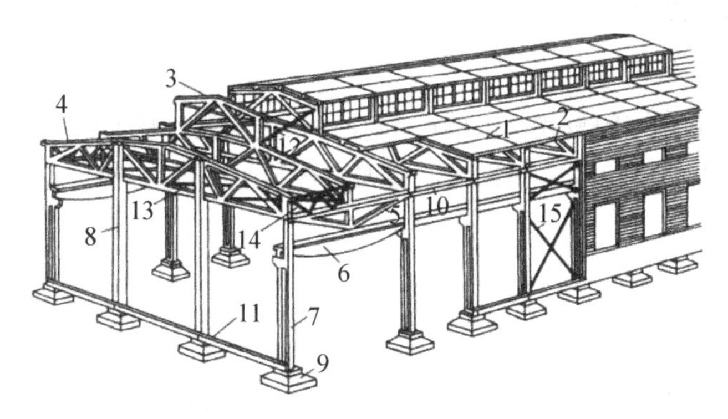

图 8-17　单层厂房结构组成

1—屋面板；2—天沟板；3—天窗架；4—屋架；5—托架；6—吊车梁；7—排架柱；
8—抗风柱；9—基础；10—连系梁；11—基础梁；12—天窗架垂直支撑；
13—屋架下弦横向水平支撑；14—屋架端部垂直支撑；15—柱间支撑

1. 屋盖系统

排架结构的屋盖体系分有檩体系和无檩体系两种。有檩体系是指屋架上弦杆通过檩条连接，檩条上面铺小型屋面板的体系。无檩体系是指屋架与屋架之间直接通过大型屋面板连接的体系。20 世纪 90 年代以前，无檩体系排架结构厂房应用较多，但目前排架结构厂房通常采用有檩体系排架结构，屋面板采用彩钢板。屋盖系统有时还有天窗架，其作用主要是厂房内的采光和通风，尤其跨度较大的厂房通常都设有天窗。一般屋架支撑在排架柱顶处，但由于工艺等要求，屋架下没有排架柱时，设托架来支撑屋架，将屋架传来的荷载传递给托架两端的排架柱上。

2. 排架柱

排架柱是排架结构厂房中最主要的承重构件，结构自重及吊车荷载等均通过排架柱给基础。排架柱一般要做牛腿来支撑吊车梁，牛腿以下部分为下柱，牛腿以上部分为上柱，上柱支撑屋架、托架和连系梁的荷载，一般排架柱的上柱截面小，下柱截面大。

3. 吊车梁

吊车梁支撑在排架柱牛腿上，沿厂房纵向布置，直接承受吊车传来的竖向荷载和吊车启动、加速以及刹车时的纵、横向惯性水平力的作用，并将它们传给排架柱列。吊车梁通常采用 T 形和工字形截面，以便在上翼缘防止吊车轨道。

4. 支撑

单层厂房的支撑包括屋盖支撑和柱间支撑两种，支撑的作用是加强厂房结构的空间刚度，保证结构构件在安装和使用阶段的稳定和安全，同时将风荷载、吊车水平荷载或水平地震作用传递给与之相连的构件。

5. 基础

承受柱和基础梁传来的荷载，并将它们传至地基。

6. 维护结构

维护结构包括纵墙、横墙(或称山墙)、抗风柱、连系梁、基础梁等构件。主要承受墙体和构件自重及墙面上的风荷载，并将它们传递至柱和基础，抗风柱还将部分风荷载传至屋盖结构。

【课程实训】

思考题

1. 剪力墙结构适合于什么建筑，其平面布置有什么特点？
2. 框架-剪力墙结构的优点有哪些？在水平荷载作用下的受力特点是什么？
3. 底部大空间剪力墙结构用于什么建筑，其竖向布置有什么特点？
4. 筒体结构都有哪几种类型？其结构布置有什么不同？
5. 板柱-剪力墙结构的优缺点有哪些？
6. 简述单层钢筋混凝土厂房的结构组成及各构件的作用。

附录A 换 算 表

附表 A.1 面积换算表

	面积换算
1	1 平方公里(km^2)=100 公顷(ha)=247.1 英亩(acre)=0.386 平方英里($mile^2$)
2	1 平方米(m^2)=10.764 平方英尺(ft^2)
3	1 平方英寸(in^2)=6.452 平方厘米(cm^2)
4	1 公顷(ha)=10000 平方米(m^2)=2.471 英亩(acre)
5	1 平方英尺(ft^2)=0.093 平方米(m^2)
6	1 平方米(m^2)=10.764 平方英尺(ft^2)

附表 A.2 体积换算表

	体积换算
1	1 立方英寸(in^3)=16.3871 立方厘米(cm^3)　1 英加仑(gal)=4.546 升(L)
2	1 桶(bbl)=0.159 立方米(m^3)=42 美加仑(gal)　1 英亩·英尺＝1234 立方米(m^3)
3	1 立方英尺(ft^3)=0.0283 立方米(m^3)=28.317 升(liter)
4	1 立方米(m^3)=1000 升(liter)=35.315 立方英尺(ft^3)=6.29 桶(bbl)

附表 A.3 长度换算表

	长度换算
1	1 千米(km)=0.621 英里(mile)　1 米(m)=3.281 英尺(ft)=1.094 码(yd)
2	1 厘米(cm)=0.394 英寸(in)　1 英寸(in)=2.54 厘米(cm)
3	1 英里(mile)=1.609 千米(km)　1 英尺(ft)=12 英寸(in)

附表 A.4 质量换算表

	质量换算
1	1 吨(t)=1000 千克(kg)=2205 磅(lb)=1.102 短吨(sh.ton)=0.984 长吨(long ton)
2	1 长吨(long ton)=1.016 吨(t)　1 千克(kg)=2.205 磅(lb)
3	1 短吨(sh.ton)=0.907 吨(t)=2000 磅(lb)
4	1 磅(lb)=0.454 千克(kg)[常衡]　1 盎司(oz)=28.350 克(g)

附表 A.5 力换算表

	力 换 算
1	1 牛顿(N)＝0.225 磅力(lbf)=0.102 千克力(kgf)
2	1 千克力(kgf)=9.81 牛(N)
3	1 磅力(lbf)=4.45 牛顿(N)　1 达因(dyn)=10^{-5} 牛顿(N)

附表 A.6　压力换算表

	压力换算
1	1 巴(bar)=10^5 帕(Pa)　1 达因/厘米^2(dyn/cm^2)=0.1 帕(Pa)
2	1 托(Torr)=133.322 帕(Pa)　1 毫米汞柱(mmHg)=133.322 帕(Pa)
3	1 毫米水柱(mmH_2O)=9.80665 帕(Pa)　1 工程大气压=98.0665 千帕(kPa)
4	1 千帕(kPa)=0.145 磅力/英寸^2(psi)=0.0102 千克力/厘米^2(kgf/cm^2) =0.0098 大气压(atm)
5	1 磅力/英寸^2(psi)=6.895 千帕(kPa)=0.0703 千克力/厘米^2(kg/cm^2)=0.0689 巴(bar) =0.068 大气压(atm)
6	1 物理大气压(atm)=101.325 千帕(kPa)=14.696 磅/英寸^2(psi)=1.0333 巴(bar)

附录 B　配筋面积表

附表 B.1　钢筋混凝土板最小配筋量

混凝土标号	钢筋种类	$0.45f_t/f_y$ 和 0.2%的较大值	板厚(mm)为下行数值时每米宽范围内最小配筋(mm^2)								
			90	100	110	120	130	140	150	160	170
C20 f_t=1.10	HPB235	0.236%	212	236	260	283	307	330	354	378	401
	HRB335	0.200%	180	200	220	240	260	280	300	320	340
	HRB400	0.200%	180	200	220	240	260	280	300	320	340
C25 f_t=1.27	HPB235	0.272%	245	272	299	326	354	381	408	435	462
	HRB335	0.200%	180	200	220	240	260	280	300	320	340
	HRB400	0.200%	180	200	220	240	260	280	300	320	340
C30 f_t=1.43	HPB235	0.306%	275	306	337	367	398	428	459	490	520
	HRB335	0.215%	194	215	237	258	280	301	323	344	366
	HRB400	0.200%	180	200	220	240	260	280	300	320	340
C35 f_t=1.57	HPB235	0.336%	302	336	370	403	437	470	504	538	571
	HRB335	0.236%	212	236	260	283	307	330	354	378	401
	HRB400	0.200%	180	200	220	240	260	280	300	320	340
C40 f_t=1.91	HPB235	0.409%	368	409	450	491	532	573	614	654	695
	HRB335	0.287%	259	287	316	345	373	402	431	459	488
	HRB400	0.239%	215	239	263	287	311	335	359	383	406

附表 B.2　每米板宽内的钢筋截面面积表

钢筋间距 (mm^2)	当钢筋直径(mm)为下列数值时的钢筋截面面积(mm^2)												
	4	4.5	5	6	8	10	12	14	16	18	20	22	25
70	180	227	280	404	718	1122	1616	2199	2872	3635	4488	5430	7012
75	168	212	262	377	670	1047	1508	2053	2681	3393	4189	5068	6545
80	157	199	245	353	628	982	1414	1924	2513	3181	3927	4752	6136
90	140	177	218	314	559	873	1257	1710	2234	2827	3491	4224	5454
100	126	159	196	283	503	785	1131	1539	2011	2545	3142	3801	4909
110	114	145	178	257	457	714	1028	1399	1828	2313	2856	3456	4462
120	105	133	164	236	419	654	942	1283	1676	2121	2618	3168	4091
125	101	127	157	226	402	628	905	1232	1608	2036	2513	3041	3927
130	97	122	151	217	387	604	870	1184	1547	1957	2417	2924	3776
140	90	114	140	202	359	561	808	1100	1436	1818	2244	2715	3506
150	84	106	131	188	335	524	754	1026	1340	1696	2094	2534	3272
160	79	99	123	177	314	491	707	962	1257	1590	1963	2376	3068
170	74	94	115	166	296	462	665	906	1183	1497	1848	2236	2887
175	72	91	112	162	287	449	646	880	1149	1454	1795	2172	2805
180	70	88	109	157	279	436	628	855	1117	1414	1745	2112	2727
190	66	84	103	149	265	413	595	810	1058	1339	1653	2001	2584
200	63	80	98	141	251	392	565	770	1005	1272	1571	1901	2454
250	50	64	79	113	201	314	452	616	804	1018	1257	1521	1963
300	42	53	65	94	168	262	377	513	670	848	1047	1267	1636

附表 B.3 钢筋的计算截面面积及理论重量

公称直径	不同根数钢筋的计算截面面积(mm^2)									单根钢筋理论
(mm)	1	2	3	4	5	6	7	8	9	重量(kg/m)
6	28.3	57	85	113	142	170	198	226	255	0.222
6.5	33.2	66	100	133	166	199	232	265	299	0.260
8	50.3	101	151	201	252	302	352	402	453	0.395
8.2	52.8	106	158	211	264	317	370	423	475	0.432
10	78.5	157	236	314	393	471	550	628	707	0.617
12	113.1	226	339	452	565	678	791	904	1017	0.888
14	153.9	308	461	615	769	923	1077	1231	1385	1.21
16	201.1	402	603	804	1005	1206	1407	1608	1809	1.58
18	254.5	509	763	1017	1272	1526	1780	2036	2290	2.00
20	314.2	628	941	1256	1570	1884	2200	2513	2827	2.47
22	380.1	760	1140	1520	1900	2281	2661	3041	3421	2.98
25	490.9	982	1473	1964	2454	2945	3436	3927	4418	3.85
28	615.8	1232	1847	2463	3079	3695	4310	4926	5542	4.83
32	804.2	1609	2413	3217	4021	4826	5630	6434	7238	6.31
36	1017.9	2036	2054	4072	5089	6107	7125	8143	9161	7.99
40	1256.6	2513	3770	5027	6283	7540	8796	10053	11310	9.87

附录 C　双向板弹性计算法计算表格

双向板计算系数

符号说明

$$B_C=\frac{Eh^3}{12(1-\nu^2)}$$ 刚度；

式中：E——弹性模量；

h——板厚；

ν——泊桑比。

f, f_{max}——分别为板中心点的挠度和最大挠度；

f_{01}, f_{02}——分别为平行于 l_{01} 和 l_{02} 方向自由边的中点挠度；

$m_{01}, m_{01,max}$——分别为平行于 l_{01} 方向板中心点单位板宽内的弯矩和板跨内最大弯矩；

$m_{02}, m_{02,max}$——分别为平行于 l_{02} 方向板中心点单位板宽内的弯矩和板跨内最大弯矩；

m_{01}, m_{02}——分别为平行于 l_{01} 和 l_{02} 方向自由边的中点单位板宽内的弯矩；

m_1'——固定边中点沿 l_{01} 方向单位板宽内的弯矩；

m_2'——固定边中点沿 l_{02} 方向单位板宽内的弯矩。

⊥⊥⊥⊥⊥⊥⊥⊥⊥⊥⊥⊥⊥代表固定边；┈┈┈┈┈代表简支边；

正负号的规定：

弯矩——使板的受荷面受压者为正；

挠度——变位方向与荷载方向相同者为正。

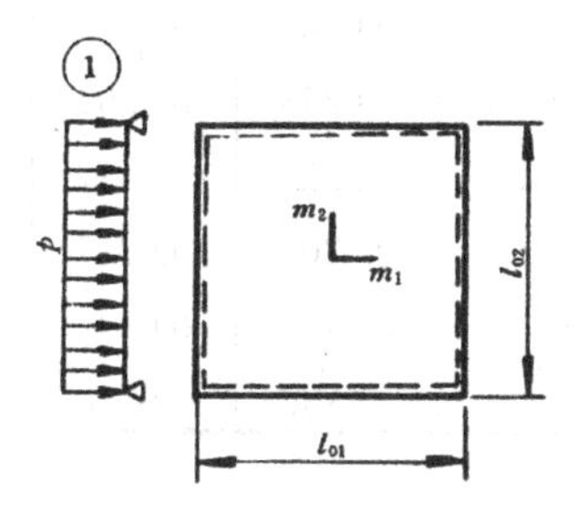

挠度=表中系数×$\frac{pl_{01}^4}{B_C}$；

$\nu=0$，弯矩=表中系数×pl_{01}^4；

这里 $l_{01}<l_{02}$

附表 C.1

l_{01}/l_{02}	f	m_1	m_2	l_{01}/l_{02}	f	m_1	m_2
0.50	0.01013	0.0965	0.0174	0.80	0.00603	0.0561	0.0334
0.55	0.00940	0.0892	0.0210	0.85	0.00547	0.0506	0.0348
0.60	0.00867	0.0820	0.0242	0.90	0.00496	0.0456	0.0358
0.65	0.00796	0.0750	0.0271	0.95	0.00449	0.0410	0.0364
0.70	0.00727	0.0683	0.0296	1.00	0.00406	0.0368	0.0368
0.75	0.00663	0.0620	0.0317				

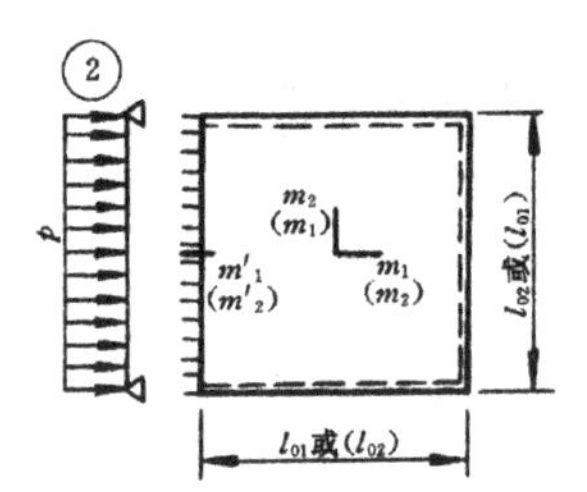

挠度=表中系数× $\frac{pl_{01}^4}{B_C}$ $\left(\text{或}\times\frac{p(l_{01})^4}{B_C}\right)$；

$v=0$，弯矩=表中系数× pl_{01}^2 (或× $p(l_{01})^2$)；

这里 $l_{01}<l_{02}$，$(l_{01})<(l_{02})$。

附表 C.2

l_{01}/l_{02}	$(l_{01})/(l_{02})$	f	f_{max}	m_1	m_{1max}	m_2	m_{2max}	m'_1 或(m'_2)
0.50		0.00488	0.00504	0.0583	0.0646	0.0060	0.0063	−0.1212
0.55		0.00471	0.00492	0.0563	0.0618	0.0081	0.0087	−0.1187
0.60		0.00453	0.00472	0.0539	0.0589	0.0104	0.0111	−0.1158
0.65		0.00432	0.00448	0.0513	0.0559	0.0126	0.0133	−0.1124
0.70		0.00410	0.00422	0.0485	0.0529	0.0148	0.0154	−0.1087
0.75		0.00388	0.00399	0.0457	0.0496	0.0168	0.0174	−0.1048
0.80		0.00365	0.00376	0.0428	0.0463	0.0187	0.0193	−0.1007
0.85		0.00343	0.00352	0.0400	0.0431	0.0204	0.0211	−0.0965
0.90		0.00321	0.00329	0.0372	0.0400	0.0219	0.0226	−0.0922
0.95		0.00299	0.00306	0.0345	0.0369	0.0232	0.0239	−0.0880
1.00	1.00	0.00279	0.00285	0.0319	0.0340	0.0243	0.0249	−0.0839
	0.95	0.00316	0.00324	0.0324	0.0345	0.0280	0.0287	−0.0882
	0.90	0.00360	0.00368	0.0328	0.0347	0.0322	0.0330	−0.0926
	0.85	0.00409	0.00417	0.0329	0.0347	0.0370	0.0378	−0.0970
	0.80	0.00464	0.00473	0.0326	0.0343	0.0424	0.0433	−0.1014
	0.75	0.00526	0.00536	0.0319	0.0335	0.0485	0.0494	−0.1056
	0.70	0.00595	0.00605	0.0308	0.0323	0.0553	0.0562	−0.1096
	0.65	0.00670	0.00680	0.0291	0.0306	0.0627	0.0637	−0.1133
	0.60	0.00752	0.00762	0.0268	0.0289	0.0707	0.0717	−0.1166
	0.55	0.00838	0.00848	0.0239	0.0271	0.0792	0.0801	−0.1193
	0.50	0.00927	0.00935	0.0205	0.0249	0.0880	0.0888	−0.1215

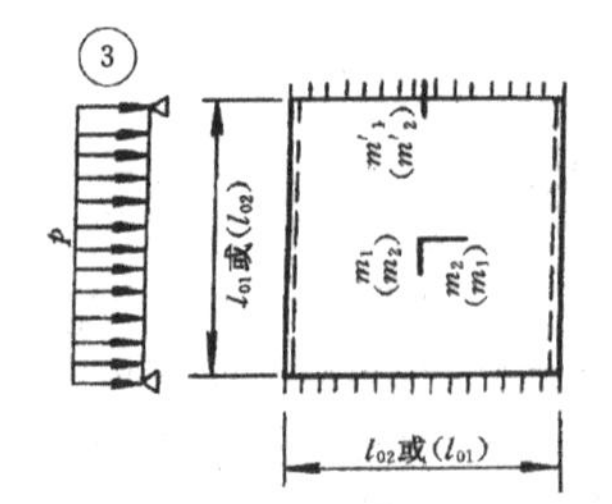

挠度=表中系数× $\frac{pl_{01}^4}{B_C}$ $\left(\text{或}\times\frac{p(l_{01})^4}{B_C}\right)$；

$v=0$，弯矩=表中系数× pl_{01}^2 (或× $p(l_{01})^2$)；

这里 $l_{01}<l_{02}$，$(l_{01})<(l_{02})$

附表 C.3

l_{01}/l_{02}	$(l_{01})/(l_{02})$	f	m_1	m_2	m'_1 或(m'_2)
0.50		0.00261	0.0416	0.0017	−0.0843
0.55		0.00259	0.0410	0.0028	−0.0840
0.60		0.00255	0.0402	0.0042	−0.0834
0.65		0.00250	0.0392	0.0057	−0.0826
0.70		0.00243	0.0379	0.0072	−0.0814
0.75		0.00236	0.0366	0.0088	−0.0799
0.80		0.00228	0.0351	0.0103	−0.0782
0.85		0.00220	0.0335	0.0118	−0.0763
0.90		0.00211	0.0319	0.0133	−0.0743
0.95		0.00201	0.0302	0.0146	−0.0721
1.00	1.00	0.00192	0.0285	0.0158	−0.0698
	0.95	0.00223	0.0296	0.0189	−0.0746
	0.90	0.00260	0.0306	0.0224	−0.0797
	0.85	0.00303	0.0314	0.0266	−0.0850
	0.80	0.00354	0.0319	0.0316	−0.0904
	0.75	0.00413	0.0321	0.0374	−0.0959
	0.70	0.00482	0.0318	0.0441	−0.1013
	0.65	0.00560	0.0308	0.0518	−0.1066
	0.60	0.00647	0.0292	0.0604	−0.1114
	0.55	0.00743	0.0267	0.0698	−0.1156
	0.50	0.00844	0.0234	0.0798	−0.1191

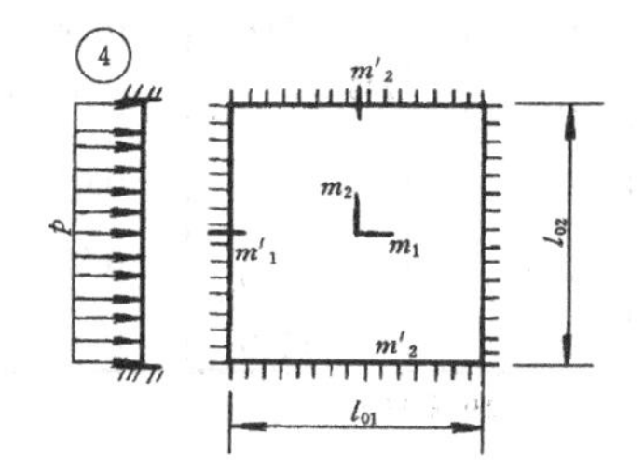

挠度=表中系数×$\dfrac{pl_{01}^4}{B_C}$；

v=0，弯矩=表中系数×pl_{01}^2；

这里 $l_{01}<l_{02}$

附表 C.4

l_{01}/l_{02}	f	m_1	m_2	m'_1	m'_2
0.50	0.00253	0.0400	0.0038	−0.0829	−0.0570
055	0.00246	0.0385	0.0056	−0.0814	−0.0571
0.60	0.00236	0.0367	0.0076	−0.0793	−0.0571
0.65	0.00224	0.0345	0.0095	−0.0766	−0.0571
0.70	0.00211	0.0321	0.0113	−0.0735	−0.0569
0.75	0.00197	0.0296	0.0130	−0.0701	−0.0565
0.80	0.00182	0.0271	0.0144	−0.0664	−0.0559

续表

l_{01}/l_{02}	f	m_1	m_2	m'_1	m'_2
0.85	0.00168	0.0246	0.0156	−0.0626	−0.0551
0.90	0.00153	0.0221	0.0165	−0.0588	−0.0541
0.95	0.00140	0.0198	0.0172	−0.0550	−0.0528
1.00	0.00127	0.0176	0.0176	−0.0513	−0.0513

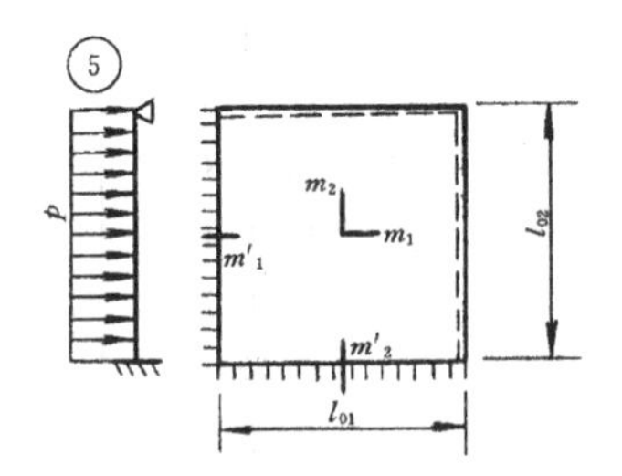

挠度=表中系数× $\frac{pl_{01}^4}{B_C}$；

v=0，弯矩=表中系数× pl_{01}^2；

这里 $l_{01}<l_{02}$

附表 C.5

l_{01}/l_{02}	f	f_{max}	m_1	m_{1max}	m_2	m_{2max}	m'_1	m'_2
0.50	0.00468	0.00471	0.0559	0.0562	0.0079	0.0135	−0.1179	−0.0786
0.55	0.00445	0.00454	0.0529	0.0530	0.0104	0.0153	−0.1140	−0.0785
0.60	0.00419	0.00429	0.0496	0.0498	0.0129	0.0169	−0.1095	−0.0782
0.65	0.00391	0.00399	0.0461	0.0465	0.0151	0.0183	−0.1045	−0.0777
0.70	0.00363	0.00368	0.0426	0.0432	0.0172	0.0195	−0.0992	−0.0770
0.75	0.00335	0.00340	0.0390	0.0396	0.0189	0.0206	−0.0938	−0.0760
0.80	0.00308	0.00313	0.0356	0.0361	0.0204	0.0218	−0.0883	−0.0748
0.85	0.00281	0.00286	0.0322	0.0328	0.0215	0.0229	−0.0829	−0.0733
0.90	0.00256	0.00261	0.0291	0.0297	0.0224	0.0238	−0.0776	−0.0716
0.95	0.00232	0.00237	0.0561	0.0267	0.0230	0.0244	−0.0726	−0.0698
1.00	0.00210	0.00215	0.0234	0.0240	0.0234	0.0249	−0.0677	−0.0677

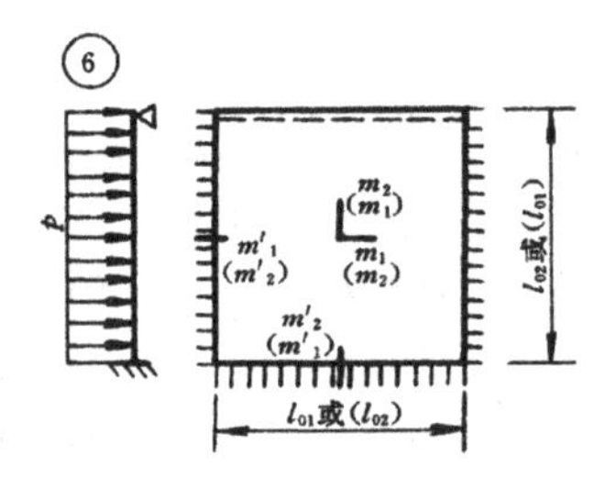

挠度=表中系数 pl_{01}^4(或× $p(l_{01})^4$)；

v=0，弯矩=表中系数× pl_{01}^2 (或× $p(l_{01})^2$)；

这里 $l_{01}<l_{02}$，$(l_{01})<(l_{02})$

附表 C.6

l_{01}/l_{02}	$(l_{o1})/(l_{o2})$	f	f_{max}	m_1	m_{1max}	m_2	m_{2max}	m'_1	m'_2
0.50		0.00257	0.00258	0.0408	0.0409	0.0028	0.0089	−0.0836	−0.0569
0.55		0.00252	0.00255	0.0398	0.0399	0.0042	0.0093	−0.0827	−0.0570
0.60		0.00245	0.00249	0.0384	0.0386	0.0059	0.0105	−0.0814	−0.0571
0.65		0.00237	0.00240	0.0368	0.0371	0.0076	0.0116	−0.0796	−0.0572
0.70		0.00227	0.00229	0.0350	0.0354	0.0093	0.0127	−0.0774	−0.0572
0.75		0.00216	0.00219	0.0331	0.0335	0.0109	0.0137	−0.0750	−0.0572
0.80		0.00205	0.00208	0.0310	0.0314	0.0124	0.0147	−0.0722	−0.0570
0.85		0.00193	0.00196	0.0289	0.0293	0.0138	0.0155	−0.0693	−0.0567
0.90		0.00181	0.00184	0.0268	0.0273	0.0159	0.0163	−0.0663	−0.0563
0.95		0.00169	0.00172	0.0247	0.0252	0.0160	0.0172	−0.0631	−0.0558
1.00	1.00	0.00157	0.00160	0.0227	0.0231	0.0168	0.0180	−0.0600	−0.0550
	0.95	0.00178	0.00182	0.0229	0.0234	0.0194	0.0207	−0.0629	−0.0599
	0.90	0.00201	0.00206	0.0228	0.0234	0.0223	0.0238	−0.0656	−0.0653
	0.85	0.00227	0.00233	0.0225	0.0231	0.0255	0.0273	−0.0683	−0.0711
	0.85	0.00256	0.00262	0.0219	0.0224	0.0290	0.0311	−0.0707	−0.0772
	0.75	0.00286	0.00294	0.0208	0.0214	0.0329	0.0354	−0.0729	−0.0837
	0.70	0.00319	0.00327	0.0194	0.0200	0.0370	0.0400	−0.0748	−0.0903
	0.65	0.00352	0.00365	0.0175	0.0182	0.0412	0.0446	−0.0762	−0.0970
	0.60	0.00386	0.00403	0.0153	0.0160	0.0454	0.0493	−0.0773	−0.1033
	0.55	0.00419	0.00437	0.0127	0.0133	0.0496	0.0541	−0.0780	−0.1093
	0.50	0.00449	0.00463	0.0099	0.0103	0.0534	0.0588	−0.0784	−0.1146

参 考 文 献

1. 混凝土结构设计规范 GB 50010—2010. 北京：中国建筑工业出版社，2010
2. 建筑抗震设计规范 GB 50011—2010. 北京：中国建筑工业出版社，2010
3. 高层建筑混凝土结构技术规程 JGJ3—2010. 北京：中国建筑工业出版社，2010
4. 建筑结构荷载规范 GB 50009—2012. 北京：中国建筑工业出版社，2012
5. 砌体结构设计规范 GB 50003—2011. 北京：中国建筑工业出版社，2011
6. 徐有邻，周氐. 混凝土结构设计规范理解与应用. 北京：中国建筑工业出版社，2002
7. 徐培福，黄小坤. 高层建筑混凝土结构技术规程理解与应用. 北京：中国建筑工业出版社，2003
8. 国家建筑标准设计图集 11G101 系列图集. 北京：中国计划出版社，2011
9. 《混凝土结构设计规范算例》编委会. 混凝土结构设计规范算例. 北京：中国建筑工业出版社，2003
10. 梁兴文，史庆轩. 混凝土结构设计原理(第二版). 北京：中国建筑工业出版社，2011
11. 郭继武. 混凝土结构 (按新规范 GB 50010—2010). 北京：中国建筑工业出版社，2011
12. 李国胜. 多高层钢筋混凝土结构设计优化与合理构造. 北京：中国建筑工业出版社，2008
13. 包世华，方鄂华. 高层建筑结构设计(第二版). 北京：清华大学出版社，1990